***Chemie 2000+ Online*** ist das Internet-Portal zu diesem Buch. Es enthält *EVA Online*-Seiten und zusätzliche **interaktive Materialien** zu einzelnen Buchseiten sowie weitere Lehr- und Lernmodule für den Unterricht.

**Kompetenzen**

**Grundwissen**

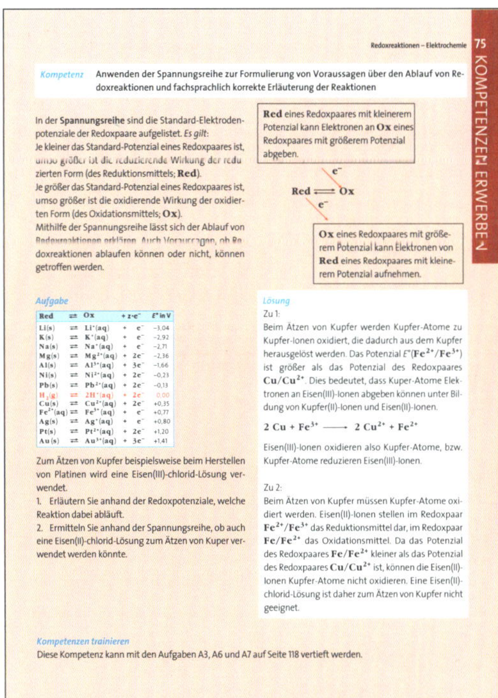


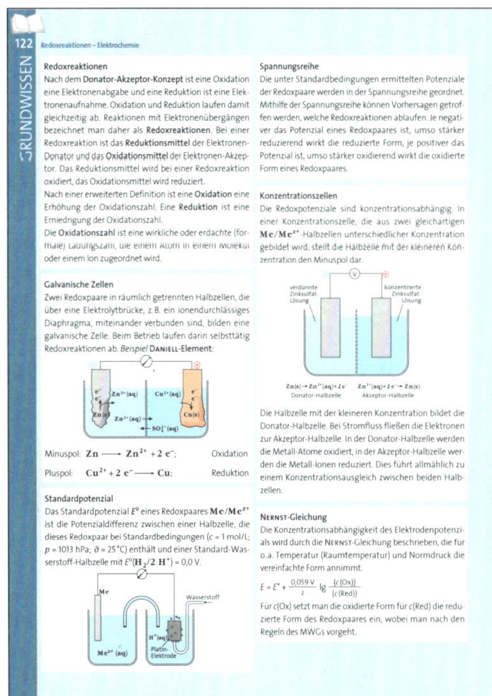


Auf den Seiten **Kompetenzen erwerben** wird an exemplarischen Aufgaben gezeigt, welche Kompetenzen bei der Erarbeitung der Inhalte des jeweiligen Kapitels erlangt werden. Auf den Seiten **Kompetenzen trainieren** werden weitere Aufgaben dazu angeboten.

Ein abschließendes **Grundwissen** fasst die Inhalte der Kapitel strukturiert nach den **Basiskonzepten** zusammen. Im Anhang ergänzt eine Chemikalienliste das **Sicherheitskonzept** beim Experimentieren. Ein **Glossar** ermöglicht schnellen Zugang zu den Definitionen der wichtigsten Fachbegriffe.

**Kompetenzoperatoren**

Um zu erkennen, was die Lösung einer Aufgabe von Ihnen erwartet, sind die Aufgaben in diesem Buch mit **Operatoren** formuliert, von denen die wichtigsten hier erläutert sind:

**Analysieren/Untersuchen**: Unter einer gegebenen Fragestellung wichtige Bestandteile oder Eigenschaften herausarbeiten. Untersuchen beinhaltet unter Umständen zusätzlich praktische Anteile.
**Angeben/Nennen**: Elemente, Sachverhalte, Begriffe, Daten ohne nähere Erläuterungen aufzählen.
**Anwenden/Übertragen**: Einen bekannten Sachverhalt oder eine bekannte Methode auf etwas Neues beziehen.
**Aufstellen einer Hypothese**: Eine begründete Vermutung auf der Grundlage von Beobachtungen, Untersuchungen, Experimenten oder Aussagen formulieren.
**Auswerten**: Daten, Einzelergebnisse oder sonstige Sachverhalte in einen Zusammenhang stellen und ggf. zu einer abschließenden Gesamtaussage zusammenführen.
**Begründen**: Sachverhalte auf Regeln, Gesetzmäßigkeiten bzw. kausale Zusammenhänge zurückführen.
**Benennen**: Elemente, Sachverhalte, Begriffe oder Daten erkennen und angeben.
**Beobachten**: Aufmerksame Betrachtung der Vorgänge, z. B. bei einem Versuch, um gezielte Informationen zu erhalten.
**Berechnen/Bestimmen**: Mittels Größengleichungen eine chemische oder physikalische Größe bestimmen.
**Beschreiben**: Strukturen, Sachverhalte oder Zusammenhänge wiedergeben.
**Bestätigen**: Die Gültigkeit einer Aussage z. B. einer Hypothese oder einer Modellvorstellung durch ein Experiment verifizieren.
**Beurteilen**: Zu einem Sachverhalt eine selbstständige Einschätzung unter Verwendung von Fachwissen und Fachmethoden begründet formulieren.
**Bewerten/Stellung nehmen**: Eine eigene Position nach ausgewiesenen Kriterien vertreten.
**Darstellen**: Sachverhalte, Zusammenhänge, Methoden und Bezüge in angemessenen Kommunikationsformen strukturiert wiedergeben.
**Deuten (interpretieren)**: Kausale Zusammenhänge im Hinblick auf Erklärungsmöglichkeiten untersuchen und abwägend herausstellen.
**Diskutieren**: Im Zusammenhang mit Sachverhalten, Aussagen oder Thesen unterschiedliche Positionen bzw. Pro- und Contra-Argumente einander gegenüberstellen und abwägen.
**Dokumentieren**: Alle notwendigen Erklärungen, Herleitungen und Skizzen darstellen.
**Durchführen**: Eine vorgegebene oder eigene Experimentieranleitung umsetzen.
**Entwickeln/Aufstellen**: Sachverhalte und Methoden zielgerecht miteinander verknüpfen. Eine Hypothese, eine Skizze, ein Experiment oder ein Modell schrittweise weiterführen und ausbauen.
**Erklären**: Einen Sachverhalt nachvollziehbar und verständlich zum Ausdruck bringen.
**Erläutern**: Einen Sachverhalt durch zusätzliche Informationen (chemische Formeln und Gleichungen) veranschaulichen und verständlich machen.
**Ermitteln**: Einen Zusammenhang oder eine Lösung finden und das Ergebnis formulieren.
**Nachweisen**: Experimente zur Bestätigung eines Sachverhalts planen und durchführen.
**Planen (Experimente)**: Zu einem vorgegebenen Problem eine Experimentieranleitung erstellen.
**Protokollieren**: Beobachtungen oder die Durchführung von Experimenten detailgenau zeichnerisch einwandfrei bzw. fachsprachlich richtig wiedergeben.
**Skizzieren**: Sachverhalte, Strukturen oder Ergebnisse auf das Wesentliche reduzieren und diese grafisch oder als Fließtext übersichtlich darstellen.
**Strukturieren/Ordnen/Zuordnen**: Vorliegende Objekte oder Sachverhalte kategorisieren und hierarchisieren.
**Überprüfen (prüfen)**: Sachverhalte oder Aussagen an Fakten oder innerer Logik messen und eventuelle Widersprüche aufdecken.
**Verallgemeinern**: Aus einem erkannten Sachverhalt eine erweiterte Aussage formulieren.
**Vergleichen**: Gemeinsamkeiten, Ähnlichkeiten und Unterschiede ermitteln.
**Zeichnen**: Eine anschauliche und hinreichend exakte grafische Darstellung beobachtbarer oder gegebener Strukturen anfertigen.
**Zusammenfassen**: Das Wesentliche in konzentrierter Form herausstellen.

# VORWORT

Der vorliegende Band der Reihe **Chemie 2000+** ist für die Qualifikationsphase der gymnasialen Oberstufe nach dem **neuen Kernlehrplan 2014** konzipiert. Dementsprechend nimmt der Erwerb von **Kompetenzen** in den Bereichen Umgang mit Fachwissen, Erkenntnisgewinnung, Kommunikation und Bewertung in diesem Werk einen besonderen Stellenwert ein.

Die **chemische Fachsystematik** mit ihren Begriffen, Modellen, Ordnungskriterien etc. und **Kontexte** aus Alltag, Technik und Umwelt werden nach dem Konzept der **didaktischen Integration** miteinander verflochten. Die drei obligatorischen Inhaltsfelder dieses Buches werden in Facetten zerlegt, die jeweils konkrete Problemstellungen signalisieren. Sie werden zu Beginn eines Kapitels durch den Facettenball des Inhaltsfeldes mit den zugeordneten Fragen programmatisch angedeutet und sind auf jeder Buchseite durch die zutreffende Nummer gekennzeichnet. Die gewählte Reihenfolge gewährleistet eine kumulative Erarbeitung der Basiskonzepte und Fachinhalte. Die Inhalte des vierten Kapitels ergänzen die obligatorischen Inhaltsfelder mit fächerübergreifenden Themen, die in Projektkursen und bei der individuellen Förderung genutzt werden können.

Auf **Buchdoppelseiten** wird jeweils Material für einen Unterrichtsbaustein zur Verfügung gestellt. Die Arbeitsseite (linke Buchseite) mit einer kontextbezogenen, in der Regel umgangssprachlich formulierten Überschrift bietet Versuche, Informationen und Auswertungsfragen an, die zur Gestaltung des Unterrichts genutzt werden können. Auf der rechten Leseseite, deren Überschrift in der Regel Fachbegriffe enthält, werden die Versuchsergebnisse aufgegriffen, mit weiteren Fakten verknüpft und zu neuen Erkenntnissen zusammengeführt. Fotos und Farbgrafiken ergänzen den Text und dienen in der Regel als Ausgangsinformationen für Aufgabenstellungen. Auf den Sonderseiten **Kompetenzen erwerben** wird exemplarisch gezeigt, wie mit konkreten Kompetenzoperatoren beim Lösen von Aufgaben vorgegangen werden kann. Die entsprechenden Seiten **Kompetenzen trainieren** runden zusammen mit **Grundwissen**-Seiten jedes Kapitel (Inhaltsfeld) ab.

Die **EVA**-Seiten (**E**rweiterung-**V**ertiefung-**A**nwendung) enthalten fakultative Angebote zu innovativen, interdisziplinären und theoretischen Themen, die situationsbedingt im Unterricht einsetzbar sind oder für Referate und Facharbeiten verwendet werden können.

***Chemie 2000+ Online*** ist das Internet-Portal für elektronische Ergänzungen zu diesem Lehrwerk. Es kann über die rechts angegebene Adresse geöffnet werden und enthält Materialien zu einzelnen Seiten in diesem Buch, die direkt durch Anklicken unter der entsprechenden Seitennummer erreichbar sind. Darüber hinaus können auch weitere Lehr- und Lernmodule für den Chemieunterricht über die Navigationsleiste von *Chemie 2000+ Online* angesteuert werden.

Der **Wegweiser Chemie 2000+** vorne im Buch dient der raschen Orientierung, indem er alle Bausteine von **Chemie 2000+** übersichtlich vor- und darstellt.

**www.ccbuchner.de/chemiedidaktik**

Wuppertal, Krefeld, Münster, im Sommer 2014
Die Herausgeber

# INHALTSVERZEICHNIS



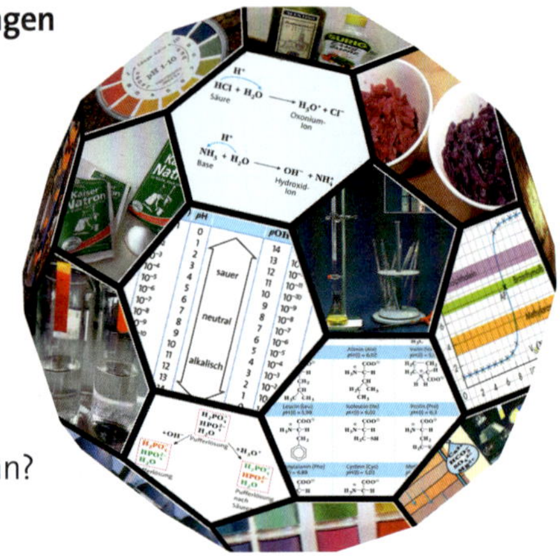

# 2 Redoxreaktionen – Elektrochemie

## 3 Organische Produkte – Werkstoffe und Farbstoffe



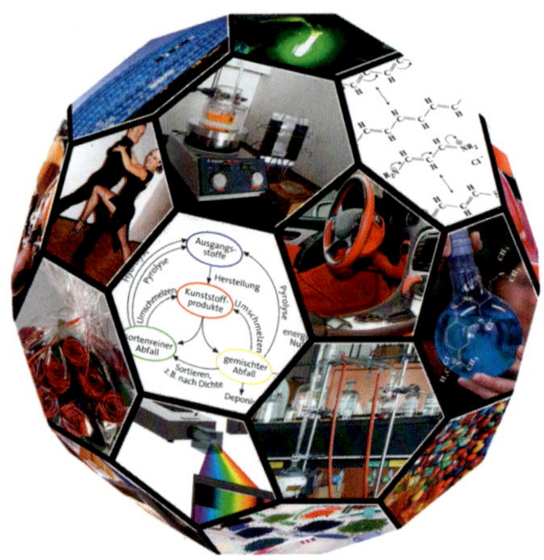

## 4 Naturstoffe – Neue Materialien

Anhang:

### Ordnungssystem für Stoffe und Teilchen

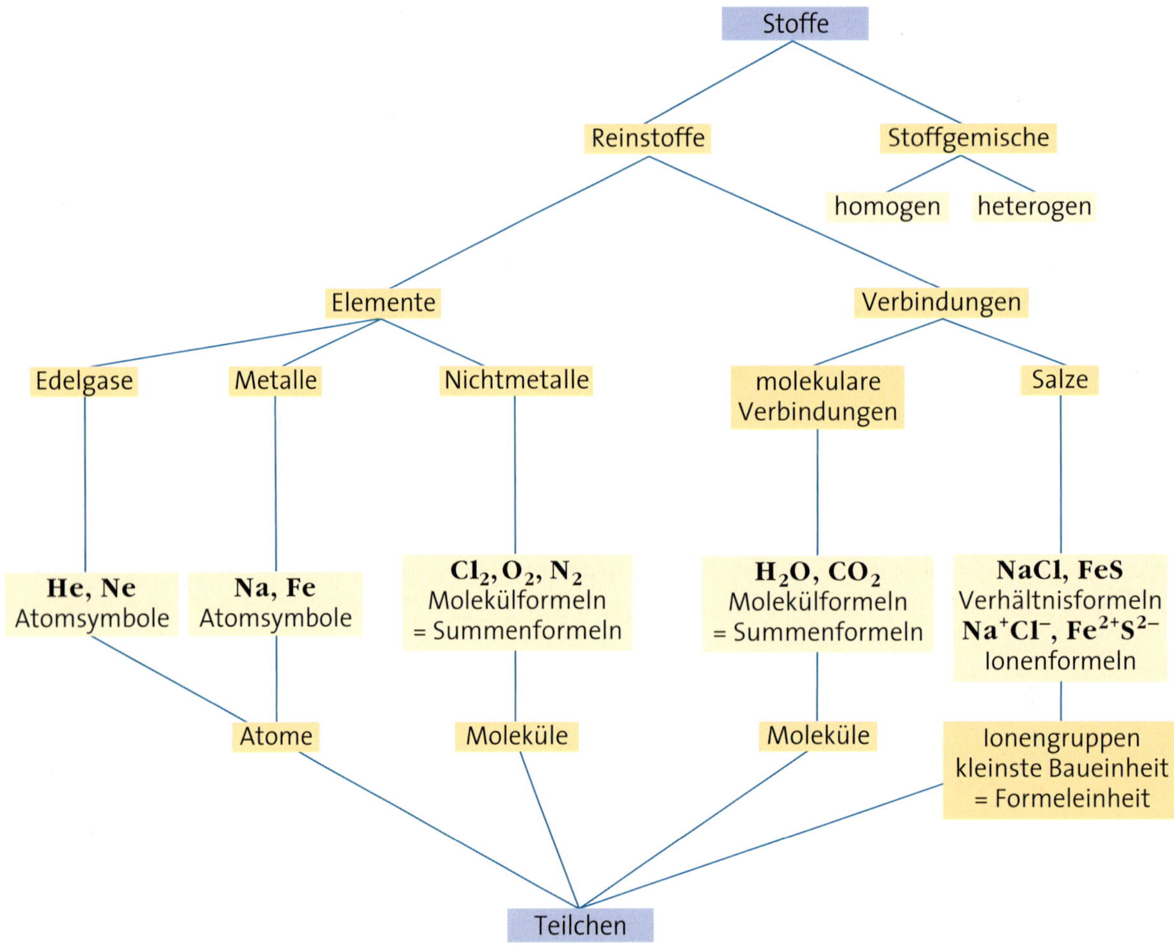


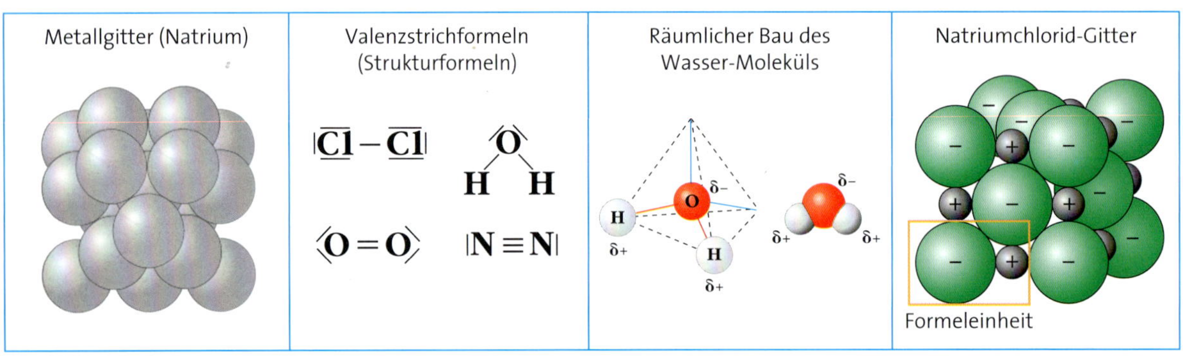


*Modelle für Teilchen und Teilchenverbände*

**Stoffebene**:

Chemische Reaktionen sind Stoffumwandlungen, die mit der Aufnahme bzw. Abgabe von Energie verbunden sind.

**Art der Reaktion**

- Bildungsreaktion (Synthese)
- Zersetzungsreaktion (Analyse)

Reaktionsenergie

- Wärme
- Licht
- elektrische Energie
- mechanische Energie

exotherm: Wärme wird aus der Reaktion verfügbar.
endotherm: Wärme muss zugeführt werden, damit die Reaktion abläuft.

**Aktivierungsenergie** ist die Energie, die zu Beginn einer Reaktion zugeführt werden muss, um diese in Gang zu bringen.

**Katalysator** ist ein Stoff, der die Aktivierungsenergie herabsetzt. Er beschleunigt die Reaktion, wird dabei aber nicht verbraucht.

**Teilchenebene**:

Bei **chemischen Reaktionen** bilden sich neue Teilchen, indem sich Teilchen, z. B. Atome, umgruppieren. Bei zwei wichtigen Reaktionstypen verläuft die Umgruppierung durch Übertragung von **Elektronen** bzw. **Protonen** von einem Teilchen auf ein anderes (Donator-Akzeptor-Reaktion):

**Art der Reaktion**

- Säure-Base-Reaktion – Protonenübertragungsreaktion – $H^+$
  - Säure – Protonendonator
  - Base – Protonenakzeptor
- Redoxreaktion – Elektronenübertragungsreaktion – $e^-$
  - Reduktionsmittel – Elektronendonator
  - Oxidationsmittel – Elektronenakzeptor

Weitere wichtige Reaktionstypen sind ...

**Kondensationsreaktion** (Reaktion zweier Moleküle zu einem größeren Molekül unter Abspaltung eines kleineren Moleküls.)

z. B. bei der Esterbildung:

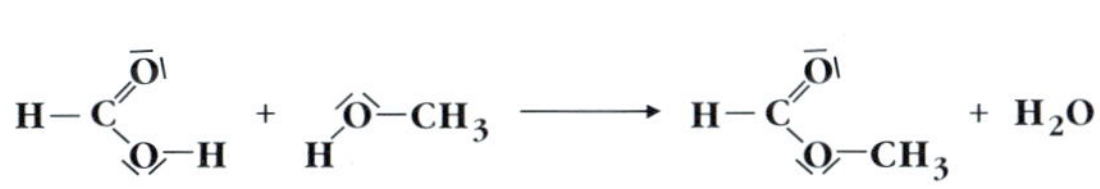

**Hydrolyse** (Spaltung eines Moleküls durch Reaktion mit einem Wasser-Molekül), z. B. bei der Esterspaltung:

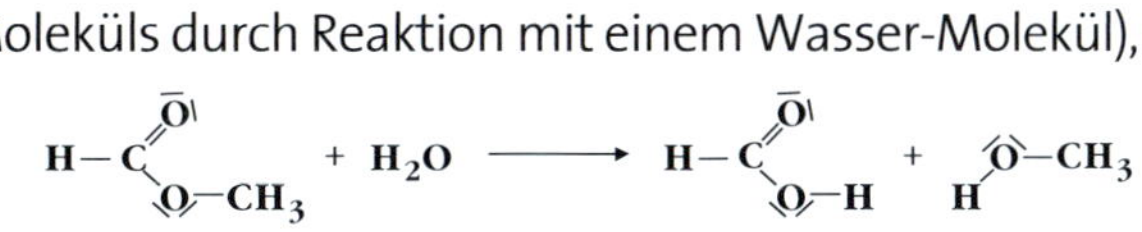

## Modelle

In der Chemie werden **Modelle** genutzt, um den Aufbau der Stoffe sowie ihre beobachtbaren Eigenschaften und Reaktionen zu erklären. Es hat sich bewährt, jeweils das einfachste Modell zu wählen, das für die geforderte Erklärung ausreicht.

## Teilchenmodell

Nach dem Teilchenmodell sind die kleinsten Teilchen eines Stoffes gleich, die Teilchen verschiedener Stoffe sind verschieden. Das Teilchenmodell ist z. B. geeignet, um die Aggregatzustände und die Übergänge zwischen den Aggregatzuständen zu erklären: Beim Sieden eines Stoffes durch Erwärmen werden die Anziehungskräfte zwischen den Teilchen überwunden, sodass diese den Teilchenverband verlassen können.

## Atommodell von Dalton

Um die Beobachtungen bei chemischen Reaktionen zu erklären, reicht das Teilchenmodell nicht aus, hier hilft das von Dalton entwickelte Atommodell weiter:
Die chemischen Elemente sind aus Atomen aufgebaut, die bei chemischen Reaktionen ungeteilt bleiben.
Die Atome eines Elementes haben die gleiche Masse und die gleiche Größe.
Bei chemischen Reaktionen werden die miteinander verbundenen Atome eines Stoffes getrennt und in einer neuen Kombination wieder zusammengefügt.

Mit dem Atommodell von Dalton kann man das Gesetz der Erhaltung der Masse erklären. Dieses Modell wird bei allen stöchiometrischen Berechnungen angewandt.

| | | | | | |
|---|---|---|---|---|---|
| Modell | 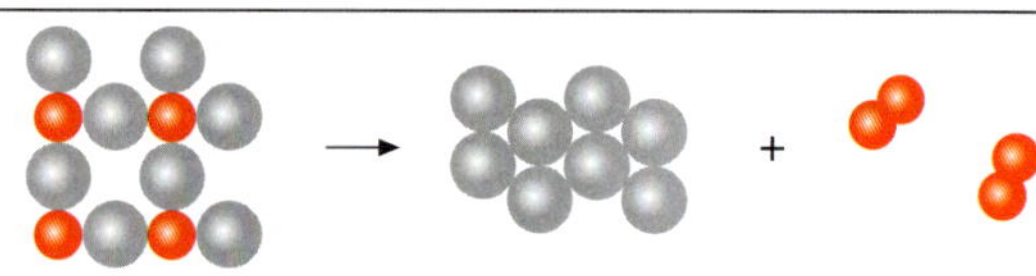 | | | | |
| Bedeutung | 2 z Formeleinheiten Silberoxid | | 4 z Silber-Atome | | z Sauerstoff-Moleküle |
| Massenverhältnis | $m(Ag_2O)$ | : | $m(Ag)$ | : | $m(O_2)$ |
| | $2\,(2 \cdot 107 + 16)$ u | : | $4 \cdot 107$ u | : | 32 u |

## Kern-Hülle-Modell und Elektronenschalenmodell

Das Atommodell von Dalton macht keine Aussage über den Aufbau eines Atoms. Dies leistet das **Kern-Hülle-Modell**:
Atome bestehen aus einem winzigen Atomkern und einer vergleichsweise riesigen Atomhülle, der Elektronenhülle. Der Atomkern ist elektrisch positiv geladen und enthält mehr als 99,9 % der Masse des Atoms. Er besteht aus den positiv geladenen Protonen (Masse 1 u) und den ungeladenen Neutronen (Masse 1 u). In der Hülle bewegen sich die nahezu masselosen Elektronen.

Mit dem **Elektronenschalenmodell**, das den Aufbau der Elektronenhülle beschreibt, können die ähnlichen Eigenschaften der Elementgruppen des Periodensystems erklärt werden. Diese beruhen auf der gleichen Anzahl von Elektronen in der äußersten Schale, den Valenzelektronen. Das Elektronenschalenmodell ist geeignet, die Bildung von Ionen und Molekülen sowie die Ionenbindung und die Elektronenpaarbindung zu erklären.

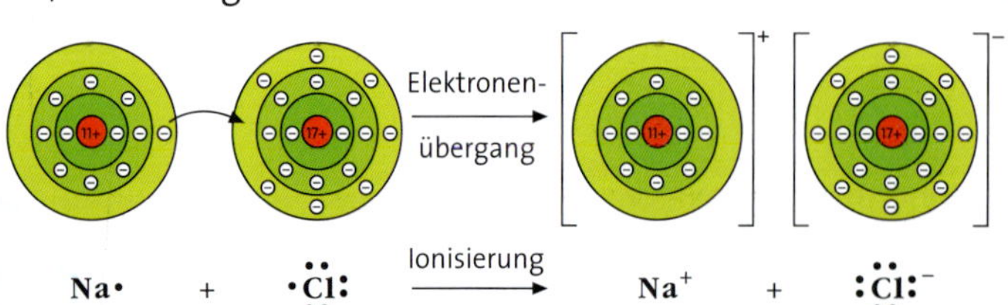


Natrium-Atom und Chlor-Atom — Natrium-Ion und Chlorid-Ion

### Elektronenpaar-Abstoßungs-Modell

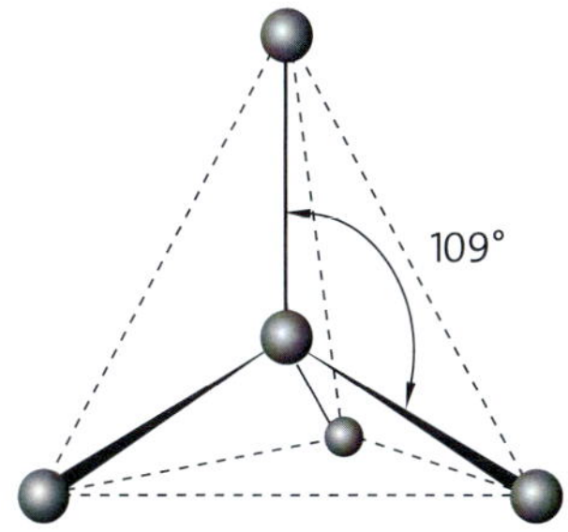


Mit dem Elektronenschalenmodell kann man den räumlichen Bau von Molekülen und die damit verbundenen Stoffeigenschaften nicht erklären. Dazu nutzt man das Elektronenpaar-Abstoßungs-Modell. Danach stoßen sich die bindenden Elektronenpaare, mit denen die Atome in Molekülen aneinander gebunden sind, und die freien Elektronenpaare aufgrund ihrer negativen Ladung gegenseitig ab. Die Elektronenpaare ordnen sich so um das zentrale Atom an, dass sie den größtmöglichen Abstand voneinander haben.
Mit dem Elektronenpaar-Abstoßungs-Modell lässt sich z. B. die tetraedrische Struktur des Methan-Moleküls oder die gewinkelte Struktur des Wasser-Moleküls erklären.

### Chemische Bindung

| | Elektronenpaarbindung | Ionenbindung |
|---|---|---|
| Bindung zwischen | Atomen in Molekülen | Ionen in Ionengittern |
| Charakteristikum | gemeinsames Elektronenpaar | starke Anziehungskräfte zwischen den entgegengesetzt geladenen Ionen |
| Vorkommen bei | Verbindungen aus Nichtmetallen untereinander | Verbindungen aus Metallen und Nichtmetallen |

### Edelgasregel für Ionen

Bei Reaktionen geben Metall-Atome in der Regel ihre Valenzelektronen ab, Nichtmetall-Atome nehmen so viele Elektronen auf, dass die Elektronenanzahl des nächsten Edelgas-Atoms erreicht wird.

### Edelgasregel für Atome in Molekülen

Die Anzahl der Elektronen aller bindenden und nicht bindenden Elektronenpaare um den Atomrumpf ist oft so groß wie die Elektronenanzahl des nächsten Edelgas-Atoms.

### Zwischenmolekulare Wechselwirkungen

Zwischen Molekülen wirken anziehende Kräfte, deren Stärke von der Struktur der Moleküle abhängt. Sie sind maßgeblich für bestimmte charakteristische Eigenschaften der Stoffe wie die Schmelz- und Siedetemperatur.

| Name | VAN-DER-WAALS-Kräfte | Dipol-Dipol-Kräfte | Wasserstoffbrücken |
|---|---|---|---|
| Vorkommen | zwischen allen Teilchen | zwischen permanenten Dipol-Molekülen | zwischen Molekülen, in denen **H**-Atome direkt an **F**-, **O**- oder **N**-Atome gebunden sind. |
| Ursache | Kurzfristig induzierte Dipole führen an Kontaktstellen zur Anziehung von Nachbarmolekülen. | Da der positive und der negative Ladungsschwerpunkt an verschiedenen Stellen des Moleküls liegen, werden die Nachbarmoleküle angezogen. | Das partiell positiv geladene **H**-Atom tritt in Wechselwirkung mit einem nicht bindenden Elektronenpaar eines **F**-, **O**- oder **N**-Atoms des Nachbarmoleküls und stellt so eine „Brücke" zwischen beiden Molekülen dar. 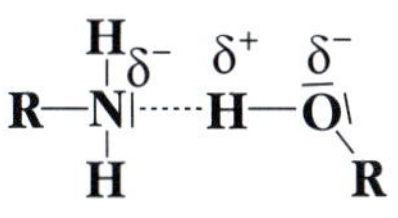 |
| Stärke | schwach | mittelstark | stark (bis zu 25 % einer Elektronenpaarbindung) |

### 1. Größen von Reinstoffportionen und Umrechnungen

Zentrale Größe bei chemischen Rechnungen ist die Stoffmenge *n*. Ihre Einheit ist das Mol. Eine Stoffportion mit der Stoffmenge $n = 1\,\text{mol}$ besteht aus $6{,}02 \cdot 10^{23}$ Teilchen.

Die Stoffmenge *n* lässt sich nur aus anderen Größen der Stoffportion berechnen.

Die Stoffmenge eines Reaktionspartners erhält man gegebenenfalls mithilfe der Reaktionsgleichung, in der man das Stoffmengenverhältnis abliest.

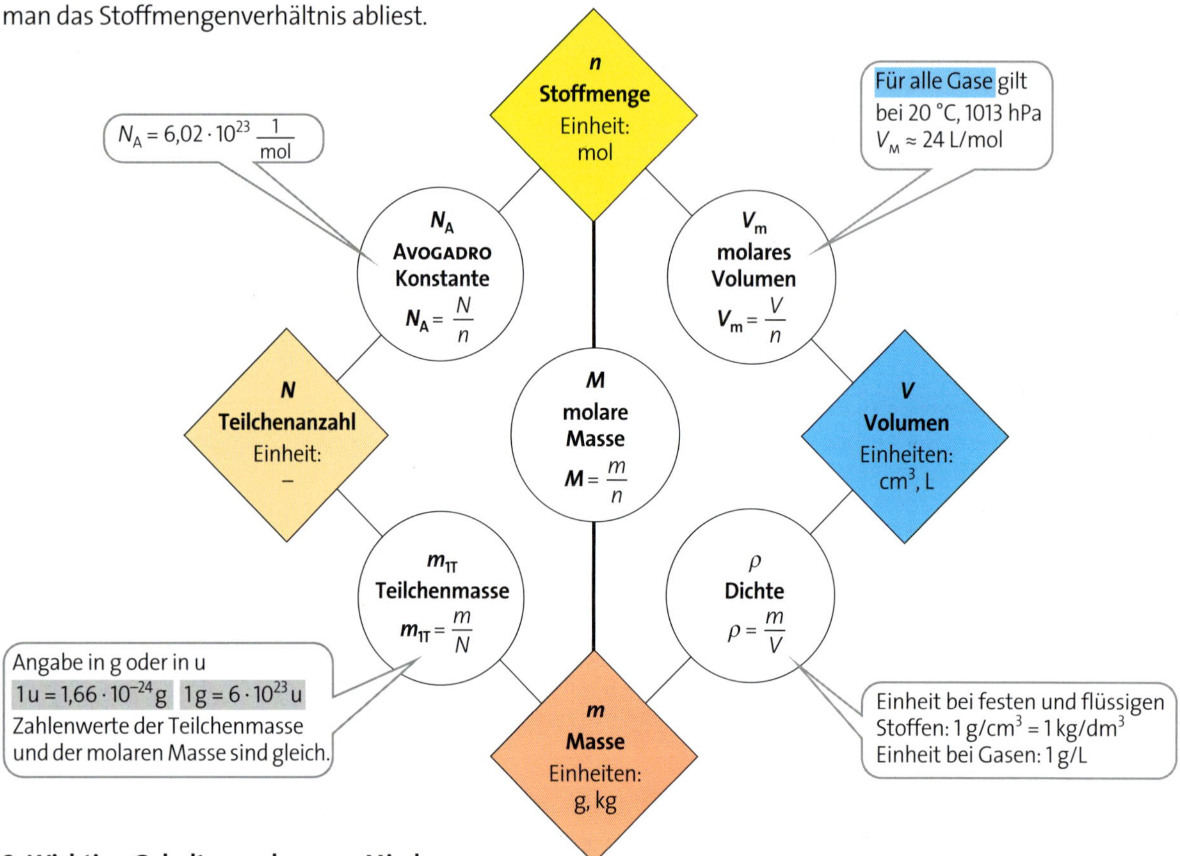


### 2. Wichtige Gehaltsangaben von Mischungen

Der in der Mischung (z. B. einer Lösung) angegebene Bestandteil X kann ein tatsächlich im Gemisch vorliegendes Ion, Molekül oder Atom sein (z. B. $H_3O^+$ oder $Cl^-$) oder ein Teilchen vor der Herstellung des Gemisches (z. B. ein Molekül wie HCl oder eine Ionengruppe wie $Ca^{2+}$ und $2Cl^-$).

#### Konzentrationen

| Bezeichnung | Symbol | Formel | Einheiten | Hinweise |
|---|---|---|---|---|
| Stoffmengenkonzentration | $c(X)$ | $c(X) = \frac{n(X)}{V}$ | $\frac{\text{mol}}{\text{L}}$ | *V* ist das Volumen der fertigen Mischung (z. B. einer wässrigen Lösung) |
| Massenkonzentration | $\beta(X)$ | $\beta(X) = \frac{m(X)}{V}$ | $\frac{\text{g}}{\text{L}}, \frac{\text{mg}}{\text{m}^3}$ | $\beta$: gelesen „Beta" |

#### Anteile

| Bezeichnung | Symbol | Formel | Einheit | Hinweise |
|---|---|---|---|---|
| Massenanteil | $w(X)$ | $w(X) = \frac{m(X)}{m}$ | häufig % | *m* ist die Masse der gesamten Mischung |
| Volumenanteil | $\varphi(X)$ | $\varphi(X) = \frac{V(X)}{V_0}$ | häufig %, $\text{mL/m}^3 = \text{ppm}$ | $\varphi$: gelesen „(klein) Phi"<br>$V_0$ ist die Summe der Volumina aller Bestandteile *vor* dem Mischen. |

### Der Gleichgewichtszustand

In einem **geschlossenen System** laufen Hin- und Rückreaktion umkehrbarer Vorgänge nicht vollständig ab. Nach einiger Zeit erreichen Edukte und Produkte einen **Gleichgewichtszustand**: Sie liegen in konstanten Anteilen vor. Dieses **chemische Gleichgewicht** bedeutet jedoch keinen Reaktionsstillstand: Es haben sich aber die Reaktionsraten von Hin- und Rückreaktion, $r_{\rightarrow}$ und $r_{\leftarrow}$, angeglichen: $r_{\rightarrow} = r_{\leftarrow}$. Auf der Teilchenebene existiert also ein **dynamisches Gleichgewicht** mit konstanter Anzahl der verschiedenen Teilchen.

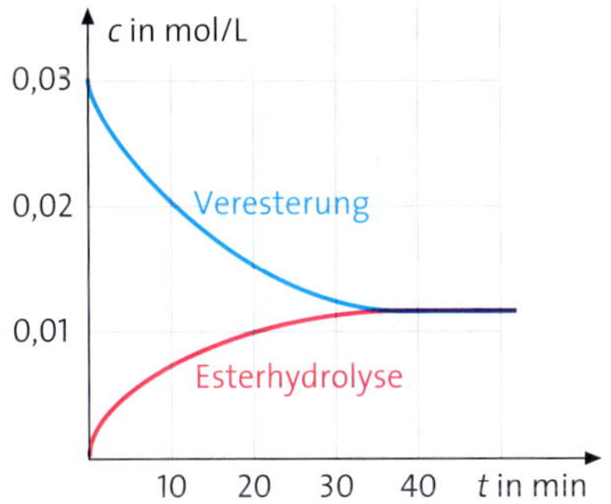


*Konzentrationsänderungen der Methansäure bei der Veresterung und der Esterhydrolyse in einem geschlossenen System. Der Gleichgewichtszustand ist erreicht, wenn sich die Konzentration nicht mehr ändert.*

### Das Massenwirkungsgesetz MWG

Mit dem **Massenwirkungsgesetz MWG** kann der Zusammenhang zwischen den Konzentrationen von Edukten und Produkten in einem chemischen Gleichgewicht, den **Gleichgewichtskonzentrationen** $c$, mathematisch beschrieben werden. Bei der Reaktion

$$\mathrm{a\,A + b\,B \rightleftharpoons m\,M + n\,N}$$

stehen die Konzentrationen aller Stoffe in einem bestimmten Produktverhältnis, das durch die Gleichung

$$K = \frac{c^{m}(\mathrm{M}) \cdot c^{n}(\mathrm{N})}{c^{a}(\mathrm{A}) \cdot c^{b}(\mathrm{B})}$$

beschrieben werden kann. $K$ ist darin die Gleichgewichtskonstante, die für jede Reaktion bei gegebener Temperatur einen charakteristischen Wert annimmt.

### Prinzip von Le Chatelier

Nach dem Prinzip von Le Chatelier weicht ein System einem äußeren Zwang aus, indem die Hin- bzw. Rückreaktion überwiegt, bis sich das Gleichgewicht erneut eingestellt hat, also $K$ den für die jeweilige Temperatur charakteristischen Wert angenommen hat.

#### 1. Änderung der Konzentrationen

Eine Erhöhung der Konzentration eines Edukts bzw. eine Verminderung der Konzentration eines Produkts begünstigt die Hinreaktion, die Bildung der Produkte. Eine Verminderung der Konzentration eines Edukts bzw. eine Erhöhung der Konzentration eines Produkts begünstigt die Rückreaktion, die Bildung der Edukte.

#### 2. Änderung der Temperatur

Eine Temperaturerhöhung bewirkt, dass die endotherme Reaktion bevorzugt abläuft, eine Temperaturerniedrigung begünstigt den Ablauf der exothermen Reaktion.

#### 3. Änderung des Drucks

Bei Reaktionen, an denen Gase beteiligt sind, wird bei Druckerhöhung die Reaktion begünstigt, die mit einer Verringerung der Teilchenanzahl im gasförmigen Zustand, d.h. mit einer Volumenverringerung, verbunden ist. Bei Druckerniedrigung wird die Reaktion mit einer Erhöhung der Teilchenanzahl im gasförmigen Zustand begünstigt.

**Katalysatoren** beeinflussen die Lage des chemischen Gleichgewichts nicht. Sie erhöhen die Reaktionsgeschwindigkeit der Hin- und der Rückreaktion und beschleunigen dadurch die Einstellung des Gleichgewichts.

| Stoffklasse | Strukturelement oder funktionelle Gruppe | Beispiel |
|---|---|---|
| Alkane | Einfachbindung $>C-C<$ | Ethan $H_3C-CH_3$ |
| Alkene | Doppelbindung $>C=C<$ | Ethen $H_2C=CH_2$ |
| Alkohole (Alkanole) | Hydroxy-Gruppe $-\overline{O}-H$ | Ethanol $H_3C-CH_2-\overline{O}-H$ |
| Aldehyde (Alkanale) | Carbonyl-Gruppe (Aldehyd-Gruppe) $-CHO$ | Ethanal $H_3C-CHO$ |
| Ketone (Alkanone) | Carbonyl-Gruppe (Keto-Gruppe) $>C=\overline{O}$ | Propanon $H_3C-CO-CH_3$ |
| Carbonsäuren (Alkansäuren) | Carboxy-Gruppe $-COOH$ | Ethansäure $H_3C-COOH$ |
| Ether | Alkoxy-Gruppe $R-\overline{O}-R$ | Diethylether Ethoxyethan $H_3CH_2C-\overline{O}-CH_2CH_3$ |
| Ester | Ester-Gruppe $-COO-R$ | Ethansäureethylester $H_3C-CO-\overline{O}-CH_2CH_3$ |

*Stoffklassen und ihre funktionellen Gruppen. Die Endung im Namen verweist auf die Stoffklasse.*

**Homologe Reihen**

| Alkane | Alkene |
|---|---|
| $CH_4$ Methan | $H_2C{=}CH_2$ Ethen |
| $H_3CCH_3$ Ethan | $H_2C{=}CHCH_3$ Propen |
| $H_3CCH_2CH_3$ Propan | $H_2C{=}CHCH_2CH_3$ Buten |
| $H_3C(CH_2)_2CH_3$ Butan | ⋮ |
| ⋮ | |

| Alkanole | Alkanale |
|---|---|
| $H_3COH$ Methanol | $HCHO$ Methanal |
| $H_3CCH_2OH$ Ethanol | $H_3CCHO$ Ethanal |
| $H_3C(CH_2)_2OH$ Propanol | $H_3CCH_2CHO$ Propanal |
| $H_3C(CH_2)_3OH$ Butanol | $H_3C(CH_2)_2CHO$ Butanal |
| ⋮ | ⋮ |

| Alkanone | Alkansäuren |
|---|---|
| $H_3CCOCH_3$ Propanon | $HCOOH$ Methansäure |
| $H_3CCOCH_2CH_3$ Butanon | $H_3CCOOH$ Ethansäure |
| $H_3CCO(CH_2)_2CH_3$ Pentanon | $H_3CCH_2COOH$ Propansäure |
| ⋮ | $H_3C(CH_2)_2COOH$ Butansäure |
| | ⋮ |

*Homologe Reihen*

## Nomenklaturregeln

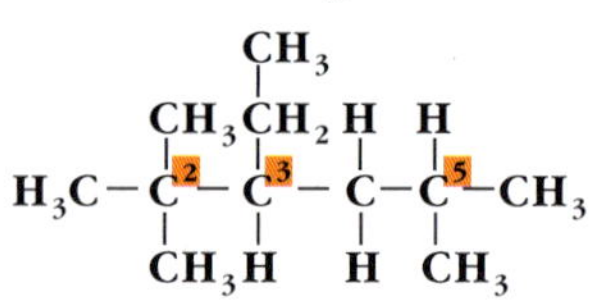

| 3- | Ethyl- | 2,2,5- | tri | methyl | hexan | IUPAC-Name |
|---|---|---|---|---|---|---|
| 2 | 4 | 2 | 3 | 4 | 1 | Regel-Nr. |

1 Stammname
3 Mehrfachzahlwort
2 Verknüpfungsziffer
4 Substituenten

Die Nomenklaturregeln für Alkane sind im nebenstehenden Beispiel zusammengefasst. Diese Regeln gelten auch für die anderen Stoffklassen. Bei Verbindungen mit funktionellen Gruppen wird dem entsprechenden Stammnamen des Alkans eine Endung angehängt, wie z. B. –ol für Alkohole. Bei Verbindungen mit mehreren funktionellen Gruppen bestimmt die am höchsten oxidierte Gruppe den Namen der Verbindung. Hydroxy- oder Amino-Gruppen o. a. werden als Vorsilben vorangestellt.

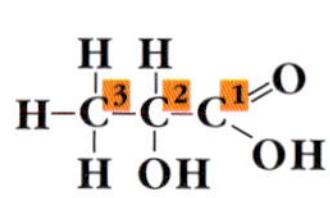

| 2 | Hydroxy | propansäure |
|---|---|---|
| 2 | 4 | 1 |

## Oxidationen und Reduktionen

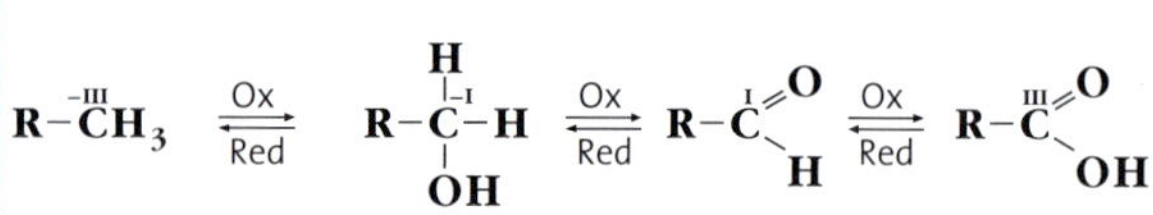


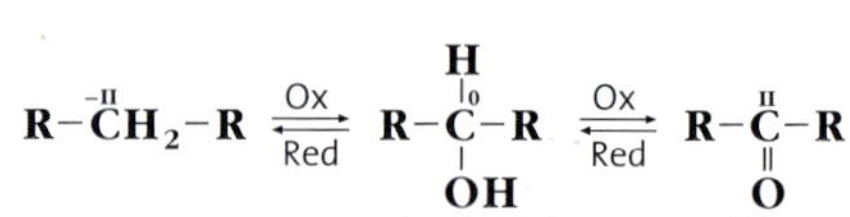

## Isomerie

Bei gleicher Summenformel (gleicher qualitativer und quantitativer Zusammensetzung) existieren verschiedene Verbindungen.

### Konstitutionsisomerie (Strukturisomerie)

Unterschiedliche Verknüpfung der Atome bzw. unterschiedliche Reihenfolge (Sequenz) der Atome

#### Gerüstisomerie
(Skelettisomerie)

Isomerie der Grundkörper (Kohlenwasserstoffe), unterschiedlicher Aufbau des Kohlenstoff-Gerüsts: unverzweigte bzw. verzweigte Ketten

**Beispiele**: isomere Butane, Pentane, Hexane, isomere Butene

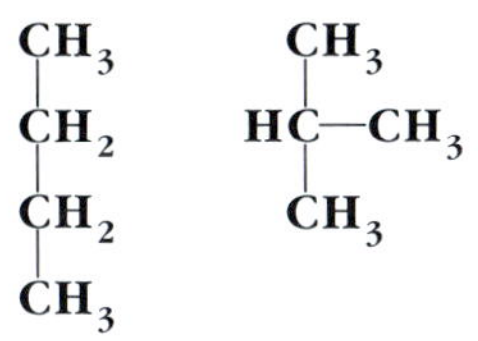

$C_4H_{10}$

#### Stellungsisomerie
(Ortsisomerie)

Unterschiedliche Stellung funktioneller Gruppen (Substituenten) an den Kohlenstoff-Atomen einer Kette oder eines Rings (Kernisomerie)

**Beispiele**: isomere Dichlorethane, isomere Butanole, isomere Dihalogenbenzole

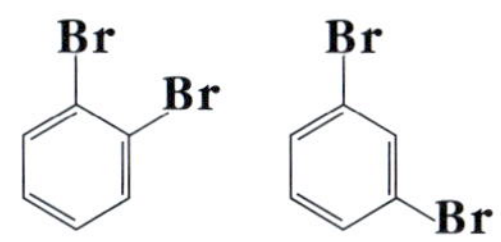

$C_6H_4Br_2$

#### Funktionelle Isomerie

Isomere besitzen unterschiedliche funktionelle Gruppen.

**Beispiele**: Ethanol (Hydroxy-Gruppe) – Dimethylether (Sauerstoffbrücke), Propanal – Propanon

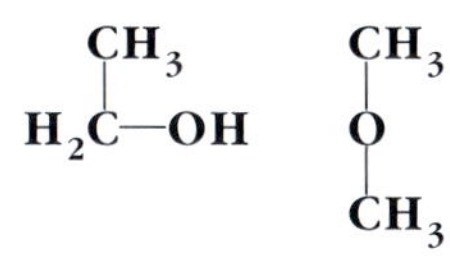

$C_2H_6O$

#### Bindungsisomerie
(Valenzisomerie)

Bei den Isomeren sind einzelne Bindungen verschoben, d. h. die gleichen Atome sind verschieden gebunden.

**Beispiele**: Benzol – Dewar-Benzol

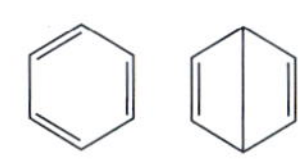

$C_6H_6$

### Stereoisomerie (Raumisomerie)

Die Isomere unterscheiden sich nur in der Konfiguration, d. h. in der Anordnung der Atome im dreidimensionalen Raum.

#### Enantiomerie

Enantiomere oder optische Isomere stehen wie Bild und Spiegelbild zueinander. Die Isomere haben einen chiralen Molekülbau, der z. B. durch ein asymmetrisches Kohlenstoff-Atom verursacht wird.

Enantiomere unterscheiden sich in vielen Eigenschaften nicht voneinander (Energiegehalt, $\vartheta_m$, $\vartheta_b$ u. a.). Sie drehen aber die Ebene des polarisierten Lichts in entgegengesetzte Richtungen und können sich im Geruch und anderen auf biochemischen Prozessen beruhenden Eigenschaften unterscheiden.

**Beispiel**: Enantiomere der Milchsäure

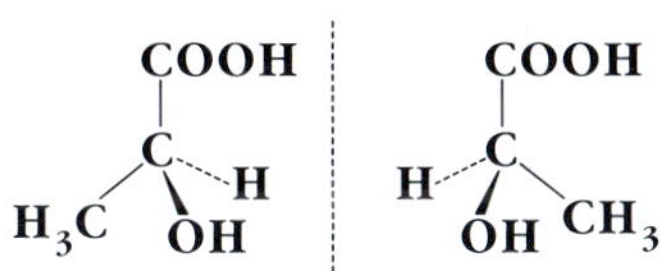

$C_3H_6O_3$

#### Diastereoisomerie

Diastereoisomere stehen *nicht* wie Bild und Spiegelbild zueinander. Diastereoisomere haben auch unterschiedliche Schmelz- und Siedetemperaturen.

**Beispiel**: *meso*-Weinsäure ist diastereoisomer zu den beiden Enantiomeren der Weinsäure (vgl. *Chemie 2000+ Online* und „Polarimetrie").

#### *Z-E* Isomerie (geometrische Isomerie, *cis-trans* Isomerie)

*Z-E* Isomere stellen einen Sonderfall von Diastereoisomeren dar. In ihren Molekülen sind die Substituenten an Doppelbindungen oder an nicht aromatischen Ringen verschieden angeordnet.

**Beispiel**: *Z*- und *E*-1,2-Dichlorethen

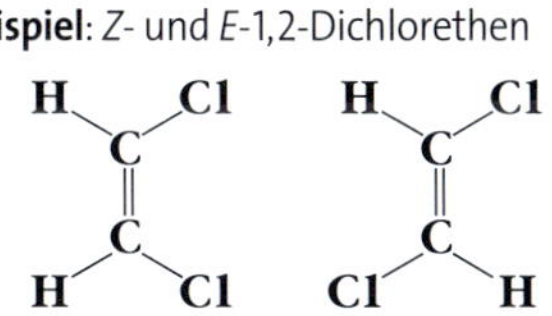

$C_2H_2Cl_2$

#### Konformationsisomerie

Aus der Rotationsmöglichkeit um die Einfachbindung bedingte unterschiedliche räumliche Anordnung von Atomen zueinander

**Beispiel**: Sessel- und Wannenform des Cyclohexans

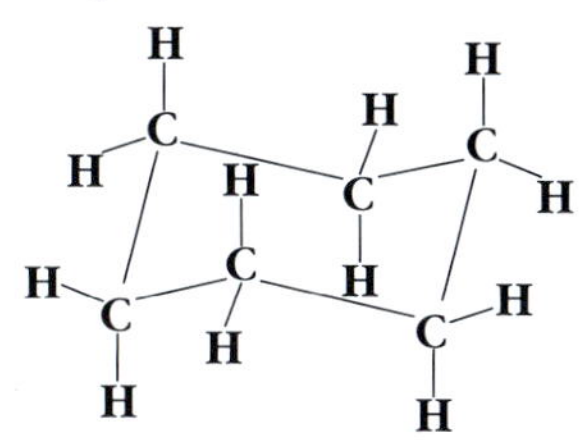

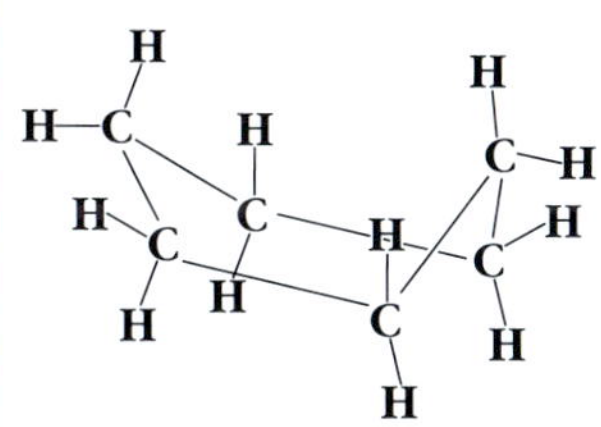

$C_6H_{12}$

# Protolysegleichgewichte – Konzentrationsbestimmungen

**Säuren** und **Basen** kennt jeder in Verbindung mit Zitrusfrüchten, Milchprodukten, Essig und Seifen. Säuren und Basen kommen aber auch in vielen anderen Alltagsprodukten und der Umwelt vor.

In diesem Kapitel führen wir eine Definition von Säuren und Basen ein, die auf dem **Donator-Akzeptor-Konzept** beruht.

Damit können wir die Reaktionen von Säuren und Basen untereinander wie auch mit anderen Stoffen begründen und die unterschiedliche Stärke von Säuren bzw. Basen verstehen.

Unter Anwendung der Kenntnisse über das **chemische Gleichgewicht** und das **Massenwirkungsgesetz MWG** werden dann charakteristische Größen, Konstanten und mathematische Gleichungen entwickelt, mit denen Säuren und Basen nach ihrer Stärke geordnet und quantitativ bestimmt werden können.

**Titrationen** sind Verfahren zur Konzentrationsbestimmung von Säuren und Basen. Sie finden Anwendung in der Lebensmittel- und Umweltanalytik sowie in der Technik und der Medizin.

Bei der Erschließung dieser Kenntnisse und Verfahren gehen wir folgenden Fragen nach:

1 **Wie lässt sich der Säure- oder Basegehalt einer Lösung bestimmen?**

2 **Was versteht man unter einer Säure und was unter einer Base?**

3 **Warum können auch Salze sauer oder basisch reagieren?**

4 **Was ist der *p*H-Wert?**

5 **Starke Säure, schwache Säure – worauf kommt es an?**

6 **Wie kommt Unempfindlichkeit gegenüber Säuren und Basen zustande?**

7 **Was haben Blaukraut, Rotkohl und Indikatorpapiere gemeinsam?**

8 **Grafische Darstellung von Titrationsergebnissen – was erkennen wir daran?**

9 **Aminosäuren – worin unterscheiden sie sich von anderen Säuren?** EVA

**B1** *Marie-Anne und Antoine Laurent Lavoisier*

Warum macht es Sinn, beim Thema Säuren und Basen ausgerechnet auf A. L. Lavoisier (B1) zurückzublicken, der doch mit seiner Säure-Definition „voll daneben" lag (vgl. S. 22, B1)?

**Erstens**, weil es in diesem Kapitel auch um **quantitative Bestimmungen** geht und Lavoisier der Erste war, der bei seinen systematischen Forschungen über chemische Reaktionen die Massen der Ausgangs- und Endstoffe genau untersuchte. Er setzte dafür die Waage ein und führte die Versuche in geschlossenen Apparaturen durch. So stellte er im Jahr 1772 fest, *„dass der Schwefel beim Verbrennen nicht nur nicht an Gewicht verliert, sondern sogar dazu gewinnt"* und beschloss, diese *„interessanteste Entdeckung, die nach Stahl[1] gemacht wurde"*, durch weitere Experimente abzusichern. Das gelang ihm im Jahr 1777, sodass er seine Ergebnisse im Aufsatz *„Sur la combustion en général"* (Über die Verbrennung im Allgemeinen) zusammenfassen konnte. Darin behauptet er, dass sich ein Stoff bei der Verbrennung mit *„etwas"* aus der Luft verbindet.

**Zweitens**, weil Lavoisier mit der **Namensgebung** von *Sauer*stoff auf den Begriff *Säure* zurückgriff. Er zeigte in den Jahren 1777 bis 1785, dass dieses *„etwas"* aus der Luft ein Element ist, das er *oxygenium* (griech.) = Säureerzeuger nannte, weil er irrtümlich annahm, Sauerstoff sei in jeder Säure enthalten. Das gilt allerdings nur für sogenannte Sauerstoffsäuren, die aus Nichtmetalloxiden und Wasser entstehen.

[1] Georg Ernst Stahl entwarf im Jahr 1697 die *Phlogistontheorie* der Verbrennung. Danach entweicht einem Stoff, der verbrennt, etwas, das Stahl *Phlogiston* („Feuerstoff") nannte. Fast hundert Jahre lang waren alle Chemiker von Ruf Anhänger dieser Theorie. Lavoisiers *Sauerstofftheorie* der Verbrennung hat auch heute noch Gültigkeit.

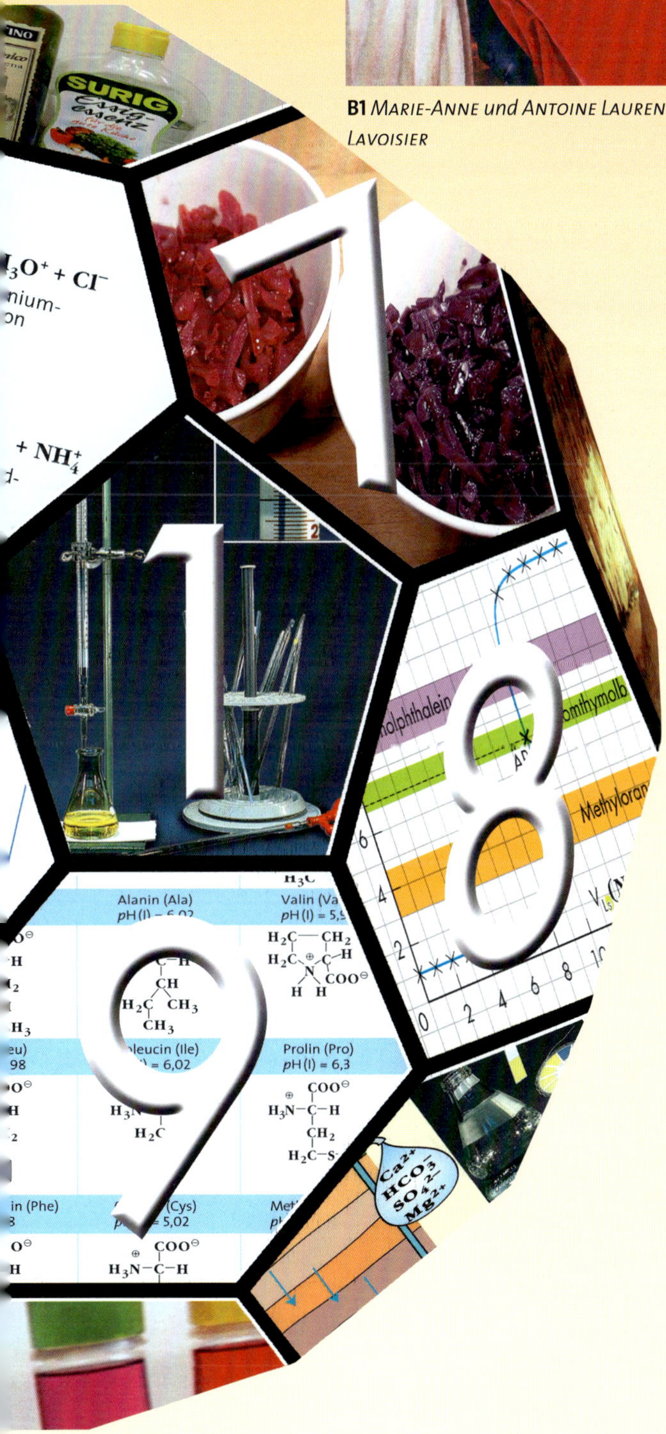

# Wie viel Säure ist da drin?

**B1** *Der Säuregehalt in Speiseessig wird mit 6 % angegeben, der in Essigessenz mit 25 % (Massenprozent).* ***A:*** *Ermitteln Sie den Essigsäuregehalt von Speiseessig und Essigessenz. Nehmen Sie dabei an, dass die Dichte von Speiseessig ρ (Speiseessig) = 1,0 g/cm³ und die von Essigsäure ρ ($CH_3COOH$) = 1,04 g/m³ beträgt.*

## Versuche

*Hinweis:* Notieren Sie bei jeder Titration das Volumen der verbrauchten Maßlösung.

***V1*** Pipettieren Sie 10 mL Essig in einen Erlenmeyerkolben und verdünnen Sie mit ca. 50 mL destilliertem Wasser. Fügen Sie einige Tropfen Indikator-Lösung (Bromthymolblau-Lösung* oder Phenolphthalein-Lösung*) hinzu und titrieren Sie mit Natronlauge*, $c(NaOH)$ = 1,0 mol/L, bis zum Farbumschlag.

***V2*** a) Pipettieren Sie 10 mL frisch gepressten und durch ein Sieb filtrierten Zitronensaft in einen Erlenmeyerkolben und verdünnen Sie mit ca. 10 mL destilliertem Wasser. Titrieren Sie wie bei V1 mit Indikator* und Natronlauge*, $c(NaOH)$ = 1,0 mol/L.

b) Gehen Sie analog zu a) mit 10 mL frisch gepresstem und durch ein Sieb filtriertem Orangensaft vor.

## Auswertung

a) Notieren Sie Ihre Messwerte aus V1 und V2 in einer Tabelle: Volumen saure Lösung (Essig, Zitronensaft), Volumen verbrauchte Natronlauge, Konzentration Natronlauge, Säurekonzentration. Letztere wird erst nach der Berechnung (vgl. c) bis e) eingetragen.

b) Erklären Sie, welche Rolle die Verdünnung mit destilliertem Wasser spielt.

*Hinweis:* Die Auswertungen c) und d) sind mithilfe der Beispielrechnung von S. 21 zu lösen.

c) Essigsäure $CH_3COOH$ bildet bei der Neutralisation mit Natronlauge gelöstes Natriumacetat $CH_3COONa(aq)$. Bestimmen Sie die Stoffmengen- und die Massenkonzentration und vergleichen Sie mit den Angaben auf dem Etikett auf der von Ihnen verwendeten Essigflasche.

d) Berechnen Sie die Stoffmengenkonzentrationen der Säuren im Zitronen- und im Orangensaft aus V2 unter der vereinfachten Annahme, dass nur Citronensäure $H_3Cit$ in den Säften vorliegt.

e) Beurteilen Sie die Aussage „Zitronensaft schmeckt saurer, weil darin mehr Säure ist".

**B2** *Titrationsvorrichtung: Aus der Bürette wird Maßlösung portionsweise in die Probe gegeben und der Kolben wird geschwenkt. Die Titration ist beendet, wenn der Indikator umschlägt.*

| | |
|---|---|
| $c(\mathbf{X}) = \frac{n(\mathbf{X})}{V_{Ls}(\mathbf{X})}$ (1)<br>$n(\mathbf{X}) = \frac{m(\mathbf{X})}{M(\mathbf{X})}$ (2) | $c(\mathbf{X})$ : Konzentration von **X** in mol/L<br>$n(\mathbf{X})$ : Stoffmenge von **X** in mol<br>$m(\mathbf{X})$ : Masse von **X** in g<br>$M(\mathbf{X})$ : molare Masse von **X** in g/mol<br>$V_{Ls}(\mathbf{X})$ : Volumen der Lösung **X** in L |

*Beispiele*:

Natronlauge, $c(NaOH)$ = 1 mol/L, enthält 1 mol $NaOH$ (40 g $NaOH$) in 1 L Lösung.

Schwefelsäure-Lösung, $c(H_2SO_4)$ = 2 mol/L, enthält 2 mol $H_2SO_4$ (196 g $H_2SO_4$) in 1 L Lösung bzw. 4 mol $H_3O^+$-Ionen[1] in 1 L Lösung.

**B3** *Gleichungen und Größen für die Auswertung von Titrationen.* ***A:*** *Erweitern Sie die Beispiele analog um Essigsäure, c = 0,1 mol/L, und Kalkwasser, c = 0,005 mol/L.*

[1] Vereinfacht formuliert: $H^+$-Ionen.

## Konzentrationsbestimmung durch Titration

In der Natur kommen viele Säuren vor. Citronensäure, Essigsäure, Ameisensäure, Magensäure und Ascorbinsäure (Vitamin C) sind einige, bekannte Beispiele. Säuren werden in vielen Bereichen gezielt eingesetzt, z. B. zu Reinigungszwecken oder als Konservierungsstoffe in Lebensmitteln. Oft nehmen wir Säuren in Lebensmitteln allerdings kaum wahr, da der darin enthaltene Zucker den Geschmack der Säure überdeckt, z. B. bei Orangensaft und in Cola-Getränken. Qualitativ lassen sich Aussagen über Säuremenge und -stärke daher nur bedingt treffen.

Quantitativ sind Säuren in Lösungen durch **Titration** zu bestimmen. Bei diesem Verfahren nutzt man die Tatsache, dass die Neutralisationsreaktion zwischen den Oxonium-Ionen $H_3O^+$ einer sauren und den Hydroxid-Ionen $OH^-$ einer alkalischen Lösung sehr rasch und praktisch vollständig zu Wasser-Molekülen verläuft.

Bei der Titration wird eine alkalische **Maßlösung** über eine **Bürette** in die Säurelösung gegeben, deren Stoffmenge bzw. Konzentration bestimmt werden soll (B2). Das „Ende" der Titration wird durch den Farbumschlag eines geeigneten Indikators recht genau angezeigt. Aus dem Volumen der verbrauchten Maßlösung und über die Reaktionsgleichung der Neutralisationsreaktion wird die gesuchte Stoffmenge ermittelt. Die Rechnung ist besonders einfach, wenn der Gehalt der jeweils gelösten Stoffe als **Stoffmengenkonzentration (Konzentration) *c* in mol/L** angegeben wird (B3). Dabei muss darauf geachtet werden, ob eine ein- oder eine **mehrprotonige**[2] Säuren vorliegt.

**Beispielrechnung zu einem Titrationsergebnis**

Bei einer Titration von 35 mL Salzsäure mit Natronlauge, $c(\mathbf{NaOH}) = 0{,}1$ mol/L, wurden bis zum Umschlag des Indikators 20 mL Natronlauge verbraucht.

*Berechnung der Konzentration der titrierten Salzsäure:*

(1) Aufstellen der **Reaktionsgleichung** für die Stoffumsetzung:
$$\mathbf{HCl(aq) + NaOH(aq) \longrightarrow H_2O(l) + NaCl(aq)}$$

(2) Aus der Reaktionsgleichung wird das **Stoffmengenverhältnis** der interessierenden Reaktionspartner abgelesen:
$n(\mathbf{HCl}) : n(\mathbf{NaOH}) = 1:1$; daraus folgt: $n(\mathbf{HCl}) = n(\mathbf{NaOH})$

(3) Ersetzen der Stoffmengen *n* gemäß Gleichung (1) aus B3:
$c(\mathbf{HCl}) \cdot V_{Ls}(\mathbf{HCl}) = c(\mathbf{NaOH}) \cdot V_{Ls}(\mathbf{NaOH})$

(4) Umformen der Gleichung (3) nach der gesuchten Größe $c(\mathbf{HCl})$ und Einsetzen der bekannten Zahlenwerte der übrigen Größen:
$$c(\mathbf{HCl}) = \frac{c(\mathbf{NaOH}) \cdot V_{Ls}(\mathbf{NaOH})}{V_{Ls}(\mathbf{HCl})} = \frac{0{,}1\ \text{mol/L} \cdot 20\ \text{mL}}{35\ \text{mL}} = 0{,}057\ \text{mol/L}$$

**B4** *Anwendungen der Größengleichungen aus B3 bei der Auswertung einer Titration.*
*A: Ermitteln Sie unter Verwendung der Gleichungen aus B3 die Masse an gelöstem Chlorwasserstoff.*

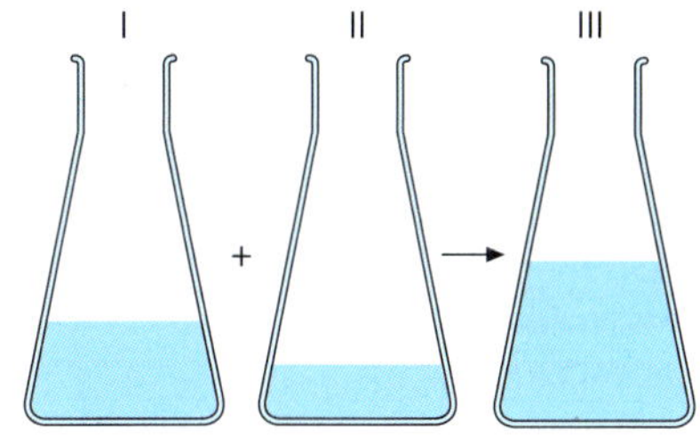


| 100 mL | 60 mL | |
|---|---|---|
| $NaOH(aq)$ | $H_2SO_4(aq)$ | ? |
| $c = 0{,}6$ mol/L | $c = 0{,}5$ mol/L | |

**B5** *Neutralisation einer zweiprotonigen Säure. A: Die Lösungen I und II werden zur Lösung III vereinigt. Begründen Sie durch Rechnung, ob die Lösung III alkalisch, neutral oder sauer reagiert.*

### *Aufgaben*

*A1* 50 mL Kalilauge werden mit Salzsäure, $c(\mathbf{HCl}) = 0{,}2$ mol/L, titriert. Die Farbe des Indikators schlägt nach dem Verbrauch von $V_{Ls}(\mathbf{HCl}) = 25$ mL um. Berechnen Sie a) die Konzentration der titrierten Kalilauge und b) die Masse des in der Kalilauge enthaltenen Kaliumhydroxids.

*A2* Cola enthält Phosphorsäure $H_3PO_4$, eine **dreiprotonige Säure**. Sie wird mit Natronlauge zu Natriumphosphat $Na_3PO_4$ umgesetzt. Die Konzentration der Phosphorsäure in einem Cola-Getränk beträgt $c = 0{,}002$ mol/L. Berechnen Sie das Volumen an Natronlauge, $c(\mathbf{NaOH}) = 0{,}05$ mol/L, das bei der Titration von 100 mL dieses Cola-Getränks verbraucht wird.

### Fachbegriffe

Titration, Maßlösung, Bürette, mehrprotonige Säure, Stoffmengenkonzentration *c*

[2] Mehrprotonige Säuren können pro Molekül mehr als ein Proton abspalten. Schwefelsäure $H_2SO_4$ ist eine zweiprotonige Säure, Phosphorsäure $H_3PO_4$ und Citronensäure $H_3Cit$ sind dreiprotonige Säuren.

# Ohne Wasser nicht sauer!

Im **Altertum**, bereits vor über 2000 Jahren, kannte man die wässrige Lösung der Essigsäure. Sie wurde von den Lateinern *acidum aceticum* genannt.

ROBERT BOYLE
(1626–1691)
stellte fest, dass alle Säuren den Pflanzenfarbstoff Lackmus rot färben und Kalkstein zersetzen. Damit stellte er allgemeine Eigenschaften der Säuren heraus, die sie von anderen Stoffen unterscheiden.

ANTOINE L. LAVOISIER
(1743–1794)
beobachtete, dass Nichtmetalloxide sich mit Wasser zu Säuren verbinden.

JUSTUS VON LIEBIG
(1803–1873)
definierte Säuren als Wasserstoffverbindungen, in denen Wasserstoff durch ein Metall ersetzt werden kann.

SVANTE ARRHENIUS
(1859–1927)
schloss aus der Tatsache, dass wässrige Säurelösungen den elektrischen Strom leiten, dass diese Lösungen Wasserstoff-Ionen $\mathbf{H}^+$ enthalten, und definierte Säuren als Stoffe, die in wässriger Lösung Wasserstoff-Ionen bilden.

JOHANNES NIKOLAUS BRÖNSTED
(1879–1947) und
THOMAS MARTIN LOWRY (1874–1936)
stellten im Jahr 1928 fest, dass nicht das Vorhandensein von Wasserstoff-Ionen in einer wässrigen Lösung das Kriterium für eine Säure ist. Sie definierten eine Säure als Protonen-Donator.

**B1** *Historische Entwicklung der Definition von Säuren.* **A:** *Nennen Sie je ein Beispiel zu den Definitionen von* BOYLE, LAVOISIER, LIEBIG *und* ARRHENIUS.

## Versuche

***V1*** Versetzen Sie in je einem Rggl. a) Citronensäure* und b) Speisenatron (Natriumhydrogencarbonat) mit einigen mL Wasser. Schütten Sie die Lösungen aus a) und b) in einem der beiden Rggl. zusammen und beobachten Sie.

***V2*** Füllen Sie in einen Gefrierbeutel je ein halbes Päckchen Speisenatron* und Citronensäure*. Mischen Sie den Inhalt gut durch und beobachten Sie die Veränderungen. Geben Sie dann einige mL Wasser hinzu und verschließen Sie den Gefrierbeutel sofort und beobachten Sie.

***V3*** Lösen Sie in je einem Rggl. etwas Citronensäure* a) in Aceton* und b) in destilliertem Wasser. Prüfen Sie die elektrische Leitfähigkeit beider Lösungen bei gleicher Wechselspannung von $U = 6$ V.

***LV4*** a) Chlorwasserstoff* wird in einer Apparatur gemäß B2 aus Kochsalz und konzentrierter Schwefelsäure* hergestellt und je 15 s lang in Xylol* und auf dest. Wasser geleitet. Zunächst die Xylol- und dann die wässrige Lösung werden auf elektrische Leitfähigkeit überprüft (Wechselspannung, $U = 6$ V). b) In das Becherglas mit der Xylol-Lösung wird anschließend ca. 2 cm hoch destilliertes Wasser hinzugefügt und mit einem Glasstab gut durchgerührt. Dann wird erneut die Leitfähigkeit geprüft, indem man den Leitfähigkeitsprüfer langsam in die obere und dann in die untere Schicht einführt.

## Auswertung

a) Beschreiben Sie die unterschiedlichen Beobachtungen bei V1 und V2 und schließen Sie daraus auf die Rolle des Wassers für die zugrunde liegende Reaktion.

b) Erklären Sie die Messergebnisse aus V3 mithilfe der ARRHENIUS-Definition von Säuren (B1) und gehen Sie dabei auf die Rolle des Wassers ein.

c) Die Löslichkeit von Chlorwasserstoff in Wasser beträgt 720 g/L (bei 20 °C). Erklären Sie aufgrund dieser Tatsache, warum sich der Versuchsaufbau für Wasser von dem für Xylol unterscheidet.

d) Deuten und erklären Sie die Ergebnisse der Leitfähigkeitsmessungen in LV4a). Erklären Sie basierend auf der Leitfähigkeitsmessung in LV4b), was während des Rührens in den beiden Phasen abläuft.

e) Überprüfen Sie, ob und inwiefern die Aussage „ohne Wasser nicht sauer“ für alle Versuchsergebnisse aus V1 bis LV4 zutrifft.

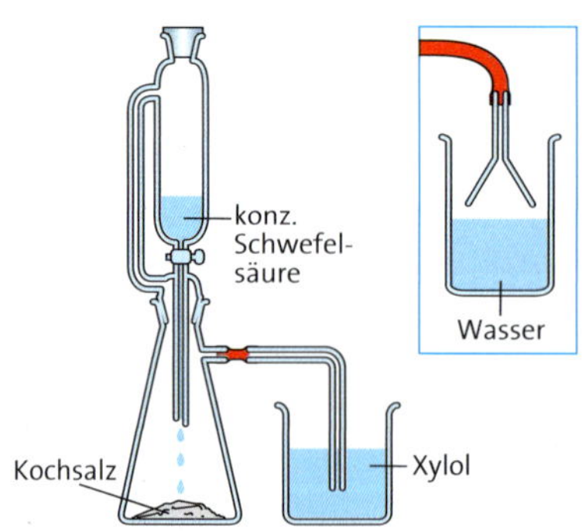


**B2** *Skizze zu LV4*

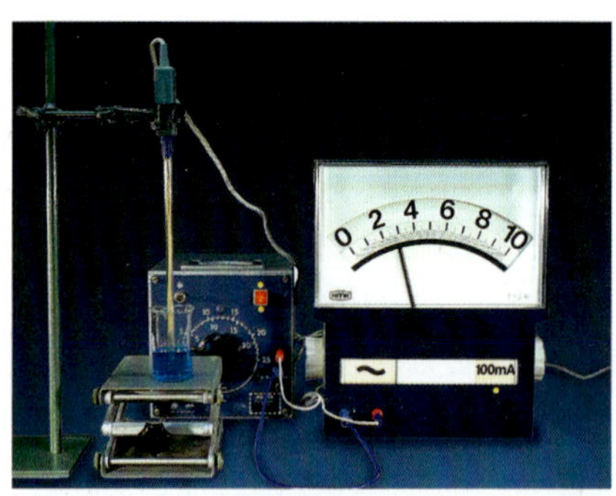


**B3** *Messvorrichtung für V3 und LV4*

## Säure-Base-Definitionen nach BRÖNSTED

Säure und Base ist in der Chemie ein Begriffspaar wie z. B. die Begriffspaare Addition und Subtraktion sowie Multiplikation und Division in der Mathematik. Was aber eine Säure bzw. eine Base genau ist, darüber hat es im Laufe der Geschichte ganz unterschiedliche Ansichten gegeben (B1).

Der saure Geschmack bestimmter Stoffe führte zu der Bezeichnung „Säure". Aufgrund der stark ätzenden oder sogar toxischen Eigenschaften einiger Säuren konnte der Geschmack nicht das einzige Kriterium der Definition für eine Säure sein. In den Definitionen des Säurebegriffs der letzten 300 Jahre (B1) spiegeln sich jeweils die großen Themen der Chemie wieder, die zu der jeweiligen Zeit im Mittelpunkt standen, beispielsweise die Sauerstofftheorie der Verbrennung (LAVOISIER), die Zusammensetzung von Verbindungen einer Stoffklasse (LIEBIG) und die elektrische Leitfähigkeit von Lösungen (ARRHENIUS).

Die meisten Säuren sind als saure Lösungen bekannt. Viele Säuren sind auch im reinen Zustand flüssig, beispielsweise Essigsäure, Milchsäure, Schwefelsäure und Salpetersäure. Es gibt aber auch feste Säuren, wie Citronensäure und Ascorbinsäure (Vitamin C), und auch gasförmige, beispielsweise Chlorwasserstoff.

Mit den Versuchen V1 bis LV4 wird der Frage „Was ist eine Säure?" nachgegangen und sich der Definition von BRÖNSTED und LOWRY als vorläufig beste Definition angeschlossen. Dafür sprechen folgende experimentelle Fakten:

- Erst in Wasser gelöst zeigt Citronensäure ihre Säurewirkung, z. B. die Reaktion mit Natriumhydrogencarbonat (V1, V2) und die elektrische Leitfähigkeit (V3).
- Im Gegensatz zu reinem Chlorwasserstoff ist die wässrige Lösung von Chlorwasserstoff elektrisch leitfähig, die Lösung von Chlorwasserstoff in Xylol hingegen nicht.
- In Xylol gelöster Chlorwasserstoff geht beim Schütteln mit Wasser in die wässrige Phase über und wirkt dort als Säure (LV4b).

Demnach sollten Chlorwasserstoff-Moleküle mit Wasser-Molekülen eine Reaktion eingehen, die mit Xylol-Molekülen so gut wie gar nicht abläuft.

Von dieser Annahme ausgehend definierte BRÖNSTED eine Säure als einen Stoff, dessen Teilchen Protonen (Wasserstoff-Ionen) abgeben („entbinden") können, und eine Base als einen Stoff, dessen Teilchen Protonen aufnehmen (binden) können[1].

Die Kurzform seiner Definitionen lautet:

**Säuren** sind **Protonen-Donatoren**[2], **Basen** sind **Protonen-Akzeptoren**[3].

Reaktionen zwischen Säuren und Basen sind stets mit Protonenübergängen verbunden (B5). Säure-Base-Reaktionen werden **Protolysen**[4] genannt.

[1] Die Begriffe „Säure" und „Base" werden sowohl zur Bezeichnung von Stoffen, z. B. Schwefelsäure, als auch zur Bezeichnung ihrer Teilchen, z. B. Schwefelsäure-Molekül, verwendet. Wir müssen jeweils dem Zusammenhang entnehmen, ob vom Stoff oder von den Teilchen die Rede ist.

[2] von *donare* (lat.) = geben, schenken; [3] von *accipere* (lat.) = annehmen; [4] von *lyein* (griech.) = lösen. Bei Protolysen werden zwar Protonen von Säure-Teilchen „gelöst", jedoch nur in dem Maße, wie sie gleichzeitig von einem Base-Teilchen gebunden werden.

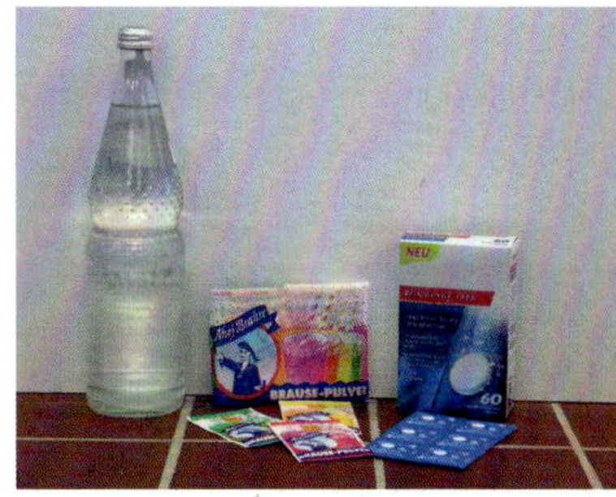

**B4** *Saures Sprudelwasser, Brausepulver und Reinigungsmittel für dritte Zähne*

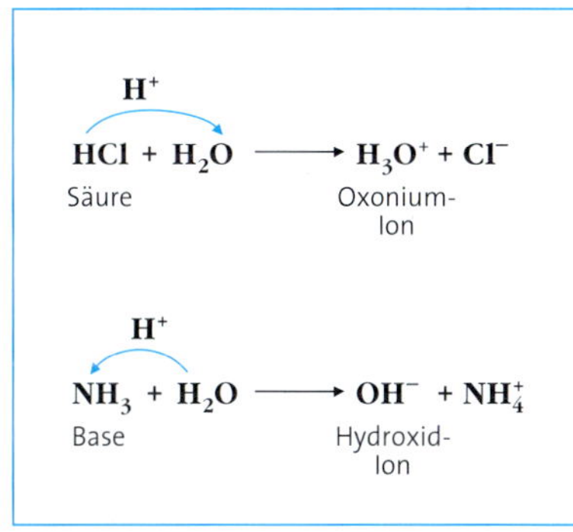


**B5** *Protolysen der Säure Salzsäure und der Base Ammoniak.* **A:** *Ordnen Sie allen dargestellten Verbindungen begründet die Begriffe BRÖNSTED-Säure bzw. BRÖNSTED-Base zu.*

### Aufgaben

**A1** Überprüfen und begründen Sie, ob Essigsäure und Salzsäure gemäß den Definitionen aus B1 als Säuren zu klassifizieren sind.

**A2** Vergleichen Sie die Definitionen von ARRHENIUS und BRÖNSTED.

### Fachbegriffe

Protonen-Donator, Protonen-Akzeptor, Protolyse

**B1** *Salze wie Natron (Natriumcarbonat) werden im Haushalt zur Beeinflussung des pH-Werts eingesetzt.*

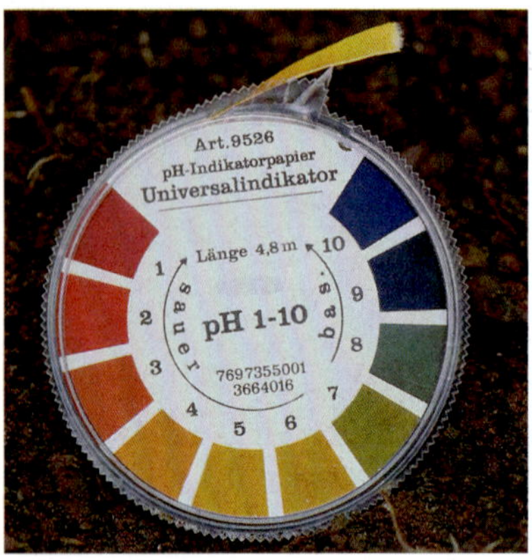


**B2** *Indikatorpapiere für Schnelltests mit eingeschränkter pH-Skala.* **A:** *Stellen Sie eine begründete Vermutung auf, ob für das Indikatorpapier Bromthymolblau verwendet wird.*

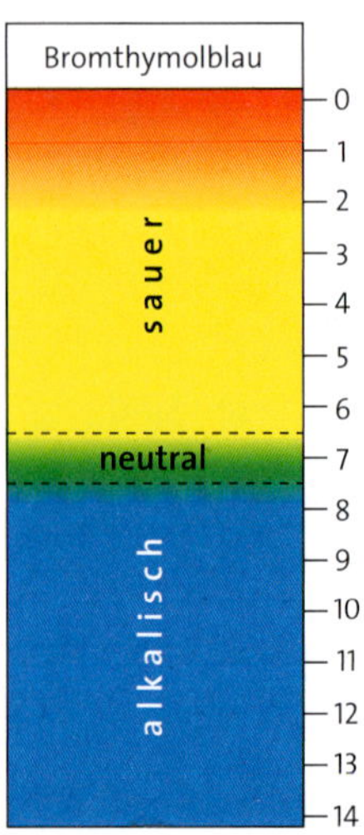


**B3** *Der Indikator Bromthymolblau nimmt in saurer, neutraler und alkalischer Lösung die gezeigten Farben an.*

# Können Salze sauer sein?

## Versuche

***V1*** Stellen Sie in 5 Rggl. folgende Lösungen her, indem Sie die angegebenen Stoffe jeweils in ca. 15 mL destilliertem Wasser lösen:
Nr. 1: eine Spatelspitze Natriumchlorid* $\mathbf{NaCl(s)}$,
Nr. 2: eine Spatelspitze Natriumacetat $\mathbf{H_3CCOONa(s)}$,
Nr. 3: eine Spatelspitze Ammoniumchlorid $\mathbf{NH_4Cl(s)}$,
Nr. 4: eine Spatelspitze Kaliumcarbonat* $\mathbf{K_2CO_3(s)}$,
Nr. 5: eine Spatelspitze Natriumhydrogensulfat* $\mathbf{NaHSO_4(s)}$.
Geben Sie in jedes Rggl. einige Tropfen Bromthymolblau-Lösung* (B3) und notieren Sie die Farbe der Lösung.

***V2*** Stellen Sie in je 2 Rggl. folgende Lösungen her, indem Sie jeweils eine Spatelspitze der nachfolgend genannten Stoffe in ca. 15 mL Wasser lösen:
a) Natriumphosphat* $\mathbf{Na_3PO_4(s)}$,
b) Dinatriumhydrogenphosphat $\mathbf{Na_2HPO_4(s)}$,
c) Natriumdihydrogenphosphat $\mathbf{NaH_2PO_4(s)}$.
Fügen Sie jeweils in das eine der beiden Rggl. einige Tropfen Bromthymolblau-Lösung* in das andere Rggl. einige Tropfen Universalindikator-Lösung* und notieren Sie die Farben der Lösungen.

***V3*** Bestimmen Sie den *p*H-Wert von Zitronen-, Orangen- oder Grapefruitsaft mit *p*H-Papier (B2). Geben Sie je eine Portion Speisenatron (Natriumhydrogencarbonat $\mathbf{NaHCO_3}$) hinzu und messen Sie den *p*H-Wert erneut.

## Auswertung

a) Teilen Sie die in V1 und V2 untersuchten Stoffe in Klassen ein, je nachdem, ob ihre wässrige Lösung sauer, alkalisch oder neutral reagiert. Beschreiben Sie, ob dabei etwas Unerwartetes auffällt.

b) Natriumacetat ist eine Ionenverbindung, die beim Lösen in Wasser in hydratisierte Natrium-Ionen $\mathbf{Na^+(aq)}$ und hydratisierte Acetat-Ionen $\mathbf{H_3CCOO^{\ominus}(aq)}$ übergeht. Erklären Sie, warum nur die Acetat-Ionen protolysieren. Erklären Sie auch die Färbung der Lösung durch den Indikator.

c) Erläutern Sie die Farben der anderen Proben aus V1 und V2 durch Reaktionsgleichungen der entsprechenden Protolysen.

d) Leiten Sie aus den *p*H-Wert-Messungen in V3 ab, welche Funktion dem zugesetzten Speisenatron zukommt.

e) Erläutern Sie V3 mithilfe von Protolysegleichungen.

## Protolysegleichgewichte bei Säure-Base-Reaktionen

Die wässrige Lösung des Salzes Natriumchlorid ist neutral. Lösungen anderer Salze hingegen sind sauer bzw. alkalisch (V1). Im Versuch reagieren die Ammoniumchlorid-Lösung und die Natriumhydrogensulfat-Lösung sauer (Gelbfärbung des Indikators Bromthymolblau), die Natriumacetat-Lösung und die Kaliumcarbonat-Lösung dagegen alkalisch (Blaufärbung des Indikators). Diese Beobachtungen sind mit folgenden Grundsätzen zu erklären:

1. Protolysen sind stets reversible Reaktionen, bei denen sich die **chemischen Gleichgewichte** in kurzer Zeit einstellen.
2. Aus einer Säure bildet sich bei einer Protolyse ihre **konjugierte**[1] bzw. **korrespondierende**[2] **Base** und aus einer Base ihre **konjugierte** bzw. **korrespondierende Säure**.

| $HA$ | + | $H_2O$ | $\rightleftharpoons$ | $H_3O^+$ | + | $A^-$ |
|---|---|---|---|---|---|---|
| Säure I<br>konjugierte Säure der Base I | | Base II<br>konjugierte Base der Säure II | | Säure II<br>konjugierte Säure der Base II | | Base I<br>konjugierte Base der Säure I |

In V1 sind folgende **konjugierte Säure-Base-Paare**, d.h. Paare aus einer Säure und ihrer konjugierten Base, vertreten:

$H_3CCOOH/H_3CCOO^{\ominus}$; $NH_4^+/NH_3$; $HCO_3^-/CO_3^{2-}$; $HSO_4^-/SO_4^{2-}$.

Bei jeder Probe stellt sich ein Gleichgewicht ein, an dem eines dieser Säure-Base-Paare beteiligt ist. *Beispiele* (V1):

Nr. 2:

$$\underset{\text{Base I}}{H_3CCOO^{\ominus}} + \underset{\text{Säure II}}{H_2O} \rightleftharpoons \underset{\text{Säure I}}{H_3CCOOH} + \underset{\text{Base II}}{OH^-}$$

Nr. 3:

$$\underset{\text{Säure I}}{NH_4^+} + \underset{\text{Base II}}{H_2O} \rightleftharpoons \underset{\text{Säure II}}{H_3O^+} + \underset{\text{Base I}}{NH_3}$$

An der Formel eines Stoffes allein kann man noch nicht erkennen, ob seine wässrige Lösung sauer, neutral oder alkalisch reagiert (B4). Tieferes Verständnis der Gleichgewichte, die sich zwischen konjugierten Säure-Base-Paaren in wässriger Lösung einstellen (vgl. Säurestärke, S. 28, 29), versetzen uns in die Lage, die Eigenschaften einer Salzlösung vorauszusagen. Dieses Wissen findet seine Anwendung, wenn man in der Küche saure Getränke oder Speisen durch die Zugabe von Speisenatron „abstumpft", also das Salz gerade wegen seiner basischen Reaktion einsetzt (V3). Auch in Fischzuchten, Gartenteichen und Aquarien werden Hydrogencarbonate oder Carbonate als Wasserchemikalien eingesetzt, um in den Wassern *p*H-Werte kleiner als 6 zu vermeiden.

[1] von *conjungere* (lat.) = verbinden; [2] von *correspondere* (lat.) = übereinstimmen, sich entsprechen

$$HX + H_2O \rightleftharpoons H_3O^+ + X^-$$
Neutralsäure

$$HX^- + H_2O \rightleftharpoons H_3O^+ + X^{2-}$$
Anion-Säure

$$HX^+ + H_2O \rightleftharpoons H_3O^+ + X$$
Kation-Säure

$$X^- + H_2O \rightleftharpoons OH^- + HX$$
Anion-Base

$$HX + H_2O \rightleftharpoons OH^- + H_2X^+$$
Neutralbase

$$HX^+ + H_2O \rightleftharpoons OH^- + H_2X^{2+}$$
Kation-Base

**B4** *Neutrale Teilchen, positiv und negativ geladene Ionen können Säure-Base-Funktion haben. A: Geben Sie an, welche dieser Säure- und Base-Typen in V1 bis V3 vertreten sind, und nennen Sie die entsprechenden Teilchen aus den Versuchen.*

### *Aufgaben*

*A1* Erläutern Sie, warum die Säure-Base-Eigenschaften von Salzen mit der BRÖNSTED-Definition besser erklärt werden können als mit den anderen Definitionen aus B1, S. 22.

*A2* Einige *Antacida* zur Neutralisation der Magensäure enthalten Aluminiumhydroxid $Al(OH)_3$, andere Natriumhydrogencarbonat $NaHCO_3$. Formulieren Sie Reaktionsgleichungen, durch die deutlich wird, wie jeweils die Basen aus diesen Verbindungen mit Oxonium-Ionen reagieren. Geben Sie jeweils die konjugierten Säure-Base-Paare an.

### Fachbegriffe

chemisches Gleichgewicht, konjugierte oder korrespondierende Säure, konjugierte oder korrespondierende Base, konjugiertes Säure-Base-Paar

# Spurensuche in reinem Wasser

**B1** *Der analytische Nachweis von 1 ppt[1] verunreinigender Substanz entspricht dem Auffinden eines Weizenkorns in ca. 100 000 t Weizen, die in einen Güterzug von 20 km Länge hineinpassen.*

### INFO

Das in der Natur verbreitete Wasser ist niemals rein, sondern enthält u.a. Salze, Gase, organische Verbindungen, Bakterien und Stäube. Verhältnismäßig reines Wasser ist aus Regen und Schnee zu gewinnen, besonders rein sind Regen und Schnee aus Neuseeland. Selbst destilliertes Wasser ist kein absoluter Reinstoff; es ist also kein Stoff, der ausschließlich aus Wasser-Molekülen besteht. Destilliertes Wasser enthält u.a. noch gelöstes Kohlenstoffdioxid oder beispielsweise Ionen, die aus der Glasapparatur beim Destillieren herausgelöst wurden. Selbst das reinste je hergestellte Wasser enthält noch etwa 1 ppt[1] an Verunreinigungen. Dass dieses Wasser, dessen Reinheitsgrad man in Prozent mit 99,9999999999 % angeben müsste, schon „sehr rein" ist, veranschaulicht der Vergleich in B1. Mit moderner chemischer Analytik sind einige Stoffe (z.B. Dioxine) auch dann nachzuweisen, wenn sie in einer Konzentration von weniger als $10^{-15}$ Massenanteilen enthalten sind, d.h. wenn in einer Masse von 1 t nur 0,000001 mg dieses Stoffes enthalten ist.

*Definition des Zehnerlogarithmus:*

lg a = b genau dann, wenn: $10^b = a$

z.B.: $\lg 3{,}7 = 0{,}5682$ weil $10^{0{,}5682} = 3{,}7$

*Produktregel:*

$\lg (a \cdot b) = \lg a + \lg b$

z.B.: $\lg (100 \cdot 1000) = \lg 10^5 = 5$
$\lg 100 + \lg 1000 = 2 + 3 = 5$

*Quotientenregel:*

$\lg \frac{a}{b} = \lg a - \lg b$

z.B.: $\lg \frac{1000}{100} = \lg 10 = 1$
$\lg 1000 - \lg 100 = 3 - 2 = 1$

*Exponentregel:*

$\lg a^b = b \cdot \lg a$

z.B.: $\lg 10^3 = \lg 1000 = 3$
$3 \cdot \lg 10 = 3 \cdot 1 = 3$

**B2** *Umformungen beim Rechnen mit Zehnerlogarithmen*

### Versuche

***V1*** Bestimmen Sie mit einer *p*H-Elektrode (oder mit Spezialindikatorpapier) den *p*H-Wert und mit einem Leitfähigkeitsmessgerät die elektrische Leitfähigkeit verschiedener Wasserproben: Mineralwässer, Leitungswasser, Wasserprobe aus einem Fließ- bzw. stehenden Gewässer, Regenwasser, destilliertes Wasser, vollentsalztes Wasser.

***V2*** Bestimmen Sie mithilfe von Schnelltestverfahren (Wasseruntersuchungskoffer/Teststäbchen) in den Wasserproben aus V1 den Nitratgehalt und die Wasserhärte (Gesamthärte, Carbonathärte).

### Auswertung

*Hinweis*: Bearbeiten Sie b) und c) erst, wenn Sie S. 27 gelesen haben.

a) Tragen Sie ihre Messdaten in eine Tabelle ein, die Sie nach den Angaben aus B3 anlegen. Erklären Sie ihre Messergebnisse in V1 und V2 und benennen Sie die Teilchen, die für die Größe in der jeweiligen Spalte verantwortlich sind.

b) Bestimmen Sie die Konzentrationen $c(H_3O^+)$ und $c(OH^-)$ aus ihren Messdaten. Berechnen Sie die Anzahl der Oxonium-Ionen $N(H_3O^+)$ in jeweils 1 Liter Wasserprobe unter Verwendung der AVOGADRO-Konstanten $N_A = 6{,}022 \cdot 10^{23}\ mol^{-1}$ ($\vartheta = 22\ °C$) und tragen Sie sie in Ihre Tabelle ein.

c) Ermitteln Sie den Faktor, um den sich die Konzentrationen der Oxonium-Ionen im Regenwasser und im Leitungswasser aus V1 unterscheiden.

d) Erklären Sie auf Basis Ihrer Tabellenwerte, ob der Anteil an gelösten Salzen Auswirkungen auf den *p*H-Wert der Lösung hat.

| Probe | *p*H | $c(H_3O^+)$ | $c(OH^-)$ | $N(H_3O^+)$ | Leitfähigkeit | Gesamthärte | Carbonathärte | Nitratgehalt |
|---|---|---|---|---|---|---|---|---|
| | | | | | | | | |

**B3** *Tabellenkopf zur Auswertung von V1 und V2*

[1] *ppt* (engl.) = part per trillion (Billionstel) entspricht 1 : 1 000 000 000 000, also $10^{-12}$ oder 1 Mikrogramm in einer Tonne;
*ppb* (engl.) = part per billion (Milliardstel) entspricht 1 Milligramm in einer Tonne;
*ppm* (engl.) = part per million (Millionstel) entspricht 1 Gramm in einer Million Gramm (= eine Tonne)

## Autoprotolyse des Wassers und *p*H-Wert

Je mehr Salze im Wasser gelöst sind (V1), umso höher ist die Leitfähigkeit einer Wasserprobe. Genaue Messungen an reinstem Wasser zeigen, dass auch dieses eine geringe elektrische Leitfähigkeit besitzt. Es muss also Ionen enthalten. Dabei handelt es sich um Oxonium-Ionen und Hydroxid-Ionen. Sie bilden sich bei der **Autoprotolyse**[2] des Wassers:

$$\underset{\text{Säure I}}{H_2O} + \underset{\text{Base II}}{H_2O} \rightleftharpoons \underset{\text{Säure II}}{H_3O^+} + \underset{\text{Base I}}{OH^-}$$

Anhand der Gleichung wird deutlich, dass ein Wasser-Molekül sowohl als Protonen-Donator als auch als Protonen-Akzeptor wirken kann. Es wird als **Ampholyt (amphoteres Teilchen)**[3] bezeichnet. Das Autoprotolysegleichgewicht des Wassers liegt sehr stark auf der linken Seite. Die Rückreaktion (Neutralisationsreaktion) ist gegenüber der Hinreaktion stark bevorzugt. Der Wert der Gleichgewichtskonstanten $K$ konnte aus Leitfähigkeitsmessungen bestimmt werden:

$$K = \frac{c(H_3O^+) \cdot c(OH^-)}{c^2(H_2O)} = 3{,}258 \cdot 10^{-18} \quad (\vartheta = 22\,°C)$$

Die Konzentration von Wasser bei 22 °C ist $c(H_2O) = 55{,}398$ mol/L. Die Konzentration ergibt sich aus der Masse von 1 L Wasser $m(H_2O) = 998$ g und der molaren Masse $M(H_2O) = 18$ g/mol. Die Abnahme der Stoffmenge $n(H_2O)$ durch die Hinreaktion des Autoprotolysegleichgewichts ist so gering, dass sie sich selbst auf die dritte Stelle hinter dem Komma bei $c(H_2O)$ nicht auswirkt. Man bezieht daher die Konzentration des Wassers in die Gleichgewichtskonstante $K$ mit ein und erhält eine neue, temperaturabhängige **Konstante $K_W$**:

$$K \cdot c^2(H_2O) = c(H_3O^+) \cdot c(OH^-) = K_W$$

Durch Einsetzen der Zahlenwerte für $K$ und $c(H_2O)$ folgt:

$$K_W = c(H_3O^+) \cdot c(OH^-) = 10^{-14}\ \text{mol}^2 \cdot \text{L}^{-2} \quad (\vartheta = 22\,°C)$$

Da die Konstante $K_W$ das Produkt der Konzentrationen der im Wasser enthaltenen Ionen angibt, spricht man vom **Ionenprodukt des Wassers**. Dieser Wert gilt nicht nur für reines Wasser, sondern auch für verdünnte wässrige Lösungen bei $\vartheta = 22$ °C. Mit dem Ionenprodukt ist jeder Oxonium-Ionenkonzentration eine Hydroxid-Ionenkonzentration zugeordnet und umgekehrt (B4). Um die Oxonium-Ionenkonzentration $c(H_3O^+)$ einer Lösung durch eine kleine positive Zahl angeben zu können, hat man den ***p*H-Wert**[4] einer Lösung definiert[5]:

$$pH = -\lg \{c(H_3O^+)\}$$

Der *p*H-Wert ist der negative Zehnerlogarithmus des Zahlenwerts der Konzentration der Oxonium-Ionenkonzentration einer Lösung.

| $c(H_3O^+)$ | *p*H | | *p*OH | $c(OH^-)$ |
|---|---|---|---|---|
| $10^0 = 1$ | 0 | ↑ | 14 | $10^{-14}$ |
| $10^{-1}$ | 1 | | 13 | $10^{-13}$ |
| $10^{-2}$ | 2 | | 12 | $10^{-12}$ |
| $10^{-3}$ | 3 | sauer | 11 | $10^{-11}$ |
| $10^{-4}$ | 4 | | 10 | $10^{-10}$ |
| $10^{-5}$ | 5 | | 9 | $10^{-9}$ |
| $10^{-6}$ | 6 | | 8 | $10^{-8}$ |
| $10^{-7}$ | 7 | neutral | 7 | $10^{-7}$ |
| $10^{-8}$ | 8 | | 6 | $10^{-6}$ |
| $10^{-9}$ | 9 | | 5 | $10^{-5}$ |
| $10^{-10}$ | 10 | | 4 | $10^{-4}$ |
| $10^{-11}$ | 11 | alkalisch | 3 | $10^{-3}$ |
| $10^{-12}$ | 12 | | 2 | $10^{-2}$ |
| $10^{-13}$ | 13 | | 1 | $10^{-1}$ |
| $10^{-14}$ | 14 | ↓ | 0 | $10^0 = 1$ |

**B4** *Zusammenhang zwischen Oxonium-Ionenkonzentration, pH-Wert, Hydroxid-Ionenkonzentration und pOH-Wert. Die Konzentrationen der Ionen sind in mol/L angegeben.* ***A:*** *Addieren Sie zeilenweise den pH-Wert und den pOH-Wert und erklären Sie den Zusammenhang, der sich ergibt.*

### Aufgaben

***A1*** Berechnen Sie mithilfe des Ionenprodukts $K_W$ die Konzentration der Oxonium-Ionen $c(H_3O^+)$ in reinem Wasser bei $\vartheta = 22$ °C.

***A2*** Analog zum *p*H-Wert definiert man den ***p*OH-Wert** als den negativen dekadischen Logarithmus der Konzentration der Hydroxid-Ionen: $pH = -\lg \{c(OH^-)\}$.
Erläutern Sie, welchen *p*OH-Wert eine neutrale Lösung hat.

### Fachbegriffe

Autoprotolyse, Ampholyt, amphoteres Teilchen, Ionenprodukt des Wassers $K_W$, *p*H-Wert, *p*OH-Wert

[2] von *auto* (griech.) = selbst; [3] von *amphoteros* (griech.) = auf beiderlei Art; [4] *p*H kommt von *puissance de hydrogène* (franz.) oder *pondus hydrogenii* (lat.) = Hochzahl des Wasserstoffs; [5] Die geschwungenen Klammern geben an, dass nur der Zahlenwert von $c(H_3O^+)$ logarithmiert wird.

# Starke Säuren, schwache Säuren – worauf kommt es an?

**B1** *Ameisen produzieren Ameisensäure* $\mathbf{HCOOH}$*, die bei einem Ameisenbiss unter die Haut gelangt und einen stechenden Schmerz verursacht.* ***A:*** *Beurteilen Sie, ob es sich bei Ameisensäure um eine „starke" oder „schwache" Säure handelt, und erklären Sie, was Sie unter „stark" bzw. „schwach" verstehen.*

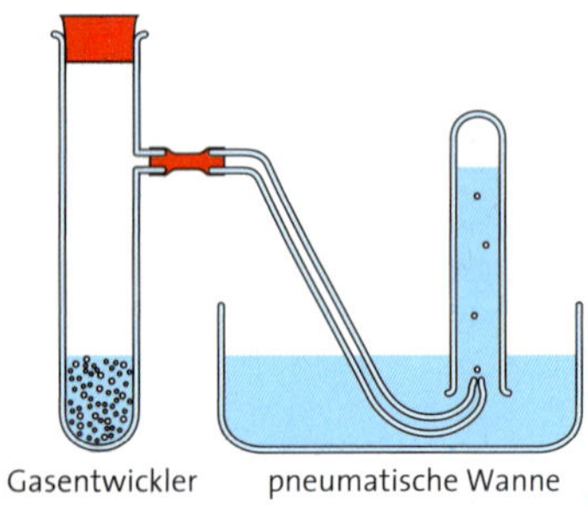


**B2** *Gasentwickler zu V3.* ***A:*** *Erläutern Sie, wie verfahren werden muss, um Fehlerquellen möglichst gering zu halten.*

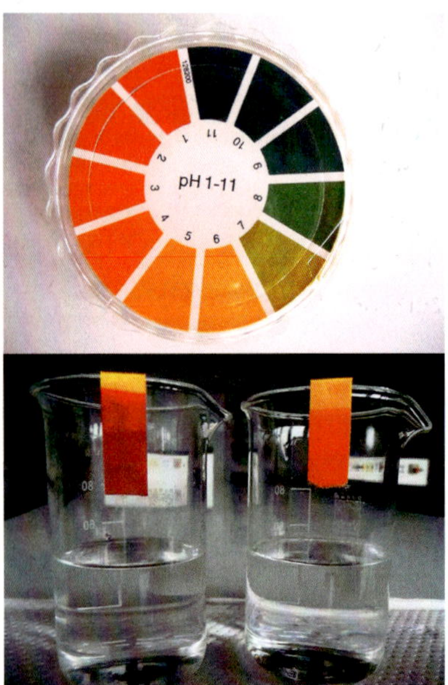


**B3** *Bestimmung des pH-Werts gleichkonzentrierter Salzsäure- (links) und Essigsäure-Lösung (rechts) mit pH-Papier.* ***A:*** *Vergleichen Sie die Färbung der beiden pH-Papiere.*

## *Versuche*

***V1*** Bereiten Sie drei Lösungen gleicher Konzentration ($c$ = 0,2 mol/L) aus Wasser und den angegebenen Mengen folgender Stoffe vor:

a) 16,8 mL konz. Salzsäure* (konz. Salzsäure ist eine gesättigte Lösung von Chlorwasserstoff in Wasser mit $w(\mathbf{HCl})$ = 37,5 %),

b) 27,7 g Natriumhydrogensulfat-Dihydrat* $\mathbf{NaHSO_4 \cdot 2\ H_2O(s)}$,

c) 11,4 mL reine Essigsäure* $\mathbf{H_3CCOOH(l)}$.

Lösen Sie die Stoffe zunächst in 1-L-Messkolben in etwa 500 mL Wasser; bringen Sie die Lösungen dann auf Raumtemperatur und füllen Sie mit destilliertem Wasser auf 1 L auf.

***V2*** Messen Sie für jede der drei Säurelösungen aus V1 die *p*H-Werte mit einem *p*H-Meter.

***V3*** Messen Sie die Zeit, die vergeht, bis sich bei der Reaktion der jeweiligen Säurelösung mit Magnesium 5 mL Gas gebildet haben. Geben Sie hierzu in einer Vorrichtung nach B2 jeweils 0,3 g Magnesiumpulver* in den Gasentwickler, gießen Sie dann 20 mL Säurelösung darüber, stopfen Sie sofort zu und starten Sie im gleichen Moment die Stoppuhr.

***V4*** Verdünnen Sie je eine Portion der drei Lösungen aus V1 auf a) $c$ = 0,1 mol/L und b) $c$ = 0,02 mol/L. Messen Sie die *p*H-Werte dieser Lösungen ebenfalls mit einem *p*H-Meter und halten Sie sie zusammen mit den *p*H-Werten aus V2 in einer Tabelle fest.

## *Auswertung*

a) Notieren Sie tabellarisch für jede der drei Säurelösungen in V3 und V4 jeweils die Ausgangskonzentration ($c_0$ = 0,2 mol/L), den gemessenen *p*H-Wert und die Reaktionszeit. Lassen Sie in der Tabelle eine Spalte für $c(\mathbf{H_3O^+})$ frei.

b) Vergleichen Sie die in V3 gemessenen Reaktionszeiten und *p*H-Werte der drei Säurelösungen miteinander und erläutern Sie den Zusammenhang zwischen Reaktionszeit und *p*H-Wert.

c) Berechnen Sie aus den bei V2 gemessenen *p*H-Werten die Oxonium-Ionenkonzentrationen $c(\mathbf{H_3O^+})$ und tragen Sie sie in die freie Spalte der Tabelle aus a) ein.

d) Die Reaktion einer Säurelösung mit Magnesium verläuft nach der Gleichung:

$$\mathbf{Mg(s) + 2\ H_3O^+(aq) \longrightarrow H_2(g) + Mg^{2+}(aq) + 2\ H_2O(l)}.$$

Erläutern Sie, ob die von Ihnen gemessenen Reaktionszeiten mit den *p*H-Werten der Lösungen und den Konzentrationen der Oxonium-Ionen in Übereinstimmung sind.

e) Ordnen Sie die drei Säuren nach ihrer Stärke und erläutern Sie, nach welchen Kriterien Sie die Säurestärke beurteilt haben.

f) Berechnen Sie aus den bei V4 gemessenen *p*H-Werten die Konzentrationen der Oxonium-Ionen im Gleichgewicht $c(\mathbf{H_3O^+})$ für Salzsäure und Essigsäure mit der Anfangskonzentrationen $c_0(\mathbf{HA})$ = 0,1 mol/L und $c_0(\mathbf{HA})$ = 0,02 mol/L.

## Die Säurekonstante $K_s$ und der $pK_s$-Wert

Gemessen am Schmerz, den man bei einem Ameisenbiss verspürt, würde man die Ameisensäure $\mathbf{HCOOH}$ (B1) fälschlicherweise als starke Säure einschätzen. Die starke Säure Chlorwasserstoff $\mathbf{HCl}$ ist gelöst in unseren Körpern im Magensaft enthalten, die schwache Blausäure (Wasserstoffcyanid) $\mathbf{HCN}$ ist für Lebewesen ein starkes Gift. Diese Beispiele zeigen, dass die Stärke einer Säure wenig mit ihrer Gefährlichkeit oder gar ihrer Giftigkeit zu tun hat.

Für Salzsäure und Essigsäure-Lösung mit gleicher Ausgangskonzentration, $c_0$ = 0,1 mol/L, misst man unterschiedliche *p*H-Werte und erwartungsgemäß reagiert die Salzsäure wesentlich schneller und heftiger mit Magnesium als die Essigsäure-Lösung (B2, V3). Aus den gemessenen *p*H-Werten lassen sich die Konzentrationen der Oxonium-Ionen $c(\mathbf{H_3O^+})$ berechnen:

| Säure | $c_0(\mathbf{HA})$ | *p*H | $c(\mathbf{H_3O^+})$ |
|---|---|---|---|
| **Salzsäure** | 0,1 mol/L | 1 | 0,1 mol/L |
| **Essigsäure** | 0,1 mol/L | 2,9 | ≈ 0,001 mol/L |

Vergleicht man bei der Salzsäure die Werte für die **Anfangskonzentration** $c_0(\mathbf{HA})$ und die Oxonium-Ionenkonzentration $c(\mathbf{H_3O^+})$, zeigt sich, dass offenbar alle Chlorwasserstoff-Moleküle ihr Proton abgegeben haben. Das **Protolysegleichgewicht** (B4) liegt damit fast vollständig auf der Seite der Oxonium-Ionen. Im Unterschied dazu hat nur etwa ein Prozent der Essigsäure-Moleküle ein Proton abgegeben, sodass das Gleichgewicht der Essigsäure-Protolyse weitgehend auf der Seite der Essigsäure-Moleküle liegt. Chlorwasserstoff ist ein besserer Protonen-Donator als Essigsäure und damit eine stärkere Säure.

Je höher der Protolysegrad[1] einer Säure ist, desto größer ist ihre **Säurestärke**. In verdünnten Lösungen ist die Konzentration von Wasser $c(\mathbf{H_2O})$ sehr viel größer als die der anderen gelösten Teilchen, die am Massenwirkungsquotienten (B4) beteiligt sind. Der Wert $c(\mathbf{H_2O})$ verändert sich bei der Einstellung des Gleichgewichts nur so wenig, dass die Konzentration des Wassers als konstant angesehen werden kann. Daher bezieht man sie in die Gleichgewichtskonstante *K* mit ein und erhält die **Säurekonstante $K_s$** mit der Einheit mol/L:

$$K \cdot c(\mathbf{H_2O}) = K_s, \text{ also } \boxed{K_s = \frac{c(\mathbf{H_3O^+}) \cdot c(\mathbf{A^-})}{c(\mathbf{HA})}}$$

Alle in diesen Gleichungen vorkommenden Konzentrationen *c* sind auf den Gleichgewichtszustand bezogen und dürfen nicht mit den Anfangskonzentrationen $c_0$ der gelösten Säure oder Base verwechselt werden!

Um mit kleineren Zahlenwerten arbeiten zu können hat man den ***pK*<sub></sub>**

Um mit kleineren Zahlenwerten arbeiten zu können hat man den **$pK_s$-Wert** eingeführt, bei dem es sich (analog zum *p*H-Wert) um den negativen dekadischen Logarithmus von $K_s$ handelt:

$pK_s = -\lg\{K_s\}$

Je kleiner der $pK_s$-Wert einer Säure ist, desto größer ist die **Säurestärke** (B5).

Reaktion einer Säure $\mathbf{HA}$ mit Wasser

$$\mathbf{HA} + \mathbf{H_2O} \rightleftharpoons \mathbf{A^-} + \mathbf{H_3O^+}$$

$$\text{MWG: } K = \frac{c(\mathbf{H_3O^+}) \cdot c(\mathbf{A^-})}{c(\mathbf{HA}) \cdot c(\mathbf{H_2O})}$$

**B4** *Protolysegleichgewicht und Massenwirkungsgesetz MWG für eine Modell-Säure HA.* ***A:*** *Formulieren Sie das Protolysegleichgewicht und das Massenwirkungsgesetz für Salzsäure und für Essigsäure.*

| für | gilt: |
|---|---|
| **starke Säuren** ($pK_s$ < 1,5) | $c(\mathbf{H_3O^+}) = c_0(\mathbf{HA})$ |
| **schwache Säuren** ($pK_s$ > 4,75) | $c(\mathbf{HA}) = c_0(\mathbf{HA})$ |

**B5** *Mögliche Einteilung in starke und schwache Säuren nach dem $pK_s$-Wert.* ***A:*** *Wenden Sie diese allgemeinen Angaben konkret auf die Beispiele aus V2 an.*

### *Aufgaben*

**A1** Bei einer Säurelösung wird ein *p*H-Wert von *p*H = 3 gemessen. Erläutern Sie, warum es anhand dieses Messwerts alleine nicht möglich ist zu entscheiden, ob eine starke oder eine schwache Säure vorliegt.

**A2** Erläutern Sie unter Bezug auf den Massenwirkungsquotienten, ob ein hoher $K_s$-Wert eine starke oder eine schwache Säure kennzeichnet.

### Fachbegriffe

Anfangskonzentration $c_0$, Protolysegleichgewicht, Säurekonstante $K_s$, $pK_s$-Wert, Säurestärke, starke Säure, schwache Säure

[1] Der Protolysegrad ist der Quotient aus der Anzahl der protolysiert vorliegenden Säuremoleküle $c(\mathbf{H_3O^+})$ im Vergleich zu $c_0(\mathbf{HA})$.

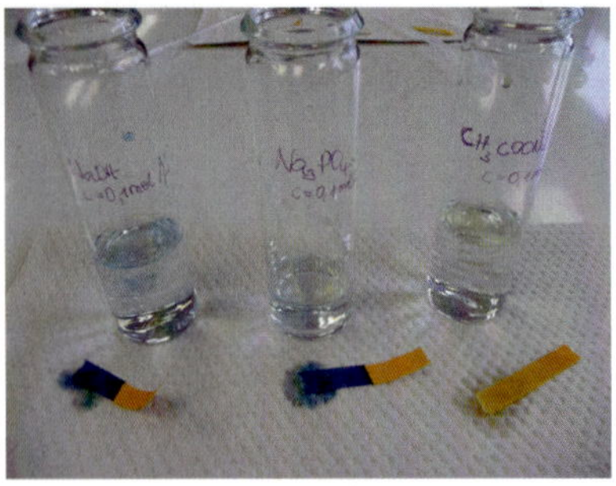

**B1** *Gleich konzentrierte Lösungen haben verschiedene pH-Werte.*

| Säure | $pK_s$ | Base | $pK_b$ |
|---|---|---|---|
| $HClO_4$ | ≈ –9 | $ClO_4^-$ | ≈ 23 |
| $HI$ | ≈ –8 | $I^-$ | ≈ 22 |
| $HBr$ | ≈ –6 | $Br^-$ | ≈ 20 |
| $HCl$ | ≈ –6 | $Cl^-$ | ≈ 17 |
| $H_2SO_4$ | ≈ –3 | $HSO_4^-$ | ≈ 17 |
| $H_3O^+$ | –1,74 | $H_2O$ | 15,74 |
| $HNO_3$ | –1,32 | $NO_3^-$ | 15,32 |
| $HIO_3$ | 0 | $IO_3^-$ | 14 |
| $H_2C_2O_4$ | 1,46 | $HC_2O_4^{\ominus}$ | 12,54 |
| $HSO_4^-$ | 1,92 | $SO_4^{2-}$ | 12,08 |
| $H_2SO_3$ | 1,96 | $HSO_3^-$ | 12,04 |
| $H_3PO_4$ | 1,96 | $H_2PO_4^-$ | 12,04 |
| $HF$ | 3,14 | $F^-$ | 10,86 |
| $HCOOH$ | 3,77 | $HCOO^{\ominus}$ | 10,23 |
| $H_3CCOOH$ | 4,76 | $H_3CCOO^{\ominus}$ | 9,24 |
| $H_2CO_3$ | 6,52 | $HCO_3^-$ | 7,48 |
| $H_2S$ | 6,9 | $HS^-$ | 7,1 |
| $H_2PO_4^-$ | 7,12 | $HPO_4^{2-}$ | 6,88 |
| $NH_4^+$ | 9,24 | $NH_3$ | 4,76 |
| $HCN$ | 9,4 | $CN^-$ | 4,6 |
| $HCO_3^-$ | 10,4 | $CO_3^{2-}$ | 3,6 |
| $HPO_4^{2-}$ | 12,32 | $PO_4^{3-}$ | 1,68 |
| $H_2O$ | 15,74 | $OH^-$ | –1,74 |
| $NH_3$ | 23 | $NH_2^-$ | –9 |
| $OH^-$ | ≈ 24 | $O^{2-}$ | ≈ –10 |

**B2** *$pK_s$- bzw. $pK_b$-Werte einiger konjugierter Säure-Base-Paare bei 22 °C.* ***A:*** *Addieren Sie zeilenweise $pK_s + pK_b$ und interpretieren Sie das Ergebnis im Zusammenhang mit dem Ionenprodukt des Wassers $K_W$.* ***A:*** *Informieren Sie sich auf Chemie 2000+ Online über den nivellierenden Effekt des Wassers.*

## Starke Basen, schwache Basen

### *Versuche*

***V1*** Bereiten Sie jeweils 100 mL Natronlauge und wässrige Lösungen von Natriumacetat und Natriumphosphat gleicher Konzentration, $c$ = 0,1 mol/L, vor. Lösen Sie dazu die angegebenen Massen folgender Stoffe zunächst in 100-mL-Messkolben in etwa 50 mL Wasser; bringen Sie die Lösungen dann auf Raumtemperatur und füllen Sie mit destilliertem Wasser auf 100 mL auf.

a) 0,4 g Natriumhydroxid* $NaOH$ (s)
b) 0,82 g Natriumacetat $H_3CCOONa$ (s)
c) 1,64 g Natriumphosphat* $Na_3PO_4$ (s)

Messen Sie für jede der drei Laugen die $p$H-Werte mit $p$H-Papier und mit einem $p$H-Meter.

***V2*** Legen Sie drei gleich große Stücke Alufolie auf je ein Uhrglas und geben Sie gleichzeitig 2 mL der Lösungen a) bis c) aus V1 hinzu. Lassen Sie ca. 10 Minuten stehen und beobachten Sie im Abstand von je 2 Minuten.

### *Auswertung*

a) Vergleichen Sie die $p$H-Werte der drei Lösungen aus V1 miteinander und stellen Sie eine Reihenfolge auf, welche Lösung am stärksten alkalisch ist.

b) Formulieren Sie für die Reaktionen von Natriumhydroxid, Natriumacetat und Natriumphosphat mit Wasser jeweils das entsprechende Protolysegleichgewicht (vgl. Text, S. 31).

c) Berechnen Sie aus den gemessenen $p$H-Werten die $p$OH-Werte (vgl. Ionenprodukt $K_W$, S. 27) und ermitteln Sie die Konzentrationen der in den Lösungen enthaltenen Hydroxid-Ionen $c(OH^-)$.

d) Vergleichen Sie dann die ermittelten Hydroxid-Ionenkonzentrationen mit den Anfangskonzentrationen $c_0$ der angesetzten Lösungen und ermitteln Sie, wie viel Prozent der anfangs eingesetzten Base-Teilchen $B$ im Gleichgewicht als protonierte Teilchen $HB^+$ vorliegen.

e) Vergleichen Sie das Reaktionsverhalten der drei Lösungen aus V2.

f) Ordnen Sie die drei Basen (V1, V2) nach ihrer Stärke und erläutern Sie, nach welchen Kriterien Sie geurteilt haben.

## Die Basenkonstante $K_b$ und der $pK_b$-Wert

Wie V1 zeigt, können Laugen bei gleicher Anfangskonzentration $c_0$ unterschiedliche *p*H-Werte haben. Wie Säuren reagieren auch Basen verschieden stark mit Wasser und es liegen Protolysegleichgewichte vor. Daher lässt sich für die Reaktion einer Base mit Wasser das Massenwirkungsgesetz wie folgt formulieren:

Reaktion einer Base **B** mit Wasser:

$$H_2O + B \rightleftharpoons OH^- + HB^+$$

$$\text{MWG:} \quad K = \frac{c(HB^+) \cdot c(OH^-)}{c(B) \cdot c(H_2O)}$$

Genau wie bei Protolysegleichgewichten von Säuren kann die Konzentration des Wassers als konstant angesehen und in die Gleichgewichtskonstante *K* mit einbezogen werden. Man erhält nun die **Basenkonstante $K_b$**, eine konzentrationsunabhängige Größe mit der Einheit mol/L:

$$K_b = \frac{c(OH^-) \cdot c(HB^+)}{c(B)}$$

Hat die Lösung im Gleichgewicht einen hohen *p*H-Wert, so ist die Konzentration der Hydroxid-Ionen $c(OH^-)$ groß. Entspricht sie der Anfangskonzentration der eingesetzten Base $c_0(B)$, muss die Konzentration der Base $c(B)$ äußerst gering sein. In diesem Fall ist der $K_b$-Wert sehr groß. Das Protolysegleichgewicht liegt auf der Seite der Produkte und es handelt sich um eine **starke Base**.

Bei **schwachen Basen** ist die Konzentration der Hydroxid-Ionen $c(OH^-)$ im Gleichgewicht gering, nur wenige Base-Teilchen **B** haben ein Proton aufgenommen. Die Konzentration der Base im Gleichgewicht entspricht dann näherungsweise der Anfangskonzentration der eingesetzten Base (B3). Das Gleichgewicht liegt auf Seiten der Edukte und der $K_b$-Wert ist sehr niedrig.

Um mit einfacher handhabbaren Werte arbeiten zu können, werden in Tabellen analog zu den Säuren nicht die $K_b$-Werte, sondern die Werte der negativen Zehnerlogarithmen, die **$pK_b$-Werte** angegeben (rechte Spalte in B2):

$pK_b = -\lg\{K_b\}$.

Nach dieser Beziehung entsprechen großen $K_b$-Werten kleine $pK_b$-Werte und kleinen $K_b$-Werten hohe $pK_b$-Werte. Je kleiner der $pK_b$-Wert einer Base ist, desto größer ist die Basenstärke.

Im Protolysegleichgewicht gilt

für **starke Basen**:
$c(OH^-) = c_0(B)$

für **schwache Basen**:
$c_0(B) = c(B)$

**B3** *Vereinfachende Annahmen für Berechnungen mit Basen*

**B4** *Ein wesentlicher Bestandteil von Rohrreiniger ist die starke Base Natriumhydroxid.*

### Aufgaben

**A1** Teilen Sie die Säuren und Basen aus B2 in starke und schwache Säuren bzw. Basen ein (vgl. B3 und B5 auf S. 29).

**A2** Formulieren Sie für Ammoniak $NH_3$ und Natriumformiat $HCOONa$ jeweils das Protolysegleichgewicht und treffen Sie Aussagen zur Lage dieser Gleichgewichte.

**A3** Berechnen Sie den *p*H-Wert von Natriumformiat-Lösung der Anfangskonzentration $c_0(HCOONa) = 0{,}5$ mol/L.

### Fachbegriffe

Basenkonstante $K_b$, starke Base, schwache Base, $pK_b$-Wert

## Berechnung von *p*H-Werten

| starke Säuren | starke Basen |
|---|---|
| $pK_s < 1{,}5$ | $pK_b < 1{,}5$ |
| mittelstarke Säuren | mittelstarke Basen |
| $1{,}5 < pK_s < 4{,}75$ | $1{,}5 < pK_b < 4{,}75$ |
| schwache Säuren | schwache Basen |
| $pK_s > 4{,}75$ | $pK_b > 4{,}75$ |

**B1** *Einteilung (Klassifikation) der Säuren und Basen nach ihrer Stärke*

Um die Berechnung des *p*H-Werts einer Lösung bei gegebener Anfangskonzentration $c_0$ der Säure oder Base zu vereinfachen, ist eine **Klassifikation** der Säuren bzw. Basen in Kategorien hilfreich. Dabei erweisen sich die in B1 angegebenen Grenzwerte für $pK_s$- und $pK_b$-Werte bei Protolysegleichgewichten in wässrigen Lösungen als sinnvoll. Mit diesen Grenzwerten und den im Folgenden genannten Näherungen lässt sich die Berechnung der *p*H-Werte für **starke** und **schwache Säuren** und **Basen** vereinfachen.

### Berechnung des pH-Werts einer starken Säure

Für Lösungen starker Säuren nimmt man näherungsweise an, dass die Säure-Moleküle im Protolysegleichgewicht vollständig protolysiert vorliegen:
$c(\mathbf{H_3O^+}) = c_0(\mathbf{HA})$.

Es soll der *p*H-Wert von Salzsäure $\mathbf{HCl(aq)}$ der Anfangskonzentration $c_0 = 0{,}25$ mol/L berechnet werden.
*Berechnung*:
1. Aufstellen der Protolysegleichung:
   $\mathbf{HCl + H_2O \rightleftharpoons H_3O^+ + Cl^-}$
2. Fallbestimmung (vgl. S. 29, B5):
   Chlorwasserstoff ist eine starke Säure, $pK_s < 1{,}5$;
   damit gilt: $c(\mathbf{H_3O^+}) = c_0(\mathbf{HCl})$.
3. Anwendung der Definitionsgleichung des *p*H-Werts:
   $pH = -\lg\{c(\mathbf{H_3O^+})\} = -\lg 0{,}25 = \mathbf{0{,}6}$

### Berechnung des pH-Werts einer schwachen Säure

Für Lösungen schwacher Säuren nimmt man näherungsweise an, dass die Konzentration der Säure-Moleküle im Protolysegleichgewicht $c(\mathbf{HA})$ gleich der Anfangskonzentration $c_0(\mathbf{HA})$ gesetzt werden kann, da der Protolysegrad sehr klein ist.

Der *p*H-Wert einer Essigsäure-Lösung $\mathbf{H_3CCOOH(aq)}$ der Anfangskonzentration $c_0 = 0{,}25$ mol/L soll berechnet werden.
*Berechnung*:
1. Aufstellen der Protolysegleichung:
   $\mathbf{H_3CCOOH + H_2O \rightleftharpoons H_3O^+ + H_3CCOO^\ominus}$
2. Fallbestimmung (vgl. S. 29, B5):
   Essigsäure ist eine schwache Säure, $pK_s = 4{,}76$;
   damit gilt: $c(\mathbf{H_3CCOOH}) = c_0(\mathbf{H_3CCOOH})$.
3. Auflösen der Gleichung für $K_s$ nach $c(\mathbf{H_3O^+})$:
   $K_s = \dfrac{c(\mathbf{H_3O^+}) \cdot c(\mathbf{H_3CCOO^\ominus})}{c(\mathbf{H_3CCOOH})}$ mit $\{K_s\} = 10^{-pK_s}$.
   Da $c(\mathbf{H_3O^+}) = c(\mathbf{H_3CCOO^\ominus})$ und
   $c(\mathbf{H_3CCOOH}) = c_0(\mathbf{H_3CCOOH})$ ist, folgt:
   $K_s = \dfrac{c^2(\mathbf{H_3O^+})}{c_0(\mathbf{H_3CCOOH})}$ und schließlich
   $c(\mathbf{H_3O^+}) = \sqrt{K_s \cdot c_0(\mathbf{H_3CCOOH})}$.
4. Anwenden der Definitionsgleichung des *p*H-Werts:
   $pH = -\lg\{c(\mathbf{H_3O^+})\} = -\lg\sqrt{K_s \cdot c_0(\mathbf{H_3CCOOH})}$
   $pH = -\lg\sqrt{10^{-4{,}76} \cdot 0{,}25} = \mathbf{2{,}68}$.

### Aufgaben

**A1** Berechnen Sie den *p*H-Wert der folgenden wässrigen Lösungen[1] von a) Essigsäure mit $c_0(\mathbf{H_3CCOOH}) = 0{,}5$ mol/L, b) Salzsäure mit $c_0(\mathbf{HCl}) = 2{,}5$ mol/L, c) Blausäure (Wasserstoffcyanid-Lösung) $\mathbf{HCN(aq)}$ mit $c_0(\mathbf{HCN}) = 0{,}5$ mol/L und d) Salpetersäure $\mathbf{HNO_3(aq)}$ mit $c_0(\mathbf{HNO_3}) = 0{,}1$ mol/L.

**A2** Berechnen Sie jeweils die Anfangskonzentration $c_0$ der Säure in den wässrigen Lösungen von a) Salzsäure mit $pH = 0{,}5$ und b) Essigsäure-Lösung mit $pH = 4$.

[1] Eine Tabelle mit $pK_s$- und $pK_b$-Werten befindet sich auf S. 30.

## Berechnung von *p*H-Werten

Bei Berechnungen der *p*H-Werte alkalischer Lösungen verfährt man grundsätzlich wie bei Säuren, ermittelt jedoch zunächst die Konzentration der Hydroxid-Ionen $c(\mathbf{OH^-})$. Aus $c(\mathbf{OH^-})$ berechnet man durch Logarithmieren den *p*OH-Wert und nutzt den Zusammenhang $p\text{OH} + p\text{H} = 14$.
Alternativ kann die Konzentration der Oxonium-Ionen mithilfe des Ionenprodukts des Wassers $K_w$ (vgl. S. 27) nach $c(\mathbf{H_3O^+}) = 10^{-14}\ \text{mol}^2/\text{L}^2 : c(\mathbf{OH^-})$ und daraus schließlich durch Logarithmieren der *p*H-Wert berechnet werden.

### *Berechnung des pH-Werts einer schwachen Base*

Es soll der *p*H-Wert einer Natriumacetat-Lösung mit $c_0(\mathbf{H_3CCOO^{\ominus}Na^+}) = 0{,}1\ \text{mol/L}$ ermittelt werden.

Berechnung:

1. Aufstellen der Protolysegleichung:
   $$\mathbf{H_3CCOO^{\ominus} + H_2O \rightleftharpoons H_3CCOOH + OH^-}$$
2. Fallbestimmung (vgl. S. 31, B3): Acetat-Anionen reagieren als schwache Basen, $pK_b = 9{,}24$; damit gilt: $c(\mathbf{H_3CCOO^{\ominus}}) = c_0(\mathbf{H_3CCOO^{\ominus}})$.
3. Auflösen der Gleichung für $K_b$ nach $c(\mathbf{OH^-})$:
   $$K_b = \frac{c(\mathbf{OH^-}) \cdot c(\mathbf{H_3CCOOH})}{c(\mathbf{H_3CCOO^{\ominus}})} \quad \text{mit } \{K_b\} = 10^{-pK_b}$$
   Da $c(\mathbf{OH^-}) = c(\mathbf{H_3CCOOH})$ und $c(\mathbf{H_3CCOO^{\ominus}}) = c_0(\mathbf{H_3CCOO^{\ominus}})$ ist, folgt:
   $$K_b = \frac{c^2(\mathbf{OH^-})}{c_0(\mathbf{H_3CCOO^{\ominus}})} \quad \text{und schließlich}$$
   $$c(\mathbf{OH^-}) = \sqrt{K_b \cdot c_0(\mathbf{H_3CCOO^{\ominus}})}.$$
4. Anwenden der Definitionsgleichung des *p*H-Werts und des Zusammenhangs zwischen *p*OH-Wert und *p*H-Wert:
   $$p\text{OH} = -\lg\{c(\mathbf{OH^-})\} = -\lg\sqrt{K_b \cdot c_0(\mathbf{H_3CCOO^{\ominus}})}.$$
   $$p\text{OH} = -\lg\sqrt{10^{-9{,}24} \cdot 0{,}1} = 5{,}12$$
   $$p\text{OH} = 14 - p\text{OH} = 14 - 5{,}12 = \mathbf{8{,}88}.$$

### *Aufgabe*

**A3** Berechnen Sie den *p*H-Wert a) von Natronlauge $\mathbf{NaOH(aq)}$ mit $c_0(\mathbf{NaOH}) = 1\ \text{mol/L}$ und b) von Ammoniak-Lösung $\mathbf{NH_3(aq)}$ mit $c_0(\mathbf{NH_3}) = 0{,}2\ \text{mol/L}$.

### *Berechnung des pH-Werts einer mittelstarken Säure*

Ameisensäure ist aufgrund ihres $pK_s$-Werts von 3,77 als mittelstarke Säure einzustufen (B1). Nach der folgenden Musterberechnung kann der *p*H-Wert einer Ameisensäure-Lösung der Anfangskonzentration $c_0(\mathbf{HCOOH}) = 0{,}25\ \text{mol/L}$ ermittelt werden. Hier werden keine vereinfachenden Annahmen gemacht und der Lösungsweg ist entsprechend länger und verzweigter.

Berechnung:

1. Aufstellen der Protolysegleichung:
   $$\mathbf{HCOOH + H_2O \rightleftharpoons H_3O^+ + HCOO^{\ominus}}$$
2. Fallbestimmung (B1): Ameisensäure ist eine mittelstarke Säure, $pK_s(\mathbf{HCOOH}) = 3{,}77$.
3. Angeben des Zusammenhangs zwischen Anfangskonzentrationen und den Konzentrationen im Gleichgewicht:
   $c_0$: Anfangskonzentration der Ameisensäure
   $c$: Konzentration der Oxonium-Ionen im Gleichgewicht
   $c_0 - c$: Konzentration der Ameisensäure im Gleichgewicht
4. Formulierung des MWG (Säurekonstante $K_s$):
   $$K_s = \frac{c \cdot c}{c_0 - c} \rightleftharpoons (c_0 - c) \cdot K_s = c^2$$
   $$\Leftrightarrow c^2 + K_s \cdot c - K_s \cdot c_0 = 0$$
   $$c_{1,2} = \frac{-K_s \pm \sqrt{K_s^2 + 4 \cdot K_s \cdot c_0}}{2}$$
5. Einsetzen der Zahlenwerte:
   $c_1 = 6{,}69 \cdot 10^{-3}\ \text{mol/L}$ und $c_2 = -6{,}87 \cdot 10^{-3}\ \text{mol/L}$.
   Nur die Lösung $c_1$ kann zutreffen, da negative Konzentrationen nicht auftreten können.
6. Anwenden der Definitionsgleichung des *p*H-Werts:
   $$p\text{H} = -\lg\{c(\mathbf{H_3O^+})\} = -\lg(6{,}69 \cdot 10^{-3}) = \mathbf{2{,}16}.$$

### *Aufgabe*

**A4** Berechnen Sie den *p*H-Wert einer Ameisensäure-Lösung, $c_0 = 0{,}25\ \text{mol/L}$, wenn Sie diese a) als starke Säure und b) als schwache Säure einstufen. Diskutieren Sie dann auf der Basis Ihrer Ergebnisse, ob sich der oben skizzierte Lösungsweg für mittelstarke Säuren „lohnt".

# Struktur-Eigenschaft-Beziehungen bei verschiedenen organischen Säuren

**B1** *Diese Produkte enthalten unterschiedlich starke organische Säuren.*

| Name (Trivialname) | *m*(Säure)/0,1 L Lösung |
|---|---|
| Methansäure (Ameisensäure) | 0,46 g (0,38 mL) |
| Ethansäure (Essigsäure) | 0,6 g (0,58 mL) |
| Propansäure | 0,74 g (0,75 mL) |
| Monochlorethansäure (Chloressigsäure) | 0,95 g |
| Trichlorethansäure (Trichloressigsäure) | 1,63 g |
| 2-Hydroxypropansäure (Milchsäure) | 0,90 g (1,12 mL) |
| Ethandisäure (Oxalsäure) | 0,9 g |
| Propandisäure (Malonsäure) | 1,04 g |
| Butandisäure (Bernsteinsäure) | 1,18 g |
| Hexandisäure (Adipinsäure) | 1,46 g |
| 3-Carboxy-3-hydroxypentandisäure (Citronensäure) | 1,92 g |

**B2** *Säurelösungen für V1 bis V3*

## Versuche

*Hinweis:* Die eingesetzten Säurelösungen können arbeitsteilig untersucht werden.

***V1*** Stellen Sie nach den Angaben aus B2 je 100 mL Säurelösung*, $c$ = 0,1 mol/L, her. Messen und notieren Sie die *p*H-Werte der Lösungen mit einem *p*H-Meter oder *p*H-Papier für den sauren Bereich.

***V2*** Geben Sie in je ein Rggl. 2 mL der Säurelösungen* aus V1 und fügen Sie jeweils eine Spatelspitze Magnesiumspäne hinzu. Vergleichen Sie die Heftigkeit der Reaktionen.

***V3*** Pipettieren Sie jeweils 10 mL Säurelösung* in ein Becherglas, verdünnen Sie mit Wasser auf 50 mL und titrieren Sie mit Natronlauge*, $c$ = 0,1 mol/L, bis zum Umschlag des Indikators Phenolphthalein*.

## Auswertung

a) Legen Sie eine Tabelle mit 5 Spalten an, in denen Sie jeweils den Namen der Säure (B2), den gemessenen *p*H-Wert, die Heftigkeit der Reaktion mit Magnesium und das verbrauchte Volumen an Natronlauge notieren (fünfte Spalte vgl. b).

b) Schreiben Sie in die fünfte Spalte Ihrer Tabelle aus a) die entsprechenden Valenzstrichformeln. Markieren Sie darin farblich die Carboxy-Gruppen, mit einer anderen Farbe ggf. weitere enthaltene funktionelle Gruppen und notieren Sie die Anzahl der pro Molekül enthaltenen Kohlenstoff-Atome.

c) Stellen Sie anhand Ihrer Versuchsergebnisse einen Zusammenhang zwischen der Anzahl der Carboxy-Gruppen in den Molekülen der jeweils untersuchten Säure und dem Verbrauch an Natronlauge her.

d) Ordnen Sie die Säuren nach verschiedenen Strukturmerkmalen in Gruppen und stellen Sie Zusammenhänge zwischen Molekülstrukturen und Säurestärken jeweils innerhalb einer Gruppe her.

## Struktur-Eigenschaft-Beziehungen bei verschiedenen organischen Säuren

### Von der Molekülstruktur zur Reaktivität

Carbonsäuren sind Protonen-Donatoren. In Protolysereaktionen werden die Protonen der Carboxy-Gruppen in den Carbonsäure-Molekülen an Wasser-Moleküle übertragen, die hierbei als Basen-Teilchen wirken.

Bei Mono- und Dicarbonsäuren, deren Moleküle die gleiche Anzahl von Kohlenstoff-Atomen haben, ist die Dicarbonsäure stets die stärkere Säure (B3). Anhand von B3 wird auch deutlich, dass die Kettenlänge der Carbonsäure-Moleküle einen Einfluss auf die Säurestärke hat. Methansäure ist stärker sauer und reagiert auch heftiger mit Magnesium als Hexansäure.

| Halbstrukturformeln verschiedener Carbonsäuren | $pK_s$-Wert[1] |
|---|---|
| $H_3CCOOH$ | $pK_s$ = 4,76 |
| $HOOCCOOH$ | $pK_{s1}$ = 1,46 |
| $H_3CCH_2CH_2COOH$ | $pK_s$ = 4,82 |
| $HOOCCH_2CH_2COOH$ | $pK_{s1}$ = 4,17 |
| $H_3CCH_2CH_2CH_2CH_2COOH$ | $pK_s$ = 4,87 |
| $HOOCCH_2CH_2CH_2CH_2COOH$ | $pK_{s1}$ = 4,4 |

**B3** *Auswirkung einer zweiten Carboxy-Gruppe auf die Säurestärke einer Carbonsäure.* ***A:*** *Leiten Sie aus den Zahlenwerten eine Hypothese über die Stabilität des Oxalat-Monoanions* $HOOCCOO^{\ominus}$ *ab.*

### Der Rest R

Als Rest **R** in einem Carbonsäure-Molekül **R–COOH** bezeichnet man den Molekülteil, der nicht zur Carboxy-Gruppe gehört. Er kann die Polarisation der Sauerstoff-Wasserstoff-Bindung der Hydroxy-Gruppe verstärken, so dass die heterolytische Bindungstrennung (B4) bei einer Protolyse begünstigt wird.

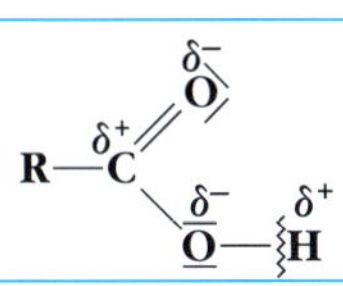

**B4** *Partialladungen innerhalb der Carboxy-Gruppe und heterolytische Bindungstrennung*

Die Übertragung einer Bindungspolarisation auch auf benachbarte Bindungen nennt man **induktiver Effekt, I-Effekt**[2] (B5).

Substituenten, die *elektronenziehend* wirken und dadurch eine negative Partialladung erhalten, haben einen **Minus-I-Effekt, –I-Effekt**. Sie verstärken die Polarisation der **O-H**-Bindung.

So erfolgt die Deprotonierung bei Monochlor-, Dichlor- und Trichlorethansäure zunehmend leichter, und in V1 bis V3 reagieren dementsprechend die chlorierten Ethansäure-Derivate mit zunehmender Substituentenzahl stärker sauer.

Substituenten wie Methyl-Gruppen, die *elektronenschiebend* auf die benachbarten Bindungen wirken und dadurch eine positive Partialladung erhalten, bewirken dagegen einen **Plus-I-Effekt, +I-Effekt** (B5).

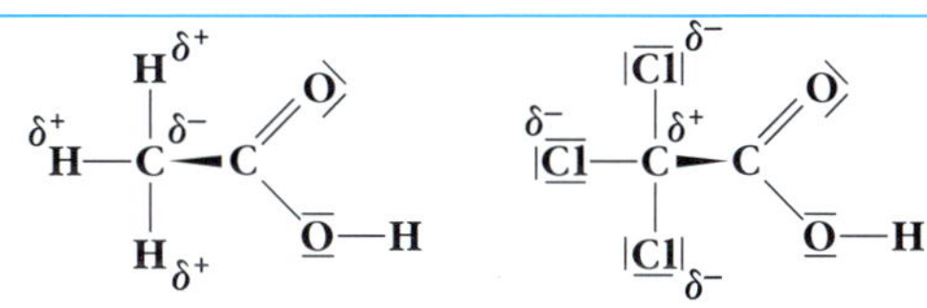

$pK_s$ = 4,76 (+I-Effekt) $pK_s$ = 0,64 (–I-Effekt)

**B5** *Substituenten, die elektronenschiebend (links) oder elektronenziehend (rechts) wirken, beeinflussen die Säurestärke.* ***A:*** *Erklären Sie, warum den einzelnen Atomen die entsprechenden Partialladungen zugeordnet wurden und was die Keile zwischen den beiden Kohlenstoff-Atomen in den beiden Molekülformeln bedeuten sollen.*

### *Aufgaben*

***A1*** Kennzeichnen Sie bei den Strukturformeln aus Ihrer Tabelle zu V1 bis V3 die Partialladungen und markieren Sie Gruppen mit +I-Effekt und –I-Effekt.

***A2*** Stellen Sie aufgrund der Versuchsergebnisse aus V1 bis V3 begründet Hypothesen zu den Säurestärken folgender Säuren auf: Butansäure, Dichlorethansäure, 1,5-Pentandisäure, 2-Chlorpropansäure.

[1] Die angegebenen $pK_{s1}$-Werte beziehen sich auf die erste Protolysestufe.
[2] von *inducere* (lat.) = (hin-)einführen

**B1** *Der Gartenteich „lebt“ nur, wenn der pH-Wert des Wassers weder zu sauer noch zu alkalisch ist.* **A:** *Informieren Sie sich, in welchem Bereich der pH-Wert eines Teichs liegen sollte.*

| Körperflüssigkeit | pH-Wert |
|---|---|
| Blut | 7,36 |
| Milch | 6,6 bis 6,9 |
| Galle | 7,8 |
| Magensaft | 0,87 bis 2,0 |
| Harn | 6,0 |
| Lebersekret | 8,0 |
| Darmflüssigkeit | 7,7 |
| Rückenmarksflüssigkeit | 7,4 |
| Speichel | 7,2 |
| Tränen | 7,2 |

**B2** *pH-Werte verschiedener Körperflüssigkeiten. Die zulässige Schwankungsbreite erstreckt sich nur über wenige Zehntel pH-Einheiten (Ausnahme: Magensaft).* **A:** *Erkundigen Sie sich und beschreiben Sie, wie Acidose in der Notfallmedizin behandelt wird.*

| Puffer | pH-Wert des Puffers | pH-Wert nach Säurezugabe | pH-Wert nach Basezugabe |
|---|---|---|---|
| P | | | |
| A | | | |
| C | | | |
| dest. Wasser | | | |

**B3** *Tabelle zu V2*

# pH-unempfindlich gegen Säuren und Basen

*Hinweis*: Es kann arbeitsteilig in drei Gruppen experimentiert werden.

## Versuche

***V1*** Stellen Sie die folgenden drei Pufferlösungen her, indem Sie die angegebenen Stoffe in ca. 300 mL dest. Wasser lösen und anschließend die Lösungen mit dest. Wasser auf 500 mL auffüllen.

*Phosphat-Puffer* ***P****:*
7,8 g (0,05 mol) Natriumdihydrogenphosphat-Dihydrat
17,9 g (0,05 mol) Dinatriumhydrogenphosphat-Dodecahydrat

*Acetat-Puffer* ***A****:*
2,9 mL (0,05 mol) reine Essigsäure*
6,8 g (0,05 mol) Natriumacetat-Trihydrat

*Carbonat-Puffer* ***C****:*
4,2 g (0,05 mol) Natriumhydrogencarbonat
14,3 g (0,05 mol) Natriumcarbonat-Decahydrat*

***V2*** Geben Sie in drei kleine Bechergläser je 30 mL einer Pufferlösung aus V1 und fügen Sie 4 Tropfen Universalindikator-Lösung* hinzu. Eine der drei Lösungen dient als Farbvergleich. Versetzen Sie die zweite Lösung mit 1 mL Salzsäure*, $c$ = 0,2 mol/L, und die dritte mit 1 mL Natronlauge*, $c$ = 0,2 mol/L. Messen Sie mit dem *p*H-Meter in allen drei Lösungen die *p*H-Werte und protokollieren Sie die erhaltenen Werte tabellarisch gemäß der Tabelle aus B3. Führen Sie den Versuch auch mit destilliertem Wasser statt mit Pufferlösung durch.

## Auswertung

a) Erweitern Sie Ihre Tabelle mit den Messwerten (B3) um zwei Spalten. Tragen Sie darin die *p*H-Differenzen zwischen dem *p*H-Wert des Puffers und dem *p*H-Wert nach Säure- bzw. Basezugabe ein. Schlagen Sie aufgrund der Beobachtungen eine Definition für den Begriff „Pufferlösung“ vor.

b) In jeder der drei Pufferlösungen ist ein konjugiertes Säure-Base-Paar enthalten. Nennen Sie dieses für jede Lösung und formulieren Sie die Protolysegleichung, bei dem die Säure in wässriger Lösung in ihre konjugierte Base übergeht.

c) Im Phosphat-Puffer aus V1 und V2 stellt sich ein Protolysegleichgewicht durch die Überlagerung folgender Gleichgewichte ein:

$$H_2PO_4^- + H_2O \rightleftharpoons HPO_4^{2-} + H_3O^+ \qquad (1)$$

$$HPO_4^{2-} + H_2O \rightleftharpoons H_2PO_4^- + OH^- \qquad (2)$$

Geben Sie mithilfe von Konstanten aus B2, S. 30, an, auf welcher Seite die Gleichgewichte liegen. Markieren Sie dies durch unterschiedliche Pfeillängen. Begründen Sie anhand der Zusammensetzung dieses Puffers und der Lage der Gleichgewichte, warum in diesem Puffer *p*H ≈ 7 herrscht.

d) Stellen Sie fest, in welcher Spalte Ihrer Messwerttabelle der *p*H-Wert steht, der dem $pK_S$-Wert der Säure in der Pufferlösung am ehesten entspricht. Vergleichen Sie das Ergebnis für alle Pufferlösungen.

e) Die Wirkungsweise des Phosphat-Puffers ist im Schema aus B4 dargestellt (vgl. auch Text auf S. 37). Fertigen sie analoge Schemata zu der Wirkungsweise des Carbonat-Puffers und des Acetat-Puffers an.

## Puffersysteme

Eine wässrige Lösung, die gleiche Stoffmengen von Natriumdihydrogenphosphat und Dinatriumhydrogenphosphat enthält, reagiert neutral (V2). Im Gegensatz zu ebenfalls neutralem Wasser ändert dieser **Phosphat-Puffer** aber seinen *p*H-Wert auch dann nur ganz geringfügig, wenn man eine starke Säure oder eine starke Base hinzufügt (V2). Auch die beiden anderen **Pufferlösungen** aus V2 sind „*p*H-unempfindlich" gegenüber Salzsäure und Natronlauge, wenngleich ihr *p*H-Wert von vorneherein im sauren (**Acetat-Puffer**) bzw. alkalischen Bereich (**Carbonat-Puffer**) liegt.
Lösungen, die bei Zugabe von Säuren oder Basen ihren *p*H-Wert nur geringfügig ändern, werden **Säure-Base-Puffer** (**Pufferlösungen**; **Puffersysteme**) genannt.
Der *p*H-Wert des Phosphat-Puffers aus V1 liegt im neutralen Bereich, weil in ihm die **Puffersäure** $\mathbf{H_2PO_4^-}$ und die **Pufferbase** $\mathbf{HPO_4^{2-}}$ in gleichen Anteilen enthalten sind und $pK_S(\mathbf{H_2PO_4^-}) \approx pK_b(\mathbf{HPO_4^{2-}}) \approx 7$ gilt (vgl. Gleichgewichte in Auswertung c). Wird dieser Pufferlösung eine Säure zugesetzt, so werden die in dieser enthaltenen Oxonium-Ionen durch die Hydrogenphosphat-Ionen $\mathbf{HPO_4^{2-}}$ der Pufferbase aus dem Phosphat-Puffer „abgefangen"; die Gleichgewichtsreaktion (vgl. (1) in Auswertung c) wird zur Seite der Edukte verschoben. Es werden also Wasser-Moleküle und Ionen der konjugierten Puffersäure $\mathbf{H_2PO_4^-}$ gebildet. Die Säurezugabe führt damit zu einer Zunahme der Konzentration der Puffersäure $\mathbf{H_2PO_4^-}$ und einer Abnahme der Konzentration der Pufferbase $\mathbf{HPO_4^{2-}}$ (B4). Da die Puffersäure $\mathbf{H_2PO_4^-}$ nur geringfügig protolysiert, bewirkt dies insgesamt ein leichtes Absinken des *p*H-Wertes der Lösung. Entsprechend führen die Konzentrationsänderungen nach der Basezugabe (B4) nur zu einem leichten Anstieg des *p*H-Werts. Ein Puffersystem kann nicht beliebig viele Oxonium-Ionen bzw. Hydroxid-Ionen „abfangen". Beim allmählichen Verbrauch der betreffenden Pufferkomponenten verschwindet die Fähigkeit des Systems abzupuffern, d.h. die **Pufferkapazität** ist erschöpft.
Mithilfe der **HENDERSON-HASSELBALCH-Gleichung**[1] (auch als **Puffergleichung** bezeichnet) lässt sich der *p*H-Wert eines Puffersystems berechnen:

$$pH = pK_S + \lg \frac{c(\text{konjugierte Base})}{c(\text{Säure})}$$

Danach ist der *p*H-Wert eines Puffersystems, bei dem *c*(konjugierte Base)/*c*(Säure) = 1 : 1 ist, gleich dem $pK_S$-Wert der Säure. Wird die Konzentration der Säure gegenüber der Konzentration der Base auf das 10-Fache erhöht, so sinkt der *p*H-Wert um nur eine Einheit und umgekehrt.
Säure-Base-Puffer kommen in vielen natürlichen und technischen Systemen vor, in denen die zulässigen *p*H-Schwankungen begrenzt sind (B2). In einer biologischen Zelle wird der *p*H-Wert über verschiedene Transportprozesse reguliert (B5) Ohne Puffersysteme würden ökologische Systeme zusammenbrechen, Organismen sterben und viele technische Anlagen nicht funktionieren (B1, B2).

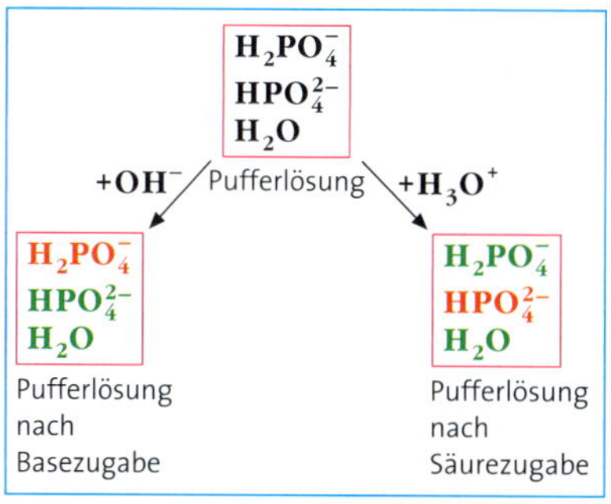


**B4** *Bei Base- oder Säurezugabe zu einer Pufferlösung (hier: Phosphat-Puffer) bleiben die Säure- und Base-Teilchen in der Lösung die gleichen, es ändern sich aber ihre Konzentrationen (rot: Abnahme der Konzentration; grün: Zunahme der Konzentration).*

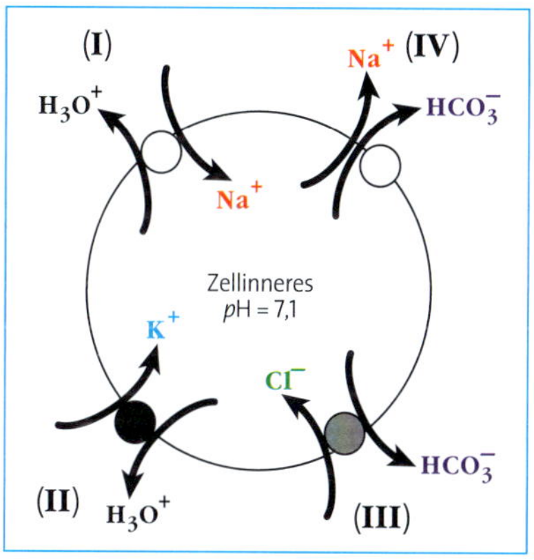


**B5** *Verschiedene Transportprozesse (I bis IV) regulieren in der biologischen Zelle den pH-Wert.* **A.** *Erläutern Sie, welche Prozesse zu einer Acidisierung bzw. einer Alkalisierung der Zelle führen.*

### Aufgabe

***A1*** Eines der Puffersysteme im Blut ist das System Kohlensäure/Hydrogencarbonat. Zeigen Sie mithilfe der Puffergleichung, dass bei *p*H-Wert = 7,36 das Verhältnis $c(\mathbf{H_2CO_3}) : c(\mathbf{HCO_3^-})$ im Blut = 15 : 100 ist.

### Fachbegriffe

Pufferlösung, Puffersystem, Säure-Base-Puffer, Pufferkapazität, Puffergleichung

[1] Eine Herleitung der Puffergleichung finden Sie unter *Chemie 2000+ Online*.

**B1** *Rotkohl gibt es im Norden und Blaukraut im Süden Deutschlands.*

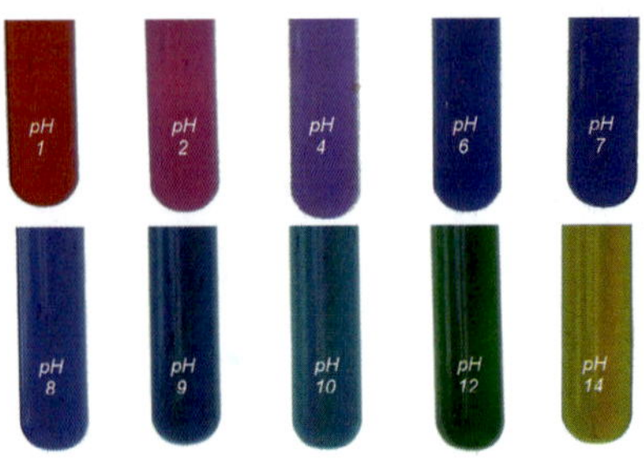


**B2** *pH-Skala mit Blaukraut- bzw. Rotkohlsaft*

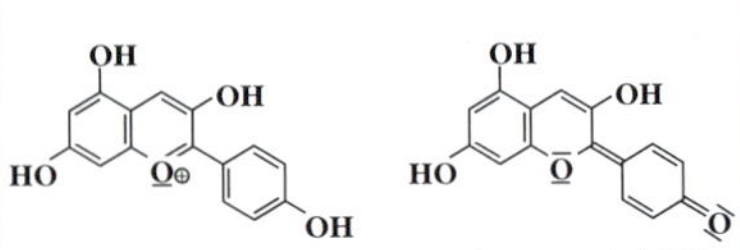


Anthocyan-Kation    Anthocyan-Molekül

**B3** *In Rotkohl, Blüten und Früchten wird die rote, violette bzw. blaue Farbe durch Anthocyan-Farbstoffe hervorgerufen. Die Strukturen zeigen das konjugierte Säure-Base-Paar von Cyanidin. Cyanidin ist ein Beispiel für einen Farbstoff aus der Klasse der Anthocyane.* **A:** *Lesen Sie zunächst S. 39. Ordnen Sie dann den beiden Strukturen die Bezeichnung* **HInd** *und* **Ind⁻** *zu.*

## Blaukraut oder Rotkohl?

*Hinweis*: V1 bis V3 eignen sich für arbeitsteilige Gruppenversuche.

### Versuche

***V1*** Schneiden Sie Rotkohlblätter (ca. 40 g) in kleine Stücke und verreiben Sie sie mit Sand und ca. 20 mL dest. Wasser. Lassen Sie einige Minuten stehen und filtrieren Sie dann die Lösung ab. Bewahren Sie einen Teil der Lösung für V2 auf. Verteilen Sie die Lösung auf mehrere Rggl. und fügen Sie in jedes Rggl. eine kleine Portion der folgenden Feststoffe bzw. Lösungen hinzu: a) Citronensäure*, b) Natron bzw. Soda*, c) Backpulver, d) Entkalker, e) Seifenlösung, f) Natronlauge*, $c$ = 0,1 mol/L, und g) Salzsäure*, $c$ = 0,1 mol/L. Notieren Sie für jede Lösung die Farbe.

***V2*** Stellen Sie gruppenweise je eine Rggl.-Reihe mit bis zu 14 Rggl. auf, die Sie jeweils mit ca. 4 mL Lösung der *p*H-Werte von 1 bis 14 beschicken. Planen Sie auch die Herstellung der 14 Lösungen mithilfe von Berechnungen, ausgehend von einer Salzsäure*, $c$ = 1 mol/L, und einer Natronlauge*, $c$ = 1 mol/L. Jede Gruppe fügt dann in jedes Rggl. ihrer Reihe einige Tropfen einer der folgenden Indikator-Lösungen hinzu und notiert die Farben der Lösungen.

| | | | |
|---|---|---|---|
| Gr. 1 | Frisch hergestellter Rotkohlsaft | Gr. 2 | Bromthymolblau-Lösung* |
| Gr. 3 | Methylorange-Lösung* | Gr. 4 | Phenolphthalein-Lösung* |
| Gr. 5 | Lackmus-Lösung | Gr. 6 | Universalindikator-Lösung* |

***V3*** Überprüfen Sie, ob die Rotkohl-Indikator-Lösung (V1) und die untersuchte Indikator-Lösung (V2) mehrfach *p*H-Wert-Änderungen anzeigen können. Planen Sie dazu einen Versuch und führen Sie ihn durch.

### Auswertung

a) Erklären Sie anhand Ihrer Ergebnisse bei V1 und mithilfe von B2 die Bezeichnungen Blaukraut und Rotkohl (B1).

b) Vergleichen Sie die bei den Proben a) bis g) aus V1 erhaltenen Farben und schließen Sie daraus, wie jede der Haushaltschemikalien aus den Proben a) bis e) in Wasser reagiert (sauer oder alkalisch).

c) Allgemein kann man das Säure-Base-Paar eines Indikators als Indikatorsäure **HInd** und Indikatorbase **Ind⁻** bezeichnen. Formulieren Sie für dieses Paar das Protolysegleichgewicht. Geben Sie für Ihre in V2 untersuchte Indikator-Lösung die Farben an, die durch **HInd** bzw. **Ind⁻** hervorgerufen werden. *Hinweis*: In manchen Indikator-Lösungen z. B. der Universalindikator-Lösung sorgen mehrere Säure-Base-Paare für die verschiedenen Farbänderungen.

d) Erläutern Sie, wie es zu den Mischfarben der Indikator-Lösung aus V2 im sogenannten Umschlagsbereich des Indikators kommt.

e) Beurteilen Sie die verschiedenen Lösungen aus V2 hinsichtlich ihrer Eignung, den *p*H-Wert einer Lösung anzuzeigen.

## Säure-Base-Indikatoren

Bei Zugabe von Apfelstücken oder Essig zu Rotkohl färbt sich der Kohl intensiver rot. Verwendet man „hartes" Wasser, färbt sich das Gemüse eher bläulich und erhält die Bezeichnung Blaukraut (B1). Bereits im 17. Jahrhundert beschrieb der englische Naturforscher ROBERT BOYLE (1627–1691) das Farbverhalten verschiedener Pflanzensäfte (u. a. von Kornblume, Rose und Primel) gegenüber unterschiedlichen Stoffen. Er setzte auch den Flechtenfarbstoff Lackmus ein, um Säuren von Laugen zu unterscheiden.

Farbstoffe, die mit dem *p*H-Wert ihre Farbe ändern, nennt man **Säure-Base-Indikatoren**[1].

Diese Farbänderungen beruhen auf Strukturänderungen in den Molekülen bzw. Molekül-Ionen[2] der Indikatoren, zu denen es infolge von Protonenübergängen kommt (B3, B5). Meistens sind diese Strukturänderungen mit Verschiebungen der Elektronendichte im Molekül verbunden, was sich wiederum auf die Fähigkeit der Teilchen auswirkt, Licht einer bestimmten Wellenlänge („Farbe") zu absorbieren.

Allgemein besteht ein Säure-Base-Indikator, der die Farben A und B annehmen kann, aus einem **konjugierten Säure-Base-Paar**, der **Indikator-Säure** **HInd** und der **Indikator-Base** $\mathbf{Ind^-}$, kurz $\mathbf{HInd/Ind^-}$.

Zwischen ihnen stellt sich folgendes Protolysegleichgewicht ein:

$$\underset{\text{Indikator-Säure, Farbe A}}{\mathbf{HInd}} + \mathbf{H_2O} \rightleftharpoons \mathbf{H_3O^+} + \underset{\text{Indikator-Base, Farbe B}}{\mathbf{Ind^-}}$$

Auf dieses Protolysegleichgewicht kann die Puffergleichung (vgl. S. 37) angewandt werden. Danach sind die Konzentrationen der Indikator-Säure und Indikator-Base in einer Lösung gleich, wenn der *p*H-Wert gleich dem $pK_S$-Wert der Indikator-Säure ist, $pH = pK_S(\mathbf{HInd})$. Dann ist $\lg [c(\mathbf{Ind^-})/c(\mathbf{HInd})]$ gleich null. Gelangt ein Tropfen Indikator-Lösung in eine saure bzw. alkalische Lösung, verschiebt sich dieses Gleichgewicht nach links bzw. rechts.

Um die Farbe B eines Indikators deutlich wahrnehmen zu können, muss die Konzentration der Indikator-Base mindestens das Zehnfache der Konzentration der Indikator-Säure in der Lösung betragen, also $c(\mathbf{Ind^-})/c(\mathbf{HInd}) = 10 : 1$. Gemäß der Puffergleichung ist das der Fall bei $pH = pK_S + 1$. Analog wird die Farbe A erst dann gut wahrgenommen, wenn die Beziehung $pH = pK_S - 1$ gilt. Demzufolge hat ein Indikator einen Umschlagsbereich, der sich über 2 *p*H-Einheiten erstreckt.

### *Aufgaben*

**A1** Berechnen Sie das Konzentrationsverhältnis $c(\mathbf{Ind^-})/c(\mathbf{HInd})$ für den Indikator Bromthymolblau ($pK_S = 6{,}9$) in einer Lösung mit $pH = 7{,}5$.

**A2** Säure-Base-Indikatoren sind Puffersysteme, sie erfüllen aber andere Funktionen als die Puffer von S. 36, 37. a) Vergleichen Sie die Funktionen von Puffer-Lösungen mit denen von Säure-Base-Indikatoren. b) Erklären Sie, warum Indikatoren nur in geringen Konzentrationen, Puffer-Lösungen in höheren Konzentrationen verwendet werden.

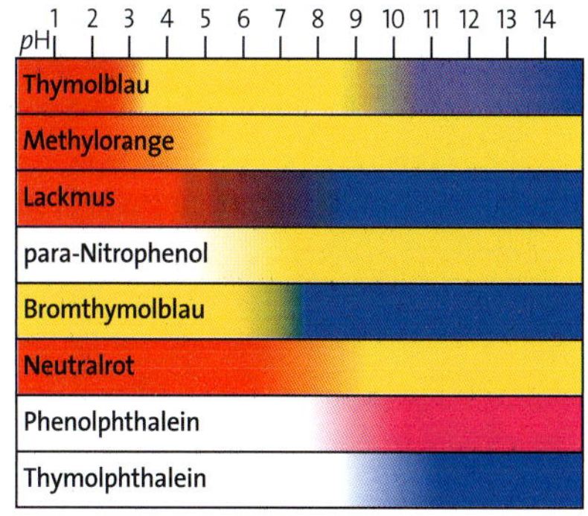


**B4** *Farbänderungen und Umschlagsbereiche verschiedener Indikatoren.* **A:** *Vergleichen Sie die Farbänderungen und Umschlagbereiche der Indikatoren in B4 und der Universalindikator-Lösung. Geben Sie an, welche Mischung von Indikatoren aus B4 im Universalindikator enthalten sein müsste.*

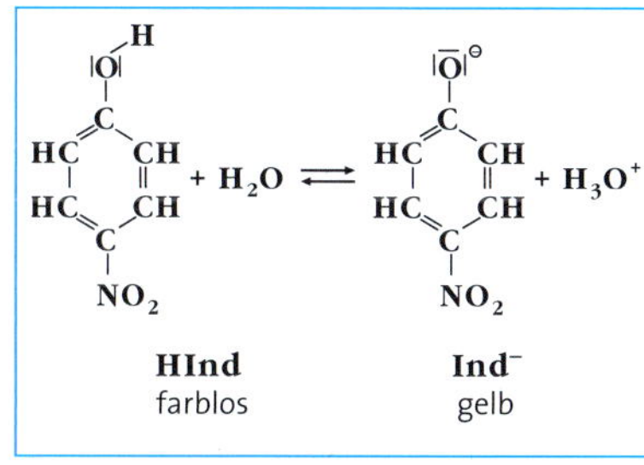


**B5** *Protolysegleichgewicht des Indikators para-Nitrophenol. Die Moleküle* **HInd** *absorbieren nur energiereiches Licht aus dem ultravioletten Bereich: Eine stark verdünnte para-Nitrophenol-Lösung erscheint deshalb farblos. Die Molekül-Ionen* $\mathbf{Ind^-}$ *absorbieren blaues Licht; die Lösung erscheint in der Komplementärfarbe Gelb.* **A:** *Ermitteln Sie mithilfe von B4 den ungefähren* $pK_S$*-Wert von para-Nitrophenol.*

### Fachbegriffe

konjugiertes Säure-Base-Paar, Indikator-Säure **HInd**, Indikator-Base $\mathbf{Ind^-}$, Umschlagsbereich, Puffergleichung

[1] von *indicare* (lat.) = anzeigen; [2] elektrisch geladene Moleküle (Unterschied zu Atom-Ionen)

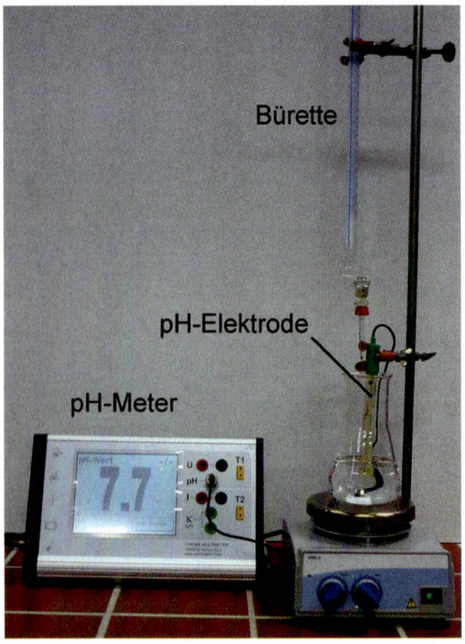


**B1** *Vorrichtung für pH-metrische Titrationen*

## Neutralisation schrittweise

### Versuche

***V1*** Titrieren Sie 100 mL Salzsäure*, $c(\mathbf{HCl})$ = 0,1 mol/L, der einige Tropfen Bromthymolblau-Lösung* zugegeben wurden, in einer Vorrichtung gemäß B1 mit Natronlauge*, $c(\mathbf{NaOH})$ = 1 mol/L. Notieren Sie zuerst den *p*H-Wert der Salzsäure. Lassen Sie die Natronlauge in Portionen von 1 mL zufließen und notieren Sie jedes Mal das Wertepaar $V_{Ls}(\mathbf{NaOH})$, *p*H-Wert sowie die Farbe der Lösung. Beenden Sie die Titration, wenn Sie 18 mL Natronlauge verbraucht haben.

***V2*** Titrieren Sie 50 mL Salzsäure*, deren Konzentration zwischen $c(\mathbf{HCl})$ = 0,1 mol/L und $c(\mathbf{HCl})$ = 0,2 mol/L liegt wie in V1. Beenden Sie die Titration, wenn der *p*H-Wert = 11 erreicht ist.

### Auswertung

a) Stellen Sie die Messwertepaare aus V1 grafisch dar (Abszisse: $V_{Ls}(\mathbf{NaOH})$; Ordinate: *p*H-Wert) und zeichnen Sie eine Ausgleichskurve (Titrationskurve). Vergleichen Sie Ihre experimentell ermittelte Kurve mit der Kurve aus B3.

b) Teilen Sie Ihre Titrationskurve aus a) sinnvoll in drei Abschnitte ein und geben Sie an, wie das Verhältnis $c(\mathbf{H_3O^+})/c(\mathbf{OH^-})$ in der Lösung ist, die dem jeweiligen Abschnitt entspricht.

c) Erklären Sie, warum man den mit ÄP bezeichneten Punkt in der Titrationskurve zu V1 (B3) als „Endpunkt" der Titration bezeichnet.

d) Stellen Sie die Messwertepaare zu V2 wie in a) grafisch dar und zeichnen Sie eine Titrationskurve. Ermitteln Sie aus Ihrer Titrationskurve zu V2 den Äquivalenzpunkt und berechnen Sie die genaue Konzentration der Salzsäure.

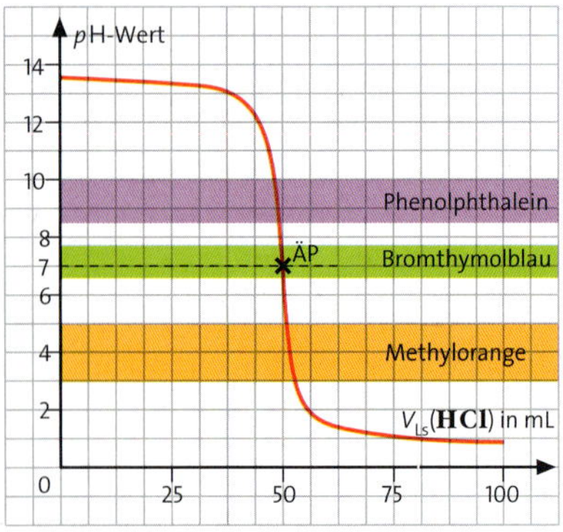


**B2** *Titrationskurve zu A3.* **A:** *Begründen Sie, welche(r) der drei Indikatoren für die Anzeige des „Endpunkts" der Titration (Äquivalenzpunkt ÄP) von Natronlauge mit Salzsäure am besten geeignet ist. Erklären Sie, warum der „Endpunkt" der Titration dennoch mit jedem der drei Indikatoren ausreichend genau bestimmt werden kann.*

### Aufgaben

***A1*** Vergleichen Sie die Genauigkeit, mit der das Volumen der bei einer Titration verbrauchten Maßlösung mit Indikator bzw. mit einem *p*H-Meter bestimmt werden kann.

***A2*** In einem Kirschsaft soll der Säuregehalt durch Titration bestimmt werden. Wählen Sie zwischen der Titration mit einem Indikator und einer *p*H-metrischen Titration und begründen Sie Ihre Wahl.

***A3*** *Hinweis*: Lesen Sie zuerst S. 41. Bei der Titration von 85 mL Natronlauge mit Salzsäure, $c(\mathbf{HCl})$ = 0,5 mol/L, wurde die Titrationskurve aus B2 erhalten.

a) Beschreiben und interpretieren Sie den Kurvenverlauf.

b) Vergleichen Sie die Titrationskurven aus B2 und B3 und erläutern Sie die Gemeinsamkeiten und Unterschiede.

c) Begründen Sie, warum der Ordinatenwert des Äquivalenzpunktes in beiden Fällen bei $pH \approx 7$ liegt.

d) Berechnen Sie die Konzentration der titrierten Natronlauge.

## Ermittlung und Interpretation von Titrationskurven

Die grafische Darstellung der Ergebnisse einer *p*H-metrischen Titration (V1) liefert eine **Titrationskurve** (B3). Der Kurvenverlauf aus B3 ist typisch für die Titration einer starken Säure mit einer starken Base. Die Kurve verläuft streng monoton steigend[1]. Die Steigung ist aber in den einzelnen Kurvenabschnitten sehr unterschiedlich und zeichnet sich im Bereich des Übergangs aus dem sauren in den alkalischen Bereich durch einen **„*p*H-Sprung“** aus. Dieser Verlauf wird verständlich, wenn man einige Punkte der Kurve berechnet (B4).

*1. Punkt*: $V_{Ls}(\mathbf{NaOH}) = 0$ mL:
Der *p*H-Wert wird von der Salzsäure, $c = 0{,}1$ mol/L, bestimmt, d. h.:
$pH = -\lg 10^{-1} = 1$.

*2. Punkt*: $V_{Ls}(\mathbf{NaOH}) = 1$ mL:
Die Konzentration der Oxonium-Ionen ist kleiner geworden, weil die in 1 mL Natronlauge, $c = 1$ mol/L, enthaltenen Hydroxid-Ionen mit ebenso vielen Oxonium-Ionen zu Wasser-Molekülen reagiert haben:

$n(\mathbf{OH^-}) = 0{,}001\ \text{L} \cdot 1\ \text{mol/L} = 0{,}001\ \text{mol}$
hinzugegebene Hydroxid-Ionen

$n(\mathbf{H_3O^+})$ = 0,1 L · 0,1 mol/L – 0,001 mol
noch vorhandene Oxonium-Ionen = anfangs vorhandene Oxonium-Ionen – bereits neutralisierte Oxonium-Ionen

$= 0{,}01\ \text{mol} - 0{,}001\ \text{mol} = 0{,}009\ \text{mol} = 9 \cdot 10^{-3}\ \text{mol}$.

Diese $9 \cdot 10^{-3}$ mol Oxonium-Ionen sind in den 100 mL Lösung enthalten (die Volumenzunahme durch die Zugabe von Natronlauge wird vernachlässigt), die Konzentration der Oxonium-Ionen ist:

$c(\mathbf{H_3O^+}) = 9 \cdot 10^{-2}\ \text{mol/L} = 0{,}9 \cdot 10^{-1}\ \text{mol/L}$,

somit hat die Lösung nach Zugabe von 1 mL Natronlauge, $c = 1$mol/L, den *p*H-Wert: $pH = -\lg(0{,}9 \cdot 10^{-1}) = -\lg 0{,}9 - \lg 10^{-1} = 1{,}05$.

**B4** *Berechnung von Punkten auf der Titrationskurve (B3)*

Alle übrigen Punkte aus der Tabelle in B5 werden analog berechnet. Bei den Punkten mit $V_{Ls}(\mathbf{NaOH}) > 10$ mL muss die Konzentration der Oxonium-Ionen aus der Konzentration der überschüssigen Hydroxid-Ionen mithilfe des Ionenprodukts des Wassers $K_W$ berechnet werden.
An der Stelle, an der die Steigung am größten ist, ändert sich die Krümmung der Kurve. Dieser Wendepunkt auf der Kurve entspricht dem **Äquivalenzpunkt ÄP** der Titration (B3).
Beim Äquivalenzpunkt liegt weder die Säure aus der titrierten Probe noch die Lauge aus der Maßlösung, mit der titriert wurde, im Überschuss vor.
Der Abszissenwert des ÄP gibt genau das Volumen der Maßlösung an, das in die rechnerische Auswertung der Titration (vgl. S. 20, 21) einbezogen werden muss.

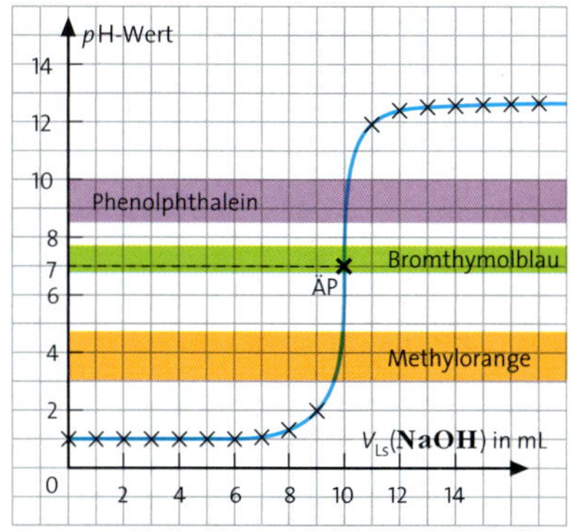


**B3** *Titrationskurve von Salzsäure mit Natronlauge zu V1.* **A:** *Begründen Sie, ob Thymolphthalein als Indikator verwendet werden kann.*

| $V_{Ls}(\mathbf{NaOH})$ in mL | $c(\mathbf{H_3O^+})$ in mol/L | *p*H-Wert |
|---|---|---|
| 1. → 0 | $1 \cdot 10^{-1}$ | 1 |
| 2. → 1 | $0{,}9 \cdot 10^{-1}$ | 1,05 |
| 2 | $0{,}8 \cdot 10^{-1}$ | 1,1 |
| ⋮ | ⋮ | ⋮ |
| 9 | $0{,}1 \cdot 10^{-1}$ | 2 |
| 9,9 | $0{,}01 \cdot 10^{-1}$ | 3 |
| 9,99 | $0{,}001 \cdot 10^{-1}$ | 4 |
| 10 | $1 \cdot 10^{-7}$ | 7 |
| 10,01 | $10 \cdot 10^{-11}$ | 10 |
| 10,1 | $1 \cdot 10^{-11}$ | 11 |
| 11 | $0{,}1 \cdot 10^{-11}$ | 12 |
| ⋮ | ⋮ | ⋮ |
| 20 | $0{,}01 \cdot 10^{-11}$ | 13 |

**B5** *Berechnete Wertepaare $V_{Ls}(\mathbf{NaOH})$/pH-Wert für V1.* **A:** *Überprüfen Sie durch Rechnung nach dem Muster aus B4 (wie beim 2. Punkt) den hier eingetragenen pH-Wert bei $V_{Ls}(\mathbf{NaOH}) = 9{,}9$ mL.*

### Fachbegriffe

Titrationskurve, *p*H-Sprung, Äquivalenzpunkt

[1] Eine mathematische Funktion ist streng monoton steigend, wenn die Steigung des Graphen immer größer null ist.

# Andere Säuren, andere Kurven

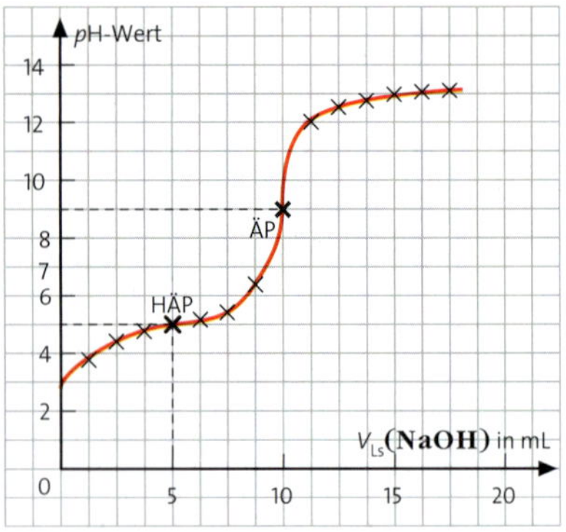


**B1** *Titrationskurve von Ethansäure mit Natronlauge (V1).* **A:** *Berechnen Sie den pH-Wert für den Punkt bei $V_{Ls}$(**NaOH**) = 15 mL.*

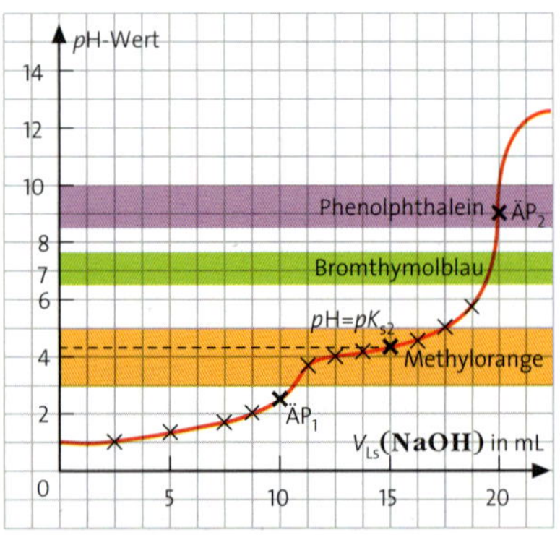


**B2** *Titrationskurve von Ethandisäure (Oxalsäure) mit Natronlauge.* **A:** *Begründen Sie, warum $ÄP_1$ im sauren und $ÄP_2$ im alkalischen Bereich liegt.*

## Versuche

***V1*** Titrieren Sie 100 mL Ethansäure-Lösung* (Essigsäure-Lösung), $c(H_3CCOOH)$ = 0,1 mol/L, der einige Tropfen Bromthymolblau-Lösung* zugegeben wurden, in einer Vorrichtung gemäß B1, S. 40, mit Natronlauge*, $c(NaOH)$ = 1 mol/L. Notieren Sie zuerst den *p*H-Wert der Ethansäure-Lösung. Lassen Sie die Natronlauge in Portionen von 1 mL zufließen und notieren Sie jedes Mal das Wertepaar: $V_{Ls}(NaOH)$, *p*H-Wert. Beenden Sie die Titration, wenn Sie 18 mL Natronlauge verbraucht haben.

***V2*** Titrieren Sie 100 mL Ethandisäure-Lösung* (Oxalsäure-Lösung), $c(HOOCCOOH)$ = 0,1 mol/L, wie in V1 und beenden Sie die Titration, wenn Sie 25 mL Natronlauge verbraucht haben.

## Auswertung

a) Formulieren Sie die Reaktionsgleichungen zu den Neutralisationen in V1 und V2.

b) Werten Sie V1 und V2 analog zu der Auswertungsaufgabe a) von S. 40 aus.

c) Vergleichen Sie die für die Ethansäure erhaltene Titrationskurve (V1, B1) mit der Titrationskurve von Salzsäure mit Natronlauge (vgl. S. 41, B3).

d) Vergleichen Sie die für die Ethandisäure erhaltene Titrationskurve (V2, B2) mit der Titrationskurven aus B1 und aus B3 von S. 40, 41.

e) Vergleichen Sie die in B1 angegebenen Abszissenwerte der Äquivalenzpunkte bei den Titrationen aus V1 und V2 (ÄP in B1 bzw. $ÄP_2$ in B2) mit den von Ihnen erhaltenen Werten und diskutieren Sie ggf. mögliche Fehlerquellen.

f) Erklären Sie, in welchem Fall $pH = pK_s$ in der Puffergleichung gilt. Geben Sie dann an, warum dies am Halbäquivalenzpunkt (HÄP, B1), dem Punkt bei der Hälfte des Abszissenwerts des Äquivalenzpunkts, der Fall ist.

g) Ermitteln Sie aus B1 und B2 über den HÄP den $pK_s$-Wert des Ethansäure-Moleküls und den $pK_s$-Wert des Ethandisäure-Monoanions grafisch und vergleichen Sie mit den Werten in B2, S. 30.

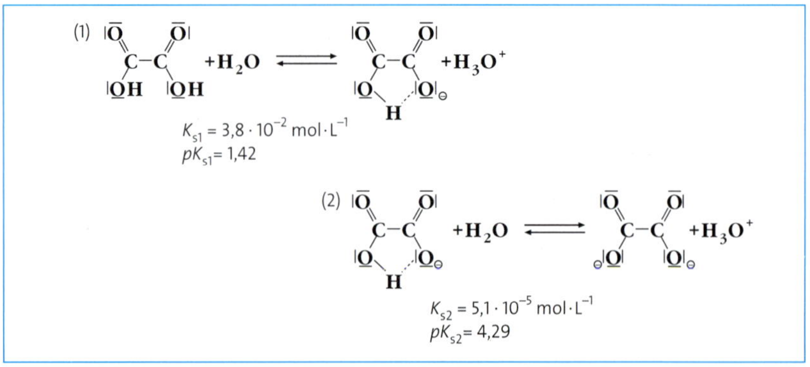


**B3** *Gleichgewichte bei der Protolyse von Ethandisäure (V2)*

## $pK_S$-Bestimmung durch Halbtitration

*1. Titration einer schwachen Säure mit einer starken Base*

Wenn 100 mL Ethansäure, $c(\mathbf{H_3CCOOH})$ = 0,1 mol/L, mit Natronlauge, $c$ = 1 mol/L, titriert werden (V1), erhält man die Titrationskurve aus B1. Sie unterscheidet sich von der Titrationskurve einer starken Säure mit einer starken Base (vgl. S. 41, B3) in einigen wichtigen Punkten:

a) Die Kurve beginnt bei einem höheren $p$H-Wert, da Ethansäure in Lösung nur in sehr geringem Maße protolysiert vorliegt.

b) In dem Intervall vor dem $p$H-Sprung hat die Titrationskurve in B1 einen stärker ausgeprägten Anstieg. Es liegt ein Acetat-Puffer (vgl. S. 37) vor, dessen Wirkung auf folgenden gekoppelten Gleichgewichten beruht:

$$\mathbf{H_3CCOOH(l) + H_2O(l) \rightleftharpoons H_3O^+(aq) + H_3CCOO^{\ominus}(aq)} \qquad (1)$$

$$\mathbf{H_3CCOO^{\ominus}(aq) + H_2O(l) \rightleftharpoons H_3CCOOH(aq) + OH^-(aq)} \qquad (2)$$

c) Bei der Hälfte des Abszissenwerts des Äquivalenzpunktes hat die Kurve einen ersten Wendepunkt. Bei diesem **Halbäquivalenzpunkt HÄP** gilt $c(\mathbf{H_3CCOOH}) = c(\mathbf{H_3CCOO^{\ominus}})$. Sein Ordinatenwert gibt den $pK_S$-Wert der Ethansäure an (vgl. Auswertung f) und g) und Puffergleichung, S. 37). Durch **Halbtitration** kann also der $pK_S$-Wert einer schwachen Säure experimentell bestimmt werden.

d) Der Ordinatenwert des Äquivalenzpunktes auf der Titrationskurve von Ethansäure liegt nicht im neutralen Bereich, sondern deutlich verschoben im alkalischen. Da am Äquivalenzpunkt weder Ethansäure noch Natronlauge im Überschuss vorhanden ist, also eine Natriumacetat-Lösung vorliegt, wird der $p$H-Wert durch die Protolyse der Acetat-Ionen $\mathbf{H_3CCOO^{\ominus}}$, einer schwachen BRÖNSTED-Base (vgl. Gleichgewicht (2), bestimmt. Aufgrund dieser Protolyse gilt am Äquivalenzpunkt $c(\mathbf{H_3O^+}) < c(\mathbf{OH^-})$ und der $p$H-Wert der Lösung liegt im alkalischen Bereich.

*2. Titration einer zweiprotonigen Säure[1] mit einer starken Base*

Die Titration von Ethandisäure (Oxalsäure) mit Natronlauge liefert eine Titrationskurve mit zwei $p$H-Sprüngen (V2, B2). Dieser Sachverhalt ist auf die zweistufige Protolyse der Ethandisäure zurückzuführen (B3). Die Oxalsäure-Moleküle reagieren als starke, die Hydrogenoxalat-Ionen als schwache Säure. Für die erste Protolysestufe (1) gemäß B3 tritt auf der Titrationskurve der Äquivalenzpunkt $ÄP_1$ und für die zweite Protolysestufe (2) der Äquivalenzpunkt $ÄP_2$ auf (B2). Deutlich erkennbar verläuft die Titrationskurve bis zum $ÄP_1$ wie die Titrationskurve einer starken Säure und von da ab wie die Titrationskurve einer schwachen Säure (B1). „Auf halber Strecke" zwischen $ÄP_1$ und $ÄP_2$ liegt der Halbäquivalenzpunkt der zweiten Protolysestufe. Sein Ordinatenwert gibt den $pK_S$-Wert der Anion-Säure Hydrogenoxalat-Ion $\mathbf{HOOCCOO^{\ominus}}$ an.

[1] Der hier beschriebene Kurvenverlauf gilt für zweiprotonige Säuren, bei denen die erste Protolysestufe viel leichter erfolgt als die zweite, d. h. bei denen $pK_{S1}$ erheblich (um mehr als 2 Einheiten) kleiner ist als $pK_{S2}$.

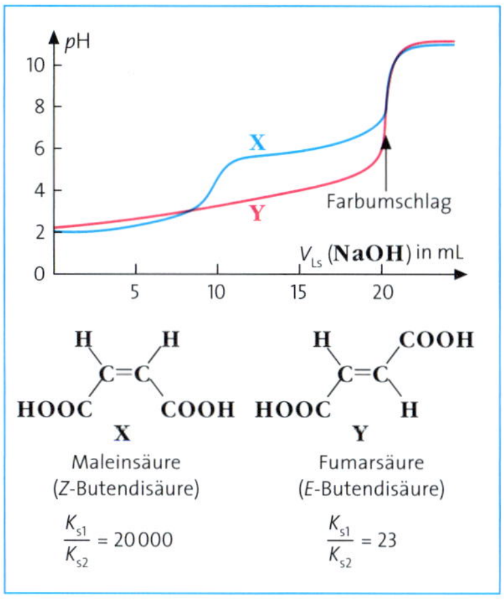


**B4** *Titrationskurven zu A2*

### Aufgaben

**A1** Erklären Sie mithilfe der Formeln in B3 und unter Verwendung geeigneter Fachbegriffe den großen Unterschied zwischen $pK_{S1}$ und $pK_{S2}$ bei Ethandisäure (Oxalsäure).

**A2** Bei der Titration von 20 mL *Z*-Butendisäure-Lösung (Maleinsäure-Lösung) X und bei der von 20 mL *E*-Butendisäure-Lösung (Fumarsäure-Lösung) Y mit Natronlauge, $c$ = 0,1 mol/ L, wurden die in B4 angegebenen Titrationskurven erhalten. a) Schlagen Sie einen geeigneten Indikator für diese Titrationen vor. b) Berechnen Sie die Konzentrationen der beiden titrierten Lösungen. c) Erklären Sie die unterschiedlichen Kurvenverläufe mithilfe der Angaben zu den beiden Säuren in B4.

### Fachbegriffe

Halbäquivalenzpunkt, Halbtitration

## Aminosäuren – Alleskönner

### Versuche

***V1*** Stellen Sie jeweils 100 mL Glycin-Lösung, Essigsäure*-Lösung und Milchsäure*-Lösung der Konzentration $c$ = 0,1 mol/L her und messen Sie a) die elektrischen Leitfähigkeiten und b) die $p$H-Werte der Lösungen. Die Glycin-Lösung wird in V2 weiterverwendet.

***V2*** Titrieren Sie je 50 mL der Glycin-Lösung aus V1 $p$H-metrisch a) mit Salzsäure*, $c$ = 0,5 mol/L, und b) mit Natronlauge*, $c$ = 0,5 mol/L, indem Sie die Maßlösung in Portionen von 0,5 mL unter Rühren zufließen lassen und die $p$H-Werte notieren.

***V3*** Geben Sie zu ca. 20 mL destilliertem Wasser eine Spatelspitze Tyrosin und versuchen Sie, den Feststoff durch Rühren zu lösen. Tropfen Sie Salzsäure*, $c$ = 0,1 mol/L, dazu. Wenn sich alles gelöst hat, tropfen Sie langsam 3 mL Natronlauge*, $c$ = 1 mol/L, hinzu und beobachten die Lösung genau.

### Auswertung

a) Formulieren Sie die Protolysegleichgewichte der drei Säuren in V1 (vgl. S. 25). Benennen Sie die Stoffe nach den Nomenklaturregeln. Beschreiben Sie die strukturellen Verwandtschaften der drei Säuren.

b) Schließen Sie aus den Ergebnissen zu V1, welche der drei Säuren der beste und welche der schwächste Protonen-Donator ist. Begründen Sie Ihre Aussagen anhand der Versuchsergebnisse und der Molekülstruktur der Säuren (vgl. S. 217, S. 42, B2).

c) Die Aminosäure Glycin liegt in wässriger Lösung und auch im Kristall nicht nur in Form ungeladener Moleküle, sondern vor allem als Zwitterionen vor:

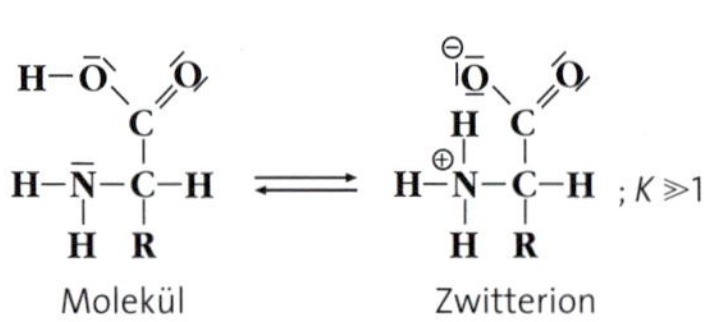


Vergleichen Sie dieses Gleichgewicht mit der Autoprotolyse des Wassers (vgl. S. 26, 27).

d) Wenden Sie die Definition für Säuren bzw. Basen von a) Brönstedt und b) Arrhenius auf Glycin an.

e) Erklären Sie die Löslichkeitsunterschiede von Tyrosin bei Säure- bzw. Basenzugabe (analog zu B2) mithilfe von Protolysegleichgewichten.

Wir Menschen sind auf eine ausreichende Zufuhr von Proteinen (Eiweißstoffen) über die Nahrung angewiesen. Die aufgenommenen Eiweißstoffe werden im Körper zunächst zu Aminosäuren abgebaut. Diese Aminosäuren sind wiederum die Bausteine, aus denen die körpereigenen Proteine synthetisiert werden.

Die Proteine im menschlichen Körper bestehen aus Makromolekülen, in denen die einzelnen Bausteine aus „nur" 20 verschiedenen Aminosäuren bestehen.

Bei den Aminosäuren in unserem Körper handelt es sich um **$\alpha$-Aminosäuren**. Die Bezeichnung $\alpha$-Aminosäure gibt an, dass an einem Kohlenstoff-Atom des Moleküls sowohl eine Amino-Gruppe **$-NH_2$** als auch eine Carboxy-Gruppe **$-COOH$** gebunden ist. An diesem Kohlenstoff-Atom befindet sich außerdem immer ein Wasserstoff-Atom, so dass sich die Moleküle zweier Aminosäuren nur in einer Seitengruppe unterscheiden (**$-H$** beim Glycin, **$-CH_3$** beim Alanin, B3).

Eine gemeinsame Eigenschaft aller $\alpha$-Aminosäuren ist die **intramolekulare Autoprotolyse**, d. h. der Protonenübergang von der Carboxy-Gruppe zur Amino-Gruppe innerhalb eines Moleküls unter Bildung eines **Zwitterions**. Diese Protolyse verläuft nahezu vollständig (Auswertung c). Festes Glycin besteht aus einem Ionengitter aus Zwitterionen: Die starken elektrostatischen Kräfte untereinander sind der Grund für die schlechte Leitfähigkeit des Glycins im Vergleich zu Essigsäure und Milchsäure (V1).

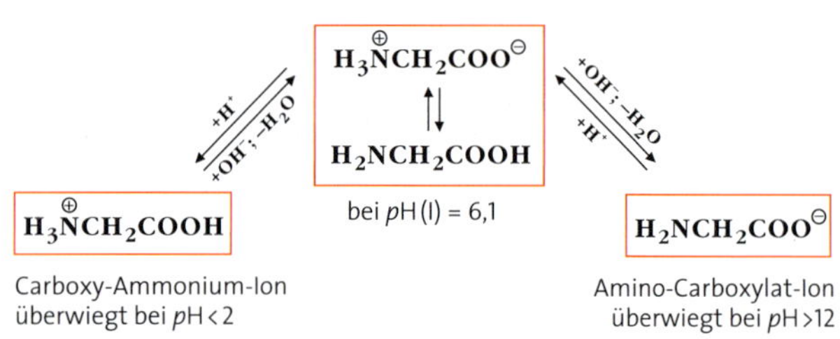


**B1** *Gleichgewichte zwischen der kationischen, zwitterionischen und anionischen Form von Glycin*

## Aminosäuren – Alleskönner

Aminosäure-Moleküle haben zwei funktionelle Gruppen, die sauer reagierende Carboxy-Gruppe und die basisch wirkende Amino-Gruppe. Sie können daher als Säure wie auch als Base reagieren. Bei Säurezugabe reagieren die Zwitterionen als Protonen-Akzeptoren, als Base (B1). Wird Base hinzugegeben, fungieren die Zwitterionen als Protonen-Donatoren, als Säure (B1). Diese Eigenschaft wird als **amphoteres**[1] Verhalten bezeichnet.

Die *p*H-Werte der Lösungen in V1 zeigen, dass Glycin im Vergleich zu Essigsäure und Milchsäure eine sehr schwache Säure ist. Es bilden sich nur ganz geringfügig Amino-Carboxylat-Ionen und Oxonium-Ionen. Würde man zu dieser Lösung sehr wenig Oxonium-Ionen hinzugeben, reagieren die Amino-Carboxylat-Ionen zurück zu Zwitterionen (B1). So erreicht man einen Punkt, an dem praktisch nur noch Zwitterionen vorliegen. Diesen Punkt bezeichnet man als **isoelektrischen Punkt *p*H(I)** (B3), im Falle von Glycin liegt er bei *p*H = 6,1.

Würde man die Glycin-Lösung bei *p*H = 6,1 einem elektrischen Feld aussetzen (wie bei der Elektrolyse), ließe sich kein Stoffumsatz beobachten. Die Zwitterionen wandern weder zum Plus- noch zum Minuspol.

Gibt man zu einer Glycin-Lösung Säure, dann fungieren die Zwitterionen als Base. Die Protonen werden unter Bildung von Carboxy-Ammonium-Ionen abgefangen. Wie man an der geringen Steigung der Titrationskurve bei *p*H = 2–3 erkennen kann, erniedrigt sich dabei der *p*H-Wert nur wenig (B2). Die Aminosäure zeigt hier Puffereigenschaften. Analog puffert die Aminosäure-Lösung im Alkalischen um den $pK_s$-Wert des Amino-Carboxylat-Ions (B2). Die Zwitterionen reagieren hier als Protonen-Donatoren und es bildet sich die konjugierte Base, Amino-Carboxylat-Ionen.

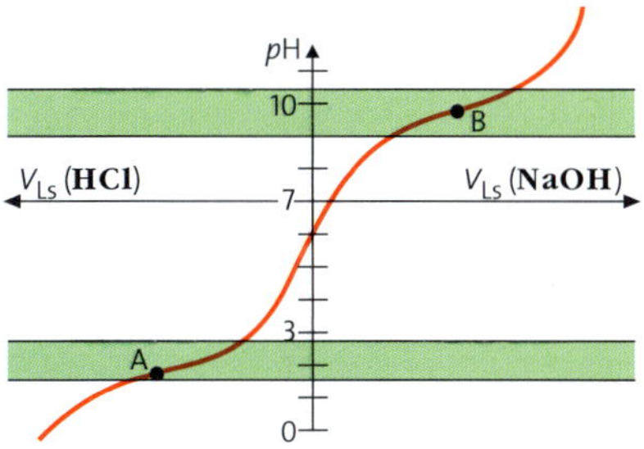


**B2** *Titrationskurve zur Titration einer Glycin-Lösung mit Salzsäure bzw. Natronlauge (V2).*

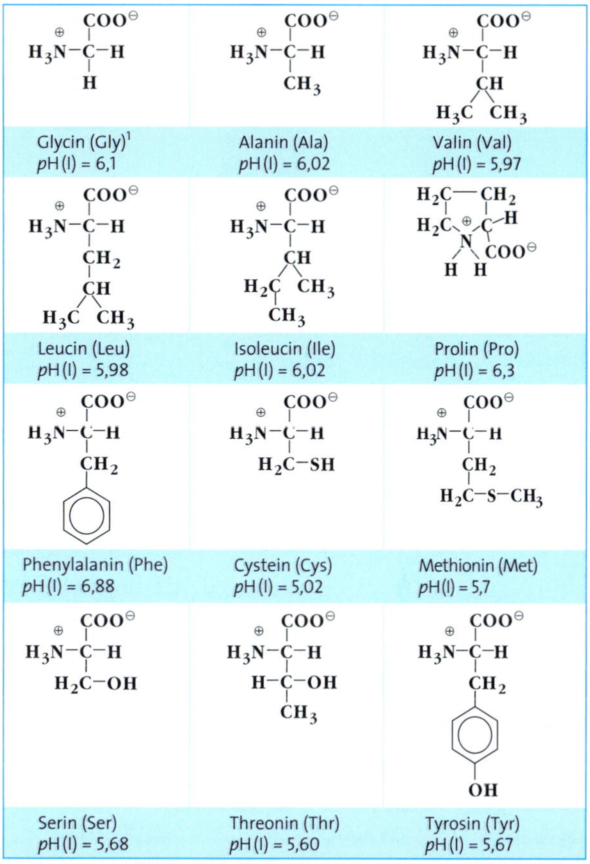


**B3** *Molekülstrukturen und isoelektrische Punkte einiger α-Aminosäuren*

### *Aufgaben*

**A1** a) Formulieren Sie die Protolysereaktion mit Wasser für das Carboxy-Ammonium-Ion und das Amino-Carboxylat-Ion (B1). Geben Sie jeweils an, ob das Ion als Säure oder als Base fungiert. b) Formulieren Sie analog zu B1 Zwitterion, Kation und Anion von Tyrosin (B3).

**A2** Für Phenylalanin gilt $pK_{s1}$ = 2,6 und $pK_{s2}$ = 9,2. Geben Sie die *p*H-Werte der Pufferbereiche des Phenylalanins an und vergleichen Sie diese mit denen von Glycin.

**A3** Geben Sie an, auf welche Moleküle bzw. Molekül-Ionen sich die $pK_s$-Werte beziehen.

[1] von *amphoteros* (griech.) = auf beiderlei Art

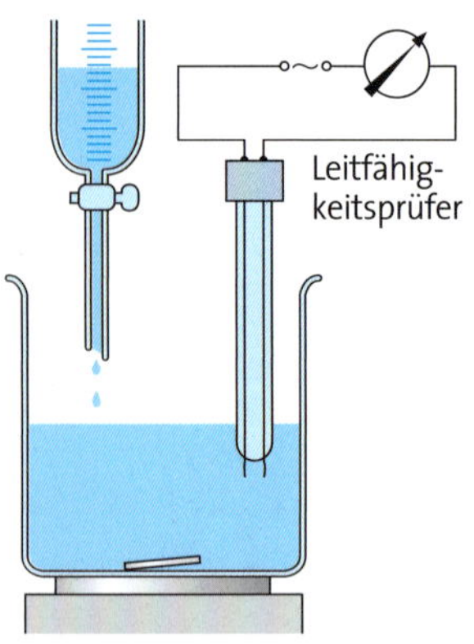

**B1** *Versuchsanordnung zur Leitfähigkeitstitration (konduktometrische Titration)*

| Kation $\lambda_+$ in $\frac{S \cdot m^2}{mol}$ | | Anion $\lambda_-$ in $\frac{S \cdot m^2}{mol}$ | |
|---|---|---|---|
| $H_3O^+$ | $35{,}0 \cdot 10^{-3}$ | $OH^-$ | $19{,}9 \cdot 10^{-3}$ |
| $Li^+$ | $3{,}87 \cdot 10^{-3}$ | $F^-$ | $5{,}54 \cdot 10^{-3}$ |
| $Na^+$ | $5{,}01 \cdot 10^{-3}$ | $Cl^-$ | $7{,}64 \cdot 10^{-3}$ |
| $K^+$ | $7{,}35 \cdot 10^{-3}$ | $NO_3^-$ | $7{,}15 \cdot 10^{-3}$ |
| $Ca^{2+}$ | $11{,}9 \cdot 10^{-3}$ | $SO_4^{2-}$ | $16{,}0 \cdot 10^{-3}$ |
| $Ag^+$ | $6{,}19 \cdot 10^{-3}$ | $CH_3COO^-$ | $4{,}09 \cdot 10^{-3}$ |

**B2** *Molare Ionenleitfähigkeiten einiger Ionen bei 25 °C*

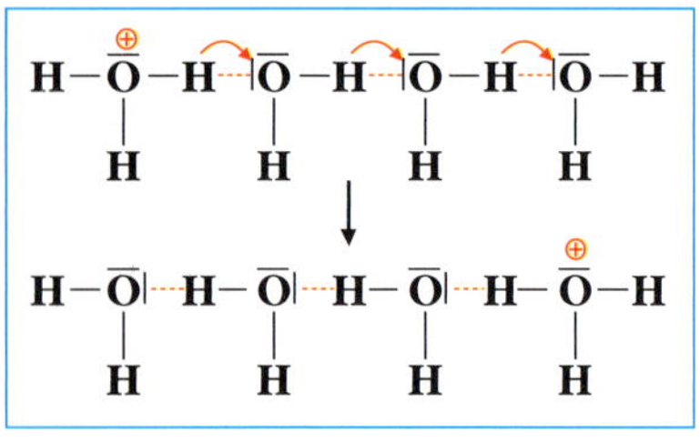

**B3** *Ladungstransport durch Oxonium-Ionen im elektrischen Feld.* ***A:*** *Skizzieren Sie entsprechend den Ladungstransport durch Hydroxid-Ionen.* ***A:*** *Erklären Sie, warum Oxonium- und Hydroxid-Ionen eine deutlich höhere Ionenleitfähigkeit als die übrigen Ionen in B2 haben.*

# Titration auch ohne Indikator

## *Versuche*

***V1*** Bauen Sie die Versuchsanordnung von B1 auf. Geben Sie in ein Becherglas 100 mL Salzsäure*, $c$ = 0,01 mol/L, und füllen Sie die Bürette mit Natronlauge*, $c$ = 0,1 mol/L. Legen Sie eine Wechselspannung von 10 V an und messen Sie die Stromstärke in der vorgelegten Salzsäure. Lassen Sie die Natronlauge in Portionen von jeweils 1 mL zu der Salzsäure fließen. Messen Sie nach jeder Zugabe die Stromstärke. Schalten Sie nach jeder Messung die Spannungsquelle ab. Beenden Sie die Titration, wenn Sie 16 mL Natronlauge zugesetzt haben.
Falls Leitfähigkeitsmessgeräte in der Sammlung vorhanden sind, können diese für die Titrationen eingesetzt werden.

***V2*** Verdünnen Sie 25 mL gesättigte Bariumhydroxid*-Lösung im Titriergefäß mit dest. Wasser auf 100 mL und titrieren Sie mit Schwefelsäure*-Lösung, $c$ = 0,1 mol/L, in der Anordnung von B1. Messen Sie jeweils nach der Zugabe von 1 mL Schwefelsäure-Lösung die Stromstärke.

***V3*** a) Titrieren Sie 100 mL Essigsäure*-Lösung, $c$ = 0,1 mol/l, mit Natronlauge*, $c$ = 1 mol/L, wie in V1. Geben Sie einige Tropfen Phenolphthalein* als Indikator zu. b) Verdünnen Sie 10 mL Essig (Aceto balsamico) im Titriergefäß mit dest. Wasser auf 100 mL und titrieren Sie mit Natronlauge, $c$ = 1 mol/L, wie bei V 1.

***V4*** Tauchen Sie einen Leitfähigkeitsprüfer in folgende gleichkonzentrierte Lösungen, $c$ = 0,1 mol/L:
a) Salzsäure*-, Lithiumchlorid*-, Natriumchlorid-, Kaliumchlorid-Lösung;
b) Natriumchlorid-, Natriumacetat-, Natriumhydroxid*-Lösung.
Messen Sie die Stromstärke bei einer konstanten Wechselspannung von 10 V.

## *Auswertung*

a) Vergleichen Sie die Beobachtungen bei V1 und V2.
b) Tabellieren Sie die Messwertepaare und stellen Sie diese grafisch dar (x-Achse: $V_{Ls}(NaOH)$ bzw. $V_{Ls}(H_2SO_4)$, y-Achse: Stromstärke).
c) Ermitteln Sie für jede Titration den Äquivalenzpunkt durch Extrapolation, d. h. durch Verlängerung der geraden Kurvenabschnitte bis über den Schnittpunkt hinaus. Der Schnittpunkt entspricht dem Äquivalenzpunkt.
d) Berechnen Sie zu V2 die Konzentration der gesättigten Bariumhydroxid-Lösung und zu V3b die Essigsäure-Konzentration in Aceto balsamico.
e) Beschreiben und vergleichen Sie die Titrationskurven. Erklären Sie Ähnlichkeiten und Unterschiede.
f) Vergleichen Sie die Leitfähigkeiten der Lösungen in den Gruppen a und b.
g) Ordnen Sie die vorliegenden Ionen nach steigender Leitfähigkeit. Vergleichen Sie Ihre Ergebnisse mit den in B2 angegebenen molaren Ionenleitfähigkeiten.

## Leitfähigkeitstitration

Eine Titration mit einem Indikator eignet sich gut, um die Säure- bzw. Basen-Konzentration in farblosen oder schwach gefärbten Lösungen zu bestimmen. Sie ist aber ungeeignet zur Bestimmung von Konzentrationen gefärbter Lösungen wie z. B. der Essigsäure-Konzentration von einem Aceto balsamico, der eine intensive Eigenfarbe besitzt. Hier ist die Leitfähigkeitstitration eine mögliche Methode. Dabei misst man in der Praxis statt der Leitfähigkeit meist die dazu proportionale Stromstärke. Das Prinzip der Leitfähigkeitstitration wird bei V1 und V2 deutlich: Bei der Titration von Salzsäure mit Natronlauge sinkt die Leitfähigkeit (B4), die von der Ionenkonzentration und den Ionenleitfähigkeiten der einzelnen Ionen (B2) abhängt, bis zum Äquivalenzpunkt. Die Oxonium-Ionen der Salzsäure reagieren mit den Hydroxid-Ionen aus der zugesetzten Natronlauge und werden durch die weniger gut leitenden Natrium-Ionen (V4, B2) ersetzt.

$$\underbrace{H_3O^+(aq) + Cl^-(aq)}_{\text{Salzsäure}} + \underbrace{Na^+(aq) + OH^-(aq)}_{\text{Natronlauge}}$$
$$\longrightarrow 2\,H_2O(l) + Na^+(aq) + Cl^-(aq)$$

Am Äquivalenzpunkt liegen nur noch Natrium- und Chlorid-Ionen vor, die Titrationskurve hat ein Minimum. Bei weiterer Zugabe von Natronlauge steigt die Leitfähigkeit der Lösung wegen der Zunahme der Hydroxid- und Natrium-Ionenkonzentration wieder an. Die Konzentrationsverminderung durch Erhöhung des Gesamtvolumens ist dabei vernachlässigbar klein.

Die Titration der Essigsäure-Lösung (V3) zeigt einen anderen Kurvenverlauf. Die Leitfähigkeit steigt bei Zugabe von Natronlauge zunächst leicht, nach dem Äquivalenzpunkt stark an. Als schwache Säure ist Essigsäure nur geringfügig protolysiert. Die Oxonium-Ionen reagieren mit den Hydroxid-Ionen aus der Natronlauge. Weitere Essigsäure Moleküle protolysieren.

$$CH_3COOH(aq) + H_2O(l) \rightleftharpoons CH_3COO^{\ominus}(aq) + H_3O^+(aq)$$

$$H_3O^+(aq) + Na^+(aq) + OH^-(aq) \longrightarrow Na^+(aq) + 2\,H_2O(l)$$

Gesamtgleichung:

$$CH_3COOH(aq) + Na^+(aq) + OH^-(aq)$$
$$\longrightarrow CH_3COO^{\ominus}(aq) + Na^+(aq) + H_2O(l)$$

Die Ionenkonzentration nimmt demnach während der Titration zu. Nach dem Äquivalenzpunkt steigt sie durch die Zunahme der Hydroxid-Ionen stärker an. Der Äquivalenzpunkt wird durch Extrapolation der geraden Kurvenabschnitte ermittelt (B6).

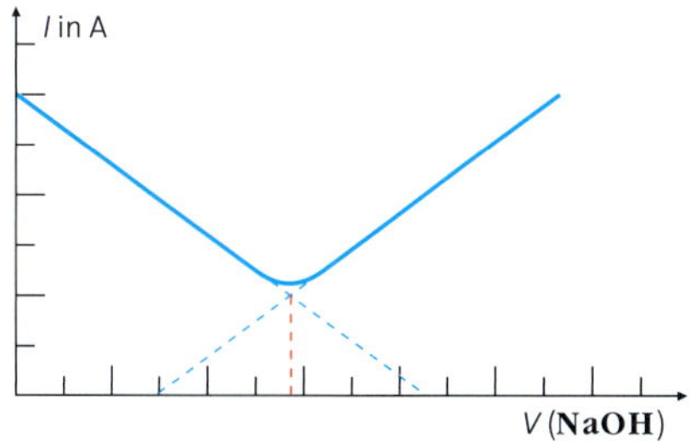


**B4** *Titrationskurve der Titration von Salzsäure mit Natronlauge. Der Äquivalenzpunkt wird grafisch ermittelt. Der Äquivalenzpunkt wird durch den Schnittpunkt der geraden Kurvenabschnitte bestimmt.*

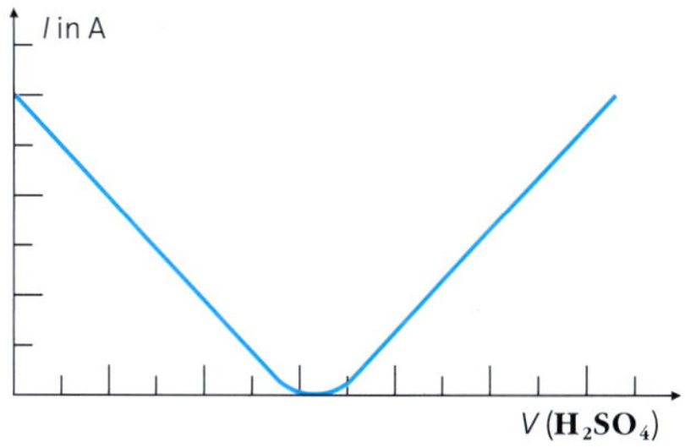


**B5** *Titration von Bariumhydroxid-Lösung mit Schwefelsäure-Lösung. Dabei ensteht schwerlösliches Bariumsulfat* $BaSO_4$.
*A: Geben Sie die Reaktionsgleichung für die bei der Titration ablaufende Reaktion an. Begründen Sie, warum die Leitfähigkeit am Äquivalenzpunkt bis fast auf null absinkt.*

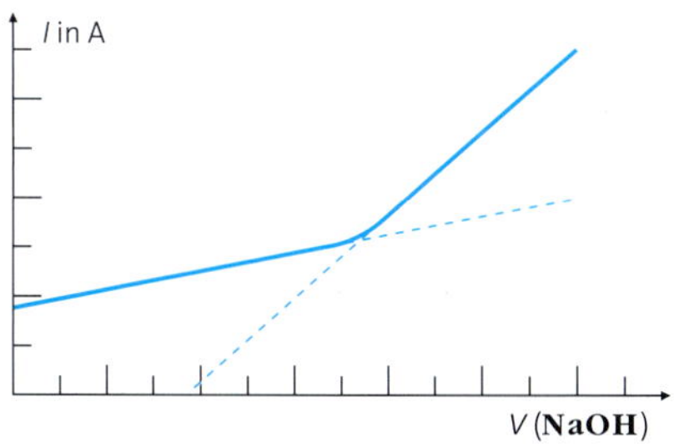


**B6** *Titration von Essigsäure mit Natronlauge. A: Erklären Sie, warum die Leitfähigkeit der Essigsäure-Lösung (Beginn der Titration) deutlich geringer ist als die einer Salzsäure-Lösung gleicher Konzentration.*

### *Aufgabe*

*A1* Zur Bestimmung der Chlorid-Ionenkonzentration einer Lösung eignet sich eine Leitfähigkeitstitration mit Silbernitrat-Lösung $AgNO_3$. Es bildet sich schwerlöslicher Silberchlorid. Geben Sie die Reaktionsgleichung an. Erläutern und skizzieren Sie den Kurvenverlauf, den Sie erwarten.

### Fachbegriffe

Leitfähigkeitstitration, molare Ionenleitfähigkeit

**Kompetenz** Selbstständiges Planen, Durchführen und Auswerten chemischer Experimente sowie Reflexion der Aufgaben

Magenbeschwerden wie Sodbrennen können durch eine übermäßige Produktion von Magensäure ausgelöst werden. Magensäure ist Salzsäure. Gegen die überschüssige Magensäure können Medikamente, sogenannte Antacida, eingenommen werden. Diese Antacida neutralisieren einen Teil der Salzsäure im Magen und lindern dadurch die Beschwerden. In Antacida werden verschiedene Wirkstoffe genutzt.

Klassische Antacida-Tabletten wie Rennie© enthalten Calciumcarbonat $CaCO_3$ und basisches Magnesiumcarbonat $MgCO_3 \cdot Mg(OH)_2 \cdot 2\ H_2O$ als Wirkstoffe, in anderen Antacida werden Magnesium- und Aluminiumhydroxide verwendet.

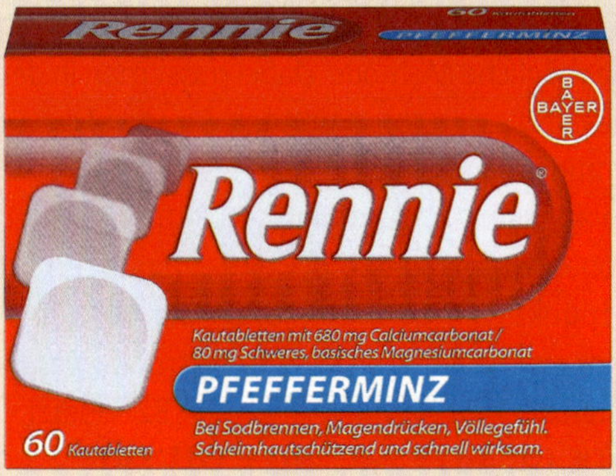


**B1** *Antacida-Tabletten mit den Wirkstoffen Calciumcarbonat und Magnesiumcarbonat*

## Aufgabe A – Basisaufgabe

1. **Planung**: Planen Sie ein Experiment, mit dem man bestimmen kann, welche Stoffmenge Salzsäure (Magensäure) von 1 Antacida-Tablette (Rennie©) mit dem Wirkstoff Calciumcarbonat neutralisiert werden kann. Geben Sie dazu für ablaufende Reaktionen die entsprechenden Reaktionsgleichungen an. Zur Verfügung stehen folgende Stoffe und Materialien:
   Natronlauge*, $c = 1{,}0$ mol/L, Salzsäure*, $c = 1{,}0$ mol/L, Bromthymolblau-Lösung*, 25-mL-Messzylinder, Bürette, Becherglas.
2. **Durchführung**: Führen Sie das Experiment durch.
3. **Auswertung**: Ermitteln Sie, welche Stoffmenge Salzsäure (Magensäure) von einer Antacida-Tablette neutralisiert wird.
4. **Erweiterung der Aufgabe**: Berechnen Sie, welche Masse an Calciumcarbonat in einer Tablette Rennie© enthalten ist. Nehmen Sie vereinfachend an, dass die Tablette nur Calciumcarbonat als Wirkstoff enthält, und vergleichen Sie das Ergebnis mit der Packungsangabe „*Eine Tablette enthält 680 mg Calciumcarbonat und 80 mg basisches Magnesiumcarbonat*“.

**Kompetenz** Selbstständiges Planen, Durchführen und Auswerten chemischer Experimente sowie Reflexion der Aufgaben

## Lösung zu Aufgabe A

1. **Planung**: Eine Antacida-Tablette mit dem Wirkstoff Calciumcarbonat wird in ein bestimmtes Volumen Salzsäure (anstelle von Magensäure) bekannter Konzentration gelegt. Das Calciumcarbonat der Tablette reagiert mit der Salzsäure nach
$$CaCO_3(s) + 2\ H_3O^+(aq) + 2\ Cl^-(aq) \longrightarrow CO_2(aq) + Ca^{2+}(aq) + 2\ Cl^-(aq) + 3\ H_2O(l)$$
unter Bildung von gasförmigem Kohlenstoffdioxid und löst sich dabei.
Die verbleibende, die *überschüssige*, Salzsäure wird mit Natronlauge titriert. Aus der Differenz zwischen der bei der Titration ermittelten Stoffmenge an *überschüssiger* Salzsäure und der Stoffmenge der *vorgelegten* Salzsäure lässt sich die Stoffmenge an Salzsäure bestimmen, die von der Tablette neutralisiert, *verbraucht*, wurde.

2. **Durchführung**: 25 mL Salzsäure, $c$ = 1 mol/L, werden im Messzylinder genau abgemessen und ins Becherglas gegeben, eine Antacida-Tablette wird zugefügt. Wenn die Gasentwicklung aufgehört hat, wird Bromthymolblau als Indikator zugesetzt und mit Natronlauge, $c$ = 1 mol/L, bis zum Farbumschlag von Gelb nach Blau titriert.

3. **Auswertung**: Bei einer Titration wurde ein Volumen an Natronlauge von $V$ = 9,6 mL bis zum Farbumschlag verbraucht.
Die Stoffmenge an Salzsäure, die mit dem Wirkstoff der Antacida-Tablette reagiert hat, wird wie folgt ermittelt:
   a) Berechnung der Stoffmenge an *überschüssiger* Salzsäure aus dem Titrationsergebnis:
   $n(HCl_{überschüssig}) = n(NaOH) = c(NaOH) \cdot V(NaOH) = 1{,}0\ mol/L \cdot 9{,}6\ mL = 9{,}6\ mmol$.
   b) Berechnung der von der Antacida-Tablette *verbrauchten* Salzsäure:
   $n(HCl_{verbraucht}) = n(HCl_{vorgelegt}) - n(HCl_{überschüssig}) =$
   $25\ mmol - 9{,}6\ mmol = 15{,}4\ mmol$

**Eine Antacida-Tablette neutralisiert 15,4 mmol Salzsäure.**

4. **Erweiterung der Aufgabe**: Berechnung der Masse an Calciumcarbonat in einer Antacida-Tablette (Rennie©):
Das Stoffmengenverhältnis Caliumcarbonat zu Salzsäure ist nach Reaktionsgleichung
$n(CaCO_3) : n(HCl) = 1 : 2$,
daraus folgt $n(CaCO_3) = \frac{1}{2}\ n(HCl) = 7{,}7\ mmol$
und
$m(CaCO_3) = n(CaCO_3) \cdot M(CaCO_3) =$
$7{,}7\ mmol \cdot 100\ g/mol = 770\ mg$.
Die ermittelte Masse an Calciumcarbonat ist mit 770 mg größer als die auf der Packung angegebene. Der Grund dafür ist, dass bei der Berechnung das in der Tablette enthaltene Magnesiumcarbonat vernachlässigt wurde (vgl. Annahme). Dieses hat aber ebenfalls mit der Salzsäure reagiert.

### Kompetenzen trainieren

Diese Kompetenzen können mit den Aufgaben A22 auf Seite 54 und A24 auf Seite 55 vertieft werden.

***Kompetenz*** **Selbstständiges Planen, Durchführen und Auswerten chemischer Experimente sowie Reflexion der Aufgaben**

## *Aufgabe B – Aufgabe mit erhöhtem Anspruch*

1. **Planung**: Planen Sie ein Experiment, mit dem man bestimmen kann, welche Masse Calciumcarbonat eine Antacida-Tablette (Rennie©) enthält. Nehmen Sie dabei vereinfachend an, dass nur Calciumcarbonat als Wirkstoff enthalten ist. Geben Sie dazu für ablaufende Reaktionen die entsprechenden Reaktionsgleichungen an. Zur Verfügung stehen folgende Stoffe und Materialien:
   Natronlauge, $c$ =1,0 mol/L, Salzsäure, $c$ = 1,0 mol/L, Bromthymolblau-Lösung, 25-mL-Messzylinder, Bürette, Becherglas.
2. **Durchführung**: Führen Sie das Experiment durch.
3. **Auswertung**: Ermitteln Sie die Masse an Calciumcarbonat und vergleichen Sie das Ergebnis mit der Packungsangabe „*Eine Tablette enthält 680 mg Calciumcarbonat und 80 mg basisches Magnesiumcarbonat*“.

## *Lösung zu Aufgabe B*

1. **Planung und Durchführung**: Eine Antacida-Tablette wird in ein Becherglas mit etwas Wasser gegeben, mit dem Indikator Bromthymolblau versetzt und mit Salzsäure bis zum Farbumschlag des Indikators titriert. Dabei läuft folgende Reaktion ab:
   $$\mathbf{CaCO_3(s) + 2\ H_3O^+(aq) + 2\ Cl^-(aq) \longrightarrow CO_2(aq) + Ca^{2+}(aq) + 2\ Cl^-(aq) + 3\ H_2O(l)}.$$
2. **Auswertung**: Die Tablette löst sich nicht in Wasser, sie wird aufgeschlämmt. Bei der Zugabe der ersten Tropfen Salzsäure schlägt der Indikator von Blau nach Gelb um und eine leichte Gasentwicklung setzt ein. Danach ändert sich die gelbe Farbe der Lösung wieder allmählich über Grün nach Blau. Diese Beobachtung wiederholt sich bei der Zugabe der nächsten Tropfen Salzsäure. Ein Äquivalenzpunkt mit einem schlagartigen Farbumschlag lässt sich nicht eindeutig feststellen, da die Reaktion zwischen Calciumcarbonat und Salzsäure zu langsam abläuft.
   Die experimentelle Vorgehensweise hat sich als nicht geeignet herausgestellt. Daher muss die Versuchsdurchführung geändert werden.
3. **Erneute Planung**: Eine Antacida-Tablette mit dem Wirkstoff Calciumcarbonat wird in ein bestimmtes Volumen Salzsäure bekannter Konzentration gelegt. Damit wird gewährleistet, dass sich die Tablette löst und die unter 1. angegebene Reaktion zwischen Calciumcarbonat und Salzsäure vollständig abläuft. Die überschüssige Salzsäure wird mit Natronlauge titriert. Aus der Differenz zwischen der bei der Titration ermittelten Stoffmenge an noch vorhandener, an *überschüssiger*, Salzsäure und der vorgelegten Salzsäure ergibt sich die Stoffmenge an Salzsäure, die mit Calciumcarbonat reagiert hat. Daraus lässt sich die Stoffmenge an Calciumcarbonat ermitteln.
4. **Durchführung** vgl. Aufgabe A .
5. **Auswertung** vgl. Aufgabe A:
   Die Stoffmenge Salzsäure, die mit dem Calciumcarbonat einer Antacida-Tablette reagiert hat, ist $n(\mathbf{HCl})$ = 15,4 mmol und die Masse an Calciumcarbonat in einer Tablette $m(\mathbf{CaCO_3})$ = 770 mg.

*Kompetenz* **Selbstständiges Planen, Durchführen und Auswerten chemischer Experimente sowie Reflexion der Aufgaben**

**Reflexion der Aufgaben: Erläutern Sie, warum Aufgabe B trotz des gleichen fachlichen Inhalts anspruchsvoller als Aufgabe A ist.**

Bei der Basisaufgabe A wird bereits in der Aufgabenstellung genannt, dass die Stoffmenge der „Magensäure“, die durch eine Antacida-Tablette neutralisiert („verbraucht“) wird, bestimmt werden soll. Das legt eine Titration mit Natronlauge nahe. Neu ist, dass die verbrauchte Salzsäure nicht direkt titriert, sondern durch Differenzbildung ermittelt wird. Es wird eine sogenannte **Rücktitration** erarbeitet.

Die Aufgabenstellung bei der Aufgabe B legt die Titration mit Natronlauge nicht nahe, da die Masse an dem alkalisch reagierenden Stoff Calciumcarbonat bestimmt werden soll, der die Säure neutralisieren soll. Nach dem Fehlversuch muss das experimentelle Vorgehen angepasst und eine neue experimentelle Lösungsmöglichkeit entwickelt werden. Die Angabe der zu verwendenden Stoffe und Materialien ist eine Hilfe bei der Lösung der Aufgabe.

**Aufgabe B** ist umfassender als **Aufgabe A**, denn bei **B** wird zusätzlich zu der Stoffmenge an Salzsäure, die durch die Antacida-Tablette neutralisiert wurde, der Anteil des Wirkstoffs Calciumcarbonat in der Tablette bestimmt.

Bei der **Basisaufgabe A** kann der Anteil an Calciumcarbonat ebenfalls ermittelt werden, hier geschieht das aber in einer Erweiterungsaufgabe. Diese Aufgabe ist in zwei Teile gegliedert und dadurch weniger komplex.

Bei **Aufgabe A** muss eine gelernte Methode (Säure-Base-Titration) auf eine *vergleichbare neue* Situation übertragen werden, in der es um einen veränderten Sachzusammenhang (indirekte Bestimmung der Salzsäure durch Rücktitration) geht.

Bei **Aufgabe B** muss selbstständig und zielgerichtet eine geeignete und gelernte Methode (Säure-Base-Titration) für eine *neuartige* Situation ausgewählt, angepasst und dann angewandt werden.

**A1** Erläutern Sie, wodurch sich die Definition des Begriffs Säure nach BRÖNSTED und LOWRY von allen früher erfolgten Definitionen (vgl. S. 22, B1) unterscheidet.

**A2** Nennen und formulieren Sie je ein konjugiertes (korrespondierendes) Säure-Base-Paar, bei dem die Säure a) ein Molekül, b) ein Anion und c) ein Kation ist.

**A3** *„Man nimmt heute als feststehend an, dass in wässerigen Lösungen von Säuren, Salzen etc. ein teilweiser Zerfall (Dissociation) der gelösten Verbindungen stattfindet ... So sind in einer verdünnten Kochsalzlösung neben unzersetzten Theilchen von Kochsalz sowohl Theilchen von Natrium als auch solche von Chlor getrennt in der Lösung vorhanden ...*
*Salzsäure stellt man sich dissociiert wie folgt vor HCl in H und Cl."*
Dieser historische Text stammt aus einem Lehrbuch von ROSCOE und SCHORLEMMER aus dem Jahr 1898.
a) Begründen Sie, welche Aussagen nicht mehr den heutigen Vorstellungen entsprechen.
b) Erläutern Sie, welche der Säure-Definitionen aus B1 von S. 22 am besten zu diesem Text passt.
c) Schreiben Sie den Text um, sodass er dem heutigen Wissensstand entspricht.

**A4** Überprüfen Sie die Richtigkeit der folgenden Definition: *„Der pH-Wert ist der negative Zehnerlogarithmus der Oxonium-Ionenkonzentration einer Lösung."* Vergleichen Sie dann Ihr Urteil mit der Definition von S. 27.

**A5** Berechnen Sie den *p*H-Wert und die Hydroxid-Ionenkonzentration einer Lösung mit $c(H_3O^+) = 3{,}2 \cdot 10^{-10}$ mol/L.

**A6** Berechnen Sie die Oxonium-Ionenkonzentration und die Hydroxid-Ionenkonzentration einer Lösung mit *p*H = 2,5.

**A7** Geben Sie an, um welchen Faktor sich die Oxonium-Ionenkonzentration einer Lösung ändert, wenn sich der *p*H-Wert von *p*H = 4 a) auf *p*H = 8 verdoppelt und b) auf *p*H = 2 halbiert.

**A8** Berechnen Sie jeweils die *p*H-Werte der folgenden Lösungen mit der jeweils angegebenen Anfangskonzentration $c_0$:
a) Natronlauge, $c_0(NaOH) = 1$ mol/L;
b) Ammoniak-Lösung, $c_0(NH_3) = 0{,}2$ mol/L;
c) Natriumacetat-Lösung, $c_0(H_3CCOO^{\ominus}) = 1{,}2$ mol/L;
d) Blausäure (Cyanwasserstoff-Lösung HCN(aq), $c_0(HCN) = 0{,}5$ mol/L;
e) Ammoniumchlorid-Lösung, $c_0(NH_4^+) = 0{,}3$ mol/L;
f) Salpetersäure-Lösung, $c_0(HNO_3) = 0{,}1$ mol/L.

**A9** Berechnen Sie jeweils die Anfangskonzentration $c_0$ für die Lösungen
a) Kalilauge KOH(aq) mit *p*H = 13,5 und
b) Natriumhydrogencarbonat-Lösung $NaHCO_3(aq)$ mit *p*H = 10.

**A10** Das gesamte Wasser auf der Erde wird auf 1,4 Milliarden Kubikkilometer geschätzt. Nehmen Sie an, dass durch ein Tankerunglück 10 Tonnen Natriumhydroxid ins Meer gelangen und sich gleichmäßig im gesamten Wasser des Planeten verteilen.
a) Berechnen Sie unter der Annahme, es gäbe keine weiteren Einflüsse auf das Wasser, um welchen Betrag der *p*H-Wert steigen würde.
b) Beurteilen Sie, ob die Annahme unter a) realistisch ist und begründen Sie Ihr Urteil.

**A11** Weinsäure ist eine zweiprotonige Säure mit den $pK_S$-Werten $pK_{S1} = 2{,}98$ und $pK_{S2} = 4{,}34$. Sie kommt unter anderem in Weintrauben, Löwenzahn und Ananas vor. Ihre Salze nennt man Tartrate.

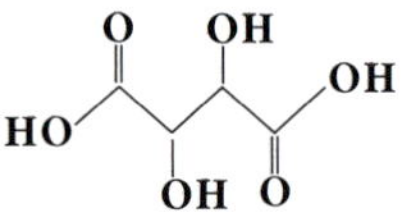


a) Formulieren Sie für beide Protolyseschritte die Protolysegleichungen.
b) Ordnen Sie die zweiprotonige Säure und die Monoanion-Säure begründet den starken, mittelstarken oder schwachen Säuren zu.
c) Erläutern Sie anhand einer Zeichnung, wie die Substituenten auf die Polarisierung der OH-Bindung in den Carboxy-Gruppen wirken.

*A12* Im Blut wird Kohlenstoffdioxid in gelöster Form, als Kohlensäure und als Hydrogencarbonat-Ion transportiert. a) Geben Sie die zugehörigen Gleichgewichtsreaktionen an und berechnen Sie das Verhältnis $c(H_2CO_3)/c(HCO_3^-)$, wenn der *p*H-Wert des Blutes den Wert 7,36 einnimmt. b) Erläutern Sie mithilfe von Reaktionsgleichungen, warum das Ausatmen von Kohlenstoffdioxid den *p*H-Wert im Blut ansteigen lässt.

*A13* In B1 sind Angaben über handelsübliche Essigessenz zu lesen.
a) Erläutern Sie unter Verwendung geeigneter Fachbegriffe und Reaktionsgleichungen die auf dem Etikett erwähnten Hinweise zur Verwendung von Essigessenz.
b) Berechnen Sie die Konzentration der Essigsäure in Essigessenz unter der Annahme, dass die Dichte von Essigessenz 1 g/mL beträgt.
c) Ermitteln Sie den *p*H-Wert von Essigessenz rechnerisch und mittels *p*H-Papier und vergleichen Sie.

**B1** *Etikett auf einer Flasche Essigessenz*

*A14* Bei Durchfallerkrankungen wird vor allem alkalische Darmflüssigkeit ausgeschieden, wodurch der *p*H-Wert im Körper sinkt. Eine Abweichung des *p*H-Werts im Blut um 0,5 vom Normalwert *p*H = 7,36 kann tödlich sein. Berechnen Sie den Faktor, um den die Konzentration der Oxonium-Ionen höchstens steigen darf.

*A15* Eine gesteigerte Atemaktivität (Hyperventilation) führt zu einem Anstieg des *p*H-Werts im Blut. Symptome dieser respiratorischen Alkalose sind z. B. Schwindel und Muskelkrämpfe. Erläutern Sie, warum das Ein- und Ausatmen in eine vorgehaltene Plastiktüte einem Patienten rasch helfen kann.

*A16* Der saure Geschmack von Rhabarber beruht auf seinem Gehalt an Oxalsäure **HOOCCOOH** mit $pK_{S1} = 1{,}42$, $pK_{S2} = 4{,}29$ (vgl. S. 35, B3).
a) Berechnen Sie den *p*H-Wert von 100 mL eines Rhabarberextrakts, der 500 mg Oxalsäure enthält. Berücksichtigen Sie dabei nur die erste Protolysestufe.
b) Auf der Basis von Oxalsäure kann eine Pufferlösung hergestellt werden. Formulieren Sie die Vorgänge, die beim Abpuffern zugesetzter Base ablaufen.
c) Begründen Sie, in welcher Konzentration die Pufferbase vorliegen muss, wenn die Konzentration der Puffersäure *c* = 0,7 mol/L beträgt.

*A17* Sorbinsäure $H_3C(CH)_4COOH$ mit $pK_S = 4{,}76$ ist als Konservierungsmittel (E 200) erst dann wirksam, wenn mehr als 2 % der Säure nicht protolysiert vorliegen. Berechnen Sie, welcher *p*H-Wert bei einem Lebensmittel nicht überschritten sein darf, das mit dieser Säure konserviert wurde.

*A18* Natriumbenzoat $C_6H_5COONa(s)$ wird als Konservierungsstoff für Ketchup, Mayonnaise u. a. verwendet. Im Magen (*p*H = 1,4) stellt sich ein Gleichgewicht zwischen Benzoesäure $C_6H_5COOH$ und Benzoat-Ionen $C_6H_5COO^\ominus$ ein. Berechnen Sie das Verhältnis $c(C_6H_5COOH)/c(C_6H_5COO^\ominus)$ im Magen nach dem Verzehr von Pommes frites mit Ketchup (*Hinweis*: $pK_S(C_6H_5COOH) = 4{,}2$).

*A19* Die Titrationen von frisch gepresstem Zitronensaft und frisch gepresstem Orangensaft liefern recht unterschiedliche Ergebnisse (vgl. V2, S. 20). Begründen Sie, warum das nicht im Widerspruch zu dem in B2 dargestellten Befund stehen muss.

**B2** *Die pH-Werte einer frisch angeschnittenen Orange und einer frisch angeschnittenen Zitrone sind fast gleich.*

***A20*** Beurteilen Sie jede der folgenden Aussagen, ob sie richtig oder falsch ist. Schreiben Sie die falschen Aussagen so um, dass sie richtig werden.
Ein Säure-Base-Puffer
a) enthält immer ein konjugiertes (korrespondierendes) Säure-Base-Paar;
b) hält den *p*H-Wert annähernd konstant im neutralen Bereich;
c) zeigt bei Zugabe von Säure oder Base keine große Änderung des *p*H-Werts;
d) neutralisiert zugefügte Oxonium-Ionen unter Bildung von Puffer-Base;
e) ist in seiner Pufferkapazität begrenzt;
f) hat unbegrenzte Pufferkapazität von *c*(Puffer-Base)/*c*(Puffer-Säure) = 1.

***A21*** Das folgende Diagramm (B3) zeigt die Titrationskurve, die bei der Titration von 100 mL Ethansäure (Essigsäure) $H_3CCOOH(aq)$ mit Natronlauge, $c$ = 0,5 mol/L, erhalten wurde.

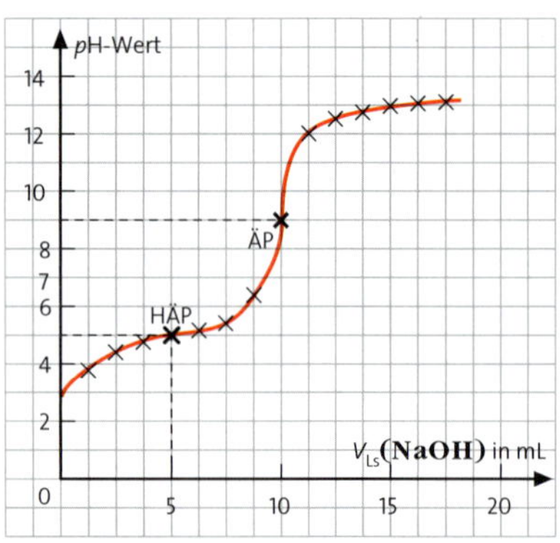


**B3** *Titrationskurve von Ethansäure mit Natronlauge*

a) Erläutern Sie den Kurvenverlauf aus B3 und geben Sie die Bedeutung des Äquivalenzpunktes ÄP und des Halbäquivalenzpunktes HÄP an.
b) Kopieren Sie das Diagramm aus B3 und zeichnen Sie in dieses die Titrationskurve für die Titration von 100 mL Salzsäure der gleichen Konzentration wie die Ethansäure ein. Nennen Sie vier Unterschiede zur Kurve aus B1 und erklären Sie, warum sich die Lagen der beiden Äquivalenzpunkte unterscheiden.
c) Zeichnen Sie in das gleiche Koordinatennetz aus b) die Titrationskurve für die Titration von 100 mL Schwefelsäure-Lösung der gleichen Konzentration wie die Ethansäure aus B3 mit Natronlauge, $c$ = 0,5 mol/L, ein. Geben Sie die Lage des Äquivalenzpunktes begründet an.
d) Berechnen Sie die Konzentration der Ethansäure-Lösung, bei deren Titration die Kurve aus B3 erhalten wurde.
e) *„Wie viel Essig war da drin?"* Beantworten Sie diese Frage, indem Sie die Masse an Essigsäure berechnen, die in der titrierten Probe aus B3 enthalten war.

***A22*** Eierschalen enthalten im Mittel zwischen 89 % und 97 % Calciumcarbonat (Kalk).
a) Planen Sie ein Experiment, mit dem man den Kalkgehalt, d.h. den Massenanteil an Calciumcarbonat, in Eierschalen bestimmen kann.
b) Vergleichen Sie Ihre Planung mit dem im Folgenden beschriebenen Vorgehen bei der Bestimmung des Kalkgehaltes in Eierschalen:

**Versuchsvorschrift:**
1. Getrocknete Eierschalen werden im Mörser gut zerrieben.
2. 1,0 g Eierschalenpulver werden mit 100,0 mL Salzsäure ($c$ = 1 mol/L) versetzt, über Nacht stehen gelassen und danach 10 min auf 60 °C unter Rühren erwärmt.
3. Nach dem Abkühlen auf Zimmertemperatur werden 20,0 mL dieser Lösung mit Natronlauge ($c$ = 1 mol/L) titriert.

c) Erläutern Sie die beim 2. Arbeitsschritt ablaufenden Reaktionen auch anhand der Reaktionsschemata.
d) Begründen Sie, warum es nötig ist, die Probe über Nacht stehen zu lassen und vor der Titration zu erwärmen.
e) Berechnen Sie den Massenanteil an Calciumcarbonat in den von Ihnen untersuchten Eierschalen und vergleichen Sie das Ergebnis mit dem durchschnittlichen Kalkgehalt von Eierschalen.
f) Wenn keine Möglichkeit zur experimentellen Bestimmung besteht: Berechnen Sie, wie viel mL Natronlauge bei einer Titration verbraucht werden, wenn der Kalkgehalt der Eierschalen 90 % beträgt.

***A23*** Aminosäuren liegen sowohl in fester Form als auch in Lösung nahezu vollständig als Zwitterionen vor:

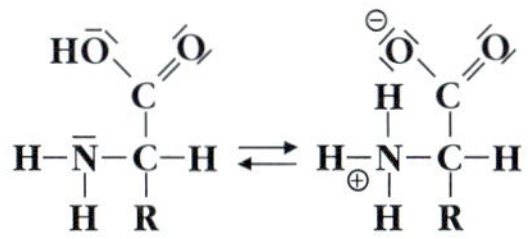

Molekülform Zwitterionform

Wässrige Lösungen von Aminosäuren wirken in bestimmten *p*H-Bereichen als Puffersysteme (B4). Der isoelektrische Punkt *p*H(I) ist der *p*H-Wert, bei dem die gesamte Aminosäure in Form des Zwitterions vorliegt.

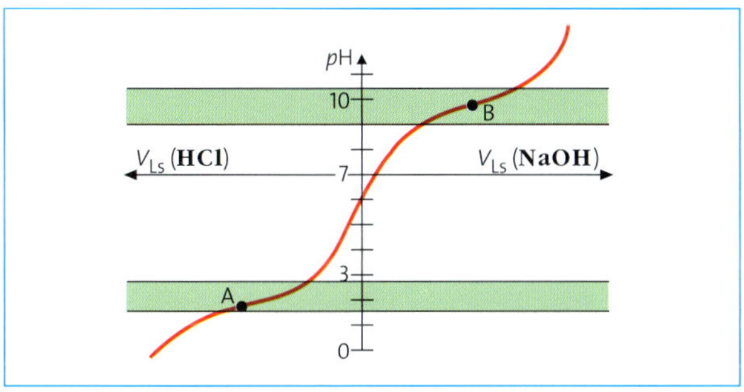


**B4** *pH-Änderungen bei der Zugabe von Natronlauge bzw. Salzsäure zu einer Glycin-Lösung*

a) Begründen Sie mithilfe des Kurvenverlaufs in B4, warum beim isoelektrischen Punkt des Glycins *p*H(I) = 6,1 keine Pufferwirkung vorliegt.

b) Erklären Sie den Kurvenverlauf aus B4 unter Verwendung geeigneter Formeln und Reaktionsgleichungen und nennen Sie die *p*H-Bereiche, in denen die Glycin-Lösung als Puffer wirkt.

c) Geben Sie die Bedeutung der eingezeichneten Punkte A und B an.

d) Zeichnen Sie in eine Kopie von B4 mithilfe der Angaben aus B3, S. 45, die zu erwartenden *p*H-Kurven für Alanin und Cystein ein.

e) Die Aminosäure Lysin $H_2N(CH_2)_4CHNH_2COOH$ liefert eine Kurve, die bei *p*H = 2,1, *p*H = 9,2 und *p*H = 10,8 minimale Steigungen hat. Erklären Sie diesen Sachverhalt mit geeigneten Formeln.

***A24*** Leitfähigkeitstitrationen werden vor allem dann eingesetzt, wenn ein geeigneter Indikator fehlt. So kann man die Konzentration einer Natriumhydrogencarbonat-Lösung durch Leitfähigkeitstitration mit Salzsäure bestimmen.

a) Geben Sie die Reaktionsgleichung an, die dieser Titration zugrunde liegt.

b) Erläutern Sie anhand der Reaktionsgleichung, wie sich die Leitfähigkeit bis zum bzw. nach dem Äquivalenzpunkt ändert und skizzieren Sie eine Titrationskurve.

c) Entwerfen Sie eine Versuchsvorschrift zur Bestimmung des Gehaltes von Natriumhydrogencarbonat in Backpulver durch Leitfähigkeitstitration.

d) Beurteilen Sie, ob auch eine *p*H-metrische Titration zur Lösung des Problems aus c) möglich wäre, und erläutern Sie Ihr Urteil.

***A25*** In einem Versuch wurden 10 mL Ammoniumacetat-Lösung $NH_4CH_3COO(aq)$ mit Natronlauge, *c* = 0,1 mol/L, titriert. In einem weiteren Versuch wurden 10 mL Ammoniumacetat-Lösung der gleichen Konzentration mit Salzsäure, *c* = 0,1 mol/L, titriert. Die dabei erhaltenen Titrationskurven sind in B5 dargestellt.

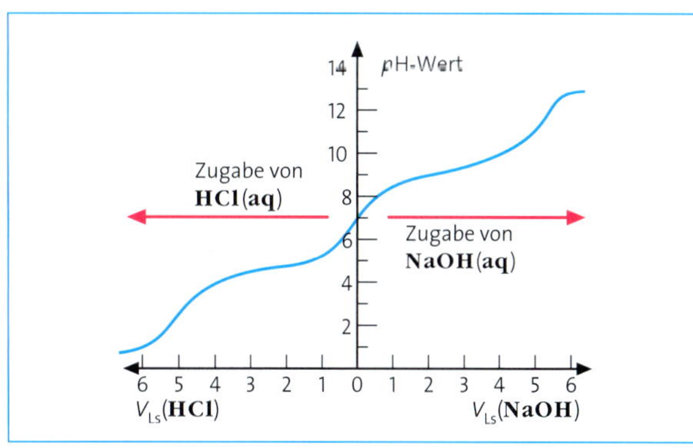


**B5** *Titrationskurven von Ammoniumacetat-Lösung mit Salzsäure bzw. Natronlauge*

a) Der Gesamtverlauf der Kurve ist durch die Wirkung zweier Puffersysteme zu erklären, die in unterschiedlichen Bereichen puffern. Geben Sie an, um welche Puffersysteme es sich handelt.

b) Ermitteln Sie aus B5 die $pK_S$-Werte der jeweiligen Säuren und vergleichen Sie sie mit den Werten aus B2 von S. 30.

### Säure-Base-Begriff

Nach BRÖNSTED und LOWRY kann man Säuren und Basen in folgender Kurzform definieren:

Säuren sind Protonen-Donatoren.
Basen sind Protonen-Akzeptoren.

Ein Teilchen kann nur dann als Säure wirken, also ein Proton abgeben, wenn eine Base vorhanden ist, die das Proton aufnimmt. Säure-Base-Reaktionen sind Protonenübertragungen oder Protolysen. Protolysen sind reversible Reaktionen, bei denen sich die Gleichgewichte extrem schnell einstellen. Aus einer Säure bildet sich bei einer Protolyse ihre konjugierte Base und aus einer Base ihre konjugierte Säure. Bei Säure-Base-Reaktionen in wässriger Lösung sind meist Wasser-Moleküle als Säure oder als Base beteiligt.

| $\mathbf{HA}$ | + | $\mathbf{H_2O}$ | $\rightleftharpoons$ | $\mathbf{H_3O^+}$ | + | $\mathbf{A^-}$ |
|---|---|---|---|---|---|---|
| Säure I | | Base II | | Säure II | | Base I |
| | | | | konjugierte Säure der Base II | | konjugierte Base der Säure I |

### Autoprotolyse des Wassers

Wasser-Moleküle können sowohl als Säure als auch als Base reagieren, in sehr geringem Maße auch untereinander:

$$\mathbf{H_2O(l) + H_2O(l) \rightleftharpoons H_3O^+(aq) + OH^-(aq)}$$

Dieses Autoprotolyse-Gleichgewicht liegt weit auf der linken Seite. Es liegt nicht nur in reinem Wasser vor, sondern in jeder verdünnten wässrigen Lösung.
Das Ionenprodukt des Wassers $K_W$, das Produkt der Konzentrationen der Oxonium-Ionen und Hydroxid-Ionen, hat für jede wässrige Lösung einen konstanten Wert.

Zusammenhang zwischen Ionenprodukt des Wassers $K_W$, $p$H-Wert und $p$OH-Wert

$$K_W = c(\mathbf{H_3O^+}) \cdot c(\mathbf{OH^-}) = 10^{-14}\ \mathrm{mol^2\,L^{-2}}$$

Mit $pK_W = -\lg\{K_W\}$
$p\mathrm{H} = -\lg\{c(\mathbf{H_3O^+})\}$ und
$p\mathrm{OH} = -\lg\{c(\mathbf{OH^-})\}$
erhält man:

$$pK_W = p\mathrm{H} + p\mathrm{OH} = 14$$

### Säurestärke und Basenstärke

Ein Maß für die Säure- bzw. Basenstärke ist die Säure- bzw. Basenkonstante. Liegt das Gleichgewicht weit auf der rechten Seite, ist der $K_s$- bzw. $K_b$-Wert groß, es liegt eine starke Säure bzw. Base vor. Je größer der $K_s$- bzw. der $K_b$-Wert ist, umso stärker ist die Säure bzw. die Base. Oder: Je kleiner der $pK_s$- bzw. $pK_b$-Wert ist, umso stärker ist die Säure bzw. Base.

Reaktion einer Säure **HA** mit Wasser

$$\mathbf{HA + H_2O \rightleftharpoons A^- + H_3O^+}$$

Säurekonstante

$$K_s = \frac{c(\mathbf{H_3O^+}) \cdot c(\mathbf{A^-})}{c(\mathbf{HA})} \qquad pK_s = -\lg K_s$$

Reaktion einer Base **B** mit Wasser

$$\mathbf{H_2O + B \rightleftharpoons OH^- + HB^+}$$

Basenkonstante

$$K_b = \frac{c(\mathbf{HB^+}) \cdot c(\mathbf{OH^-})}{c(\mathbf{B})} \qquad pK_b = -\lg K_b$$

### Puffersysteme

Lösungen, die bei Zugabe von Säuren oder Basen ihren $p$H-Wert nur geringfügig ändern, nennt man Pufferlösungen. Sie bestehen aus einem konjugierten Säure-Base-Paar $\mathbf{HA/A^-}$ mit etwa gleichen Konzentrationen an Säure und konjugierter Base, für die man folgende Protolysegleichgewichte formulieren kann:

$$\mathbf{HA + H_2O \rightleftharpoons A^- + H_3O^+}$$
$$\mathbf{A^- + H_2O \rightleftharpoons HA + OH^-}$$

Bei Säure-Zugabe werden die Oxonium-Ionen durch die Base $\mathbf{A^-}$ abgefangen, die Konzentration der Puffersäure **HA** nimmt dabei zu, die der Pufferbase $\mathbf{A^-}$ ab. Mithilfe der Puffergleichung (HENDERSON-HASSELBALCH-Gleichung) lassen sich die $p$H-Wert-Änderungen berechnen.

Aus der Säurekonstante

$$K_s = \frac{c(\mathbf{H_3O^+}) \cdot c(\mathbf{A^-})}{c(\mathbf{HA})} \text{ bzw. } pK_s = p\mathrm{H} - \lg \frac{c(\mathbf{A^-})}{c(\mathbf{HA})}$$

erhält man durch Umformung die HENDERSON-HASSELBALCH-Gleichung:

$$p\mathrm{H} = pK_s + \lg \frac{c(\mathbf{A^-})}{c(\mathbf{HA})}$$

### Titration

Die Konzentration einer Säure in Lösung lässt sich durch Titration bestimmen, bei der die Säure i.d.R. durch Natronlauge neutralisiert wird. Der Äquivalenzpunkt wird durch den Umschlag eines Indikators bestimmt. Aus dem Volumen der verbrauchten Lauge lässt sich die Säure-Konzentration rechnerisch ermitteln. Analog kann die Konzentration einer Base durch Titration mit einer Säure-Lösung bestimmt werden.

### Titrationskurven von *p*H-metrischen Titrationen

Titriert man eine Säure-Lösung und misst jeweils nach schrittweiser Zugabe von Natronlauge den *p*H-Wert, erhält man charakteristische Titrationskurven. Bei einer einprotonigen Säure, wie z.B. Essigsäure, weist die Titrationskurve einen *p*H-Sprung, bei einer zweiprotonigen Säure zwei *p*H-Sprünge auf. Der Wendepunkt im *p*H-Sprung markiert den Äquivalenzpunkt.

Anhand einer Titrationskurve kann man nicht nur den Äquivalenzpunkt, sondern auch den $pK_s$-Wert einer Säure bestimmen. Am Halbäquivalenzpunkt (HÄP), an dem die Hälfte der Säure titriert ist, ist der *p*H-Wert gleich dem $pK_s$-Wert.

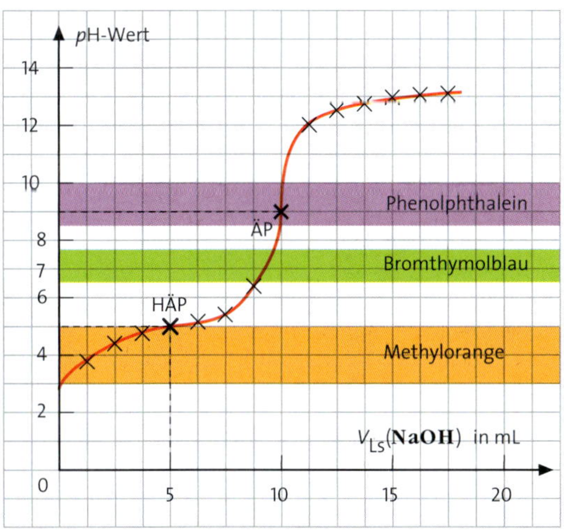


Titrationskurve einer schwachen Säure am Beispiel der Titration von Ethansäure mit Natronlauge.
Am HÄP gilt: $c(\mathbf{HA}) = c(\mathbf{A^-})$. Aus der Puffergleichung folgt daher:

$$pH = pK_s + \lg\frac{c(\mathbf{A^-})}{c(\mathbf{HA})} = pK_s + \lg 1 = pK_s$$

### Titrationskurven von Leitfähigkeitstitrationen

Die Titration einer Säure-Lösung lässt sich auch über die Änderung der elektrischen Leitfähigkeit verfolgen. Die Leitfähigkeitstitration ist geeignet,

a) wenn sich während der Titration die Konzentration der Ionen ändert, oder
b) wenn bei der Titration Ionen durch Ionen mit einer anderen Ionenleitfähigkeit ersetzt werden.

Fall b) liegt z.B. bei der Titration von Salzsäure mit Natronlauge vor, bei der die gut leitenden Oxonium-Ionen durch weniger gut leitende Natrium-Ionen ersetzt werden.

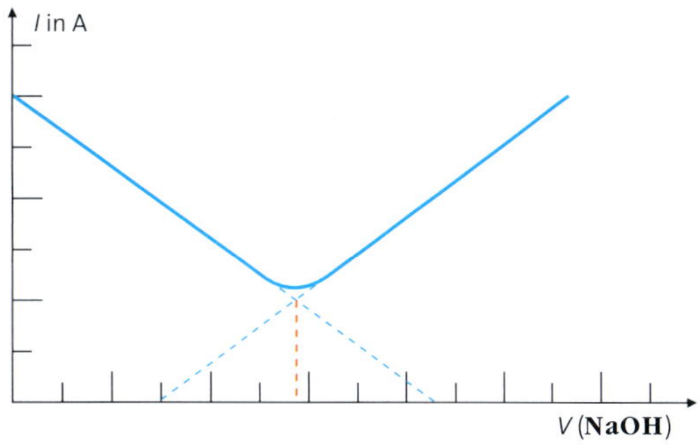


### Muster zur Berechnung der Säure-Konzentration aus einem Titrationsergebnis

Bei einer Titration von 35 mL Salzsäure mit Natronlauge, $c(\mathbf{NaOH})$ = 0,1 mol/L, wurden bis zum Umschlag des Indikators 20 mL Natronlauge verbraucht.

**Berechnung der Konzentration der titrierten Salzsäure:**

(1) Aufstellen der **Reaktionsgleichung** für die Stoffumsetzung
$\mathbf{HCl(aq) + NaOH(aq) \longrightarrow H_2O(l) + NaCl(aq)}$

(2) Aus der Reaktionsgleichung das **Stoffmengenverhältnis** der interessierenden Reaktionspartner ablesen
$n(\mathbf{HCl}) : n(\mathbf{NaOH}) = 1:1$; daraus folgt: $n(\mathbf{HCl}) = n(\mathbf{NaOH})$

(3) Ersetzen der Stoffmengen *n* gemäß Gleichung (1)
$c(\mathbf{HCl}) \cdot V_{Ls}(\mathbf{HCl}) = c(\mathbf{NaOH}) \cdot V_{Ls}(\mathbf{NaOH})$

(4) Umformen der Gleichung (3) nach der gesuchten Größe $c(\mathbf{HCl})$ und Einsetzen der bekannten Zahlenwerte der übrigen Größen

$$c(\mathbf{HCl}) = \frac{c(\mathbf{NaOH}) \cdot V_{Ls}(\mathbf{NaOH})}{V_{Ls}(\mathbf{HCl})} = \frac{0{,}1\ \text{mol/L} \cdot 20\ \text{mL}}{35\ \text{mL}} =$$

0,057 mol/L

# Redoxreaktionen – Elektrochemie

Bei Fahrzeugen, Kommunikationsmitteln und anderen elektronischen Geräten **spielen elektrochemische Prozesse (Redoxreaktionen)** eine wichtige Rolle.
Bleibt ein Lackschaden an einem Fahrzeug unbehandelt, kann es schnell zum *Rosten* der Karosserie kommen. Dieser elektrochemische Prozess läuft selbstständig ab und ist ein unerwünschter Vorgang, der hohen wirtschaftlichen Schaden anrichtet.
Gleichzeitig sind elektrochemische Vorgänge bei Fahrzeugen erwünscht und werden z. B. beim Starten von Autos und Booten durch eine Batterie oder für moderne Antriebstechnologien wie Brennstoffzellen genutzt. Wiederaufladbare Energiespeicher, die Akkumulatoren, werden mittlerweile in den meisten elektronischen Geräten eingesetzt und sind auch im Bereich der Elektromobilität ein aktuelles Forschungsfeld.
In diesem Kapitel werden Antworten auf folgende Fragen erarbeitet:

1 **Warum „rostet" Eisen, Gold aber nicht?**

2 **Wie lassen sich Redoxreaktionen für die Stromgewinnung nutzen?**

3 **Sind Redoxvorgänge voraussagbar?**

4 **Können Redoxreaktion durch Licht ausgelöst werden?**

5 **Wie werden Redoxvorgänge durch die Stoffmengenkonzentration beeinflusst?**

6 **Wie funktionieren Batterien?**

7 **Wodurch unterscheiden sich Batterien von Akkus?**

8 **Was „brennt" in der Brennstoffzelle?**

9 **Wo finden elektrochemische Vorgänge in der chemischen Industrie statt?**

10 **Wie lässt sich das Rosten verhindern?**

**B1** *Die elektronische Stimme in Ihrem Handy spricht: „Sie haben eine wichtige Nachricht!“*

Das Wissen um **elektrochemische Prozesse** stützt nicht nur den Unterrichtserfolg (B1), es kann auch das Verständnis für wichtige Teilgebiete der Physik und der Biologie vertiefen. Vor allem aber ist dieses Wissen unverzichtbar, wenn es um die Entwicklung einer nachhaltigen Energieversorgung und Energienutzung geht.

Oft heißt es, die **elektrische Energie** sei die „edelste“ und „sauberste“ Energieform. In der Tat lässt sich elektrische Energie mit hohem Wirkungsgrad in andere Energieformen (thermische Energie, Lichtenergie, Bewegungsenergie, chemische Energie) umwandeln. Umgekehrt gelingt dies nicht und das macht die elektrische Energie „edel“.

Ob elektrische Energie auch „sauber“ ist, hängt davon ab, wie sie „erzeugt“ (korrekter: verfügbar gemacht) wurde. Sie verdient das Prädikat „sauber“ erst, wenn es gelingt, bei ihrer Bereitstellung die fossilen Energieträger Kohle, Erdgas und Erdöl sowie die Nuklearbrennstoffe weitestgehend durch erneuerbare Energiequellen wie Sonne, Wind, Gezeiten, Geothermie und Biomasse zu ersetzen.

Aber selbst dann, wenn elektrische Energie auch „sauber“ ist, gibt es noch ein Problem: Elektrische Energie muss sofort genutzt, d.h. in eine andere Energieform umgewandelt werden, da sie sich nicht über einen längeren Zeitraum speichern lässt. Bedingt durch den Tag-Nacht-Rhythmus und die klimatischen Strukturen stehen auf der Erde Sonnen- und Windenergie nicht kontinuierlich zur Verfügung. Für ein zukünftiges Energieversorgungssystem sind daher geeignete **chemische Energiespeicher** erforderlich, in denen Energie sowohl kurz- und mittelfristig als auch langfristig gespeichert werden kann. Genau hier, bei der Umwandlung von elektrischer in chemische Energie und umgekehrt, kommt der **Elektrochemie** eine Schlüsselrolle zu. Mit elektrochemischem Know-how können bessere Elektrolyseapparate, Batterien, Akkumulatoren, Brennstoffzellen und andere zukunftsträchtige Geräte entwickelt werden.

## Wenn Elektronen Partner wechseln ...

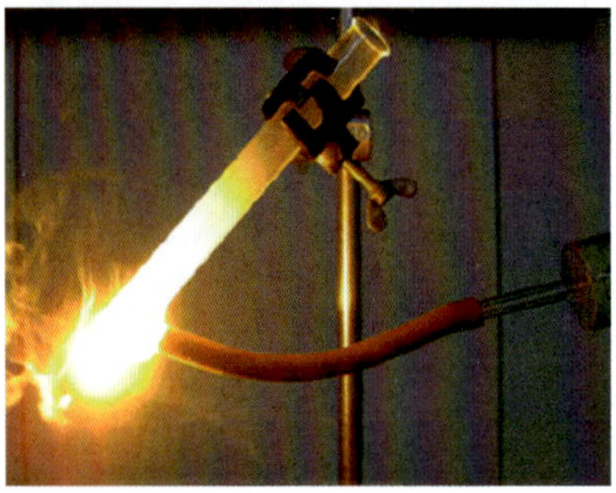

**B1** *Reaktion von Natrium mit Chlor.*
*A: Informieren Sie sich in Chemie 2000+ Online über den Verlauf (Video) und über das Modell (Flash-Animation) dieser Reaktion und über Reaktionen zwischen Metallen und Halogenen. Nennen Sie Gemeinsamkeiten dieser Reaktionen.*

### *Versuche*

***V1*** Halten Sie mit der Tiegelzange nacheinander etwas Magnesiumband*, je ein Stück Kupfer- und Silberblech und einen Platindraht in die entleuchtete Brennerflamme. *Vorsicht*: Beim Magnesiumband nicht direkt in die Flamme schauen. Stellen Sie die Gemeinsamkeiten und Unterschiede in den Beobachtungen fest.

***LV2*** *Vorsicht:* Schutzbrille, Schutzscheibe, feuerfeste Unterlage verwenden; bei Magnesiumpulver nicht direkt in die Flamme schauen.
Ein Gasbrenner wird waagerecht an einem Stativ festgespannt und die entleuchtete Brennerflamme eingestellt. Aus einem Glasrohr, in dessen Ende etwas Magnesiumpulver* gefüllt wurde, bläst man über einen Gummischlauch das Magnesiumpulver von der Seite schräg nach oben in die Brennerflamme. Der Versuch wird mit Eisen*- und Kupferpulver* wiederholt. Die Helligkeit der Flammen wird verglichen.

***V3*** Geben Sie in drei Rggl. etwas Eisenwolle, die vorher a) mit Wasser, b) mit Chlorwasser* und c) mit Bromwasser* angefeuchtet wurde. Lassen Sie die Rggl. einige Tage im Abzug stehen und beobachten Sie die Veränderungen.

**B2** *Beim Rosten werden Metalle korrodiert („zerfressen").*

### *Auswertung*

a) Deuten Sie die Beobachtungen bei V1 und ordnen Sie die untersuchten Metalle nach steigender Reaktivität bei der in der Brennerflamme eingeleiteten Reaktion.

b) Erläutern Sie, ob und inwiefern die bei a) aufgestellte Ordnung auch für die Beobachtungen aus LV2 zutrifft. Gehen Sie auf die Unterschiede der Heftigkeit bei den Reaktionen in V1 und LV2 ein.

c) Formulieren Sie zu den Reaktionen aus V1 und LV2 Reaktionsgleichungen.

d) Beschreiben Sie die Beobachtungen bei V3 und deuten Sie die Veränderungen an der Eisenwolle.

e) Planen Sie Versuche, mit denen man überprüfen kann, ob Chlor bzw. Brom an den Reaktionen der betreffenden Probe aus V3 beteiligt ist oder nicht. Führen Sie die Versuche nach Absprache mit Ihrer Lehrkraft durch.

f) Vergleichen Sie die Reaktionen aus V3 (vgl. Auswertung e) mit der in B1 dargestellten Reaktion. Nennen Sie Gemeinsamkeiten und Unterschiede.

g) Erläutern und begründen Sie, ob und inwiefern die drei Teilversuche aus V3 als Modellversuche für das Rosten eines Schiffsrumpfs im Meerwasser (B2) angesehen werden können.

h) Erläutern und begründen Sie anhand Ihrer Alltagserfahrungen und der Ergebnisse aus V1 und LV2, warum man in der Platinentechnik vorwiegend die Metalle Kupfer, Platin und Gold verwendet (B3).

**B3** *Platine für ein elektronisches Gerät mit Leiterbahnen aus Edelmetall*

## Das Donator-Akzeptor-Konzept bei Redoxreaktionen

Wenn ein Stück Magnesiumband oder Eisenpulver in die Brennerflamme gelangt, kommt es zu einer heftigen Reaktion des Metalls mit Sauerstoff (V1, LV2). Ganz ähnlich schnell und exotherm verläuft die Verbrennung eines Metalls mit Chlor (B1). Die Reaktionsgleichungen für die Bildung eines Metalloxids und eines Metallchlorids aus Elementen lauten:

$$2\,Mg(s) + O_2(g) \longrightarrow 2\,MgO(s); \quad \text{exotherm}$$
$$2\,Na(s) + Cl_2(g) \longrightarrow 2\,NaCl(s); \quad \text{exotherm}$$

Die in B4 angegebenen Elektronenübergänge zwischen den an diesen Reaktionen beteiligten Teilchen lassen Gemeinsamkeiten erkennen, auf denen folgende Definitionen basieren:

**Eine Redoxreaktion ist eine Reaktion, bei der eine Elektronenübertragung stattfindet. Die Oxidation ist eine Elektronenabgabe, die Reduktion eine Elektronenaufnahme.**

Diesen Definitionen liegt das **Donator-Akzeptor-Konzept** zugrunde. Mit diesem lassen sich die Redoxreaktionen und die Protolysen „unter einen Hut" bringen (B5). Ähnlich wie die Säure-Teilchen in einer Protolyse als Protonen-Donatoren wirksam werden, fungieren die Teilchen des Reduktionsmittels in einer Redoxreaktion als **Elektronen-Donatoren**, sie werden dabei oxidiert. So wirken beispielsweise Metall-Atome als **Reduktionsmittel**, die unterschiedlich leicht oxidiert werden (V1, LV2). Metall-Atome können demnach gute oder schlechte Elektronen-Donatoren sein, ähnlich wie es auch bei Säuren starke und schwache Protonen-Donatoren gibt.

### Aufgaben

**A1** Entwickeln Sie nach den Mustern aus B4 Gleichungen für die Teilreaktionen und die Gesamtreaktionen bei a) der Bildung von Eisen(III)-oxid und b) der Bildung von Eisen(III)-chlorid.

**A2** Erläutern und begründen Sie, warum dem Begriff Säure der Begriff Reduktionsmittel entspricht, aber nicht der Begriff Oxidation.

**A3** Erklären Sie an dem folgenden Beispiel, wie Reaktionen organischer Verbindungen mithilfe der *Oxidationszahl* als Redoxreaktionen gedeutet werden können (*Hinweis*: vgl. Chemie 2000+ Einführungsphase, S. 69):

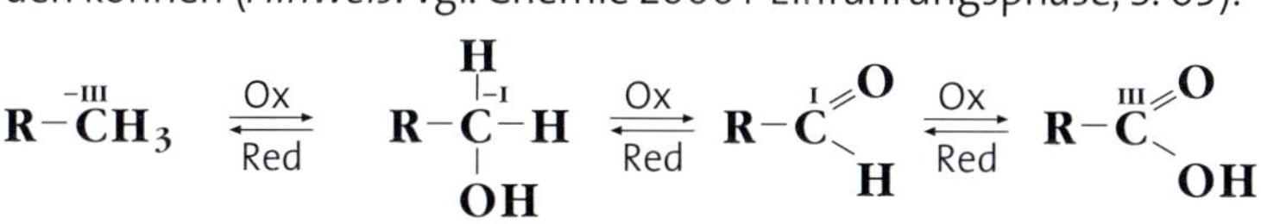


prim. Alkohol — Aldehyd — Carbonsäure

**A4** Die Begriffe Oxidation und Reduktion wurden ursprünglich auf der Stoffebene definiert und bezogen sich auf die Beteiligung des Sauerstoffs an einer Reaktion. Mit der Festlegung der neuen Definitionen auf Teilchenebene sind diese Reaktionen ebenfalls erfasst, die Reaktion von Magnesium mit Sauerstoff ist danach aber keine Oxidation, sondern eine Redoxreaktion (B4). Begründen Sie diese Behauptung.

---

Bei der Reaktion von Magnesium mit Sauerstoff zu Magnesiumoxid werden Magnesium-Ionen $Mg^{2+}$ und Sauerstoff-Ionen $O^{2-}$ gebildet.
Jedes Magnesium-Atom gibt 2 Elektronen ab. Oxidation:

(1a) $Mg \longrightarrow Mg^{2+} + 2\,e^-$

Jedes Sauerstoff-Atom nimmt 2 Elektronen auf. Reduktion:

(1b) $O_2 + 4\,e^- \longrightarrow 2\,O^{2-}$

Die Zusammenfassung von (1a) und (1b) ergibt die Redoxreaktion:

(1c) $2\,Mg + O_2 \longrightarrow 2\,Mg^{2+} + 2\,O^{2-}$ (2 x 2e⁻)

Bei der Reaktion von Natrium mit Chlor zu Natriumchlorid werden Natrium-Ionen $Na^+$ und Chlorid-Ionen $Cl^-$ gebildet.
Jedes Natrium-Atom gibt 1 Elektron ab. Oxidation:

(2a) $Na \longrightarrow Na^+ + e^-$

Jedes Chlor-Atom nimmt 1 Elektron auf. Reduktion:

(2b) $Cl_2 + 2\,e^- \longrightarrow 2\,Cl^-$

Die Zusammenfassung von (2a) und (2b) ergibt die Redoxreaktion:

(2c) $2\,Na + Cl_2 \longrightarrow 2\,Na^+ + 2\,Cl^-$ (2 x 1e⁻)

**B4** *Vergleich der Redoxreaktion von Magnesium mit Sauerstoff und der von Natrium mit Chlor mit den Teilreaktionen für die Oxidationen und Reduktionen.* ***A:*** *Formulieren Sie die Bildung von Magnesiumchlorid in Teilreaktionen.*

| Säure | Base | Protolyse |
|---|---|---|
| Protonen-Donator | Protonen-Akzeptor | Protonen-übergang |
| **Reduktions-mittel** | **Oxidations-mittel** | **Redox-reaktion** |
| Elektronen-Donator | Elektronen-Akzeptor | Elektronen-übergang |

**B5** *Das Donator-Akzeptor-Konzept (vgl. auch S. 110, 111)*

### Fachbegriffe

Elektronen-Donator, Elektronen-Akzeptor, Elektronenübergang, Redoxreaktion, Donator-Akzeptor-Konzept, Reduktionsmittel

# Energiebilanz bei Redoxreaktionen

## Energiebilanz bei der Synthese von Natriumchlorid

Die Synthese von Natriumchlorid aus Natrium und Chlor verläuft mit starker Wärme- und Lichtentwicklung (vgl. Video in *Chemie 2000+ Online* und B1, S. 60):

$$2\ Na(s) + Cl_2(g) \longrightarrow 2\ NaCl(s); \quad \Delta H_R = -822\ kJ$$

*Ist die Ursache für den stark exothermen Reaktionsverlauf dieser Synthese die Bildung von Ionen mit einer stabilen Edelgaskonfiguration, der Natrium-Ionen* $Na^+$ *und Chlorid-Ionen* $Cl^-$*?*

Ihre Bildung aus Atomen verläuft unter Beteiligung folgender Energien:

(1) Oxidation: $Na \longrightarrow Na^+ + e^-; \quad \Delta H_I = +502\ kJ$
(2) Reduktion: $Cl + e^- \longrightarrow Cl^-; \quad \Delta H_E = -363\ kJ$

Die **Ionisierungsenergie** $\Delta H_I$ im Teilprozess (1) gibt den Energiebetrag an, der aufzuwenden ist, um aus einem Mol Natrium-Atomen jeweils ein Elektron zu entfernen. Die **Elektronenaffinität** $\Delta H_E$ im Teilprozess (2) gibt den Energiebetrag an, der frei wird, wenn ein Mol Chlor-Atome jeweils ein Elektron aufnimmt.

Wenn die **Reaktionsenthalpie** $\Delta H_R$ (vgl. Chemie 2000+ Einführungsphase, S. 128) bei der Synthese von Natriumchlorid nur durch die beiden Teilprozesse (1) und (2) bestimmt wäre, müsste diese Reaktion endotherm verlaufen, was im Widerspruch zu dem experimentellen Ergebnis steht.

Dies zeigt, dass bei der Reaktion des metallischen Natriums mit dem gasförmigen Chlor zum Salz Natriumchlorid weitere Teilprozesse zu berücksichtigen sind, die in die **Energiebilanz** einbezogen werden müssen. Die Energien, die zu den Teilprozessen gehören, werden in B1 benannt, in B2 sind ihnen die Energie*beträge* zugeordnet.

Die Reaktionsenthalpie $\Delta H_R$ einer Reaktion ist nur von den Energien der Edukte und Produkte abhängig, nicht dagegen von dem Reaktionsweg von den Edukten zu den Produkten (**Satz von den konstanten Wärmesummen** oder **Satz von Hess**).

Auf die Synthese von Natriumchlorid angewandt kann danach der **Born-Haber-Kreisprozess** in B2 aufgestellt werden. In diesem Kreisprozess ist eine einzige Energie als nicht experimentell bestimmbare Größe (roter Pfeil) eingetragen. Es ist hier die Energie, die frei wird, wenn sich Natrium- und Chlorid-Ionen ins Natriumchlorid-Kristallgitter anordnen, die **Gitterenergie** (**Gitterenthalpie**). Ihr Betrag wird in B2 bestimmt. Damit ist die treibende Kraft bei der Synthese von Natriumchlorid die elektrostatische Anziehung der Ionen.

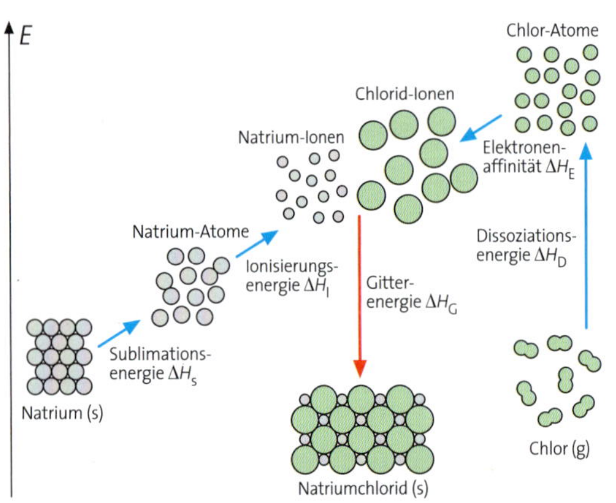


**B1** *Teilschritte bei der Natriumchlorid-Synthese. Die Energien sind „richtungsgetreu", aber nicht maßstabsgerecht aufgetragen.*
**A:** *Erkunden Sie in Chemie 2000+ Online das Video und die Animation zur Natriumchlorid-Synthese und erläutern Sie die einzelnen Teilprozesse.*

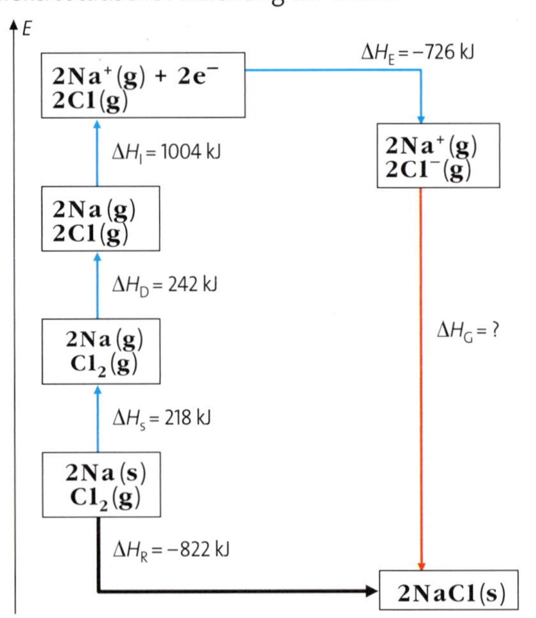


**B2** *Born-Haber-Kreisprozess bei der Natriumchlorid-Synthese. Die Reaktionsenthalpie* $\Delta H_R$ *ist gleich der Summe der Enthalpien der Teilprozesse:* $\Delta H_R = \Delta H_S + \Delta H_D + \Delta H_I + \Delta H_E + \Delta H_G$.
*Durch Umformen und Einsetzen der Zahlenwerte erhält man:* $\Delta H_G = -1560\ kJ$*. Die molare Gitterenthalpie des Natriumchlorids beträgt also* $\Delta H_G = -780\ kJ/mol$.

# Energiebilanz bei Redoxreaktionen

## Ionisierungsenergien und Elektronenaffinitäten

Um die Energiebilanz für die Natriumchlorid-Synthese aufstellen zu können, muss man die Ionisierungsenergie von Natrium und die Elektronenaffinität von Chlor kennen.

Für die Energiebilanz anderer Redoxreaktionen benötigt man entsprechend die **Ionisierungsenergien $\Delta H_I$** bzw. die **Elektronenaffinitäten $\Delta H_E$** anderer Atome (B3, B4). Ihre Definitionen sind analog zu der bei Natrium bzw. Chlor (vgl. S. 62).

| Ionisierung von Metall-Atomen im gasförmigen Zustand | Ionisierungsenergie $\Delta H_I$ in kJ/mol |
|---|---|
| $Li(g) \longrightarrow Li^+(g) + e^-$ | 526 |
| $Na(g) \longrightarrow Na^+(g) + e^-$ | 502 |
| $K(g) \longrightarrow K^+(g) + e^-$ | 425 |
| $Mg(g) \longrightarrow Mg^{2+}(g) + 2\,e^-$ | 2200 |
| $Ca(g) \longrightarrow Ca^{2+}(g) + 2\,e^-$ | 1748 |
| $Al(g) \longrightarrow Al^{3+}(g) + 3\,e^-$ | 5158 |

**B3** *Ionisierungsenergien einiger Metalle.* ***A:*** *Stellen Sie einen Zusammenhang zwischen der Lage von Lithium, Natrium und Kalium im Periodensystem der Elemente und ihren Ionisierungsenergien her. Erklären Sie den Zusammenhang.*

| Ionisierung von Nichtmetall-Atomen im gasförmigen Zustand | Elektronenaffinität $\Delta H_E$ in kJ/mol |
|---|---|
| $F(g) + e^- \longrightarrow F^-(g)$ | −339 |
| $Cl(g) + e^- \longrightarrow Cl^-(g)$ | −363 |
| $Br(g) + e^- \longrightarrow Br^-(g)$ | −331 |
| $I(g) + e^- \longrightarrow I^-(g)$ | −302 |
| $O(g) + 2\,e^- \longrightarrow O^{2-}(g)$ | 628 |
| $S(g) + 2\,e^- \longrightarrow S^{2-}(g)$ | 367 |

**B4** *Elektronenaffinitäten einiger Nichtmetalle.* ***A:*** *Stellen Sie einen Zusammenhang zwischen der Lage von Chlor, Brom und Iod im Periodensystem der Elemente und ihren Elektronenaffinitäten her. Erklären Sie den Zusammenhang.*

### *Aufgaben*

***A1*** Während bei allen Metall-Atomen Ionisierungsenergie zugeführt werden muss, um aus ihnen Elektronen zu entfernen, wird beim Einfang von Elektronen durch Halogen-Atome Energie frei. Geben Sie an und erläutern Sie, woran man das in B3 und B4 erkennt.

***A2*** Wählen Sie aus B3 drei Metalle aus, die in der gleichen Periode des Periodensystems der Elemente stehen, und erklären Sie die der Ionisierungsenergien.

## Gitterenergie und Eigenschaften von Salzen

Aus den Betrachtungen von S. 62 und der Berechnung in B2 wird deutlich, dass bei der Synthese von Natriumchlorid neben der Ionisierungsenergie $\Delta H_I$ und der Elektronenaffinität $\Delta H_E$ die **Gitterenergie $\Delta H_G$** maßgeblich für die stark exotherme Reaktion ist. Das gilt allgemein für die Synthese von Salzen aus Elementen.

Auch wichtige Eigenschaften von Salzen werden entscheidend von der Gitterenergie bestimmt, denn je größer die Gitterenergie ist, desto mehr Energie muss aufgewendet werden, um die Ionen aus dem Kristallgitter herauszutrennen. So ist beispielsweise die Schmelztemperatur eines Salzes (B5) umso höher und seine Wasserlöslichkeit umso geringer, je größer die Gitterenergie ist.

| Salz | $\Delta H_G$ in kJ/mol | $\vartheta_m$ in °C |
|---|---|---|
| $NaCl$ | −780 | 800 |
| $NaBr$ | −740 | 747 |
| $NaI$ | −692 | 662 |
| $KCl$ | −710 | 770 |
| $MgO$ | −3929 | 2647 |
| $CaO$ | −3477 | 2570 |
| $Al_2O_3$ | −15111 | 3300 |

**B5** *Molare Gitterenergien und Schmelztemperaturen einiger Salze.* ***A:*** *Erklären Sie die Unterschiede bei Salzen von Elementen aus a) einer Gruppe und b) einer Periode des Periodensystems der Elemente.*

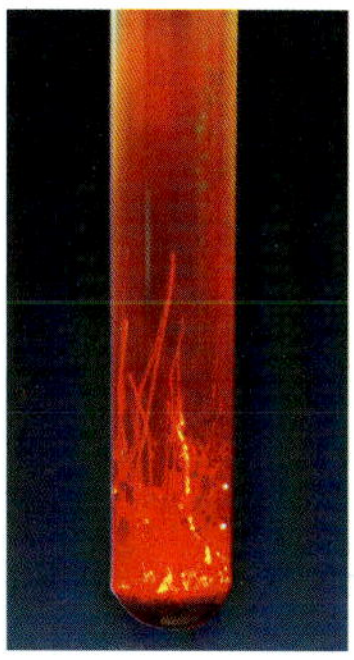

***A3*** Die Reaktion von Aluminium mit Brom verläuft extrem heftig. Geben Sie die Formel des Salzes an, das sich bei dieser Reaktion bildet, und erklären Sie die Heftigkeit der Reaktion unter Verwendung geeigneter Fachbegriffe und Zahlenwerte aus B1 bis B5.

***A4*** Die Reaktionsenthalpie bei der Bildung von Calciumchlorid $CaCl_2$ beträgt $\Delta H_R = -780$ kJ/mol. Stellen Sie nach dem Muster aus B2 den BORN-HABER-Kreisprozess auf und berechnen Sie die Gitterenergie von Calciumchlorid (Sublimationsenergie von Calcium: $\Delta H_S = 178$ kJ/mol).

| Nr. | Metall | Lösung des Salzes |
|---|---|---|
| 1 | Zink | Eisen(II)-sulfat |
| 2 | Zink | Kupfersulfat |
| 3 | Zink | Silbernitrat |
| 4 | Kupfer | Zinksulfat |
| 5 | Kupfer | Eisen(II)-sulfat |
| 6 | Kupfer | Silbernitrat |
| 7 | Eisen | Zinksulfat |
| 8 | Eisen | Kupfersulfat |
| 9 | Eisen | Silbernitrat |

**B1** *Kombinationen von Metallen in Metallsalz-Lösungen (V3)*

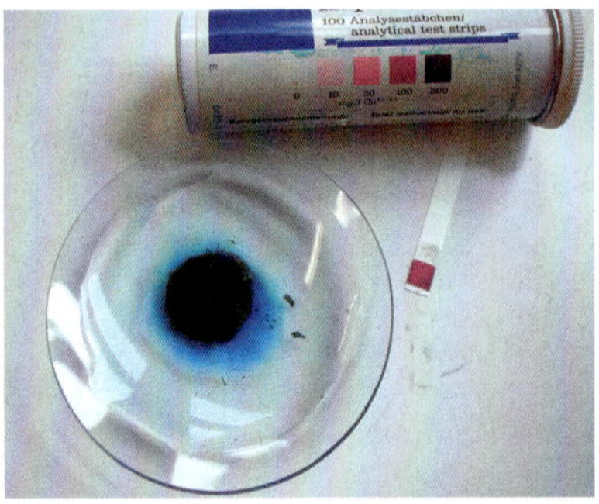

**B2** *Kupfermünze in ammoniakalischer Silbersalz-Lösung*

**B3** *„Bleibaum", links: Ein Zinkstab taucht in eine Bleinitrat-Lösung; rechts: vergrößerter Ausschnitt.* **A:** *Deuten Sie die Versuchsbeobachtungen.*

# Metalle – unterschiedlich gut oxidierbar

## Versuche

***V1*** Legen Sie eine saubere, mit Aceton* entfettete Kupfermünze auf ein Uhrglas und übergießen Sie sie mit einer ammoniakalischen Silbernitrat*-Lösung. Beobachten Sie einige Minuten die Farbe der Lösung. Lassen Sie den Versuch ca. eine halbe Stunde stehen. Tauchen Sie dann ein Kupfer-Teststäbchen in die Lösung (B2).

***V2*** Tauchen Sie einen Eisennagel in *Oethel'sche-Lösung*.
(Herstellen der Oethel'schen-Lösung: Man löst 12,5 g Kupfersulfat-Pentahydrat*, 5,0 g konzentrierte Schwefelsäure* und 5,0 g Spiritus* und füllt mit Wasser auf 100 mL Lösung auf.)

***V3*** Geben Sie in einer Versuchsreihe entsprechend B1 blanke Stücke verschiedener Metalle in die angegebenen Metallsalz*-Lösungen.

***V4*** Geben Sie zu einer kleinen Probe Kupfersulfat-Lösung* einen Spatel Zinkpulver*. Durchmischen Sie gut und warten Sie, bis sich das überschüssige Zinkpulver abgesetzt hat. Messen Sie die Temperaturänderung während des Versuches. Prüfen Sie den Überstand der Lösung mit einem Zink-Teststäbchen.

***V5*** Geben Sie zu etwas Silbernitrat*-Lösung Kupferspäne und lassen Sie den Versuch einen Tag stehen. Teilen Sie die Lösung auf zwei Rggl. auf. Fügen Sie in ein Rggl. einige Tropfen Natriumchlorid-Lösung, in das andere einige Tropfen Ammoniak*-Lösung hinzu.

## Auswertung

a) Deuten Sie die Beobachtungen bei V1 bis V5 und formulieren Sie die Reaktionsgleichungen für die Reaktionen der Metalle mit den entsprechenden Metall-Ionen.

b) Ordnen Sie die Metalle von V3 aufsteigend nach ihrer Oxidierbarkeit.

c) Stellen Sie die Beobachtungen bei V3 in einer Tabelle zusammen. Geben Sie das beste und das schlechteste Oxidationsmittel sowie das beste und das schlechteste Reduktionsmittel an.

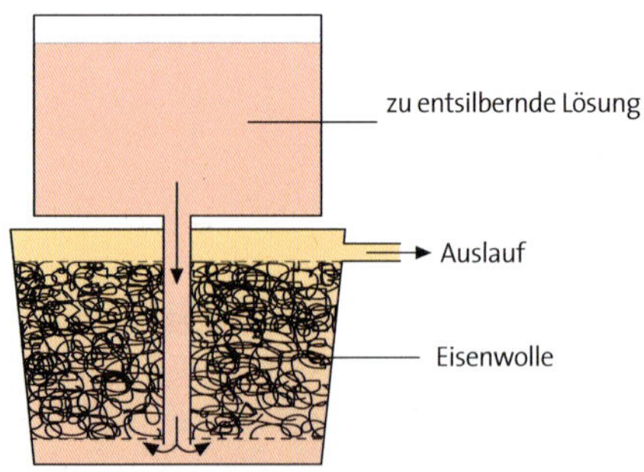


**B4** *„Eisenwolle-Eimer" zur Entsilberung fotografischer Bäder, mit dem man mit 1 kg Eisenwolle ca. 4 kg Silber ausfällen kann.* **A:** *Erläutern Sie die Funktionsweise mithilfe der Ergebnisse von V3 und V5.*

## Die Redoxreihe der Metalle

Professionelle Fotografen und Künstler nutzen auch heute noch herkömmliche Filme, die Silberbromid enthalten. Bei der Entwicklung dieser Filme fallen Lösungen an, die Silber-Ionen enthalten. Gibt man in eine solche Lösung mit Silber-Ionen etwas Eisenwolle, so scheidet sich auf ihr elementares Silber ab, das man auf diese Weise wiedergewinnt (B4). Manche Metalle sind also in der Lage, gelöste Silber-Ionen wieder zu metallischem Silber zu reduzieren.

Metalle reagieren mit Metall-Ionen ganz bestimmter Metallsalz-Lösungen nach einer grundlegenden Gesetzmäßigkeit (V1 bis V5). Beispielsweise überzieht sich ein Zinkstück in einer Kupfersalz-Lösung mit einem rötlichen Belag aus Kupfer und in der Lösung sind anschließend Zink-Ionen nachweisbar, während sich an einem Kupferblech in einer Zink-Lösung keine Reaktion zeigt. Demnach werden Kupfer-Ionen zu Kupfer-Atomen reduziert und Zink-Atome zu Zink-Ionen oxidiert:

Reduktion: $Cu^{2+}(aq) + 2\ e^- \longrightarrow Cu(s)$

Oxidation: $Zn(s) \longrightarrow Zn^{2+}(aq) + 2\ e^-$

Redoxreaktion: $Cu^{2+}(aq) + Zn(s) \longrightarrow Cu(s) + Zn^{2+}(aq)$

Diese Reaktion verläuft spontan und ist exotherm (V4). Die umgekehrte Reaktion von Zink-Ionen mit Kupfer-Atomen findet nicht spontan statt. Kupfer-Atome werden aber in Gegenwart von Silber-Ionen oxidiert.

Reduktion: $2\ Ag^{+}(aq) + 2\ e^- \longrightarrow 2\ Ag(s)$

Oxidation: $Cu(s) \longrightarrow Cu^{2+}(aq) + 2\ e^-$

Redoxreaktion: $2\ Ag^{+}(aq) + Cu(s) \longrightarrow 2\ Ag(s) + Cu^{2+}(aq)$

Je nach Reaktionspartner wirken **Kupfer-Atome** als **Reduktionsmittel** und werden oxidiert oder **Kupfer-Ionen** wirken als **Oxidationsmittel** und werden selbst zu Kupfer-Atomen reduziert:

$$Cu(s) \rightleftharpoons Cu^{2+}(aq) + 2\ e^-$$

Reduktionsmittel (Elektronen-Donator) — Oxidationsmittel + z $e^-$ (Elektronen-Akzeptor)

Das Paar $Cu/Cu^{2+}$ bezeichnet man als **konjugiertes**[1] **Redoxpaar**. Ordnet man nun die in V1 bis V5 untersuchten Redoxpaare aus Metall-Atom und konjugiertem Metall-Ion nach dem Reduktionsvermögen der Metalle bzw. dem Oxidationsvermögen der Metall-Ionen, so erhält man die **Redoxreihe der Metalle** (B5). Am oberen Ende dieser Redoxreihe stehen die Redoxpaare, deren Atome leicht oxidierbar, d.h. gute Elektronen-Donatoren sind. Edelmetalle wie Silber und Gold stehen am unteren Ende, da ihre Atome nur schwer Elektronen abgeben, ihre Ionen aber gute Elektronen-Akzeptoren darstellen.

[1] *coniungere* (lat.) = verbinden. Konjugierte Redoxpaare werden auch korrespondierende Redoxpaare genannt (von *correspondere* (lat.) = übereinstimmen, sich entsprechen).

Elektronen-Donator $\rightleftharpoons$ Elektronen-Akzeptor + $e^-$

Stärke des Elektronen-Donators und Reduktionsvermögen nehmen ab.

| Elektronen-Donator | | Elektronen-Akzeptor | | |
|---|---|---|---|---|
| $Na(s)$ | $\rightleftharpoons$ | $Na^{+}(aq)$ | + | $e^-$ |
| $Mg(s)$ | $\rightleftharpoons$ | $Mg^{2+}(aq)$ | + | $2e^-$ |
| $Zn(s)$ | $\rightleftharpoons$ | $Zn^{2+}(aq)$ | + | $2e^-$ |
| $Fe(s)$ | $\rightleftharpoons$ | $Fe^{2+}(aq)$ | + | $2e^-$ |
| $Ni(s)$ | $\rightleftharpoons$ | $Ni^{2+}(aq)$ | + | $2e^-$ |
| $Sn(s)$ | $\rightleftharpoons$ | $Sn^{2+}(aq)$ | + | $2e^-$ |
| $Pb(s)$ | $\rightleftharpoons$ | $Pb^{2+}(aq)$ | + | $2e^-$ |
| $Cu(s)$ | $\rightleftharpoons$ | $Cu^{2+}(aq)$ | + | $2e^-$ |
| $Ag(s)$ | $\rightleftharpoons$ | $Ag^{+}(aq)$ | + | $e^-$ |
| $Hg(l)$ | $\rightleftharpoons$ | $Hg^{2+}(aq)$ | + | $2e^-$ |
| $Au(s)$ | $\rightleftharpoons$ | $Au^{3+}(aq)$ | + | $3e^-$ |

Stärke des Elektronen-Akzeptors und Oxidationsvermögen nehmen ab.

Ist ein Metall-Atom ein starker Elektronen-Donator (z.B. **Zn**), dann ist das konjugierte Ion ein schwacher Elektronen-Akzeptor (z.B. $Zn^{2+}$).

Ist ein Metall-Atom ein schwacher Elektronen-Donator (z.B. **Ag**), dann ist das konjugierte Ion ein starker Elektronen-Akzeptor (z.B. $Ag^{+}$).

Ein Metall-Atom kann ein Metall-Ion, das in der Redoxreihe unterhalb seines konjugierten Ions steht, reduzieren (grüner Pfeil). Eine Reaktion in der umgekehrten Richtung läuft nicht spontan ab (roter Pfeil).

**B5** *Redoxreihe einiger Metalle*

### *Aufgaben*

***A1*** Für einen Versuch benötigt man hoch reines Kupfer(II)-chlorid. Begründen Sie, ob man dieses mit einem Silber- oder einem Nickellöffel aus der Vorratsflasche entnehmen sollte.

***A2*** Geben Sie begründet an, bei welchen Kombinationen eine Reaktion zu erwarten ist:

a) $Sn(s)$ mit $Ni^{2+}(aq)$,
b) $Pb(s)$ mit $Sn^{2+}(aq)$,
c) $Ni(s)$ mit $Pb^{2+}(aq)$ und
d) $Cu(s)$ mit $Hg^{2+}(aq)$.

### Fachbegriffe

Redoxreihe, Oxidationsmittel, Reduktionsmittel, konjugiertes Redoxpaar

# Strom aus Redoxreaktionen

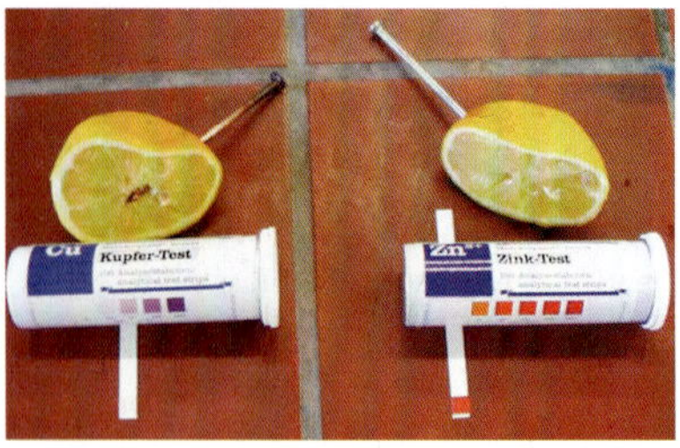


**B1** *Nachweis von Kupfer- und Zink-Ionen im Zitronensaft der Zitronenbatterie*

## Versuche

***V1*** *Zitronenbatterie*

a) Stecken Sie ein Kupferblech in eine Seite einer Zitrone und ein Zinkblech in die gegenüberliegende Seite jeweils ca. 3 cm tief ein. Verbinden Sie die Bleche über Klemmen und Kabel mit einem kleinen Elektromotor oder den Kontakten eines Musik-Chips, z.B. aus einer „musikalischen" Glückwunschkarte. Ersetzen Sie dann den elektrischen Verbraucher durch ein Voltmeter und messen Sie die Spannung.

b) Schneiden Sie nach ca. 10 Minuten die Zitrone in der Mitte zwischen den Blechen durch. Pressen Sie den Saft mit einer Zitronenpresse in getrennte Gefäße ab. Tauchen Sie in den Saft der Hälfte, in dem das Zinkblech steckte, ein Zink-Teststäbchen, in die andere Probe ein Kupfer-Teststäbchen (B1).

***V2*** *„Strom aus der Petrischale"*

a) Vorbereitung: In die gegenüberliegenden Ränder einer zweigeteilten Kunststoff-Petrischale werden ein Kupfernagel und ein Zinknagel (man kann auch einen Draht oder ein Blech verwenden) durch vorsichtiges Erhitzen eingeschmolzen (B2).

b) Füllen Sie in eine Hälfte der Schale eine Kupfersulfat*-Lösung, $c$ = 0,1 mol/L, in die andere Hälfte eine Zinksulfat*-Lösung, $c$ = 0,1 mol/L. Die beiden Metalle werden dann mit einem Voltmeter verbunden. Stecken Sie nun ein kleines Stück Bierdeckel auf den Trennsteg der Petrischale. Beachten Sie, wann der Messwert am Voltmeter angezeigt wird. Geben Sie die gemessene Spannung an.

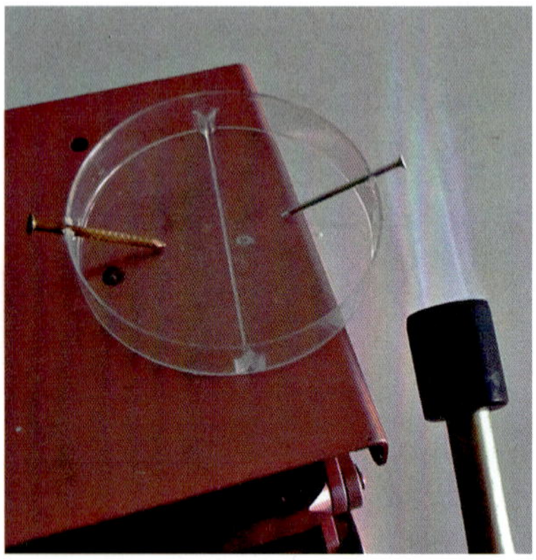

**B2** *Vorbereitung einer Petrischale für einfache galvanische Elemente (V2 a)*

***V3*** Füllen Sie, wie in B3 skizziert, ein Becherglas mit Kupfersulfat*-Lösung, $c$ = 0,1 mol/L, das andere mit Zinksulfat*-Lösung, $c$ = 0,1 mol/L. Tauchen Sie in die Kupfersulfat-Lösung ein Kupferblech und in die Zinksulfat-Lösung ein Zinkblech. Verbinden Sie die Bleche über ein Voltmeter. Die beiden Gefäße werden über eine Elektrolytbrücke, ein gebogenes Glasrohr, das mit gesättigter Kaliumnitrat*-Lösung gefüllt ist, verbunden (B3). Messen Sie die Spannung.

## Auswertung

a) Geben Sie an, welches Blech bei V1 den Plus-, welches den Minuspol darstellt, und machen Sie Aussagen über den Elektronenfluss bei V1.

b) Begründen Sie, warum sich die Spannung bei V2 erst kurze Zeit nach Aufstecken des Bierdeckelstücks einstellt.

c) Stellen Sie Gemeinsamkeiten und Unterschiede bei den Versuchsaufbauten von B3 und B4 heraus.

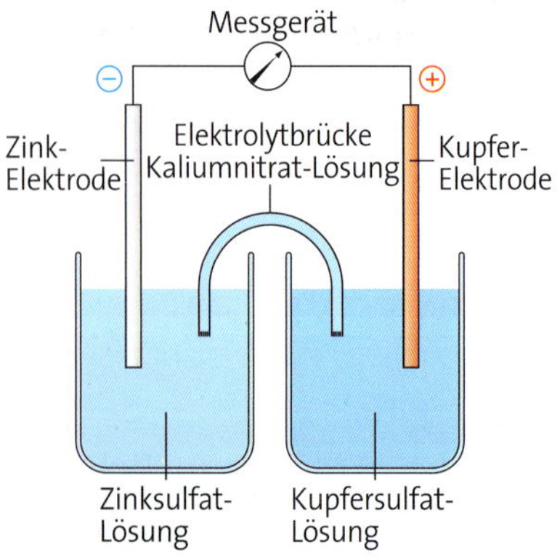


**B3** *Versuchsaufbau zu V3*

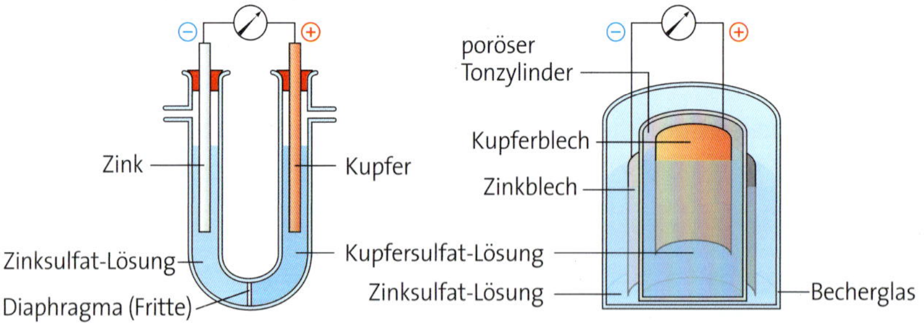


**B4** *Alternative Versuchsaufbauten für V2 und V3*

## Das DANIELL-Element[1]

Bei der Kombination der Redoxpaare $Zn/Zn^{2+}$ und $Cu/Cu^{2+}$ werden Elektronen von Zink-Atomen zu Kupfer-Ionen übertragen. In einer geeigneten Versuchsanordnung lässt sich dieser Elektronenübergang als elektrischer Strom nachweisen. Dies gelingt, wenn die beiden Redoxpaare und damit die Oxidation und die Reduktion räumlich getrennt und der Elektronenübergang über einen Metalldraht als **Elektronenleiter** ermöglicht ist. Dazu gibt man ein Kupferblech in ein Gefäß mit einer Kupfersulfat-Lösung und ein Zinkblech in ein Gefäß mit einer Zinksulfat-Lösung. Die beiden Metalle verbindet man über einen Draht (Elektronenleiter). Um den Stromkreis zu schließen, werden die Lösungen über einen **Ionenleiter** verbunden. Dieser Ionenleiter, eine *Elektrolytbrücke* oder eine *poröse* (*semipermeable*) *Wand*, ermöglicht einen Ladungsaustausch durch Ionenwanderung zwischen den beiden Reaktionssystemen, verhindert aber eine rasche Durchmischung der Lösungen (B6).

Mit einer solchen Versuchsanordnung wird eine **galvanische Zelle** aufgebaut, die aus zwei **Halbzellen** besteht. Dieses spezielle galvanische Element aus den konjugierten Redoxpaaren

$$Zn(s) \rightleftharpoons Zn^{2+}(aq) + 2\,e^- \quad \text{und} \quad Cu(s) \rightleftharpoons Cu^{2+}(aq) + 2\,e^-$$

nennt man auch **DANIELL-Element**[1]. Die beiden Redoxpaare bilden die Halbzellen dieses galvanischen Elements.

Verbindet man die Zink-Elektrode und die Kupfer-Elektrode miteinander, so fließen Elektronen vom Zink zum Kupfer. Dieser Elektronenfluss lässt sich mithilfe eines Strommessgerätes nachweisen. Damit ein Strom fließen kann, muss zwischen den Elektroden eine **Potenzialdifferenz**, eine Spannung, herrschen. Man misst eine Spannung von $U = 1{,}1$ Volt (V2, V3).

Wie kommt die Potenzialdifferenz zustande? Bei V1 sieht man, dass die Metalle Kupfer und Zink sich unterschiedlich gut in ihrer Umgebung gelöst haben (B1). Aus beiden Metallblechen gehen entsprechende Metall-Ionen in Lösung und hinterlassen im Metall Elektronen. Es bilden sich **elektrische Doppelschichten** aus (B5). Da die Zink-Atome eine größere Tendenz haben, als Ionen in Lösung zu gehen als Kupfer-Atome, entsteht eine Potenzialdifferenz, die man beim Verbinden beider Metalle als Spannung messen kann. Im Zinkblech herrscht gegenüber dem Kupferblech ein Elektronenüberschuss, sodass die Zink-Halbzelle als **Donator-Halbzelle** und die Kupfer-Halbzelle als **Akzeptor-Halbzelle** fungiert. Beim Betrieb des DANIELL-Elements werden daher Zink-Atome im Zinkblech oxidiert und Kupfer-Ionen in der Kupfersulfat-Lösung reduziert.

Die Elektronen können aber nur von der Zink-Halbzelle zur Kupfer-Halbzelle fließen, wenn gleichzeitig zwischen den Halbzellen Ionen wandern, die einen Ladungsaustausch ermöglichen und so den Stromkreis schließen (B6).

[1] nach JOHN FREDERIC DANIELL (1790 bis 1845), Professor für Chemie am King's College in London

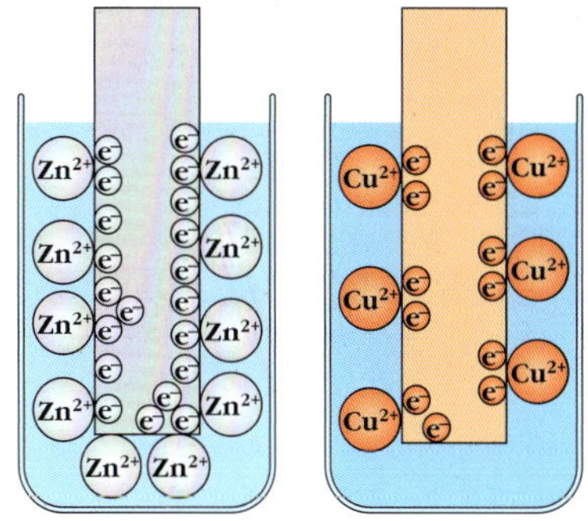


**B5** *Schematische Darstellung von elektrischen Doppelschichten bei den Redoxpaaren*

$Zn(s) \rightleftharpoons Zn^{2+}(aq) + 2\,e^-$ *und*
$Cu(s) \rightleftharpoons Cu^{2+}(aq) + 2\,e^-$.

*Man kann die elektrische Doppelschicht als Mini-Plattenkondensator auffassen. Die unterschiedliche Aufladung der Metalle erklärt das Auftreten der Potenzialdifferenz.*

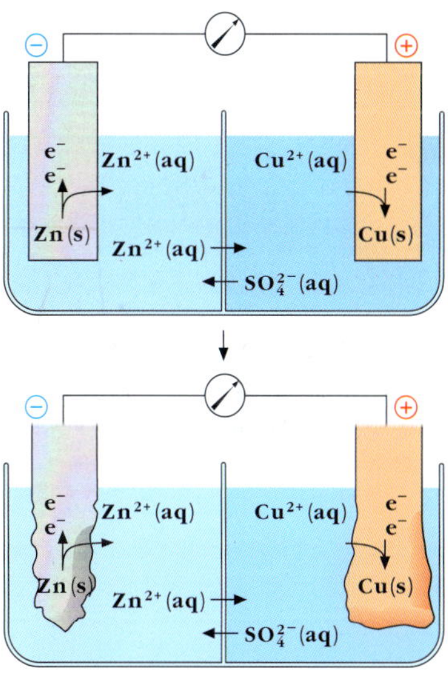


**B6** *Schematische Darstellung der Vorgänge im DANIELL-Element.* **A:** *Erklären Sie, warum nach längerem Betrieb der Zelle die Konzentration an Zink-Ionen zu- und die an Kupfer-Ionen abnimmt.*

### Fachbegriffe

DANIELL-Element, Akzeptor-, Donator-Halbzelle, Elektrolyt, Potenzialdifferenz, galvanische Zelle, elektrische Doppelschicht, Elektronenleiter, Ionenleiter

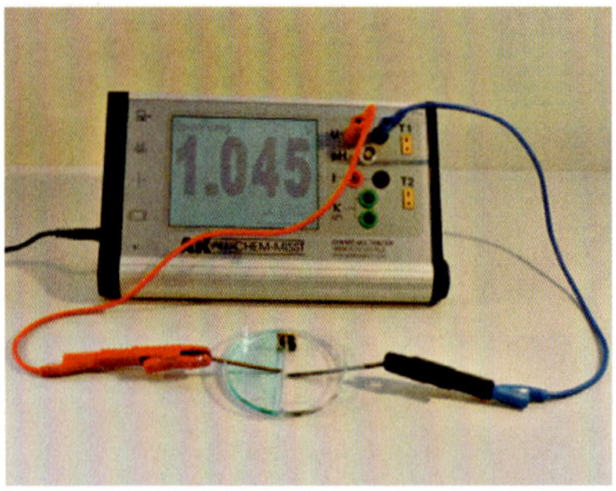


**B1** *Spannungsmessung bei einer galvanischen Zelle (V2)*

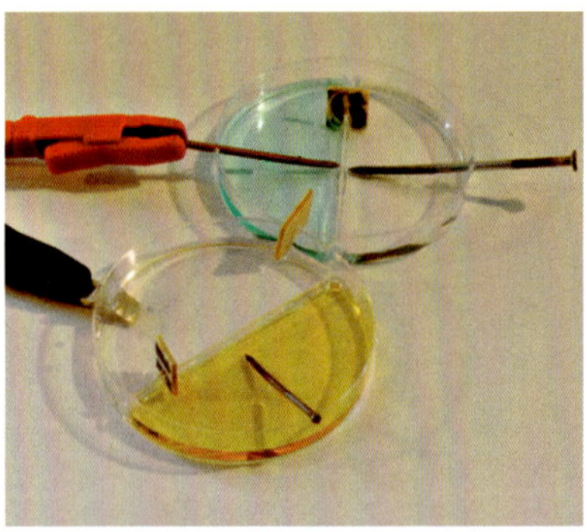

**B2** *Kombination von zwei Halbzellen benachbarter Petrischalen (V2)*

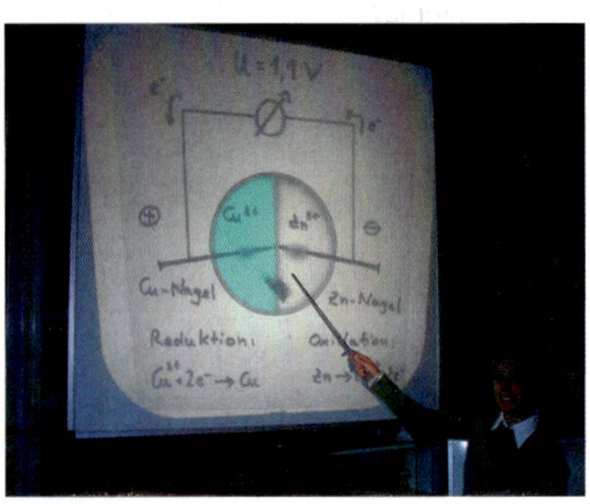


**B3** *Auswertung von V2 am Overhead-Projektor*

# Mehr oder weniger Spannung

## *Versuche*

***V1*** Stellen Sie in vier 100-mL-Bechergläsern die folgenden Halbzellen her:

| Halbzelle | Elektrode | Lösung, $c$ = 0,1 mol/L |
|---|---|---|
| 1 | Zink | Zinksulfat* |
| 2 | Eisen | Eisen(II)-sulfat* |
| 3 | Kupfer | Kupfersulfat* |
| 4 | Silber | Silbernitrat* |

Befestigen Sie die Elektroden an Stativen. Verbinden Sie jeweils 2 Halbzellen zu einer galvanischen Zelle (vgl. DANIELL-Element). Verwenden Sie als Elektrolytbrücke einen mit konzentrierter Kaliumnitrat*-Lösung getränkten Papierstreifen. Messen Sie die Spannungen, die sich bei der Kombination aller Halbzellen einstellen. Notieren Sie die gemessenen Spannungen und benennen Sie jeweils die Donator- und die Akzeptor-Halbzelle.

***V2*** *Galvanische Zellen in Petrischalen*

Sie benötigen dieselben Lösungen und Elektroden wie in V1. Als Elektroden eignen sich Bleche, dickere Drähte oder entsprechende Nägel (z. B. Eisennagel, verzinkter Nagel).

a) *Vorbereitung*: Schmelzen Sie in die gegenüberliegenden Seiten von zwei zweigeteilten Petrischalen aus Kunststoff jeweils einen Metallnagel oder -draht ein (vgl. S. 66, V2). Wenn Sie Metallbleche verwenden, knicken Sie diese um die Außenwände der Schalen.

b) Füllen Sie die Hälften der beiden Petrischalen mit den entsprechenden Metallsalz-Lösungen (B1). Verbinden Sie die Halbzellen über Kabel mit einem Voltmeter und stecken Sie ein Stück Bierdeckelfilz auf die Trennwände der Petrischalen. Messen Sie die Spannungen. Wenn Sie die beiden Petrischalen eng aneinander rücken, können Sie die Spannung zwischen den Halbzellen zweier benachbarter Petrischalen messen, indem Sie den Bierdeckelfilz nun über die beiden Außenwände der Schalen stecken und die entsprechenden Elektroden mit dem Voltmeter verbinden (B2).

***LV3*** Eine zweigeteilte Petrischale aus Kunststoff wird mit einem Kupferblech in der einen Hälfte und mit einem Bleiblech* in der anderen Hälfte vorbereitet. In die eine Hälfte der Petrischale wird Kupfersulfat*-Lösung, in die andere Bleinitrat*-Lösung, beide $c$ = 0,1 mol/L, gegeben. Nach Aufstecken eines Bierdeckelfilzes auf den Trennsteg der Schale werden beide Metalle mit einem Voltmeter verbunden und die Spannung gemessen.

## *Auswertung*

a) Stellen Sie die bei V1 und V2 gemessenen Spannungen mit der jeweiligen Donator- und Akzeptor-Halbzelle tabellarisch zusammen.

b) Vergleichen Sie die Versuchsergebnisse mit der Stellung der Redoxpaare in der Redoxreihe (vgl. S. 66, B5).

c) Ermitteln Sie die Spannungen bei der Kombination einer Blei-Halbzelle mit einer Silber-Halbzelle und mit einer Zink-Halbzelle. Geben Sie für beide Fälle die Donator- und die Akzeptor-Halbzelle an.

d) Bearbeiten Sie das interaktive Modul zu dieser Buchseite aus *Chemie 2000+ Online*.

## Redoxpotenziale

Beim DANIELL-Element wurde eine Spannung von $U$ = 1,1 Volt gemessen (vgl. S. 67). Kombiniert man andere Redoxpaare (vgl. S. 65) miteinander zu galvanischen Zellen, so erwartet man aufgrund ihrer Stellung in der Redoxreihe andere Spannungen. Die Versuchsreihen von V1 oder V2 bestätigen dies:

1. Je weiter die Redoxpaare in der Redoxreihe auseinander stehen, desto größer ist die Spannung zwischen den betreffenden Halbzellen. Die höchste **Potenzialdifferenz** kann bei der Versuchsreihe zwischen einer $Zn/Zn^{2+}$- und einer $Ag/Ag^{+}$-Halbzelle gemessen werden, die beiden Redoxpaare haben in der Redoxreihe den größten Abstand (vgl. S. 65, B5).
2. In den galvanischen Zellen aus V1 und V2 stellt die Zink-Elektrode immer den Minuspol, die Silber-Elektrode immer den Pluspol dar.
3. Aus den gemessenen Spannungen zweier Zellen, die jeweils ein Redoxpaar gemeinsam haben, lässt sich die Spannung einer dritten Zelle aus den beiden noch nicht kombinierten Redoxpaaren vorhersagen. Kombiniert man z.B. die Redoxpaare $Zn/Zn^{2+}$ und $Cu/Cu^{2+}$ sowie $Cu/Cu^{2+}$ und $Ag/Ag^{+}$ miteinander und misst die Zellspannungen, so ergibt sich die Zellspannung der Kombination $Zn/Zn^{2+}$ mit $Ag/Ag^{+}$ als Summe der Spannungen bei den beiden anderen Messungen.

Stellt man die in V1 oder V2 gemessenen Potenzialdifferenzen in einer Potenzialskala (B4) grafisch dar, so wird deutlich, dass jedem Redoxpaar ein bestimmtes **Redoxpotenzial *E*** in Bezug auf ein gewähltes Bezugs-Redoxpaar, z.B. $Zn/Zn^{2+}$, zugeordnet werden kann. Dieser Wert dient als Maß für die reduzierende Wirkung des Metall-Atoms oder die oxidierende Wirkung des Metall-Ions.

Die Spannung $U$, die man zwischen zwei Halbzellen misst, ergibt sich aus den beiden Redoxpotenzialen nach:

$$U = E_{\text{Akzeptor-Halbzelle}} - E_{\text{Donator-Halbzelle}}$$

Aufgrund der Additivität der Redoxpotenziale lassen sich nun einfach neue Redoxpaare in die Spannungsreihe einordnen. Kombiniert man z.B. das Redoxpaar $Pb/Pb^{2+}$ mit einer Kupfer-Halbzelle (V3), so misst man eine Spannung von $U$ = 0,47 Volt. Da die Kupfer-Halbzelle gegenüber der Blei-Halbzelle den Pluspol darstellt, muss das Redoxpotenzial der Blei-Halbzelle in B4 um 0,47 V oberhalb der Kupfer-Halbzelle stehen (V3).

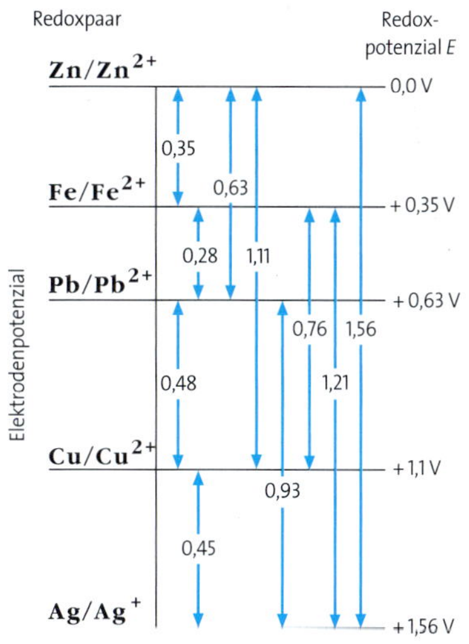


**B4** *Potenzialdifferenzen zwischen einigen Redoxpaare in Volt. Das Redoxpaar* $Zn/Zn^{2+}$ *wurde willkürlich als Bezugs-Redoxpaar gewählt („Nullpunkt" der Skala). Die Potenziale der anderen Redoxpaare erhalten ein positives Vorzeichen, da sie gegenüber* $Zn/Zn^{2+}$ *den Pluspol darstellt.*

Eine galvanische Zelle lässt sich durch ein **Zellendiagramm** abkürzen:

$Me_A/Me_A^{z+}//Me_B^{z+}/Me_B$

Die Donator-Halbzelle, die in der galvanischen Zelle den Minuspol darstellt, steht links. Der Doppelstrich symbolisiert eine poröse Trennwand oder die Elektrolytbrücke. Die Akzeptor-Halbzelle, die den Pluspol darstellt, steht rechts. Das Zellendiagramm kürzt die Redoxvorgänge eines galvanischen Elements ab. Man liest: „$Me_A$-*Atome* (Metall A) werden zu $Me_A^{z+}$-*Ionen* oxidiert, indem sie *z Elektronen* abgeben. Diese werden von den $Me_B^{z+}$-*Ionen* aufgenommen, die zu $Me_B$-*Atomen* (Metall B) reduziert werden."
Das Zellendiagramm des DANIELL-Elements lautet:

$Zn/Zn^{2+}//Cu^{2+}/Cu$.

**B5** *Zellendiagramme vereinfachen die Bezeichnung von galvanischen Zellen.*
*A: Formulieren Sie für alle galvanischen Zellen von V1 und V2 die Zellendiagramme.*

### *Aufgaben*

***A1*** Zeichnen Sie einen Versuchsaufbau für die Zelle $Cd/Cd^{2+}//\ Ag^{+}/Ag$, bei der man eine Spannung von $U$ = 1,2 V messen kann. Kennzeichnen Sie Plus- und Minuspol und ordnen Sie das Redoxpaar $Cd/Cd^{2+}$ in B4 ein. (**Cd** steht für das Element Cadmium.)

***A2*** Geben Sie jeweils die Teilreaktionen der Akzeptor- und Donator-Halbzellen sowie die Gesamtreaktionen in den galvanischen Zellen von V1 und V2 an.

### Fachbegriffe

Potenzialdifferenz, Redoxpotenzial, Zellendiagramm

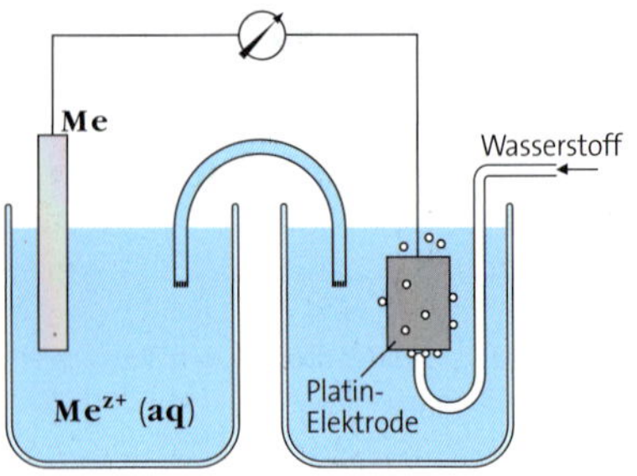


**B1** *Messung des Potenzials zwischen einer Metall-Halbzelle und einer Wasserstoff-Halbzelle*

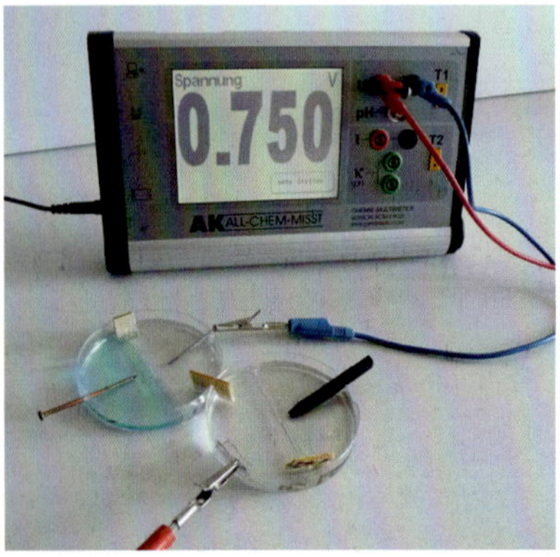


**B2** *Messung des Standard-Elektrodenpotenzials der Zink-Halbzelle (V3).* **A:** *Begründen Sie, welche Spannung zu erwarten ist, wenn man die Kupfer-Halbzelle mit einer Wasserstoff-Halbzelle kombiniert.*

## Edle und unedle Metalle

### Versuche

***V1*** Geben Sie kleine Zink-, Eisen-, Kupfer- und Silberstücke in jeweils ein Rggl. mit halbkonzentrierter Salzsäure*. Verschließen Sie das Rggl. mit einem durchbohrten Stopfen, in dem ein Glasrohr steckt. Stülpen Sie ein zweites Rggl. über die Öffnung des Glasröhrchens und fangen Sie das sich evtl. bildende Gas auf. Führen Sie mit dem Gas die Knallgasprobe durch.

***V2*** Tauchen Sie ein Zinkblech in eine Zinksulfat*-Lösung, $c = 1$ mol/L. In ein zweites Gefäß wird eine Platin-Elektrode[1] in Salzsäure*, $c = 1$ mol/L, getaucht. Beide Elektroden werden über ein Voltmeter verbunden. Eine mit Kaliumnitrat*-Lösung gefüllte Elektrolytbrücke verbindet die beiden Gefäße (B1). Leiten Sie nun über ein gewinkeltes Glasrohr vorsichtig Wasserstoff*-Gas über das Platinblech. Lesen Sie am Voltmeter die Spannung ab.
Wiederholen Sie den Versuch mit dem Redoxpaar $Cu/Cu^{2+}$, $c = 1$ mol/L, anstelle des Redoxpaares $Zn/Zn^{2+}$.

***V3*** *1. Präparation einer Petrischale und Elektrolyse*: Präparieren Sie eine zweigeteilte Petrischale aus Kunststoff mit einer Graphit-Elektrode und einer Platin-Elektrode[1] (B2, vgl. auch S. 66, V2). Füllen Sie in beide Schalenhälften Schwefelsäure*-Lösung, $c = 1$ mol/L. Verbinden Sie die Platin-Elektrode mit dem Minus-, die Graphit-Elektrode mit dem Pluspol einer Gleichspannungsquelle. Nach Aufsetzen eines Stücks Bierdeckelfilz elektrolysieren Sie ca. 1 Minute bei 5 V.
*2. Galvanische Messungen*: Verwenden Sie eine Petrischale wie in S. 66, V2. Legen Sie nun beide Petrischalen aneinander und überbrücken Sie die Ränder der Zink-Halbzelle und der Halbzelle mit dem Platinblech mit einem Stück Bierdeckelfilz (B2). Verbinden Sie die Platin-Elektrode der einen Schale mit dem Zink-Nagel der zweiten Schale. Lesen Sie die Spannung ab. Kombinieren Sie dann entsprechend die Platin-Elektrode mit der Kupfer-Halbzelle.

### Auswertung

a) Vergleichen Sie die Beobachtungen bei V1 und formulieren Sie für V1 die Reaktionsgleichungen der beobachteten Reaktionen.

b) Ordnen Sie das Redoxpaar $H_2/2\,H^+$ aufgrund der Ergebnisse von V2 begründet in die Spannungsreihe von B4 auf S. 69 ein.

c) Formulieren Sie für V2 die Teilgleichungen für die Oxidationen und die Reduktionen sowie die Gesamtgleichungen für die entsprechenden galvanischen Zellen.

d) Erläutern Sie, warum man bei V3 vor der galvanischen Messung eine Elektrolyse durchführt.

e) Vergleichen Sie die Beobachtungen bei V1 mit den Beobachtungen bei V2 bzw. V3.

---

[1] *Hinweis*: Als Platin-Elektroden lassen sich Rasierfolien von einigen Elektrorasierern verwenden. Es handelt sich dabei um dünne Nickelnetze, die mit einer dünnen Schicht aus Platin überzogen sind.

## Standardpotenziale und Spannungsreihe der Metalle

Die Spannung zwischen zwei Halbzellen ergibt sich aus der Differenz der Potenziale der Halbzellen (vgl. S. 69). Da nur Potenzialdifferenzen gemessen werden können, benötigt man für die Angabe des Potenzials eines bestimmten Redoxpaares eine Bezugs-Halbzelle, einen „Nullpunkt" auf der Zahlenachse der Redoxpotenziale. International ist man übereingekommen, als Bezugssystem die **Standard-Wasserstoff-Halbzelle** festzulegen, in der das Redoxpaar $H_2/2\ H^+$ vorliegt:

$$H_2(g) \rightleftharpoons 2\ H^+(aq) + 2\ e^-$$

Da man keine Elektrode aus Wasserstoffgas bauen kann, verwendet man eine Elektrode aus einem inerten[1] Platinblech (**Pt**), das in Salzsäure mit der Wasserstoff-Ionenkonzentration von $c(H^+) = 1$ mol/L von Wasserstoffgas unter Atmosphärendruck ($p = 1013$ hPa) umspült wird (V2, B1). Die Oberfläche des Platins adsorbiert Wasserstoff, der so für das Redoxpaar bereitgestellt wird. Statt einer Wasserstoff umspülten Platin-Elektrode kann man durch Elektrolyse einer Säure-Lösung eine **vereinfachte Standard-Wasserstoff-Elektrode** herstellen. Dabei werden Wasserstoff-Ionen $H^+$ am Minuspol der Elektrolysezelle zu Wasserstoff-Molekülen reduziert (V2 und V3, B2).

Für das **Potenzial der Standard-Wasserstoff-Halbzelle** hat man festgelegt: $E°(2\ H^+/H_2(Pt)) = 0{,}0$ Volt.
Die unter Standardbedingungen, *Druck* $p = 1013$ hPa, *Temperatur* $\vartheta = 25\,°C$, *Konzentrationen* $c = 1$ mol/L, gemessene Potenzialdifferenz zwischen einer Halbzelle $Me/Me^{z+}$ und der Standard-Wasserstoff-Halbzelle bezeichnet man als **Standard-Elektrodenpotenzial**[2] oder **Redox-Standardpotenzial** $E°$ des Redoxpaares $Me/Me^{z+}$: $E°(Me/Me^{z+})$.
Ein Redoxpaar, das gegenüber der Standard-Wasserstoff-Halbzelle den elektrisch negativen Pol bildet, erhält einen negativen Potenzialwert, ein Redoxpaar, das gegenüber der Standard-Wasserstoff-Halbzelle den elektrischen Pluspol bildet, erhält einen positiven Potenzialwert.

In V2 und V3 misst man für die galvanische Zelle $Zn/Zn^{2+}//\ 2\ H^+/H_2$ eine Spannung von $U = 0{,}76$ V, wobei die Zink-Halbzelle den elektrisch negativen Pol bildet. Das Standard-Elektrodenpotenzial des Redoxpaares $Zn/Zn^{2+}$ ist also: $E°(Zn/Zn^{2+}) = -0{,}76$ V. Das Potenzial des Redoxpaares $Cu/Cu^{2+}$, das der Spannung der galvanischen Zelle $H_2/2\ H^+//\ Cu^{2+}/Cu$ entspricht, ist demnach $E°(Cu/Cu^{2+}) = +0{,}35$ V. Die Standard-Elektrodenpotenziale einiger Redoxpaare sind in B3 zusammengefasst.

| Red | ⇌ | Ox | $+z \cdot e^-$ | $E°$ in V |
|---|---|---|---|---|
| Li(s) | ⇌ | $Li^+(aq)$ | + $e^-$ | −3,04 |
| K(s) | ⇌ | $K^+(aq)$ | + $e^-$ | −2,92 |
| Ca(s) | ⇌ | $Ca^{2+}(aq)$ | + $2e^-$ | −2,87 |
| Na(s) | ⇌ | $Na^+(aq)$ | + $e^-$ | −2,71 |
| Mg(s) | ⇌ | $Mg^{2+}(aq)$ | + $2e^-$ | −2,36 |
| Al(s) | ⇌ | $Al^{3+}(aq)$ | + $3e^-$ | −1,66 |
| Mn(s) | ⇌ | $Mn^{2+}(aq)$ | + $2e^-$ | −1,18 |
| Zn(s) | ⇌ | $Zn^{2+}(aq)$ | + $2e^-$ | −0,76 |
| Cr(s) | ⇌ | $Cr^{3+}(aq)$ | + $2e^-$ | −0,74 |
| Fe(s) | ⇌ | $Fe^{2+}(aq)$ | + $2e^-$ | −0,41 |
| Cd(s) | ⇌ | $Cd^{2+}(aq)$ | + $2e^-$ | −0,40 |
| Co(s) | ⇌ | $Co^{2+}(aq)$ | + $2e^-$ | −0,28 |
| Ni(s) | ⇌ | $Ni^{2+}(aq)$ | + $2e^-$ | −0,23 |
| Sn(s) | ⇌ | $Sn^{2+}(aq)$ | + $2e^-$ | −0,14 |
| Pb(s) | ⇌ | $Pb^{2+}(aq)$ | + $2e^-$ | −0,13 |
| $H_2(g)$ | ⇌ | $2H^+(aq)$ | + $2e^-$ | 0,00 |
| Cu(s) | ⇌ | $Cu^{2+}(aq)$ | + $2e^-$ | +0,35 |
| Ag(s) | ⇌ | $Ag^+(aq)$ | + $e^-$ | +0,80 |
| Hg(l) | ⇌ | $Hg^{2+}(aq)$ | + $2e^-$ | +0,85 |
| Pt(s) | ⇌ | $Pt^{2+}(aq)$ | + $2e^-$ | +1,20 |
| Au(s) | ⇌ | $Au^{3+}(aq)$ | + $3e^-$ | +1,41 |

**B3** *Spannungsreihe der Metalle und ihre Standard-Elektrodenpotenziale*

### *Aufgaben*

***A1*** Geben Sie die Zellendiagramme folgender Redoxpaare in Kombination mit der Standard-Wasserstoff-Elektrode an: $Cd/Cd^{2+}$; $Ni/Ni^{2+}$; $Au/Au^{3+}$; $Cr/Cr^{3+}$.

***A2*** Formulieren Sie die Reaktionsgleichungen der Teilreaktionen an den Elektroden und der Gesamtreaktionen in den Zellen von A1.

***A3*** Benennen Sie aus der folgenden Auswahl von Teilchen das stärkste/schwächste Oxidations-/Reduktionsmittel:
**Co**, **Ag**, $Fe^{2+}$, $Li^+$, **K**, **Au**.

### Fachbegriffe

Standard-Wasserstoff-Halbzelle, Standard-Elektrodenpotenzial, Spannungsreihe

---

[1] *inert* von *iners* (lat.) = untätig; hier in der Bedeutung von „chemisch inaktiv"

[2] Zum Vergleich: Man spricht von der *Höhendifferenz* zwischen dem Gipfel eines Berges und dem Tal, aber von der Höhe eines Berges, die die *Höhendifferenz* zwischen dem Gipfel und dem *„Bezugspunkt" Meereshöhe* ist.

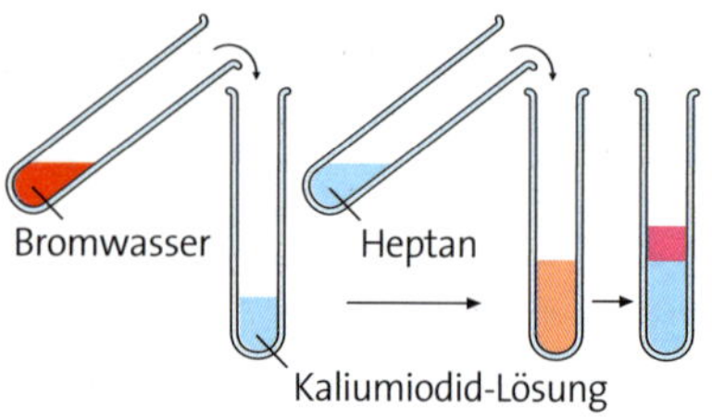


**B1** *Umsetzung von Kaliumiodid-Lösung mit Bromwasser*

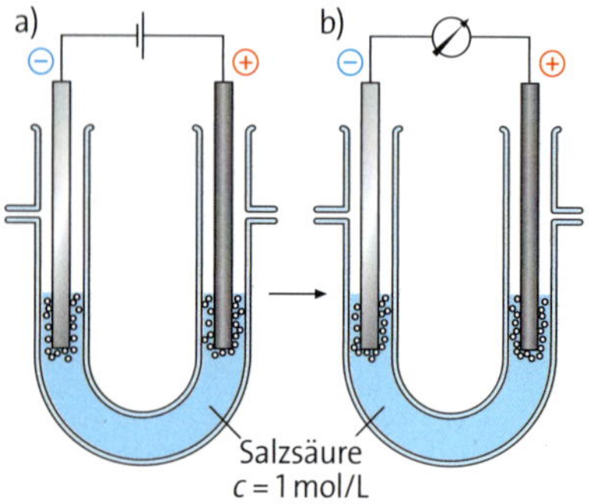


**B2** *Messung des Standard-Elektrodenpotenzials der Chlor-Halbzelle*

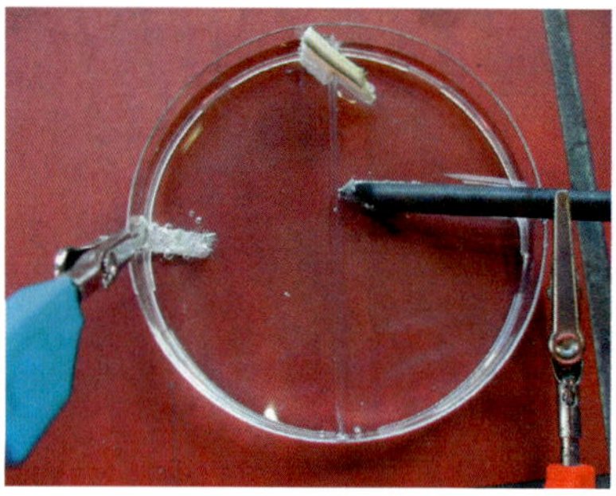

**B3** *Messung der Redoxpotenziale der Halogen-Halbzellen in einer Petrischale. Durch Elektrolyse von Salzsäure entsteht am Platinblech Wasserstoff- und an der Graphit-Elektrode Chlorgas (V3).* **A:** *Formulieren Sie die Reaktionsgleichungen für die Elektrolyse und die galvanische Messung.*

## Redoxpaare der Halogene

### Versuche

***V1*** **(Abzug!)** Geben Sie in je ein Rggl. zu 5 mL verdünnter wässriger Lösung von

a) Kaliumchlorid etwa 1 mL Bromwasser*,
b) Kaliumbromid etwa 1 mL Chlorwasser*,
c) Kaliumiodid etwa 1 mL Chlorwasser*,
d) Kaliumiodid etwa 1 mL Bromwasser*.

Geben Sie dann etwas Heptan* zu diesen Lösungen und schütteln Sie (B1). Fassen Sie Ihre Beobachtungen tabellarisch zusammen.

***V2*** *1. Elektrolyse*: Füllen Sie in ein U-Rohr Salzsäure*, $c = 1$ mol/L, und tauchen Sie eine Platin-Elektrode und eine Graphit-Elektrode ein (B2). Verbinden Sie die Platin-Elektrode mit dem Minuspol, die Graphit-Elektrode mit dem Pluspol einer Gleichspannungsquelle und elektrolysieren Sie bei 5 V etwa eine Minute.
*2. Galvanische Messung*: Ersetzen Sie die Spannungsquelle durch ein Voltmeter und lesen Sie die Spannung ab.

***V3*** *Messung der Redoxpotenziale der Halogene in Petrischalen* (B3)
*1. Elektrolyse*: Präparation einer Petrischale und Elektrolyse einer Salzsäure*, $c = 1$ mol/L, wie bei V3, S. 70.
*2. Galvanische Messungen*:
a) Ersetzen Sie die Spannungsquelle durch ein Voltmeter und messen Sie die Spannung.
b) Saugen Sie mithilfe einer Wasserstrahlpumpe die Salzsäure* aus der Halbzelle mit der Graphit-Elektrode und ersetzen Sie sie durch eine Kaliumbromid-Lösung, $c = 1$ mol/L. Messen Sie die Spannung.
c) Ersetzen Sie auf gleiche Weise die Bromid-Lösung durch eine Kaliumiodid-Lösung, $c = 1$ mol/L. Messen Sie die Spannung.

### Auswertung

a) Deuten Sie die Beobachtungen bei V1 und formulieren die Reaktionsgleichungen der abgelaufenen Reaktionen.

b) Stellen Sie anhand der Beobachtungen bei V1 eine Redoxreihe der Halogene auf.

c) Erklären Sie die Bildung einer vereinfachten Wasserstoff-Halbzelle bzw. einer Halogen-Halbzelle durch Elektrolyse. Geben Sie für die galvanischen Zellen von V2 und V3 den jeweiligen Plus- und Minuspol an und formulieren Sie die zugehörigen Zellendiagramme.

d) Begründen Sie, warum bei den galvanischen Messungen bei V3 b) und c) eine vorhergehende Elektrolyse zur Erzeugung der Brom- bzw. Iod-Halbzelle nicht nötig ist.

e) Ordnen Sie die drei Halogen-Redoxpaare $2\ Cl^-/Cl_2$, $2\ Br^-/Br_2$ und $2\ I^-/\ I_2$ in die Spannungsreihe von S. 71 ein.

## Erweiterung der Spannungsreihe

Die Halogene Brom und Iod werden technisch aus Meerwasser gewonnen. Dazu wird das Meerwasser mit Chlorgas durchspült. Die Bromide bzw. Iodide des Meerwassers werden zu Brom und Iod oxidiert. Welche Redoxvorgänge laufen dabei ab?

Bromwasser setzt aus einer Kaliumiodid-Lösung elementares Iod frei. Das Iod wird beim Ausschütteln mit Heptan an der violetten Farbe erkannt. Chlor setzt aus einer Kaliumbromid-Lösung Brom frei. Brom hat offensichtlich ein größeres Oxidationsvermögen als Iod, jedoch ein geringeres als Chlor.

Das Oxidationsvermögen der Halogene nimmt von Chlor über Brom zu Iod hin ab (vgl. die Stellung dieser Elemente im PSE). Die Standard-Elektrodenpotenziale als quantitatives Maß für das Reduktions- bzw. Oxidationsvermögen der Redoxpaare Halogenid-Ion/Halogen-Molekül können mithilfe von Halogen-Halbzellen (V2, V3) bestimmt werden. Ähnlich wie bei der Standard-Wasserstoff-Halbzelle wird auch bei einer Halogen-Halbzelle eine Elektrode aus einem inerten Material (zumeist Graphit) verwendet, an der sich das Gleichgewicht

$2\ X^- \rightleftharpoons X_2 + 2\ e^-$ einstellen kann.

Um eine vereinfachte galvanische Zelle aus einer Wasserstoff- und einer Chlor-Halbzelle zur Messung des Redoxpotenzials herzustellen, erzeugt man durch Elektrolyse von Salzsäure an den Elektroden Wasserstoff und Chlor. Nach Abbruch der Elektrolyse besteht eine Spannung von ca. $U = 1{,}3$ V zwischen den Elektroden. Es ist eine galvanische Zelle aus den Redoxpaaren

$$H_2(g) \underset{\text{Elektrolyse}}{\overset{\text{galvanische Zelle}}{\rightleftharpoons}} 2\ H^+(aq) + 2\ e^- \text{ und}$$

$$Cl_2(g) + 2\ e^- \underset{\text{Elektrolyse}}{\overset{\text{galvanische Zelle}}{\rightleftharpoons}} 2\ Cl^-(aq) \text{ entstanden.}$$

**Die in der galvanischen Zelle ablaufende Zellreaktion ist eine Umkehrung der Elektrolyse-Reaktion.**

$$H_2(g) + Cl_2(g) \underset{\text{Elektrolyse}}{\overset{\text{galvanische Zelle}}{\rightleftharpoons}} 2\ H^+(aq) + 2\ Cl^-(aq)$$

Obwohl bei V2 und V3 die Standardbedingungen nicht genau eingehalten werden, erhält man Werte, die den Standard-Elektronenpotenzialen (B4) recht nahe kommen.

Das Redoxpaar $2\ F^-/F_2$ hat das Standard-Elektrodenpotenzial mit dem größten positiven Wert aller Redoxpaare; es gibt also kein Oxidationsmittel, das Fluorid-Ionen zu elementarem Fluor oxidieren kann.

| Reduktionsmittel | $\rightleftharpoons$ | Oxidationsmittel | $E°$ in V |
|---|---|---|---|
| $2\ I^-$ | $\rightleftharpoons$ | $I_2 + 2\ e^-$ | + 0,54 |
| $2\ Br^-$ | $\rightleftharpoons$ | $Br_2 + 2\ e^-$ | + 1,07 |
| $2\ Cl^-$ | $\rightleftharpoons$ | $Cl_2 + 2\ e^-$ | + 1,36 |
| $2\ F^-$ | $\rightleftharpoons$ | $F_2 + 2\ e^-$ | + 2,87 |

**B4** *Spannungsreihe und Standard-Elektrodenpotenziale der Halogene*

**B5** *Chlor, Brom, Iod*

### Aufgaben

**A1** Ordnen Sie die Halogen-Moleküle $X_2$ bzw. Halogenid-Ionen $X^-$ nach steigendem Oxidations- bzw. Reduktionsvermögen.

**A2** Begründen Sie, weshalb man für die Chlor-Halbzelle bei V2 nicht Platin, sondern Graphit als Inertelektrode verwendet.

**A3** Erklären Sie, welche Versuchsergebnisse zu erwarten sind, wenn man bei V3 die Salzsäure-Lösung erst durch eine Kaliumiodid- und diese danach durch eine Kaliumbromid-Lösung ersetzt.

### Fachbegriffe

Halogene, Zellreaktion, Elektrolyse

**Kompetenz** Messwerte recherchieren und im Hinblick auf Zusammenhänge analysieren und Ergebnisse verallgemeinern

Die Zellspannungen galvanischer Zellen wurden in den Versuchen V1 und V2 auf S. 68 nur für wenige Kombinationen verschiedener Halbzellen *gemessen*. Mit einer Animation auf *Chemie 2000+ Online* können die Messergebnisse von einer größeren Anzahl an Halbzellen-Kombinationen *recherchiert* werden. Das interaktive Modul bietet die Möglichkeit, diese Messergebnisse zu *analysieren* und zu *verallgemeinern*.

### Aufgabe

1. Rufen Sie die Animation „Virtuelle Versuche zur Ermittlung einer Redox- bzw. Spannungsreihe" auf. Wählen Sie unter *Themen* „2. Exp. Ermittlung der Spannungsreihe". Lesen Sie unter *Aufgabe*, wie Sie die virtuellen Versuche durchführen.
2. Ermitteln Sie in der Animation die Zellspannungen von mindestens sieben verschiedenen Halbzellen-Kombinationen (B1).
3. Wechseln Sie nun zu *Auswertung*. Zur Erstellung der Spannungsreihe soll unter den gewählten Halbzellen die Halbzelle als Nullpunkt gewählt werden, die gegenüber allen anderen die Donator-Halbzelle darstellt. Begründen Sie, ob Sie mit Ihrer Halbzellen-Auswahl die Zuordnung des Nullpunkts treffen können. Erheben Sie ggf. weitere Zellspannungen.
4. Folgen Sie den *Aufgaben zur graphischen Auswertung* und ermitteln Sie eine Spannungsreihe.

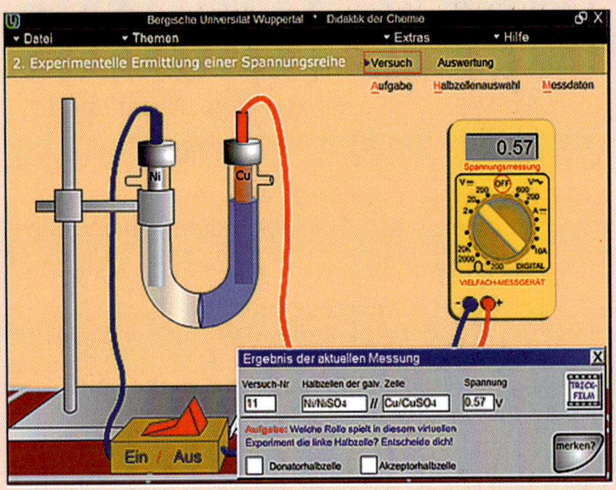


**B1** *Virtuelle Versuche zu galvanischen Zellen im interaktiven Modul auf Chemie 2000+ Online*

### Lösung

Die Ergebnisse der sieben gewählten Halbzellen-Kombinationen können als Tabelle unter *Messdaten* angezeigt werden (B2).

Bei der getroffenen Auswahl der Halbzellen (B2) kann anhand der Messergebnisse noch nicht entschieden werden, welche Halbzelle bei den Kombinationen aus Eisen, Cadmium und Zink immer die Donator-Halbzelle darstellt. Daher werden die Zellspannungen für die drei möglichen Kombinationen nachträglich ermittelt. Aus der Tabelle kann nun abgelesen werden, dass die $Zn/ZnSO_4$-Halbzelle immer die Rolle der Donator-Halbzelle einnimmt.

Der Nullpunkt der Spannungsskala wird mit dem Label „$Zn/ZnSO_4$" (unter Symbole) markiert (B2).

Die Spannungslineale aus der „Toolbox" werden nun mit den Messwerten angepasst, so dass sich mithilfe der Spannungslineale und der Symbole für die Halbzellen eine Reihung der Halbzellen ergibt.

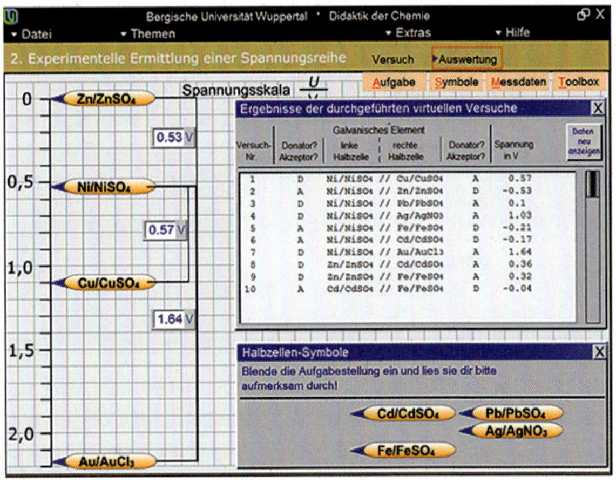


**B2** *Graphische Auswertung der quantitativen Messergebnisse*

### Kompetenzen trainieren

Diese Kompetenz kann mit den Aufgaben A5 bis A11 auf den Seiten 118 und 119 vertieft werden.

***Kompetenz*** **Anwenden der Spannungsreihe zur Formulierung von Voraussagen über den Ablauf von Redoxreaktionen und fachsprachlich korrekte Erläuterung der Reaktionen**

In der **Spannungsreihe** sind die Standard-Elektrodenpotenziale der Redoxpaare aufgelistet. *Es gilt*:
Je kleiner das Standard-Potenzial eines Redoxpaares ist, umso größer ist die reduzierende Wirkung der reduzierten Form (des Reduktionsmittels; **Red**).
Je größer das Standard-Potenzial eines Redoxpaares ist, umso größer ist die oxidierende Wirkung der oxidierten Form (des Oxidationsmittels; **Ox**).
Mithilfe der Spannungsreihe lässt sich der Ablauf von Redoxreaktionen erklären. Auch Voraussagen, ob Redoxreaktionen ablaufen können oder nicht, können getroffen werden.

**Red** eines Redoxpaares mit kleinerem Potenzial kann Elektronen an **Ox** eines Redoxpaares mit größerem Potenzial abgeben.

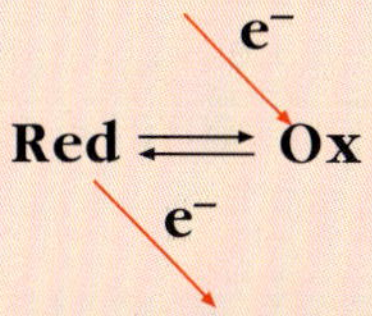


**Ox** eines Redoxpaares mit größerem Potenzial kann Elektronen von **Red** eines Redoxpaares mit kleinerem Potenzial aufnehmen.

### *Aufgabe*

| Red | ⇌ | Ox | + z·e⁻ | | E° in V |
|---|---|---|---|---|---|
| Li(s) | ⇌ | $Li^{+}(aq)$ | + | $e^-$ | −3,04 |
| K(s) | ⇌ | $K^{+}(aq)$ | + | $e^-$ | −2,92 |
| Na(s) | ⇌ | $Na^{+}(aq)$ | + | $e^-$ | −2,71 |
| Mg(s) | ⇌ | $Mg^{2+}(aq)$ | + | $2e^-$ | −2,36 |
| Al(s) | ⇌ | $Al^{3+}(aq)$ | + | $3e^-$ | −1,66 |
| Ni(s) | ⇌ | $Ni^{2+}(aq)$ | + | $2e^-$ | −0,23 |
| Pb(s) | ⇌ | $Pb^{2+}(aq)$ | + | $2e^-$ | −0,13 |
| $H_2(g)$ | ⇌ | $2H^{+}(aq)$ | + | $2e^-$ | 0,00 |
| Cu(s) | ⇌ | $Cu^{2+}(aq)$ | + | $2e^-$ | +0,35 |
| $Fe^{2+}(aq)$ | ⇌ | $Fe^{3+}(aq)$ | + | $e^-$ | +0,77 |
| Ag(s) | ⇌ | $Ag^{+}(aq)$ | + | $e^-$ | +0,80 |
| Pt(s) | ⇌ | $Pt^{2+}(aq)$ | + | $2e^-$ | +1,20 |
| Au(s) | ⇌ | $Au^{3+}(aq)$ | + | $3e^-$ | +1,41 |

Zum Ätzen von Kupfer beispielsweise beim Herstellen von Platinen wird eine Eisen(III)-chlorid-Lösung verwendet.

1. Erläutern Sie anhand der Redoxpotenziale, welche Reaktion dabei abläuft.
2. Ermitteln Sie anhand der Spannungsreihe, ob auch eine Eisen(II)-chlorid-Lösung zum Ätzen von Kuper verwendet werden könnte.

### *Lösung*

Zu 1:
Beim Ätzen von Kupfer werden Kupfer-Atome zu Kupfer-Ionen oxidiert, die dadurch aus dem Kupfer herausgelöst werden. Das Potenzial $E°(Fe^{2+}/Fe^{3+})$ ist größer als das Potenzial des Redoxpaares $Cu/Cu^{2+}$. Dies bedeutet, dass Kuper-Atome Elektronen an Eisen(III)-Ionen abgeben können unter Bildung von Kupfer(II)-Ionen und Eisen(II)-Ionen.

$$2\ Cu + Fe^{3+} \longrightarrow 2\ Cu^{2+} + Fe^{2+}$$

Eisen(III)-Ionen oxidieren also Kupfer-Atome, bzw. Kupfer-Atome reduzieren Eisen(III)-Ionen.

Zu 2:
Beim Ätzen von Kupfer müssen Kupfer-Atome oxidiert werden. Eisen(II)-Ionen stellen im Redoxpaar $Fe^{2+}/Fe^{3+}$ das Reduktionsmittel dar, im Redoxpaar $Fe/Fe^{2+}$ das Oxidationsmittel. Da das Potenzial des Redoxpaares $Fe/Fe^{2+}$ kleiner als das Potenzial des Redoxpaares $Cu/Cu^{2+}$ ist, können die Eisen(II)-Ionen Kupfer-Atome nicht oxidieren. Eine Eisen(II)-chlorid-Lösung ist daher zum Ätzen von Kupfer nicht geeignet.

### *Kompetenzen trainieren*

Diese Kompetenz kann mit den Aufgaben A3, A6 und A7 auf Seite 118 vertieft werden.

## Weitere Redoxpaare

Bisher wurden Redoxpotenziale einfacher Redoxpaare vom Typ $Me/Me^{z+}$ ($Me$ = Metall) oder $2X^-/X_2$ ($X$ = Halogen) betrachtet. Bei zahlreichen technischen Prozessen sind aber Redoxreaktionen mit komplexeren Redoxpaaren von Bedeutung. Komplexer heißt in den meisten Fällen, dass die reduzierte und die oxidierte Form des betrachteten Redoxpaares in Lösung vorliegen, teilweise sind zusätzlich Oxonium-Ionen oder Hydroxid-Ionen beteiligt (B1).

| Reduktionsmittel | $\rightleftharpoons$ | Oxidationsmittel | $+ z\,e^-$ | $E°$ in V |
|---|---|---|---|---|
| $S^{2-}(aq)$ | $\rightleftharpoons$ | $S(s)$ | $+ 2\,e^-$ | −0,51 |
| $4\ OH^-(aq)$ | $\rightleftharpoons$ | $O_2(g) + 2\ H_2O(l)$ | $+ 4\,e^-$ | +0,40 |
| $Fe^{2+}(aq)$ | $\rightleftharpoons$ | $Fe^{3+}(aq)$ | $+ \ \ e^-$ | +0,77 |
| $NO(g) + 2\ H_2O(l)$ | $\rightleftharpoons$ | $NO_3^-(aq) + 4\ H^+(aq)$ | $+ 3\,e^-$ | +0,96 |
| $2\ H_2O(l)$ | $\rightleftharpoons$ | $O_2(g) + 4\ H^+(aq)$ | $+ 4\,e^-$ | +1,23 |
| $Mn^{2+}(aq) + 2\ H_2O(l)$ | $\rightleftharpoons$ | $MnO_2(s) + 4\ H^+(aq)$ | $+ 2\,e^-$ | +1,23 |
| $Mn^{2+}(aq) + 4\ H_2O(l)$ | $\rightleftharpoons$ | $MnO_4^-(aq) + 8\ H^+(aq)$ | $+ 5\,e^-$ | +1,51 |

**B1** *Standardpotenziale einiger Redoxpaare*

### Redoxreaktionen in der Kunst

Die **Radierung** (B3) ist ein grafisches Druckverfahren, das in der Kunst angewandt wird und bei dem Redoxreaktionen eine Rolle spielen. Bei einer Radierung wird zumeist eine gereinigte Kupferplatte mit einer säurefesten Schicht z.B. aus Wachs überzogen. In diesen „Ätzgrund" wird das Motiv mit einer Radiernadel seitenverkehrt eingeritzt, sodass das Metall an diesen Stellen frei liegt.

Anschließend wird die Platte in ein Ätzbad gelegt, durch das die freie Metalloberfläche durch Oxidation weggeätzt wird. Als Ätzbad dient häufig verdünnte Salpetersäure oder Eisen(III)-chlorid-Lösung. Nach entsprechender Ätzdauer wird die Platte dem oxidierenden Ätzbad entnommen, vom restlichen Ätzgrund befreit und dient dann als Druckplatte (B2).

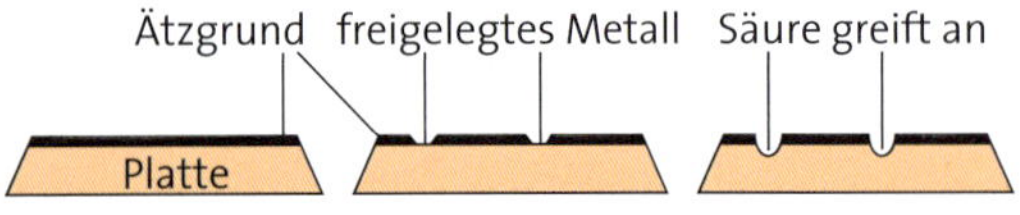


**B2** *Schematische Darstellung einer Radierung*

**B3** *Radierung von* REMBRANDT *(1606–1689)*

Die Oberfläche der Kupferplatte wird durch das Ätzbad oxidiert. Dabei gehen Kupfer-Ionen in Lösung:

$$Cu(s) \rightleftharpoons Cu^{2+}(aq) + 2\ e^-$$

Die im Ätzbad gelösten Ionen dienen als Oxidationsmittel und werden reduziert. Die Eisen(III)-Ionen $Fe^{3+}$ einer Eisen(III)-chlorid-Lösung werden zu Eisen(II)-Ionen $Fe^{2+}$ reduziert, die Nitrat-Ionen $NO_3^-$ der Salpetersäure zu Stickstoffmonooxid $NO$[1]:

$$Fe^{3+}(aq) + e^- \rightleftharpoons Fe^{2+}(aq)$$

$$\overset{+V}{N}O_3^-(aq) + 3\ e^- + 4\ H^+(aq) \rightleftharpoons \overset{+II}{N}O(g) + 2\ H_2O(l)$$

Wenn Kupfer von Eisen(III)-chlorid-Lösung oder Salpetersäure oxidiert werden kann, muss das Redoxpaar $Fe^{2+}/Fe^{3+}$ bzw. $NO/(NO_3^- + 4\ H^+)$ ein positiveres Redoxpotenzial als das Redoxpaar $Cu/Cu^{2+}$ haben (B1; vgl. auch B3, S. 71). Die Standardpotenziale dieser Redoxpaare lassen sich mithilfe eines Platinbleches als Inertelektrode experimentell ermitteln (V2).

### *Aufgabe*

***A1*** Salpetersäure wird auch „Scheidewasser" genannt, da sich Silber in Salpetersäure auflöst, Gold jedoch nicht. Begründen Sie diesen Sachverhalt mithilfe der Redoxreihe.

[1] Stickstoffmonooxid reagiert dann mit Luftsauerstoff zu braunem Stickstoffdioxid.

## Weitere Redoxpaare

### *Versuche*

**V1** *Anfertigen einer Druckplatte*
Überziehen Sie ein gereinigtes, entfettetes Stück Kupferblech mit einer dünnen Schicht Kerzenwachs. Ritzen Sie nach Aushärten des Wachses mit einer Nadel ein Motiv in die Wachsschicht. Legen Sie dann das Kupferblech für einige Minuten in halbkonzentrierte Salpetersäure* (im Abzug!) oder in Eisen(III)-chlorid-Lösung*. Spülen Sie anschließend das Blech mit Wasser ab und entfernen Sie das Wachs im kochenden Wasserbad. Beobachten Sie die Oberfläche des Kupferblechs.

**V2** *Messung des Standardpotenzials von $Fe^{2+}/Fe^{3+}$*
Stellen Sie sich durch Elektrolyse von Salzsäure*, $c$ = 1 mol/L, (vgl. S. 72) eine Standard-Wasserstoff-Halbzelle her und verbinden Sie diese über Elektrolytbrücke und Voltmeter leitend mit einer Platin-Elektrode, die in eine Lösung aus gleichen Volumina von Eisen(II)-sulfat*, $c(Fe^{2+})$ = 1 mol/L, und Eisen(III)-chlorid*, $c(Fe^{3+})$ = 1 mol/L, taucht. Lesen Sie die Spannung ab.

**V3** Geben Sie 1 mL (20 Tropfen) des Präparats gegen Eisenmangel ferro sanol® in einen Erlenmeyerkolben, verdünnen Sie mit ca. 50 mL Wasser und fügen Sie 5–10 mL verdünnte Schwefelsäure* hinzu. Titrieren Sie mit Kaliumpermanganat*-Lösung, $c$ = 0,01 mol/L, bis sich die Kaliumpermanganat-Lösung nicht mehr entfärbt.

### *Auswertung*

a) Planen Sie einen Versuch, mit dem man bei V1 die Kupfer-Ionen und die Eisen-Ionen nachweisen kann.

b) Vergleichen Sie den in V2 enthaltenen Messwert mit den Angaben aus B1. Erklären Sie, worauf man eventuell auftretende Abweichungen zurückführen kann.

c) Kaliumpermanganat-Lösung wirkt oxidierend. Gemäß der folgenden Gleichung entstehen in saurer Lösung farblose Mangan(II)-Ionen:

$$MnO_4^-(aq) + 8\ H^+(aq) + 5\ e^- \rightleftharpoons Mn^{2+}(aq) + 4\ H_2O$$

Formulieren Sie Teilgleichungen und eine Gesamtgleichung zu den in V3 ablaufenden Reaktionen.

d) Berechnen Sie die Stoffmenge und die Masse an Eisen(II)-Ionen in 1 mL ferro sanol®.

### Redoxreaktionen bei Titrationen

Im Körper eines Erwachsenen sind durchschnittlich 2 bis 4 g des essenziellen Spurenelements Eisen in gebundener Form enthalten. Der größte Teil ist als Eisen(II)-Ionen an den roten Blutfarbstoff Hämoglobin gebunden, der für den Sauerstofftransport im Körper verantwortlich ist.

Fehlt dem Körper Eisen, kann es u.a. zu Müdigkeit, Kopfschmerzen, Konzentrationsschwierigkeiten und Blutarmut kommen. Zur Behebung von Eisenmangel gibt es verschiedene Präparate, die den Körper mit Eisen(II)-Ionen versorgen. Diese enthalten Eisen(II)-Salze gelöst oder in Tablettenform. Eisen(III)-Ionen können vom Körper nicht aufgenommen werden.

Die Stoffmenge der Eisen(II)-Ionen in diesen Präparaten lässt sich durch Manganometrie (V3) bestimmen. Bei diesem Verfahren handelt es sich um eine Titration, für die man keinen Indikator benötigt, da es zur Entfärbung der verwendeten violetten Permanganat-Lösung kommt. Bei der **manganometrischen Titration** werden die im Medikament enthaltenen Eisen(II)-Ionen durch die Permanganat-Ionen zu Eisen(III)-Ionen oxidiert. Dies ist möglich, da das Standardpotenzial des Redoxpaares $Fe^{2+}/Fe^{3+}$ niedriger ist als das des Redoxpaares $Mn^{2+}/(MnO_4^- + 8\ H^+)$ (B1).

### *Aufgaben*

**A2** Laut Hersteller enthält 1 mL ferro sanol® 30 mg gebundenes Eisen. Vergleichen Sie diesen Wert mit dem von Ihnen in Auswertung d) ermittelten Wert und diskutieren Sie, worauf eventuell niedrigere Werte zurückzuführen sein könnten.

**A3** Ascorbinsäure (Vitamin C) kann leicht oxidiert werden. Das Redoxpaar lässt sich vereinfacht als $AscH_2/(Asc_{ox} + 2\ H^+)$ darstellen (Ascorbinsäure $AscH_2$, Dehydroascorbinsäure $Asc_{ox}$, es werden je 2 Elektronen übertragen). Das Standardpotenzial $E°$ beträgt +0,06 V. Erläutern Sie, warum empfohlen wird, Medikamente wie ferro sanol® mit einem Vitamin C-haltigen Getränk einzunehmen.

## Stromleitung in Lösungen und Metallen

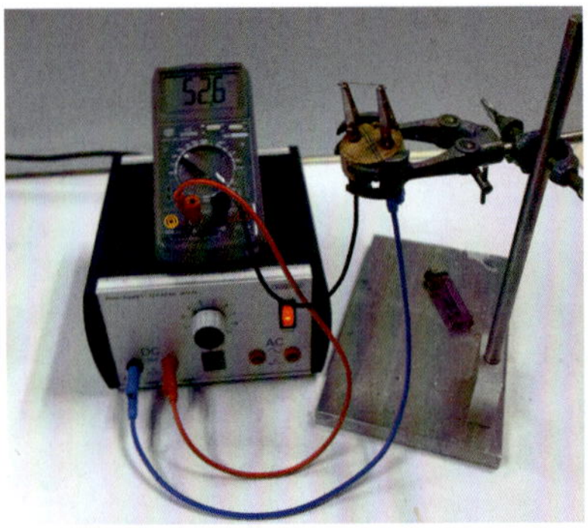

**B1** *Aufbau von V2. Den Wolframdraht kann man einer alten Glühbirne entnehmen, nachdem man vorsichtig den Glaskolben zerstört hat.*

### Versuche

***V1*** Geben Sie 100 mL Zinkiodid*-Lösung, $c = 0{,}1\ \mathrm{mol/L}$, in ein Becherglas, das auf einem heizbaren Magnetrührer steht. Tauchen Sie zwei Graphit-Elektroden in die Lösung und legen Sie eine Spannung von 5 V an. Messen Sie die Stromstärke bei Raumtemperatur und bei Erhitzen der Lösung auf 80 °C. Beobachten Sie das Aussehen der Lösung und die Elektrodenoberfläche vor und nach dem Versuch.

***V2*** Verbinden Sie einen Wolframdraht wie in B1 abgebildet mit einer Spannungsquelle und einem Amperemeter. Legen Sie eine Spannung von 5 V an und messen Sie die Stromstärke. Erhitzen Sie den Wolframdraht mit einem Feuerzeug und messen Sie die Stromstärke erneut.
Pusten Sie den Draht an, bis er abgekühlt ist und erhitzen Sie ihn dann wieder. Beobachten Sie jeweils die Veränderung der Stromstärke.

### Auswertung

a) Notieren Sie die Beobachtungen an den Elektroden bei V1, erklären Sie diese und stellen Sie für die ablaufenden Reaktionen die Teilgleichungen und die Gesamtgleichungen auf.

b) Die Stromstärke $I$ kann als Maß für die elektrische Leitfähigkeit $\kappa$ herangezogen werden, da beide bei konstanter Spannung proportional zueinander sind. Vergleichen Sie die bei V1 und V2 gemessenen Stromstärken und ziehen Sie Rückschlüsse über die Leitfähigkeit von Lösungen und Metallen bei Raumtemperatur.

c) Geben Sie jeweils an, ob Lösungen und Metalle bei Raumtemperatur oder bei erhöhter Temperatur besser leitfähig sind.

d) Erklären Sie mit Bezug auf die Animation (B2) auf der Teilchenebene, warum sich die Leifähigkeit in Metallen bei Wärmezufuhr ändert.

e) Füllen Sie die Tabelle aus B3 mithilfe Ihrer Beobachtungen und den Informationen der Textspalte auf S. 79 aus.

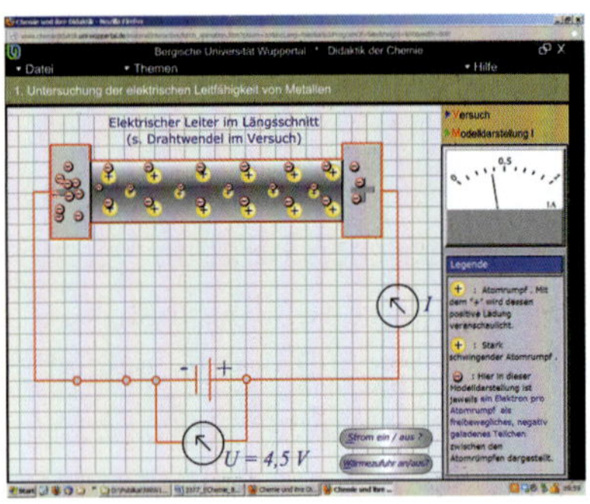


**B2** *Screenshot aus der Animation zum Stromfluss in Metallen.* **A:** *Betrachten Sie die Animation zur Leitfähigkeit in Metallen in Chemie 2000+ Online. Beschreiben Sie, welche Ladungsträger beweglich sind und wohin sie sich bewegen. Beschreiben Sie, inwieweit sich die dargestellten Bewegungen der Ladungsträger bei Wärmezufuhr ändern.*

| | Leitfähigkeit bei Raumtemperatur | Veränderung der Leitfähigkeit bei Energiezufuhr | Ladungsträger, die für die Stromleitung verantwortlich sind | Ladungen der Ladungsträger | Stoffliche Veränderungen |
|---|---|---|---|---|---|
| Lösung | | | | | |
| Metall | | | | | |

**B3** *Vergleich der Leitfähigkeiten von Lösungen und Metallen und der jeweils beteiligten Ladungsträger*

## Ionen und Elektronen: Ladungsträger in Lösungen und Metallen

Grundsätzlich leiten Lösungen und Metalle den elektrischen Strom. Die elektrische Leitfähigkeit von Lösungen verhält sich aber bei Änderung der Temperatur anders als die elektrische Leitfähigkeit von Metallen.
Legt man eine Spannung von 5 V bei Raumtemperatur an, stellt man fest, dass sowohl Lösungen als auch Metalle den Strom recht gut leiten. Legt man diese Spannung von 5 V an und erhitzt, dann nimmt die Leitfähigkeit bei Lösungen zu, bei Metallen aber ab. Dieses unterschiedliche Verhalten lässt sich mit der Art der Ladungsträger in Lösungen und in Metallen erklären.
Nach einiger Zeit kann man in V1 Folgendes beobachten: Die Graphit-Elektrode, die mit dem Minuspol verbunden war, hat einen grauen Überzug und die Lösung in der Umgebung der Graphit-Elektrode, die mit dem Pluspol verbunden ist, ist bräunlich gefärbt.
Beim Anlegen der Spannung kommt es in der mit dem Minuspol verbundenen Graphit-Elektrode zu einem Elektronenüberschuss. Zink-Ionen aus der **Lösung** wandern zu dieser Elektrode und werden zu Zink-Atomen reduziert. An der mit dem Pluspol verbundenen Elektrode kommt es dagegen zu einem Elektronenunterschuss. Iodid-Ionen wandern zu dieser Elektrode und werden zu Iod-Molekülen oxidiert. Bei angelegter Spannung wandern in einer Lösung also die Kationen zur Kathode und die Anionen zur Anode. An den Elektroden finden dann eine Reduktion bzw. eine Oxidation statt. Durch Anlegen einer Spannung werden somit Redoxreaktionen erzwungen. Diesen Prozess nennt man **Elektrolyse**. Der Fluss der **Ionen** durch die Lösung wird im Versuch als Stromstärke gemessen. Bei höheren Temperaturen können sich die Ionen schneller bewegen:
Die Stromstärke und damit die Leitfähigkeit nimmt in Lösungen mit steigender Temperatur zu.
Das Kabelmaterial und der Wolframdraht (V2) bestehen aus **Metallen**. In Metallen sind die Atome regelmäßig in einem Gitter angeordnet. In diesem besetzen die Atomrümpfe die Gitterplätze und sind von den Valenzelektronen in einem Elektronengas umgeben. Bei angelegter Spannung werden die **Elektronen** vom Pluspol angezogen. Über den Minuspol werden neue Elektronen in das Metallgitter „gepumpt“, die dann ebenfalls in Richtung Pluspol wandern. Bei Raumtemperatur erfolgt diese Wanderung um die Atomrümpfe herum, die nur leicht schwingen. Bei höheren Temperaturen nimmt die Schwingung der Atomrümpfe deutlich zu. Das erschwert die Wanderung der Elektronen. Es kommen pro Zeiteinheit weniger Elektronen am Pluspol an, da der Widerstand innerhalb des Metalls größer wird:
Die messbare Stromstärke bzw. die Leitfähigkeit nimmt in Metallen bei steigender Temperatur ab.

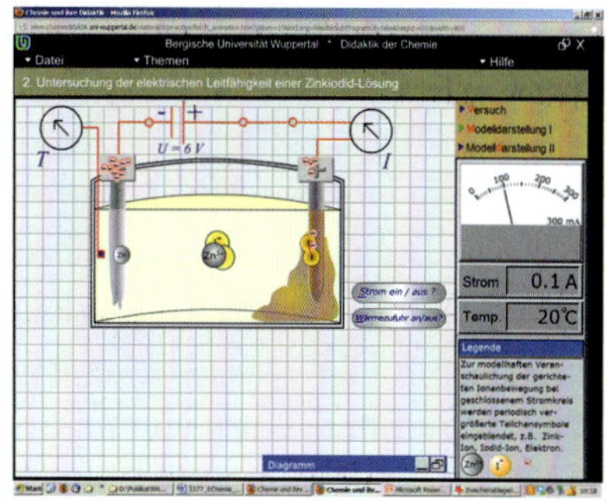


**B4** *Screenshot aus der Teilanimation zum Stromfluss in einer Zinkiodid-Lösung in Chemie 2000+ Online.* **A:** *Betrachten Sie in der Teilanimation die Modelldarstellung I. Geben Sie an, welche Ladungsträger dargestellt sind. Beschreiben Sie die Bewegungsrichtung und die Geschwindigkeit der Ladungsträger bei Raumtemperatur und bei Wärmezufuhr.*

### Aufgaben

**A1** Beschreiben Sie die Stromleitung im DANIELL-Element (vgl. S. 67) in Hinblick auf die Materialien, durch die Ladungsträger fließen, und nennen Sie die Art der jeweils beteiligten Ladungsträger.

### Animation zur Leitfähigkeit einer Zinkiodid-Lösung

**A2** Betrachten Sie die Darstellung (B4) der Prozesse bei eingeschalteter Stromzufuhr und beschreiben Sie die Prozesse auf Teilchenebene. Beschreiben Sie dann auch die Veränderungen an den Elektroden auf der Stoffebene.

**A3** Vergleichen Sie in der Animation in *Chemie 2000+ Online* die Modelldarstellungen I und II. Nennen Sie jeweils die Vor- und Nachteile der Darstellungen.

### Fachbegriffe

Ionen, Elektronen, Elektrolyse

## Stromleitung in Halbleitern

### Elektronen und Löcher – Ladungsträger und Halbleiter

Silicium ist ein typischer **Halbleiter**. Bei Raumtemperatur ist in Halbleitern fast kein Stromfluss messbar, bei Energiezufuhr hingegen schon (V1). Diese Beobachtung lässt sich auf der Teilchenebene wie folgt erklären: Bei Energiezufuhr in Form von Wärme oder Licht werden **Elektron-Loch-Paare** gebildet. Ein „Loch" kann man sich als ein Elektronendefizit bzw. als positiven Atomrumpf vorstellen.

Die Elektronen und Löcher driften beim Anlegen einer Spannung auseinander. Die Elektronen wandern in Richtung Anode und die Löcher zur Kathode. Diese Wanderung ist so zu erklären, dass jeweils ein Loch durch ein Elektron eines Nachbaratoms ausgeglichen wird (B1). An dieser Stelle befindet sich nun ein positiver Atomrumpf, auf den wiederum von einem weiteren Nachbaratom ein Elektron übergehen kann. Der Übergang eines Elektrons von einem Nachbaratom auf einen Atomrumpf findet so lange statt, bis das Loch die Kathode erreicht und dort durch ein Elektron aus dem äußeren Stromkreis ausgeglichen wird.

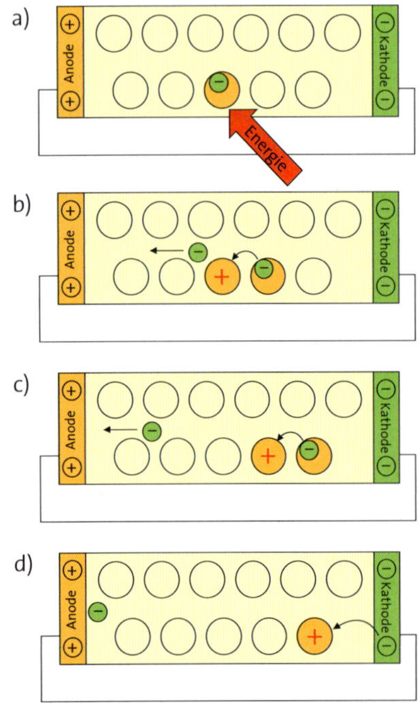


**B1** *Bei Energiezufuhr driften Elektron und Loch auseinander und der Halbleiter wird schwach leitfähig.* ***A:*** *Formulieren Sie für die Bildteile a) bis d) geeignete Überschriften.*

### Halbleiter und Bändermodell

Die elektrische Leitfähigkeit von Leitern (Metallen) und Halbleitern kann auf der Teilchenebene erklärt werden, aber auch anhand des **Energiebändermodells**. Nach diesem können die Valenzelektronen von Atomen in einem Feststoffgitter unterschiedliche Energiezustände einnehmen. Dem **Valenzband** VB gehören alle Energiezustände an, die die an einen bestimmten Atomrumpf gebundenen Elektronen haben. Freie Elektronen, die nicht bestimmten Atomen zuzuordnen sind, sondern sich praktisch durch das ganze Gitter bewegen können, haben Energien, die dem **Leitungsband** LB entsprechen. Bei Leitern (Metallen) überlappen sich das VB und das LB teilweise (B2), bei Halbleitern gibt es zwischen VB und LB eine **Energielücke** $E_g$ (*energy gap*). Durch Energiezufuhr können Elektronen diese Energielücke überwinden. Im Gegensatz zu Leitern nimmt daher die elektrische Leitfähigkeit von Halbleitern bei Erwärmen oder Bestrahlung mit Licht zu.

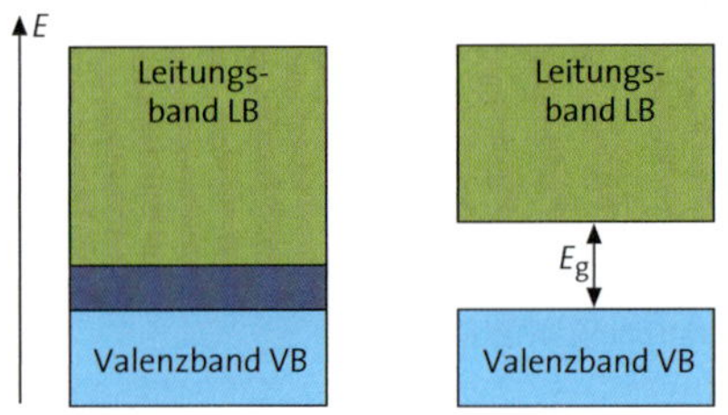


**B2** *Das Bändermodell für Leiter (links) und Halbleiter (rechts)*

### *Versuch*

***V1*** Legen Sie an einer Siliciumscheibe eine Spannung von 5 V an und messen Sie die Stromstärke bei Raumtemperatur und Erwärmen wie in V2 von S. 78.

### *Auswertung*

a) Betrachten Sie die Siliciumscheibe vor und nach der Messung und stellen Sie fest, ob sie sich stofflich verändert hat.

b) Beschreiben Sie den Einfluss der Energiezufuhr auf die Leitfähigkeit von Silicium.

c) Ergänzen Sie Ihre Tabelle nach B3 auf S. 78 um eine Zeile „Halbleiter" und füllen Sie die entsprechenden Zellen aus.

## Halbleiter in Solarzellen

**B1** *Hausdach mit Silicium-Solarzellen*

### Silicium für Solarzellen

Das Element Silicium gibt es „wie Sand am Meer", da es das zweithäufigste Element der Erdkruste ist. Sand und Quarz bestehen aus Siliciumdioxid $SiO_2$. Durch Reduktion kann man daraus Rohsilicium gewinnen, das für den Einsatz in Solarzellen unter großem Energieaufwand zu hochreinem „solar-grade"-Silicium $Si_{sg}$ aufgearbeitet werden muss. In diesem Reinstsilicium kommt auf 10 Milliarden Silicium-Atome nur ein Fremdatom. Die Silicium-Solarzellen werden in Reihe oder parallel zu Modulen geschaltet. Die Module sind in einer Schutzschicht eingebettet und kommen mit einem Rahmen gefasst an den verschiedensten Orten zum Einsatz (B1).

### Titandioxid für Solarzellen

Neben Solarzellen mit Silicium werden auch solche erforscht, in denen der Halbleiter Titandioxid $TiO_2$ eingesetzt wird. Man verwendet Titandioxidpulver, dessen Partikel nanoskalig sind, also Größen um 50 bis 100 nm haben. Titandioxid wird u. a. als Weißpigment in Wandfarben oder als UV-Absorber in Sonnencremes verwendet. Es ist günstig, gesundheitlich unbedenklich und in großen Mengen verfügbar[1]. Für den Einsatz in Solarzellen muss das Titandioxidpulver zunächst als Suspension auf einen leitfähigen Träger aufgebracht und bei ca. 450 °C gesintert werden. Man erhält dann Photoelektroden (B2), die je nach Verarbeitung sogar transparent sein können. Versetzt man das Titandioxid schließlich mit geeigneten Farbstoffen als Sensibilisatoren, so kann man kostengünstige Solarzellen herstellen, die das Sonnenlicht in elektrische Energie umwandeln.

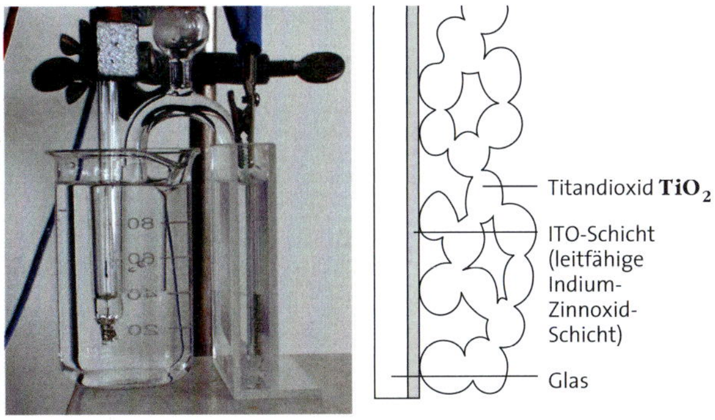


**B2** *Aufbau einer photogalvanischen 2-Topf-Zelle (links) mit Titandioxid-Photoelektrode (schematischer Querschnitt rechts). Zur Herstellung der Photoelektroden vgl. Chemie 2000+ Online.* **A:** *Vergleichen Sie den Aufbau der 2-Topf-Zelle aus V1 mit dem Aufbau des* DANIELL*-Elements von S. 66 und nennen Sie Gemeinsamkeiten und Unterschiede.*

### *Versuch*

***V1*** *Photogalvanische 2-Topf-Zelle*

Setzen Sie die photogalvanische Zelle gemäß B2 und den Angaben in *Chemie 2000+ Online* zusammen.

a) Bestrahlen Sie die Photoelektrode und messen Sie die Spannung. Dunkeln Sie die Photoelektrode ab und beobachten Sie die Spannung. Führen Sie Bestrahlung und Abdunkelung mehrfach durch.

b) Messen Sie die Stromstärke der Zelle bei Bestrahlung und im Dunkeln. Bestrahlen Sie dann die Zelle 15 bis 20 min lang unter Kurzschlussbedingung und beobachten Sie die Elektroden genau.

### *Auswertung*

a) Die $TiO_2$-Photoelektrode bildet in V1 den Minuspol (Anode) und verändert sich während der Messungen in V1 nicht. Stellen Sie eine Vermutung darüber auf, welche Teilchen aus der Lösung in V1 an der Photoelektrode in welcher Weise reagieren und formulieren Sie dazu eine Reaktionsgleichung.

b) In V1b) kann man nach längerer Bestrahlung kleine farblose Gasbläschen an der Platin-Elektrode (Kathode) erkennen. Formulieren Sie dazu eine Reaktionsgleichung.

---

[1] Titandioxid kommt in verschiedenen Modifikationen vor: Rutil ist am weitesten verbreitet und wird als Weißpigment verwendet. In Solarzellen wird die photoaktivere Anatas-Modifikation eingesetzt.

## Aus Licht wird Strom – Photogalvanische Zellen

Die Umwandlung von **Licht in elektrische Energie** ist ein wichtiges Forschungsfeld in den Naturwissenschaften, weil man zukünftig auf die Nutzung des Sonnenlichts als alternative Energiequelle setzen muss. Elektrochemische Kenntnisse helfen beim Verständnis der dabei ablaufenden Elementarprozesse.

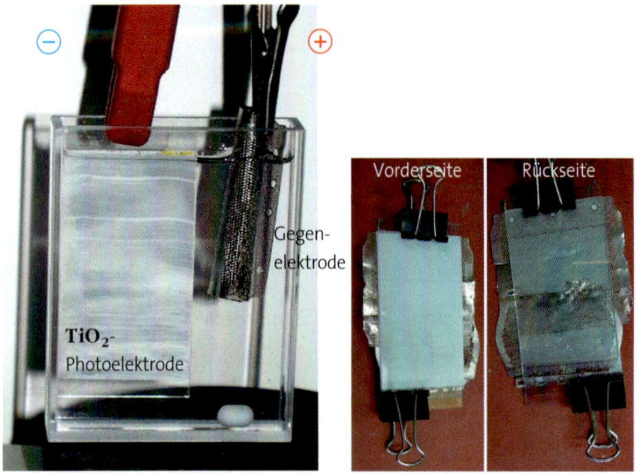


**B1** *Der Aufbau einer photogalvanischen 1-Topf-Zelle und der einer Kompaktzelle mit Titandioxid-Photoelektrode*

### Versuche

**V1** *Photogalvanische 1-Topf-Zelle*

Setzen Sie nach den Angaben in *Chemie 2000+ Online* die Zelle wie in B1 dargestellt zusammen. Verwenden Sie als Elektrolyt eine Lösung des Dinatriumsalzes der Ethylendiamintetraessigsäure **EDTA**, $c$ = 0,2 mol/L, die mit etwas Natronlauge*, $c$ = 2 mol/L, auf $p$H = 7 gebracht wurde, und als Gegenelektrode eine gebrauchte Rasierscherfolie aus platiniertem Metall.

a) Bestrahlen Sie die Titandioxid-Photoelektrode mit einer LED-UV-Taschenlampe und ggf. mit Sonnenlicht und messen Sie die Spannung. Dunkeln Sie die Photoelektrode ab und beobachten Sie den Wert der Spannung. Führen Sie Bestrahlung und Abdunkelung mehrfach durch.

b) Messen Sie die Stromstärke der Zelle bei Bestrahlung und im Dunkeln.

c) Bauen Sie eine möglichst hohe Zellspannung auf und schließen Sie dann einen kleinen, empfindlichen Elektromotor an.

**V2** *Photogalvanische Kompaktzelle*

Bauen Sie aus einer Titandioxid-Photoelektrode, einem doppelt gefalteten, mit EDTA-Lösung (EDTA-Dinatriumsalz, $c$ = 0,5 mol/L, mit Natronlauge* auf $p$H = 8 gebracht) getränkten Filterpapier, zwei Rasierscherfolien und zwei Klemmen die Kompaktzelle aus B1 zusammen (vgl. genaue Anleitungen im Video unter *Chemie 2000+ Online*).

a) Messen Sie nun wie in V1 die auftretenden Spannungen und Ströme bei Belichtung der Photoelektrode und bei Abdunkelung.

b) Bauen Sie eine möglichst hohe Zellspannung auf und schließen Sie dann einen kleinen, empfindlichen Elektromotor an.

### Auswertung

a) Die Titandioxid-Photoelektrode verändert sich während der Messungen in V1 und V2 nicht. EDTA-Teilchen aus der eingesetzten Lösung sind in der Lage, sowohl Protonen abzuspalten als auch Elektronen abzugeben. Stellen Sie eine Vermutung darüber auf, wie EDTA-Teilchen an der Photoelektrode (Minuspol) reagieren und welches Gas sich an der Kathode (Scherfolie) bildet.

b) Je kompakter die Zellgeometrie ist, desto höher sind die messbaren Werte für die Stromstärke. Begründen Sie dies.

c) Vergleichen Sie die 2-Topf-Zelle von S. 81, die 1-Topf-Zelle und die Kompaktzelle miteinander bezüglich des Aufbaus, der verwendeten Stoffe und hinsichtlich des praktischen Einsatzes als Solarzelle.

# Aus Licht wird Strom – Photogalvanische Zellen

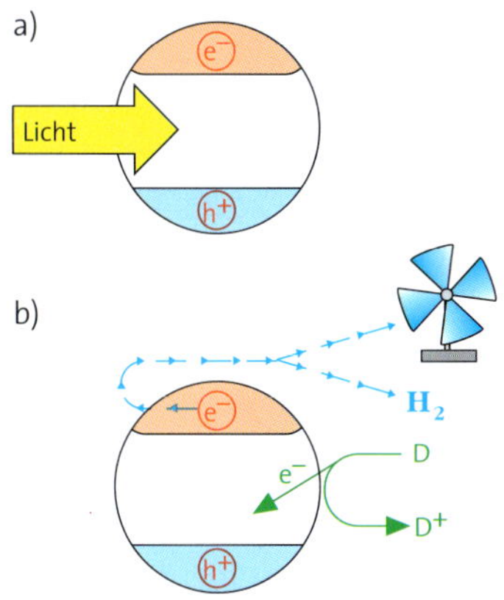


**B2** *Modell zum photovoltaischen Effekt: Durch Lichteinstrahlung werden Elektron-Loch-Paare erzeugt (a). Die Elektronen fließen in den äußeren Stromkreis ab, die Löcher werden durch Elektronen eines Donators gestopft (b). A: Erkunden und präsentieren Sie den Menupunkt „Funktionsmodelle" im Multimedia-Baustein photogalvanische Zellen in Chemie 2000+ Online.*

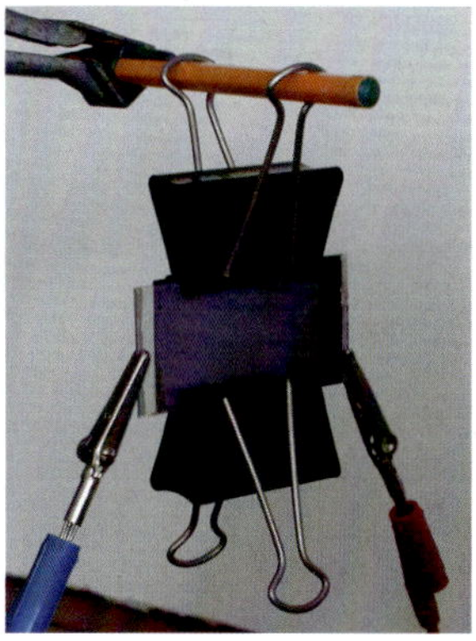

**B3** *Grätzel-Zelle im Schulversuch. A: Erkunden und präsentieren Sie den Menupunkt „Funktionsmodelle" im Multimedia-Baustein photoelektrochemische Zelle in Chemie 2000+ Online und erstellen Sie eine Übersicht über Gemeinsamkeiten und Unterschiede zu den anderen photogalvanischen Zellen von S. 81 bis 83.*

## Der photovoltaische Effekt

In den **photogalvanischen Zellen** aus V1 und V2 laufen auf der Teilchenebene folgende Prozesse ab: Bei Bestrahlung der Titandioxid-Photoelektrode mit Licht wird zunächst durch Absorption eines Lichtquants $h \cdot \upsilon$ aus dem violetten bis ultravioletten Bereich ein Elektron im Halbleiter Titandioxid angeregt, d.h. aus dem Valenzband ins Leitungsband angehoben (vgl. S. 80). Dieser erste Schritt bei der Umwandlung von Licht in elektrischen Strom wird als **photovoltaischer Effekt** bezeichnet und läuft auch in jeder Solarzelle ab.

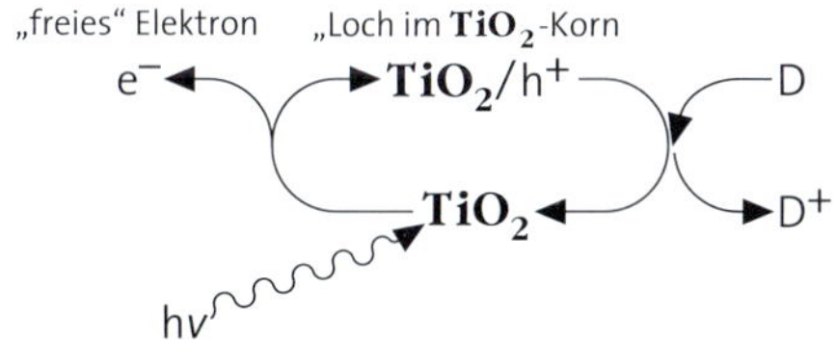


Das angeregte Elektron hinterlässt im Valenzband ein Elektronendefizit, ein „Loch" $h^+$ (*hole*). Es bildet sich also ein Elektron-Loch-Paar (B2a). Wenn in einem folgenden Schritt ein Elektronendonator D aus der Umgebung durch Abgabe eines Elektrons das Loch $h^+$ „stopft", fließt das angeregte Elektron über die leitfähige Schicht der Photoelektrode in den äußeren Stromkreis und kann dort Arbeit verrichten (B2b). An der Gegenelektrode aus Platin wird es schließlich an einen Akzeptor (bei V1 und V2 ein Wasserstoff-Ion $\mathbf{H}^+$) übertragen.

## Kreisprozesse für den Dauereinsatz

Die Bandlücke (vgl. S. 80, B2) von Titandioxid ist so groß, dass nur Licht des violetten Bereichs des sichtbaren Lichts und UV-Strahlung in der Lage sind, Elektronen aus dem Valenzband in das Leitungsband anzuregen. Um auch Anteile des energieärmeren Bereichs des sichtbaren Lichts zu nutzen, kann man geeignete Farbstoffe als **Sensibilisatoren** auf das Titandioxid aufbringen, z.B. die Anthocyane (vgl. S. 200, 201) aus Himbeersaft. Die Sensibilisatoren wirken wie Lichtantennen und fangen energieärmeres Licht auf. Dieses Licht ist in der Lage, in den Farbstoff-Molekülen Elektronen anzuregen (vgl. S. 200, 201), die dann in das Leitungsband des Titandioxids überführt werden.

Die sog. **Grätzel-Zellen** mit sensibilisiertem Titandioxid (B3) enthalten einen Redoxelektrolyten, der einen Kreisprozess durchläuft. In der einfachen Zellvariante handelt es sich um eine Lösung von Kaliumiodid und Iod. Die Iodid-Ionen wirken als Elektronen-Donatoren und die Iod-Moleküle als Elektronen-Akzeptoren. Durch die Redoxreaktionen im Elektrolyten regeneriert sich der Elektrolyt immer wieder selbst und theoretisch könnte die Zelle unendlich lang arbeiten.

### *Aufgabe*

***A1*** Nennen Sie Aspekte, die die Langlebigkeit auch von Zellen mit einem sich immer wieder regenerierenden Redoxelektrolyten begrenzen.

# Die Konzentration macht's

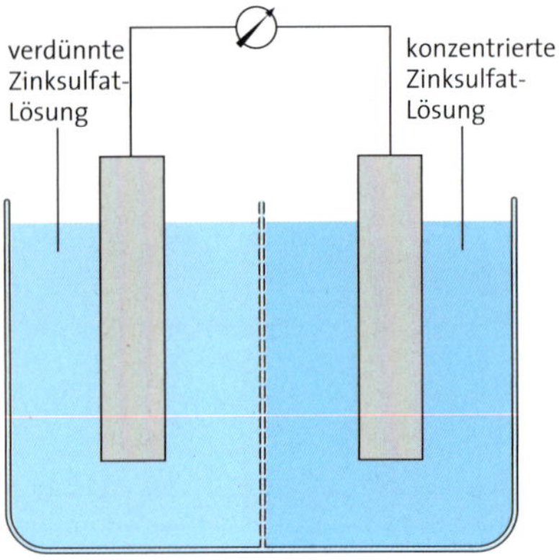


**B1** *Versuchsaufbau zu V1*

## *Versuche*

***V1*** Füllen Sie in eine Vorrichtung wie in B1 (oder in ein U-Rohr mit Fritte oder in zwei Bechergläser mit Elektrolytbrücke) zwei gleich konzentrierte Zinksulfat*-Lösungen (z.B. $c(\mathbf{Zn^{2+}})$ = 0,1 mol/L) und tauchen Sie jeweils ein Zinkblech hinein. Verbinden Sie beide Halbzellen über ein Voltmeter miteinander und messen Sie die Spannung. Ersetzen Sie dann eine der beiden Lösungen durch eine verdünntere, anschließend durch eine konzentriertere Zinksulfat-Lösung. Vergleichen Sie die gemessenen Spannungen. Kennzeichnen Sie jeweils Plus- und Minuspol.

***V2*** Füllen Sie in zwei 100-mL-Bechergläser jeweils 50 mL Silbernitrat*-Lösung, $c$ = 0,1 mol/L, und tauchen Sie in jedes eine Silber-Elektrode ein. Verbinden Sie diese beiden Halbzellen über eine mit Kaliumnitrat*-Lösung gefüllte Elektrolytbrücke. Messen Sie mit einem Voltmeter die Zellspannung. Sie sollte $U$ = 0 Volt betragen. Stellen Sie weitere Silbernitrat-Lösungen mit: $c$ = 0,01 mol/L, $c$ = 0,001 mol/L und $c$ = 0,0001 mol/L her, indem Sie 5 mL Silbernitrat-Lösung, $c$ = 0,1 mol/L, mit Kaliumnitrat-Lösung, $c$ = 0,1 mol/L, in einem Messzylinder auf 50 mL auffüllen usw. Kombinieren Sie jeweils zwei aus diesen Silbernitrat-Lösungen hergestellte Halbzellen miteinander zu galvanischen Zellen. Messen Sie die Zellspannungen und kennzeichnen Sie jeweils Donator- und Akzeptor-Halbzelle. Legen Sie eine Messwerttabelle nach dem folgenden Muster an ($c_D$ ist die Konzentration der Silber-Ionen in der Donator-Halbzelle, $c_A$ die in der Akzeptor-Halbzelle) und tragen Sie die gemessenen Werte ein.

| Donator-Halbzelle | Akzeptor-Halbzelle | Konzentrations-verhältnis | Logarithmus | Zellspannung in V |
|---|---|---|---|---|
| $c_D$ | $c_A$ | $\frac{c_A}{c_D}$ | $\lg \frac{c_A}{c_D}$ | $U$ |

## *Auswertung*

a) Vergleichen Sie die Bedingungen, unter denen sich bei V1 und V2 eine Spannung einstellt, und stellen Sie Gemeinsamkeiten bezüglich der Konzentrationen in den Halbzellen, die den Pluspol bzw. den Minuspol bilden, fest.

b) Stellen Sie die Versuchsergebnisse aus V2 grafisch dar,

Abszisse: $\lg \frac{c_A(\mathbf{Ag^+})}{c_D(\mathbf{Ag^+})}$, Ordinate: Zellspannung $U$.

c) Interpretieren Sie die Ergebnisse aus V2 anhand des Graphen aus b) und formulieren Sie eine Gesetzmäßigkeit.

d) Stellen Sie einen Zusammenhang zwischen dem System in B1 und dem System im linken Teil aus B2 her. Erklären Sie dann das Ergebnis des Langzeitversuchs aus B2, wobei Sie auf analoge Vorgänge bei V1 eingehen.

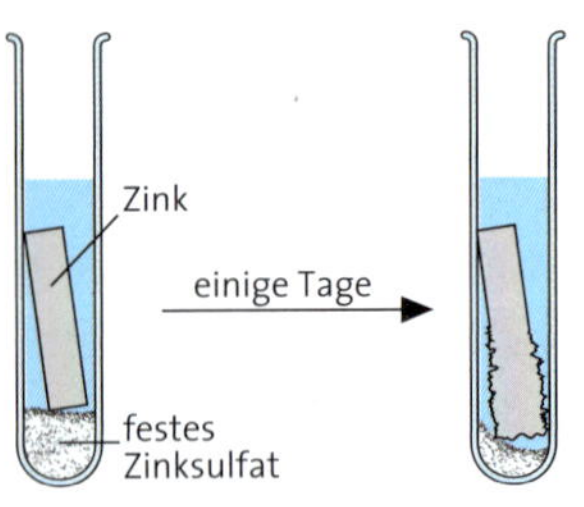


**B2** *Langzeitversuch: Lässt man einen Zinkstab in einem Rggl., in dem sich mit Wasser überschichtetes festes Zinksulfat befindet, einige Tage eingetaucht stehen, so bilden sich am unteren Teil des Zinkstabs dunkle Kristalle aus Zink.*

## Konzentrationszellen

Die bisher betrachteten galvanischen Zellen bestehen aus Halbzellen mit verschiedenen Redoxpaaren. Bei V1 werden nun zunächst zwei identische Zink-Halbzellen miteinander kombiniert, sodass keine Potenzialdifferenz messbar ist. Wenn man aber die Zink-Ionenkonzentration einer Halbzelle ändert, kann man eine Spannung zwischen den beiden Zink-Halbzellen ablesen. Diese Spannung kommt folgendermaßen zustande:

Beim Eintauchen eines Zinkblechs in Zinksalz-Lösung gehen einige der Atome als Zink-Ionen in Lösung (vgl. S. 67, B5) und Elektronen bleiben in dem Blech zurück. Es stellt sich das Gleichgewicht

$\mathbf{Zn(s)} \rightleftharpoons \mathbf{Zn^{2+}(aq) + 2\ e^-}$ ein (vgl. S. 67, B5).

Wird die Lösung nun durch Zugabe von Wasser verdünnt, läuft nach dem Prinzip vom kleinsten Zwang verstärkt die Nachbildung der Zink-Ionen ab. Dies führt zu einer Erhöhung des Elektronenüberschusses im Zinkblech und das Potenzial der Halbzelle wird negativer.

Die Halbzelle mit der niedrigeren Konzentration fungiert daher als **Donator-Halbzelle** (als **Anode**) und die Zink-Elektrode in ihr stellt den Minuspol der Zelle dar. Die Halbzelle mit der höheren Konzentration ist die **Akzeptor-Halbzelle** (die **Kathode**) und bildet den Pluspol der Zelle (B3). Eine galvanische Zelle aus Halbzellen gleicher Zusammensetzung, aber mit unterschiedlichen Konzentrationen ihrer Lösungen bezeichnet man als **Konzentrationszelle.** Die Teilreaktionen in der Zink-Konzentrationszelle (B3) können wie folgt zusammengefasst werden:

$$\mathbf{Zn(s)} \underset{\text{konzentrierte Lösung}}{\overset{\text{verdünnte Lösung}}{\rightleftharpoons}} \mathbf{Zn^{2+}(aq) + 2\ e^-}$$

Durch systematische Messung von Potenzialdifferenzen wie in V2 kann die Konzentrationsabhängigkeit der Elektrodenpotenziale verschiedener Silber-Halbzellen mit dem Redoxpaar $\mathbf{Ag/Ag^+}$ quantitativ erfasst werden. Als Ergebnis aus V2 stellt man fest, dass zwischen zwei Silber-Halbzellen, deren Ionenkonzentrationen $c(\mathbf{Ag^+})$ sich um eine Zehnerpotenz unterscheiden, d.h. $c_A(\mathbf{Ag^+})/c_D(\mathbf{Ag^+}) = 10$, die Zellspannung $U = 0{,}059$ V beträgt. Fasst man die Ergebnisse aus V2 zusammen, so kann die Abhängigkeit der Zellspannung $U$ von den Konzentrationen der Silber-Ionen bei der Silber-Konzentrationszelle durch eine lineare Funktion mit der Steigung 0,059 V und der Variablen $\lg \frac{c_A(\mathbf{Ag^+})}{c_D(\mathbf{Ag^+})}$ wiedergegeben werden:

$$U = E_A - E_D = 0{,}059\ \text{V} \cdot \lg \frac{c_A(\mathbf{Ag^+})}{c_D(\mathbf{Ag^+})}$$

$c_A$: Konzentration der Akzeptor-, $c_D$: Konzentration der Donator-Halbzelle

Bei der Formulierung des Zellendiagramms einer Konzentrationszelle werden immer die Konzentrationen der gelösten Ionen angegeben, z.B. $\mathbf{Ag/Ag^+}$, $c = 0{,}01$ mol/L//$\mathbf{Ag^+}$, $c = 0{,}1$ mol/L/$\mathbf{Ag}$.

### *Aufgabe*

**A1** Berechnen Sie die Zellspannung einer Konzentrationszelle aus zwei Silber-Halbzellen mit $c(\mathbf{Ag^+}) = 0{,}1$ mol/L und $c(\mathbf{Ag^+}) = 0{,}3$ mol/L.

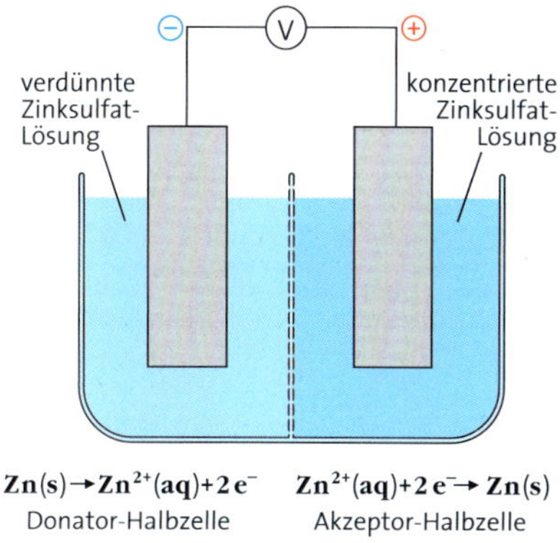


**B3** *Konzentrationszelle aus zwei Zink-Halbzellen und Reaktionen in den beiden Halbzellen.* ***A:*** *Begründen Sie, warum die Spannung einer solchen Zelle bei Betrieb kontinuierlich abnimmt und geben Sie an, wann sie auf null fällt.*

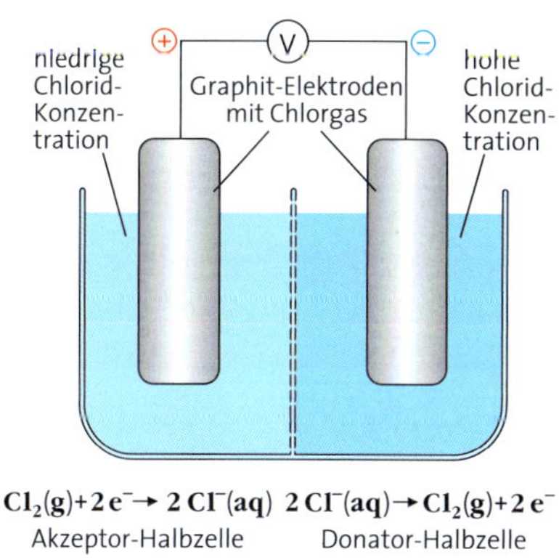


**B4** *Bei einer Konzentrationszelle aus zwei Chlor-Halbzellen ist die Halbzelle mit der verdünnten Chlorid-Lösung die Akzeptor-Halbzelle.* ***A:*** *Vergleichen Sie diese Konzentrationszelle mit der aus B3 und begründen Sie die Unterschiede.*

### Fachbegriffe

Konzentrationszelle, Donator- und Akzeptor-Halbzelle bzw. Anode und Kathode

**B1** *WALTHER NERNST (1864 bis 1941), Physikochemiker, erhielt im Jahr 1920 den Chemie-Nobelpreis.*

## Redoxpotenziale sind berechenbar

### INFO

WALTHER NERNST (B1) beschrieb den Zusammenhang zwischen Ionenkonzentration und **Elektrodenpotenzial *E*** durch die nach ihm benannte **NERNST-Gleichung**. Das Elektronenpotenzial *E* ist das Potenzial, das sich an einer Elektrode einstellt, auch wenn das Redoxpaar nicht unter Standardbedingungen ist (vgl. S. 71).

NERNST-Gleichung: $E = E° + \frac{R \cdot T}{F \cdot z} \ln \frac{\{c(\mathbf{Ox})\}}{\{c(\mathbf{Red})\}}$

Hierbei bedeutet:

R molare Gaskonstante $R = 8{,}3144\ J \cdot mol^{-1} \cdot K^{-1}$
F FARADAY-Konstante $F = 96487\ C \cdot mol^{-1}$
*T* Temperatur in K
z Anzahl der übertragenen Elektronen
{*c*} Stoffmengenkonzentration der gelösten Teilchen (ohne Einheit)

Mit **Ox** und **Red** ist jeweils die oxidierte bzw. reduzierte Form eines konjugierten Redoxpaares gemeint.

Da man in einer galvanischen Zelle die Konzentration des elementaren Metalls *c*(**Red**) als konstant ansehen kann und die Größen R und F ebenfalls Konstanten sind, lassen sich diese Größen für eine definierte Temperatur (z.B. *T* = 298 K) zu einer Konstanten zusammenfassen[1]. Damit ergibt sich folgende **vereinfachte NERNST-Gleichung** (für *T* = 298 K):

$$E = E° + \frac{0{,}059\ V}{z} \cdot \lg \{c(\mathbf{Ox})\}$$

### Versuch

***V1*** Elektrodenpotenziale verschiedener Silber-Halbzellen: Stellen Sie durch Elektrolyse von Salzsäure*, *c* = 1 mol/L, eine Standard-Wasserstoff-Halbzelle her (vgl. S. 71). Stellen Sie durch Verdünnung einer Silbernitrat*-Lösung, *c* = 0,1 mol/L, verschiedene Silbernitrat-Lösungen mit folgenden Konzentrationen her: *c* = 0,01 mol/L, 0,001 mol/L und 0,0001 mol/L (vgl. V2, S. 84). Kombinieren Sie nacheinander die Wasserstoff-Halbzelle mit Silber-Halbzellen der angegebenen Konzentrationen und messen Sie die Spannungen.

### Auswertung

a) Tragen Sie die bei V1 gemessenen Spannungen in ein Koordinatensystem gemäß B2 ein und vergleichen Sie die beiden Graphen.

b) Erläutern Sie, wie man mithilfe einer Rechnung den Wert für $E(\mathbf{Ag/Ag^+})$ bei $-\lg c(\mathbf{Ag^+}) = 6$ ermittelt. Geben Sie die Konzentration der Silber-Ionen in der Lösung mit dem ermittelten Elektrodenpotenzial an.

c) Erläutern Sie, weshalb man die Art des Graphen (eine Gerade) und die Charakteristika Ordinaten-Schnittpunkt und Steigung hätte vorhersagen können (vgl. S. 84 f.).

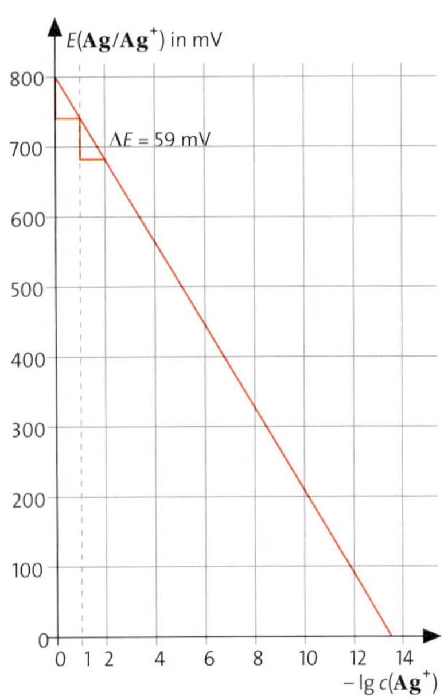


**B2** *Elektrodenpotenziale von Silber-Halbzellen mit unterschiedlicher Konzentration an Silber-Ionen*

[1] In der Konstanten 0,059 V ist auch der Umrechnungsfaktor vom natürlichen ln(x) zum dekadischen Logarithmus lg(x) enthalten: ln(x) = 2,3 · lg(x).

## Die NERNST-Gleichung

Die **NERNST-Gleichung** ermöglicht es, die **Elektrodenpotenziale** *E* (*INFO*) beliebiger Halbzellen exakt zu berechnen. Damit können die zu erwartenden Spannungen verschiedener galvanischer Zellen auch dann berechnet werden, wenn keine Standardbedingungen vorliegen.
Die Ergebnisse aus V1 zeigen, dass das Elektrodenpotenzial einer Silber-Halbzelle um einen konstanten Betrag von $U$ = 0,059 V abnimmt, wenn man die Konzentration um jeweils eine Zehnerpotenz herabsetzt. Wenn man berücksichtigt, dass für das Redoxpaar $\mathbf{Ag/Ag^+}$ das Standard-Elektrodenpotenzial $E^0(\mathbf{Ag/Ag^+}) = 0{,}8\ \text{V}$ ist, ergibt sich für den Graphen aus B2 folgende Geradengleichung (Funktionsgleichung):

$$E(\mathbf{Ag/Ag^+}) = E^0(\mathbf{Ag/Ag^+}) + 0{,}059\ \text{V} \cdot \lg\{c(\mathbf{Ag^+})\}$$

Diese aus experimentellen Daten ermittelte Gleichung bestätigt die NERNST-Gleichung in ihrer vereinfachten Form (*INFO*), denn für das Redoxpaar $\mathbf{Ag/Ag^+}$ gilt z = 1 und $c(\mathbf{Ox}) = c(\mathbf{Ag^+})$.
In B3 sind als Beispiele die vereinfachten NERNST-Gleichungen für einige Redoxpaare angegeben. Dabei kann man aus den stöchiometrischen Faktoren der Gleichgewichtsreaktion der Redoxpaare die Anzahl der übertragenen Elektronen z sowie die Potenzzahlen der Konzentrationsangaben gemäß Massenwirkungsgesetz ablesen. Bei komplexen Redoxreaktionen, z. B. mit Kaliumpermanganat, bestehen die oxidierte bzw. die reduzierte Form des konjugierten Redoxpaares aus mehreren Ionen, z. B. $\mathbf{Mn^{2+}}/(\mathbf{MnO_4^-} + \mathbf{8\ H^+})$.

### Aufgaben

**A1** Berechnen Sie die Elektrodenpotenziale *E* für $\mathbf{Cu/Cu^{2+}}$, $\mathbf{Au/Au^{3+}}$ und $\mathbf{2\ Cl^-/Cl_2}$ bei einer Ionenkonzentration jeweils von $c$ = 0,2 mol/L und von $c$ = 0,005 mol/L.

**A2** Permanganat-Ionen $\mathbf{MnO_4^-}$ sind in saurer Lösung gute Oxidationsmittel. Begründen Sie mithilfe von B3, weshalb die Oxidationswirkung einer Permanganat-Lösung mit geringer werdender Säurekonzentration abnimmt.

### Fachbegriffe

NERNST-Gleichung, Elektrodenpotenzial *E*

| Redoxpaar | NERNST-Gleichung |
|---|---|
| $\mathbf{Me(s) \rightleftharpoons Me^{Z+}(aq) + z\ e^-}$ | $E = E^0 + \frac{0{,}059}{z}\ \text{V} \cdot \lg\{c(\mathbf{Me^{Z+}})\}$ |
| $\mathbf{H_2(g) \rightleftharpoons 2\ H^+(aq) + 2\ e^-}$ | $E = 0 + \frac{0{,}059}{2}\ \text{V} \cdot \lg\{c^2(\mathbf{H^+})\}$ $E = 0{,}059\ \text{V} \cdot \lg\{c(\mathbf{H^+})\}$ $E = -0{,}059\ \text{V} \cdot pH$ |
| $\mathbf{2\ Cl^-(aq) \rightleftharpoons Cl_2(g) + 2\ e^-}$ | $E = E^0 + \frac{0{,}059}{2}\ \text{V} \cdot \lg\left\{\frac{1}{c^2(\mathbf{Cl^-})}\right\}$ $E = E^0 - 0{,}059\ \text{V} \cdot \lg\left\{c(\mathbf{Cl^-})\right\}$ |
| $\mathbf{Fe^{2+}(aq) \rightleftharpoons Fe^{3+}(aq) + e^-}$ | $E = E^0 + 0{,}059\ \text{V} \cdot \lg \frac{c(\mathbf{Fe^{3+}})}{c(\mathbf{Fe^{2+}})}$ |
| $\mathbf{Mn^{2+}(aq) + 4\ H_2O \rightleftharpoons MnO_4^-(aq) + 8\ H^+(aq) + 5\ e^-}$ | $E = E^0 + \frac{0{,}059}{5}\ \text{V} \cdot \lg\left\{\frac{c(\mathbf{MnO_4^-}) \cdot c^8(\mathbf{H^+})}{c(\mathbf{Mn^{2+}})}\right\}$ Die Konzentration der Wasser-Moleküle ist hier, wie in anderen Fällen auch, bereits mit in die Konstante $E^0$ einbezogen, da die Konzentration der Wasser-Moleküle bei Reaktionen in verd. Lösungen als konstant angesehen werden kann. Die in der oxidierten Form des Redoxpaares vorkommenden Wasserstoff-Ionen $\mathbf{H^+}$ müssen aber berücksichtigt werden. |

**B3** *NERNST-Gleichung für einige Beispiele von Redoxpaaren. Definitionsgemäß werden die Konzentrationen der Metalle, Nichtmetalle und fester Stoffe sowie von reinen Gasen in offenen Systemen, die an der Redoxreaktion beteiligt sind, als {c} = 1 gesetzt. Damit lässt sich in den entsprechenden Fällen die NERNST-Gleichung vereinfacht formulieren.* **A:** *Erklären Sie, warum die verschiedenen Formeln für das Elektrodenpotenzial einer Wasserstoff-Protonen-Halbzelle äquivalent sind.*

*Kompetenz* **Berechnen von Potenzialen und Ermitteln von Ionenkonzentrationen mithilfe der NERNST-Gleichung**

Die NERNST-Gleichung gibt die Abhängigkeit der Potenziale von der Ionenkonzentration an.
Mithilfe der NERNST-Gleichung lassen sich daher Potenziale bei bekannter Ionenkonzentration berechnen, aber auch Ionenkonzentrationen aus gemessenen Potenzialdifferenzen ermitteln.
Besonders nützlich ist die NERNST-Gleichung dann, wenn die Ionenkonzentrationen, die bestimmt werden müssen, sehr gering sind. Dies ist beispielsweise bei der Bestimmung des Gehalts von Schwermetall-Ionen in Trinkwasser der Fall.
Nach der Trinkwasserverordnung darf z. B. die Massenkonzentration von Nickel(II)- bzw. Chrom(III)-Ionen den Grenzwert von 0,02 bzw. 0,05 mg/L nicht überschreiten.

**B1** *Trinkwasser*

Durch die beschriebenen Versuche wurden die Konzentrationen dieser Schwermetall-Ionen in einer Wasserprobe ermittelt.

### *Versuche*

***V1*** Zur Bestimmung der Nickel-Ionenkonzentration wurde eine Nickel-Elektrode in eine Wasserprobe eingetaucht. Diese Halbzelle wurde mit einer Nickel-Halbzelle aus einer Nickel-Elektrode und einer Nickelsulfat-Lösung, $c$ = 0,1 mol/L, zu einer galvanischen Zelle verbunden. Die gemessene Spannung betrug $U$ = 0,2065 V, wobei die Nickel-Elektrode in der Wasserprobe den negativen Pol bildete.

***V2*** Zur Bestimmung der Chrom-Ionenkonzentration wurde eine Chrom-Elektrode in die Wasserprobe eingetaucht und mit der gleichen Nickel-Halbzelle (V1) aus einer Nickel-Elektrode und einer Nickelsulfat-Lösung, $c$ = 0,1 mol/L, zu einer galvanischen Zelle verbunden. Die gemessene Spannung betrug $U$ = 0,6575 V, wobei die Chrom-Elektrode den negativen Pol bildete.

### *Aufgaben*

***A1*** Berechnen Sie unter Erläuterung des Lösungswegs die Konzentration der Nickel-Ionen sowie der Chrom-Ionen in der untersuchten Wasserprobe.

***A2*** Beurteilen Sie die Qualität des Wassers in Bezug auf den Gehalt an Nickel- bzw. Chrom-Ionen.

**Kompetenz** Berechnen von Potenzialen und Ermitteln von Ionenkonzentrationen mithilfe der NERNST-Gleichung

### Lösung zu Aufgabe 1

*Ermittlung der Nickel-Ionenkonzentration:*

Bei V1 liegt eine Konzentrationszelle aus zwei Nickel-Halbzellen vor. Die Nickel-Elektrode in der Vergleichs-Halbzelle mit der größeren Nickel-Ionenkonzentration (Akzeptor-Halbzelle) hat das größere Potenzial und bildet den Pluspol, die Nickel-Elektrode in der Wasserprobe bildet den Minuspol (Donator-Halbzelle).

Zur Berechnung der Nickel-Ionenkonzentration aus der gemessenen Spannung wird die NERNST-Gleichung in der Form für Konzentrationszellen angewandt:

$U = 0{,}059/2\ \mathrm{V} \cdot \lg c_A(\mathrm{Ni^{2+}})/c_D(\mathrm{Ni^{2+}})$.

Nach Aufgabenstellung ist $c_A(\mathrm{Ni^{2+}}) = 0{,}1$ mol/L und $U = 0{,}2065$ V, gesucht wird $c_D(\mathrm{Ni^{2+}})$, die Konzentration der Nickel-Ionen in der Wasserprobe.

$\lg c_A(\mathrm{Ni^{2+}})/c_D(\mathrm{Ni^{2+}}) = U/0{,}0295\ \mathrm{V}$

$\lg c_A(\mathrm{Ni^{2+}}) - \lg c_D(\mathrm{Ni^{2+}}) = U/0{,}0295\ \mathrm{V}$

$\lg c_D(\mathrm{Ni^{2+}}) = -U/0{,}0295\ \mathrm{V} + \lg c_A(\mathrm{Ni^{2+}})$

$\lg c_D(\mathrm{Ni^{2+}}) = -0{,}2065\ \mathrm{V}/0{,}0295\ \mathrm{V} + \lg 0{,}1$

$\lg c_D(\mathrm{Ni^{2+}}) = -7 - 1 = -8$

$c(\mathrm{Ni^{2+}}) = 10^{-8}$ mol/L

Die Nickel-Ionenkonzentration in der Wasserprobe beträgt $10^{-8}$ mol/L.

*Ermittlung der Chrom-Ionenkonzentration*:

Bei V2 liegt eine galvanische Zelle aus einer Nickel- und einer Chrom-Halbzelle vor. Zur Bestimmung der Chrom-Ionenkonzentration muss das Potenzial der Chrom-Halbzelle $E(\mathrm{Cr/Cr^{3+}})$ bekannt sein. Es wird aus der gemessenen Spannung errechnet. Dazu muss zuerst das Potenzial der Nickel-Halbzelle $E(\mathrm{Ni/Ni^{2+}})$ mit $c(\mathrm{Ni^{2+}}) = 0{,}1$ mol/L mithilfe der NERNST-Gleichung berechnet werden.

Mit $E°(\mathrm{Ni/Ni^{2+}}) = -0{,}23$ V und $c(\mathrm{Ni^{2+}}) = 0{,}1$ mol/L sowie $U = 0{,}675$ V sind

– *das Potenzial der Nickel-Halbzelle* $E(\mathrm{Ni/Ni^{2+}})$

$E(\mathrm{Ni/Ni^{2+}}) = E°(\mathrm{Ni/Ni^{2+}}) + 0{,}059/2\ \mathrm{V} \cdot \lg c(\mathrm{Ni^{2+}})$

$E(\mathrm{Ni/Ni^{2+}}) = -0{,}23\ \mathrm{V} + 0{,}0295\ \mathrm{V} \cdot \lg 0{,}1$

$E(\mathrm{Ni/Ni^{2+}}) = -0{,}2595\ \mathrm{V}$

– *und das Potenzial der Chrom-Halbzelle*

$U = E(\mathrm{Ni/Ni^{2+}}) - E(\mathrm{Cr/Cr^{3+}})$

$E(\mathrm{Cr/Cr^{3+}}) = E(\mathrm{Ni/Ni^{2+}}) - U$

$E(\mathrm{Cr/Cr^{3+}}) = -0{,}2595\ \mathrm{V} - 0{,}6575\ \mathrm{V}$

$E(\mathrm{Cr/Cr^{3+}}) = -0{,}917\ \mathrm{V}$.

Mit $E(\mathrm{Cr/Cr^{3+}}) = -0{,}917$ V und $E°(\mathrm{Cr/Cr^{3+}}) = -0{,}74$ V ist

$E(\mathrm{Cr/Cr^{3+}}) = E°(\mathrm{Cr/Cr^{3+}}) + 0{,}059/3\ \mathrm{V} \cdot \lg c(\mathrm{Cr^{3+}})$

$\lg c(\mathrm{Cr^{3+}}) = [E(\mathrm{Cr/Cr^{3+}}) - E°(\mathrm{Cr/Cr^{3+}})] : 0{,}0197\ \mathrm{V}$

$\lg c(\mathrm{Cr^{3+}}) = [(-0{,}917\ \mathrm{V}) - (-0{,}74\ \mathrm{V})] : 0{,}0197\ \mathrm{V}$

$\lg c(\mathrm{Cr^{3+}}) = -8{,}98$

$c(\mathrm{Cr^{3+}}) = 1{,}05 \cdot 10^{-9}$ mol/L

Die Chrom-Ionenkonzentration in der Wasserprobe beträgt $1{,}07 \cdot 10^{-9}$ mol/L.

### Lösung zu Aufgabe 2

Bestimmung der Massenkonzentrationen $\beta$ der Nickel- bzw. -Chrom-Ionen in der Wasserprobe:

$\beta(\mathrm{Ni^{2+}}) = c(\mathrm{Ni^{2+}}) \cdot M(\mathrm{Ni^{2+}})$

$= 10^{-8}\ \mathrm{mol/L} \cdot 58{,}7\ \mathrm{g/mol}$

$= 5{,}87 \cdot 10^{-7}\ \mathrm{g/L}$

$\beta(\mathrm{Cr^{3+}}) = c(\mathrm{Cr^{3+}}) \cdot M(\mathrm{Cr^{3+}})$

$= 1{,}05 \cdot 10^{-9}\ \mathrm{mol/L} \cdot 52{,}0\ \mathrm{g/mol} = 5{,}46 \cdot 10^{-8}\ \mathrm{g/L}$

Die Massenkonzentrationen der Nickel-Ionen $\beta(\mathrm{Ni^{2+}})$ und der Chrom-Ionen $\beta(\mathrm{Cr^{3+}})$ liegen mit $5{,}87 \cdot 10^{-7}$ g/L $= 5{,}87 \cdot 10^{-4}$ mg/L bzw. $5{,}46 \cdot 10^{-8}$ g/L $= 5{,}46 \cdot 10^{-5}$ mg/L weit unter den für Trinkwasser zulässigen Grenzwerten (Nickel-Ionen: 0,02 mg/L; Chrom-Ionen: 0,05 mg/ L). Das untersuchte Wasser hat in Bezug auf den Gehalt an Nickel- und Chrom-Ionen Trinkwasserqualität.

**Kompetenzen trainieren**

Diese Kompetenz kann mit den Aufgaben A9 bis A12 auf den Seiten 118 und 119 vertieft werden.

## Fällungsgleichgewicht und Löslichkeitsprodukt

**B1** *Ausfällen von Bleiiodid (LV1) und mikroskopische Aufnahme der Phasengrenze festes Silber (schwarz) – Silbernitrat-Lösung (hell)*

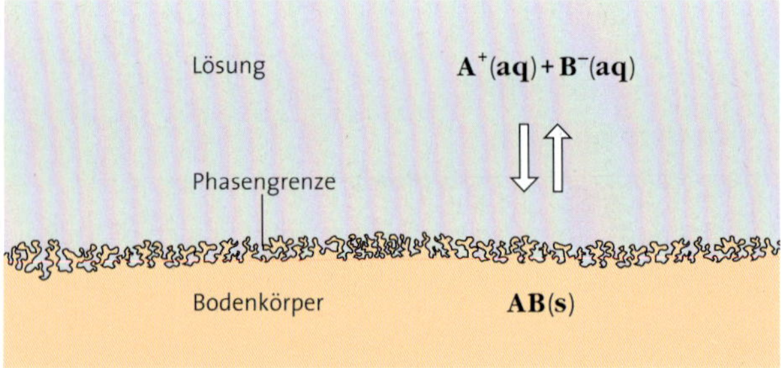


**B2** *Schematische Darstellung der Vorgänge beim Fällungsgleichgewicht an der Phasengrenze fest – flüssig*

### *Versuche*

***LV1*** Folgende Lösungen werden vorbereitet: Kaliumiodid-Lösung, aus 0,77 g Kaliumiodid in 200 mL dest. Wasser (Lösung I), und Bleinitrat*-Lösung, aus 0,43 g Bleinitrat in 200 mL dest. Wasser (Lösung II). Gleiche Volumina von Lösung I und Lösung II werden vereinigt (B1). Man lässt den gebildeten Niederschlag ca. 5 min absetzen und filtriert den Überstand zu gleichen Teilen in 2 Rggl. In das erste Rggl. wird 1 mL gesättigte Kaliumiodid-Lösung und in das zweite Rggl. 1 mL gesättigte Bleinitrat-Lösung gegeben und beobachtet.

***V2*** Stellen Sie in einem Becherglas aus Calciumhydroxid* und Wasser ca. 30 mL Suspension her. Lassen Sie diese so lange stehen, bis sich der nicht gelöste Feststoff am Boden abgesetzt hat. Filtrieren Sie den Überstand und geben Sie vom Filtrat je ca. 10 mL in 2 Rggl. Geben Sie in das erste Rggl. einige Tropfen Indikatorlösung und in das zweite 1 mL gesättigte Natriumcarbonat*-Lösung. Beobachten Sie die Veränderungen.

***V3*** Gießen Sie 3 mL verd. Schwefelsäure* zu 3 mL Silbernitrat*-Lösung. Filtrieren Sie den gebildeten Niederschlag ab. Geben Sie zu dem Filtrat etwas Kaliumiodid-Lösung und beobachten Sie genau.

***LV4*** In einem Becherglas wird Kaliumperchlorat* $KClO_4$ in warmem Wasser (ca. 60 °C) aufgelöst, bis die Lösung gesättigt ist. Man lässt die warm gesättigte Kaliumperchlorat-Lösung abkühlen und beobachtet die Bildung des Niederschlags. Der Überstand der abgekühlten Lösung wird auf 2 Rggl. aufgeteilt. In das erste Rggl. gibt man 1 mL konz. Kaliumchlorid-Lösung und in das zweite 1 mL Perchlorsäure*, $w = 60\,\%$, und beobachtet erneut die Niederschlagsbildung.

### *Auswertung*

a) Schlagen Sie einen Kontrollversuch vor, mit dem man nachweisen kann, dass der in LV1 (B1) entstehende Niederschlag Bleiiodid und nicht Kaliumnitrat ist.

b) Erläutern Sie die Vorgänge beim Ausfällen bzw. Lösen eines Stoffes mithilfe der Mikroskopaufnahme in B1 und der Darstellung in B2.

c) Bei LV1, V2, V3 und LV4 bilden sich jeweils bei der Zugabe bestimmter Feststoffe oder Lösungen zu den entsprechenden klaren Lösungen Niederschläge, die durch die Trübung der Lösung oder das Ausfällen eines Feststoffs zu erkennen sind. Geben Sie in jedem Einzelfall an, welcher Stoff ausfällt, und erklären Sie seine Bildung.

### *Aufgaben*

*A1* Zu einer Lösung, die Chlorid- und Iodid-Ionen in gleichen Konzentrationen enthält, tropft man langsam Silbernitrat-Lösung. Lesen Sie S. 91 und geben Sie unter Berücksichtigung der Werte in B3 begründet an, welches Salz zuerst ausfällt.

*A2* Berechnen Sie die Konzentrationen von Calcium-Ionen und Carbonat-Ionen in einer gesättigten Calciumcarbonat-Lösung (*Hinweis*: vgl. Beispiele auf S. 91).

*A3* Zu einer gesättigten Bleiiodid-Lösung mit Bodensatz, der aus demselben Salz besteht, gibt man zusätzlich festes Bleiiodid, das radioaktive Iod-Isotope enthält. Erklären Sie, warum nach einiger Zeit auch in der Lösung radioaktive Ionen auftreten.

## Fällungsgleichgewicht und Löslichkeitsprodukt

| Stoff (Verhältnisformel) | $K_L$ (25 °C) |
|---|---|
| *Fluoride* | |
| $CaF_2$ | $3{,}9 \cdot 10^{-11}\ mol^3 \cdot L^{-3}$ |
| *Chloride* | |
| $PbCl_2$<br>$AgCl$ | $1{,}6 \cdot 10^{-5}\ mol^3 \cdot L^{-3}$<br>$1{,}7 \cdot 10^{-10}\ mol^2 \cdot L^{-2}$ |
| *Bromide* | |
| $PbBr_2$<br>$AgBr$ | $4{,}6 \cdot 10^{-6}\ mol^3 \cdot L^{-3}$<br>$5{,}0 \cdot 10^{-13}\ mol^2 \cdot L^{-2}$ |
| *Iodide* | |
| $PbI_2$<br>$AgI$ | $8{,}3 \cdot 10^{-9}\ mol^3 \cdot L^{-3}$<br>$8{,}5 \cdot 10^{-17}\ mol^2 \cdot L^{-2}$ |
| *Sulfate* | |
| $CaSO_4$<br>$BaSO_4$<br>$PbSO_4$<br>$Ag_2SO_4$ | $2{,}4 \cdot 10^{-5}\ mol^2 \cdot L^{-2}$<br>$1{,}5 \cdot 10^{-9}\ mol^2 \cdot L^{-2}$<br>$1{,}6 \cdot 10^{-8}\ mol^2 \cdot L^{-2}$<br>$1{,}2 \cdot 10^{-5}\ mol^3 \cdot L^{-3}$ |
| *Carbonate* | |
| $CaCO_3$<br>$MgCO_3$ | $4{,}7 \cdot 10^{-9}\ mol^2 \cdot L^{-2}$<br>$1 \cdot 10^{-15}\ mol^2 \cdot L^{-2}$ |

**B3** *Löslichkeitsprodukte einiger schwerlöslicher Salze bei 25 °C*

### Chemisches Gleichgewicht an der Phasengrenze fest-flüssig

Beim Lösen eines Salzes gehen die Ionen des Ionengitters so lange als hydratisierte Ionen in Lösung, bis eine bestimmte Ionenkonzentration in der wässrigen Lösung erreicht ist: Es liegt dann eine **gesättigte Lösung** vor. Aus einer klaren gesättigten Lösung lässt sich umgekehrt das feste Salz ausfällen, entweder durch Konzentrationserhöhung eines der beteiligten Ionen (LV1, V2, V3, LV4) oder aber durch Temperaturänderung (LV4). Die Beobachtungen beim Lösen und Ausfällen eines Salzes können durch die Einstellung eines Gleichgewichts zwischen Bodensatz und gelösten Ionen erklärt werden.

Das Massenwirkungsgesetz lässt sich für das Lösungsgleichgewicht von Bleiiodid wie folgt formulieren:

$$PbI_2(s) \underset{\text{Fällungsvorgang}}{\overset{\text{Lösevorgang in Wasser}}{\rightleftharpoons}} Pb^{2+}(aq) + 2\ I^-(aq)$$

$$K_c = \frac{c(Pb^{2+}) \cdot c^2(I^-)}{c(PbI_2)}$$

Da man die Konzentration des festen Salzes im Bodensatz als konstant ansehen kann, bezieht man diesen Wert in die Konstante $K_c$ mit ein und definiert eine neue Konstante, das **Löslichkeitsprodukt $K_L$** (B3). Für Bleiiodid ist $K_L(PbI_2) = c(Pb^{2+}) \cdot c^2(I^-)$.

Für ein Salz $A_mB_n$ ist das Löslichkeitsprodukt $K_L(A_mB_n) = c^m(A^{a+}) \cdot c^n(B^{b-})$.

### *Beispiele zur Berechnung*

1. Berechnen Sie die Konzentrationen der Silber-Ionen und der Chlorid-Ionen in einer Silberchlorid-Lösung mit Bodenkörper.

2. Berechnen Sie die minimale Konzentration, in der man Chlorid-Ionen mit Silbernitrat-Lösung nachweisen kann, wenn nach dem Zusatz für die Silber-Ionen gilt: $c(Ag^+) = 0{,}1\ mol/L$.

### *Lösungen*

Zu 1. Das Lösungsgleichgewicht lautet:

$AgCl(s) \rightleftharpoons Ag^+(aq) + Cl^-(aq)$; $K_L = c(Ag^+) \cdot c(Cl^-)$

B3 ist zu entnehmen: $K_L(AgCl) = 1{,}7 \cdot 10^{-10}\ mol^2 \cdot L^{-2}$.

Für die Faktoren des Ionenprodukts gilt:

$c(Ag^+) = c(Cl^-)$; daraus folgt: $K_L = c^2(Ag^+)$.

Freistellen von $c(Ag^+)$ und Einsetzen des Zahlenwerts:

$$c(Ag^+) = \sqrt{K_L(AgCl)} = \sqrt{1{,}7 \cdot 10^{-10}\ mol^2 \cdot L^{-2}} = 1{,}304 \cdot 10^{-5}\ mol \cdot L^{-1}.$$

Zu 2. Mit $K_L = c(Ag^+) \cdot c(Cl^-)$, den Werten für $K_L$ aus B3 und für $c(Ag^+)$ (Aufgabenstellung) gilt:

$$c(Cl^-) = \frac{K_L(AgCl)}{c(Ag^+)} = \frac{1{,}7 \cdot 10^{-10}\ mol^2 \cdot L^{-2}}{10^{-1}\ mol \cdot L^{-1}} = 1{,}7 \cdot 10^{-9}\ mol \cdot L^{-1}.$$

### *Aufgabe*

**A4** Berechnen Sie die Masse des Niederschlags, der sich beim Vereinigen von 50 mL Silbernitrat-Lösung, $c(AgNO_3) = 0{,}1\ mol/L$, mit 50 mL Natriumchlorid-Lösung, $c(NaCl) = 0{,}1\ mol/L$, bildet.

## Potenziometrische Konzentrationsbestimmung

Bei chemischen Analysen wie der Qualitätskontrolle von Trinkwasser ist es oft sehr wichtig, auch kleinste Konzentrationen gelöster Ionen nachzuweisen. Beispielsweise müssen auch Spuren von Schwermetall-Ionen erfasst werden, da diese für den Menschen selbst in geringen Mengen schädlich sein können.

Wie man durch Anwendung der NERNST-Gleichung experimentell auch kleinste Ionenkonzentrationen bestimmen kann, zeigen die folgenden Überlegungen und V1.

Aus einer galvanischen Zelle mit identischen Silber-Halbzellen wird durch die Zugabe des Natriumchlorids eine Konzentrationszelle, da die zugesetzten Chlorid-Ionen mit den Silber-Ionen zu schwerlöslichem Silberchlorid reagieren.

Wegen des vorliegenden Gleichgewichts

$$Ag^+(aq) + Cl^-(aq) \rightleftharpoons AgCl(s)$$

werden nicht alle Silber-Ionen aus der Lösung ausgefällt (vgl. S. 88).

Die Konzentration an Silber-Ionen, die in dieser Halbzelle weiterhin in Lösung sind, kann nach Messung der Zellspannung mit der Gleichung für Konzentrationszellen (vgl. S. 85) berechnet werden:

$$U = E_A - E_D - 0{,}059\ \text{V} \cdot \lg \frac{c_A(Ag^+)}{c_D(Ag^+)}.$$

Durch Umformen erhält man:

$$\lg c_A(Ag^+) - \lg c_D(Ag^+) = \frac{U}{0{,}059\ \text{V}}$$

$$\lg c_D(Ag^+) = -\frac{U}{0{,}059\ \text{V}} + \lg c_A(Ag^+).$$

Als Akzeptor-Halbzelle fungiert die Halbzelle mit $c_A(Ag^+) = 0{,}01$ mol/L. Die gemessene Zellspannung beträgt etwa $U = 0{,}46$ V:

$$\lg c_D(Ag^+) = -7{,}8 - 2 = -9{,}8$$

Nach Delogarithmieren ergibt sich für die Donator-Halbzelle eine Konzentration an Silber-Ionen von:

$c_D(Ag^+) = 1{,}6 \cdot 10^{-10}$ mol/L.

Über diese **potenziometrische Messung** kann also eine sehr kleine Konzentration an Silber-Ionen ermittelt werden.

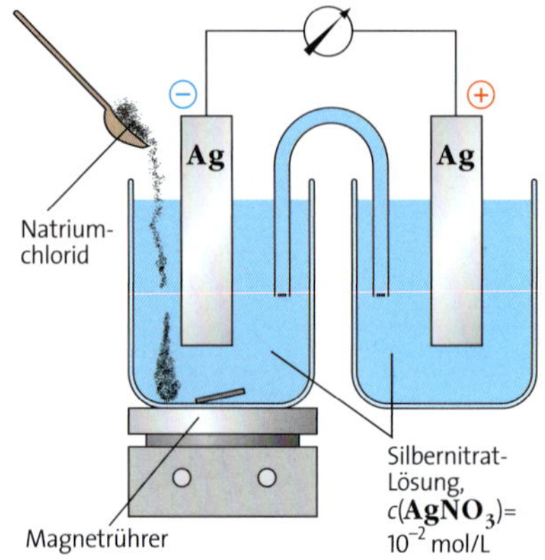


**B1** *Silber-Konzentrationszelle, die bei Zugabe von festem Natriumchlorid durch Ausfällen von schwerlöslichem Silberchlorid entsteht.*

### Versuch

***V1*** Stellen Sie gemäß V2 auf S. 84 eine Silber-Konzentrationszelle her, indem sie zwei Bechergläser mit jeweils 50 mL Silbernitrat*-Lösung, $c = 0{,}01$ mol/L, füllen, in die Sie je eine Silber-Elektrode eintauchen. Verbinden Sie die beiden Halbzellen mit einer Elektrolytbrücke und über ein Voltmeter leitend zu einer galvanischen Zelle. Die gemessene Spannung sollte $U = 0$ V betragen. Geben Sie in eine der beiden Halbzellen 2,9 g ($n = 0{,}05$ mol) festes Natriumchlorid (B1). Notieren Sie die Beobachtungen und messen Sie die Zellspannung.

### Auswertung

a) Erklären Sie die Beobachtung bei Zugabe von Natriumchlorid und notieren Sie die Spannung.

b) Ordnen Sie den Halbzellen zu, welche die Donator- und welche die Akzeptor-Halbzelle ist.

c) Werten Sie Ihr Messergebnis aus und berechnen Sie die Silber-Ionenkonzentration in der linken Halbzelle.

### Aufgabe

***A1*** Zwischen zwei Kupfer-Halbzellen misst man eine Spannung von $U = 0{,}15$ V. Die Konzentration einer Kupfer-Halbzelle beträgt $c(Cu^{2+}) = 0{,}1$ mol/L. Sie fungiert als Pluspol. Berechnen Sie die Konzentration an Kupfer-Ionen in der anderen Halbzelle.

## Messung der Protonen-Konzentration mit der *p*H-Elektrode

Die Versuchsanordnung in B1 zeigt das Prinzip, mit dem die Protonen-Konzentration einer unbekannten Säure-Konzentration gemessen werden kann. Hierzu wird eine Wasserstoff-Halbzelle mit der Säure unbekannter Konzentration mit einer Standardwasserstoff-Halbzelle zu einem galvanischen Element verbunden. Im Labor wird die Protonen-Konzentration einfacher mit einer ***p*H-Elektrode** gemessen, die bereits eine interne Bezugselektrode enthält (*INFO*).

### *Versuch*

***V1*** Füllen Sie zwei zweigeteilte Petrischalen mit unterschiedlich konzentrierten Salzsäure*-Lösungen ($c_1(\mathbf{HCl})$ = 1 mol/L, $c_2(\mathbf{HCl})$: unbekannte Konzentration < 1 mol/L). Tauchen Sie in jeweils eine Schalenhälfte eine Platin- und in die andere eine Graphit-Elektrode ein (vgl. V3, S. 70).

1. *Elektrolyse*: Verbinden Sie jeweils die Platin-Elektrode mit dem Minuspol und die Graphit-Elektrode mit dem Pluspol einer Gleichspannungsquelle. Stecken Sie ein Bierfilz über den Steg in der Mitte der Petrischalen und elektrolysieren Sie.
2. *Galvanische Messung*: Legen Sie die beiden Petrischalen so nebeneinander, dass die Halbzellen mit den Platin-Elektroden aneinander liegen. Verbinden Sie nun die beiden Wasserstoff-Halbzellen mit einem Bierfilz und einem Voltmeter. Lesen Sie die Spannung ab.

### *Auswertung*

a) Vergleichen Sie den Versuchsaufbau aus Teil 2 von V1 mit der Wasserstoff-Konzentrationszelle aus B1.

b) Geben Sie an, welche Halbzelle die Donator- und welche die Akzeptor-Halbzelle ist.

c) Erläutern Sie folgende Umformungen, die den Zusammenhang zwischen Spannung und *p*H-Wert darstellen. Analog zu S. 85 gilt für die Wasserstoff-Konzentrationszelle:

$$U = 0{,}059\ \text{V} \cdot \lg \frac{c_A(\mathbf{H}^+)}{c_D(\mathbf{H}^+)} \text{ mit } c_A(\mathbf{H}^+) = 1\ \text{mol/L}.$$

Durch Einsetzen und Anwenden der Logarithmengesetze (vgl. S. 26, B2) erhält man:

$$U = -0{,}059\ \text{V} \cdot \lg c_D(\mathbf{H}^+) \text{ bzw. } \frac{U}{0{,}059\ \text{V}} = -\lg c_D(\mathbf{H}^+) = p\text{H}.$$

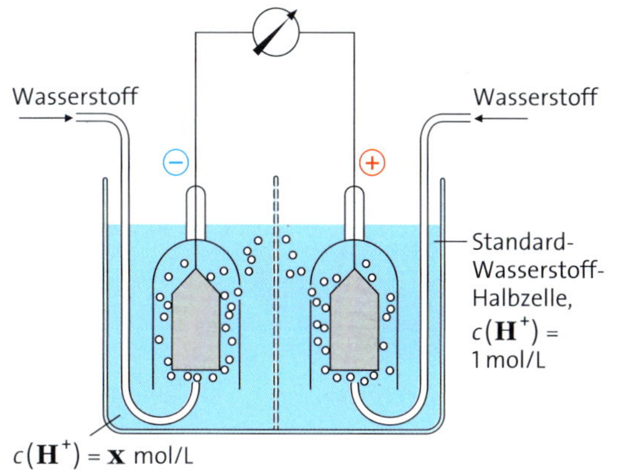


**B1** *Wasserstoff Konzentrationszelle mit einer Standardwasserstoff-Elektrode*

### *INFO*

In der Praxis wird die Protonen-Konzentration bzw. der *p*H-Wert mit einer ***p*H-Elektrode** oder **Einstabmesskette** gemessen. Diese besteht aus zwei Halbzellen in einem Doppelglasrohr, in dem sich eine Bezugs- und eine Messelektrode befinden. Die Messelektrode ist über eine Glasmembran mit der umgebenden Messlösung verbunden. An der Glasmembran bildet sich eine Potenzialdifferenz aus, die nur von der Protonen-Konzentration der Messlösung abhängt. Die Potenzialdifferenz zwischen den Halbzellen wird vom Messgerät zumeist direkt als *p*H Wert angezeigt. Die Einstabmesskette wird in Kaliumchlorid-Lösung gelagert, damit die Glasmembran nicht austrocknet. Die beiden Elektroden sind in der Regel mit Silberchlorid überzogene Silberbleche (Redoxpaar: $\mathbf{Ag/AgCl}$).

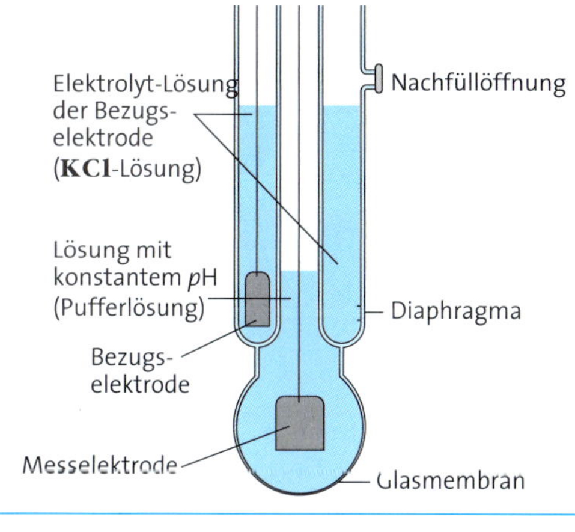

B1 *Eine durchgesägte LECLANCHÉ-Zelle: rechts der herausgenommene Zinkbecher, links Braunstein-Graphit-Gemisch mit Graphitstab.* **A:** *Erklären Sie, woran man erkennt, dass es sich um eine verbrauchte Batterie handelt.*

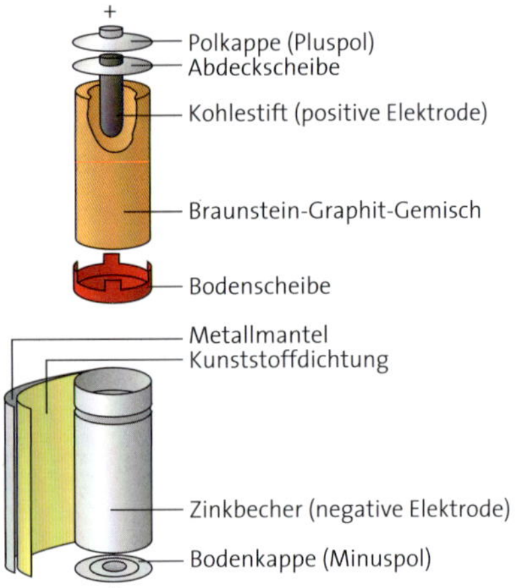


B2 *Bauteile einer modernen LECLANCHÉ-Zelle*

B3 *Modell-Knopfzelle (V3).* **A:** *Nennen Sie Gemeinsamkeiten und Unterschiede zur LECLANCHÉ-Zelle.*

# 150 Jahre jung

## Versuche

***V1*** Sägen Sie eine Taschenlampenbatterie (LECLANCHÉ-Zelle) vorsichtig der Länge nach durch. Beschreiben Sie den Aufbau der Batterie, indem Sie sie in ihre Bestandteile zerlegen. Messen Sie mit einem angefeuchteten Indikatorpapier den *p*H-Wert der schwarzen Elektrolyt-Masse. Versetzen Sie in einem Rggl. etwas Elektrolyt-Masse mit einem Natriumhydroxid*-Plätzchen und prüfen Sie nach leichtem Erwärmen vorsichtig den Geruch.

***V2*** Mischen Sie in einem Becherglas 7 g Graphitpulver mit 40 g Braunsteinpulver*. Verrühren Sie die Mischung anschließend mit 40 mL Ammoniumchlorid*-Lösung, $w = 20\,\%$, zu einer Paste. Füllen Sie die Paste in eine Extraktionshülse und tauchen Sie eine Graphit-Elektrode hinein. Geben Sie die Extraktionshülse und ein Zinkblech in ein Becherglas mit Ammoniumchlorid-Lösung. Verbinden Sie die Graphit-Elektrode über ein Voltmeter mit dem Zinkblech und messen Sie die Spannung.

***V3*** Stellen Sie eine Elektrolyt-Paste aus Graphitpulver, Braunsteinpulver* und Ammoniumchlorid*-Lösung nach V2 her. Bohren Sie in den Plastikdeckel einer Getränkeflasche ein Loch, durch das Sie eine kurze Graphit-Elektrode passend stecken. Füllen Sie nun die Paste in den Plastikdeckel um die Graphit-Elektrode herum. Decken Sie die Paste mit einem passenden Stück Bierdeckel ab, den Sie zuvor mit gesättigter Kaliumnitrat*-Lösung getränkt haben. Schlagen Sie nun ein erbsengroßes, entrindetes Stück Lithium* mit einem Hammer zu einer flachen Scheibe und legen Sie sie auf den Bierdeckel (B3). Verbinden Sie die Graphit-Elektrode und das Lithiumblech mit einem Voltmeter bzw. mit einem Elektromotor. Messen Sie die Spannung der Modellbatterie.

## Auswertung

a) Vergleichen Sie den Aufbau der Zelle aus V1 mit der aus V2 und nennen Sie Gemeinsamkeiten und Unterschiede.

b) In der LECLANCHÉ-Zelle laufen folgende Elektrodenreaktionen ab, die für die erzeugte Spannung verantwortlich sind:

Minuspol: $\mathbf{Zn(s) \longrightarrow Zn^{2+}(aq) + 2\ e^-}$
(Anode)

Pluspol: $\mathbf{2\ \overset{+IV}{Mn}O_2(s) + 2\ H_2O(l) + 2\ e^- \longrightarrow 2\ \overset{+III}{Mn}O(OH)(s) + 2\ OH^-(aq)}$
(Kathode)

Ermitteln Sie mithilfe von Ionenformeln, welche Teilchen am Pluspol reduziert werden.

c) Erklären Sie die Funktion des Graphitpulvers im Braunstein-Graphit-Gemisch.

d) Formulieren Sie eine Reaktion zwischen den Ammonium-Ionen aus der Graphit-Braunstein-Paste und den nach b) gebildeten Hydroxid-Ionen. Nehmen Sie dann Bezug auf eine Beobachtung aus V1.

e) Die Leerlaufspannung der LECLANCHÉ-Zelle beträgt $U = 1{,}5$ V. Begründen Sie, warum die Spannung der Modell-Knopfzelle aus V3 (B3) mehr als das Doppelte beträgt.

## Die Taschenlampenbatterie

Die **Batterien**, die teilweise auch heute noch für Taschenlampen, Spielzeuge und elektrische Kleingeräte gebräuchlich sind, wurden bereits vor fast 150 Jahren von dem französischen Chemiker GEORGES LECLANCHÉ entwickelt. Er stellte sie der Öffentlichkeit auf der Pariser Weltausstellung 1867 vor – auf der Veranstaltung, zu der auch der Eiffelturm errichtet wurde.

Das Besondere an dieser nach ihrem Erfinder benannten **LECLANCHÉ-Zelle** (B4) lag seinerzeit darin, dass diese statt einer Elektrolyt-Lösung eine feuchte **Elektrolyt-Paste** der gleichen Zusammensetzung wie in V1 enthält. Dadurch wird die Zelle „trocken" und ist besser zu handhaben. Am Zinkbecher und an den Braunsteinkörnern laufen die in Auswertung b) formulierten Redoxreaktionen ab und bewirken eine Leerlaufspannung von $U = 1{,}5$ V.

Bei Betrieb der Zelle sinkt die Spannung, da durch die Bildung von Hydroxid-Ionen am Pluspol das Potenzial des Redoxpaares $MnO(OH)/MnO_2$ sinkt. Die Zunahme der Konzentration der Hydroxid-Ionen wird allerdings durch folgende **Sekundärreaktion** begrenzt:

$$2\ OH^-(aq) + 2\ NH_4^+(aq) \longrightarrow 2\ NH_3(g) + 2\ H_2O(l).$$

Um die Braunsteinkörner bildet sich Ammoniakgas und isoliert diese von den Graphitkörnern und der Kohle-Elektrode. Die Stromstärke nimmt daher bei längerem Betrieb der Zelle allmählich ab. In einer Betriebspause erholt sich die Zelle wieder, da das Ammoniakgas in die Zelle diffundiert und mit den am Minuspol gebildeten Zink-Ionen zu einem Amminkomplex, dem Diamminzink(II)-Ion, reagiert:

$$Zn^{2+}(aq) + 2\ NH_3(g) \longrightarrow [Zn(NH_3)_2]^{2+}(aq).$$

In einer weiteren Sekundärreaktion reagieren Zink-Ionen mit Hydroxid-Ionen zu Zinkhydroxid, das im Laufe der Zeit unter Abspaltung von Wasser zu schwerlöslichem, weißem Zinkoxid „altert" (B1):

$$Zn^{2+}(aq) + 2\ OH^-(aq) \longrightarrow Zn(OH)_2(s)$$
$$Zn(OH)_2(s) \longrightarrow ZnO(s) + H_2O(l).$$

Nach längerem Betrieb löst sich der Zinkbecher langsam auf, sodass die bei der Alterung gebildete alkalische Lösung auslaufen kann. Aus diesem Grund sollte man Batterien nach Gebrauch aus elektrischen Geräten herausnehmen.

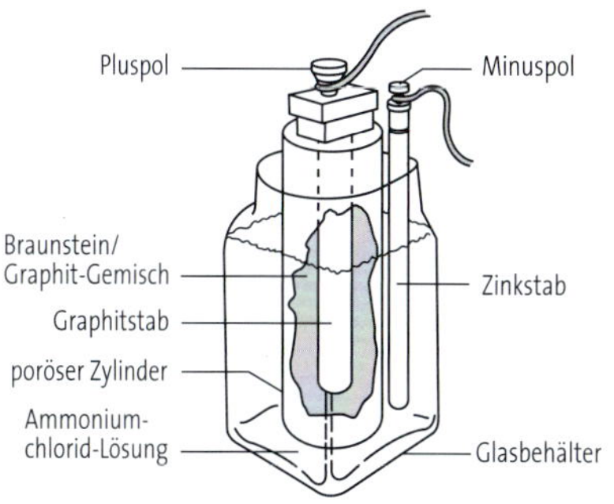


**B4** *Bestandteile einer LECLANCHÉ-Zelle aus dem 19. Jahrhundert.* **A:** *GEORGES LECLANCHÉ hat für seine Versuche einen Zinkstab verwendet. Begründen Sie, welche Vorteile die heute eingesetzten Zinkbecher haben.*

| | |
|---|---|
| 1791 | Froschschenkelversuch von GALVANI |
| 1800 | VOLTA'sche Säule |
| 1830 | Elektrolysegesetze von FARADAY |
| 1836 | DANIELL-Element |
| 1839 | Brennstoffzelle von GROVE |
| 1859 | Bleiakkumulator von PLANTÉ |
| 1867 | Trockenelement von LECLANCHÉ |
| 1912 | Nickel-Eisen-Akkumulator von EDISON |
| 1940 | Quecksilberoxid-Zink-Batterie von RUBEN-MALLORY |

**B5** *Wichtige Entdeckungen und Entwicklungen in der Elektrochemie.* **A:** *Die Glühlampen mit Metallfäden wurden in den 1880er-Jahren entwickelt. Vergleichen und kommentieren Sie ihre „Langlebigkeit" auf dem Markt mit der der LECLANCHÉ-Zelle, indem Sie auf die aktuellen Entwicklungen eingehen.*

### *Aufgaben*

***A1*** Erklären Sie, weshalb sich eine LECLANCHÉ-Zelle schneller erholt, wenn man sie auf die Heizung legt.

***A2*** Erläutern Sie, warum ältere, verbrauchte Batterien zum Auslaufen neigen.

***A3*** Vergleichen Sie die LECLANCHÉ-Zelle mit modernen Batterien (vgl. S. 96 f.) und nennen Sie jeweils die Vor- und Nachteile.

***A4*** Begründen Sie mithilfe der NERNST-Gleichung (vgl. S. 87), dass das Potenzial des Redoxpaares $MnO(OH)/MnO_2$ während des Betriebs der LECLANCHÉ-Zelle sinkt.

### Fachbegriffe

(Taschenlampen-) Batterie, LECLANCHÉ-Zelle, Elektrolyt-Paste, Sekundärreaktion

## Moderne Batterien

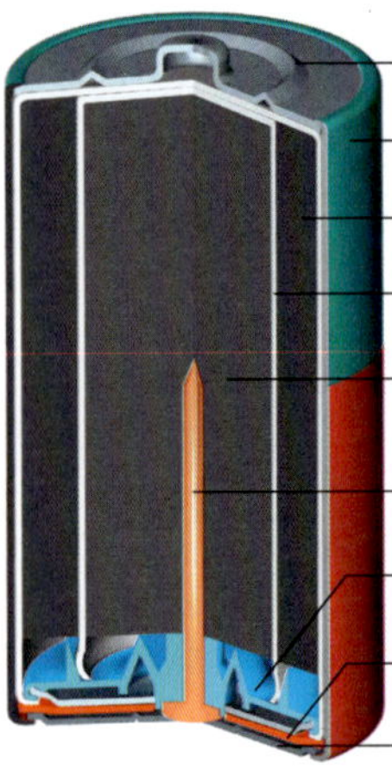


**B1** *Bau einer Alkali-Mangan-Zelle.* **A:** *Vergleichen Sie diesen Aufbau mit dem der* LECLANCHÉ*-Zelle.*

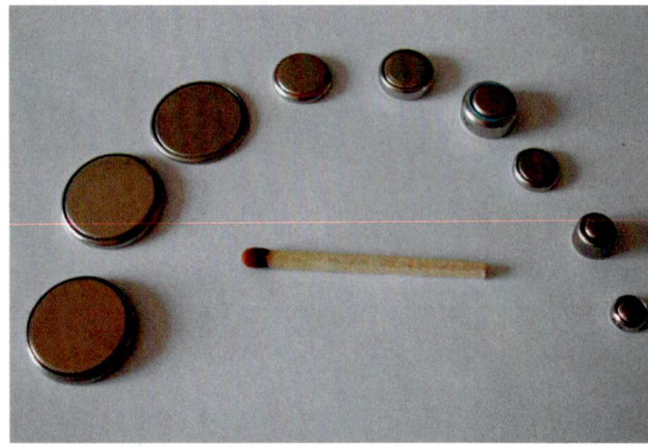

**B2** *Knopfzellen sind klein und vielfältig einsetzbar.* **A:** *Informieren Sie sich auf den Internetseiten verschiedener Batteriehersteller über deren Angebot an Knopfzellen und über die empfohlenen Einsatzbereiche.*

Die im Fachhandel angebotenen Batterien unterscheiden sich zwar äußerlich, funktionieren aber alle nach dem gleichen Prinzip: Es werden immer zwei Redoxpaare mit unterschiedlichen Redoxpotenzialen kombiniert, die durch einen Elektrolyten getrennt sind.

### Die Alkali-Mangan-Batterie

Diese z. B. als „Alkaline"-, „Mikro"- oder „Mignon"-Batterien in den Handel gebrachten Batterien haben eine Nennspannung von 1,5 V und werden bei Elektrogeräten mit hohem Energieverbrauch wie z. B. CD-Spielern, Blitzlichtern oder Laserpointern eingesetzt. Dieser Batterietyp stellt eine Weiterentwicklung der LECLANCHÉ-Zelle auf Basis der Mangandioxid/Zink-Zelle dar. Sie enthält aber als Elektrolyt-Paste Kalilauge (B1). Das bewirkt ein günstigeres Entladeverhalten bei Dauerbelastung. Um den Innenwiderstand der Batterie zu erniedrigen, wird die Zinkoberfläche vergrößert, indem man das als Anode fungierende Zink pulverförmig in die Elektrolyt-Paste einbringt. Die Gesamtreaktion in der Zelle lautet:

$$Zn(s) + 2\ MnO_2(s) + 2\ KOH(aq) + 2\ H_2O(l) \longrightarrow K_2[Zn(OH)_4](aq) + 2\ MnO(OH)(s)$$

Viele Batterien kommen in Form von Knopfzellen auf den Markt. Deren Angebot erscheint zunächst verwirrend (B2). Diese Bauform gewinnt aber immer mehr an Bedeutung, da es sich hierbei um besonders kleine Spannungsquellen handelt, die je nach verwendeten Redoxpaaren unterschiedliche Nennspannungen liefern können.

### Die Lithium-Mangan-Zelle

Da das Redoxpaar $Li/Li^+$ das negativste Standard-Elektrodenpotenzial ($E° = -3{,}04$ V) hat (vgl. S. 71, B3), erzielt man mit Lithium als negativer Elektrode in Knopfzellen die hohe Nennspannung von 3 V. Wie bei der LECLANCHÉ-Zelle fungiert Mangandioxid $MnO_2$ als Oxidationsmittel an der positiven Elektrode. Vereinfacht läuft folgende Gesamtreaktion in der Zelle ab:

$$\overset{0}{Li}(s) + \overset{+IV}{Mn}\overset{-II}{O_2}(s) \longrightarrow \overset{+I}{Li}\overset{+III}{Mn}\overset{-II}{O_2}(s)$$

Lithium-Mangan-Zellen werden wegen ihrer langen Lebensdauer gerne in Fotoapparaten oder Taschenrechnern eingesetzt. Da Lithium als Alkalimetall in wasserhaltigen Elektrolyt-Lösungen unter Bildung von Wasserstoff reagieren würde, verwendet man organische, hydrophobe Lösemittel, beispielsweise Ketone oder Ester.

## Moderne Batterien

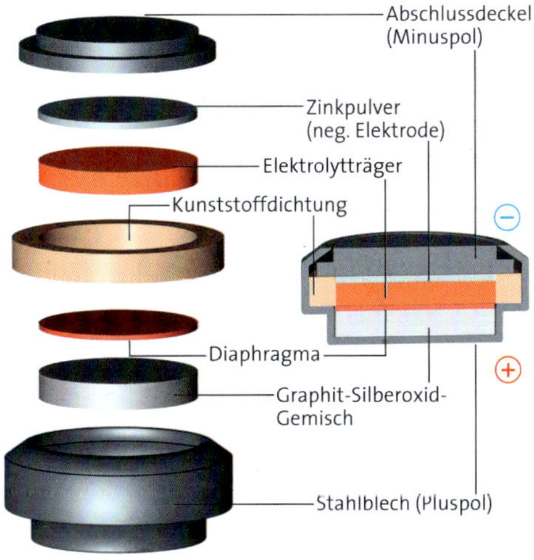


**B3** *Aufbau einer Silberoxid-Zink-Knopfzelle*

### Die Silberoxid-Zink-Zelle

Dieser Batterietyp (B3) wird vor allem zum Betreiben von Armbanduhren verwendet. Bei ihm wird der Potenzialunterschied der Redoxpaare $\mathbf{Zn/Zn^{2+}}$ und $\mathbf{Ag/Ag^{+}}$ ausgenutzt, der eine Nennspannung von 1,55 V liefert. Als Anode (Minuspol) fungiert Zink, das wie bei der Alkali-Mangan-Batterie als Pulver eingesetzt wird, die Kathode (Pluspol) bildet Silberoxid (B3). Der Elektrolyt ist Kalilauge, mit der ein saugfähiger Elektrolytträger getränkt ist. Bei Stromentnahme laufen in der Zelle vereinfacht folgende Elektrodenreaktionen ab:

Minuspol:

$$\mathbf{Zn(s) \longrightarrow Zn^{2+}(aq) + 2\ e^-}$$

Pluspol:

$$\mathbf{Ag_2O(s) + H_2O(l) + 2\ e^- \longrightarrow 2\ Ag(s) + 2\ OH^-(aq)}$$

### *Aufgaben*

***A1*** Formulieren Sie die an den Elektroden einer Lithium-Mangan-Zelle ablaufenden Reaktionen.

***A2*** Nennen Sie Gemeinsamkeiten und Unterschiede zwischen den auf dieser Doppelseite beschriebenen Batterietypen.

***A3*** Formulieren Sie die Zellendiagramme für die Batterien von dieser Seite.

***A4*** Erstellen Sie nach dem Muster von S. 164, 165 eine *Concept Map* mit dem Zentralbegriff „Elektrochemische Energiequellen".

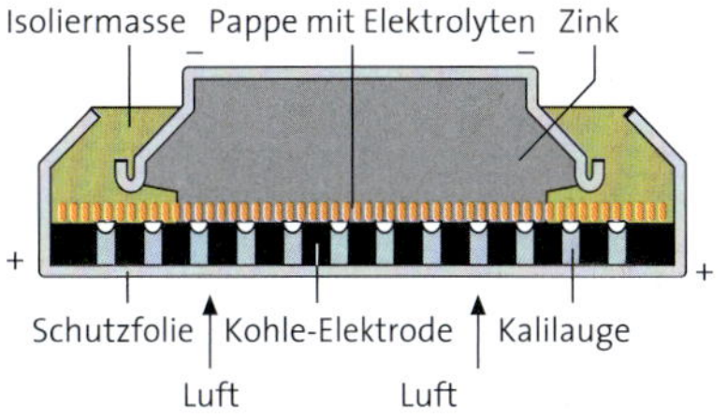


**B4** *Zink-Luft-Zelle (Zink-Luft-Batterie). **A:** Begründen Sie, warum man die Schutzfolie erst unmittelbar vor dem Gebrauch abziehen sollte.*

### Die Zink-Luft-Zelle

Dieser Batterietyp nutzt den in der Luft vorhandenen Sauerstoff als Oxidationsmittel für Zink. Anstelle von Braunstein ist das Material der positiven Elektrode Aktivkohle, die an ihrer großen Oberfläche Sauerstoff adsorbiert. Über eine Öffnung, die die Aktivkohleschicht mit der Umgebung verbindet, kann Sauerstoff aus der Luft nachströmen. Die Zink-Luft-Zelle mit einer Nennspannung von 1,4 V wird häufig in Hörgeräten eingesetzt. Sie kann als „Instant-Power-Ladeset" auch zum Aufladen von Handy-Akkus genutzt werden. Allerdings ist die Zink-Luft-Zelle selbst nicht wiederaufladbar.

### *Versuch*

***V1*** **(Schutzbrille!)** *Modellversuch zur Zink-Luft-Zelle*
Tauchen Sie in ein Becherglas mit Kalilauge*, $c = 6$ mol/L, ein Zinkblech und eine Graphit-Elektrode. Verbinden Sie beide Elektroden mit einem Gleichspannungsmessgerät. Mit der Zelle lässt sich ein kleiner Elektromotor stundenlang betreiben.

### *Auswertung*

a) Formulieren Sie die Reaktionsgleichungen, die in der Zink-Luft-Zelle bei Stromentnahme ablaufen.

b) Überprüfen Sie experimentell, ob Ihre bei a) formulierte Reaktionsgleichung am Pluspol zutrifft.

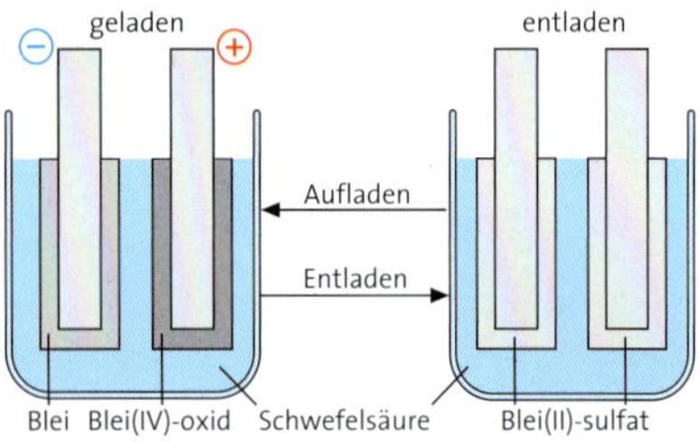


**B1** *Geladener und entladener Bleiakkumulator*

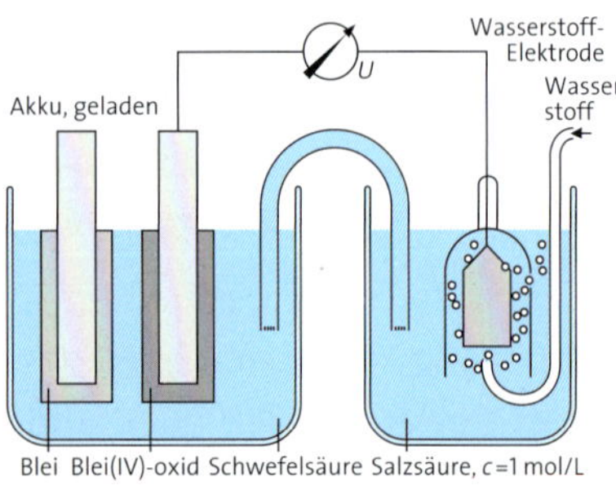


**B2** *Messung der Standard-Elektrodenpotenziale eines Bleiakkumulators*

# Akku leer? Laden!

## Versuche

***LV1*** *Modell-Bleiakkumulator*
Zwei Bleibleche* werden als Elektroden in verdünnte Schwefelsäure*, $w = 25\,\%$, getaucht. Zum Aufladen des Bleiakkumulators wird eine Spannung von etwa 4 V angelegt. Die Oberfläche der beiden Elektroden wird dabei genau beobachtet. Nach dem Abschalten der Spannungsquelle werden die Elektroden zum Entladen des Bleiakkumulators a) über ein Voltmeter und b) über ein Glühlämpchen oder einen kleinen Elektromotor miteinander verbunden.

***LV2*** Zur Messung der Elektrodenpotenziale der Halbzellen eines Bleiakkumulators wird der Modell-Bleiakkumulator von LV1 mit einer vereinfachten Standard-Wasserstoff-Elektrode (Herstellung vgl. V3, S. 70) kombiniert. Die beiden Elektroden des Modell-Bleiakkumulators werden nacheinander mit der Standard-Wasserstoff-Halbzelle über ein Voltmeter verbunden (B2).

## Auswertung

a) Deuten Sie die Versuchsbeobachtungen bei LV1 und erklären Sie sie mithilfe der Beschriftungen aus B1.
b) Beim Entladen laufen im Bleiakkumulator folgende Reaktionen ab:

Minuspol (Anode):

$$\overset{0}{\mathbf{Pb}}(\mathbf{s}) + \mathbf{SO_4^{2-}}(\mathbf{aq}) \longrightarrow \overset{+II}{\mathbf{PbSO_4}}(\mathbf{s}) + 2\ \mathbf{e^-};\ E° = -0{,}13\ \mathrm{V}$$

Pluspol (Kathode):

$$\overset{+IV}{\mathbf{PbO_2}}(\mathbf{s}) + 4\ \mathbf{H_3O^+}(\mathbf{aq}) + 2\ \mathbf{e^-} + \mathbf{SO_4^{2-}}(\mathbf{aq}) \longrightarrow \overset{+II}{\mathbf{PbSO_4}}(\mathbf{s}) + 6\ \mathbf{H_2O}(\mathbf{l});\ E° = 1{,}46\ \mathrm{V}$$

Erläutern Sie, an welchen Stellen im Akkumulator jeder der drei Stoffe Blei $\mathbf{Pb}$, Bleisulfat $\mathbf{PbSO_4}$ und Bleidioxid $\mathbf{PbO_2}$ vorzufinden ist.

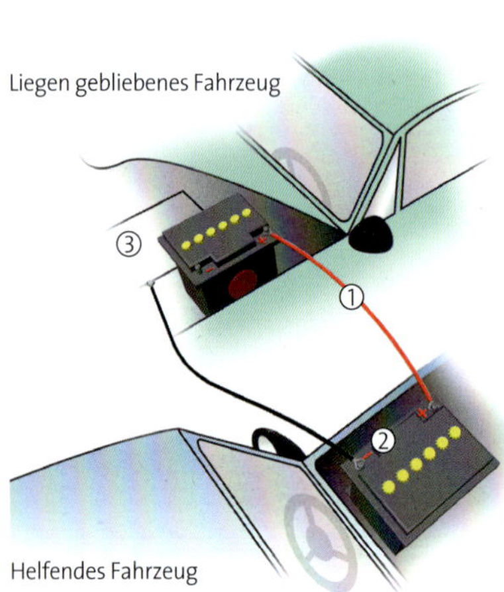


**B3** *Der richtige Anschluss bei der Starthilfe*

### *extra* Der Akku ist leer – Fremdstarthilfe

An kalten Wintertagen kann man es oft beobachten: Die Autobatterie[1] ist leer und kann den Automotor nicht mehr starten. Mithilfe einer Fremdstarthilfe kann man den liegen gebliebenen PKW wieder „flott" bekommen. Aber Vorsicht: Da zwischen den Polen einer 12-Volt-Batterie eine hohe Stromstärke fließen kann, kann man schnell großen Schaden anrichten. Daher sind beim Fremdstart folgende Schritte erforderlich (B3):

1. Nur Batterien gleicher Nennspannung verwenden.
2. Beide Kfz-Motoren abstellen und alle Verbraucher (außer Warnblinkanlage beim Spender) abschalten.
3. Mit dem roten Starthilfekabel die Pluspole beider Batterien verbinden ①.
4. Dann das schwarze Kabel an den Minuspol des helfenden Fahrzeugs anklemmen ②. Danach das freie Ende des Kabels an eine blanke Stelle des liegen gebliebenen Fahrzeuges abseits der Batterie anklemmen, beispielsweise am Motorblock ③ (Hinweise des Fahrzeug-Herstellers beachten).
5. Motor des helfenden Fahrzeugs starten, dann Motor des liegen gebliebenen Fahrzeugs starten und laufen lassen.
6. Kabel in umgekehrter Reihenfolge wieder abklemmen.

[1] Die Auto-„Batterie" ist ein Akkumulator, eine wiederaufladbare elektrochemische Zelle.

## Der Bleiakkumulator

Ein entscheidender Nachteil der LECLANCHÉ-Zelle und ähnlicher Batterien (vgl. S. 95) ist, dass sie nicht wieder aufgeladen und daher nicht mehrfach genutzt werden können. Dagegen sind Akkumulatoren[1] wiederaufladbar. **Bleiakkumulatoren** sind schon seit über 150 Jahren bekannt (B4) und haben sich als Starterbatterien in Kraftfahrzeugen bewährt (B3, B5). Bei der Elektrolyse, also der erzwungenen Redoxreaktion der Schwefelsäure im Bleiakku (vgl. S. 79), bildet sich an der Anode eine braune Schicht von Blei(IV)-oxid $\mathbf{PbO_2}$ (LV1). An der Kathode aus Blei sind keine Veränderungen erkennbar. Nach Abschalten der Spannungsquelle bei LV1 kann man zwischen den Elektroden eine Spannung von ca. 2 V messen. Durch Elektrolyse ist eine galvanische Zelle, ein Modell-Bleiakku aus einer Blei- und einer Bleidioxid-Elektrode, entstanden (B1). Beim Entladen laufen die in Auswertung b) formulierten Reaktionen ab. Die in der Schwefelsäure vorliegenden Sulfat-Ionen bilden mit Blei(II)-Ionen schwerlösliches Blei(II)-sulfat $\mathbf{PbSO_4}$, das sich als weiße Schicht auf den Elektroden abscheidet. Beim Aufladen des Bleiakkus werden die Vorgänge des Entladens wieder umgekehrt. Der Gesamtstoffumsatz beim Entladen und Laden kann wie folgt zusammengefasst werden:

$$\mathbf{Pb(s) + PbO_2(s) + 4\ H_3O^+(aq) + 2\ SO_4^{2-}(aq) \underset{\text{Aufladen}}{\overset{\text{Entladen}}{\rightleftharpoons}} 2\ PbSO_4(s) + 6\ H_2O(l)}$$

Beim Bleiakkumulator bleibt das als Reaktionsprodukt gebildete Bleisulfat größtenteils an den Elektroden haften. Dies ist die Voraussetzung für das Wiederaufladen: Die Blei(II)-Ionen im Bleisulfat werden durch Anlegen einer Spannung am Minuspol wieder zu Blei-Atomen reduziert bzw. am Pluspol zu Blei(IV)-Ionen (Blei(IV)-oxid) oxidiert. Eigentlich sollte man vermuten, dass beim Anlegen einer Gleichspannung zum Aufladen des Akkus eine Elektrolyse der wässrigen Schwefelsäure-Lösung unter Bildung von Wasserstoff und Sauerstoff ablaufen würde (vgl. V1, S. 106). Die Abscheidung von Wasserstoff und Sauerstoff ist jedoch an Bleiplatten im Vergleich zu der an Platin-Elektroden stark gehemmt, sodass vorwiegend die Reduktion bzw. Oxidation der Blei(II)-Ionen erfolgt. Wenn alle Blei(II)-Ionen beim Ladevorgang in Blei-Atome bzw. Blei(IV)-Ionen im Blei(IV)-oxid überführt sind, werden beim weiteren Aufladen als Folge einer Überladereaktion Wasserstoff und Sauerstoff als Knallgas aus dem Akku freigesetzt.

### *Aufgaben*

***A1*** Begründen Sie, warum die Konzentration der im Akku enthaltenen Schwefelsäure beim Entladen abnimmt.

***A2*** Erklären Sie, warum sich die Elektrodenpotenziale $E(\mathbf{Pb/Pb^{2+}}) = -0{,}36$ V und $E(\mathbf{Pb^{2+}/PbO_2}) = +1{,}69$ V des Bleiakkus von den in Auswertung b) angegebenen Standard-Elektrodenpotenzialen $E^0$ unterscheiden. (*Hinweis*: Verwenden Sie zur Argumentation auch die Überlegungen zur Konzentration, vgl. S. 84 f.)

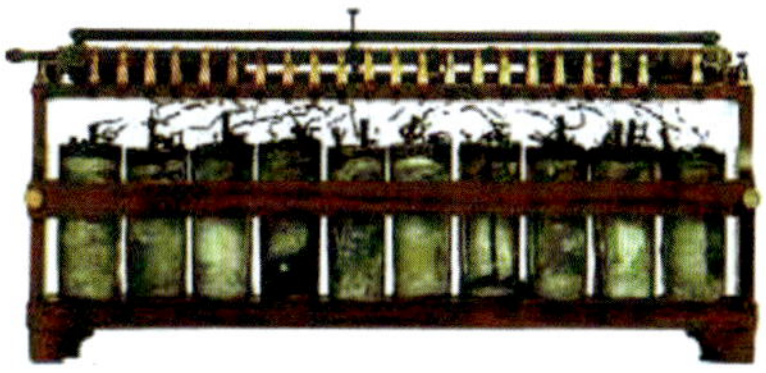

**B4** *Im Jahr 1859 entwickelte GASTON PLANTÉ (1834 bis 1889) den ersten Bleiakkumulator und damit die älteste Form einer wiederaufladbaren elektrischen Zelle. Damit war die Grundlage für die industrielle Herstellung von Akkumulatoren geschaffen.*

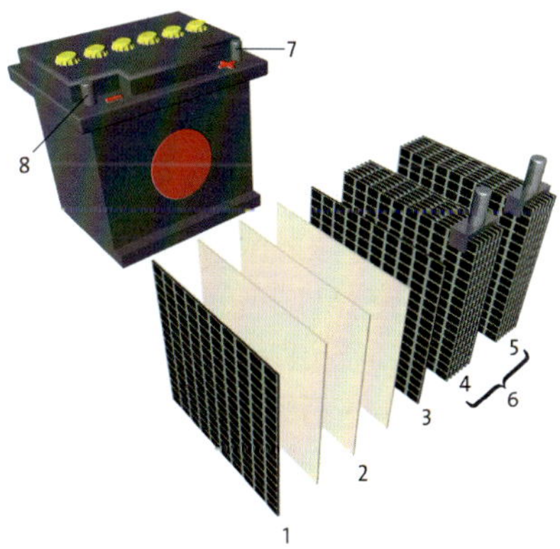


1 negative Platte (Bleigitter mit schwammigem Blei)
2 Scheider
3 positive Platte (Bleigitter mit Blei(IV)-oxid)
4 negativer Plattensatz
5 positiver Plattensatz
6 Plattendock für eine Zelle
7 positiver Pol
8 negativer Pol

**B5** *Im Bleiakku von Autos sind sechs Zellen zusammengefasst, die eine Spannung von 12 V ergeben.* ***A:*** *Vergleichen Sie den Bleiakku mit anderen Akkumulatoren (vgl. S. 100 bis 103) und nennen Sie jeweils die Vor- und Nachteile.*

[1] von *accumulare* (lat.) = anhäufen

**Fachbegriffe**
Bleiakkumulator

## Weiterentwicklung der Akkumulatortechnik

Der Einsatz zahlreicher elektronischer Geräte wie Handys, MP3-Player, E-Reader und Laptops wäre heute ohne wiederaufladbare Akkus undenkbar. In diesen Akkus ist das Bauprinzip des Bleiakkus weiterentwickelt worden.

**B1** *Nickel-Metallhydrid-Akkus bestehen aus zwei umeinander gewickelten Elektroden, die durch einen Separator voneinander getrennt sind.* **A:** *Nennen Sie die Vorteile, die dieser Aufbau bietet.*

### Nickel-Metallhydrid-Akkumulator

Nickel-Metallhydrid-Akkumulatoren (**NiMH**-Akkus) werden häufig in Kleingeräten eingesetzt. Die Nennspannung dieses Akkumulators beträgt wie die des Nickel-Cadmium-Akkus 1,2 V.

Die positive Elektrode ist ein Nickelblech, das mit Nickel(III)-hydroxidoxid umgeben ist. Beim Entladen werden Nickel(III)-Ionen zu Nickel(II)-Ionen reduziert.

$$2\ NiO(OH)(s) + 2\ H_2O(l) + 2\ e^- \underset{\text{Laden}}{\overset{\text{Entladen}}{\rightleftharpoons}} 2\ Ni(OH)_2(s) + 2\ OH^-(aq)$$

Als Elektrolyt dient Kaliumhydroxid-Lösung, die im Separator-Streifen enthalten ist. Der Minuspol dieses Akkus wird durch eine Metalllegierung gebildet, die in der Lage ist, Wasserstoffgas zu absorbieren. Beim Entladen wird Wasserstoff aus dem Metallhydrid in alkalischer Lösung zu Wasser oxidiert.

$$\text{Metall-}H_2(s) + 2\ OH^-(aq) \underset{\text{Laden}}{\overset{\text{Entladen}}{\rightleftharpoons}} \text{Metall}(s) + 2\ H_2O(l) + 2\ e^-$$

Die Elektroden bestehen aus langen Streifen, die durch einen Separator getrennt und umeinander gewickelt sind (B1).

**B2** *Für den Einsatz der ZEBRA-Batterie in Elektroautos werden viele Akkumulatoren im Verbund eingesetzt.* **A:** *Erklären Sie, warum die ZEBRA-Batterie mit einer wärmeisolierenden Schicht umhüllt werden muss.*

### Hochtemperatur-Akkumulatoren

Die ZEBRA-Batterie (*Zero Emission Batteries Research Activity*) wird bereits in Elektroautos, Bussen, U-Booten und beim Militär eingesetzt. Im Zellinneren befindet sich Nickel als positive Elektrode. Diese taucht in eine Salzlösung aus Nickelchlorid und Natriumchlorid, die sich in einem keramischen Separator-Topf befindet, ein. Der Separator ist ein natriumhaltiges Aluminiumoxid und nur für Natrium-Ionen durchlässig. Er taucht in flüssiges Natrium ein, das als negative Elektrode dient und sich in einer versiegelten Außenhülle befindet. Beim Entladen läuft die folgende Gesamtreaktion ab:

$$NiCl_2(solv) + 2\ Na(l) \longrightarrow Ni(s) + 2\ NaCl(solv)$$

Die Zellspannung bei Leerlauf beträgt ca. 2,5 V. Für den Einsatz in Elektroautos werden 448 Zellen zu einem 370 kg schweren Batterieblock miteinander verschaltet (B2).

Das Besondere an diesem Akku ist, dass er eine Betriebstemperatur von ca. 300 °C benötigt. Natrium schmilzt zwar bereits bei 97 °C, aber der Separator wird erst ab ca. 270 °C hinreichend leitfähig. Durch die bei der Entladung ablaufenden Reaktionen wird Wärmeenergie freigesetzt, die ausreicht, um die Betriebstemperatur zu halten. Die ZEBRA-Batterie speichert bei gleichem Gewicht das Vierfache der Energie wie ein Bleiakku (B4).

## Weiterentwicklung der Akkumulatortechnik

**B3** *Nickel-Metallhydrid-Akkus unterscheiden sich durch verschiedene Kapazitäten.*

### Kennzahlen von Akkumulatoren

Die von Akkumulatoren zur Verfügung gestellte Ladung wird durch die Angabe der **Kapazität** genauer gekennzeichnet (B3). Akkus der Baugröße AA sind mit Kapazitäten bis zu ca. 2850 mAh erhältlich[1].

Die **Energiedichte** gibt an, welche Kapazität ein Energieträger mit einer bestimmten Masse hat. Sie ist ein wichtiger Faktor bei Elektrofahrzeugen, bei denen es auf eine große Reichweite bei vertretbarem Gewicht ankommt. Da Bleibatterien bei einer hohen Masse auch eine geringe Kapazität haben, sind sie die Akkumulatoren mit der geringsten Energiedichte. Akkumulatoren auf der Basis von Leichtmetallen hingegen sind für die Elektromobilität interessant. Lithium-Luft-Akkus (vgl. S. 103) werden als besonders zukunftsträchtig angesehen, da sie eine deutlich höhere Energiedichte als andere Akkus haben (B4).

| System | Energiedichte in MJ/kg | in Wh/kg |
|---|---|---|
| Bleiakku | 0,11 | 30 |
| NiCd-Akku | 0,14 | 39 |
| NiMH-Akku | 0,36 | 100 |
| ZEBRA-Batterie | 0,43 | 120 |
| Li-Ionen-Akku | 0,5 | 140 |
| Li-Luft-Akku | 3,6 | 1000 |
| Benzin | 43 | 11900 |
| Wasserstoff | 142 | 39560 |

**B4** *Ungefähre Energiedichten verschiedener Energiespeicher*

### *Aufgaben*

**A1** Formulieren Sie die Reaktionsgleichungen für die im Nickel-Metallhydrid-Akkumulator ablaufende Gesamtreaktion.

**A2** Vergleichen Sie den Aufbau des NiMH-Akkus aus Wickelelektroden mit den verschiedenen Aufbauten des DANIELL-Elements auf S. 66.

**A3** Fährt ein Elektroauto bergab, zeigt der Ladestandanzeiger an, dass der ZEBRA-Batterieblock aufgeladen wird. Formulieren Sie die Teilgleichungen zum Ladevorgang.

**A4** Formulieren Sie die Reaktionsgleichung zur Verbrennung von Benzin, wobei Sie vereinfachend von der Reaktion von Octan mit Sauerstoff ausgehen können. Vergleichen Sie die Reaktion mit den energieliefernden Prozessen im Bleiakku, S. 98, und in einer Zink-Luft-Batterie, S. 97.

**A5** Erklären Sie die in B4 aufgelisteten Werte für die unterschiedlichen Energiedichten.

### *INFO*

Während man die nicht wiederaufladbaren Batterien zu den *primären Batterien* zählt, gehören Akkumulatoren der Klasse der *sekundären Batterien* an. In Bezug auf den Einsatz von Akkumulatoren in Autos wird sowohl alltagssprachlich als auch in der Fachliteratur häufig der allgemeine Begriff *Batterie* verwendet. Tatsächlich handelt es sich z.B. bei der „Autobatterie" aber um einen Akkumulator und die Batteriesysteme für elektromobile Anwendungen sind immer auch Akkumulatoren.

[1] Die Einheit Ah steht für eine Amperestunde. 1 Ah entspricht 3600 Coulomb oder der Ladungsmenge, die innerhalb einer Stunde durch einen Leiter fließt, wenn die Stromstärke konstant 1 A beträgt.

# Trendsetter Lithium-Ionen-Akkus

## Lithium-Ionen-Akkumulator

Der Begriff Lithium-Ionen-Akku ist sehr allgemein, dahinter können sich verschiedene Systeme wie z. B. der Lithium-Cobaltoxid-Akku, der Lithium-Mangan-Akku, der Lithium-Luft-Akku und der Lithium-Polymer-Akku verbergen. Die relativ leichten Lithium-Ionen-Akkus versorgen Geräte mit hohem Energiebedarf. Sie liefern eine hohe Nennspannung von 3,3 V bis 3,8 V und benötigen kurze Aufladezeiten.

Der aktive Teil der negativen Elektrode besteht aus Graphit. Der aktive Teil der positiven Elektrode besteht aus Mischmetalloxiden wie z. B. $\mathbf{LiMnO_2}$ oder $\mathbf{LiCoO_2}$. Als Ableitelektrode dient jeweils ein Metallstab, der den Kontakt zur Elektrodenmasse herstellt. Als Elektrolyt müssen nicht-wässrige, aprotische[1] Lösemittel verwendet werden, in denen Lithium-Salze zur Verbesserung der Leitfähigkeit gelöst sind.

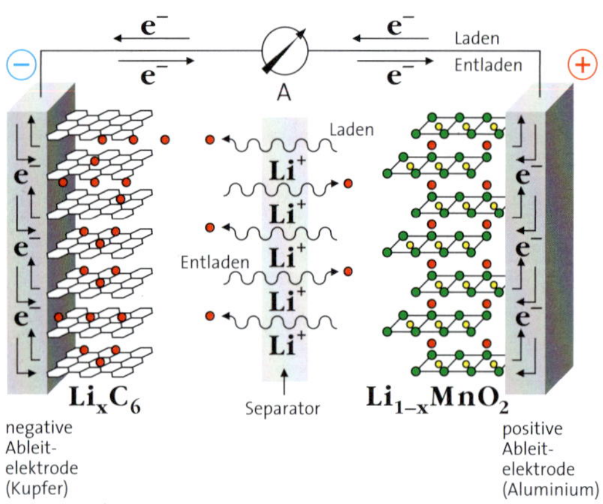


**B1** *Zusammenfassung der Prozesse im Lithium-Ionen-Akkumulator. Der Akku besteht aus einer Graphit-Anode und einer Mischmetalloxid-Kathode*[2]. **A:** *Zeichnen Sie jeweils eine analoge Einzelskizze für den Ladevorgang und den Entladevorgang.*

Beim **Ladevorgang** werden am Minuspol Elektronen in die Graphit-Elektrode eingebracht. Es entsteht ein Elektronenüberschuss. Infolgedessen wandern die positiv geladenen Lithium-Ionen aus dem Metalloxid-Gitter durch den Separator zur Graphit-Elektrode (B1).

An der Graphit-Elektrode werden die Lithium-Ionen nicht zu Lithium-Atomen reduziert, sondern lagern sich in das Kohlenstoff-Schichtgitter ein. Diesen Vorgang bezeichnet man als **Intercalation**[3].

Dabei müssen die Lithium-Ionen die Schicht aus Lösemittel-Molekülen abstreifen, die sie im Elektrolyten umgibt. Das ist möglich, wenn die negative Elektrode über eine genügend ausgebildete Deckschicht verfügt, die nur für die kleinen Lithium-Ionen durchlässig ist. Die entstehende Intercalationsverbindung hat die maximal mögliche Zusammensetzung $\mathbf{LiC_6}$ (B2). Die negative Ladung verbleibt im Kohlenstoff. Intercalieren Lithium-Ionen mitsamt den Lösemittel-Molekülen, kommt es zum Aufplatzen der Graphit-Elektrode.

**B2** *Ausschnitt aus einem Lithium-Ionen-Akku mit zwei Graphit-Elektroden („dual carbon cell"), links: Graphit-Anode mit perfekt ausgebildeter Intercalationsverbindung* $\mathbf{LiC_6}$

Über den Pluspol werden der Elektrode Elektronen entzogen. Pro Elektron verlässt ein Lithium-Ion den Mischmetalloxid-Verband und es wird je ein Mangan(III)-Ion zu einem Mangan(IV)-Ion oxidiert.

$$\text{Minuspol: } \mathbf{C_n + x\,Li^+ + x\,e^-} \underset{\text{Entladen}}{\overset{\text{Laden}}{\rightleftharpoons}} \mathbf{Li^+_xC_n^-}$$

$$\text{Pluspol: } \mathbf{Li\overset{III}{Mn}O_2} \underset{\text{Entladen}}{\overset{\text{Laden}}{\rightleftharpoons}} \mathbf{Li_{1-x}\overset{IV}{Mn}O_2 + x\,e^- + xLi^+}$$

Beim **Entladen** werden die Lithium-Ionen wieder aus dem Graphit-Gitter deintercaliert und in das Metalloxid-Gitter eingelagert. Das Wandern der Lithium-Ionen beim Auf- und Entladen bezeichnet man auch als „Schaukelstuhleffekt".

[1] aprotisch: keine Protonen liefernd oder aufnehmend;

[2] Definitionsgemäß bezieht man sich hinsichtlich der Begriffe Anode und Kathode auf den Entladevorgang und verwendet die Begriffe Anoden- und Kathodenmaterial entsprechend.

[3] von *intercalare* (lat.) = einschieben

## Trendsetter Lithium-Ionen-Akkus

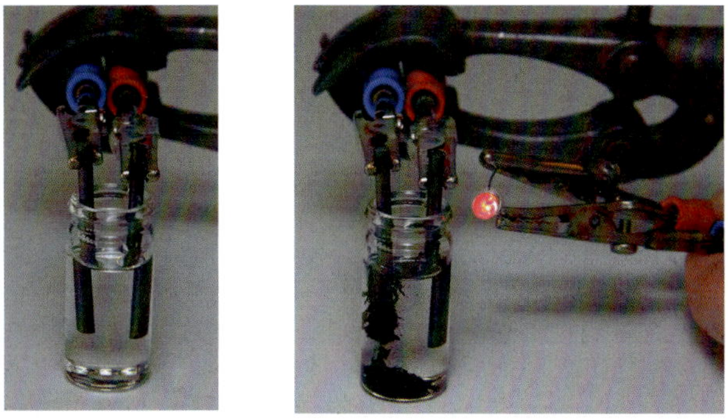

**B3** *Modellversuch zum Lithium-Ionen-Akku (dual carbon cell). Mit dem geladenen Modell-Lithium-Ionen-Akku kann ein Verbraucher betrieben werden.*

### *Modellversuch*

*Hinweis*: Unter *Chemie 2000+ Online* finden Sie Informationen, weitere Versuchsvarianten und Nachweise zu diesem Experiment.

***V1*** Füllen Sie in ein Schnappdeckelglas eine Lösung aus 0,6 g Lithiumchlorid* $\mathbf{LiCl}$ und 15 mL Dimethylsulfoxid (DMSO). Setzen Sie als Elektroden zwei Graphitminen (Härte HB) ein, die sie zuvor im Bunsenbrenner durchgeglüht haben. Verbinden Sie diese über Krokodilklemmen und Kabel mit einer Spannungsquelle.

a) Elektrolysieren Sie 2 Minuten bei $U$ = 6 V. Beobachten Sie die Beschaffenheit der Elektroden währenddessen genau.

b) Verbinden Sie die Elektroden nun mit einem Verbraucher, z.B. einem empfindlichen Motor oder einer Leuchtdiode. Messen Sie die Zeit, während der der Verbraucher betrieben werden kann. Beobachten Sie die Elektroden erneut.

c) Führen Sie einen weiteren Lade- und Entladungszyklus durch und vergleichen Sie mit dem ersten Zyklus.

### *Auswertung*

a) Im Lithium-Ionen-Akkumulator intercalieren Ionen in das Elektrodenmaterial. Nennen Sie eine Beobachtung, die das bestätigt.

b) Benennen Sie Unterschiede und Gemeinsamkeiten der Akkus aus B1 und aus V1.

### Lithium-Polymer-Akkumulator

Lithium-Polymer-Akkumulatoren unterscheiden sich von anderen Lithium-Ionen-Akkus hauptsächlich darin, dass sie ohne brennbare flüssige organische Elektrolyt-Lösungen und Separatoren auskommen. Der Ladungsfluss innerhalb der Zellen wird durch leitende Polymere (Kunststoffe) ersetzt. Da das Gehäuse ebenfalls aus Kunststoff ist, kann man den Zellen jede beliebige Form geben und so kleinste Hohlräume in Elektrogeräten nutzen.

### Der Lithium-Luft-Akku

Hinsichtlich der Energiedichte (vgl. S. 101) ist es vielversprechend, Akkus zu bauen, bei denen ein Reaktionspartner nicht im Akku mitgeführt werden muss. In Lithium-Luft-Akkus reagiert an der Kathode Luftsauerstoff, die Anode besteht aus metallischem Lithium. Die Kapazität der Lithium-Luft-Akkus wird lediglich durch die Größe der Lithium-Anode bestimmt. Die Nennspannung in diesen Akkus beträgt 2,96 V, die theoretisch erreichbare Energiedichte ca. 1000 Wh/Kg (ohne Berücksichtigung der Masse des Sauerstoffs).

In diesen Akkus wird reversibel Lithiumoxid $\mathbf{Li_2O}$ gebildet und zersetzt. Dabei wandern bei der Entladung Lithium-Ionen von der metallischen Lithium-Anode durch einen Elektrolyten zur Kathode und verbinden sich dort mit Sauerstoff-Molekülen zu Lithiumoxid $\mathbf{Li_2O}$. Problematisch ist noch die Zahl der Ladezyklen, da unerwünschte Nebenreaktionen ablaufen.

Es ist insgesamt zu bedenken, dass die Produkte der Reaktion mit Luft Feststoffe sind. Ein Batterieauto wird während des Betriebs immer schwerer. Das wirkt sich negativ auf die Reichweite pro Batterieladung aus. Im Gegensatz dazu werden Autos mit Verbrennungsmotoren beim Fahren immer leichter, da bei der Verbrennung von Erdgas oder Benzin gasförmige Produkte entstehen. Somit sind sie bezogen auf die Energiedichte bzw. Reichweite noch ungeschlagen (vgl. S. 101, B4).

### *Aufgabe*

***A1*** Formulieren Sie die Reaktionsgleichungen für das Laden und Entladen im Lithium-Luft-Akku.

**B1** *Ein Bus ohne Emissionen?* **A:** *Beurteilen Sie, ob der Begriff „No Emission" gerechtfertigt ist.*

**B2** *Versuchsaufbau einer vereinfachten Brennstoffzelle zu V2.* **A:** *Erläutern Sie, warum die Krokodilklemmen nicht in die Lösung eintauchen dürfen.*

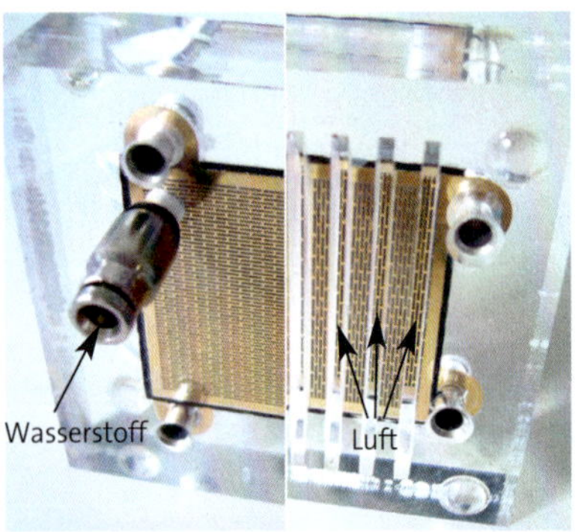


**B3** *Vorder- und Rückseite einer Brennstoffzelle mit Protonen-Austausch-Membran PEM (B4)*

# Zur Nutzung gezähmt – die Knallgasreaktion

## Versuche

***V1*** **(Schutzbrille!)** Tauchen Sie zwei Graphit-Elektroden in Kaliumhydroxid*-Lösung, $c$ = 5 mol/L, und verbinden Sie sie mit dem Minus- bzw. Pluspol einer Gleichspannungsquelle. Elektrolysieren Sie einige Minuten bei etwa 4 Volt. Schalten Sie dann die Spannung aus und ersetzen Sie das Spannungsgerät durch ein Voltmeter. Messen Sie die Spannung.

***V2*** Rollen Sie zwei Rasierscherfolien[1] zusammen und tauchen Sie sie in ein Becherglas mit Kalilauge*, $c$ = 0,1 mol/L. Fixieren Sie die Rasierscherfolien mit Krokodilklemmen und einem doppelt durchbohrten Stopfen (B2). Verbinden Sie die Krokodilklemmen mit einer Gleichspannungsquelle und elektrolysieren Sie 20 s lang mit ca. 4 V. Beobachten Sie die Vorgänge an den Elektroden genau. Ersetzen Sie dann die Spannungsquelle durch ein Voltmeter und messen Sie die Spannung. Schließen Sie dann einen kleinen Elektromotor an und messen Sie die Zeit, wie lange er sich dreht.

***V3*** Untersuchen Sie im Versuchsaufbau zu V2 den Einfluss verschiedener Parameter (z. B. Konzentration der Lösung, Eintauchtiefe und Abstand der Elektroden, Spannung und Zeit bei der Elektrolyse) auf die anschließend gemessene Spannung der Brennstoffzelle und auf die Zeit, die diese Spannung den Elektromotor antreibt.

## Auswertung

a) Beschreiben Sie die Beobachtungen während der Elektrolyse an den Elektroden in V1 und V2 genau. Begründen Sie, ob Sie die Gase anhand der Beobachtungen identifizieren können.

b) Für den Aufbau der Spannung bei V1 bis V3 sind folgende Reaktionen verantwortlich (die $E$-Werte gelten bei $pH$ = 14, d. h. $c(\mathbf{H_3O^+}) = 10^{-14}$ mol/L):

Minuspol: $\mathbf{2\ H_2(g) + 4\ OH^-(aq) \longrightarrow 4\ H_2O(l) + 4\ e^-}$; (1)

$E(\mathbf{H_2 + 2\ OH^-/H_2O}) = -0{,}83$ V

Pluspol: $\mathbf{O_2(g) + 2\ H_2O(l) + 4\ e^- \longrightarrow 4\ OH^-(aq)}$; $E(\mathbf{OH^-/O_2}) = 0{,}4$ V (2)

Erklären Sie mithilfe der angegebenen Elektrodenpotenziale die gemessenen Spannungen bei V1 und V2 und addieren Sie die beiden Teilreaktionen zu einer Gesamtreaktion für die Zellen aus V1 und V2.

c) Begründen Sie, warum bei V2 und V3 bei zu langer Elektrolyse Explosionsgefahr besteht.

d) Tabellieren und erklären Sie die Ergebnisse Ihrer Untersuchungen bei V3.

e) Probieren Sie V2 mit zwei zu Zöpfen zusammengerollten Eisenwollebüscheln statt Rasierscherfolien.

[1] *Hinweis:* Als Platin-Elektroden lassen sich Rasierscherfolien von einigen Elektrorasierern verwenden. Es handelt sich dabei um perforierte Nickelnetze, die mit einer sehr dünnen Schicht aus Platin überzogen sind. Wegen ihrer großen Oberfläche eignen sich diese Rasierscherfolien gut als Platin-Elektroden in alkalischen (nicht jedoch sauren) Lösungen.

## Brennstoffzellen

Eine **Brennstoffzelle** könnte man als „langlebige Batterie mit Zuleitung und Abfluss“ bezeichnen. Eine Brennstoffzelle hat einen großen Vorteil: Sie kann elektrische Energie kontinuierlich nutzbar machen, wenn man Brennstoffe zuführt und Reaktionsprodukte ableitet. Bei einer herkömmlichen Batterie sind die energieliefernden Reaktionen dagegen zeitlich begrenzt und Akkumulatoren müssen immer wieder zeitaufwendig aufgeladen werden. Als Brennstoff für eine Brennstoffzelle dient in der Regel Wasserstoff. Ein Gemisch aus Wasserstoff und Sauerstoff („Knallgas“) reagiert bei Entzünden explosionsartig, die Reaktion ist stark exergonisch.

$$2\,H_2(g) + O_2(g) \longrightarrow 2\,H_2O(l); \qquad \Delta G_R^\circ = -474\ kJ$$

Die Energie dieser stark exergonischen Reaktion wird in einer Brennstoffzelle „kalt“ als elektrische Energie genutzt (V1, V2). Die Spannung von $U$ = 1,23 V, die man bei der **Knallgas-Brennstoffzelle** misst, ergibt sich aus den Elektrodenpotenzialen der beteiligten Halbzellen (vgl. Auswertung b).

In der technischen Anwendung unterscheidet man mehrere Typen von Brennstoffzellen, die sich vor allem darin unterscheiden, wie die Reaktionsräume der beiden Gase getrennt werden. Die gebräuchlichste Brennstoffzelle ist die **PEM-Brennstoffzelle** (PEM = *Proton Exchange Membrane*), bei der die Wasserstoff- und Sauerstoff-Halbzellen durch eine für Protonen durchlässige Membran getrennt sind. Auf diese ist ein Katalysator aufgetragen, der die Elektrodenreaktionen ermöglicht (B4). Diese Zelle liefert in der Technik eine Spannung von etwa 1 Volt. Um höhere Spannungen zu erreichen, werden solche Brennstoffzellen hintereinandergeschaltet und gestapelt (B5).

Die Knallgas-Brennstoffzelle hat den Vorteil, dass ihr Betrieb umweltfreundlich ist, da sie keine schädlichen Abgase, sondern nur Wasser erzeugt. Dies gilt aber nur dann, wenn der Energieträger Wasserstoff durch umweltfreundlich erzeugten Strom (z. B. mit Windenergie oder photovoltaisch, vgl. S. 81) gewonnen wird. Anstelle von Wasserstoff können auch andere Brennstoffe eingesetzt werden, z. B. Erdgas, das fast ausschließlich aus Methan besteht. So lassen sich z. B. Häuser mit **Erdgas-Brennstoffzellen** beheizen. Hierzu muss das Methan in einem sog. Reformer zunächst katalytisch mit Wasserdampf in Wasserstoff und Kohlenstoffdioxid umgewandelt werden:

$$CH_4(g) + 2\,H_2O(g) \rightleftharpoons 4\,H_2(g) + CO_2(g)$$

Das gebildete Wasserstoffgas kann dann in eine PEM-Brennstoffzelle eingeleitet werden.

In **Methanol-Brennstoffzellen** wird Methanol $CH_3OH$ als Brennstoff eingesetzt. Es hat gegenüber Wasserstoff und Methan den Vorteil, dass es in Flüssigkeitstanks transportiert und aufbewahrt werden kann.

### *Aufgabe*

***A1*** Informieren Sie sich über weitere, auf dieser Seite nicht genannte Typen von Brennstoffzellen. Nennen Sie Gemeinsamkeiten und Unterschiede zu diesen.

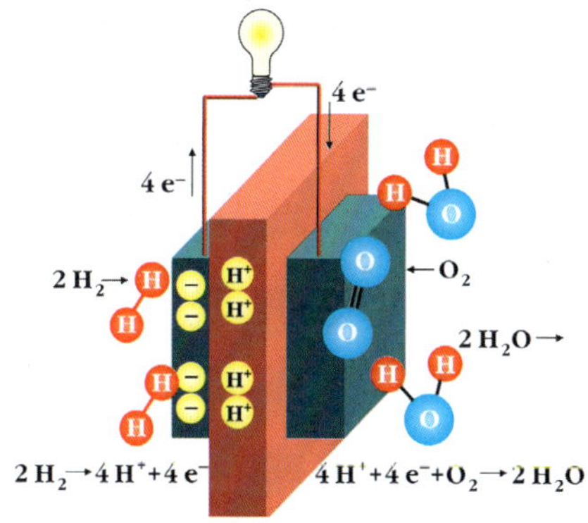


**B4** *Schematische Darstellung einer PEM-Brennstoffzelle.* ***A:*** *Erläutern Sie anhand dieser Skizze das Funktionsprinzip der PEM-Brennstoffzelle und informieren Sie sich unter Chemie 2000+ Online über Wasserstoff als Energieträger der Zukunft.*

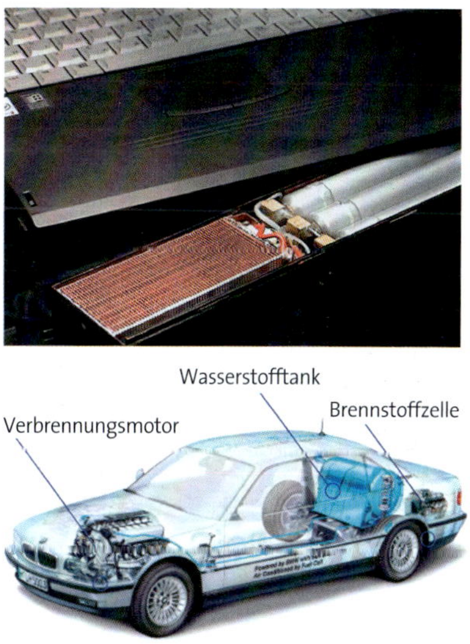


**B5** *Stapel von Brennstoffzellen in einem Hybrid-Auto.* ***A:*** *Erläutern Sie, warum nur Wasserstofftanks (keine Sauerstofftanks) notwendig sind.*

### *Aufgabe*

***A2*** Die Brennstoffzelle ist „älter“ als die Taschenlampenbatterie (vgl. S. 95) und der Bleiakkumulator (vgl. S. 99). Nennen Sie Argumente, warum ihre technische Nutzung so lange vernachlässigt wurde.

### Fachbegriffe

Knallgas-, Erdgas- und Methanol-Brennstoffzelle, PEM-Brennstoffzelle

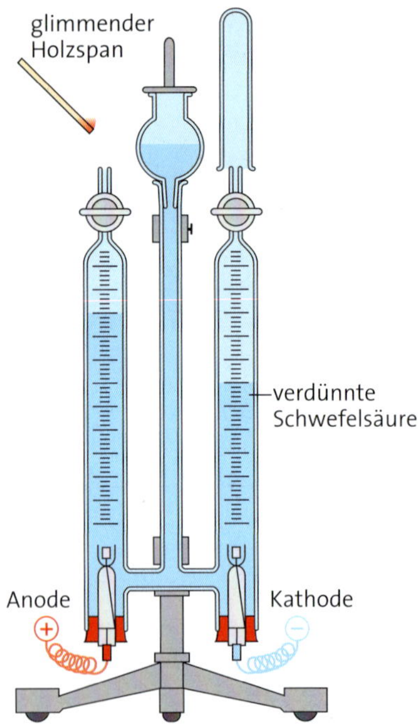


**B1** *HOFMANN'scher Zersetzungsapparat*

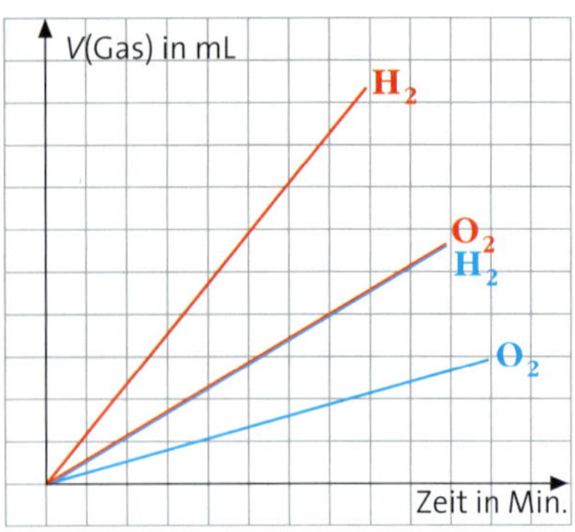


**B2** *Bildung von Wasserstoff und Sauerstoff durch Elektrolyse von Wasser bei verschiedenen Stromstärken. Bei der einen Elektrolyse (rote Geraden) war die Stromstärke doppelt so groß wie bei der anderen (blaue Geraden).*

| Größe | Einheit |
|---|---|
| Stromstärke $I$<br>Zeit $t$ | A (Ampere)<br>s (Sekunde) |
| Ladung $Q = I \cdot t$ | As(Amperesekunde) = C(Coulomb) |

**B3** *Zusammenhang zwischen Ladung, Stromstärke und Zeit*

# Wasser unter Strom

## *Versuch*

***V1*** Füllen Sie in einen HOFMANN'schen Wasserzersetzungsapparat (B1) verdünnte Schwefelsäure *, $c$ = 0,5 mol/L. Legen Sie über zwei Platin-Elektroden eine Spannung von 10 bis 20 V an. Messen Sie mit einem in den Stromkreis eingebauten Amperemeter die Stromstärke. Sie sollte konstant zwischen 200 und 500 mA liegen. Lassen Sie den Versuch einige Minuten bei geöffneten Hähnen laufen, sodass die gebildeten Gase zunächst noch entweichen können. Schließen Sie dann die Hähne gleichzeitig und lesen Sie die entstehenden Gasvolumina in Abständen von 1 Minute ab.

Führen Sie mit dem Kathodengas (Minuspol) die Knallgasprobe und mit dem Anodengas (Pluspol) die Glimmspanprobe durch.

Wiederholen Sie den Versuch bei einer anderen Stromstärke.

## *Auswertung*

a) Geben Sie an, welche Gase am Minus- bzw. am Pluspol nachgewiesen werden und formulieren Sie die Teilgleichungen für die ablaufenden Reaktionen.

b) Legen Sie eine Messwertetabelle an und stellen Sie die Messwerte analog zu B2 grafisch dar. Ermitteln Sie mithilfe von B3 jeweils die Ladung, die bei der Elektrolyse geflossen ist.

| Stromstärke $I$ in A | Zeit $t$ in s | Ladung $Q$ in As | Volumen Wasserstoff $V(H_2)$ in mL | Volumen Sauerstoff $V(O_2)$ in mL |
|---|---|---|---|---|
| | | | | |

c) Werten Sie die grafische Darstellung der Messergebnisse aus, indem Sie auf die Abhängigkeit der Gasvolumina von Stromstärke, Zeit und Ladung eingehen.

d) Berechnen Sie die Stoffmengen der entstandenen Gase nach $n = V/V_m$. Gehen Sie dabei von der vereinfachenden Annahme aus, dass das molare Volumen $V_m$ bei Raumtemperatur und Normdruck $V_m$ = 24 L/mol ist.

## Elektrolyse und FARADAY-Gesetze

Elektrischer Strom lässt sich nutzen, um energiereiche Stoffe zu gewinnen. So erhält man beispielsweise durch die Elektrolyse von Wasser Wasserstoff für Brennstoffzellen (vgl. S. 105). Bei dieser Elektrolyse beobachtet man an den Elektroden eine Gasbildung, es entstehen Wasserstoff und Sauerstoff:

Minuspol (Reduktion): $2\ H_3O^+(aq) + 2\ e^- \longrightarrow H_2(g) + 2\ H_2O(l)\ |\cdot 2$

Pluspol (Oxidation): $6\ H_2O(l) \longrightarrow O_2(g) + 4\ e^- + 4\ H_3O^+(aq)$

Gesamtreaktion: $2\ H_2O \longrightarrow 2\ H_2(g) + O_2(g)$

Bei der Elektrolyse von Wasser im HOFMANN'schen Zersetzungsapparat stellt man fest, dass bei gleicher Stromstärke ein doppelt so großes Volumen an Wasserstoff wie an Sauerstoff entsteht.
Weiterhin zeigen die Ergebnisse von V1, dass die elektrolytisch abgeschiedenen Stoffmengen an Wasserstoff und Sauerstoff proportional zur Stromstärke und Zeit zunehmen. Das Produkt aus Stromstärke und Zeit nennt man **Ladung *Q*** (B3).
Die Proportionalität zwischen abgeschiedener Stoffmenge und der durch den Stromkreis geflossenen Ladung ist im **1. FARADAY-Gesetz** (B5) formuliert.
Die Stoffmenge an elektrolytisch abgeschiedenem Wasserstoff ist doppelt so groß wie die Stoffmenge an Sauerstoff, wenn durch die Lösung die gleiche Ladung geflossen ist. Dies lässt sich mithilfe der Reaktionsgleichungen erklären: Zur Abscheidung eines Wasserstoff-Moleküls werden 2 Elektronen aufgenommen (benötigt), während bei der Bildung eines Sauerstoff-Moleküls 4 Elektronen abgegeben werden.
Die Stoffmenge der elektrolytisch abgeschiedenen Stoffe ist also abhängig von der Anzahl der an der Kathode (Minuspol) aufgenommenen bzw. an der Anode (Pluspol) abgegebenen Elektronen. Dieser Zusammenhang ist im **2. FARADAY-Gesetz** formuliert.
Aus den experimentellen Ergebnissen lässt sich beispielsweise auch ermitteln, welche Ladung zur Reduktion von 1 mol Oxonium-Ionen nötig ist. Bei genauen Messungen erhält man die Ladung $Q = 96487$ C.
Diese Größe wird als **FARADAY-Konstante $F = 96487$ C/mol** bezeichnet.

**B4** *Der englische Physikochemiker MICHAEL FARADAY (1791–1867) führte die Begriffe Ion, Anion, Kation, Anode, Kathode, Elektrode und Elektrolyse ein.*

**1. FARADAY-Gesetz**
Die elektrolytisch abgeschiedene Stoffmenge *n* eines Stoffes X ist der durch den Stromkreis geflossenen Ladung *Q* proportional:
$n(X) \sim I \cdot t$ oder $n(X) \sim Q$.

**2. FARADAY-Gesetz**
Die Ladung *Q*, die zur Abscheidung einer bestimmten Stoffmenge *n* eines Stoffes X benötigt wird, ist proportional zu der Anzahl an Elektronen, die für die Bildung des Teilchens X aufgenommen oder abgegeben werden:
$Q \sim n(X) \cdot z$.

Die FARADAY-Gesetze lassen sich unter Einbeziehung der FARADAY-Konstante zusammenfassen:
$Q = n(X)\, z \cdot F$ oder
$n(X) = Q/z \cdot F$.

**B5** *FARADAY-Gesetze*

### *Aufgaben*

***A1*** Berechnen Sie die Ladungen, die bei V1 geflossen sind.

***A2*** Ermitteln Sie die Ladung, die bei V1 zur Abscheidung von 0,5 mol Wasserstoff (Reduktion von 1 mol Oxonium-Ionen) geflossen ist und vergleichen Sie diesen Wert mit der FARADAY-Konstante.

***A3*** Die Einheit der elektrischen Stromstärke liegt dann vor, wenn aus einer Silbernitrat-Lösung in einer Sekunde 1,118 g Silber abgeschieden werden. Bestätigen Sie diese Aussage anhand einer Berechnung.

### Fachbegriffe

Ladung, FARADAY-Gesetze, FARADAY-Konstante

# Elektrolysen in der Metallurgie

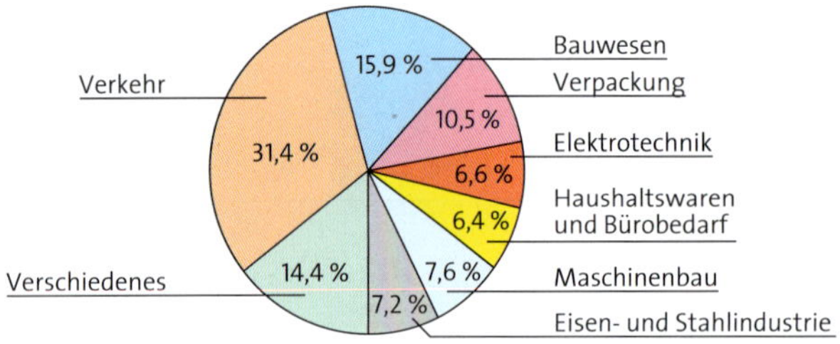


**B1** *Einsatzbereiche von Aluminium, dem zweitwichtigsten Gebrauchsmetall (nach Eisen)*

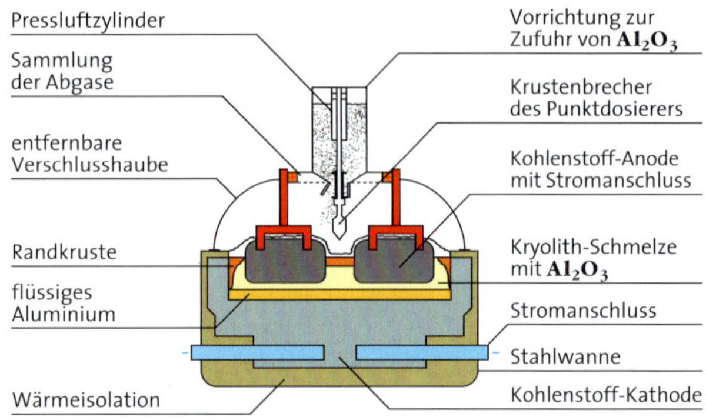


**B2** *Elektrolysezelle zur Aluminium-Gewinnung*

## Aluminium-Herstellung durch Schmelzfluss-Elektrolyse

Aluminium ist das Metall, das nach Stahl weltweit am meisten produziert und verarbeitet wird. Getränkedosen, Fensterrahmen, Fahrradrahmen, Autokarosserien und Flugzeuge sind nur einige Beispiele für die Anwendungsbereiche dieses Leichtmetalls (B1).

Wie Natrium und andere Metalle vom oberen Ende der Spannungsreihe (vgl. S. 71) lässt sich Aluminium nicht durch Elektrolyse wässriger Lösungen seiner Salze herstellen. Stattdessen wird eine Elektrolyse der geschmolzenen Salze, die Schmelzfluss-Elektrolyse, durchgeführt. Als dritthäufigstes Element (nach Sauerstoff und Silicium) kommt Aluminium in vielen Gesteinen gebunden vor. Das wichtigste natürlich vorkommende Aluminiumgestein ist Bauxit[1], das zu etwa 50 % aus Aluminiumoxid $\mathbf{Al_2O_3}$ besteht und unterschiedliche Mengen an Eisenoxiden und Siliciumdioxid enthält. Für die Schmelzfluss-Elektrolyse benötigt man aber reines Aluminiumoxid. Für dieses wird Bauxit mit Natronlauge unter Druck umgesetzt, sodass Aluminiumoxid gelöst wird und die anderen Bestandteile als unlösliche Rückstände, als Rotschlamm, abgetrennt werden können.

Reines Aluminiumoxid lässt sich wegen seiner hohen Schmelztemperatur von 2 045 °C nicht wirtschaftlich rentabel elektrolysieren. Durch Mischen mit dem Mineral Kryolith $\mathbf{Na_3[AlF_6]}$ kann die Schmelztemperatur (des Gemischs) auf etwa 950 °C herabgesetzt werden. In der technischen Elektrolysezelle der Schmelzfluss-Elektrolyse (B2) tauchen als Anoden bewegliche Kohleblöcke von oben in die Schmelze.

[1] Benannt nach dem ersten Fundort *Les Baux* in Südfrankreich.

Es wird bei einer Spannung von ca. 5 V und einer Stromstärke von 100 bis 150 kA elektrolysiert. Dabei laufen vereinfacht folgende Reaktionen ab:

Kathode: $Al^{3+} + 3\,e^- \longrightarrow Al \quad | \cdot 4$

Anode: $2\,O^{2-} \longrightarrow O_2 + 4\,e^- \quad | \cdot 3$

$$2\,Al_2O_3 \longrightarrow 4\,Al + 3\,O_2$$

Mit einem Reinheitsgrad von 99,8 % ist das elektrolytisch hergestellte Aluminium nahezu ein Reinstoff. Die Kohle-Elektroden der Anode verbrennen bei der Elektrolyse unter Bildung von Kohlenstoffdioxid und müssen daher immer wieder erneuert werden. Da auch geringe Mengen Fluor und Fluorverbindungen gebildet werden, müssen die Abgase durch Überleiten über Aluminiumoxid gereinigt werden. Dieses wird der Elektrolyt-Schmelze erneut zugeführt.

Die beim Stromfluss erzeugte Wärme und die durch die Anodenverbrennung freiwerdende Verbrennungswärme halten die Elektrolyt-Schmelze flüssig, ohne dass weitere Energie hinzugefügt werden muss. Dennoch ist die Aluminium-Gewinnung sehr energieaufwendig. Eine Aluminiumhütte benötigt für die Erzeugung von einer Tonne Aluminium neben 4 000 kg Bauxit, 600 kg Kohle und 80 kg Kryolith auch eine elektrische Energie von etwa 15 000 kWh. Aluminiumhütten liegen daher zumeist in der Nähe leistungsfähiger Kraftwerke. Das Umschmelzen von Aluminiumschrott erfordert nur etwa 10 % der Energie, die zur Erzeugung von Aluminium aus Bauxit erforderlich ist. Aluminium-Recycling ist daher ökonomisch und ökologisch sinnvoll.

## Elektrolysen in der Metallurgie

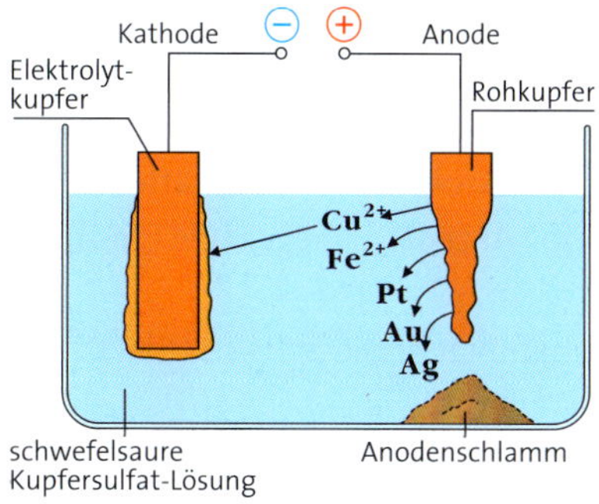


**B3** *Elektrolytische Raffination von Kupfer*

### Elektrolytische Kupfer-Raffination[2]

Kupfer ist nach Eisen und Aluminium das drittwichtigste Gebrauchsmetall. Es wird beispielsweise für Stromkabel, Münzen und Wasserrohre genutzt. Etwa die Hälfte des gewonnenen Kupfers wird wegen seiner guten elektrischen Leitfähigkeit in der Elektrotechnik verwendet. Da die elektrische Leitfähigkeit des Kupfers durch Spuren von Fremdmetallen stark beeinträchtigt wird, muss das durch Verhüttung gewonnene Rohkupfer erst elektrolytisch gereinigt werden.

Die **elektrolytische Raffination** des Kupfers beruht auf der Trennung der Metalle nach ihren Redoxpotenzialen. Dazu wird das **Rohkupfer**, das neben anderen Metallen auch Eisen, Zink, Nickel, Chrom, Arsen, Silber und Gold enthält, in Form von Blechen als Anode geschaltet. Reinkupferbleche bilden die Kathode (B3). Als Elektrolyt-Lösung dient schwefelsaure Kupfersulfat-Lösung.

Bei der elektrolytischen Kupfer-Raffination laufen folgende Vorgänge ab:

Anode:

$$\mathrm{Cu(s)_{roh}} \longrightarrow \mathrm{Cu^{2+}(aq)} + 2\,\mathrm{e^-};\quad E° = 0{,}35\ \mathrm{V}$$

Kathode:

$$\mathrm{Cu^{2+}(aq)} + 2\,\mathrm{e^-} \longrightarrow \mathrm{Cu(s)_{rein}};\quad E° = 0{,}35\ \mathrm{V}$$

Die Zersetzungsspannung (vgl. S. 112, 113) dieser Elektrolyse ist theoretisch null. Während der Elektrolyse steigt aber die Konzentration der Kupfer-Ionen an der Anode und sinkt an der Kathode, da an der Anode ständig Kupfer-Ionen in Lösung gehen und an der Kathode aus der Lösung durch Reduktion entfernt werden.

[2] von *raffiner* (franz.) = verfeinern

Aufgrund dieses Konzentrationsgefälles ist das Elektrodenpotenzial zwischen den beiden Elektroden wie bei einer Konzentrationszelle nicht gleich. Es muss also eine geringe Elektrolysespannung von 0,2 V bis 0,3 V angelegt werden.

An der Anode werden außer Kupfer auch andere, unedlere Metalle oxidiert und gehen als Metall-Ionen in Lösung. Die edleren Metalle wie Silber, Gold oder Platin werden bei den niedrigen Elektrolysespannungen nicht oxidiert. Sie werden aus dem metallischen Kristallverband der sich auflösenden Kupfer-Anode freigesetzt und fallen als wertvoller Anodenschlamm auf den Boden. An der Kathode werden von allen in der Lösung befindlichen, aus der Rohkupfer-Elektrode stammenden Metall-Ionen nur die Kupfer-Ionen reduziert, da Kupfer das größte Elektrodenpotenzial aufweist. An der Kupfer-Kathode wird daher hochreines Elektrolytkupfer abgeschieden.

### *Aufgaben*

*A1* Erläutern Sie, weshalb man die Elektrolysespannung bei der Kupfer-Raffination möglichst gering hält.

*A2* Berechnen Sie, wie lange elektrolysiert muss, um bei einer Stromstärke von $I = 10\,000$ A eine Masse von $m = 10$ g Kupfer abzuscheiden (*Hinweis*: vgl. FARADAY-Gesetze, S. 106, 107).

*A3* In der Praxis verwendet man bei der elektrolytischen Kupfer-Raffination eine mit Schwefelsäure angesäuerte Kupfersulfat-Lösung. Erklären Sie, welche Vorteile der Schwefelsäurezusatz hat und warum an den Elektroden dennoch nur Reaktionen ablaufen, an denen die Ionen aus der Schwefelsäure nicht beteiligt sind.

*A4* Bei der elektrolytischen Kupfer-Raffination können Schwierigkeiten auftreten, wenn die Arsen-Ionenkonzentration in der Lösung stark ansteigt. Erklären Sie diesen Sachverhalt und berechnen Sie die Arsen-Ionenkonzentration, bei der die Abscheidung von Arsen und Kupfer gleichberechtigt ist, wenn man eine Kupfer-Ionenkonzentration von $c = 0{,}01$ mol/L annimmt (*Hinweis*: $E°\ (\mathrm{As/As^{3+}} = 0{,}30\ \mathrm{V})$.

## Basiskonzepte erleichtern den Überblick

Das chemische Wissen ist sehr umfangreich und vielfältig.
Das **Fachwissen** lässt sich in seiner Komplexität besser *verstehen*, *systematisieren*, in größere Zusammenhänge *einbinden* und mit dem Wissen anderer Fächer *vernetzen*, wenn man es in wenige, allgemeine und übergeordnete **Basiskonzepte** einordnet.
Diese Basiskonzepte **Stoff – Teilchen**, **Struktur – Eigenschaften**, **Energie**, **Chemisches Gleichgewicht** und **Donator-Akzeptor** spiegeln die Prinzipien der Chemie wider.
Sie haben sich als geeignet und hilfreich erwiesen, um die Phänomene der Stoffebene und ihre Erklärungen auf der Teilchenebene zu ordnen, zu kategorisieren und zu strukturieren.

Basiskonzept **Stoff – Teilchen** und Basiskonzept **Struktur – Eigenschaften**

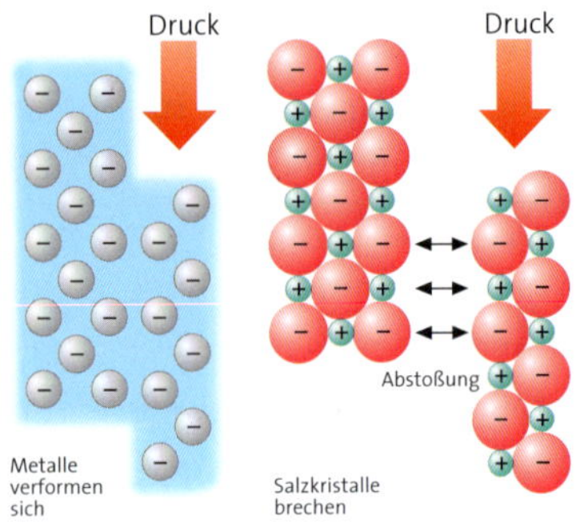


Basiskonzept **Energie**

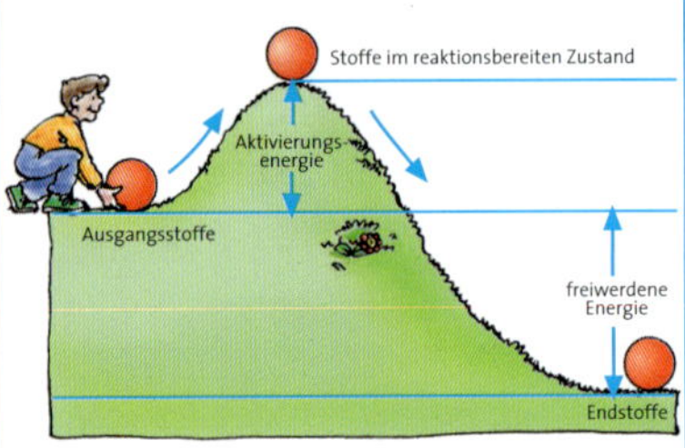


Basiskonzept **Chemisches Gleichgewicht**

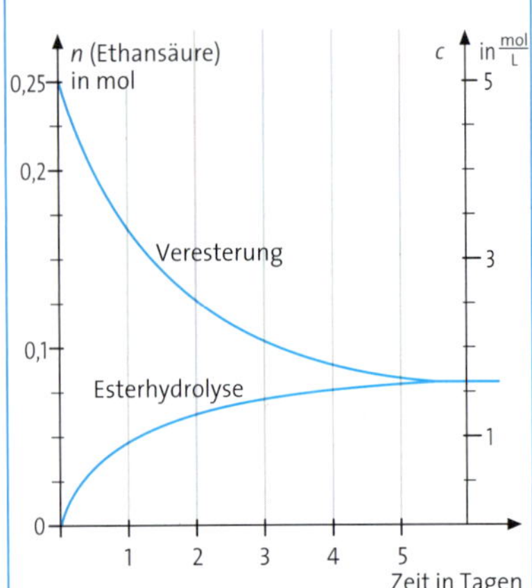


**B1** *Die Abbildungen zeigen die vier bereits bekannten Basiskonzepte.* **A:** *Erläutern Sie die Basiskonzepte, indem sie die Darstellungen einbeziehen.*

### INFO Ein weiteres Basiskonzept: das Donator-Akzeptor-Konzept

| | |
|---|---|
| Säure<br>Protonen-Donator<br>$H_3O^+ \rightarrow H_2O + H^+$<br>$NH_4^+ \rightarrow NH_3 + H^+$<br>$HCOOH \rightarrow HCOO^- + H^+$ | Reduktionsmittel<br>Elektronen-Donator<br>$Fe \rightarrow Fe^{2+} + 2\,e^-$<br>$Al \rightarrow Al^{3+} + 3\,e^-$<br>$CH_3OH \rightarrow HCHO + 2\,H^+ + 2\,e^-$ |
| Base<br>Protonen-Akzeptor<br>$NH_3 + H^+ \rightarrow NH_4^+$<br>$O^{2-} + H^+ \rightarrow OH^-$ | Oxidationsmittel<br>Elektronen-Akzeptor<br>$Cu^{2+} + 2\,e^- \rightarrow Cu$<br>$Fe^{3+} + 3\,e^- \rightarrow Fe$ |
| Protolyse<br>Protonenübertragung<br>$HCl + H_2O \rightleftharpoons H_3O^+ + Cl^-$ | Redoxreaktion<br>Elektronenübertragung<br>$Zn + Cu^{2+} \rightleftharpoons Zn^{2+} + Cu$ |
| Säure-Base-Paare<br>$HCO_3^- / CO_3^{2-}$<br>$H_3O^+ / H_2O$<br>$HNO_3 / NO_3^-$<br>$OH^- / O^{2-}$ | Redoxpaare<br>$Zn / Zn^{2+}$<br>$(H_2 + 2\,H_2O) / 2\,H_3O^+$<br>$(NO_2^- + H_2O) / (NO_3^- + 2\,H^+)$<br>$2\,O^{2-} / O_2$ |
| HENDERSON-HASSELBALCH-Gleichung<br>$pH = pK_s + \lg \frac{c(\text{konj. Base})}{c(\text{Säure})}$<br>wenn $c$(konj. Base) = $c$(Säure)<br>$pH = pK_s$<br>allgemein<br>$pH = -E(H_2/2\,H^+)/0{,}059$ | NERNST-Gleichung<br>$E = E° + \frac{0{,}059}{z}\,V \cdot \lg \frac{c_{Ox}}{c_{Red}}$<br>wenn $c(Ox) = c(Red)$<br>$E = E°$<br>allgemein<br>$E(H_2/2\,H^+) = -0{,}059 \cdot pH$ |

### Auswertung

a) Nennen Sie für jede der in *INFO* angegebenen Gegenüberstellungen von Protolyse- und Redoxreaktionen die Gemeinsamkeiten und Unterschiede.

b) Begründen Sie, warum die Fällungsreaktionen, z. B. die Reaktion $Ag^+(aq) + Cl^-(aq) \rightarrow AgCl(s)$, nicht zu den in *INFO* angegebenen Reaktionen passt.

## Das Donator-Akzeptor-Konzept

Säure, Base, Oxidation und Reduktion gehören zu den wichtigsten Fachbegriffen in dem System der chemischen Fachsprache. Ihre Bedeutung hat sich aber im Laufe der Zeit immer wieder geändert:
Die Definitionen dieser Begriffe wurden den neuen Erkenntnissen in der Chemie angepasst (vgl. S. 22, 23 und S. 61).
Die früheren Definitionen basierten oft auf der *Art* der an bestimmten Reaktionen beteiligten Stoffe und Teilchen. Bei den neueren Definitionen nach dem **Donator-Akzeptor-Konzept** stehen die *Funktionen* der Teilchen bei Reaktionen im Vordergrund: Welche Teilchen an einer Reaktion beteiligt sind, ist nicht mehr von aussschlaggebender Bedeutung. Wichtig ist nun, ob die betrachteten Teilchen dabei „etwas" abgeben oder aufnehmen.
Wenn **Protonen** abgegeben oder aufgenommen werden, handelt es sich um **Protolysen** (**Säure-Base-Reaktionen**). Bezieht man sich auf **Elektronen**, die abgegeben oder aufgenommen werden, finden **Redoxreaktionen** statt. Mit dem Donator-Akzeptor-Konzept werden alle Protolysen und alle Redoxreaktionen erfasst.
Das Donator-Akzeptor-Konzept erweist sich als gewinnbringend für das Ordnungssystem in der Chemie, wenn man weitere grundlegende Begriffe im Zusammenhang mit den Säure-Base-Reaktionen nach BRÖNSTED und den Redoxreaktionen wie in *INFO* gegenübergestellt.
Man erkennt eine sinnvolle, leicht einprägsame Übereinstimmung dieser Begriffe und der damit verbundenen Modelle und Anwendungen. Sogar mathematische Gleichungen, die quantitative Zusammenhänge beschreiben, sind verblüffend ähnlich: Die HENDERSON-HASSELBALCH-Gleichung für Puffersysteme ist wie die NERNST-Gleichung für Redoxpaare eine lineare Gleichung mit einem logarithmischen Term als Variable, unter dem Logarithmus steht jeweils das Verhältnis der Konzentrationen eines Donator-Akzeptor-Paares.
In Erweiterung des Donator-Akzeptor-Konzepts kann man auch Reaktionen betrachten, bei denen zwischen den reagierenden Teilchen nicht einzelne Elektronen, sondern **Elektronenpaare** übertragen werden. Solche Teilchen bezeichet man als **LEWIS-Säuren** bzw. **LEWIS-Basen** (B3). Beispiele für LEWIS-Säuren sind Aluminiumchlorid $\mathbf{AlCl_3}$ und Eisen(III)-chlorid $\mathbf{FeCl_3}$, die bei Substitutionsreaktionen an Aromaten als Katalysatoren wirken (vgl. S. 190, 191).

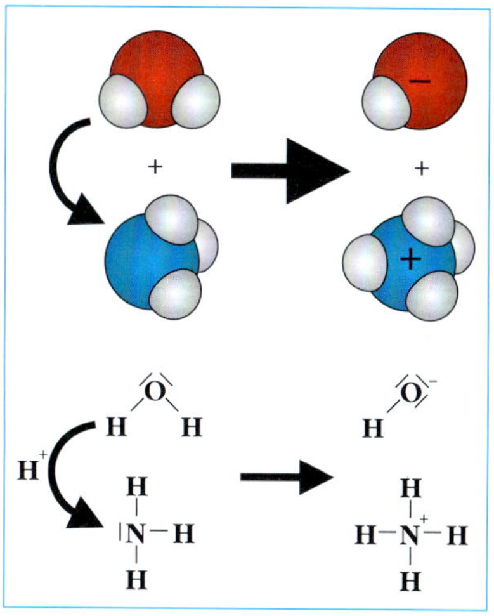


**B2** *Donator-Akzeptor-Konzept mit Kalottenmodellen und Valenzstrichformeln.*
*A: Benennen Sie die dargestellten Teilchen und ihre Funktionen.*

| LEWIS-Säuren | | LEWIS-Basen | | |
|---|---|---|---|---|
| $BF_3$ | + | $(CH_3)_3N$ | → | $(CH_3)_3N\text{-}BF_3$ |
| $AlCl_3$ | + | $Br_2$ | → | $[AlCl_3Br]^- + Br^+$ |
| $Ag^+$ | + | $2\ NH_3$ | → | $[Ag(NH_3)_2]^+$ |
| $Ni$ | + | $4\ CO$ | → | $Ni(CO)_4$ |

**B3** *GILBERT NEWTON LEWIS definierte im Jahr 1923 Säuren als Elektronenpaar-Akzeptoren und Basen als Elektronenpaar-Donatoren. A: Zeichnen Sie für die ersten zwei Beispiele Valenzstrichformeln, und geben sie durch gebogene Pfeile die übertragenen Elektronenpaare an.*

### *Aufgaben*

*A1* Zeigen Sie an selbst gewählten Beispielen, dass die Definitionen von Säuren und von Oxidationsmitteln nach dem Donator-Akzeptor-Konzept die ARRHENIUS-Definiton von Säuren bzw. Sauerstoff als Oxidationsmittel nach LAVOISIER mit einschließen.

*A2* Begründen Sie, inwiefern man die Umsetzung von Eisen mit einer Kupfersulfat-Lösung den Basiskonzepten – Donator-Akzeptor-Prinzip, Energie, Chemisches Gleichgewicht, Stoff-Teilchen-Konzept – zuordnen kann.

### Fachbegriffe

Donator-Akzeptor-Konzept, Protonen, Protolysen (Säure-Base-Reaktionen nach BRÖNSTED), Elektronen, Redoxreaktionen, Elektronenpaare, LEWIS-Säuren und -Basen

**B1** *Zellensaal einer Chlor-Alkali-Elektrolyse*

## Vom Kochsalz zum Chlor

### Versuch

***V1*** Füllen Sie in ein U-Rohr Natriumchlorid-Lösung, $c = 1$ mol/L, geben Sie einige Tropfen Phenolphthalein-Lösung* hinzu und tauchen Sie zwei Graphit-Elektroden hinein. Verbinden Sie die Elektroden mit einer Gleichspannungsquelle und elektrolysieren Sie einige Minuten mit ca. 6 Volt.

### Auswertung

a) Geben Sie an, wie man die an den Elektroden entstehenden Gase nachweisen kann.

b) Begründen Sie die Verfärbung des Indikators.

c) Formulieren Sie für die Elektrodenvorgänge die Reaktionsgleichungen.

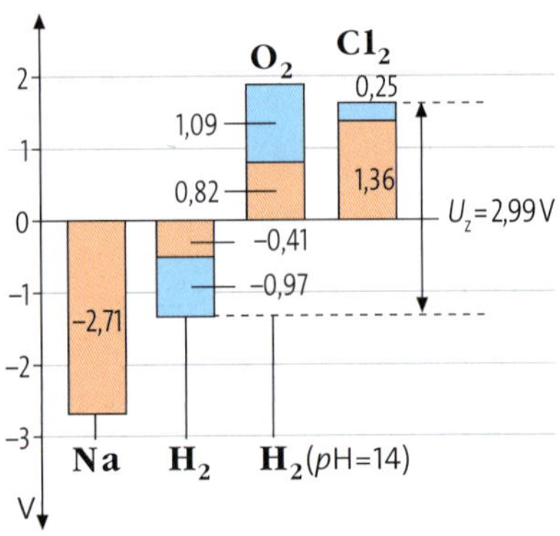


**B2** *Elektronenpotenziale (braun), Überpotenziale (blau), Abscheidungspotenziale (braun plus blau) und Zersetzungsspannung $U_z$ bei der Elektrolyse von Natriumchlorid-Lösung an Graphit-Elektroden (Stromdichte: $10^{-1}$ A/cm²)*

Bei der Elektrolyse einer wässrigen Natriumchlorid-Lösung entsteht an der Anode Chlorgas:

$2\,Cl^-(aq) \longrightarrow Cl_2(g) + 2\,e^-$; $E° = +1{,}36$ V

An der Kathode entstehen Wasserstoff und Hydroxid-Ionen:

$2\,H_2O(l) + 2\,e^- \longrightarrow H_2(g) + 2\,OH^-(aq)$; $E° = -0{,}41$ V; bei $pH = 7$

Man könnte an der Kathode auch eine Reduktion der Natrium-Ionen erwarten:

$Na^+(aq) + e^- \longrightarrow Na(s)$; $E° = -2{,}71$ V

Wenn man aber die Elektrodenpotenziale vergleicht, wird deutlich, dass zur Reduktion von Wasser-Molekülen und Abscheidung von Wasserstoff eine geringere Spannung nötig ist als zur Reduktion von Natrium-Ionen und Abscheidung von Natrium-Metall.

Aufgrund der Elektrodenpotenziale alleine sollte man nun allerdings erwarten, dass an der Anode Sauerstoff statt Chlor gebildet wird:

$2\,H_2O(l) \longrightarrow O_2 + 4\,H^+ + 4\,e^-$; $E° = +0{,}82$ V; bei $pH = 7$

Zur Abscheidung von Sauerstoff ist offensichtlich eine höhere Spannung nötig, als man nach dem Elektrodenpotenzial berechnet. Diese Differenz zwischen dem tatsächlichen **Abscheidungspotenzial** und dem Elektrodenpotenzial bezeichnet man als **Überpotenzial** (B2). Dieses ist abhängig vom Elektrodenmaterial (B3), der Ionenkonzentration der Lösung und der Stromdichte[1]. Bei der Abscheidung von Metallen ist das Überpotenzial so gering, dass es kaum ins Gewicht fällt. Größere Überpotenziale treten aber bei der Abscheidung von Gasen auf.

An Graphit-Elektroden, die im Allgemeinen als Anoden bei der Elektrolyse verwendet werden, ist das Überpotenzial von Sauerstoff größer als das von Chlor, sodass das Abscheidungspotenzial von Sauerstoff größer wird als das von Chlor. Daher wird bei der Elektrolyse einer Natriumchlorid-Lösung bevorzugt Chlor abgeschieden. Die Differenz der Abscheidungspotenziale ist die für die Elektrolyse notwendige Mindestspannung, die **Zersetzungsspannung** $U_z$ (B2).

| Gas | Elektrode | Überpotenzial |
|---|---|---|
| Wasserstoff | Platin<br>Graphit | −0,05 V<br>−0,97 V |
| Sauerstoff | Platin<br>Graphit | +0,65 V<br>+1,09 V |
| Chlor | Platin<br>Graphit | +0,03 V<br>+0,25 V |

**B3** *Gemessene Potenziale zur Abscheidung verschiedener Gase; Stromdichte: $10^{-1}$ A/cm².*
*A: Begründen Sie, welche Produkte zu erwarten sind, wenn man die Chlor-Alkali-Elektrolyse mit Platin-Elektroden durchführt. Geben Sie die Zersetzungsspannung an.*

[1] Als Stromdichte bezeichnet man den Quotienten aus Stromstärke und Elektrodenoberfläche.

## Die technische Chlor-Alkali-Elektrolyse

Das Element Chlor $Cl_2$ ist eine der wichtigsten Grundchemikalien. In vielen Produkten des täglichen Lebens ist Chlor in gebundener Form enthalten und zahlreiche chlorfreie Alltagsprodukte werden mithilfe von Chlor hergestellt. Rohstoff für die Produktion von Chlor ist Steinsalz, Natriumchlorid. Aus diesem werden jährlich ca. 4 Millionen Chlor durch Elektrolyse von Natriumchlorid-Lösung hergestellt. Man unterscheidet bei der Elektrolyse, die nach den Produkten als **Chlor-Alkali-Elektrolyse** bezeichnet wird, drei verschiedene Verfahren.

Bei dem **Diaphragma-Verfahren** werden Anoden- und Kathodenraum durch ein Diaphragma aus Asbest getrennt. Als Kathode dienen Eisennetze, als Anode Graphit- oder Titanstäbe. Die Kochsalz-Lösung, **Sole** genannt, wird in den Anodenraum eingeleitet und die entstehende Natronlauge aus dem Kathodenraum abgezogen (B4). Das Diaphragma ist für Ionen durchlässig. Dadurch gelangen Chlorid-Ionen in den Kathodenraum, sodass die entstehende Natronlauge durch Natriumchlorid verunreinigt ist. Aufgrund der Asbestbelastung und der Tatsache, dass man keine konzentrierte und hochreine Natronlauge gewinnt, ist dieses Verfahren in den letzten Jahren rückläufig.

Beim **Membran-Verfahren**, das dem Diaphragma-Verfahren ähnelt, sind Anoden- und Kathodenraum durch eine Kunststoff-Membran getrennt, die nur für Natrium-Ionen $Na^+$, nicht aber für Chlorid- $Cl^-$ und Hydroxid-Ionen $OH^-$ durchlässig ist. Daher ist die entstehende Natronlauge rein, d.h. frei von Chlorid-Ionen $Cl^-$ (B5). Da Neuanlagen zur Chlorgewinnung zumeist nach dem Membran-Verfahren konstruiert werden, liegt der Chloranteil aus diesem Verfahren in Deutschland mittlerweile bei ca. 10%.

Ein Teil des Chlors wird in Deutschland nach dem **Amalgam-Verfahren** produziert. Hierbei verwendet man als Kathode ein geneigtes Stahlblech, über das flüssiges Quecksilber fließt (B6). Die Besonderheit des Verfahrens liegt darin, dass sich auf dem kathodischen Quecksilber nicht Wasserstoff, sondern elementares Natrium abscheidet. Es bildet mit dem Quecksilber eine Legierung, das Natrium-Amalgam. Das gebildete Natrium-Amalgam fließt mit dem Quecksilber aus der Elektrolysezelle in einen **Amalgam-Zersetzer**. Dort wird das im Natrium-Amalgam enthaltene Natrium mit Wasser zu chloridfreier Natronlauge und Wasserstoff umgesetzt. Das Quecksilber wird dem Elektrolysevorgang wieder zugeführt. Da über das Amalgam-Verfahren etwa 1 g Quecksilber pro Tonne Chlor durch Emission in die Umwelt gelangt, wird dieses Verfahren zunehmend durch das umweltfreundlichere Membran-Verfahren ersetzt.

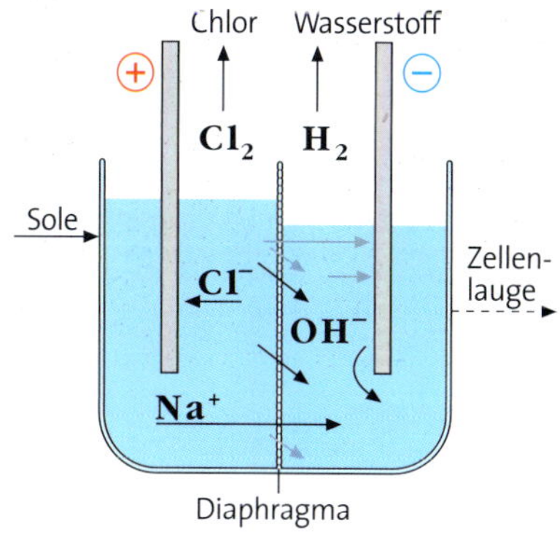

**B4** *Schema einer Diaphragma-Zelle*

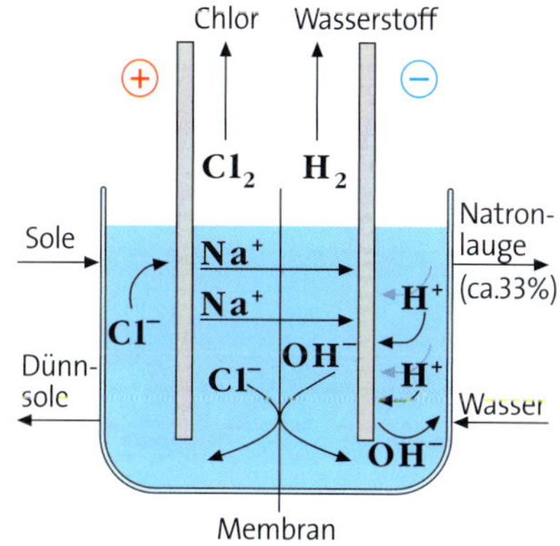

**B5** *Schema einer Membran-Zelle*

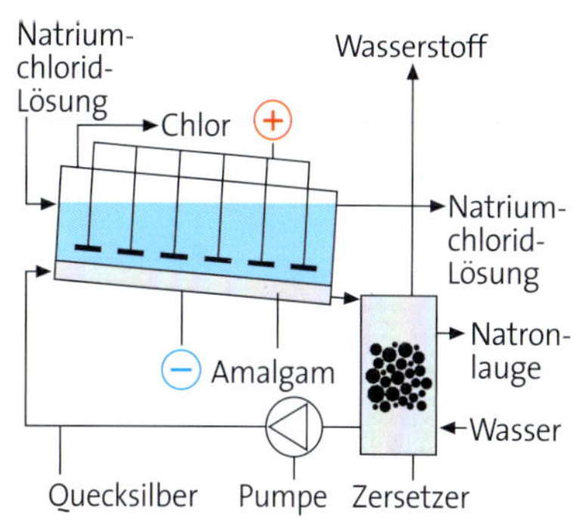

**B6** *Schema einer Elektrolysezelle nach dem Amalgam-Verfahren mit Amalgam-Zersetzer*

### *Aufgabe*

***A1*** Berechnen Sie, wie viele Tonnen Chlor täglich beim Amalgam-Verfahren produziert werden, wenn eine Stromstärke von 390 000 Ampere vorliegt.

### Fachbegriffe

Chlor-Alkali-Elektrolyse, Diaphragma-, Membran-, Amalgam-Verfahren

# Wenn der Rost alles frisst

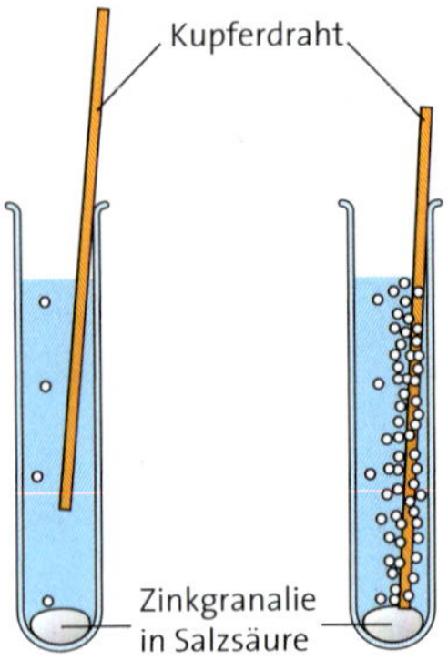


**B1** *Reaktion von Zink mit Salzsäure unter verschiedenen Bedingungen (V1)*

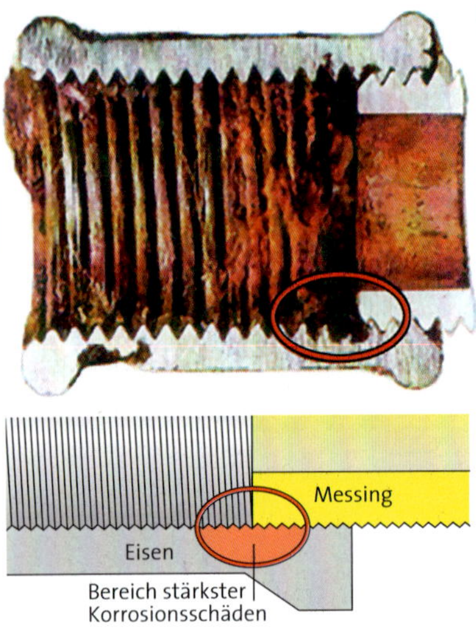


**B2** *Kontaktkorrosion von Eisen*

## *Versuch*

***V1*** Geben Sie in ein Rggl. verdünnte Salzsäure* und eine Zinkperle und beobachten Sie die Gasentwicklung. Berühren Sie die Zinkperle mit einem Kupfer- oder Platindraht (B1) und beobachten Sie erneut die Gasentwicklung.

## *Auswertung*

a) Bei V1 ist die Bildung von Wasserstoff im zweiten Teil viel lebhafter, also dann, wenn die Zinkperle vom Kupfer- oder Platindraht berührt wird (B1). Die Wasserstoffbläschen bilden sich überwiegend am Kupferdraht. Erklären Sie, wie die Bildung von Wasserstoff an der Zinkperle und am Kupferdraht erfolgt.

b) Obwohl sich bei V1 die Wasserstoffbläschen überwiegend am Kupferdraht bilden, wird die Zinkperle nach längerer Zeit „aufgelöst", während der Kupferdraht seine Masse nicht verändert. Erklären Sie dies.

c) B2 zeigt das verrostete Gewinde eines Eisenrohrs, das in ein Messingstück (Kupfer-Zink-Legierung) eingedreht ist und einer sauren Lösung ausgesetzt war. Erläutern Sie den Zusammenhang zwischen den Beobachtungen bei V1 (B1) und diesem Beispiel aus der technischen Praxis.

d) Bei V1 ist die Bildung von Wasserstoffbläschen am deutlichsten ausgeprägt, wenn ein Platindraht verwendet wird, weniger deutlich bei einem Kupferdraht und noch weniger deutlich bei einem Eisendraht. Erklären Sie diese Reihenfolge.

e) Vergleichen Sie die in B3 und in *INFO* beschriebene Säurekorrosion und Sauerstoffkorrosion mit den Korrosionen in V1 (B1) und in B2.

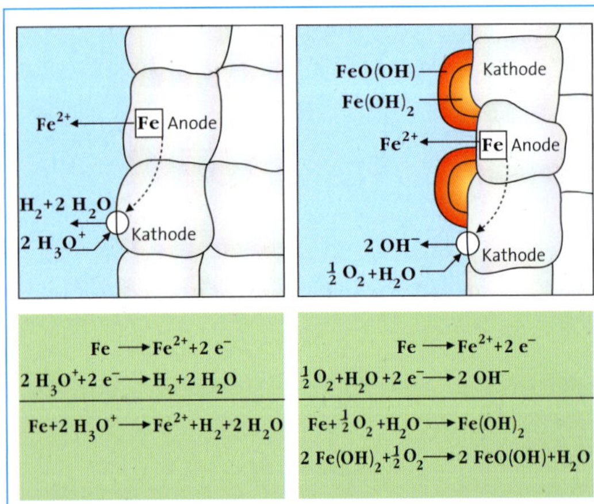


**B3** *Säurekorrosion (links) und Sauerstoffkorrosion von Eisen. Mikroskopisch kleine Kristallite im Eisen fungieren als Lokalanoden und -kathoden.*

## *INFO*

Man bezeichnet eine kurzgeschlossene galvanische Zelle wie in V1 als **Kontaktelement** (**Lokalelement**). Die Oxidation läuft an der Lokalanode (bei V1 die Zinkperle) ab, die Reduktion an der Lokalkathode (bei V1 der Kupfer- oder Platindraht). Allgemein ist das unedlere Metall die Lokalanode, das edlere die Lokalkathode. In einem Lokalelement korrodiert (oxidiert) das unedlere Metall schneller als dann, wenn es in reiner Form vorliegt. Die bei seiner Oxidation freiwerdenden Elektronen fließen in die Lokalkathode und werden von deren Oberfläche an Teilchen aus der Umgebung übertragen. Je nachdem, ob es sich dabei um Wasserstoff-Ionen aus einer sauren Lösung oder Wasser- und Sauerstoff-Moleküle aus der Luftfeuchtigkeit handelt, unterscheidet man zwischen **Säurekorrosion** und **Sauerstoffkorrosion** (B3).

## Korrosion von Metallen

Als **Korrosion** bezeichnet man die Zerstörung von Werkstoffen durch chemische Reaktionen. Metalle korrodieren durch Oxidationsprozesse, bei denen Metall-Atome zu Metall-Ionen oxidiert werden.
Bekanntestes Beispiel für die Korrosion eines Metalls ist das Rosten des wichtigen Werkstoffs Eisen – ein Vorgang, der jährlich einen hohen volkswirtschaftlichen Schaden anrichtet.
Besonders teuer wird es, wenn der **Korrosionsprozess** an technischen Anlagen, Fahrzeugen, Maschinen und Geräten auftritt, deren Inspektion und Reparatur hohe Kosten verursachen, oder wenn er sogar mit einem Sicherheitsrisiko verbunden ist. Dazu können Veränderungen der mechanischen Eigenschaften wie Tragfähigkeit und Festigkeit beitragen, die durch die Bildung von Metallsalzen aus den Metallen hervorgerufen werden (B5). Neben oberflächlichen und gut zu beobachtenden Oberflächenveränderungen entstehen bei der Korrosion Mulden, Löcher und Risse im Material. Diese Auswirkungen der „inneren Korrosion" sind von außen oft nicht erkennbar. Mitunter werden Schäden erst festgestellt, wenn wechselnde Zugspannungen auf ein Bauteil einwirken und Spannungsrisse etwa an Schweißnähten auftreten.
Besonders korrosionsanfällig sind Verbindungsstellen zwischen zwei ungleichartigen Metallen (V1), wie sie an Wasserleitungen auftreten, wenn z. B. Messing und Stahl aufeinander treffen (B2). In jedem Fall kommt es zum Verschleiß des unedleren Metalls.
Grund dafür ist die Bildung von **Kontakt-** oder **Lokalelementen** (*INFO*). Im Gegensatz zu einem galvanischen Element (galvanische Zelle; vgl. S. 136) sind die Donator- und die Akzeptor-Halbzelle in einem Kontaktelement kurzgeschlossen, sodass ein maximaler Elektronenfluss von der Anode zur Kathode gewährleistet ist. Infolgedessen laufen die Elektrodenprozesse, die Oxidation (Korrosion) des unedleren Metalls und die Reduktion von Teilchen aus der Lösung, die das edlere Metall umgibt, rascher ab als bei einem reinen Metall, das mit keinem anderen Metall in Kontakt ist. Allerdings treten selbst bei einem Gegenstand aus ein- und demselben Gebrauchsmetall, z. B. Eisen oder Stahl, durch Verunreinigungen oder lokal unterschiedliche Kristallgitter mikroskopisch kleine Lokalanoden und -kathoden (B3) mit verschiedenen Redoxpotenzialen auf. Dadurch kommt es zur Ausbildung vieler mikroskopisch kleiner Kontaktelemente und entsprechend zu einer schnelleren Korrosion.

**B4** *Erwünschte Rostbildung auf der Oberfläche eines Kunstgegenstandes. Informieren Sie sich, wie solche Rostbilder erzeugt werden, und erläutern Sie, ob es sich auch dabei um Redoxreaktionen handelt.*

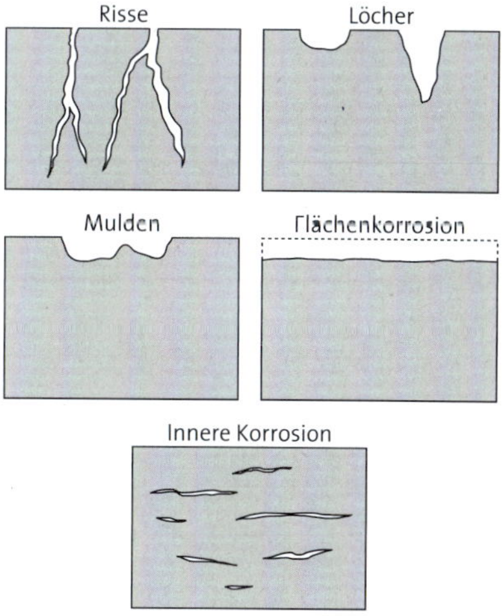


**B5** *Einige Veränderungen am metallischen Werkstoff durch Korrosion*

### *Aufgabe*

*A1* Zinkperlen gibt es in unterschiedlicher Qualität. Gibt man eine Zinkperle aus hochreinem Zink in Salzsäure, so ist nur eine mäßige Wasserstoff-Entwicklung sichtbar. Billige Zinkperlen, die Verunreinigungen aus anderen Metallen, z. B. Eisen, Blei oder Kupfer, enthalten, erzeugen eine heftige Gasbildung. Begründen Sie den Unterschied.

### Fachbegriffe

(elektrochemische) Korrosion, Säure- und Sauerstoffkorrosion, Kontaktelement (Lokalelement)

# Damit der Rost nicht alles frisst

**B1** *Feuerverzinkte Metallträger werden einem Zinkbad entnommen.*

**B2** *Galvanisieren auf einem Markt in Sri Lanka.* **A:** *Vergleichen Sie diese Galvanisierungsvorrichtung mit der aus LV4.*

## Versuche

***V1*** Bereiten Sie drei Eisennägel folgendermaßen vor:

a) Ein Nagel wird mit einem Kupferdraht in der Mitte umwickelt.

b) Ein Nagel wird mit einem Stück Zink verbunden.

c) Ein Nagel wird unbehandelt eingesetzt.

Legen Sie die drei Nägel so in eine Petrischale, dass sich weder die Eisenteile noch die anderen Metalle berühren. Übergießen Sie sie mit der unter V2 beschriebenen Agar-Lösung. Lassen Sie die Schale ruhig stehen! Beobachten Sie die Farberscheinungen.

***V2*** Lösen Sie in 100 mL Wasser 1 g Kaliumnitrat*, 2 mL Phenolphthalein-Lösung*, $w = 1\%$, und einige Kristalle Kaliumhexacyanoferrat(III)* (rotes Blutlaugensalz) auf. Fügen Sie 2 g Agar hinzu und kochen Sie unter Rühren kurz auf.

***V3*** Geben Sie in ein U-Rohr Kochsalz-Lösung, die einige Tropfen Phenolphthalein-Lösung* und Kaliumhexacyanoferrat(III)*-Lösung enthält. Tauchen Sie in beide Schenkel des U-Rohres je einen Eisennagel als Elektrode und legen Sie eine Gleichspannung von $U = 1$ V an. Beobachten Sie die Farbänderungen der Lösung an den Elektroden.

***LV4*** In 50 mL einer mit 10 mL Schwefelsäure*, $c(\mathbf{H_2SO_4}) = 1$ mol/L, angesäuerten Kupfersulfat*-Lösung, $c(\mathbf{CuSO_4}) = 1$ mol/L, wird ein zu verkupferndes Metallstück als Kathode und gegen ein Kupferblech als Anode geschaltet und eine Gleichspannung von ca. 4 V angelegt.

## Auswertung

a) Die Blaufärbung einer Kaliumhexacyanoferrat(III)-Lösung ist ein Nachweis für Eisen(II)-Ionen. Nennen und deuten Sie alle Farbänderungen. Notieren Sie die Beobachtungen bei V1.

b) Erklären Sie die Ergebnisse aus V1 mithilfe geeigneter Fachbegriffe und Reaktionsgleichungen.

c) Planen Sie weitere Möglichkeiten, einen Eisennagel für V1 zu behandeln, um den Einfluss der Behandlung auf die Korrosion zu untersuchen. Führen Sie den Versuch nach Absprache mit der Lehrerin oder dem Lehrer durch.

d) Deuten und erklären Sie die Farbänderungen bei V3.

e) Vergleichen Sie die Maßnahmen, die bei V1 und bei V3 zur schnelleren Korrosion bzw. zur langsameren Korrosion von Eisen führen.

f) Fassen Sie die Ergebnisse aus V1 und V3 zusammen und stellen Sie eine allgemeine Aussage darüber auf, wie man Eisen vor Korrosion schützen kann.

g) Geben Sie die Reaktionsgleichungen für die Vorgänge an den Elektroden bei LV4 an.

### *INFO* Korrosionsschutz

| passiver Korrosionsschutz | aktiver Korrosionsschutz |
|---|---|
| – organische Überzüge<br>– Emaille, Metalloxidüberzug<br>– Metallüberzug aus einem edleren Metall<br>– Phosphatschichten; z. B. Eisenphosphat | – Metallüberzug aus einem unedleren Metall; z. B. Zink bei Eisen<br>– kathodischer Schutz durch leitende Verbindung mit Opferanoden (B3)<br>– kathodischer Schutz durch Anlegen einer Spannung; zu schützendes Metall als Kathode, Graphit oder Eisenschrott als Anode (B4) |

## Schutz vor Korrosionsschäden

Es gibt verschiedene Methoden, Metalle vor Korrosion zu schützen. Autokarosserien werden beispielsweise nach Vorbehandlungen lackiert. Die Lackschicht verhindert den Zutritt von Säure, Wasser und Sauerstoff an das Eisen und schützt so vor Korrosion. Dieser **passive Korrosionsschutz**, bei dem der Zutritt der als Oxidationsmittel wirkenden Teilchen aus der Umgebung an das Metall verhindert wird, verliert jedoch seine Wirksamkeit, wenn der Lack beschädigt wird.

Wie man in V1 am negativ verlaufenden Nachweis von Eisen(II)-Ionen erkennen kann, wird der Eisennagel, der mit Zink überzogen ist, nicht oxidiert. Entsprechend können Eisenbleche durch Eintauchen in geschmolzenes Zink (Feuerverzinken) vor Korrosion geschützt werden. Im Gegensatz zur Lackschicht ist eine Zinkschicht auf Eisen ein **aktiver Korrosionsschutz**. Bei diesem werden elektrochemische Vorgänge genutzt, da das Eisen bei einer Verletzung der Zinkschicht durch die Ausbildung eines **Kontaktelements** (vgl. S. 115) geschützt ist. Das unedlere Zink bildet die Lokalanode des Kontaktelements und das edlere Eisen die Lokalkathode. Auf der Bildung von Kontaktelementen beruht auch der Korrosionsschutz mit **Opferanoden** (V3, B3): Metallstücke aus Magnesium werden entweder direkt, z.B. an einem Schiffsrumpf, oder leitend, z.B. mit Rohrleitungen, verbunden. Das Magnesium bildet in diesen Fällen die Opferanode, da es aufgrund seines kleineren Redoxpotenzials leichter oxidiert wird und die freiwerdenden Elektronen die Oxidation des Eisens verhindern.

Bei einer anderen Art des **kathodischen Korrosionsschutzes**, den man oft bei Öltanks anwendet, wird der zu schützende Tank als Kathode an den Minuspol einer Gleichspannungsquelle geschaltet. Der Pluspol wird an eine Opferanode z.B. aus billigem Eisenschrott angebracht. Der Stromkreis wird durch die im Boden befindlichen Elektrolyte geschlossen (B4). Ebenso können verschiedene Metallgegenstände durch den Einsatz elektrischer Energie beim **Galvanisieren** (LV4) und Eloxieren vor Korrosion geschützt werden.

Stromlos geschieht dagegen das **Chromatieren**, das Überziehen unedler Metalle mit einer dünnen Schicht aus Chromaten, Chrom(III)-oxid und den entsprechenden Metalloxiden, die auf den metallischen Oberflächen besonders gut haftet. Wird ein Stück der Oberfläche freigelegt, kann sie sich durch Repassivierung teilweise wieder „selbst heilen".

Besonders einfach kann Korrosionsschutz sein, wenn man der Lösung, die ein Metallstück aufnimmt, **Inhibitoren** zusetzt, die einen Schutzfilm auf der Metalloberfläche bilden, so dass der Zutritt korrosiver Mittel erschwert wird.

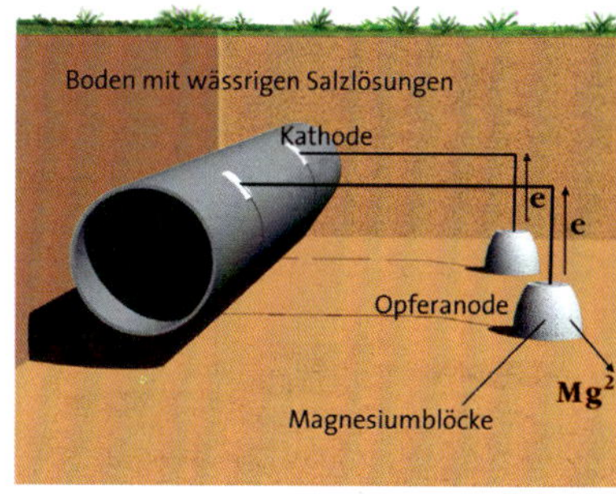


**B3** *Korrosionsschutz einer Pipeline durch Opferanoden aus Magnesium*

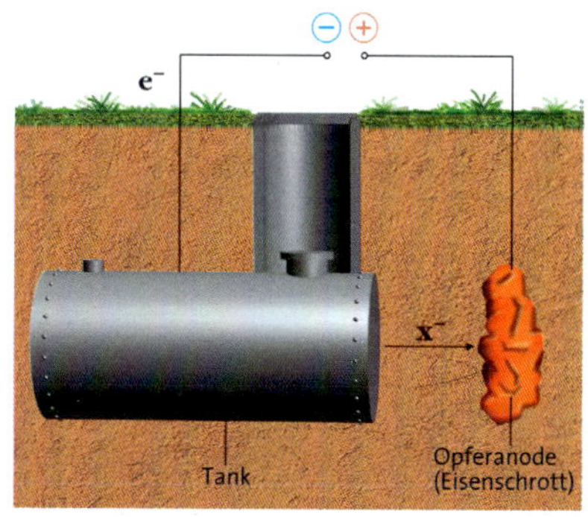


**B4** *Kathodischer Korrosionsschutz eines Tanks durch Anlegen einer Spannung*

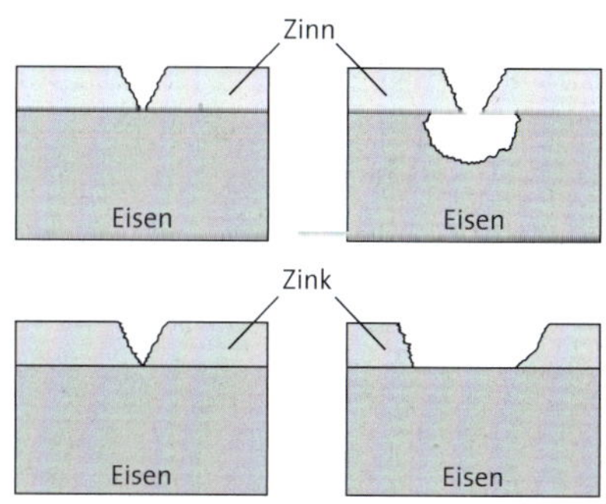


**B5** *Korrosion an einem verzinnten und einem verzinkten Eisenblech.* **A:** *Erläutern Sie, weshalb man beim Verzinken von einem aktiven Schutz spricht. Schätzen Sie die Wirksamkeit des Verkupferns eines Eisenstücks als Korrosionsschutz ein und vergleichen Sie mit den beiden hier dargestellten Fällen.*

### *Aufgabe*

***A1*** Informieren Sie sich über den Korrosionsschutz von Metallen durch Galvanisieren (LV4) und Eloxieren. Vergleichen Sie die beiden Methoden und ordnen Sie sie dem aktiven bzw. passiven Korrosionsschutz zu.

### Fachbegriffe

passiver und aktiver Korrosionsschutz, Opferanode, kathodischer Korrosionsschutz, Galvanisieren, Chromatieren, Inhibitoren

*A1* Bestimmen Sie die Oxidationszahlen der Atome der folgenden Teilchen:
$SO_3$, $SO_3^{2-}$, $N_2O$, $N_2$, $P_4O_{10}$, $PO_4^{3-}$.

*A2* Eine bestimmte Art von Teilchen kann in einem Donator-Akzeptor-Paar als Donator und in einem anderen Paar als Akzeptor wirken. Erläutern Sie dies am Beispiel von Hydrogenphosphat-Ionen $HPO_4^{2-}$ für Säure-Base-Paare und am Beispiel von Eisen(II)-Ionen $Fe^{2+}$ für Redoxpaare.

*A3* Erläutern Sie, wie man mit einem Kupfer- und einem Zinkstab folgende Lösungen eindeutig voneinander unterscheiden kann:
Silbernitrat-Lösung, Zinksulfat-Lösung, Kupfersulfat-Lösung, Salzsäure.

*A4* Zur Gewinnung von Kupfer werden Kupfererze aufgearbeitet, die etwa 1% bis 2% Kupfer(II)-oxid enthalten. Dazu werden im 1. Schritt die fein gemahlenen Kupfererze mit verd. Schwefelsäure behandelt, wobei sich Kupfer(II)-oxid löst. Die dabei entstehende Kupfersulfat-Lösung wird im 2. Schritt mit Eisen versetzt. Dabei setzt sich das elementare Kupfer am Eisen ab.
a) Entwickeln Sie ein Laborexperiment, mit dem die beiden Schritte nachvollzogen werden können und erläutern Sie die zu erwartenden Beobachtungen.
b) Erklären Sie die ablaufenden Reaktionen unter Anwendung des Donator-Akzeptor-Konzepts und stellen Sie die entsprechenden Reaktionsgleichungen auf.

*A5* Ein galvanisches Element besteht aus einer Zinn- und einer Nickel-Halbzelle, die über eine Salzbrücke verbunden sind. Als Elektrolyt in der Salzbrücke dient eine Ammoniumchlorid-Lösung.
a) Fertigen Sie eine beschriftete Skizze dieser galvanischen Zelle an.
b) Formulieren Sie die Vorgänge an den Elektroden und geben Sie die Richtung des Elektronenflusses an.
c) Beschreiben Sie die Ionenwanderung in den Elektrolyt-Lösungen.

*A6* Als Ätzbad für Radierungen (vgl. S. 76) dient Eisen(III)-chlorid-Lösung oder Salpetersäure:

$$Fe^{3+}(aq) + e^- \longrightarrow Fe^{2+}(aq)$$

$$NO_3^-(aq) + 3\,e^- + 4\,H_3O^+(aq) \longrightarrow NO(g) + 6\,H_2O(l)$$

Die Standard-Redoxpotenziale dieser beiden Systeme sind:
$E°(NO/(NO_3^- + 4\,H_3O^+) = +0{,}96\,V$ und
$E°(Fe^{2+}/Fe^{3+}) = +0{,}77\,V$.
a) Begründen Sie, warum man Kupfer mit Salpetersäure, nicht aber mit Salzsäure anätzen kann (vgl. S. 76, B1).
b) Stellen Sie eine begründete Aussage auf, mit welchem der beiden Ätzbäder man Silber anätzen könnte.

*A7* Eine mit Schwefelsäure angesäuerte Kaliumpermanganat-Lösung ist ein häufig verwendetes Oxidationsmittel. Setzt man zum Ansäuern Salzsäure statt Schwefelsäure ein, wird giftiges Chlorgas freigesetzt. Erklären Sie dies (*Hinweis*: $E°(Mn^{2+}/MnO_4^-) = +1{,}51\,V$, $E°(2Cl^-/Cl_2) = +1{,}36\,V$).

*A8* a) Skizzieren und erläutern Sie den Bau und die Funktionsweise einer Wasserstoff-Brennstoffzelle.
b) Nennen Sie Gemeinsamkeiten und Unterschiede zwischen einer Wasserstoff-Brennstoffzelle und einem DANIELL-Element.

*A9* Eine Standard-Silber-Halbzelle wird über ein Voltmeter mit einer Wasserstoff-Halbzelle (Minuspol) verbunden. Man misst eine Spannung von $U = 0{,}918\,V$. Berechnen Sie die Oxonium-Ionenkonzentration $c(H_3O^+)$ und den *p*H-Wert der Lösung in der Wasserstoff-Halbzelle.

*A10* Eine Wasserstoff-Halbzelle wird mit einer neutralen wässrigen Lösung hergestellt. In die Wasserstoff-Halbzelle wird nun etwas Universalindikator gegeben. Anschließend wird sie mit einer Kupfer-Halbzelle, $c(Cu^{2+})$=1 mol/L, zu einer galvanischen Zelle kombiniert.
a) Berechnen Sie die Spannung dieser Zelle.
b) Erläutern Sie die zu erwartenden Beobachtungen, wenn die Zelle kurzgeschlossen wird, und geben Sie dazu die entsprechenden Reaktionsgleichungen an.

**A11** Gegeben sind die galvanische Halbzellen:
A: $Ni/Ni^{2+}$ ($c$ = 1 mol/L),
B: $Ni/Ni^{2+}$ ($c$ = 0,00004 mol/L),
C: $Co/Co^{2+}$ ($c$ = 0,1 mol/L).
Es sollen folgende Kombinationen der Halbzellen durchgeführt werden:
1. A mit C; 2. A mit B; 3. B mit C.
a) Berechnen Sie die zu erwartenden Spannungen der galvanischen Zellen 1, 2 und 3 und geben Sie jeweils das Zellendiagramm an.
b) Berechnen Sie die Konzentration der Nickel-Ionen in einer Nickel-Halbzelle so, dass man gegenüber der Halbzelle C keine Spannung mehr messen kann.

**A12** Nach der Trinkwasserverordnung darf der Gehalt an Blei-Ionen maximal 0,01 mg/L, der an Kupfer-Ionen 2,0 mg/L und der an Silber-Ionen 0,05 mg/L in Trinkwasser betragen. Zur Überprüfung des Gehalts dieser Ionen wird in eine Wasserprobe
a) eine Kupfer-Elektrode zur Messung der Kupfer-Ionen-Konzentration,
b) eine Blei-Elektrode zur Messung der Blei-Ionen-Konzentration,
c) eine Silber-Elektrode zur Messung der Silber-Ionen-Konzentration
eingetaucht und jeweils mit einer Vergleichs-Halbzelle aus einer Kupfer-Elektrode und einer Kupfersulfat-Lösung, $c$ = 1 mol/L, zu einer galvanischen Zelle kombiniert. Man misst folgende Spannungen:
$U$(Zelle a) = 0,22 V; $U$(Zelle b) = 0,68 V;
$U$(Zelle c) = 0,10 V.
Bei allen drei Messungen bildet die Vergleichs-Halbzelle jeweils den positiven Pol.
a) Fertigen Sie eine beschriftete Skizze der galvanischen Zelle a) an.
b) Erläutern Sie die Reaktion, die bei Stromfluss in der Zelle ablaufen würde.
c) Erläutern und formulieren Sie die Reaktion, die in Zelle c) abläuft. Vergleichen Sie diese mit der Reaktion in einer Kupfer-Silber-Zelle unter Standardbedingungen und erklären Sie Unterschiede.
d) Berechnen Sie die Konzentration der angegebenen Metall-Ionen. Entscheiden Sie, ob das geklärte Wasser in Bezug auf den Gehalt der angegebenen Schwermetall-Ionen Trinkwasserqualität besitzt.

**A13** Vergleichen Sie die Redoxvorgänge an den Elektroden einer photogalvanischen Zelle (vgl. S. 81, 82) mit den Vorgängen an den Elektroden des DANIELL-Elements (vgl. S. 67) und beurteilen Sie die Unterschiede unter dem Gesichtspunkt der Nachhaltigkeit.

**A14** Die Zink-Luft-Batterie (vgl. S. 97) ist eine Knopfzelle, deren Stromerzeugung die Oxidation von Zink und die Reduktion von Sauerstoff zur Grundlage hat.
a) Stellen Sie die Reaktionsgleichungen (Teil- und Gesamtgleichungen) der stromliefernden Vorgänge auf.
b) Begründen Sie mithilfe der NERNST-Gleichung, weshalb die Spannung im Laufe des Betriebs der Batterie abnimmt.

**A15** Das Presse- und Informationsamt der Stadt *Karlsruhe* veröffentlichte im Jahr 1997 folgenden Text zur Zink-Luft-Batterie:
„Es war schon ein schwerer Weg bis zur leichteren Batterie. Mit ZOXY haben die drei Partnerunternehmen aus der Technologieregion Karlsruhe den Durchbruch für das Elektroauto geschafft (...). Die Hochleistungsbatterie habe ihre Stärken genau dort, wo marktgängige Batteriespeicher Schwächen haben: Bei ihr steckt *mehr Energie in leichterem Material*, mit ihr werden *größere Reichweiten* erreicht, *stundenlanges Aufladen entfällt* und schließlich *lassen auch die Investitions- und Betriebskosten bei der Serienproduktion die Konkurrenz mit Benzinfahrzeugen* zu. Die Zink-Luft-Zelle ist aufgrund ihrer *geringen Selbstentladung* lange lagerfähig. Die Batterie ist an sich *billig* und *sehr umweltfreundlich, da sie keine Schadstoffe enthält und fast vollständig recycelt* werden kann."
Nehmen Sie Stellung zu den kursiv gedruckten fachlichen Aussagen anhand der Informationen zu der Zink-Luft-Zelle und anderen Zellen (vgl. S. 97 und S. 103).

**A16** Begründen Sie, warum Lithium-Ionen-Akkus für Laptops und Handys besser geeignet sind als Bleiakkus.

**A17** Erläutern Sie, ob „leere" Batterien immer auch leichter werden.

*A18* In B1 wird gezeigt, wie man den Plus- vom Minuspol einer Gleichspannungsquelle unterscheiden kann. Die Pole der Batterie wurden auf Filterpapier, das mit Phenolphthalein- und Kaliumnitrat-Lösung getränkt ist, aufgedrückt. Es zeigt sich ein purpurfarbener Ring. Geben Sie begründet an, welcher Pol ihn verursacht hat.

**B1** *Unterscheidung von Plus- und Minuspol einer Batterie*

*A19* Versilbertes Besteck ist mit der Zahl „90" oder „150" gekennzeichnet (B2). Das bedeutet, dass 90 g bzw. 150 g Silber auf 24 $dm^2$ (ca. 24 Besteckteile) elektrolytisch abgeschieden wurden, indem man die Besteckteile als Kathode in eine Silbersalz-Lösung getaucht hat. Berechnen Sie, wie lange die zu versilbernden Teile in die Silbersalz-Lösung getaucht werden müssen, wenn die Stromdichte 1 $A/dm^2$ beträgt (Stromdichte = Stromstärke/Fläche).

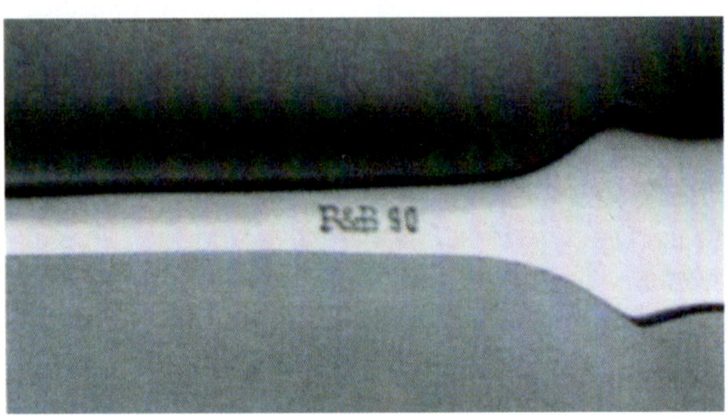


**B2** *Stempelaufdruck auf versilbertem Besteck*

*A20* Beim Galvanisieren verwendet man als Anodenmaterial dasjenige Metall, mit dem der als Kathode geschaltete Gegenstand elektrolytisch überzogen werden soll. Erläutern Sie die Vorteile im Vergleich zur Verwendung von Graphit als Anodenmaterial.

*A21* Drei Elektrolysezellen sind jeweils mit Silbernitrat-$AgNO_3$, Nickelnitrat-$Ni(NO_3)_2$ und Bismutnitrat-Lösung $Bi(NO_3)_3$ gefüllt und hintereinandergeschaltet (B3). Durch jede Zelle fließt die gleiche Ladung.

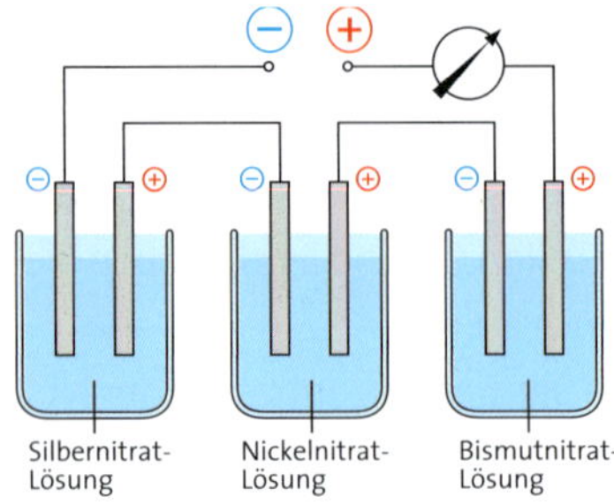


**B3** *Drei hintereinandergeschaltete Elektrolysezellen*

Nach einiger Zeit werden folgende Massen abgeschieden: $m(Ag) = 1{,}079\,g$, $m(Ni) = 0{,}2985\,g$, $m(Bi) = 0{,}6966\,g$. Berechnen Sie a) die Ladung, die durch die Elektrolysezellen geflossen ist, und b) die Ionen-Ladungen der Nickel- und Bismut-Ionen.

*A22* Bei der Gewinnung von Nickel aus Nickelerzen erhält man ein Rohnickel, das neben etwa 95 % Nickel noch die Metalle Cobalt, Eisen, Kupfer, Silber, Zink u. a. enthält. Reines Nickel erhält man durch elektrolytische Raffination (vgl. S. 109). Dabei werden Rohnickelbleche als Anode und Reinnickelbleche als Kathode in eine schwefelsaure Nickelsulfat-Lösung, $c = 0{,}1$ mol/L, getaucht und bei einer Spannung von etwa 0,3 V elektrolysiert.

a) Erläutern Sie die bei dieser Elektrolyse ablaufenden Reaktionen, indem Sie auf den Verbleib jedes im Text genannten Metalls eingehen, und begründen Sie, warum sich an der Kathode ausschließlich Nickel abscheidet.

b) Erläutern Sie, wie sich die Metall-Ionen-Konzentrationen in der Lösung während der Elektrolyse ändern.

c) Erklären Sie anhand der Potenziale (vgl. S. 71, B3), warum es bei einem zu großen Anstieg der Cobalt-Ionenkonzentration zu Schwierigkeiten kommen kann. Berechnen Sie die Cobalt-Ionenkonzentration der Elektrolyt-Lösung, bei der die Abscheidung von Nickel und Cobalt gleichberechtigt ist.

**A23** a) Geben Sie begründet an, welche der folgenden Elemente sich nicht durch Elektrolyse ihrer wässrigen Salzlösungen herstellen lassen: $\mathbf{Na}$, $\mathbf{Mg}$, $\mathbf{Cu}$, $\mathbf{F_2}$.
b) Schlagen Sie für die Fälle, in denen a) zutrifft, jeweils ein Alternativverfahren vor.

**A24** Erläutern Sie, wie man aus dem Anodenschlamm der elektrolytischen Kupfer-Raffination Silber gewinnen kann.

**A25** Recherchieren Sie, wie die Schutzschicht auf ein Metallstück durch Chromatieren aufgetragen wird und wie die Repassivierung bei Beschädigung abläuft (*Hinweis*: vgl. S. 117).

**A26** Legierungen aus Quecksilber und anderen Metallen (z. B. Silber, Kupfer und Zinn) werden als Amalgamfüllungen für Zähne eingesetzt. Wird unmittelbar neben dem Amalgam Gold als Zahnersatz verwendet, sodass ein elektrisch leitender Kontakt entsteht, findet an der Goldoberfläche die Reduktion des im Speichel (befindet sich auf der gesamten Zahnoberfläche) enthaltenen Sauerstoffs statt. Auch an der Amalgamoberfläche laufen Redoxreaktionen ab.
a) Formulieren Sie eine Teilgleichung für die Reduktion an der Goldoberfläche.
b) Begründen Sie, welches Metall bei Zinnamalgam bzw. bei einem Silberamalgam zuerst reagiert, und formulieren Sie dazu eine Reaktionsgleichung für den Gesamtvorgang.
c) Erklären Sie, weshalb die genannten Vorgänge nur bei elektrisch leitendem Kontakt zwischen der Gold- und der Amalgamfüllung stattfinden.

**A27** Zur Reinigung von Silberschmuck, der durch die Bildung von Silbersulfid $\mathbf{Ag_2S}$ dunkel angelaufen ist, eignet sich folgendes Verfahren: Man legt den Silberschmuck auf Alufolie, übergießt ihn mit heißem Wasser und fügt einen Teelöffel Kochsalz hinzu. Nach etwa einer halben Stunde sind die angelaufenen Teile wieder silbrig hell.
a) Erklären Sie, warum sich hier ein Lokalelement bildet, und erläutern Sie die Funktion der Kochsalz-Lösung.
b) Formulieren Sie die in diesem Lokalelement ablaufenden Reaktionen.
c) Entwickeln und skizzieren Sie ein galvanisches Element, in dem ebenfalls diese Reaktionen ablaufen.

**A28** Ein Automobilkonzern hat als Werbung für die Rostbeständigkeit seiner Fahrzeuge ein Foto von einem Auto in der Meeresbrandung veröffentlicht. Nehmen Sie hierzu Stellung.

**A29** Unterirdisch verlegte Anlagen, wie Tanks oder Rohre aus Eisen, werden durch die in den Abbildungen B3 und B4 auf S. 117 schematisch dargestellten elektrochemische Methoden vor Korrosion geschützt. In folgenden Versuchen wird die Wirkung dieser Korrosionsschutzmaßnahmen untersucht.

*Versuch 1*: In ein U-Rohr werden zwei Eisen-Elektroden in eine Kochsalz-Lösung, die mit einigen Tropfen Phenolphthalein-Lösung und einigen Tropfen Kaliumhexacyanoferrat(III)-Lösung versetzt wurde, gehängt. Die Eisen-Elektroden werden mit einer Gleichspannungsquelle verbunden und eine Spannung von $U = 1\,\text{V}$ wird angelegt.
*Beobachtungen*: An der Eisen-Elektrode, die mit dem Pluspol verbunden ist, färbt sich die Lösung blau, an der Eisen-Elektrode, die mit dem Minuspol verbunden ist, rot.
*Versuch 2*: In ein zweites U-Rohr werden eine Eisen-Elektrode und ein Magnesiumband in die mit Phenolphthalein und Kaliumhexacyanoferrat(III)-Lösung versetzte Salzlösung gehängt. Die beiden Metalle werden durch ein Kabel miteinander verbunden.
*Beobachtungen*: In der Umgebung der Eisen-Elektrode färbt sich die Lösung rot.

a) Skizzieren Sie die Versuche 1 und 2 und erklären Sie die beschriebenen Versuchsbeobachtungen.
b) Formulieren Sie dazu die entsprechenden Reaktionsgleichungen.
c) Vergleichen Sie die Versuche mit den in den Bildern B3 und B4, S. 117, dargestellten Korrosionsschutzmaßnahmen.

## Redoxreaktionen

Nach dem **Donator-Akzeptor-Konzept** ist eine Oxidation eine Elektronenabgabe und eine Reduktion ist eine Elektronenaufnahme. Oxidation und Reduktion laufen damit gleichzeitig ab. Reaktionen mit Elektronenübergängen bezeichnet man daher als **Redoxreaktionen**. Bei einer Redoxreaktion ist das **Reduktionsmittel** der Elektronen-Donator und das **Oxidationsmittel** der Elektronen-Akzeptor. Das Reduktionsmittel wird bei einer Redoxreaktion oxidiert, das Oxidationsmittel wird reduziert.

Nach einer erweiterten Definition ist eine **Oxidation** eine Erhöhung der Oxidationszahl. Eine **Reduktion** ist eine Erniedrigung der Oxidationszahl.

Die **Oxidationszahl** ist eine wirkliche oder erdachte (formale) Ladungszahl, die einem Atom in einem Ion oder einem Molekül zugeordnet wird.

## Galvanische Zellen

Zwei Redoxpaare in räumlich getrennten Halbzellen, die über eine Elektrolytbrücke, z.B. ein ionendurchlässiges Diaphragma, miteinander verbunden sind, bilden eine galvanische Zelle. Beim Betrieb laufen darin selbsttätig Redoxreaktionen ab. *Beispiel* **DANIELL-Element**:

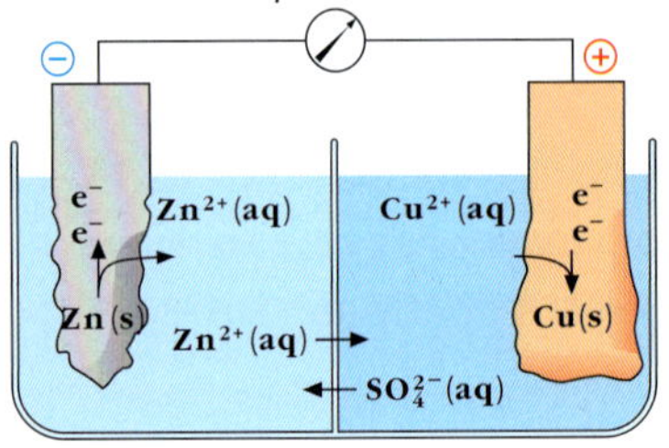


Minuspol: $\mathbf{Zn \longrightarrow Zn^{2+} + 2\,e^-}$; Oxidation

Pluspol: $\mathbf{Cu^{2+} + 2\,e^- \longrightarrow Cu}$; Reduktion

## Standardpotenzial

Das Standardpotenzial $E^0$ eines Redoxpaares $\mathbf{Me/Me^{z+}}$ ist die Potenzialdifferenz zwischen einer Halbzelle, die dieses Redoxpaar bei Standardbedingungen ($c = 1$ mol/L; $p = 1013$ hPa; $\vartheta = 25$ °C) enthält und einer Standard-Wasserstoff-Halbzelle mit $E^0(\mathbf{H_2/2\,H^+}) = 0{,}0$ V.

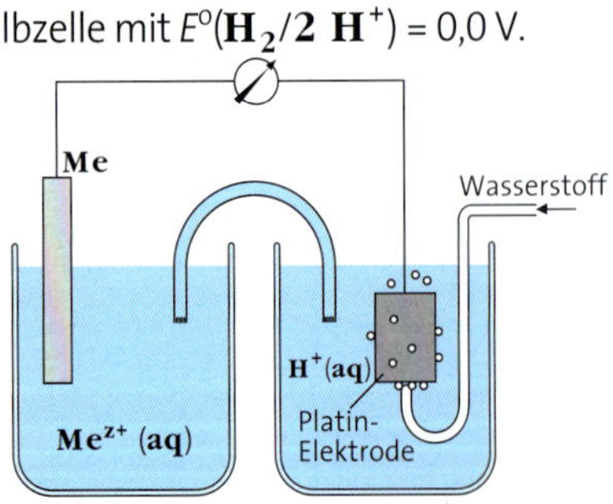


## Spannungsreihe

Die unter Standardbedingungen ermittelten Potenziale der Redoxpaare werden in der Spannungsreihe geordnet. Mithilfe der Spannungsreihe können Vorhersagen getroffen werden, welche Redoxreaktionen ablaufen. Je negativer das Potenzial eines Redoxpaares ist, umso stärker reduzierend wirkt die reduzierte Form, je positiver das Potenzial ist, umso stärker oxidierend wirkt die oxidierte Form eines Redoxpaares.

## Konzentrationszellen

Die Redoxpotenziale sind konzentrationsabhängig. In einer Konzentrationszelle, die aus zwei gleichartigen $\mathbf{Me/Me^{z+}}$-Halbzellen unterschiedlicher Konzentration gebildet wird, stellt die Halbzelle mit der kleineren Konzentration den Minuspol dar.

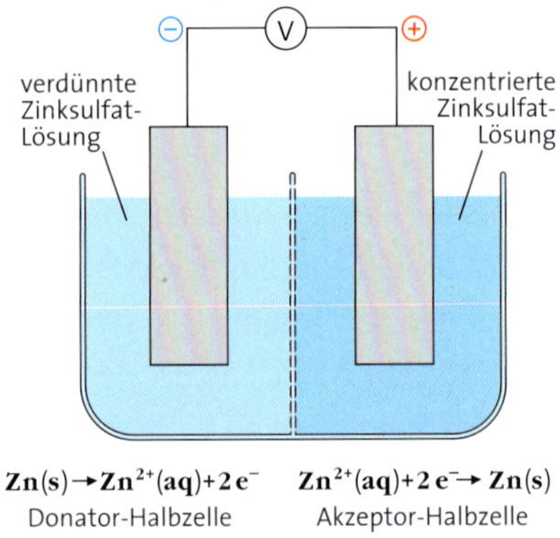


Die Halbzelle mit der kleineren Konzentration bildet die Donator-Halbzelle. Bei Stromfluss fließen die Elektronen zur Akzeptor-Halbzelle. In der Donator-Halbzelle werden die Metall-Atome oxidiert, in der Akzeptor-Halbzelle werden die Metall-Ionen reduziert. Dies führt allmählich zu einem Konzentrationsausgleich zwischen beiden Halbzellen.

## NERNST-Gleichung

Die Konzentrationsabhängigkeit des Elektrodenpotenzials wird durch die NERNST-Gleichung beschrieben, die für o.a. Temperatur (Raumtemperatur) und Normdruck die vereinfachte Form annimmt.

$$E = E^\circ + \frac{0{,}059\text{ V}}{z}\,\lg \frac{\{c(\text{Ox})\}}{\{c(\text{Red})\}}$$

Für $c$(Ox) setzt man die oxidierte Form für $c$(Red) die reduzierte Form des Redoxpaares ein, wobei man nach den Regeln des MWGs vorgeht.

## Elektrolyse

Bei einer Elektrolyse werden Redoxreaktionen durch elektrische Energie erzwungen, die selbsttätig in umgekehrter Richtung ablaufen würden.

*Beispiel* Elektrolyse von Zinkchlorid-Lösung (a):

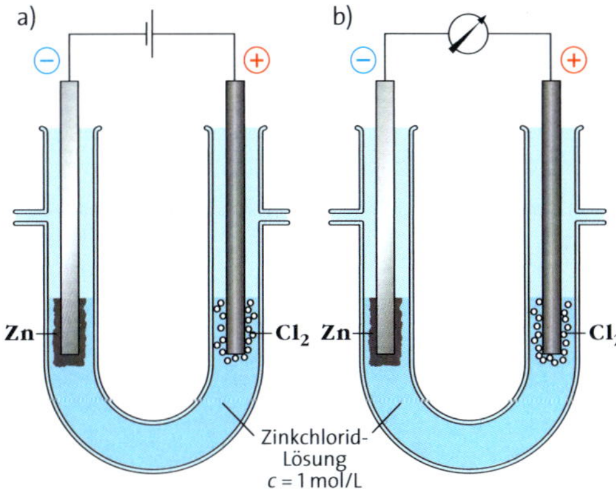


Minuspol: $\mathbf{Zn^{2+}(aq) + 2\ e^- \longrightarrow Zn(s)}$

Pluspol: $\mathbf{2\ Cl^-(aq) \longrightarrow Cl_2(g) + 2\ e^-}$

Nach Abbruch der Elektrolyse misst man eine Spannung von $U$ = 2,12 V zwischen den Elektroden (b). Es ist eine Zink-Chlor-Zelle entstanden, in der die ablaufende Zellreaktion die Umkehrung der Elektrolysereaktion ist.

## Faraday-Gesetze

Der Zusammenhang zwischen der Stoffmenge $n$ der Elektrolyseprodukte und der elektrischen Ladung $Q$, die bei der Elektrolyse geflossen ist, wird durch die Faraday-Gesetze beschrieben.

$Q = n(\mathbf{X}) \cdot z \cdot F$ oder $I \cdot t = n(\mathbf{X}) \cdot z \cdot F$

- $Q$: Ladung, das Produkt aus Stromstärke und Zeit ($Q = I \cdot t$)
- $n(\mathbf{X})$: Stoffmenge des Elektrolyseproduktes
- $z$: Anzahl der Elektronen, die zur Bildung eines Teilchens **X** aufgenommen oder abgegeben werden
- $F$: Faraday-Konstante, $F$ = 96 487 C/mol

*Beispiel*: Berechnung der abgeschiedenen Masse an Zink, wenn eine Zinkchlorid-Lösung 10 min bei 0,3 A elektrolysiert wird.

$Q = n(\mathbf{X}) \cdot z \cdot F$

$$n(\mathbf{Zn}) = \frac{Q}{z \cdot F} = \frac{I \cdot t}{z \cdot F}$$

$$n(\mathbf{Zn}) = \frac{0{,}3\ \text{A} \cdot 600\ \text{s}}{2 \cdot 96487\ \text{C/mol}} = 9{,}3 \cdot 10^{-4}\ \text{mol}$$

$m(\mathbf{Zn}) = n(\mathbf{Zn}) \cdot M(\mathbf{Zn}) = 9{,}3 \cdot 10^{-4}\ \text{mol} \cdot 65{,}4\ \text{g/mol}$

$m(\mathbf{Zn}) = 0{,}061\ \text{g}$

## Batterien

Batterien sind elektrochemische Energiequellen die nach dem Prinzip der galvanischen Zelle funktionieren, d.h. eine Oxidation und eine Reduktion laufen räumlich getrennt ab.

*Beispiel* **Leclanché-Element**:

Oxidation: $\mathbf{Zn(s) \longrightarrow Zn^{2+}(aq) + 2\ e^-}$
(Minuspol)

Reduktion: $\mathbf{2\ MnO_2(s) + 2\ H_2O(l) + 2\ e^- \longrightarrow}$
(Pluspol) $\mathbf{2\ MnO(OH)(s) + 2\ OH^-(aq)}$

Zu den heute handelsüblichen Batterien zählen die Alkali-Mangan-Batterie, die Zink-Luft-Zelle, die Lithium-Mangan-Zelle und die Silberoxid-Zink-Zelle. Die Batterietypen unterscheiden sich nicht nur in Form und Größe, sondern auch in der stofflichen Zusammensetzung und daher auch in der Nennspannung, die sie liefern. Jeder Batterietyp ist für bestimmte Geräte besonders gut geeignet, beispielsweise die als Knopfzelle verfügbare Silberoxid-Zink-Zelle für Armbanduhren.

## Akkumulatoren

Akkumulatoren sind wiederaufladbare elektrochemische Energiequellen, in denen beim Laden und Entladen umkehrbare Reaktionen ablaufen.

*Beispiel* **Bleiakkumulator**:

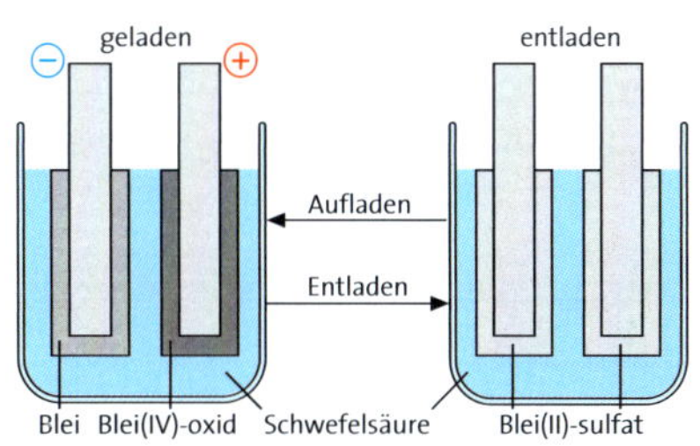


Bei dem Bleiakkumulator eines Fahrzeugs laufen folgende reversible Elektrodenreaktionen ab:

$$\mathbf{\overset{0}{Pb}(s) + \overset{IV}{Pb}O_2(s) + 4H^+(aq) + 2\ SO_4^{2-}(aq) \underset{\text{Aufladen}}{\overset{\text{Entladen}}{\rightleftarrows}} 2\ \overset{II}{Pb}SO_4(s) + 2\ H_2O(l)}$$

# Organische Produkte – Werkstoffe und Farbstoffe

**Kunststoffe** und **Farbstoffe** sind organische Produkte, die uns „rund um die Uhr" begleiten: Morgens gucken wir auf die Digitalanzeige am Radiowecker aus Kunststoff, im Laufe des Tages nutzen wir das Smartphone oder den Tablet-PC, tragen bunte Kunststoffkleidung und fahren Snowboard, abends schließlich wird gern der Fernseher oder das E-Book eingeschaltet.

Die modernen Kunststoffe und Farbstoffe bestehen in der Regel aus organischen Molekülen, die ausgehend von Erdöl und Erdgas synthetisiert werden können. Die Synthesen führen über **organische Verbindungen** verschiedener **Stoffklassen** und verlaufen nach unterschiedlichen **Reaktionstypen** der **organischen Chemie**. Um diese Stoffklassen und Reaktionstypen zu verstehen und zu systematisieren, sind die chemischen **Basiskonzepte Struktur-Eigenschaft**, **Donator-Akzeptor**, **chemisches Gleichgewicht** und **Energie** hilfreich. Sie sind der rote Faden bei der Beantwortung folgender Fragen zu den Kunststoffen und den Farbstoffen:

1 **Welche charakteristischen Eigenschaften haben Kunststoffe und welche Strukturmerkmale zeichnen ihre Moleküle aus?**

2 **Wie können Kunststoffe ganz allgemein synthetisiert werden?**

3 **Welche charakteristischen Strukturmerkmale zeigen die Moleküle von Kunstfasern und welche Synthesemöglichkeiten gibt es für Kunstfasern?**

4 **Wie können Abfälle aus Kunststoff verwertet werden?**

5 **Müssen Ökonomie und Ökologie in Bezug auf Kunststoffe Gegensätze sein?**

6 **Warum sehen wir Gegenstände farbig?**

7 **Welche strukturellen Merkmale in Molekülen verursachen die Farbigkeit eines Stoffes?**

8 **Was ist die Besonderheit aromatischer Bausteine in Molekülen?**

9 **Wie können Farbstoffe synthetisiert werden?**

10 **Sind Farben in Lebensmitteln, Textilien, Früchten, Blüten etc. „künstlich" oder „natürlich"?**

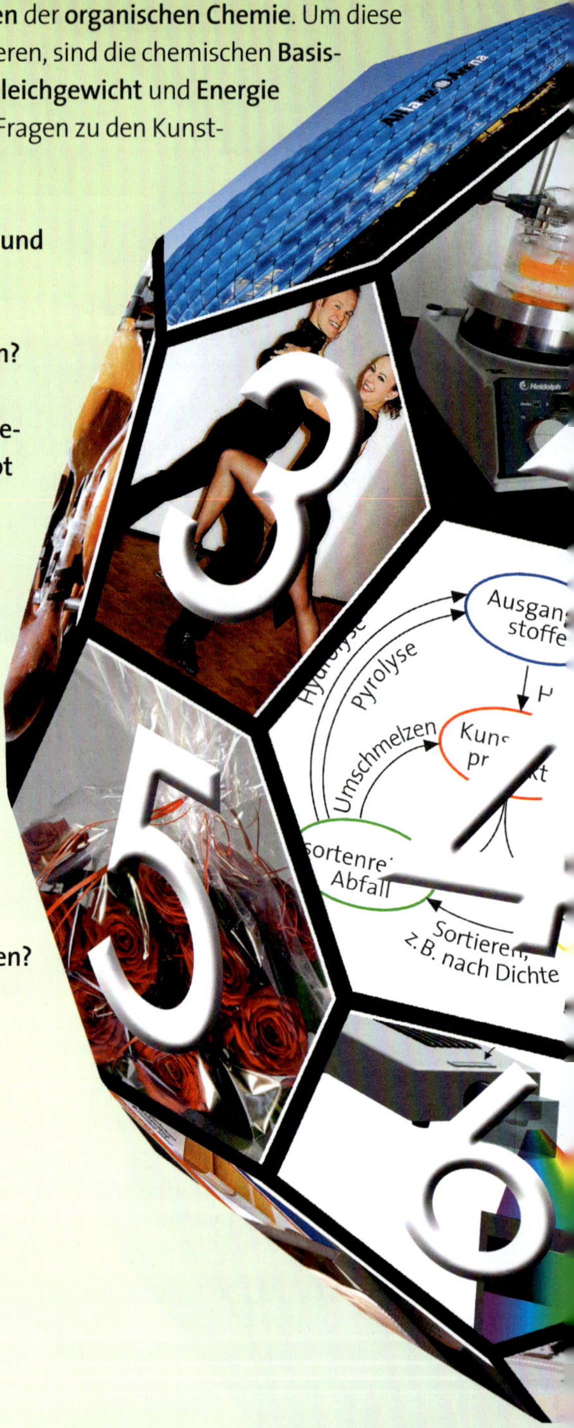

**B1** *Wie sähe die Skiläuferin wohl in Textilien und mit einer Sportausrüstung ohne moderne Kunststoffe und Farbstoffe aus?*

**Kunststoffe – makromolekulare Verbindungen**
HERMANN STAUDINGER (1881 bis 1965) erkannte im Jahr 1910, dass die Eigenschaften von Naturkautschuk nicht mit einem Aufbau dieses Stoffs aus kleinen Molekülen vereinbar sind. Einige Jahre später schlug er dann den Begriff **Makromolekül** vor, um die molekulare Struktur von Naturkautschuk und anderen Naturstoffen wie Stärke und Cellulose zu erklären.
Als er die Existenz von Makromolekülen durch Experimente bestätigt sah, begann er, makromolekulare Stoffe herzustellen. Die erfolgreichen Synthesen unterstützten sein „Konzept der Makromoleküle".
Nach Jahren des Widerspruchs und der Ablehnung durch Fachkollegen setzte sich das Konzept auch durch und HERMANN STAUDINGER erhielt für seine Forschungen zu makromolekularen Stoffen im Jahr 1953 den Nobelpreis für Chemie.

**Farbstoffe – früher teuer, heute preiswert**
Seit Menschengedenken haben Farben aus der natürlichen Umwelt die Menschen inspiriert, sich ihre Kleidung und ihre Umgebung auch durch eigenes Zutun farbig zu gestalten. In gefärbten Tüchern aus Pharaonengräbern, die 3 000 bis 4 000 Jahre alt sind, konnte man organische Farbstoffe wie Indigo, Krapp, Safran und Purpur nachweisen. Da diese Farbstoffe nur mit viel Aufwand und in geringen Mengen aus pflanzlichem oder tierischem Material gewonnen werden konnten, waren sie sehr kostbar und nur für wenige erschwinglich.
Erst als in der zweiten Hälfte des 19. Jahrhunderts die industrielle Synthese von Farbstoffen einsetzte, wurden sie „alltäglich". Heute sind gefärbte Gegenstände und Kleidungsstücke für jeden eine Selbstverständlichkeit. Insbesondere aromatische Verbindungen wie Benzol und seine Derivate Phenol, Nitrobenzol und Anilin sowie die polycyclischen Aromaten Naphthalin und Anthracen dienen seit dieser Zeit zur Herstellung von Farbstoffen in allen Schattierungen und von erstaunlicher Brillanz und Lichtechtheit.

**B1** *Beim Erhitzen verhalten sich Kunststoffe unterschiedlich (vgl. V1 und V2).*

| Kunststoff<br>Dichte in $g \cdot cm^{-3}$ | Verhalten bei Erhitzen |
|---|---|
| Polyethen PE<br>0,92 bis 0,96 | brennt leuchtend, tropft |
| Polyvinylchlorid PVC<br>1,28 | brennt nur in der Flamme |
| Polystyrol PS<br>1,06 | brennt stark rußend |
| Polyamid PA<br>1,10 | brennt nur in der Flamme, tropft |
| Polyester PET<br>1,30 | brennt leuchtend, rußt |
| Bakelit<br>1,25 | brennt nicht, verkohlt |

**B2** *Dichte und Brennbarkeit einiger Kunststoffe.* ***A:*** *Erklären Sie, wie man nachweisen kann, dass die Verbrennungsgase von PVC Chlorwasserstoff enthalten.*

# Hart oder weich, plastisch oder elastisch?

## *Versuche*

***V1*** Erwärmen Sie Gegenstände aus verschiedenen Kunststoffen (Plastiklöffel, Joghurtbecher aus PE und PP, Schlauch aus PVC, Getränkeflasche aus PET, Steckdose aus Bakelit, ein Stück Gummiband) mit dem Heißluftföhn und prüfen Sie die Verformbarkeit im erwärmten Zustand.

***V2*** Untersuchen Sie die Kunststoffgegenstände aus V1 mit dem Gasbrenner unter dem Abzug auf Brennbarkeit, Rußbildung und Schmelzverhalten.

***V3*** Geben Sie die Kunststoffgegenstände aus V1 oder Kunststoffproben aus den entsprechenden Materialien a) in ein Becherglas mit Wasser und b) in ein Becherglas mit konz. Kochsalz-Lösung, $\beta = 1{,}18$ g/mL, und prüfen Sie das Schwimm- bzw. Sinkverhalten.

***V4*** Ermitteln Sie die Masse eines Gegenstands auf einer oberschaligen Digitalwaage. Befestigen Sie den Gegenstand dann an einem Gummiband und hängen Sie das Band an einer Stativklemme so auf, dass es gestreckt ist und der Gegenstand auf der Digitalwaage aufliegt. Notieren Sie erneut die Masse. Erwärmen Sie nun das Gummiband von der Seite mit einer Infrarotlampe und beobachten Sie die Änderung der Anzeige an der Digitalwaage (B3). Lassen Sie anschließend abkühlen und beobachten Sie die Anzeige weiter.

## *Auswertung*

a) Protokollieren Sie die Ergebnisse aus V1 bis V3 tabellarisch.

b) Teilen Sie die Kunststoffe aus V1 aufgrund ihres Verhaltens beim Erhitzen in verschiedene Gruppen ein.

c) Vergleichen Sie Ihre Ergebnisse aus V2 und V3 mit den Angaben aus B2 und nennen Sie mögliche Ursachen für die Dichteunterschiede zwischen PE und PVC.

d) Erklären Sie anhand der Ergebnisse aus V4, wie sich das gestreckte Gummiband beim Erwärmen verformt.

e) Dehnt man ein Stück Gummi, gibt es Wärme ab. Bringen Sie diesen Befund in Zusammenhang mit der Beobachtung aus V4.

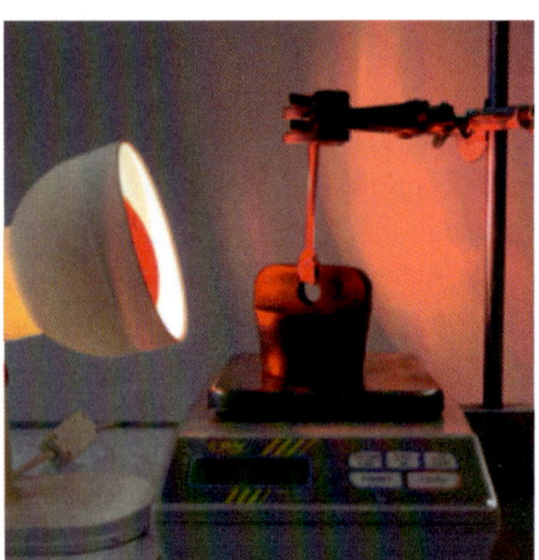

**B3** *Versuchsaufbau zu V4*

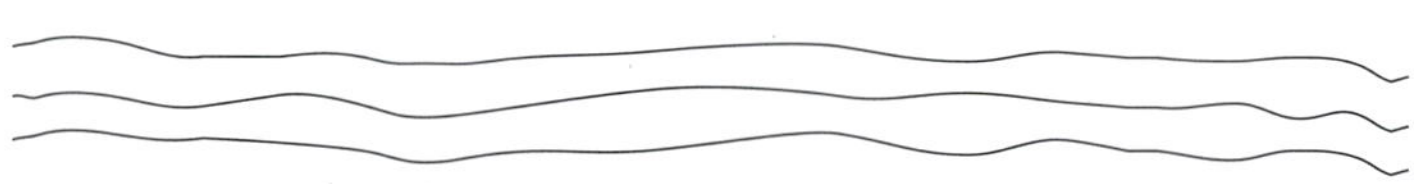

lineare Makromoleküle: *Thermoplast*

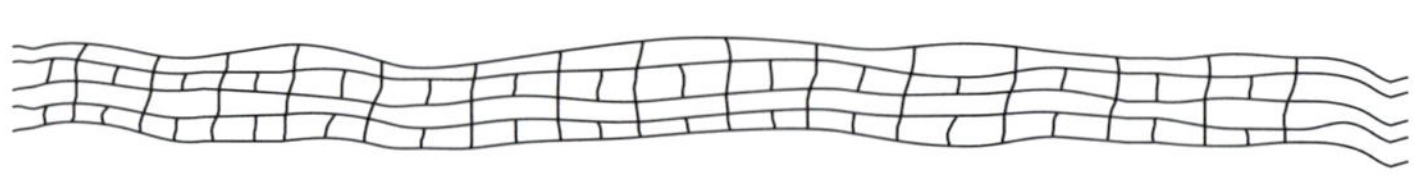

dreidimensional vernetzte Makromoleküle: *Duroplast*

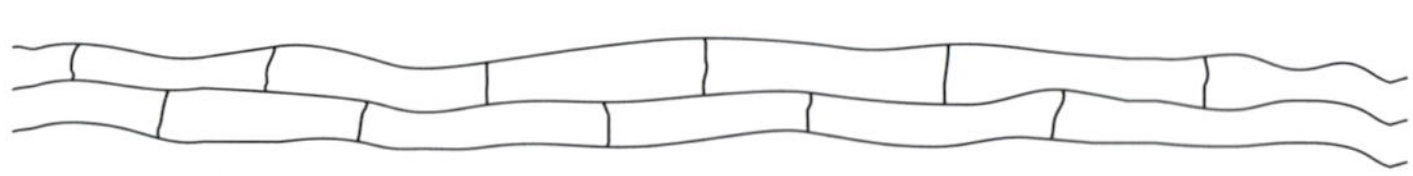

schwach vernetzte Makromoleküle: *Elastomer (Elast)*

**B4** *Modelle für Makromoleküle in Thermoplasten, Duroplasten und Elastomeren.*
***A:*** *Erläutern Sie die strukturellen Unterschiede zwischen den drei Arten von Kunststoffen.*

## Thermoplaste, Duroplaste, Elastomere

Stellt man eine Kunststoffschüssel versehentlich auf eine heiße Herdplatte, kann es passieren, dass sie schmilzt und unbrauchbar wird.
Viele Kunststoffe gehören zur Klasse der **Thermoplaste**. Typische Vertreter dieser Klasse sind z. B. Polyethen PE, Polypropen PP, Polyvinylchlorid PVC und Polymethylmethacrylat PMMA (Plexiglas®). Alle Thermoplaste sind beim Erwärmen plastisch verformbar (V1).
In ihnen sind die **Makromoleküle** linear und nicht oder nur sehr wenig verzweigt. Sie liegen unterschiedlich stark verknäuelt vor und werden durch zwischenmolekulare Kräfte zusammengehalten. Weil diese Kräfte recht gering sind, können die Makromoleküle im erwärmten Material leicht aneinander vorbeigleiten und so in eine neue Anordnung gebracht werden. Das Material verformt sich und behält im abgekühlten Zustand die neue Form. Das macht man sich beim **Spritzgießen** von Gegenständen aus thermoplastischen Kunststoffen zunutze (B5).
Einige Kunststoffe, die aus dreidimensional vernetzten Makromolekülen aufgebaut sind (B4), erweichen beim Erwärmen nicht (V1). Bei sehr starkem Erhitzen zersetzen sie sich. Diese unter Hitzeeinwirkung nicht verformbaren polymeren Materialien nennt man **Duroplaste** oder Duromere. Es handelt sich um Kunststoffe mit großer Festigkeit und Wärmebeständigkeit. Viele Steckdosen und Topfgriffe bestehen aus Duroplasten. Um Gegenstände aus Duroplasten zu fertigen, werden die Makromoleküle gleich in formgebenden Gefäßen erzeugt.
Kunststoffe, die zwar dehn- und formbar sind, aber ihre ursprüngliche Form wieder annehmen, wenn die Zug- oder Druckspannung nachlässt, sind **Elastomere**. Sie bestehen aus linearen Polymeren, die an wenigen Stellen miteinander quervernetzt sind (B4).
Zu den bekanntesten Elastomeren zählt Gummi. Gummi wird aus Naturkautschuk, einem linearen Polymer aus Z-Polyisopren (*cis*-Polyisopren), erhalten, indem man dieses mit Schwefel auf 150 °C erhitzt. Der Vorgang wird als **Vulkanisieren** bezeichnet und führt an einigen Stellen der linearen Makromoleküle zu einer Verknüpfung der Makromolekül-Stränge über zwei oder mehrere Schwefel-Atome (B6).

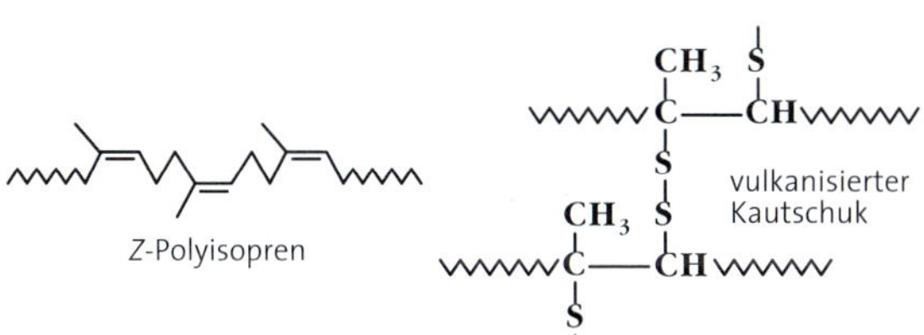


**B6** *Latex aus dem Kautschukbaum und Symbole für die Molekülausschnitte von Z-Polyisopren und vulkanisiertem Kautschuk (Gummi).* **A:** *Begründen Sie, welchen der auf dieser Seite angeführten Kunststoff-Gruppen Z-Polyisopren und Gummi zugeordnet werden können.*

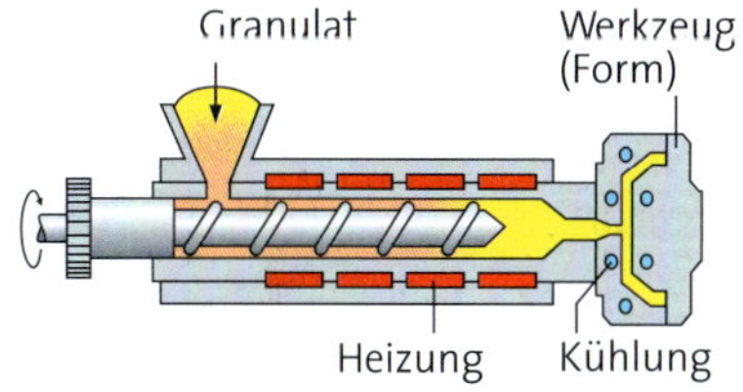


1. Flüssiger Kunststoff wird in das geschlossene Werkzeug gespritzt.

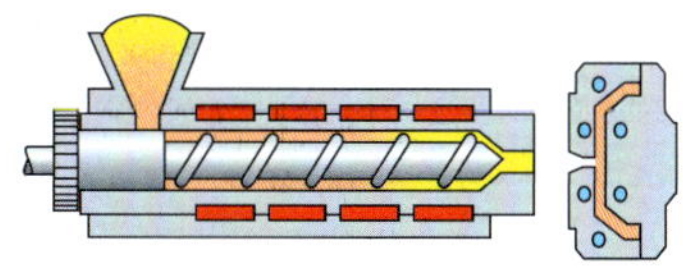

2. Kunststoff kühlt im geschlossenen Werkzeug ab und erstarrt.

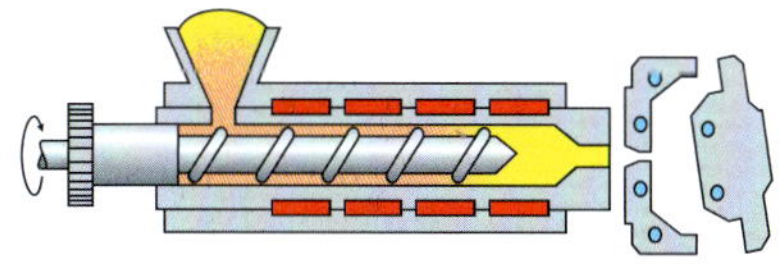

3. Erstarrtes Formteil fällt aus geöffnetem Werkzeug.

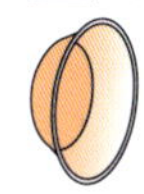

**B5** *Spritzgussverfahren zur Herstellung von Gegenständen aus Thermoplasten.* **A:** *Erklären Sie in eigenen Worten, wie man in der abgebildeten Anlage eine Schüssel herstellt.* **A:** *Beschreiben Sie, wie die Makromoleküle in der Stoffportion während der Verarbeitung vorliegen.*

### Aufgaben

**A1** Erstellen Sie eine Tabelle zu den drei Kunststoffklassen, in der Sie Namen, Aufbau, typische Vertreter und Informationen zur Herstellung von Anwendungsprodukten aufführen.

**A2** Eine thermoplastische Polyethen-Folie lässt sich auf die mehrfache Länge dehnen. Im Gegensatz zu elastischem Gummi zieht sie sich aber nach der Dehnung nicht mehr zusammen. Erläutern Sie dies.

### Fachbegriffe

Makromolekül, Thermoplast, Duroplast, Elastomer, Vulkanisieren, Spritzgussverfahren

# Polyethen, Polypropen, Polyvinylchlorid & Co

**B1** *Granulate aus Polyethen PE werden zu verschiedenen Gebrauchsgegenständen verarbeitet.*

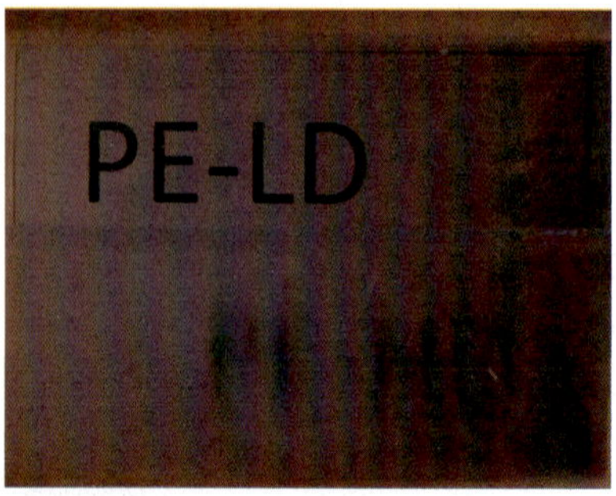


**B2** *Der obere Schriftzug „PE-LD" ist mit einer Polyethen-Folie niedriger Dichte (low-density PE) abgedeckt, der untere, kaum erkennbare Schriftzug „PE-HD" mit einer Polyethen-Folie hoher Dichte (high-density PE).* **A:** *Erklären Sie die dargestellte Beobachtung.*

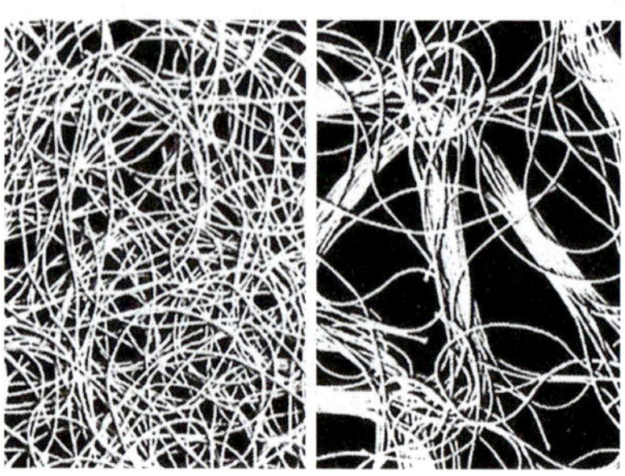

**B3** *„Spaghetti-Modell" für Thermoplaste: Die Makromoleküle sind kettenförmige Polymere aus vielen identischen Monomer-Einheiten, die ungeordnete Molekülknäuel wie Spaghetti auf einem Teller bilden.* **A:** *Erläutern Sie die Unterschiede zwischen der linken und der rechten Bildhälfte. Ordnen Sie „high-density" und „low-density" Polyethen je einer Bildhälfte zu.*

**INFO**

**Polyethen PE** (Polyethylen) ist unter den Kunststoffen das chemisch einfachste und technisch wichtigste Polymerisat. Nach dem Hochdruck-Verfahren wird Ethen durch Radikalkettenreaktionen (vgl. S. 131) polymerisiert. Da die so gebildeten Makromoleküle viele Verzweigungen haben und sich daher nur schlecht aneinanderlagern können, hat dieses Polyethen eine geringe Dichte (PE-LD, low-density Polyethen). Aus ihm werden Folien, Filme, Haushaltswaren und Verpackungsmaterial hergestellt. Die Polymerisation nach dem Niederdruck-Verfahren mit ZIEGLER-NATTA[1]-Katalysatoren führt zu linearen, unverzweigten Polyethen-Makromolekülen. Sie können teilkristalline Bereiche ausbilden, in denen die Makromolekül-Abschnitte parallel angeordnet sind (B3 rechts). An diesen kristallinen Bereichen wird das Licht gestreut, sodass die Lichtdurchlässigkeit des Materials herabgesetzt ist (B2 unten). Aus diesem Polyethen mit hoher Dichte werden Gegenstände gefertigt, die auch bei großer Belastung formstabil bleiben, z. B. Getränkekästen.

**Polypropen PP** (Polypropylen) wird durch Polymerisation von Propen (B4) mithilfe von ZIEGLER-NATTA[1]-Katalysatoren hergestellt. Diese Polymerisation kann so gesteuert werden, dass man Polypropen-Sorten mit unterschiedlichen Eigenschaften erhält, die verschiedenste Anwendungen, von Textilfasern bis zu Bauteilen von Haushaltsgeräten, ermöglichen.

**Polyvinylchlorid PVC** (B4) ist einer der preiswertesten und am meisten verwendeten Kunststoffe, beispielsweise für Rohrleitungen. Durch Zusatz von Weichmachern ändert man die Eigenschaften von PVC und erhält Materialien für Fußbodenbeläge oder Lederimitationen. Bei der Verbrennung von PVC-Müll können Chlorwasserstoff und giftige organische Chlorverbindungen entstehen und mit den Abgasen in die Umwelt entweichen. Moderne Anlagen steuern die Verbrennung von PVC-Müll und die Reinigung der Abgase so, dass sich die Umweltbelastung in vertretbaren Grenzen hält.

**Polytetrafluorethen**, bekannt als **Teflon**, ist nicht brennbar und gegen Hitze und Chemikalien resistent. Es dient zur Beschichtung von Bratpfannen oder als Dichtungsmaterial bei Geräten in Forschung, Industrie, Verkehr und Medizin.

**Polystyrol PS** kann geschäumt werden, wodurch man z. B. große, sehr leichte Platten für die Dämmung von Gebäuden erhält.

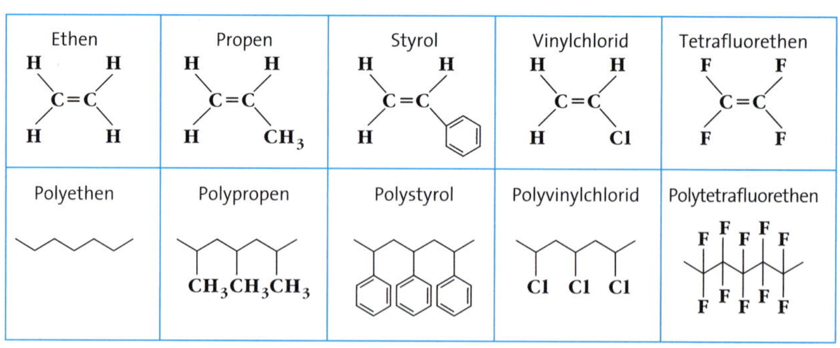


**B4** *Vereinfachte Valenzstrichformeln von Monomeren und Molekülsymbole (Gerüstformeln) für Strukturausschnitte ihrer Polymere.* **A:** *Übertragen Sie das Struktursymbol für PVC in eine Valenzstrichformel des angegebenen Strukturausschnitts.*

[1] KARL ZIEGLER (1898 bis 1973), Prof. am MPI in Mülheim/Ruhr, und GIULIO NATTA (1903 bis 1979), Prof. in Turin, erhielten für ihre Katalysatoren im Jahr 1963 gemeinsam den Nobelpreis für Chemie.

## Struktur und Eigenschaften von Polymeren

Viele Kunststoffe bestehen aus **Polymeren**, deren **Monomere** Derivate des Ethens sind. Ihre Moleküle leiten sich vom Ethen-Molekül ab, in dem ein oder mehrere Wasserstoff-Atome durch andere Atome oder Atomgruppen ersetzt (substituiert) sind (B4). Die unterschiedlichen Eigenschaften der Polymere (*INFO*) werden vor allem durch die Substituenten an den Kohlenstoff-Atomen der Hauptkette im Makromolekül bestimmt.

Der **Verzweigungsgrad** der Makromoleküle aus ein- und demselben Monomer und der Anteil an **teilkristallinen Bereichen** im polymeren Material sind weitere strukturelle Merkmale, die Einfluss auf die Materialeigenschaften wie Festigkeit und Lichtdurchlässigkeit haben (*INFO*, B2, B3).

Die Eigenschaften von Kunststoffen sind in hohem Maße von den Molekülmassen der Makromoleküle abhängig. Diese ergeben sich aus der Anzahl der Monomer-Einheiten in einem Polymer. Diese Zahl gibt der **Polymerisationsgrad n** wieder. So ist beispielsweise niedermolekulares Polyisobuten mit $50 < n < 100$ klebrig, hochmolekulares Polyisobuten mit $n > 1000$ elastisch und Polyisobuten mit sehr hohen Polymerisationsgraden fest und unelastisch (vgl. Chemie 2000+ Einführungsphase, S. 91). Entsprechend kann Polyisobuten sehr unterschiedliche Anwendungen finden (B6). Ähnliches gilt auch für andere Polymere: Ultrahochmolekulares Polyethen mit Molekülmassen von mehr als 1.000.000 u eignet sich dank seiner hohen Festigkeit und Gleitfähigkeit für künstliche Hüftgelenke.

Da Polymerisationsreaktionen nicht ausschließlich zu identisch langen Makromolekülen führen, gibt n immer den **mittleren Polymerisationsgrad** an. Experimentell lässt sich der mittlere Polymerisationsgrad einer Polymerprobe bestimmen, indem man das Polymer in einem geeigneten Lösemittel löst und die Zeit misst, die ein bestimmtes Volumen dieser Lösung braucht, um durch eine vorgegebene Öffnung zu fließen. Unter standardisierten Bedingungen kann man dann mithilfe von Literaturdaten den mittleren Polymerisationsgrad berechnen.

Die Eigenschaften von Kunststoffen lassen sich gezielt planen und verwirklichen, indem man **Copolymere** erzeugt. Copolymere sind Polymere aus zwei oder mehreren verschiedenen Monomer-Sorten. Ein Beispiel ist das Copolymer aus Ethen- und Tetrafluorethen-Monomeren mit dem Handelsnamen ETFE (vgl. S. 135).

Der Aufbau von Makromolekülen lässt sich durch Angabe der kleinsten, sich stets wiederholenden Struktureinheit, der **Repetiereinheit**, in eckigen Klammern übersichtlich darstellen, wie hier für Polyethen und Polyisobuten gezeigt ist:

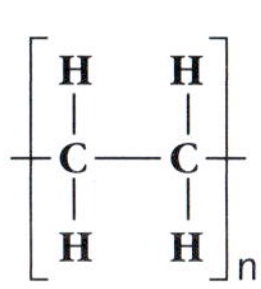

Polyethen

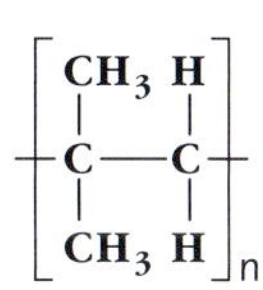

Polyisobuten

### *Aufgabe*

***A1*** Formulieren Sie zu den in B4 genannten Polymeren die jeweiligen Repetiereinheiten.

Bedeutung der Ziffern:

| | | |
|---|---|---|
| 01 | PET | Polyethenterephthalat |
| 02 | PE-HD | Polyethen hoher Dichte („high density") |
| 04 | PE-LD | Polyethen niedriger Dichte („low density") |
| 03 | PVC | Polyvinylchlorid |
| 05 | PP | Polypropen |
| 06 | PS | Polystyrol |
| 07 | O | Sonstige („Others") |

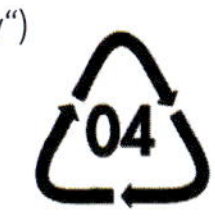


**B5** *Kennzeichnung von Kunststoffen.* ***A:*** *Finden Sie Verpackungen mit diesen Kennzeichnungen.*

**B6** *Je nach Polymerisationsgrad n wird Polyisobuten in Klebeflächen von Pflastern, in Kaugummi oder Fahrradschläuchen angewendet.*

### Fachbegriffe

Polymer, Monomer, Substituent, Verzweigungsgrad, teilkristalline Bereiche, Polymerisationsgrad n, Copolymer, Repetiereinheit

# Vom Monomer zum Polymer

**B1** *Tunneleingang aus Plexiglas®. Bei Plexiglas® handelt es sich um Polymethylmethacrylat PMMA, das industriell durch Polymerisation von Methylmethacrylat MMA hergestellt wird.*

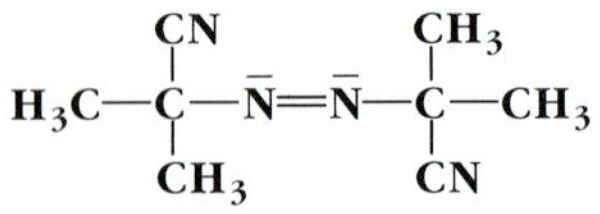

AIBN: **A**zo**iso****but**tersäure**n**itril (50 °C – 80 °C)

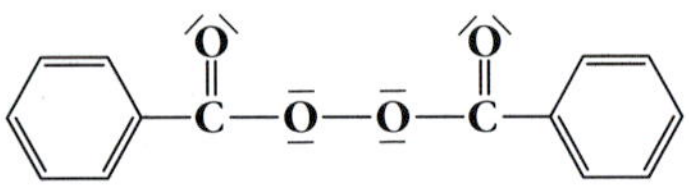

BPO: Di**b**enzoyl**p**er**o**xid (60 °C – 85 °C)

**B2** *Formeln der Starter zu V1.* **A:** *Informieren Sie sich im Internet über die homolytische Radikalbildung bei den beiden Startern AIBN und BPO.*

## Versuche

**Vorsicht! Alle Polymerisationen werden im Abzug durchgeführt. Die Starter werden von der Lehrperson verteilt. Als Monomer kann statt Methylmethacrylat MMA (B4) auch Styrol (Ethenylbenzol) eingesetzt werden.**

***V1*** Geben Sie in vier Rggl. 5 mL Methylmethacrylat* MMA[1]. Lassen Sie von der Lehrperson in Rggl. *1* 50 mg und in Rggl. *2* 100 mg des thermischen Radikalkettenstarters AIBN* (B2) hinzugeben. Lassen Sie in Rggl. *3* 50 mg und in Rggl. *4* 100 mg des Starters BPO* (B2) hinzugeben. Schütteln Sie die Rggl., bis sich die Starter gelöst haben. Hängen Sie die Rggl. dann in ein Wasserbad, das die Temperatur von 60 °C, 70 °C oder 80 °C hat. Notieren Sie die folgenden Parameter Ihrer Proben: Name des Starters, Menge des Starters und Temperatur des Wasserbades.

Prüfen Sie durch Schütteln in 5-min-Abständen die Zähigkeit der Inhalte in den Rggl. Lassen Sie Ihre Rggl. bis zur nächsten Chemiestunde im Abzug stehen und prüfen Sie die Inhalte dann erneut. Wenn sie ganz fest sind (Prüfung mit einem Glasstab), zerschlagen Sie die Gläser. Ordnen Sie die Polymerproben nach steigender Qualität. (Gute Qualität bedeutet, dass die erhaltene Probe fest, klar und transparent ist und möglichst keine eingeschlossenen Gasbläschen enthält.)

***LV2*** Man löst in einem 100-mL-Becherglas 10 mg AIBN* in 30 mL MMA* und erhitzt 20 min lang auf dem Wasserbad bei 92–95°C. Die Zeit wird zur Vorbereitung von V3 genutzt. Das erhaltene Prepolymer bildet eine zähflüssige Masse. Das Prepolymer kühlt im Eisbad ab. Man löst dann unter Rühren weitere 10 mg AIBN darin auf und verwendet es sofort in V3 weiter.

***V3*** Fertigen Sie eine Flachkammer wie in B3 aus zwei Glasplatten, einem Stück PVC-Schlauch und mehreren Klammern (z. B. Foldbackklammern). Füllen Sie das mit Starter versetzte Prepolymer aus LV2 in die U-förmige Öffnung ein. Erwärmen Sie die gefüllte Flachkammer über Nacht im Trockenschrank bei 55 °C (oder 1 Stunde lang bei 70 °C im Wasserbad). Nehmen Sie die Klammern ab, kühlen Sie unter laufendem Wasser und lösen Sie die fertige Plexiglasscheibe zwischen den Glasscheiben heraus.

***LV4*** Man wiederholt LV2 und V3, indem man als Fluoreszenzfarbstoff zu Beginn noch 10 mg Rubren (Tetraphenylnaphthacen) hinzufügt. (*Hinweis*: Es können auch andere Fluoreszenzfarbstoffe eingesetzt werden, beispielsweise aus gebräuchlichen Textmarkern. Voraussetzung ist, dass sie sich in MMA* lösen und bei der Reaktion nicht zerstört werden.)

*Hinweis:* Weitere Versuche zur Polymerisation sind unter *Chemie 2000+ Online* zu finden.

## Auswertung

a) Tabellieren Sie die Versuchsbedingungen und die Beobachtungen bei den verschiedenen Proben aus V1.

b) Erläutern Sie, wie man eine möglichst klare, bläschenfreie Polymerprobe erhält.

c) Nennen Sie Vor- und Nachteile, die das Verfahren in V3 und LV4 gegenüber dem in V1 hat.

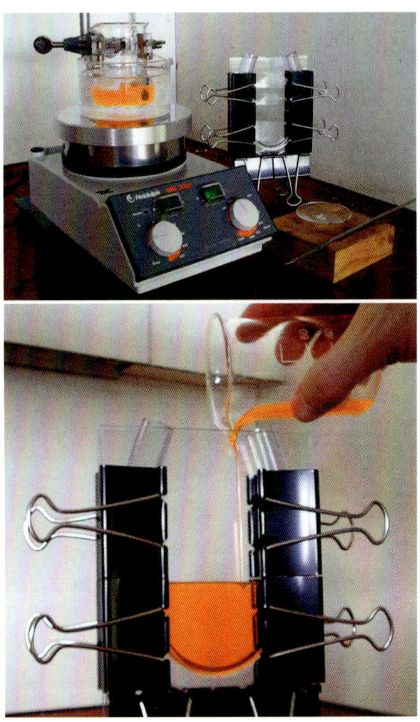

**B3** *Erzeugung von Polymerplatten durch Kammergießen (LV2 bis LV4)*

---

[1] Käufliches Methylmethacrylat MMA enthält ca. 100 ppm Hydrochinon als Stabilisator. Dieser muss für die Versuche nicht entfernt werden. Er wird durch einen Überschuss an Radikalen aus dem Starter vernichtet.

## Radikalische Polymerisation

Aus flüssigem Methylmethacrylat MMA bzw. Styrol (Ethenylbenzol) können unter Zugabe eines **Starters (Initiators)** die organischen Werkstoffe Polymethylmethacrylat PMMA (B1) bzw. Polystyrol PS hergestellt werden (V1 bis V3). Dabei laufen **Polymerisationen** ab, d. h. die Verknüpfungen vieler identischer Monomer-Einheiten zu Polymer-Molekülen.

Die Polymerisation von Methylmethacrylat MMA verläuft nach folgenden charakteristischen Reaktionsschritten:

1. In der **Startreaktion** werden aus den Starter-Molekülen **Radikale R•**, Teilchen mit einem ungepaarten Elektron, gebildet (B5). Vereinfacht kann die Startreaktion folgendermaßen dargestellt werden:

$$R{-}R \xrightarrow[\text{(Licht)}]{\text{Wärme}} 2\,R\cdot \qquad (1)$$

2. In den **Kettenreaktionen** reagiert jeweils ein Radikal mit einem Monomer-Molekül unter Bildung eines neuen Radikals:

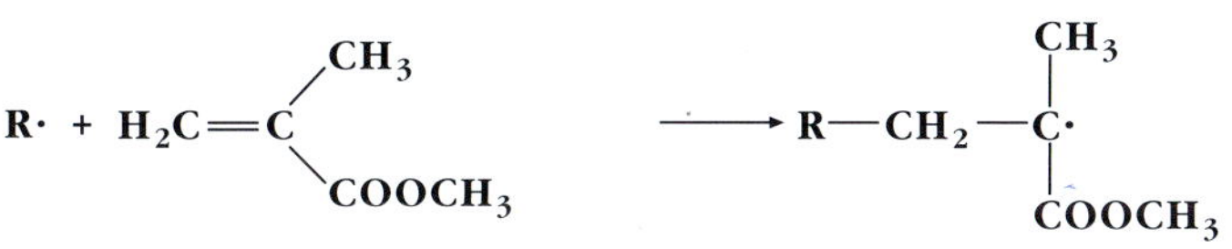

(2)

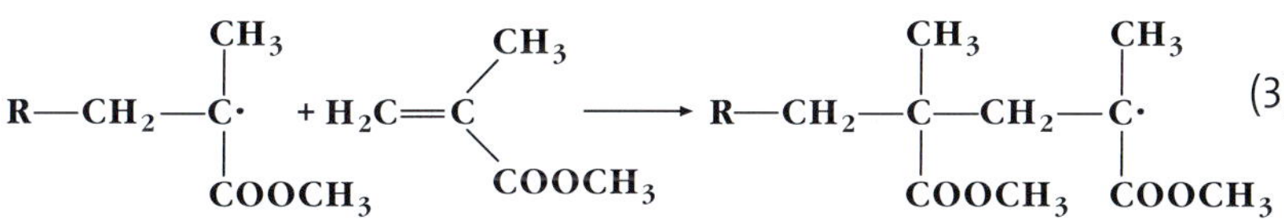

(3)

Die Reaktion (3) wiederholt sich mit jeweils einem weiteren Monomer-Molekül. So wachsen bei fortschreitender Polymerisation langkettige Makroradikale **M•** heran, in die immer mehr Monomer-Moleküle eingebaut sind. Das Reaktionsgemisch wird dabei immer zähflüssiger und härtet schließlich aus.

3. Bei den **Abbruchreaktionen** reagieren zwei Radikale zu einem Molekül. Dadurch wird die Kettenreaktion gestoppt:

$$M\cdot + \cdot R \longrightarrow M{-}R \text{ und } M\cdot + \cdot M \longrightarrow M{-}M \text{ und } R\cdot + \cdot R \longrightarrow R{-}R \quad (4)$$

Diese Art von Polymerisationen verläuft nach dem sogenannten **Radikalketten-Mechanismus**, weil Radikale als reaktive Zwischenstufen auftreten und weil die einzelnen Reaktionen wie die Glieder einer Kette ineinandergreifen. Industriell werden Scheiben aus Plexiglas® ähnlich wie in V3 in dem sogenannten **Kammergießverfahren** hergestellt. Dabei kann die Reaktionswärme aus der exothermen Polymerisation besser abgeführt und die Bildung von Gasbläschen durch verdampfendes Monomer vermieden werden.

### *Aufgaben*

***A1*** Erläutern Sie, warum die Bezeichnung Katalysator für den Starter (Initiator) bei einer Polymerisation nicht zutrifft.

***A2*** Die Makromoleküle in einer Probe aus Polymethylmethacrylat PMMA haben nicht alle die gleiche Molekülmasse. Erläutern Sie, welche der Reaktionsschritte (1) bis (4) dafür verantwortlich sind.

Methylmethacrylat $C_5H_8O_2$

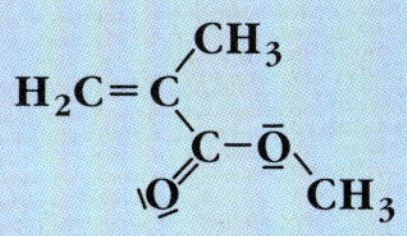

*Eigenschaften:* farblose Flüssigkeit, charakteristischer Geruch, schlecht wasserlöslich, $\varrho = 0{,}94\ g/cm^3$, $\vartheta_m = -48\ °C$, $\vartheta_b = 100\ °C$

**B4** *Steckbrief Methylmethacrylat MMA.* ***A:*** *Erstellen Sie mithilfe des Internets einen analogen Steckbrief für Styrol (Ethenylbenzol).*

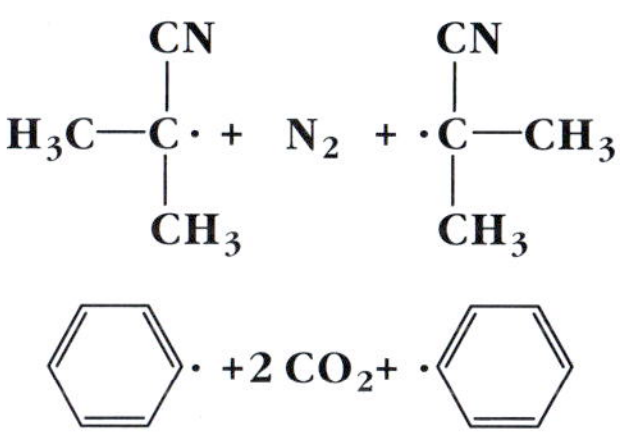

**B5** *Radikale und Moleküle.* ***A:*** *Erklären Sie, welche Bindungen in den Molekülen aus B2 gespalten werden müssen, damit diese Teilchen entstehen.*

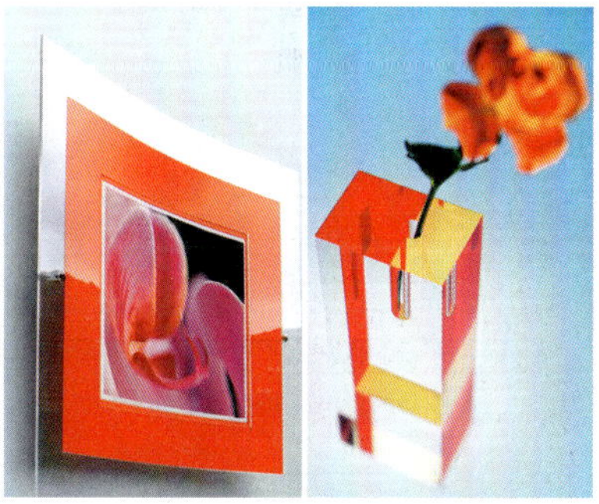

**B6** *Designer-Gegenstände aus Plexiglas®.* ***A:*** *Erklären Sie, warum es schwierig ist, dicke Platten und Blöcke aus Plexiglas® blasenfrei herzustellen.*

### Fachbegriffe

Starter (Initiator), Polymerisation, Startreaktion, Radikal, Kettenreaktion, Abbruchreaktion, Radikalketten-Mechanismus, Kammergießverfahren

## Andere Radikale, andere Produkte

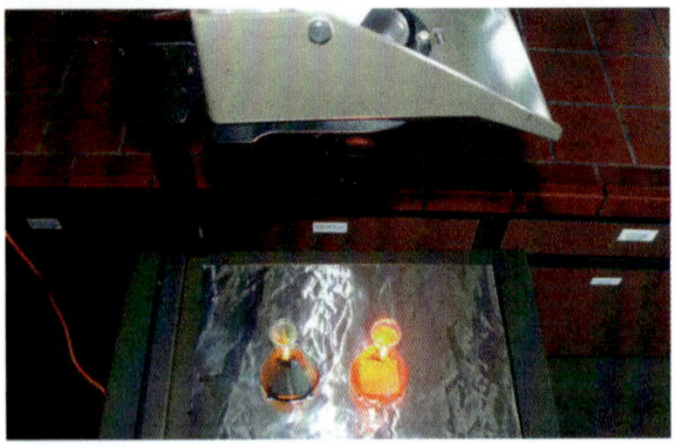

**B1** *Bromierung von Heptan bei Blaulicht und bei Rotlicht (V1)*

### Versuche

**Vorsicht! Brom wird unter dem Abzug von der Lehrperson zugegeben!**
**Die BEILSTEIN-Probe wird nur im Abzug durchgeführt!**

***V1*** Geben Sie in einen trockenen 100-mL-Erlenmeyerkolben ca. 30 mL n-Heptan* und lassen Sie 5 bis 6 Tropfen elementares Brom* hinzufügen. Schütteln Sie durch und gießen Sie die Hälfte der Lösung in einen zweiten trockenen Erlenmeyerkolben ab. Decken Sie beide Kolben mit einem Uhrglas ab und belichten Sie die Proben gleichzeitig auf dem Overhead-Projektor durch eine blaue bzw. eine rote Glasscheibe (B1). Beobachten Sie den zeitlichen Unterschied bei der Entfärbung. Testen Sie die Gasphase in den beiden Kolben mit feuchtem Indikatorpapier und mit einem Tropfen konzentrierter Ammoniak*-Lösung, die an einem Glasstab hängt. Geben Sie in die Erlenmeyerkolben mit den Reaktionsprodukten je 30 mL Wasser und trennen Sie jeweils die beiden Phasen im Scheidetrichter. Lassen Sie mit den organischen Phasen im Abzug die BEILSTEIN-Probe von der Lehrperson (LV2) durchführen.

***LV2*** BEILSTEIN-Probe (**Abzug!**): Ein Streifen Kupferblech wird ausgeglüht, bis keine Flammenfärbung mehr zu sehen ist. Einige Tropfen der zu untersuchenden Flüssigkeit werden auf den abgekühlten Kupferstreifen gegeben. Dieser wird wiederum in die Flamme gehalten (B2). Die BEILSTEIN-Probe wird a) mit der organischen Phase aus V1 und b) mit Heptan* durchgeführt.

**B2** *Fällt die BEILSTEIN-Probe (Grünfärbung der Flamme) positiv aus, sind in den Molekülen der untersuchten Substanz Halogen-Atome gebunden.*

### Auswertung

a) Fassen Sie alle Versuchsergebnisse tabellarisch zusammen.

b) Die Reaktion von Heptan mit Brom verläuft nach folgendem Schema:

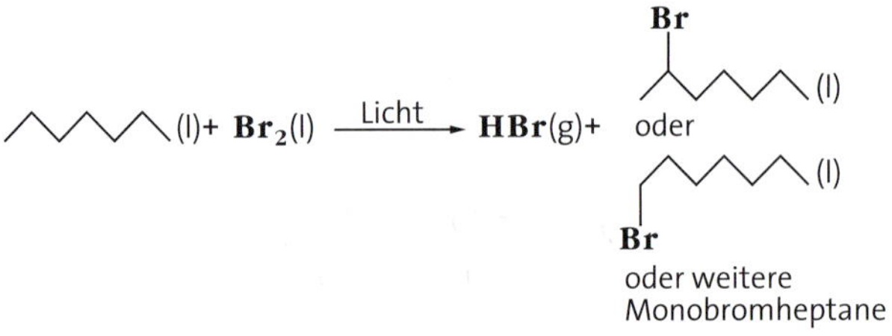


Erläutern Sie, inwiefern die Nachweisversuche in V1 und in LV2 die Bildung der hier angegebenen Produkte bestätigen. Geben Sie die Gerüstformel (das Molekülsymbol) eines weiteren möglichen Produkts an.

c) Die molare Bindungsenergie von Brom, d.h. die zur Trennung der Moleküle in Atome erforderliche Energie, beträgt 193 kJ/mol. Erklären Sie die unterschiedlichen Reaktionszeiten bei den Reaktionen mit blauem und mit rotem Licht in V1.

| Lichtfarbe | Wellenlängenbereich in nm $\Delta\lambda$ | Energiebereich in kJ/mol |
|---|---|---|
| Violett | 440 bis 400 | 271 bis 298 |
| Blau | 480 bis 440 | 248 bis 271 |
| Grünblau | 490 bis 480 | 243 bis 248 |
| Blaugrün | 500 bis 490 | 238 bis 243 |
| Grün | 560 bis 500 | 213 bis 238 |
| Gelb | 595 bis 580 | 200 bis 206 |
| Rot | 700 bis 605 | 170 bis 197 |

**B3** *Zusammenhang Lichtfarbe – Wellenlänge – Energie.* ***A:*** *Berechnen Sie mithilfe von B4 und B6 die maximale Wellenlänge eines Lichtquants, der ein Brom-Molekül in zwei Brom-Atome (Brom-Radikale) spalten kann.*

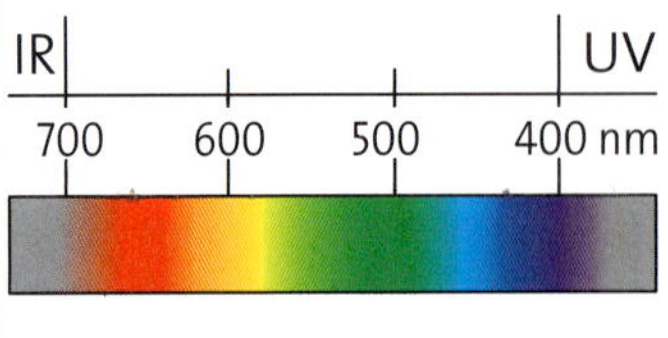


$E$: Energie eines Lichtquants in J
$h = 6{,}6 \cdot 10^{-34}$ J · s (PLANCK'sche Konstante)
$c = 3 \cdot 10^{8}$ m · s$^{-1}$ (Lichtgeschwindigkeit)
$\nu$: Frequenz des Lichtquants in s$^{-1}$
$\lambda$: Wellenlänge des Lichtquants in m

$E = h \cdot \nu = h \cdot c/\lambda$

**B4** *Die Energie E eines Lichtquants (eines Photons) ist proportional zu seiner Frequenz ν und antiproportional zu seiner Wellenlänge λ.*

## Radikalische Substitution

Der **Radikalketten-Mechanismus**, nach dem einige Polymerisationen verlaufen (vgl. S. 131), ist auch für andere Reaktionen z. B. in Industrieanlagen und Umweltbereichen kennzeichnend. Von besonderer Bedeutung sind dabei die Reaktionen von Alkanen aus dem Erdöl mit Halogenen. Durch sie können **Halogenalkane** hergestellt werden, die viel reaktionsfreudiger sind als die Alkane und die für die Synthese weiterer Produkte benötigt werden. Heptan reagiert mit Brom bei Licht zu Bromwasserstoff **$HBr$** und einem Gemisch aus mehreren Monobromheptan-Isomeren **$C_7H_{15}Br$** (V1, Auswertung b). Diese Reaktion ist eine **Substitutionsreaktion**, weil in den Alkan-Molekülen Wasserstoff-Atome durch andere Atome ersetzt werden. Da es Halogen-Atome sind und die Reaktion durch Licht ausgelöst wird, bezeichnet man diesen Reaktionstyp auch als **photochemische Halogenierung**.
Diese Radikalkettenreaktionen laufen in Start-, Ketten- und Abbruchreaktionen ab (B5). Anders als bei der radikalischen Polymerisation von Methylmethacrylat MMA oder Styrol (vgl. S. 131) muss bei der Bromierung von Heptan kein Starter eingesetzt werden. Die für den Start der Kettenreaktion notwendigen Radikale werden aus Brom-Molekülen gebildet. Wenn ein **Photon**[1] **(Lichtquant)** geeigneter Energie auf ein Brom-Molekül trifft, wird dieses **homolytisch**[2] in zwei Brom-Atome (Brom-Radikale) getrennt. Diese starten die Kettenreaktionen aus B5, die sich häufig wiederholen, bis es schließlich zu einer Abbruchreaktion kommt.
Die Bromierung von Heptan verläuft bei blauem Licht schneller als bei rotem (V1). Alle Photonen des blauen Lichts sind so energiereich, dass sie Brom-Moleküle in Radikale trennen und damit die Kettenreaktion starten können. Das ist bei rotem Licht nicht der Fall (B6, B3).
**Halogenalkane** finden in der Technik verschiedene Verwendungen. Die wichtigsten unter ihnen, die Chloralkane, können durch radikalische Substitutionsreaktionen aus Alkanen und Chlor durch Lichtbestrahlung hergestellt werden. Für den Start dieser Chlorierungen eignet sich violettes oder ultraviolettes Licht.

Startreaktion

$$Br_2 \xrightarrow{h\nu} 2\ Br\cdot$$

Kettenreaktionen

$$Br\cdot + RH \longrightarrow HBr + R\cdot$$
$$R\cdot + Br_2 \longrightarrow RBr + Br\cdot$$

Abbruchreaktionen

$$Br\cdot + \cdot Br \longrightarrow Br_2$$
$$Br\cdot + \cdot R \longrightarrow RBr$$
$$R\cdot + \cdot R \longrightarrow R_2$$

**B5** *Radikalketten-Mechanismus bei der Bromierung eines Alkans.* ***A:*** *Nennen Sie je zwei Gemeinsamkeiten und Unterschiede zum Radikalketten-Mechanismus bei der Polymerisation (vgl. S. 131).*

| Halogen | Bindungsenergie in kJ/mol | Wellenlänge in nm |
|---|---|---|
| \|F̄—F̄\| | 155 | 769 (!) |
| \|C̄l—C̄l\| | 243 | 490 |
| \|B̄r—B̄r\| | 193 | 618 |
| \|Ī—Ī\| | 151 | 789 |

**B6** *Zusammenhang Bindungsenergie – Wellenlänge bei Halogenen.* ***A:*** *Begründen Sie, warum rotes Licht (B3) nur zum Teil aus Photonen besteht, die Brom-Moleküle in Brom-Radikale spalten können.*

### *Aufgaben*

***A1*** Wenn bei der Halogenierung eines Alkans das Halogen im Überschuss eingesetzt wird, können in den Alkan-Molekülen zwei und mehr Wasserstoff-Atome durch Halogen-Atome ersetzt werden. Formulieren Sie die Reaktionsgleichung zur Herstellung von Dichlormethan **$CH_2Cl_2$** und Trichlormethan (Chloroform) **$CHCl_3$**.

***A2*** Berechnen Sie mithilfe von B3 und B4 die Wellenlänge eines Lichtquants aus rotem Licht mit $E = 180$ kJ/mol.

***A3*** Recherchieren Sie im Internet zehn technisch wichtige Halogenalkane und tabellieren Sie die Namen, Formeln und Anwendungen dieser Verbindungen (vgl. auch *Chemie 2000+ Online*).

***A4*** Informieren Sie sich über die Umweltverträglichkeit und die Abbaumöglichkeiten organischer Halogenverbindungen. Beurteilen Sie Vor- und Nachteile der technischen Nutzung von Halogenverbindungen.

### Fachbegriffe

Radikalketten-Mechanismus, Halogenalkane, Substitutionsreaktion, photochemische Halogenierung, Photon (Lichtquant), homolytisch

[1] von *photo...* (griech.) = Licht; kleinstes „Lichtteilchen" oder „Energiepäckchen" mit der Energie $E = h \cdot \nu$ (vgl. auch B4).

[2] von *homos* (griech.) = gleich und von *lyein* (griech.) = lösen, trennen. Bei der Homolyse einer Elektronenpaarbindung behält jedes der beiden Bruchstücke ein Elektron aus der Bindung.

## Der Reaktionsmechanismus – ein Modell für den Reaktionsverlauf

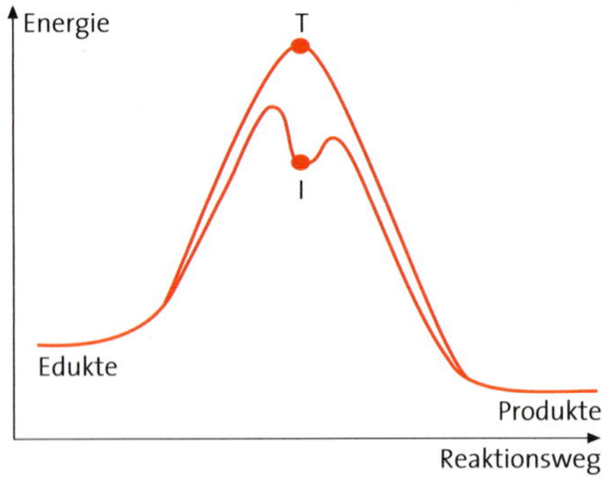


**B1** *Tradukt T (Übergangszustand) und Interdukt I (reaktive Zwischenstufe) einer Reaktion*

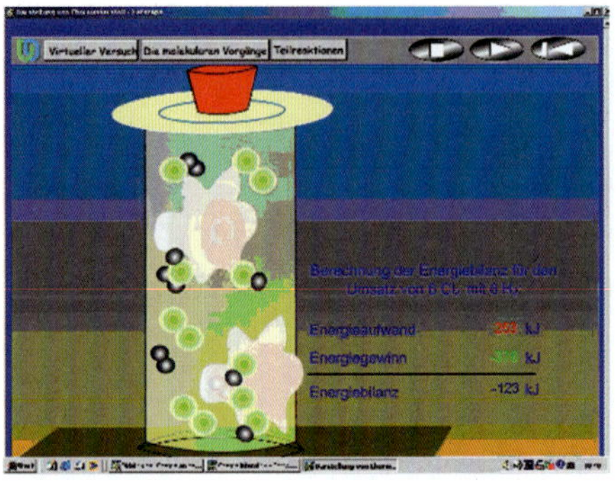


**B2** *Flash-Animation zum Radikalketten-Mechanismus in Chemie 2000+ Online*

### INFO

In der Reaktionsgleichung werden i. d. R. nur die Edukte und die Produkte einer Reaktion angegeben. Über den Weg, den die Edukte zu den Produkten nehmen, gibt eine Reaktionsgleichung keine Auskunft.
Dieser Weg kann grundsätzlich einen der beiden Verläufe aus B1 aufweisen. In dem einen Fall muss im Reaktionsverlauf nur ein „Energieberg" überwunden werden. Die Spitze dieses „Berges" entspricht dem **Tradukt** oder **Übergangszustand** des reagierenden Systems. Im anderen Fall durchläuft die Reaktion ein energetisches „Zwischental". Dieses entspricht einem **Interdukt** oder einer **reaktiven Zwischenstufe**, z. B. einem Radikal.
Der **Reaktionsmechanismus** ist ein Modell für den Verlauf der Reaktion zwischen Edukten und Produkten. Der Reaktionsmechanismus macht zum einen Aussagen zum energetischen Verlauf nach einer der beiden Kurven aus B1. Er beinhaltet aber auch Vorschläge für die molekulare Struktur (die Formeln) des Übergangszustands bzw. der reaktiven Zwischenstufen.

### Auswertung

a) Geben Sie die Formeln von zwei Interdukten an, die bei der Polymerisation von Methylmethacrylat (vgl. S. 130, 131) auftreten und benennen Sie sie.
b) Ein Gemisch aus Methylmethacrylat MMA und einem Starter, der beim Erhitzen in Radikale zerfällt, wird erhitzt. Treffen Sie Aussagen über die zu erwartenden Produkte und begründen Sie Ihre Vorschläge.

### Aufgaben

**A1** Erkunden Sie das Video und die Flash-Animation zur Chlorknallgasreaktion in *Chemie 2000+ Online* (B2). a) Geben Sie die Reaktionsgleichung der hier ablaufenden Reaktion an. b) Erläutern Sie mithilfe der Animation den Radikalketten-Mechanismus dieser Reaktion.

**A2** Die Reaktivität der Halogen-Atome nimmt vom Fluor-Atom zum Iod-Atom ab:

$$|\overline{\underline{F}}\cdot > |\overline{\underline{Cl}}\cdot > |\overline{\underline{Br}}\cdot > |\overline{\underline{I}}\cdot$$

Die **Quantenausbeute** einer photochemischen Reaktion gibt die Zahl der umgesetzten Moleküle pro Zahl der absorbierten Lichtquanten (Photonen) an. Die Quantenausbeute bei Chlorierungen kann bis zu 100 000 betragen. Schätzen Sie im Vergleich dazu die Quantenausbeute bei Bromierungen und begründen Sie Ihre Schätzung.

**A3** Für Reaktionen von Chlor- bzw. Brom-Atomen mit Kohlenstoff-Wasserstoff-Bindungen verschiedener Art gelten folgende *relative Reaktivitäten*:

| | $R{-}CH_2{-}H$ | $R_2CH{-}H$ | $R_3C{-}H$ |
|---|---|---|---|
| $|\overline{\underline{Cl}}\cdot$ | 1 | 2 | 3 |
| $|\overline{\underline{Br}}\cdot$ | 1 | 250 | 6 300 |

Geben Sie näherungsweise das Verhältnis an, in dem sich 1-Brom-2-methylpropan und 2-Brom-2-methylpropan bei der photochemischen Bromierung von 2-Methylpropan (Isobutan) bilden. Berücksichtigen Sie dabei die Angaben über die relativen Reaktivitäten und die Anzahl der jeweiligen Art von Kohlenstoff-Wasserstoff-Bindungen im Isobutan-Molekül.

## Radikalkettenreaktionen in Umwelt und Technik

$$O_2 \xrightarrow[h\nu_1]{\lambda < 240\,nm} O + O$$
$$O + O_2 + M \rightarrow O_3 + M$$
$$O_3 + O \longrightarrow 2\,O_2$$
$$O_3 \xrightarrow[h\nu_2]{\lambda < 300\,nm} O_2 + O$$
$$3\,O_2 \underset{+h\nu_2}{\overset{+h\nu_1;\,-\Delta}{\rightleftharpoons}} 2\,O_3$$

**B1** *Natürlicher Solarreaktor Stratosphäre und* C*HAPMAN-Zyklus des Ozon-Gleichgewichts (vgl. Chemie 2000+ Online)*

**B2** *Die Fassade der Münchner Sportarena ist aus ETFE, einem innovativen Kunststoff.*

### Radikalkettenreaktionen in der Stratosphäre

Das Ozon-Gleichgewicht in der Stratosphäre (B1) ist für das Leben auf unserem Planeten unentbehrlich, weil dabei der größte Teil der schädlichen UV-Strahlung der Sonne absorbiert und in Wärme umgewandelt wird. Die Ursachen des seit dem Jahr 1984 beobachteten **Ozonlochs** waren ein Jahrzehnt lang stark umstritten. Im Jahr 1995 erhielten P. J. CRUTZEN, M. J. MOLINA und F. S. ROWLAND dann den Chemie-Nobelpreis für eine auch heute noch allgemein anerkannte Erklärung zum Abbau des Ozons. Der von ihnen vorgeschlagene Reaktionsmechanismus ist eine Radikalkettenreaktion und wird als **Chlor-Katalyse-Zyklus** bezeichnet:

$$F_2ClC-Cl \xrightarrow[h\nu]{\lambda < 340\,nm} F_2ClC\cdot + Cl\cdot$$
$$Cl\cdot + O_3 \longrightarrow ClO\cdot + O_2$$
$$ClO\cdot + O \longrightarrow Cl\cdot + O_2$$
$$ClO\cdot + NO_2\cdot \underset{\text{Frühjahr}}{\overset{\text{Winter}}{\rightleftharpoons}} ClNO_3$$

### *Aufgaben*

*A1* Begründen Sie, warum der erste Reaktionsschritt des Chlor-Katalyse-Zyklus nur in der Stratosphäre, nicht aber in Bodennähe ablaufen kann.

*A2* Erklären Sie, warum das Ozonloch jeweils im polaren Frühling über dem Südpol und Teilen der nördlichen Hemisphäre auftritt.

*A3* Die FCKW wurden zunächst in Europa, dann weltweit verboten. Dennoch dauert es viele Jahrzehnte, bis die stratosphärische Ozonschicht „geheilt" ist und das Ozonloch nicht mehr auftritt. Erläutern Sie mithilfe des Chlor-Katalyse-Zyklus, woran das liegt.

### Durchscheinend, flammbeständig, reißfest ...

... nicht brennbar, durchscheinend (transluzent) und selbstreinigend durch Regen – das sind Eigenschaften eines innovativen Kunststoffs, der beispielsweise für Dachkonstruktionen und Fassaden von Stadien, Zelten und Freilichtbühnen verwendet wird (B2). Sein Handelsname ETFE (für Ethentetrafluorethen) leitet sich von den beiden Monomeren Ethen und Tetrafluorethen ab, aus denen er durch Copolymerisation hergestellt werden kann. Dabei wird ein Gemisch aus Ethen und Tetrafluorethen mit einem Radikalbildner als Starter polymerisiert (vgl. S. 128; 130). Alternativ dazu kann man industriell von Polyethen ausgehen und dieses durch radikalische Substitution teilfluorieren.

Mit ETFE ist ein neuer Kunststoff nach Maß kreiert worden. Dieses Beispiel zeigt, dass die theoretischen Kenntnisse über den Radikalketten-Mechanismus in der Praxis genutzt und gewinnbringend angewendet werden können. Das gilt sowohl für die radikalische Polymerisation als auch für die radikalische Substitution.

### *Aufgaben*

*A4* Geben Sie die Valenzstrichformel eines Strukturausschnitts aus einem ETFE-Molekül an. Erläutern und begründen Sie, warum es mehrere Möglichkeiten gibt.

*A5* Erläutern Sie anhand der Ihnen aus dem Alltag bekannten Anwendungen und Eigenschaften von Polyethen PE und Polytetrafluorethen Teflon, welchem der Monomere der Kunststoff ETFE die Eigenschaft *nicht brennbar* verdankt.

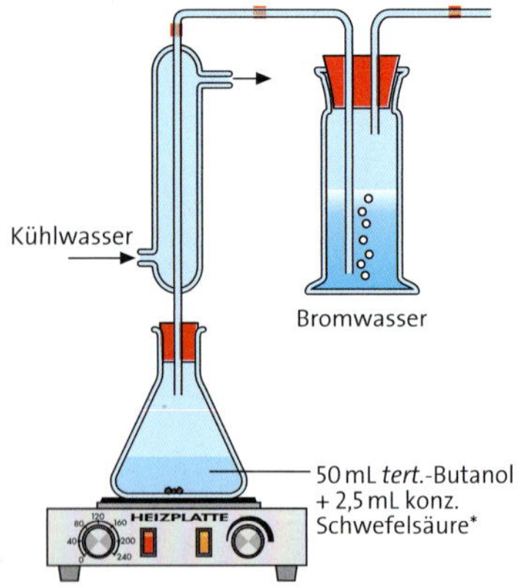


**B1** *Apparatur zur Reaktion von selbst hergestelltem Isobuten mit Bromwasser.* **A:** *Geben Sie an, wo in der Apparatur die Herstellung von Isobuten stattfindet und wo die Reaktion mit Brom abläuft.*

**B2** *Versuchsaufbau zur Bromierung von Ethen.* **A:** *Geben Sie die Produkte an, die bei diesem Versuch entstehen.*

## Angriffsziel: Die Kohlenstoff-Kohlenstoff-Doppelbindung

### *Versuche*

**Vorsicht! Bromwasser wird unter dem Abzug von der Lehrperson verteilt!**
**BEILSTEIN-Probe (vgl. S. 132) unter dem Abzug durchführen!**
**Bei allen Versuchen mit möglichst wenig Licht arbeiten!**

***LV1* Abzug!** Man gibt in einen trockenen Standzylinder vier Tropfen Brom*, verschließt den Standzylinder und lässt das Brom verdunsten. Dann tropft man zehn Tropfen Hepten* bzw. Cyclohexen* in den Standzylinder und deckt ihn schnell wieder zu. Nach Beendigung der Reaktion testet man den Gasraum mit feuchtem *p*H-Indikatorpapier.

***V2*** Bauen Sie im Abzug die Vorrichtung aus B1 auf[1]. In der Waschflasche befinden sich 60 mL gesättigtes Bromwasser*. Erhitzen Sie das Gemisch im Erlenmeyerkolben zum Sieden und leiten Sie das gasförmige Isobuten*, das sich gebildet hat, durch die Waschflasche. Beobachten Sie die Farbänderung.

a) Testen Sie das entweichende Gas mit feuchtem *p*H-Indikatorpapier.

b) Wenn keine Farbänderung in der Waschflasche mehr zu beobachten ist, stellen Sie die Heizung aus und lockern Sie sofort den Stopfen der Waschflasche. Gießen Sie den Inhalt der Waschflasche in einen Scheidetrichter und schütteln Sie ihn mit 10 mL Heptan* aus. Trennen Sie die Phasen und lassen Sie von der Lehrperson mit der organischen Phase die BEILSTEIN-Probe (vgl. S. 132) durchführen.

c) Halten Sie in die wässrige Phase einen Streifen feuchtes *p*H-Indikatorpapier.

d) Versetzen Sie im Rggl. jeweils 3 mL der wässrigen Phase mit 1 mL Silbernitrat*-Lösung.

### *Auswertung*

*Hinweis*: Bromwasser ist eine Lösung von Brom in Wasser $\mathbf{Br_2(aq)}$.

a) Vergleichen Sie die Reaktivität der Alkene und Alkane gegenüber Halogenen (vgl. S. 132 f.).

b) Erklären Sie, welcher Befund in V2 dafür spricht, dass sich aus Alkenen und Brom organische Halogenverbindungen bilden.

c) Beim Ausschütteln des entfärbten Bromwassers mit Heptan extrahiert man das Produkt der Reaktion von Isobuten mit Brom aus der wässrigen Phase. Erklären Sie, warum man bei Verwendung des hydrophoben Lösemittels auf hydrophobe Eigenschaften eines Produkts der Reaktion schließen kann.

d) Beschreiben Sie die Beobachtungen bei V2 und erklären Sie, welche Stoffe mit den Tests nachgewiesen werden. Vergleichen Sie mit dem Ergebnis des Nachweises in LV1.

e) Formulieren Sie die Reaktionsgleichungen für die Reaktionen der Alkene in LV1 und V2, nachdem Sie S. 137 gelesen haben.

[1] Verwenden Sie möglichst kurze Schlauchstücke aus Silicon zur Verbindung der Glasrohre.

## Elektrophile Addition an Alkene

Die Versuche zeigen eine alternative Möglichkeit für die Synthese von **Halogenalkanen** (vgl. S. 133). Hier reagieren Alkene im Gegensatz zu Alkanen relativ leicht und auch bei Dunkelheit mit Halogenen (LV1, V2). Die gebildeten Halogenalkane sind in hydrophoben Lösemitteln wie Heptan gut löslich und können durch die Beilstein-Probe nachgewiesen werden.

Die Addition eines Halogens an ein Alken nennt man **Halogenierung**. Die Addition von Brom an ein Alken ist entsprechend eine Bromierung, dabei bildet sich ein Dibromalkan (LV1):

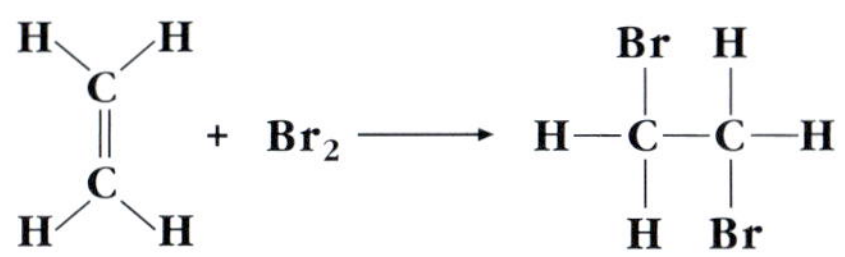

Die Reaktionsschritte vom Alken zum Halogenalkan verlaufen nach dem Mechanismus der **elektrophilen Addition** (B3) wie folgt:

**1. Schritt**: In einem Brom-Molekül, das sich der Kohlenstoff-Kohlenstoff-Doppelbindung des Alken-Moleküls nähert, findet eine vorübergehende Polarisierung der Elektronenpaarbindung statt. Das Brom-Atom mit der positiven Partialladung greift die Doppelbindung **elektrophil**[1] an, wobei es mit einem Elektronenpaar der Doppelbindung zu einer Wechselwirkung und zur Ausbildung des Tradukts kommt. Die Doppelbindung im Alken-Molekül und die Bindung im Brom-Molekül werden **heterolytisch**[2] aufgebrochen. Dabei entsteht als Interdukt das **cyclische Bromonium-Ion**.

**2. Schritt**, Variante a): Das abgespaltene Bromid-Ion kann nun das Bromonium-Ion **nucleophil**[3] angreifen und bildet eine Elektronenpaarbindung zu einem der beiden Kohlenstoff-Atome im Bromonium-Ion. Gleichzeitig geht der Dreierring auf und das darin gebundene Brom-Atom löst die Bindung zu einem Kohlenstoff-Atom **heterolytisch** und ist somit an das andere Kohlenstoff-Atom gebunden. Es entsteht daher immer ein Dibromalkan-Molekül mit den Brom-Atomen an benachbarten Kohlenstoff-Atomen.

Die Ergebnisse der Nachweise in V2 passen nicht zu der beschriebenen Variante a), nach der außer dem Dibromalkan kein weiteres Produkt entsteht. V2 zeigt aber die Bildung einer sauren Lösung an, in der mit Silbernitrat-Lösung auch Halogenid-Ionen nachgewiesen werden. Dies kann damit erklärt werden, dass alternativ zum Bromid-Ion ein Wasser-Molekül das Bromonium-Ion nucleophil angreift (Variante b). Durch Abspaltung eines Protons bildet sich dabei ein **Monobromalkanol-Molekül**.

### Aufgabe

**A1** Markieren Sie in einer Kopie von B3 die Elektronenpaare im Alken-Molekül und im Brom-Molekül in verschiedenen Farben und verdeutlichen Sie dadurch den Mechanismus.

[1] von *elektrophil* (griech.) = elektronenfreundlich, Elektronen suchend;

[2] von *heteros* (griech.) = verschieden und *lyein* (griech.) = lösen, trennen. Bei der Heterolyse einer Elektronenpaarbindung entsteht ein Ionenpaar.

[3] von *nucleophil* (griech.) = kernfreundlich, kernliebend

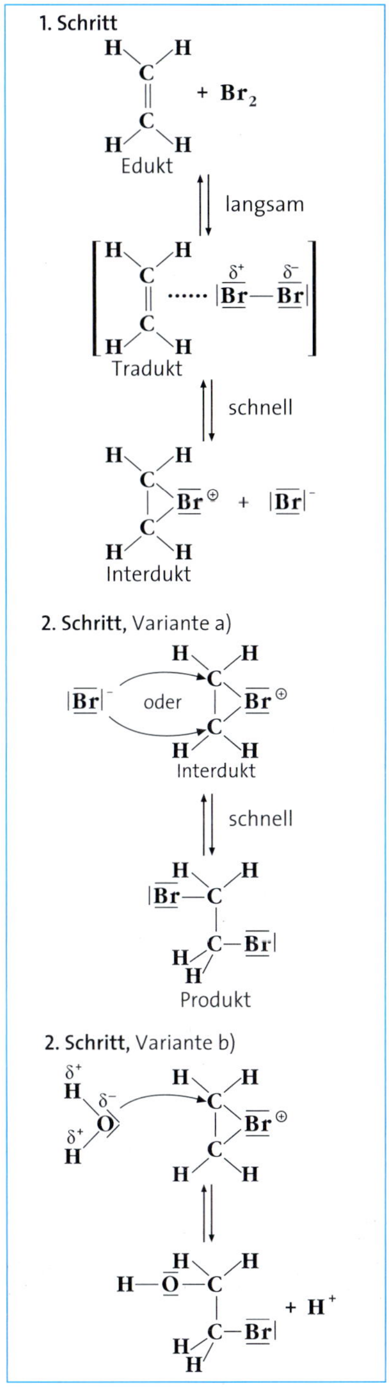


**B3** *Mechanismus der elektrophilen Addition an Ethen*

### Fachbegriffe

elektrophile Addition, Halogenierung, cyclisches Bromonium-Ion, elektrophil, nucleophil, heterolytisch, Halogenalkan, Bromalkanol

## Andere Elektrophile, andere Alkene

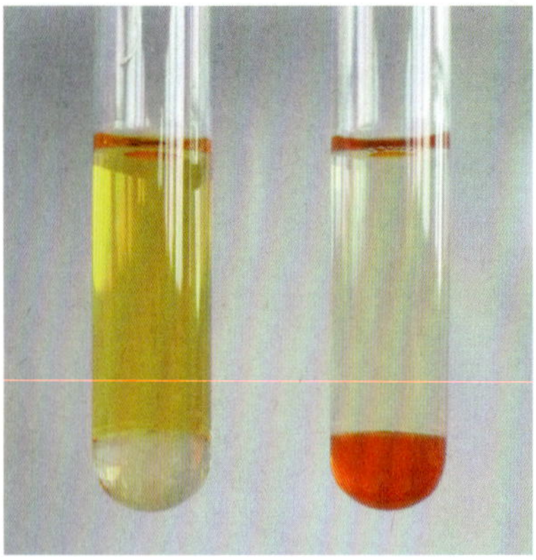

**B1** *Beobachtung zu V2, INFO 1; links vor dem Schütteln, rechts nach dem Schütteln*

**INFO 1**

***V1*** In der Apparatur aus B2, S. 136, wurden zwei Versuche V1 a) und b) durchgeführt. Als Vorbereitung stellte man gleichkonzentrierte Lösungen von Brom in Wasser bzw. in Tetrachlorethen (PER) her. a) Ethen wurde mit einem konstanten Gasstrom durch das Bromwasser geleitet und die Zeit bis zur Entfärbung des Bromwassers gemessen (B2). b) Anschließend ließ man Ethen mit der gleichen Strömungsgeschwindigkeit die gleiche Zeit durch die Brom-Tetrachlorethen-Lösung strömen und beobachtete die Farbänderung (B2).

***V2*** Ergänzend zu V1 a) und b) schüttelte man 5 mL Bromwasser mit 1 mL Tetrachlorethen (B1) im Reagenzglas.

| Edukte | Entfärbung der Brom-Lösung |
|---|---|
| Ethen (g) + $Br_2$ (aq) | nach 150 s |
| Ethen (g) + $Br_2$ (PER) | nach 150 s keine Entfärbung; vollständige Entfärbung nach 300 s |

**B2** *Ergebnisse von V1 a) und b) in INFO 1*

### Auswertung zu INFO 1

a) Erklären Sie, welche Aspekte bei der Durchführung von V1 berücksichtigt wurden, damit die beiden Reaktionen von Ethen mit Brom vergleichbar sind.

b) Beschreiben Sie die Erkenntnisse zu V1 mithilfe der in B2 dargestellten Versuchsbeobachtungen.

c) Zeichnen Sie die Valenzstrichformel von Tetrachlorethen und begründen Sie, ob eine Reaktion mit Bromwasser zu erwarten ist und vergleichen Sie mit den Beobachtungen bei dem Reagenzglasversuch V2.

d) Erklären Sie die Farbänderung der beiden Phasen in V2.

**INFO 2 Kationische Polymerisation**

Bei der Herstellung von Polyisobuten versetzt man flüssiges Isobuten ($\vartheta_b = -7\,°C$) mit einer Katalysator-Lösung (vgl. *Chemie 2000+* Einführungsphase, S. 90). Bei dieser elektrophilen Addition sind Protonen die elektrophilen Angreifer, die sich in dem Katalysator-Gemisch aus Aluminiumtrichlorid mit Spuren von Wasser bilden:

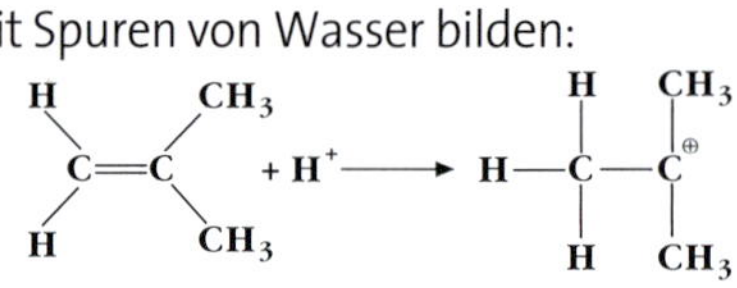

Das Isobuten-Molekül wird so an einem Kohlenstoff-Atom der Doppelbindung protoniert, dass sich das relativ stabile **tertiäre Carbenium-Ion** bildet (B5):

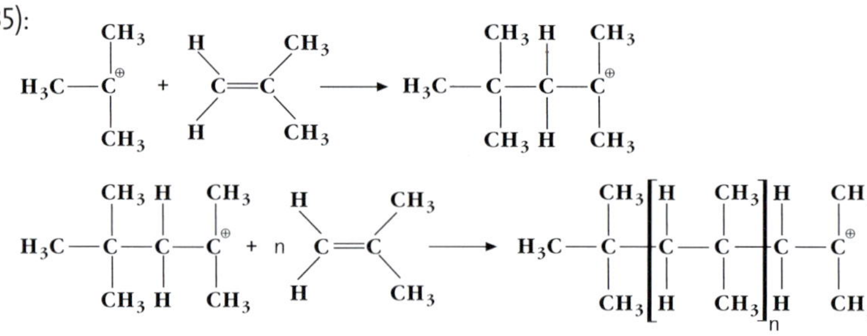

Durch vielfache elektrophile Addition, der kationischen Polymerisation, verlängert sich die Kohlenstoff-Kette, bis ein Makromolekül mit einem gewissen Polymerisationsgrad erreicht ist und die Abspaltung des Katalysators $H^+$ zu einem Abbruch der Polymerisation führt.

### Auswertung zu INFO 2

a) Begründen Sie, warum Isobuten vorwiegend über Carbenium-Ionen polymerisiert, Ethen dagegen in einer radikalischen Polymerisation.

b) Als Abbruchreaktion der kationischen Polymerisation wird aus einem Polymer-Kation ein Proton abgespalten. Formulieren Sie diesen Reaktionsschritt und erklären Sie, warum auch Polyisobuten eine positive Bromwasserprobe zeigt.

## Induktive Effekte bei elektrophilen Additionen

Die beschriebenen Versuche zeigen überraschende Beobachtungen: Brom reagiert mit Ethen im Lösemittel Wasser viel schneller als in dem hydrophoben Lösemittel Tetrachlorethen (PER, V1). Auch die Vorstellung, dass alle Verbindungen mit einer Kohlenstoff-Kohlenstoff-Doppelbindung im Molekül Brom addieren, trifft nicht allgemein zu, denn Tetrachlorethen reagiert nicht spontan mit Brom (V2). Das unterschiedliche Reaktionsverhalten ist anhand der Molekülstrukturen der Edukte und der beteiligten Lösemittel sowie mithilfe der Reaktionsschritte bei der elektrophilen Addition zu erklären.
Im ersten Schritt der elektrophilen Addition bewirkt die hohe Elektronendichte im Alken-Molekül eine Polarisierung im Brom-Molekül. Da Wasser-Moleküle sowohl die Heterolyse von Bindungen als auch die ionischen Interdukte durch elektrostatische Anziehungskräfte und das Ausbilden einer Hydrathülle stabilisieren, läuft die Reaktion in Wasser schneller ab als in einem hydrophoben Lösemittel. Für die hohe Reaktionsgeschwindigkeit der Bromierung in wässriger Lösung muss dann die Bildung der Bromalkohole (vgl. S. 137) als Nebenprodukte in Kauf genommen werden.
Ebenfalls erstaunlich ist, dass Tetrachlorethen selbst nicht mit Brom reagiert (B2), die Kohlenstoff-Kohlenstoff-Doppelbindung im Tetrachlorethen-Molekül also nicht von Brom-Molekülen angegriffen wird. Im Tetrachlorethen-Molekül ist jede der vier Kohlenstoff-Chlor-Bindungen aufgrund der Elektronegativitätsdifferenz permanent polarisiert (B3). Die von den vier Chlor-Atomen ausgeübte Elektronenanziehung setzt sich auch in die Doppelbindung fort. Man bezeichnet diese Übertragung der Bindungspolarisierung auf benachbarte Bindungen als **induktiven Effekt**. Durch den elektronenziehenden **-I-Effekt** der Chlor-Atome ist die Elektronendichte in der Kohlenstoff-Kohlenstoff-Doppelbindung des Tetrachlorethen-Moleküls sehr stark herabgesetzt. Eine solche Kohlenstoff-Kohlenstoff-Doppelbindung, deren Elektronendichte gering ist, kann durch schwache elektrophile Angreifer wie die temporär polarisierten Brom-Moleküle nicht elektrophil angegriffen werden. Eine Beschleunigung der elektrophilen Additionsreaktion wird durch Gruppen mit elektronenschiebenden **+I-Effekten** wie Methyl-Gruppen (B4) bewirkt.

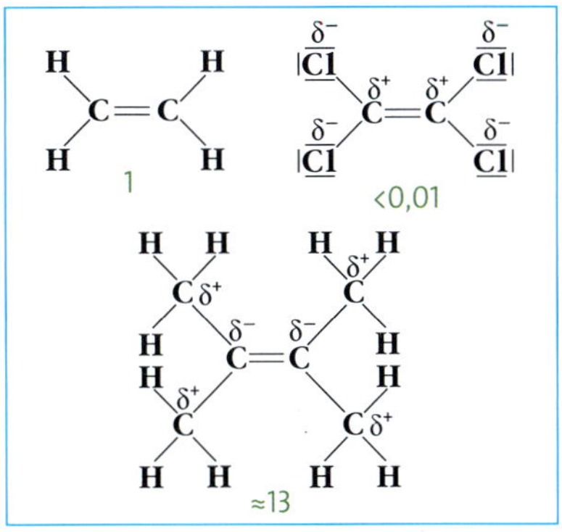


**B3** *Ladungsverteilungen und relative Geschwindigkeiten der Additionsreaktionen bei Ethen, Tetrachlorethen und 2,3-Dimethylbut-2-en.* **A:** *Ermitteln Sie mithilfe der Versuchsergebnisse aus B2, nach welcher Zeit Bromwasser im Vergleich zu Ethen durch gasförmiges 2,3-Dimethylbut-2-en entfärbt wird.*

| +I-Effekt | –I-Effekt |
|---|---|
| C–$CH_3$ | C–OH |
| C–$CH_2$–$CH_3$ | C–$OCH_3$ |
| C–$CH(CH_3)_2$ | C–I |
| C–$C(CH_3)_3$ | C–Br |
| | C–Cl |
| | C–COOH |
| | C–F |

**B4** *Gruppen mit +I- und mit –I-Effekt.* **A:** *Erklären Sie mit Elektronegativitäten, warum die Methyl-Gruppe einen +I-Effekt hat.*

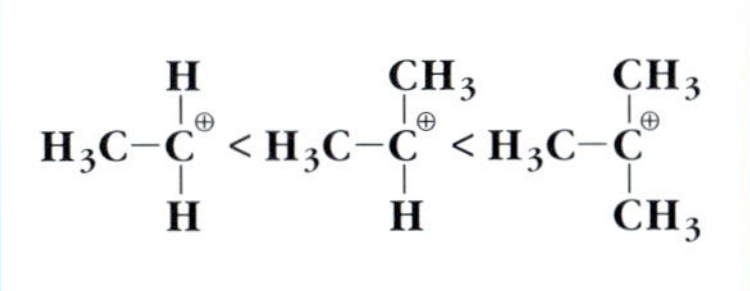

**B5** *Relative Stabilitäten des primären, sekundären und tertiären Carbenium-Ions.* **A:** *Begründen Sie mithilfe der induktiven Effekte, warum tertiäre Carbenium-Ionen am stabilsten sind.*

### *Aufgaben*

***A1*** Die Addition der Interhalogenverbindung Bromchlorid **BrCl** an Ethen verläuft schneller als die Bromaddition. Begründen Sie dies und formulieren Sie den Mechanismus dieser Addition.

***A2*** Bei der säurekatalysierten Hydratisierung von Propen entsteht als Hauptprodukt Propan-2-ol und als Nebenprodukt Propan-1-ol.

a) Formulieren Sie analog zu S. 137, B4 den Mechanismus. Im ersten Schritt greift ein Proton als Katalysator das Propen-Molekül elektrophil an.

b) Erläutern Sie, warum bei der Hydratisierung von Propen Propan-2-ol als Hauptprodukt entsteht. Geben Sie alle Möglichkeiten für den elektrophilen Angriff eines Protons an ein Propen-Molekül an und vergleichen Sie diese.

### Fachbegriffe

Induktiver Effekt, –I-/+I-Effekt, primäre, sekundäre, tertiäre Carbenium-Ionen

## Reaktionswege zu Monomeren

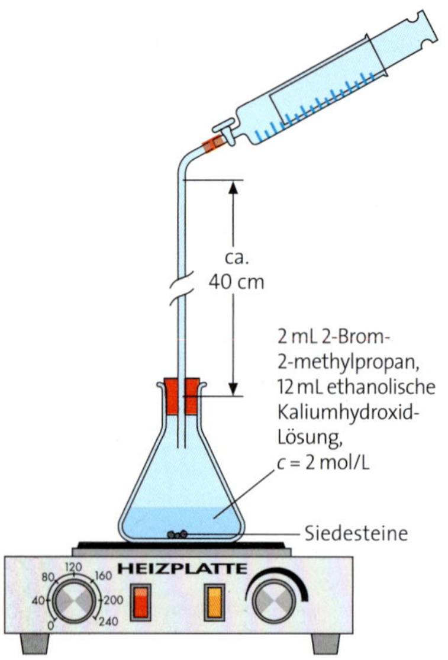


**B1** *Skizze zu V1.* ***A:*** *Erklären Sie, warum es sich hier um eine einfache Rückflussapparatur handelt.*

### *Versuche*

***V1*** Versetzen Sie in einem 50-mL-Erlenmeyerkolben 2 mL 2-Brom-2-methylpropan* mit 12 mL Kaliumhydroxid*-Lösung in Ethanol*, $c = 2$ mol/L. Geben Sie zwei Siedesteine dazu und setzen Sie ein Glasrohr und einen Kolbenprober auf (B1). Erhitzen Sie das Reaktionsgemisch bis zum schwachen Sieden. Beobachten Sie die Ablagerungen an der Wand des Erlenmeyerkolbens und die Trübung der Lösung. Unterbrechen Sie das Sieden nach 8 min, trennen Sie den Kolbenprober von der Apparatur und kühlen Sie das Gemisch im Erlenmeyerkolben unter fließendem Wasser.
Trennen Sie die Phasen, falls möglich durch Dekantieren, wenn nicht, durch Filtrieren. Übernehmen Sie die feste Phase in 10 mL dest. Wasser und säuern Sie mit halbkonzentrierter Salpetersäure* an, bis die Lösung einen *p*H-Wert von ca. 3 hat. Versetzen Sie nun mit einigen Tropfen Silbernitrat*-Lösung.
Leiten Sie das Gas aus dem Kolbenprober in ein Rggl. mit Bromwasser* ein und schütteln Sie das verschlossene Rggl.

***V2*** Versetzen Sie in einem Rggl. 15 mL dest. Wasser mit 1 mL 2-Brom-2-methylpropan*. Stopfen Sie mit einem Gummistopfen zu und schütteln Sie mehrere Male kräftig. Lüften Sie zwischendurch, indem Sie den Gummistopfen zeitweise lockern. Messen Sie mit einem Streifen Indikatorpapier den *p*H-Wert der Flüssigkeit. Pipettieren Sie 2 mL des Reaktionsgemisches in ein anderes Rggl. und versetzen Sie es mit einigen Tropfen Silbernitrat*-Lösung.

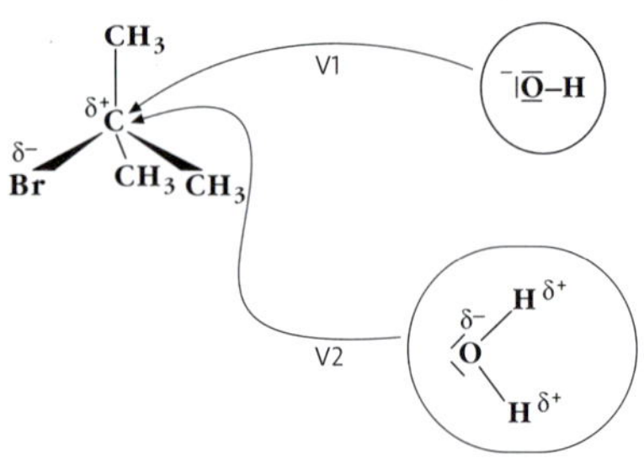


**B2** *Elektrisch negativ geladene Ionen (z. B. das Hydroxid-Ion) und polare Moleküle (z. B. das Wasser-Molekül) wirken als nucleophile Teilchen.* ***A:*** *Erklären Sie, warum hier das Kohlenstoff-Atom nucleophil angegriffen wird, an dem das Halogen-Atom gebunden ist.*

### *Auswertung*

a) Fassen Sie die Ergebnisse aus V1 und V2 zusammen.

b) Bei dem ausgefallenen Feststoff in V1 handelt es sich um Kaliumbromid **KBr**. Erläutern Sie, welche Ionen in V1 nachgewiesen wurden.

c) In V1 laufen zwei Reaktionen ab, die in Konkurrenz zueinander stehen. Eine dieser Reaktionen verläuft nach dem Schema:

$$\mathbf{R{-}Br + OH^- \longrightarrow R{-}OH + Br^-}$$

Formulieren Sie die Reaktionsgleichung für die entsprechende Reaktion in V1 und benennen Sie den hergestellten Alkohol.

d) Geben Sie an, welches Produkt bzw. welches strukturelle Merkmal in dem Produkt Sie mit der Bromwasserprobe nachgewiesen haben. Die ablaufende Reaktion zu diesem Produkt kann als Dehydrohalogenierung bezeichnet werden. Formulieren Sie eine Reaktionsgleichung.

e) Bei V2 wird das Bromid-Ion aus dem Halogenalkan-Molekül formal gegen eine Hydroxy-Gruppe ausgetauscht, die aus einem Wasser-Molekül stammt. Geben Sie an, welche experimentellen Befunde dies unterstützen.

## Substitution und Eliminierung

Aus Halogenalkanen können durch einfache Reaktionen Alkanole wie auch Alkene hergestellt werden. Bei der Umsetzung eines Halogenalkans mit Kaliumhydroxid wie in V1 können sich prinzipiell sowohl das Alkanol als auch das Alken bilden. Die Reaktion zu verschiedenen Produkten ist möglich, weil beide Reaktionsverläufe über ein gemeinsames **Interdukt** führen. Welches der beiden Produkte bevorzugt entsteht, hängt auch von den Reaktionsbedingungen ab.

Der erste Reaktionsschritt, der für beide Reaktionswege gleich ist, ist die Bildung des Interdukts (1). Hierbei handelt es sich um ein **Carbenium-Ion**[1], das durch Abspaltung eines Halogenid-Ions entsteht:

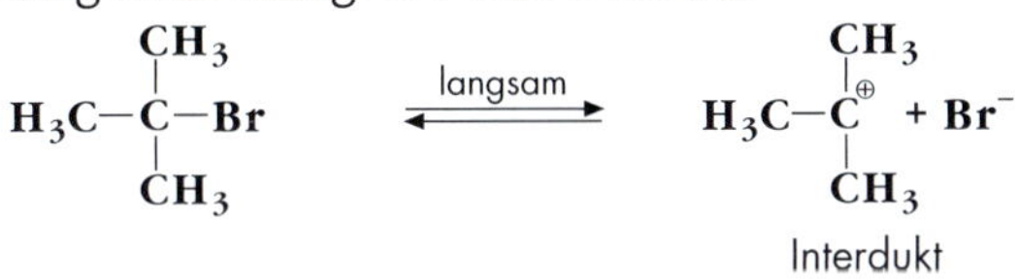


(1)

Welches Produkt sich nun bildet, entscheidet sich im zweiten Reaktionsschritt. Bei dem Reaktionsverlauf, der zum Alkanol führt (2a), lagert sich im zweiten Schritt ein Hydroxid-Ion nucleophil[2] an das Carbenium-Ion an. Daher bezeichnet man diese Reaktion eines Halogenalkans zu einem Alkanol als **nucleophile Substitution**:

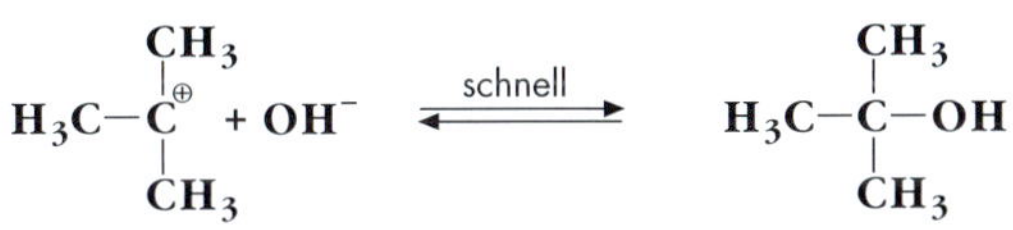


(2a)

Beim Verlauf, der zur Bildung des Alkens führt (2b), wird im zweiten Reaktionsschritt aus dem Carbenium-Ion ein Proton abgespalten:

(2b)

Unter den stark alkalischen Bedingungen ist **Isobuten**, das Alken, das Hauptprodukt. Damit läuft bevorzugt folgende Gesamtreaktion (3) ab:

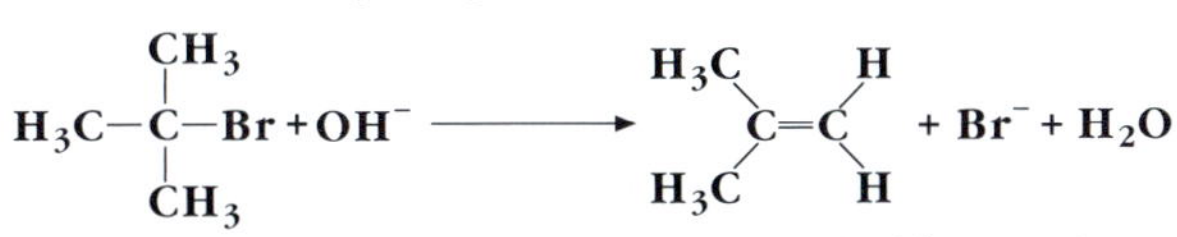

(3)

Solche Reaktionen, bei denen aus einem Edukt-Molekül (bei V1 dem 2-Brom-2-methylpropan-Molekül) ein kleineres Molekül (bei V1 das Bromwasserstoff-Molekül) abgespalten wird, bezeichnet man als **Eliminierungen**.

Industriell geht man bei der Synthese von Isobuten von dem Alkohol 2-Methylpropan-2-ol aus und arbeitet säurekatalysiert (B4). Da bei der Reaktion Wasser-Moleküle abgespalten werden, nennt man diese Eliminierung auch Dehydratisierung. Ein Halogenalkan kann aber auch durch Hydrolyse wie in V2 in das entsprechende Alkanol umgewandelt werden. Der nucleophile Angriff auf das Carbenium-Ion erfolgt hierbei über das negativ polarisierte Sauerstoff-Atom des Wasser-Moleküls (B2). Das Alkanol-Molekül bildet sich dann durch Abspalten eines Protons (vgl. Auswertung d).

| Bromalkane | relative Reaktivität |
|---|---|
| $CH_3Br$ | 1 |
| $CH_3CH_2Br$ | 1 |
| $(CH_3)_2CHBr$ | 12 |
| $(CH_3)_3CBr$ | $1{,}2 \cdot 10^6$ |

**B3** *Relative Reaktivitäten verschiedener Bromalkane gegenüber Wasser.* **A:** *Erklären Sie die Tendenz der Reaktivitäten mit der Stabilität von Carbenium-Ionen (vgl. S. 139, B5).*

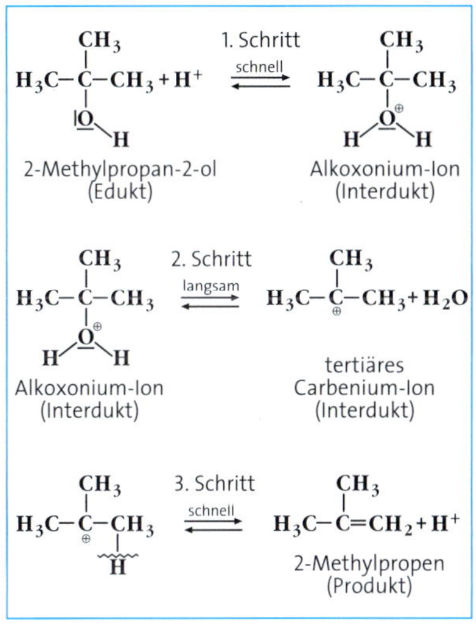


**B4** *Mechanismus der Dehydratisierung von 2-Methylpropan-2-ol*

### Fachbegriffe

Carbenium-Ion, nucleophile Substitution, Eliminierung

[1] Die Endung „-ium" zeigt das Vorliegen eines Kations an, wie z.B. auch bei Ammonium-Ion und Oxonium-Ion.

[2] von *nucleophil* (griech.) = kernfreundlich, kern suchend

## Mechanismus der nucleophilen Substitution

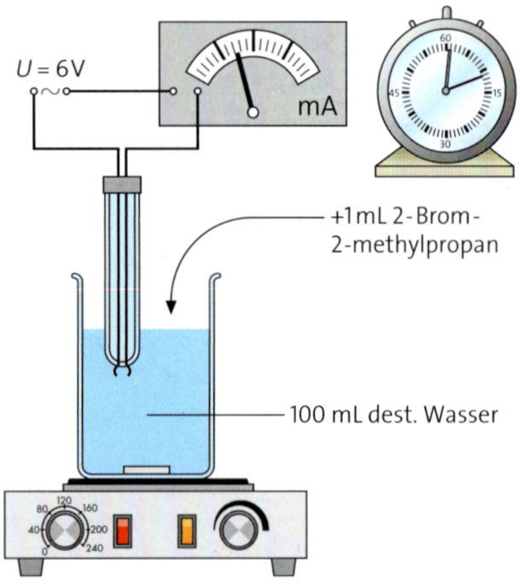


**B1** *Skizze zu V1 und V2.* ***A:*** *Begründen Sie, warum immer mit gleicher Geschwindigkeit gerührt werden muss.*

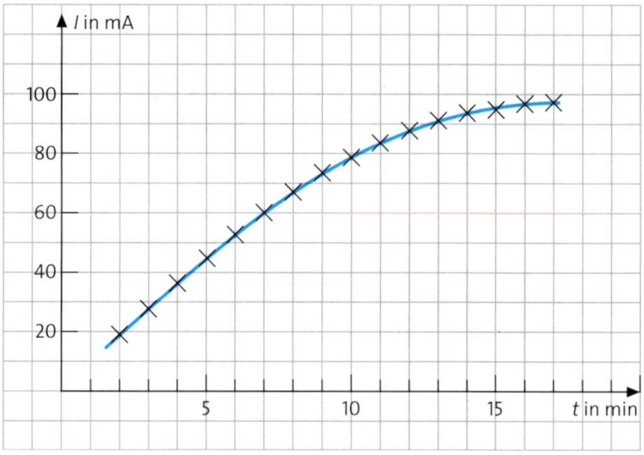


**B2** *Zeit-Stromstärke-Diagramm zu V1*

### *Versuche*

***V1*** Stellen Sie die Apparatur aus B1 zusammen und notieren Sie die Anzeige des Amperemeters. Gießen Sie bei eingeschalteter kräftiger Rührung 1 mL 2-Brom-2-methylpropan* in 100 mL dest. Wasser. Notieren Sie ab diesem Moment zunächst alle 20 s, später nach größeren Zeitintervallen, die Stromstärke. Unterbrechen Sie, wenn sich die Stromstärke nicht mehr wesentlich verändert, spätestens jedoch nach 20 min. Bewahren Sie die Lösung aus dem Becherglas für Nachweisversuche auf (Auswertung c).

***V2*** Führen Sie den Versuch aus V1 mit Bromcyclohexan (statt 2-Brom-2-methylpropan*) durch. Wenn die Stromstärke nach 20 min noch nicht konstant ist, rühren Sie weiter, lesen Sie sie alle 2 min ab und beginnen Sie mit der Auswertung.

### *Auswertung*

a) Tragen Sie die Messwertepaare Zeit $t$ – Stromstärke $I$ zu V1 grafisch nach dem Muster in B2 auf.

b) Stellen Sie die Messergebnisse zu V2 in demselben Koordinatensystem wie zu V1 dar und vergleichen Sie die Ergebnisse.

c) In den Versuchen finden wie in V2, S. 140, nucleophile Substitutionen statt, bei denen Wasser als Nucleophil reagiert (vgl. S. 140, B2). Formulieren Sie eine Reaktionsgleichung. Führen Sie Nachweisversuche durch, mit denen ein Teil der in der Reaktionsgleichung formulierten Produkte nachgewiesen werden kann.

Die Versuche V1 und V2 eignen sich zur Ermittlung von Änderungen der Konzentration von Ionen in wässrigen Lösungen in Abhängigkeit von der Zeit. Solche Messungen können Informationen über die Geschwindigkeit von Reaktionen liefern[1].

Aufgrund von Nachweisen mit *p*H-Papier und mit Silbernitrat-Lösung kann man auf folgende Substitutionsreaktion schließen:

$$\mathbf{R{-}X\ (l) + H_2O\ (l) \longrightarrow R{-}OH\ (aq) + H^+\ (aq) + X^-\ (aq)}$$

Der stärkere Anstieg der Stromstärke bei der Hydrolyse des 2-Brom-2-methylpropans (V1) im Vergleich zur Hydrolyse des 2-Brompropans (V2) zeigt, dass die Reaktionsgeschwindigkeit von der Molekülstruktur des Halogenalkans abhängt.

Ist das Brom-Atom an ein tertiäres Kohlenstoff-Atom wie im 2-Brom-2-methylpropan-Molekül gebunden, verläuft die Reaktion viel schneller als beim 2-Brompropan mit dem Brom-Atom an einem sekundären Kohlenstoff-Atom (vgl. Gleichung (1), S. 141). Grund dafür ist, dass in dem ersten Reaktionsschritt durch Abspaltung eines Bromid-Ions ein **Carbenium-Ion** gebildet wird. Da das tertiäre Carbenium-Ion stabiler ist als das sekundäre Carbenium-Ion, wird das tertiäre auch rascher gebildet.

[1] Weitere Auswertungen zu den Messergebnissen ermöglichen die Bestimmung des Geschwindigkeitsgesetzes der Reaktion (vgl. *Chemie 2000+ Online*).

## Carbenium-Ionen – Knotenpunkte in Reaktionswegen

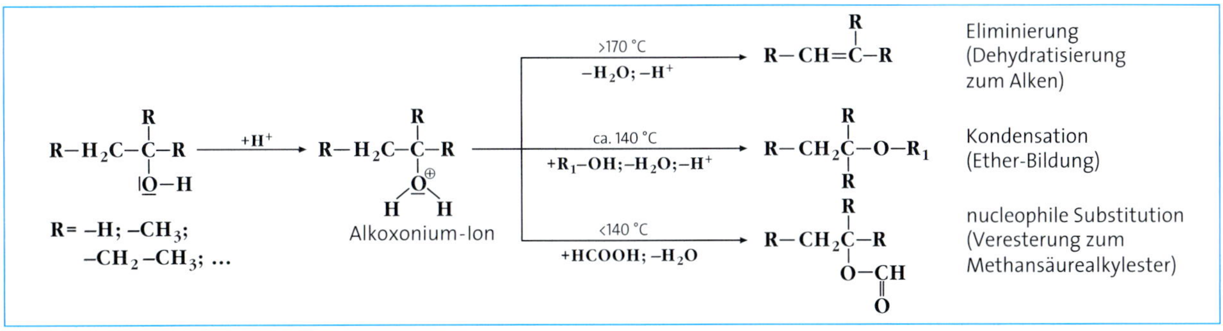


**B1** *Konkurrierende Reaktionen bei der Reaktion eines Alkohols unter sauren Bedingungen*

Das Schema in B1 zeigt, dass Alkoxonium-Ionen eine Ausgangsbasis sind, von der aus mehrere Reaktionswege und entsprechend verschiedene Produkte erhältlich sind. Alkoxonium-Ionen werden durch Protonierung der Hydroxy-Gruppe in einem Alkanol-Molekül gebildet. Durch Auswahl des Alkohols und seiner Konzentration im Reaktionsgemisch, durch die Verwendung verschiedener Katalysatoren und über die Reaktionstemperatur kann man den Reaktionsverlauf in Richtung Alken, Ether oder Ester beeinflussen. Diese Reaktionswege werden im Labor und in der Industrie je nach Bedarf beschritten.

### Aufgaben

**A1** Erklären Sie den Unterschied zwischen einer Eliminierung und einer Kondensationsreaktion.

**A2** In den Experimenten auf S. 138 bis 141 nimmt das Carbenium-Ion $(CH_3)_3C^{\oplus}$, das *tert.*-Butyl-Kation, eine zentrale Stellung ein.

a) Fassen Sie die Reaktionen von S. 138 bis 141 zusammen, die über das *tert.*-Butyl-Kation verlaufen. Legen Sie dazu eine Tabelle mit den Spalten Edukte, Reaktionsbedingungen, gebildetes Carbenium-Ion, Produkte und Reaktionstyp an.

b) Vergleichen Sie die Möglichkeiten, Isobuten nach V1, S. 141, und B4, S. 141, herzustellen.

**A3** Für die Herstellung von Pentenen stehen Pentan-1-ol, Pentan-2-ol und Pentan-3-ol zur Verfügung.
Geben Sie an, aus welchem Pentanol-Isomer man durch Eliminierung von Wasser (Dehydratisierung) nur Pent-2-en erhält. Formulieren Sie die Reaktionsgleichung.

### Ether aus Alkoholen

Sekundäre und erst recht primäre Alkohole werden nicht so leicht dehydratisiert wie tertiäre Alkohole. Erhitzt man beispielsweise Ethanol mit Schwefelsäure in der Apparatur aus B2 auf ca. 140 °C, so entsteht Diethylether $H_3CH_2C\text{-}O\text{-}CH_2CH_3$. Diese Reaktion verläuft über das protonierte Alkohol-Molekül, ein Alkoxonium-Ion. Aus diesem Alkoxonium-Ion wird sich kein Wasser-Molekül abspalten, da dann ein primäres Carbenium-Ion entstehen würde, was viel zu instabil wäre. Stattdessen reagiert das Alkoxonium-Ion mit einem weiteren Ethanol-Molekül, das hier als Nucleophil wirkt, zu einem Diethylether-Molekül:

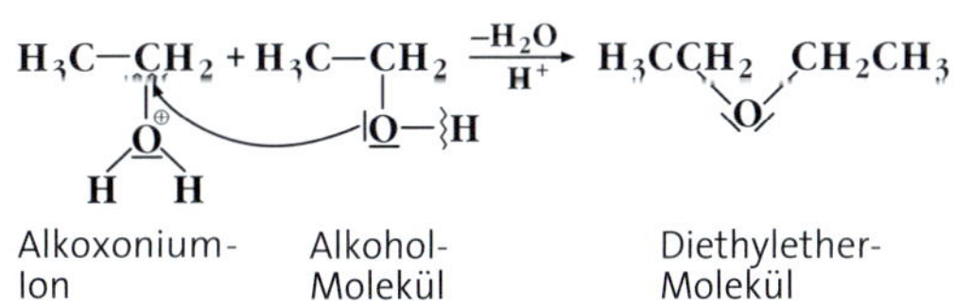


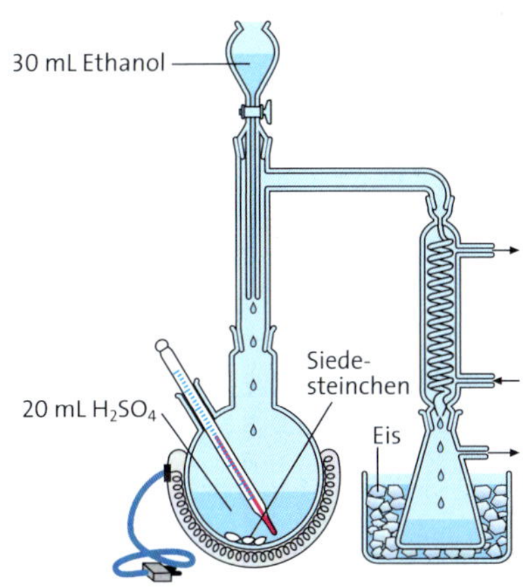


**B2** *Apparatur zur Herstellung von Diethylether aus Ethanol.*
***A:*** *Begründen Sie, welcher Stoff in der Apparatur abdestilliert wird und welchen Einfluss dies auf die Reaktion hat.*

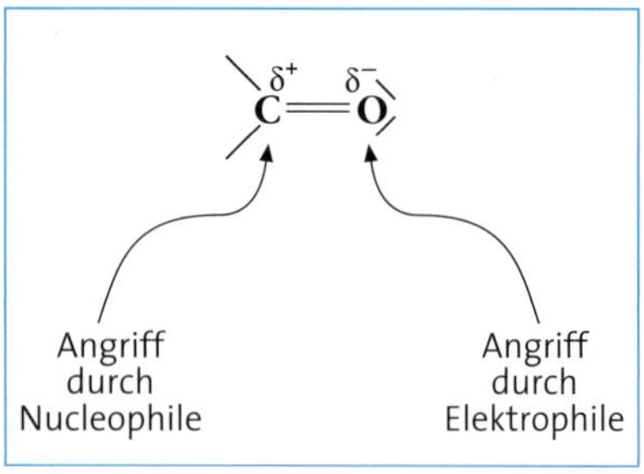


**B1** *Partialladungen bei der Carbonyl-Gruppe.* ***A:*** *Ermitteln Sie die Elektronegativitätsdifferenz zwischen Sauerstoff und Kohlenstoff mithilfe des Periodensystems.*

## Angriffsziel: Die Kohlenstoff-Sauerstoff-Doppelbindung

### *Versuche*

***V1*** Versetzen Sie in einem Rggl. 2 mL Aceton* mit 2 mL gesättigter Natriumhydrogensulfit*-Lösung, der Sie vorher 2 Tropfen Natronlauge*, $c = 1$ mol/L, zugefügt haben. Beobachten Sie die Veränderungen im Rggl. Verdünnen Sie dann mit 10 mL angesäuertem Wasser, schütteln Sie das Rggl. und beobachten Sie erneut die Veränderungen.

***V2*** **Vorsicht! Schutzbrille! Abzug!** Geben Sie in eine Porzellanschale 1 cm hoch Desmodur* (Diisocyanat-Komponente) und etwa die gleiche Menge Desmophen* (Diol-Komponente). Rühren Sie mit einem Holzstäbchen gut durch, beobachten Sie den Quellprozess und testen Sie die Festigkeit des Produkts anschließend mit einem Holzstäbchen (B3).

### *Auswertung*

a) Bei V1 reagiert Propanon (Aceton) $(CH_3)_2CO$ mit Natriumhydrogensulfit $Na^+HSO_3^-$ zu einer kristallinen Verbindung mit Ionencharakter $(CH_3)_2C(OH)SO_3^-Na^+$. Entwickeln Sie mithilfe der Angaben aus B2 eine Reaktionsgleichung mit Valenzstrichformeln für die Addition des Hydogensulfit-Ions an das Propanon-Molekül.

b) Bei Zugabe von angesäuertem Wasser bildet sich Aceton und schweflige Säure $H_2SO_3(aq)$. Formulieren Sie die Reaktionsgleichung.

c) In B4 ist das Prinzip der Bildung von Polyurethan-Makromolekülen aus Diisocyanat-Molekülen $OCN(CH_2)_6NCO$ und Diol-Molekülen $HO(CH_2)_4OH$ angegeben. Die gepunkteten Linien kennzeichnen die Orte der Bindungsknüpfungen im entstehenden Makromolekül. Erläutern Sie, warum das Kohlenstoff-Atom aus der Isocyanat-Gruppe für einen nucleophilen Angriff durch das Sauerstoff-Atom der Hydroxy-Gruppe besonders gut geeignet ist.

d) Begründen Sie, warum beide Edukte je zwei funktionelle Gruppen haben müssen, damit ein lineares Makromolekül gebildet werden kann.

e) Erklären sie mithilfe von B4, warum für die Schaumbildung bei der Polyurethan-Herstellung Spuren von Wasser notwendig sind.

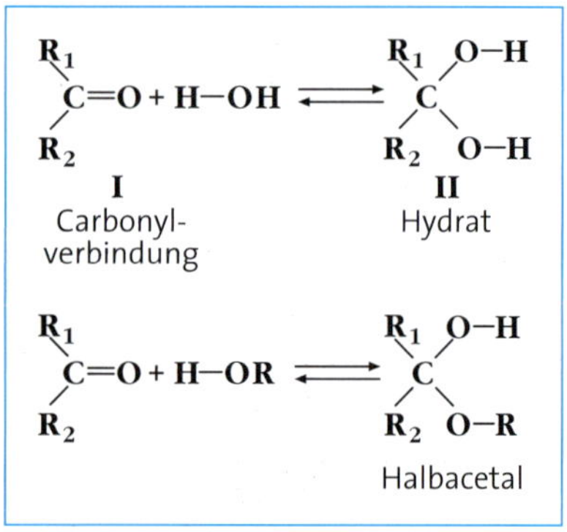


**B2** *Additionen an die Carbonyl-Gruppe.* ***A:*** *Übernehmen Sie die Formeln in Ihr Heft und kennzeichnen Sie jeweils den nucleophilen Angriff am Kohlenstoff-Atom mit gebogenen Pfeilen nach dem Muster aus B5.*

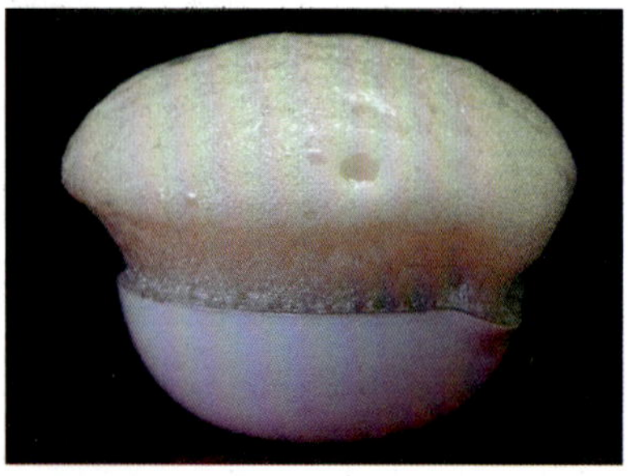

**B3** *Schäumen eines Polyurethans (V2).* ***A:*** *Erläutern Sie, wie sich die Masse des Schaleninhalts bei V2 ändert.*

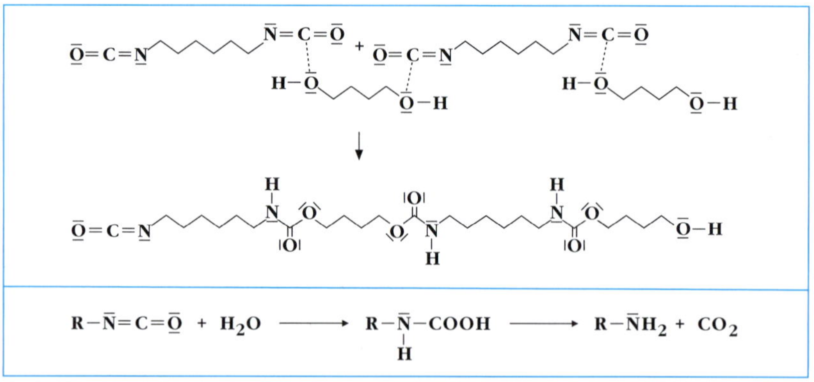


**B4** *Reaktiongleichungen zur Bildung (oben) und beim Schäumen eines Polyurethans PU (V2).* ***A:*** *Kennzeichnen Sie die Repetiereinheit im PU-Molekül durch eckige Klammern.*

## Nucleophile Addition und Polyurethane

Die Kohlenstoff-Sauerstoff-Doppelbindung der **Carbonyl-Gruppe** ist polar. Das Kohlenstoff-Atom der Carbonyl-Gruppe hat eine positive Partialladung (B1) und kann daher von **nucleophilen**, d. h. kernfreundlichen, Teilchen angegriffen werden. Nucleophile Teilchen können sowohl Anionen (V1) als auch neutrale Moleküle wie Wasser- oder Alkohol-Moleküle (B2) sein. In diesen Molekülen ist das Sauerstoff-Atom der Hydroxy-Gruppe negativ polarisiert, sodass es das Kohlenstoff-Atom der Carbonyl-Gruppe nucleophil angreifen kann. Es kommt zur Addition des Wasser- bzw. Alkohol-Moleküls an die Carbonyl-Gruppe, dabei entsteht ein Hydrat- bzw. ein Halbacetal-Molekül (B2). Dieser Reaktionstyp wird als **nucleophile Addition** bezeichnet, weil bei ihm der langsamste, geschwindigkeitsbestimmende Reaktionsschritt ein nucleophiler Angriff ist. Eine nucleophile Addition kann auch intramolekular verlaufen. Ein Beispiel hierfür ist die Bildung von ringförmigen Halbacetal-Molekülen aus kettenförmigen Glucose-Molekülen, bei der eine Hydroxy-Gruppe nucleophil an die Carbonyl-Gruppe desselben Moleküls addiert (B5; vgl. auch S. 219).

Das Kohlenstoff-Atom der **Isocyanat-Gruppe** $-N{=}C{=}O$ ist stark positiv polarisiert, da es mit zwei wesentlich elektronegativeren Atomen verbunden ist. Daher ist dieses Kohlenstoff-Atom für einen nucleophilen Angriff noch besser zugänglich als das Kohlenstoff-Atom der Carbonyl-Gruppe. Entsprechend reagieren Isocyanate mit Wasser und mit Alkoholen heftig (V2).

Bei der Reaktion zwischen Diisocyanaten und Diolen addiert sich jeweils eine Hydroxy-Gruppe aus dem Diol-Molekül an eine der Isocyanat-Gruppen des Diisocyanat-Moleküls (B4). Dieser Reaktionstyp ist eine nucleophile **Polyaddition**. Anders als bei der Polymerisation (vgl. S. 131) verbinden sich hierbei zwei verschiedene Monomere zu einem Polymer. In den entstehenden Makromolekülen wiederholt sich die sogenannte **Urethan-Gruppe** $-O-CO-NH-$ zwischen unterschiedlichen Kohlenwasserstoff-Resten. Die entsprechenden makromolekularen Werkstoffe bezeichnet man deshalb als **Polyurethane** (technische Abkürzung: **PU**).

Wenn während der Polyadditionsreaktion auch Spuren von Wasser im reagierenden Gemisch enthalten sind, kommt es durch Addition von Wasser und anschließende Abspaltung von Kohlenstoffdioxid zur Bildung eines polymeren Schaumstoffs (B3, B4). Polyurethan-Schäume finden im Baugewerbe vielfach Anwendung, beispielesweise für Auskleidungen und zur Wärmedämmung (B6). Aus Polyurethanen können auch elastische Fasern hergestellt werden. Man findet sie unter den Bezeichnungen Elastan® und Lycra® in Stretch-Textilien, in denen sie oft mit anderen Fasern aus Polyester oder Baumwolle kombiniert sind (B7).

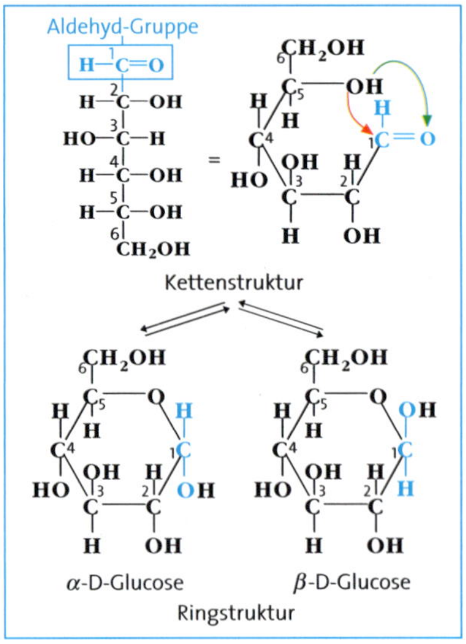


**B5** *Die Ringstrukturen sind Halbacetale.* ***A:*** *Vergleichen Sie diese Halbacetale mit dem Halbacetal aus B2.*

**B6** *Polyurethan-Schaum am Bau*

**B7** *Stretch-Textilien mit Elastan.* ***A:*** *Stellen Sie fest, ob und zu welchem Anteil Elastan® in Ihren Jeans enthalten ist.*

### *Aufgabe*

***A1*** Nennen Sie je zwei strukturelle Gemeinsamkeiten und Unterschiede zwischen einem Polymethylmethacrylat (PMMA)- und einem Polyurethan (PU)-Makromolekül (vgl. S. 131 und B4).

### Fachbegriffe

Carbonyl-Gruppe, nucleophile Addition, Polyaddition, Urethan-Gruppe, Polyurethane

# Spinnbares aus der Retorte

**B1** *Strumpfhose aus Polyamid – ein Hauch von Textil auf der Haut.* **A:** *Nennen Sie Eigenschaften, die Makromoleküle für solche Textilien haben müssen.*

## Versuche (Schutzbrille!)

***LV1*** Man löst 2,17 g Hexandiamin* (1,6-Diaminohexan) und 0,8 g Natriumhydroxid* in 50 mL Wasser, gibt zwei Tropfen Phenolphthalein-Lösung* dazu und überschichtet diese Lösung mit einer Lösung aus 2 mL Sebacinsäuredichlorid* (Decansäuredichlorid) in 50 mL Heptan*. Die dünne Haut, die sich an der Phasengrenze bildet, wird mit einer Pinzette herausgezogen und an einem Glasstab befestigt. Durch Drehen kann ein langes Nylonseil auf den Glasstab gewickelt werden (B2).

***V2*** Erhitzen Sie in einem Rggl. 5 g AH-Salz (**A**dipinsäure (Hexandisäure)/ **H**exandiamin-Gemisch) langsam über kleiner Brennerflamme bis zur Schmelze. Gießen Sie die Schmelze nach 1–2 min auf ein Stück Pappe und ziehen Sie mit einem Holzstäbchen Fäden aus der Schmelze. Prüfen Sie die Fäden auf Biege- und Reißfestigkeit, wenn sie abgekühlt und erstarrt sind.

***V3*** Erhitzen, entzünden und verbrennen Sie vorsichtig kleine Textilstücke aus Wolle, Seide, Polyamid, Baumwolle, Polyacryl und Polyester und stellen Sie die Gemeinsamkeiten und Unterschiede fest.

## Auswertung

a) Bei LV1 läuft die in B4 formulierte Reaktion ab. Begründen Sie, warum es sich dabei um eine Polykondensation und nicht um eine Polymerisation handelt.

b) Begründen Sie, warum die Polykondensation in LV1 an der Phasengrenze abläuft.

c) Erläutern und begründen Sie, welchen Einfluss eine Polykondensation an der Phasengrenze auf den Umsatz der Edukte hat.

d) Erklären Sie auch mithilfe einer Reaktionsgleichung, warum es günstig ist, bei LV1 eine alkalische wässrige Lösung und nicht eine neutrale Lösung einzusetzen.

e) Formulieren Sie das Edukt aus V2. (Vgl. Reaktionsschema, Textspalte S. 147.)

f) Erläutern Sie, welche Technik der Reaktionsführung bei LV1 und V2 angewandt wird, um eine höhere Ausbeute an Produkten zu erhalten.

g) Wolle und Seide bestehen aus hochmolekularen Polypeptiden (Proteinen). Vergleichen Sie die Moleküle von Wolle und Seide mit den Polyamid-Molekülen aus LV1 und V2.

**B2** *Der Nylonseiltrick (LV1).* **A:** *Erläutern Sie, woran man erkennt, dass die wässrige Phase unten ist.*

| Element | Massenprozent |
|---|---|
| Kohlenstoff | 50 – 52 |
| Wasserstoff | 6,7 – 7,5 |
| Sauerstoff | 22 – 25 |
| Stickstoff | 16 – 17 |
| Schwefel | 3 – 4 |
| Asche (anorg. Salze) | 0,5 |

**B3** *Elementarzusammensetzung von trockener Schafwolle.* **A:** *Nennen Sie zwei offensichtliche Unterschiede zu Polyamid (B4).*

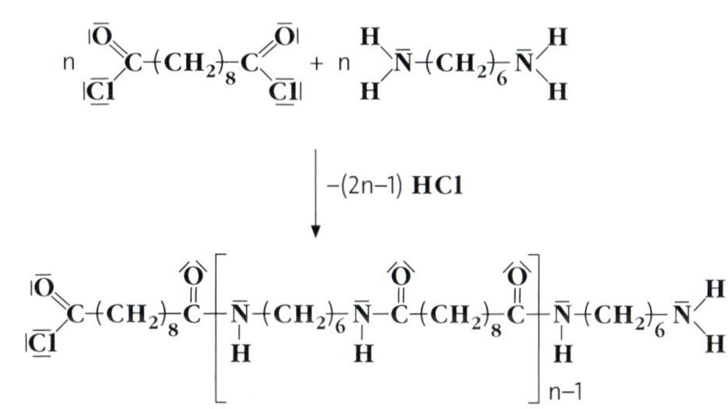


**B4** *Reaktionsschema zur Bildung des Nylonseils in (LV1; B2).* **A:** *Begründen Sie, warum für die beiden Edukte der Polykondensationsreaktion verschiedene Lösemittel verwendet werden.*

## Polyamide durch Polykondensation

Wenn ein Textil zart und transparent aussehen, zugleich aber elastisch und reißfest sein soll, sind Naturseide (vgl. S. 231, Proteine) und **Polyamide** die Materialien der Wahl. Polyamide wie Nylon, aus dem hauchdünne Strümpfe gefertigt werden können, ähneln der Naturseide. Sie enthalten als gemeinsames Strukturmerkmal die Amid-Gruppe **–NH–CO–**, die auch als **Peptid-Gruppe** bezeichnet wird. Während Naturseide ein sogenanntes **Polypeptid** aus ca. 20 verschiedenen Aminosäure-Bausteinen ist, wird ein synthetisches Polyamid in der Regel aus nur zwei oder sogar einem Monomeren erzeugt. Natürliche Polypeptide werden genau wie synthetische Polyamide durch **Polykondensation** gebildet. Bei diesem Reaktionstyp verknüpfen sich Monomer-Einheiten zu Makromolekülen, indem formal kleine Moleküle aus den Monomeren abgespalten werden. Bei LV1 sind das Chlorwasserstoff-Moleküle, die jedoch durch die Natronlauge in der wässrigen Phase sofort neutralisiert werden (LV1, B4). Bei V2 werden Wasser-Moleküle aus dem eingesetzten AH-Salz abgespalten, dem äquimolaren Gemisch aus der Dicarbonsäure Hexandisäure (Adipinsäure) $C_6H_{10}O_4$ und dem Diamin 1,6-Diaminohexan (Hexandiamin) $C_6H_{16}N_2$. Dabei entsteht **Nylon 6.6**:

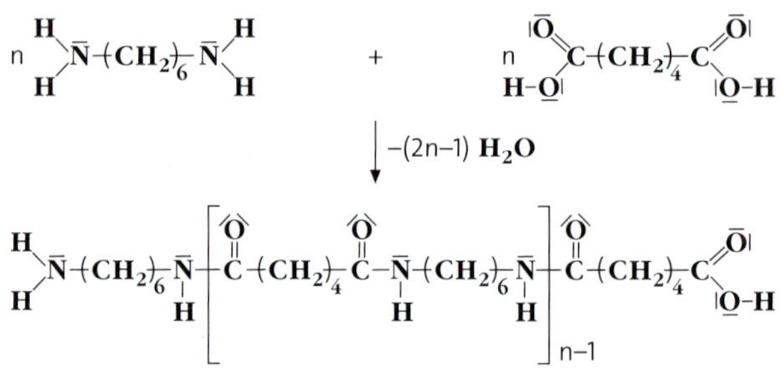


Zwischen den Peptid-Gruppen benachbarter Makromoleküle bilden sich Wasserstoffbrückenbindungen aus. Daher sind Fäden aus Polypeptiden und Polyamiden reißfest.
Einen möglichst hohen Umsatz der Edukte und möglichst langkettige Makromoleküle erreicht man bei Polykondensationen, wenn man das niedrigmolekulare Produkt wie z.B. Wasser oder Chlorwasserstoff fortwährend aus dem Reaktionsgemisch entfernt. Industriell erfolgt dies ähnlich wie in LV1 durch Neutralisation oder ähnlich wie bei V2 durch Verdampfen des abgespaltenen Produkts.

### *Aufgaben*

***A1*** Vergleichen Sie die beiden Polyamide Nylon 6.6 (Textspalte) und Nylon 6 (B7) unter folgenden Gesichtspunkten: a) Anzahl der Monomere bei der Synthese, b) Struktur der sich wiederholenden Einheit in den Makromolekülen, c) Bedeutung der Zahlen „6.6“ bzw. „6“ in der Namensgebung.

***A2*** Skizzieren Sie die Wasserstoffbrückenbindungen zwischen Nylon 6.6-Molekülen an Strukturausschnitten (Gerüstformeln).

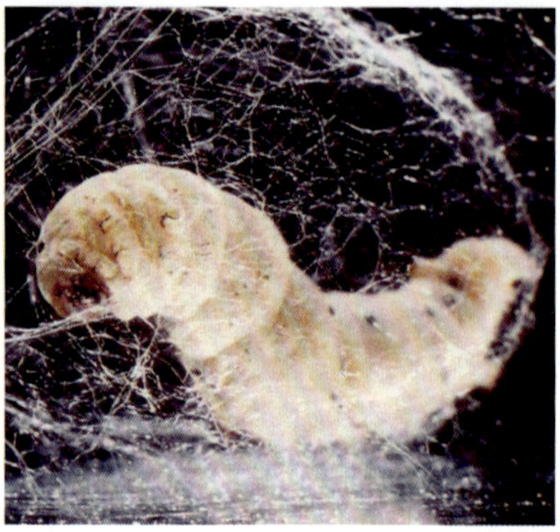

**B5** *Seidenraupe beim Spinnen der Seide.* ***A:*** *Recherchieren Sie im Internet die Struktur von Naturseide.*

**B6** *Fasern aus Polyamiden prägen Textilien für Sport und Freizeit.* ***A:*** *Recherchieren Sie im Internet, welche Sporttextilien aus Polyamiden hergestellt werden.*

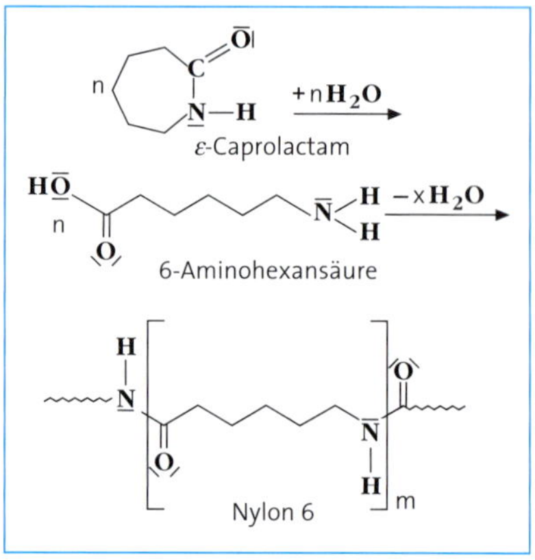


**B7** *Schema für die Bildung von Nylon 6 (Perlon).* ***A:*** *Übertragen Sie die Gerüstformeln aus diesem Schema in vereinfachte Valenzstrichformeln.*

### Fachbegriffe

Polyamid, Polypeptid, Peptid-Gruppe , Polykondensation, Nylon 6.6, Nylon 6 (Perlon)

# Fäden, Platten, Flaschen

**B1** *Textilgewebe aus Polyesterfasern.* ***A:*** *Nennen Sie Eigenschaften von Fasern, die für Bekleidungstextilien geeignet sind.*

## Versuch

**Vorsicht! Abzug und Schutzbrille bei allen Versuchen benutzen!**

***V1*** Mischen Sie in einem Rggl. 2 g zermörsertes Phthalsäureanhydrid* mit 2 mL Glycerin und einigen Tropfen konz. Schwefelsäure*. Verschließen Sie das Rggl. mit Glaswolle und erhitzen Sie, bis sich eine klare Lösung bildet. Erhitzen Sie weiter und prüfen Sie das Kondensat im oberen Teil des Rggl. mit weißem Kupfersulfat. Prüfen Sie nach dem Abkühlen die Masse im Rggl. mit dem Glasstab.

## Auswertung

a) Das in V1 eingesetzte Phthalsäureanhydrid reagiert wie Phthalsäure (Benzol-1,2-Dicarbonsäure; Phthalsäure ist ein Isomer der Terephthalsäure, B4) mit dem dreiwertigen Alkanol Glycerin (Propan-1,2,3-triol). Formulieren Sie einen Strukturausschnitt aus dem gebildeten Polykondensationsprodukt mit Halbstrukturformeln. Begründen Sie, warum dieses ein Duroplast und kein Thermoplast ist.

b) Übertragen Sie die Formel des Strukturausschnitts aus a) in eine Gerüstformel und bewerten Sie die Aussagekraft der beiden Formeltypen.

**B2** *Schwimmbecken aus Polyesterharz.* ***A:*** *Recherchieren Sie weitere Anwendungen von Polyesterharzen und fassen Sie sie in einer Liste zusammen.*

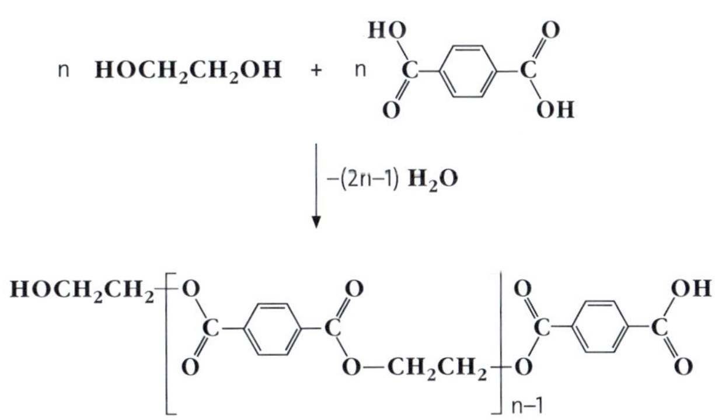


**B4** *Polykondensation von Terephthalsäure (Benzol-1,4-Dicarbonsäure) und Ethylenglycol (Ethan-1,2-diol) zu Polyethylenterephthalat PET.* ***A:*** *Informieren Sie sich auf S. 149 über den Begriff der Umesterung und formulieren Sie die Synthese von PET aus Dimethylterephthalat* $H_3COOC\text{-}C_6H_4\text{-}COOCH_3$ *und Ethylenglycol.*

**B3** *Getränkeflaschen aus Polyethylenterephthalat PET.* ***A:*** *Erläutern Sie Vor- und Nachteile von PET-Flaschen gegenüber Flaschen aus Glas a) bei Mineralwässern und b) bei Spirituosen.*

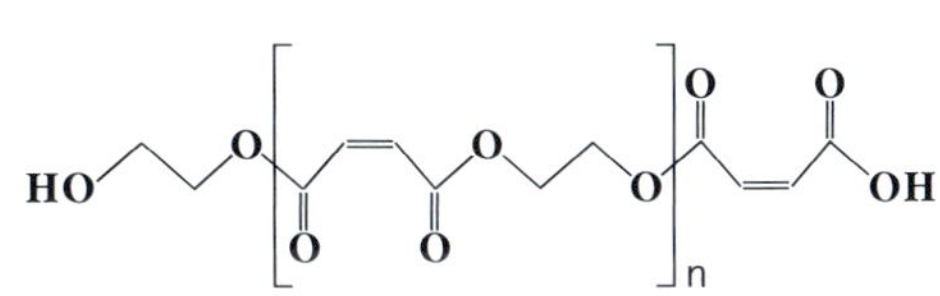

**B5** *Ungesättigter Polyester, der mit Styrol zu harten, glasfaserverstärkten Polyesterplatten vernetzt werden kann.* ***A:*** *Geben Sie die Monomere an, aus denen dieser Polyester hergestellt wird. Skizzieren Sie einen Strukturausschnitt des mit Styrol vernetzten Polyesters.*

## Polyester durch Polykondensation

Bei der **Polykondensation** eines zweiwertigen Alkohols, eines Diols, mit einer Dicarbonsäure entstehen **Polyester** aus linearen Makromolekülen. Bei der Polykondensation eines dreiwertigen Alkohols mit einer Dicarbonsäure bilden sich dagegen Polyester mit dreidimensional vernetzten Makromolekülen (V1).

Je nach Ausgangskomponenten und der molaren Masse ihrer Makromoleküle können Polyester sehr unterschiedliche Eigenschaften haben und somit für verschiedene Anwendungen eingesetzt werden (B1 bis B3 und B6 bis B8).

Ein wichtiger Polyester ist Polyethylenterephthalat PET, das nach dem Schema aus B4 hergestellt werden kann. Aus PET werden u.a. Textilfasern und Getränkeflaschen gefertigt. Großtechnisch geht man bei der Synthese allerdings vom Dimethylester der Terephthalsäure aus, der mit Ethylenglycol unter Abspaltung von Methanol zu Polyethylenterephthalat umgesetzt wird. Diese Polykondensation wird als **Umesterung** bezeichnet. Aus geschmolzenem PET werden bei Temperaturen von ca. 280 °C nach dem Schmelzspinnverfahren (B6) **Filamente**, d.h. sehr dünne Einzelfäden, erzeugt, die dann zu Fasern aus mehreren Einzelfäden versponnen werden. Polyesterfasern haben einen angenehm weichen Griff, sind formstabil, pflegeleicht und überaus strapazierfähig. Sie eignen sich besonders gut für Bekleidungstextilien wie Sakkos, Hosen, Blusen und Röcke. Da die Polyesterfaser thermoplastisch ist, kann man bei Kleidungsstücken durch Hitze dauerhaft Falten fixieren. Man findet Polyesterfasern auch in Heimtextilien (Bettwäsche, Gardinen etc.) und in technischen Textilien für Planen, Zelte, Airbags und Sicherheitsgurte. Fasern aus Polyester werden oft in Abmischungen mit anderen Fasern verarbeitet, wodurch Eigenschaften wie die Feuchtigkeitsaufnahme und die Elastizität weiter verbessert werden.

Eine Mischung aus einem Polyester einer ungesättigten Dicarbonsäure mit einem Diol und einem polymerisationsfähigen Monomer wie Styrol (vgl. S. 128) ist ein **Polyesterharz**. Um es auszuhärten, wird die Polymerisation durchgeführt (vgl. S. 131f.). Dabei vernetzt das polymerisierende Monomer die Polyester-Makromoleküle an den Stellen mit Kohlenstoff-Kohlenstoff-Doppelbindungen. Es entsteht ein hartes Material, dessen Festigkeit durch den Einbau von Glasfasern weiter erhöht werden kann. Glasfaserverstärkte Polyesterharze finden vielfache Anwendung, z.B. in Badewannen und Schwimmbecken (B2) wie auch beim Bau von Fahrzeugen und Windkraftanlagen.

### *Aufgaben*

***A1*** Nennen Sie anhand der Inhalte von S. 131, S. 145 und S. 147 Gemeinsamkeiten und Unterschiede von Polymerisation und Polykondensation.

***A2*** Vergleichen Sie Polyamid- und Polyester-Makromoleküle hinsichtlich der möglichen intermolekularen Wechselwirkungen und treffen Sie begründete Aussagen über die relative Reißfestigkeit von Fasern aus Polyamid und Polyester.

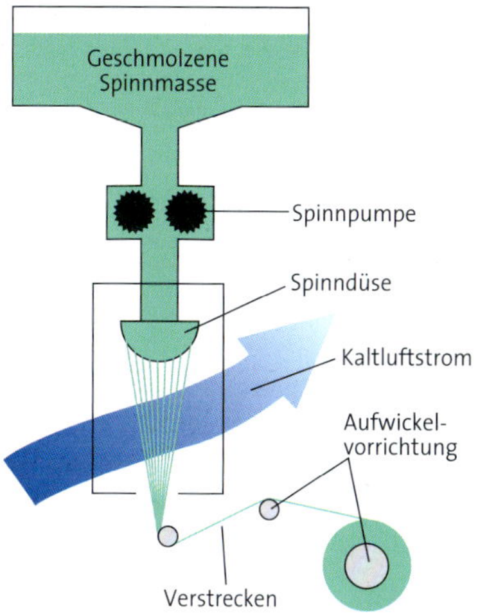


**B6** *Schmelzspinnverfahren.* ***A:*** *Erklären Sie, warum Materialien aus linearen Makromolekülen spinnbar sind.*

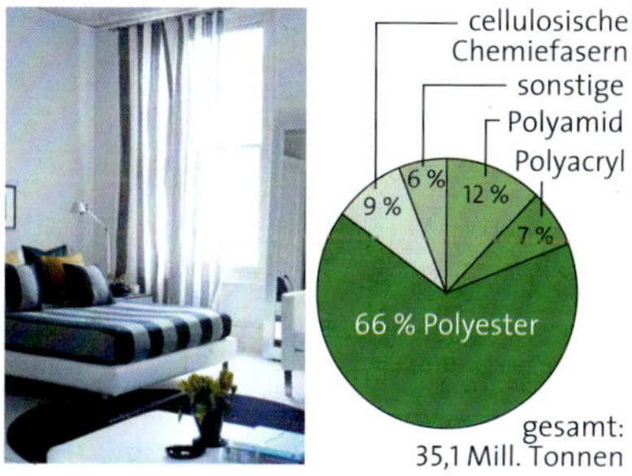


**B7** *Textilien aus Polyester und Anteile verschiedener Chemiefasern an der Weltproduktion*

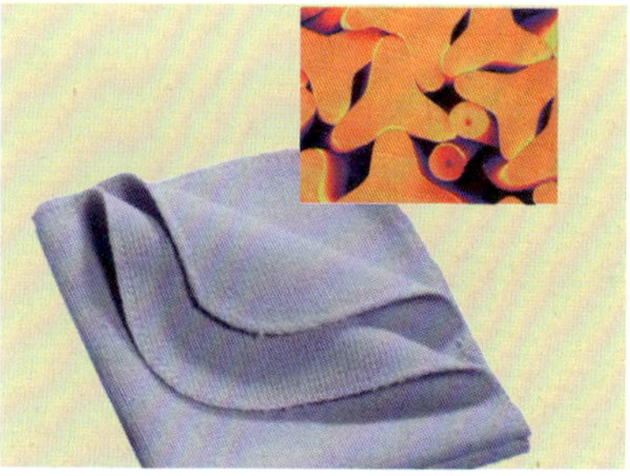

**B8** *Mikrofasern aus Polyester, Polyamid oder Polyacryl sind 60-mal dünner als menschliches Haar und haben verschiedene Profile. Sie machen das Textil geschmeidig und hautfreundlich.*

### Fachbegriffe

Polykondensation, Polyester, Umesterung, Filament, Polyesterharz

| Stoff | 1991 | 2000 | 2005 | 2011 |
|---|---|---|---|---|
| Glas | 4637 | 3721 | 2879 | 2670 |
| Aluminium | 72 | 99 | 84 | 93 |
| Weißblech | 555 | 732 | 534 | 492 |
| Kunststoffe | 1628 | 1791 | 2368 | 2776 |
| Papier | 5395 | 6110 | 6896 | 7347 |
| Holz (Kork) | 2184 | 2356 | 2408 | 2791 |

**B1** *Verbrauch an unterschiedlichen Verpackungsmaterialien in Deutschland in 1000 t.* *A: Stellen Sie die Werte grafisch dar und erläutern Sie die Entwicklung.*

**B2** *Verpackungsfolie aus Polymilchsäure.* *A: Nennen Sie Vor- und Nachteile von Verpackungsmaterial aus Polymilchsäure.*

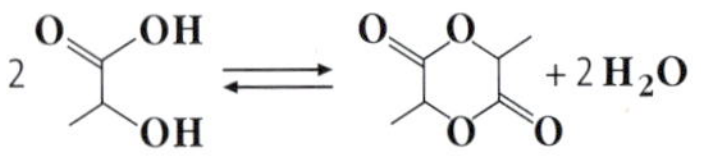


**B3** *Milchsäure liegt im Gleichgewicht mit dem sogenannten Dilactid vor. Dieses reagiert beim Erhitzen unter Ringöffnung zu zwei Milchsäure-Molekülen.* *A: Erläutern Sie die Dilactidbildung.*

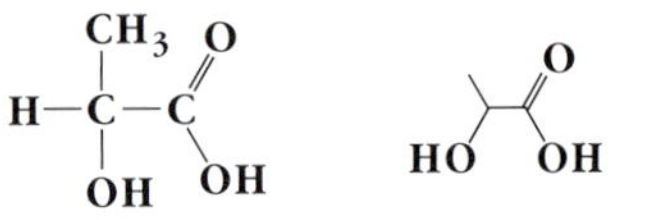


**B4** *Halbstrukturformel und Gerüstformel von Milchsäure*

# Bio-Kunststoffe

## *Versuche*

***V1*** (**Abzug**) Füllen Sie 2 mL Milchsäure* (2-Hydroxypropansäure; 90 %ig) in ein Reagenzglas und geben Sie eine Spatelspitze Zinnchlorid als Katalysator hinzu. Erhitzen Sie das Gemisch vorsichtig, bis sich ein feinporiger Schaum entwickelt.

***V2*** Füllen Sie in ein 50-mL-Becherglas 1 cm hoch Milchsäure* (90 %ig) und stellen Sie dieses für ca. 5 Tage bei 120 °C in den Trockenschrank. Entnehmen Sie dann eine Probe von ca. 200 mg und wiegen Sie diese genau aus. Lösen Sie die Probe in 20 mL Aceton*, fügen Sie 20 mL Wasser und 4 Tropfen Phenolphthalein-Lösung* hinzu. Titrieren Sie die Lösung mit Natronlauge*, $c$ = 0,1 mol/L.

***V3*** Geben Sie einige Tropfen Wasser zum Reaktionsprodukt aus V1 und lassen Sie etwa eine Woche stehen.

## *Auswertung*

a) Vergleichen Sie die Viskosität und die Wasserlöslichkeit der Produkte und Edukte bei den Versuchen V1 und V2 und ziehen Sie Schlussfolgerungen daraus.

b) Milchsäure reagiert bei V1 und V2 zu Polymilchsäure. Vergleichen Sie diese Polykondensation mit der Polyesterbildung S. 148, 149 und formulieren Sie eine Reaktionsgleichung.

c) Vergleichen Sie die Wasserlöslichkeit von Milchsäure und dem Reaktionsprodukt und erklären Sie.

d) Werten Sie das Titrationsergebnis aus und berechnen Sie die mittlere molare Masse der entstandenen Polymilchsäure. Begründen Sie, dass Polymilchsäure und Natronlauge bei der Titration im Stoffmengenverhältnis $n$(Polymilchsäure) : $n$(NaOH) = 1 : 1 reagieren.

e) Erklären Sie, warum sich nur eine mittlere (durchschnittliche) molare Masse für Polymilchsäure bestimmen lässt. Ermitteln Sie, wie viele Monomereinheiten Milchsäure (mittlerer Polymerisationsgrad $n$, vgl. S. 129) in der untersuchten Probe im Mittel miteinander verknüpft sind.

f) Erklären Sie die Beobachtungen bei V3.

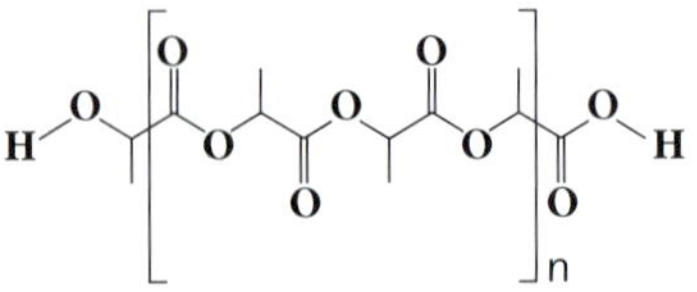


**B5** *Polymilchsäure*

## Kunststoffe aus nachwachsenden Rohstoffen

Die meisten der gebräuchlichen Kunststoffe werden aus den fossilen Rohstoffen Erdöl und Erdgas hergestellt. Diese Kunststoffe sind sehr langlebig und verrotten auf Mülldeponien erst nach sehr langer Zeit. Da zudem die Ressourcen ihrer Rohstoffe Erdöl und Erdgas begrenzt sind, werden zunehmend Kunststoffe entwickelt, die aus pflanzlichen und damit **nachwachsenden Rohstoffen** hergestellt werden können.
Ein Beispiel dafür ist **Polymilchsäure** (**Polylactide, PLA**; B5). Diese wird in größeren Mengen produziert und als Verpackungsmaterial, als Mulchfolie in der Landwirtschaft, als Nahtmaterial in der Medizin oder zur Verkapselung von Wirkstoffen in Arzneimitteln verwendet.
Als Rohstoffe für die Herstellung des Kunststoffs Polymilchsäure PLA nutzt man z. B. Stroh oder Getreide, sodass die Ressourcen an Erdöl und Erdgas geschont werden.
Zunächst wird die im Mais oder Getreide enthaltene Stärke mithilfe von Enzymen gespalten. Dann wird das Produkt Glucose vergoren (fermentiert) und in mehreren Schritten zu Milchsäure, dem Ausgangsstoff für Polymilchsäure umgesetzt (B6).
PLA ist als thermoplastischer Kunststoff z. B. bei Wärme verformbar, sodass er leicht weiter verarbeitet werden kann. Die besondere Eigenschaft von PLA ist aber die biologische Abbaubarkeit. Durch Wasser werden die PLA-Makromoleküle relativ leicht hydrolysiert. Die dabei gebildete Milchsäure wird mithilfe von Enzymen weiter abgebaut. Verpackungsfolien aus PLA, die auf eine Mülldeponie gelangen, werden so in einigen Monaten zu Kohlenstoffdioxid und Wasser.
Auch in der Medizin macht man sich die biologische Abbaubarkeit zunutze: PLA-Fäden, die zum Vernähen von Wunden verwendet werden, müssen nicht gezogen werden, sie „lösen" sich mit der Zeit auf.
Neben Polymilchsäure werden auch Polyglycolsäure und Polyhydroxybutansäure PHB sowie Copolymere aus diesen Polyhydroxysäuren als **Bio-Kunststoffe** genutzt. Auch diese Kunststoffe sind biologisch abbaubar und ihre Ausgangsstoffe Glycolsäure (Hydroxyethansäure) bzw. 3-Hydroxybutansäure können aus nachwachsenden Rohstoffen hergestellt werden.

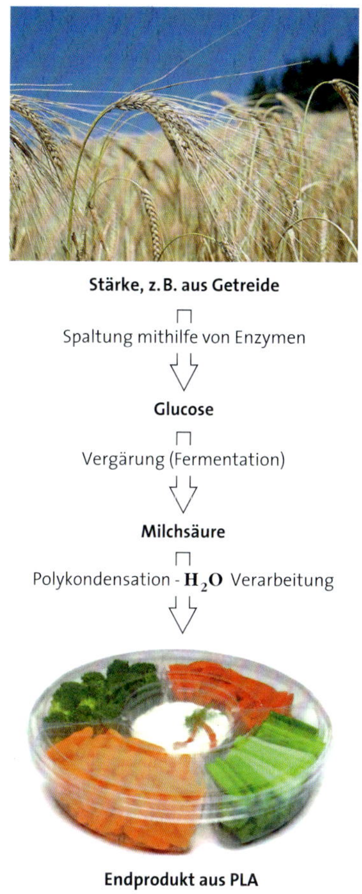


**B6** *Produktionsweg von der Pflanze zum Endprodukt PLA*

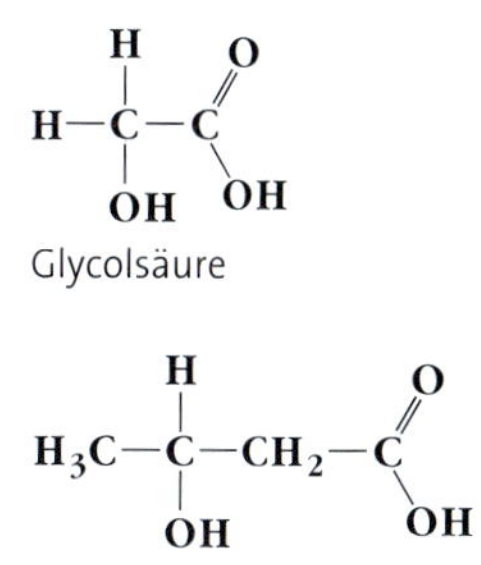


**B7** *Glycolsäure und 3-Hydroxybutansäure.* ***A:*** *Informieren Sie sich über die Herstellung dieser Säure aus pflanzlichen Rohstoffen.*

### *Aufgaben*

***A1*** Geben Sie Strukturausschnitte von Polyglycolsäure und Polyhydroxybutansäure sowie eines Copolymers aus Polymilchsäure und Polcglycolsäure an.

***A2*** Erläutern Sie, warum man die Bildung von Polymilchsäure aus dem Dilactid sowohl als Polykondensation als auch als Polymerisation bezeichnen kann.

### Fachbegriffe

Bio-Kunststoffe, Polymilchsäure
PLA

# Silicone – innovative synthetische Werkstoffe

**B1** *Flughafen München. Beim Structural Glazing in der Architektur werden Metall und Glas mit Siliconen verklebt.*

## Versuche[1]

***V1*** **Abzug!** Pipettieren Sie 2 mL Chlortrimethylsilan* (B2) in ein Rggl. Stellen Sie das Rggl. in den Reagenzglasständer. Gießen Sie in einer Portion 6 mL dest. Wasser dazu. Entnehmen Sie nach 1 min aus der wässrigen Phase einige Tropfen Flüssigkeit und befeuchten Sie damit einen Streifen Indikatorpapier. Versetzen in einem Rggl. 1 mL Silbernitrat*-Lösung mit zwei Tropfen der wässrigen Phase aus dem Reaktionsgemisch.

***V2*** **Abzug!** Wiederholen Sie V1 a) mit 2 mL Dichlordimethylsilan* (B2) und 12 mL dest. Wasser und b) mit 2 mL Trichlormethylsilan* (B2) und 18 mL dest. Wasser.

***V3*** Spülen Sie den Feststoff aus V2b) mit viel Leitungswasser, bringen Sie einen Teil davon auf ein Uhrglas und prüfen Sie die Beschaffenheit mit den Fingern.

## Auswertung

a) Stellen Sie die Ergebnisse zu V1 bis V3 in einer Tabelle dar, deren Spalten die drei untersuchten Chlormethylsilane (B2) enthalten. Tragen Sie in die Zeilen die Heftigkeit der Reaktion, die Beschaffenheit des Reaktionsgemisches nach der Reaktion, das Testergebnis mit Indikatorpapier und mit Silbernitrat-Lösung ein.

b) Das in V1 hydrolysierte Chlortrimethylsilan ist die analoge Chlor-Siliciumverbindung zu dem in V2 von S. 140 verwendeten 2-Brom-2-methylpropan. Ermitteln Sie durch Vergleich der beiden Molekülstrukturen und mithilfe der Elektronegativitäten aus dem PSE, welche der beiden Verbindungen reaktiver gegenüber dem Nucleophil Wasser ist.

[1] Weitere Versuche mit Siliconen sind über *Chemie 2000+ Online* einsehbar.

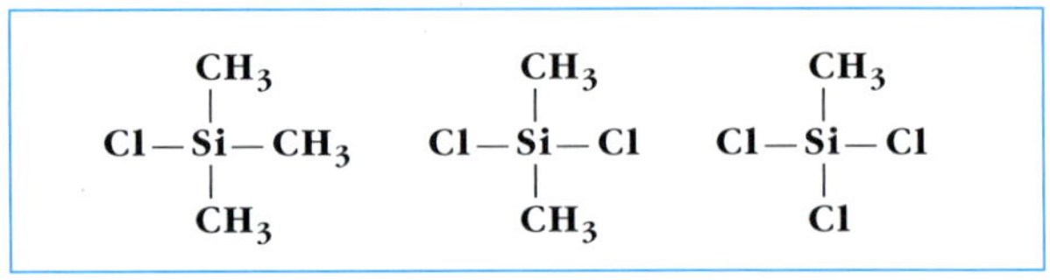

**B2** *Molekülstrukturen von Chlortrimethyl-, Dichlordimethyl- und Trichlormethylsilan*

Die Silicone bilden eine Klasse von Werkstoffen, die seit den 1950er Jahren bis heute aktuell sind. Bei der Synthese von Siliconen geht man von Halogenmethylsilanen aus (B2). Diese Verbindungen des Siliciums sind Strukturverwandte der Halogenalkane, denn das Element Silicium steht im PSE unmittelbar unter dem Element Kohlenstoff in der IV. Hauptgruppe.

Zu Beginn des 20. Jahrhunderts versuchte F. S. KIPPING durch Hydrolyse der Chlormethylsilane Methylsilanole, d.h. die zu Alkoholen analogen Siliciumverbindungen, herzustellen. Dabei erhielt er allerdings nicht die erwarteten wasserlöslichen Methylsilanole, sondern ölige, schmierige und wachsartige Produkte, ähnlich wie die Produkte aus V2. Diese Silicone eignen sich als High-Tech-Materialien für viele verschiedene Anwendungen (B1, B2, B3, B4).

Bei der Hydrolyse der Chlormethylsilane findet zunächst eine nucleophile Substitution statt. Dabei werden beispielsweise aus Dichlordimethylsilan Dimethylsilandiol und Chlorwasserstoff gebildet. Die sich anschließende Polykondensation führt in diesem Fall zu einem linearen Makromolekül:

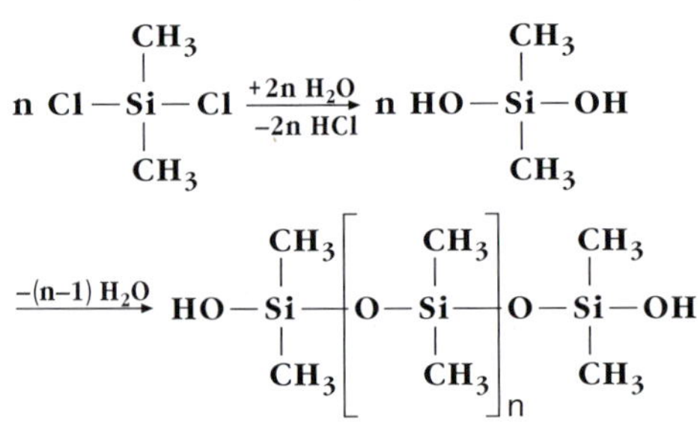

Polydimethylsiloxan

In V2 bildet sich das Polydimethylsiloxan, ein Siliconöl mit einer gewissen Viskosität, das als Schmiermittel für Maschinenteile aber auch zur Hydrophobierung von Oberflächen (B3, V4) eingesetzt wird.

## Silicone – innovative synthetische Werkstoffe

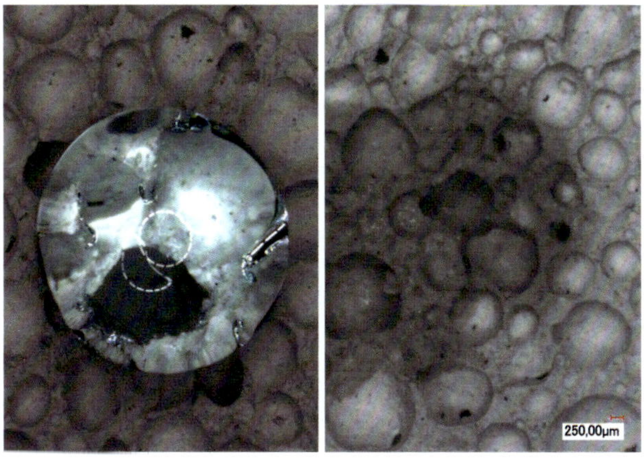


**B3** *Verhalten eines Wassertropfens auf einem hydrophobierten und einem unbehandelten Porenbetonstein*

**B4** *Mit Abdruckformen aus elastischem Siliconkautschuk können Kopien von detailreichen Skulpturen angefertigt werden.*

### *Versuch*

***V4*** Behandeln Sie nach Gebrauchsanweisung die Hälfte eines Stücks Porenbetonstein mit einem Imprägniermittel auf Silicon- und Wasserbasis aus dem Baumarkt. Lassen Sie das Imprägniermittel wie vorgeschrieben einwirken und betrachten Sie dann die Oberflächen der beiden Hälften des Porenbetons genau. Tropfen Sie mit Tinte angefärbtes Wasser auf beide Hälften des Steins und beobachten Sie das Verhalten der Wassertropfen genau.

### *Auswertung*

c) Erkunden Sie in der Animation „Hydrophobierung von Oberflächen mit Siliconen" (vgl. *Chemie 2000+ Online*) die Struktur des Steins und stellen Sie dar, welche zwischenmolekularen Wechselwirkungen zwischen den Strukturen im Stein und den Polydimethylsiloxan-Molekülen ausgebildet werden können. Erklären Sie damit Ihre Versuchsbeobachtungen.

d) Schauen Sie sich nun in der Animation die Erklärungen auf der molekularen Ebene an und vergleichen Sie mit Ihrer Erklärung aus a).

### *Aufgabe*

***A1*** Formulieren Sie die Reaktionsgleichung für die Hydrolyse von Trichlormethylsilan und zeichnen Sie einen Ausschnitt aus dem Makromolekül, das sich durch Polykondensation ausbildet.

Silicone sind Grenzgänger zwischen der organischen und anorganischen Chemie, weil ihre Moleküle sowohl typische Strukturelemente anorganischer als auch organischer Moleküle enthalten. Das sind einerseits die Sauerstoff-Silicium-Bindungen in der Hauptkette und andererseits die Alkyl-Seitengruppen. Die Silicon-Makromoleküle können nach Maß synthetisiert werden, indem ganz bestimmte Anteile an mono-, di- und trifunktionellen Chlormethylsilanen bei der Hydrolyse eingesetzt werden (B2). Während das difunktionelle Dichlordimethylsilan zu linearen Ketten führt, sorgt das monofunktionelle Chlortrimethylsilan dafür, dass die Hydroxy-Gruppen von den Enden dieser Ketten durch Trimethylsilan-Einheiten gegen weiteres Wachstum geschützt werden. Das trifunktionelle Trichlormethylsilan führt zu Verzweigungen der Hauptkette und zur Bildung eines dreidimensionalen Gefüges durch Vernetzung mehrerer Hauptketten (vgl. S. 126, 127). Silicone aus relativ kurzen linearen Molekülen sind Öle, Silicone aus langen Ketten werden zu Siliconkautschuk verarbeitet und Silicone aus vernetzten Makromolekülen sind formstabile und hitzebeständige Materialien. Durch weiteres chemisches Design, z.B. durch Austausch der Methyl-Gruppen gegen andere organische Reste, können Silicone mit sehr unterschiedlichen Eigenschaften ausgestattet werden. So können Silicone hydrophob oder hydrophil sein, transparent oder lichtundurchlässig, schaumstabilisierend oder entschäumend, klebend oder trennend.

***Kompetenzen*** **Erklären des Aufbaus von Makromolekülen aus Monomer-Bausteinen und Unterscheiden von Kunststoffen aufgrund ihrer Synthese als Polymerisate, Polykondensate oder Polyaddukte; Erläutern der Eigenschaften von Polymeren aufgrund der molekularen Strukturen und Erklären ihrer praktischen Verwendung**

**Polyethylenterephthalat**, **Polyvinylacetat**, **Glyptalharze** und **Polyurethane** sind Kunststoffe, die in den verschiedensten Bereichen ihre Anwendung finden. Aus Polyethylenterephthalat PET werden z.B. Getränkeflaschen und aus Polyurethanen Schaumstoffe für Polstermöbel hergestellt. Polyvinylacetat wird für Klebstoffe genutzt, das gezeigte Glyptalharz häufig in Lacken eingesetzt.
Erwärmt man Polyethylenterephthalat, erweicht es bis zum Schmelzen und kann dann geformt werden.
Das Glyptalharz erweicht und schmilzt bei Erwärmen dagegen nicht.
Erhitzt man Polyethylenterephthalat mit Natronlauge, werden die Makromoleküle in die Monomere gespalten. Erhitzt man Polyvinylacetat mit Natronlauge, so erhält man Polyvinylalkohol.
Polyvinylalkohol ist im Unterschied zu Polyvinylacetat gut in Wasser löslich. Da er undurchlässig für Kohlenstoffdioxid ist, wird er für die Beschichtung von PET-Flaschen verwendet, wo er als „Barriere" für Kohlenstoffdioxid dient.

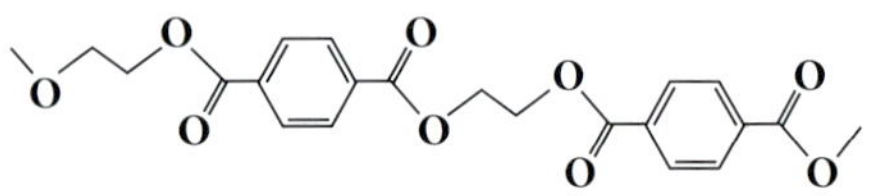

Strukturausschnitt von Polyethylenterephthalat

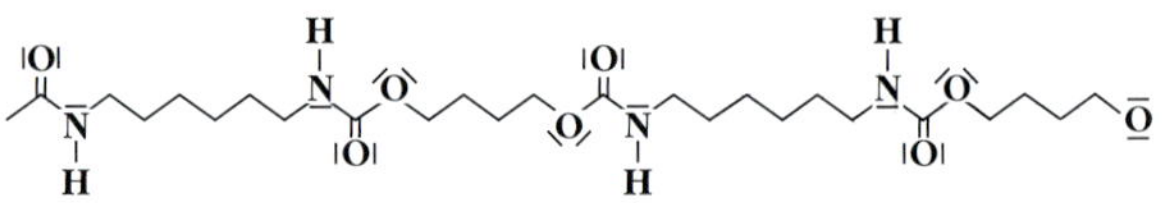

Strukturausschnitt von Polyurethan

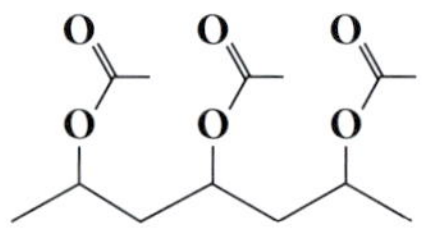

Strukturausschnitt von Polyvinylacetat

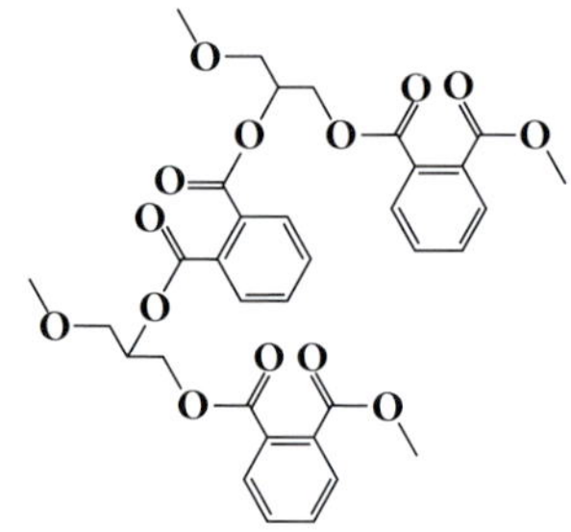

Strukturausschnitt aus einem Glyptalharz

### *Aufgaben*

1. Erläutern Sie, aus welchen Monomer-Bausteinen die Makromoleküle der angegebenen Kunststoffe aufgebaut sind. Geben Sie die Reaktionstypen der Polyreaktionen an und formulieren Sie die Reaktionsschemata für die Synthesen von Polyethylenterephthalat und Polyvinylacetat sowie die des angegebenen Polyurethans.
2. Erklären Sie das unterschiedliche Verhalten von Polyethylenterephthalat und des Glyptalharzes beim Erwärmen.
3. Erklären Sie die Bildung von Polyvinylalkohol aus Polyvinylacetat und geben Sie einen Strukturausschnitt von Polyvinylalkohol an.
4. Erklären Sie die im Vergleich zu Polyvinylacetat gute Wasserlöslichkeit von Polyvinylalkohol und seine Undurchlässigkeit für Kohlenstoffdioxid.

***Kompetenzen*** **Erklären des Aufbaus von Makromolekülen aus Monomer-Bausteinen und Unterscheiden von Kunststoffen aufgrund ihrer Synthese als Polymerisate, Polykondensate oder Polyaddukte; Erläutern der Eigenschaften von Polymeren aufgrund der molekularen Strukturen und Erklären ihrer praktischen Verwendung**

### *Lösung*

Zu 1.

Polyethylenterephthalat ist ein *Polyester*, der durch Polykondensation aus den Monomeren Benzol-1,4-dicarbonsäure und Ethan-1,2-diol entsteht.

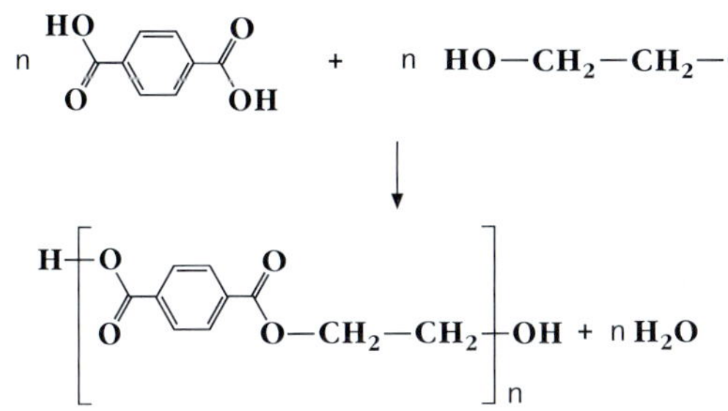

Polyvinylacetat ist ein *Polymerisat*, das durch *Polymerisation* von Vinylacetat gebildet wird.

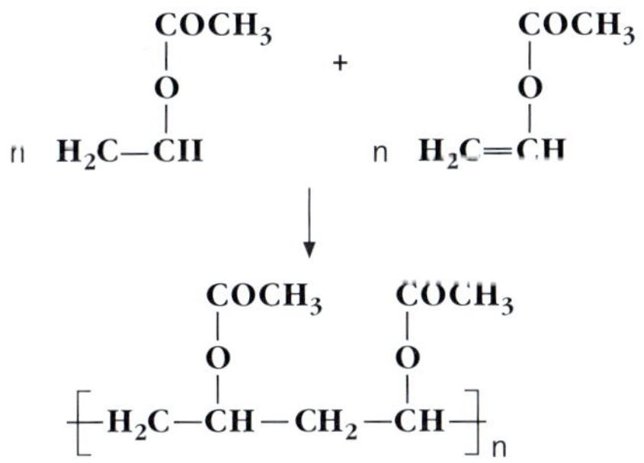

Das angegebene Polyurethan ist ein *Polyaddukt*, das durch eine *Polyaddition* aus Hexandiisocyanat und Butan-1,4-diol entsteht.

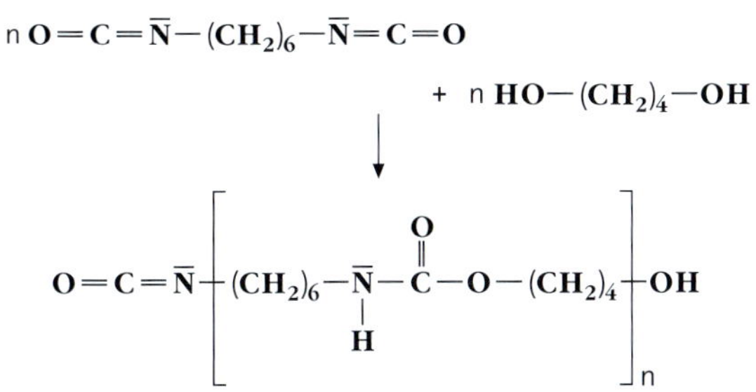

Zu 2.

Polyethylenterephthalat ist ein Polyester aus linearen Makromolekülen. Er gehört zu den *Thermoplasten*. Zwischen den Molekülen treten VAN-DER-WAALS-Kräfte auf. Beim Erwärmen können diese getrennt werden, so dass die Makromoleküle gegeneinander beweglich werden. Der Kunststoff erweicht bzw. schmilzt. Das Glyptalharz ist dagegen ein *Polyester* aus dreidimensional vernetzten Makromolekülen und gehört zu den *Duroplasten*. Die vorliegenden Elektronenpaarbindungen können beim Erwärmen nicht getrennt werden.

Zu 3.

Beim Erhitzen von Polyvinylacetat werden die Ester-Gruppen im Makromolekül hydrolytisch gespalten. Dabei entstehen Polyvinylalkohol und Natriumacetat.

Zu 4.

Die gute Wasserlöslichkeit von Polyvinylalkohol beruht auf den polaren Hydroxy-Gruppen im Molekul. An diese können sich Wasser-Moleküle durch Wasserstoffbrückenbindungen anlagern. Polyvinylacetat ist dagegen aufgrund der unpolaren Ester-Seitengruppen im Molekül hydrophob.

Die Undurchlässigkeit des Polyvinylalkohols für Kohlendioxid beruht ebenfalls auf der hohen Polarität seiner Moleküle. Da Kohlenstoffdioxid-Moleküle unpolar sind, finden zwischen den Molekülen kaum Wechselwirkungen statt, und Kohlenstoffdioxid kann nicht in die Schicht aus Polyvinylalkohol eindringen.

### *Kompetenzen trainieren*

Diese Kompetenzen können mit den Aufgaben A5, A11, A16 und A17 auf den Seiten 202 bis 204 vertieft werden.

**Kompetenzen** Analysieren und Vergleichen von Reaktionsschritten unterschiedlicher Reaktionstypen; Klassifizieren von organischen Reaktionen

## Aufgabe

Weltweit werden jährlich über 2 Mio. Tonnen des organischen Werkstoffs Polymethylmethacrylat PMMA hergestellt. Das Schema zeigt mögliche Arbeits- und Reaktionsschritte von den Rohstoffen Erdöl und Erdgas zum fertigen Produkt PMMA. In Reaktion **5** wird Propanon mit Blausäure **HCN** versetzt; das Produkt aus **5** wird in **6** hydrolysiert, wobei auch Ammoniak entsteht.

a) Analysieren Sie jede der Reaktionen **1** bis **9**, indem Sie die im Schema nicht angegebenen Edukte (Reaktionspartner) und weitere Produkte der Reaktion angeben.
b) Klassifizieren Sie die Reaktionen **1** bis **9**, durch Zuordnung zu einem Reaktionstyp. Differenzieren Sie dann den jeweiligen Reaktionstyp, indem Sie eine geeignete Bezeichnung für die hier gezeigte Reaktion angeben.

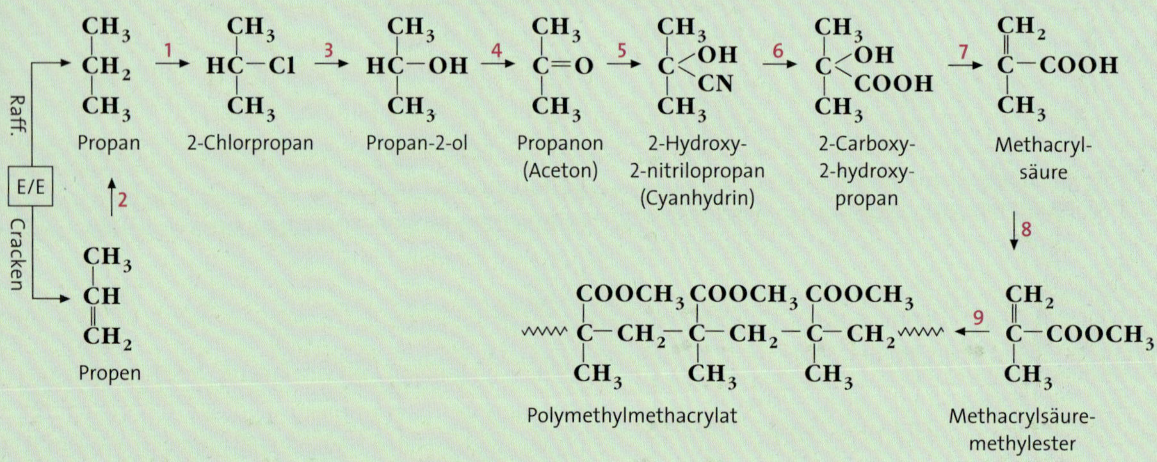


## Lösung

a) Weitere Edukte und Produkte in **1** bis **9**:

| Schritt | Edukt(e) | Produkt(e) |
|---|---|---|
| 1 | Chlor $Cl_2(g)$ | Chlorwasserstoff $HCl(g)$ |
| 2 | $HCl(g)$ | – |
| 3 | $H_2O(l)$ | $HCl(aq)$ |
| 4 | – | Wasserstoff $H_2(g)$ |
| 5 | Blausäure $HCN$ | – |
| 6 | $H_2O(l)$ | Ammoniak $NH_3(aq)$ |
| 7 | – | $H_2O(l)$ |
| 8 | Methanol $H_3COH(l)$ | $H_2O(l)$ |
| 9 | – | – |

b) Reaktionstyp und Bezeichnung der Reaktion:

**1:** **(Radikalische) Substitution** an einem Alkan; *hier*: Chlorierung von Propan

**2:** **(Elektrophile) Addition** an ein Alken; *hier*: Hydrochlorierung von Propen

**3:** **(Nucleophile) Substitution** an einem Chloralkan; *hier*: Hydrolyse von 2-Chlorpropan zu Propan-2-ol

**4:** Eliminierung aus einem Alkohol; *hier*: Dehydrierung (Oxidation) von Propan-2-ol zu Propanon

**5:** **(Nucleophile) Addition** an ein Keton; *hier*: Addition von Blausäure an Propanon

**6:** **Addition** und **Substitution** an einer Nitril-Gruppe; *hier*: Hydrolyse von Cyanhydrin zu einer Hydroxycarbonsäure

**7:** **Eliminierung** aus einem Alkohol; hier Dehydratisierung einer Hydroxycarbonsäure zu einer Acrylsäure

**8:** **Kondensation**; *hier*: **Veresterung** einer Carbonsäure mit Methanol

**9:** **Polymerisation**; *hier*: Polymerisation des vinylischen Monomers Methacrylsäuremethylester

## Kompetenzen trainieren

Diese Kompetenzen können mit den Aufgaben A5, A15 und A16 auf den Seiten 203 und 204 vertieft werden.

***Kompetenzen*** **Erklären von Reaktionsverläufen hinsichtlich Produktausbeute und Reaktionsführung; Diskutieren und Bewerten von Wegen zur Herstellung von Alltagsprodukten, z. B. ausgewählter Kunststoffe, aus ökonomischer und ökologischer Perspektive**

### *Aufgabe*

Erklären Sie die Bedingungen, unter denen die Reaktionen 1, 2 und 9 aus dem Schema von S. 156 durchzuführen sind, um das jeweils angegebene Produkt in möglichst hoher Ausbeute zu erhalten.

### *Lösung*

Bei **Reaktion 1** sollten die beiden gasförmigen Edukte *Propan* und *Chlor* in einem Photoreaktor unter Bestrahlung mit *UV-Licht* zur Reaktion gebracht werden. Aus dem Produktgemisch kann Chlorwasserstoff mit Wasser, in dem er sich gut löst, entfernt werden. Das 2-Chlorpropan muss anschließend von dem sich ebenfalls bildenden 1-Chlorpropan z. B. durch Destillation getrennt werden. Damit möglichst keine Dichlorpropane entstehen, darf Chlor im Photoreaktor nicht im Überschuss vorliegen.

Bei **Reaktion 2** kann gasförmiges *Propen* mit *Salzsäure* zur Reaktion gebracht werden. Um die Ausbeute bei der elektrophilen Addition zu erhöhen, sollte man konzentrierte Salzsäure einsetzen und bei erhöhtem Druck arbeiten. Dadurch ist die Rückreaktion der Addition, die Eliminierung (Dehydrohalogenierung), unterbunden bzw. abgeschwächt.

Für **Reaktion 9** wird eine kleine Menge eines radikalbildenden Starters (Initiators) im flüssigen Monomer Methylmethacrylat MMA gelöst. Die Spaltung des Starters in Radikale wird durch Erwärmen oder Lichtbestrahlung angetrieben. Sobald die exotherme Polymerisation einsetzt, muss das Reaktionsgemisch temperiert (gekühlt) werden, um zu vermeiden, dass das Monomer verdampft und es zur Bildung von Blasen im polymeren Material kommt.

### *Kompetenzen trainieren*

Diese Kompetenzen können mit den Aufgaben A9 und A16 auf den Seiten 202 bis 204 vertieft werden.

### *Aufgabe*

Diskutieren und bewerten Sie aus ökonomischer Sicht die Herstellungswege und die Möglichkeiten des Recyclings für die beiden Kunststoffe Polymethylmethacrylat PMMA und Polyethen PE (vgl. Schema S. 156).

### *Lösung*

Bei der Herstellung von PE und PMMA müssen zunächst die beiden Grundchemikalien Ethen bzw. Propen durch Cracken von Alkanen aus dem Rohstoff Erdöl gewonnen werden. Diese dienen als Ausgangsstoffe für die Synthese von PE bzw. PMMA. Während Ethen bereits das Monomer von PE ist, also nur polymerisiert werden muss, um den Kunststoff zu erhalten, ist der Syntheseweg vom Propen bis zum Monomer des PMMA relativ lang (vgl. S. 156). Die Industrieanlage, in der PMMA hergestellt wird, besteht aus mehr Teilen als eine PE-Anlage. Allein die Synthese des Monomers MMA erfolgt in mehreren Schritten unter Einsatz weiterer Chemikalien. Diese Chemikalien müssen zum Teil aus anderen Rohstoffen als Erdöl gewonnen werden und bei einigen der Reaktionen fallen Kopplungsprodukte an, die entsorgt oder recycelt werden müssen.

Aus ökonomischer Sicht sollte demnach die Herstellung von PE preiswerter sein als die von PMMA.

PMMA kann durch thermische Depolymerisation in das Monomer Methylmethacrylat MMA zurückgeführt werden (vgl. S. 160). Das zurückgewonnene Monomer kann erneut polymerisiert werden. Bei gebrauchten Gegenständen aus PMMA ist also vollständiges Rohstoffrecycling möglich. PE kann nicht zu reinem Ethen depolymerisiert werden. Es kann aber durch Pyrolyse (vgl. S. 160) in gasförmige und flüssige Kohlenwasserstoffen gespalten oder in Müllverbrennungsanlagen energetisch verwertet werden.

Bei den Recyclingmöglichkeiten schneidet PMMA also besser ab als PE.

# Von der Zahnfüllung bis zur Babywindel

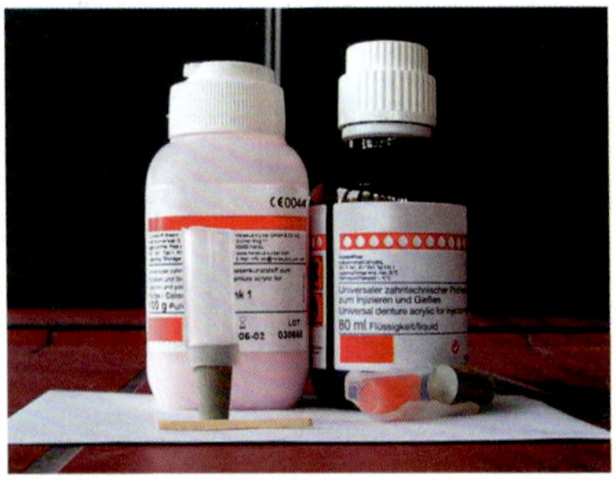

**B1** *Materialien für Zahnfüllungen und Zahnprothesen sind i. d. R. Polyacrylate.*

**B2** *Moderne Babywindeln sind viel dünner und saugfähiger als ihre Vorgänger.*

### *Versuche*

***V1*** Füllen Sie ein ca. 3 cm langes Stück Siliconschlauch (Innendurchmesser ca. 1 cm; an einem Ende mit Stopfen verschlossen) mit einer kalthärtenden Mischung für Zahnprothesen aus dem Dentalhandel und lassen Sie die Mischung härten. Prüfen Sie während der Härtung die Temperatur mit den Fingern.

***V2*** Entwickeln Sie eine Versuchsanordnung, mit der Sie die Aufnahmefähigkeit des Superabsorbers für eine Calciumchlorid*-Lösung und für eine Kaliumchlorid-Lösung, jeweils $w = 2\%$, untersuchen und mit der für dest. Wasser vergleichen können. Führen Sie den Versuch durch.

### *Auswertung*

a) Für Zahnprothesen verwendet man eine Mischung aus zwei Komponenten. Die erste ist ein prepolymeres Pulver aus Polymethylmethacrylat und einem Initiator, z. B. Dibenzoylperoxid (vgl. S. 130). Die zweite ist eine Flüssigkeit mit Methylmethacrylat-Monomeren, die einen Beschleuniger enthält. Erklären Sie, welche Reaktion bei der Härtung abläuft und leiten Sie aus der Reaktionstemperatur eine Aussage über die Wärmetönung der Reaktion ab.

b) Eine entscheidende strukturelle Einheit für das Quellen eines Superabsorbers ist das Natriumsalz der Acrylsäure (Propensäure) $H_2C{=}CHCOO^{\ominus}Na^{+}$ (B3). Beim Quellen werden die Carboxylat-Gruppen an den Polyacrylsäure-Ketten und die eingeschlossenen Natrium-Ionen hydratisiert. Formulieren Sie diesen Vorgang mithilfe von B3.

c) Erklären Sie die Ergebnisse aus V2 mit B4.

### Thermo- und duroplastische Polyacrylate

Kunststoffe für Zahnersatz (B1), Superabsorber und Plexiglas® (vgl. S. 130, 131) haben zwar sehr unterschiedliche Eigenschaften, sind aber strukturell miteinander verwandt. Bei allen handelt es sich um **Polyacrylate** aus Monomeren mit folgenden Halbstrukturformeln:

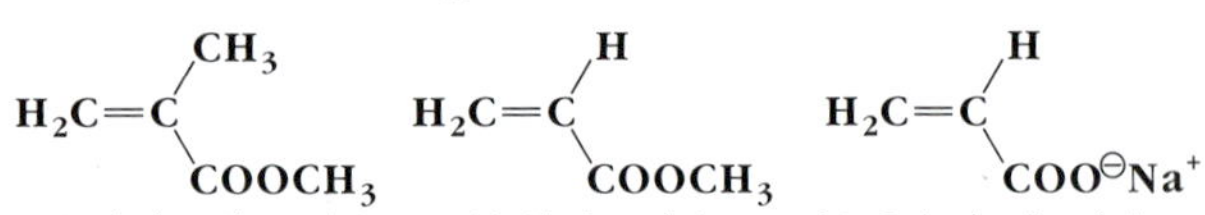

Methylmethacrylat — Methylacrylat — Na-Salz der Acrylsäure

Aus diesen Monomeren werden durch radikalische Polymerisierung Polymere synthetisiert. Deren sehr unterschiedliche Eigenschaften (V1) sind auf die strukturellen Merkmale der Makromoleküle und der Gefüge, die sie bilden, zurückzuführen.

Beim Plexiglas®, Polymethylmethacrylat (vgl. S. 130) sind die Makromoleküle aus Polymethylmethacrylat linear und bilden eine ungeordnete Masse (vgl. B3, S. 128). Beim Erwärmen bewegen sich die Makromoleküle und Teile davon schneller, das Material ist thermoplastisch.

Polyacrylate, die für Zahnfüllungen und Zahnersatz verwendet werden, bestehen je nach Fabrikat aus Pasten und/oder Flüssigkeiten, in denen außer Polymeren mit linearen Makromolekülen und Startern auch Vernetzer enthalten sind. Letztere bewirken, dass sich beim Aushärten ein dreidimensionales Netzwerk aus Makromolekülen bildet. Dadurch wird das Material zum Duroplast und ist in der Hitze formstabil.

## Von der Zahnfüllung bis zur Babywindel

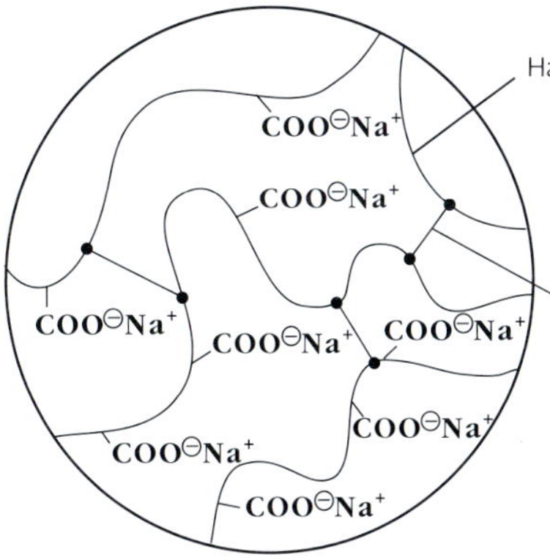


**B3** *Strukturmodell eines Superabsorbers (vereinfacht). **A:** Formulieren Sie einen Abschnitt aus fünf Einheiten in der Hauptkette als Valenzstrichformel.*

### Superabsorber aus Polyacrylaten

Als Superabsorber bezeichnet man Kunststoffe, die ein Vielfaches ihrer Eigenmasse an Wasser aufnehmen, speichern und wieder abgeben können. Die Hauptketten der Makromoleküle in Superabsorbern bestehen aus Acrylsäure-Einheiten, von denen ein Teil als Natriumsalz vorliegt. Bei der Herstellung setzt man neben Acrylsäure und einem Starter auch bestimmte Mengen eines Quervernetzers ein, z. B. MBA (N,N'-Methylenbisacrylamid). Im Produkt sind die Hauptketten in relativ großen Abständen über Brücken aus 4 bis 6 Atomen kovalent miteinander verknüpft (B4). Dadurch entsteht ein Gefüge, das relativ weitmaschig ist, ähnlich wie bei vulkanisiertem Gummi (vgl. S. 127). In Wasser quillt das Material, weil eine große Anzahl von Wasser-Molekülen in die Maschen des Netzwerks eindringt, um die Ionen zu hydratisieren.

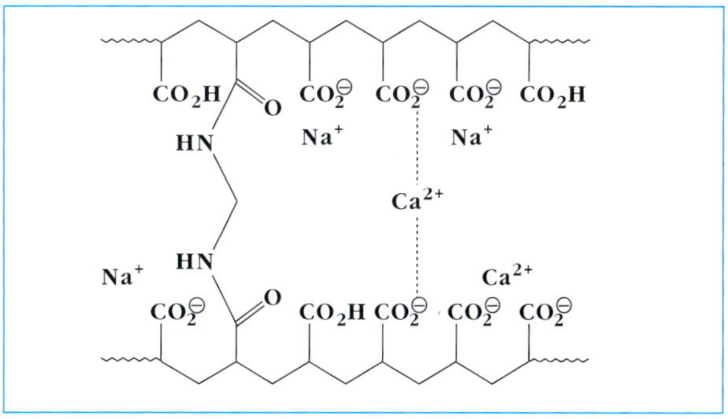

**B4** *Formelausschnitt eines Superabsorbers*

### Aufgaben

**A1** a) Nennen Sie Gemeinsamkeiten und Unterschiede der drei Monomere für Polyacrylate von S. 158. b) Das Polymer eines der Monomere ist ein Polyelektrolyt. Erläutern und begründen Sie diese Bezeichnung.

**A2** Erläutern Sie, warum die Monomere aus Acrylsäure-Derivaten von S. 158 vielfältiger chemisch modifiziert werden können als andere vinylische Monomere (vgl. S. 128, B4).

**A3** Bei Zahnfüllungen aus Polyacrylat wird die Härtung oft mit einer kleinen Stab-UV-Lampe eingeleitet. Erläutern Sie, was das UV-Licht bewirkt.

**A4** Erläutern und begründen Sie mithilfe von B4, welche strukturellen Bedingungen (Merkmale) ein Superabsorber erfüllen muss, um in Wasser zu quellen.

**A5** Entscheiden Sie, ob ein Schwamm aufgrund seiner Aufnahmekapazität für Wasser ein Superabsorber wie der in B3 ist und begründen Sie Ihre Entscheidung.

**B5** *Superabsorber in einem Nachrichtenkabel. **A:** Erläutern Sie, was mit dem Kabel geschieht, wenn auf eine Feucht- eine Trockenperiode folgt.*

**B6** *Die violette Farbe des mit Kaliumpermanganat-Lösung gequollenen Superabsorbers lässt sich mit Wasser auswaschen, die blaue Farbe des mit Kupfersulfat-Lösung gequollenen nicht. **A:** Erklären Sie den Sachverhalt.*

## Aus alt mach neu

**B1** *Seit Einführung des Flaschenpfands exportiert Deutschland riesige Mengen gebrauchter PET-Flaschen nach China. Das PET wird zermahlen, geschmolzen und zu Polyesterfaser gesponnen. Aus 35 Flaschen mit dem Materialwert von unter einem Euro kann ein Fleece-Pulli der Größe L gefertigt werden.* **A:** *Diskutieren Sie, ob der Kauf von Textilien und Taschen aus recyceltem PET als ein Beitrag zum Umweltschutz angesehen werden kann.*

**B2** *Depolymerisation von PMMA nach V2*

***Versuche*** **(Schutzbrille! Schutzscheibe!)**

***V1*** Planen Sie mithilfe der Angaben von S. 126, 127 einen Versuch zur Trennung eines Gemisches aus Kunststoffabfällen, die PVC, PE und PP enthalten. Besprechen Sie den Vorschlag mit der Lehrkraft und führen Sie den Versuch durch.

***V2*** Geben Sie in ein großes Rggl. mit seitlichem Ansatz Raspel aus Polymethylmethacrylat PMMA (Plexiglas®) oder aus Polystyrol und einige Kupferspäne (B2). Bringen Sie das PMMA im **Abzug(!)** mit dem Brenner zum Schmelzen und erhitzen Sie dann vorsichtig weiter, wobei Sie die austretenden Dämpfe bis auf den Boden eines mit Eiswasser gekühlten Rggl. einleiten. Achten Sie darauf, dass sie dort kondensieren. Notieren Sie die Temperatur der austretenden Dämpfe. Erzeugen Sie auf diese Weise ca. 1 mL Kondensat und stellen Sie dann den Brenner aus. Prüfen Sie vorsichtig den Geruch des Kondensats und vergleichen Sie ihn mit dem von Methylmethacrylat* MMA. Versetzen Sie in einem anderen Rggl. 3 mL Bromwasser* mit einigen Tropfen des Kondensats und schütteln Sie. (*Hinweis*: Das große Rggl. kann mit Aceton* gereinigt werden.)

***LV3*** In einen Kolben mit Rückflusskühler gibt man 50 mL Natronlauge*, $c = 5$ mol/L, und 20 mL Ethanol*. Man erhitzt die Lösung zum Sieden und gibt dann ca. 5 g klein geschnittene Polyesterstücke (z. B. Getränkeflasche aus Polyethylenterephthalat PET) zu. Allmählich löst sich der Polyester auf. Nach dem Abkühlen gießt man die Reaktionsmischung in 50 mL Wasser, filtriert und säuert eine Probe aus ca. 20 mL Filtrat mit konz. Salzsäure* an. Dabei scheidet sich die Terephthalsäure als weißer Brei ab.

### *Auswertung*

a) Erklären Sie, worauf die Trennung der Kunststoffproben bei dem von Ihnen geplanten Versuch V1 beruht. Begründen Sie, warum sich PVC und PET auf diese Weise nicht trennen lassen.

b) Bei V2 wird Polymethylmethacrylat PMMA zu Methylmethacrylat MMA depolymerisiert. Nennen und deuten Sie alle Beobachtungen, die das belegen, und formulieren Sie die Reaktionsgleichung für den Nachweis mit Bromwasser.

c) Begründen Sie, warum bei der Hydrolyse von Polyethylenterephthalat PET in LV3 die Terephthalsäure erst beim Ansäuern des Filtrats ausfällt.

d) Erklären Sie, warum das zweite Hydrolyseprodukt aus PET in LV3 nicht sichtbar wird.

e) Vergleichen Sie die Wiedergewinnung von Monomeren aus Makromolekülen in V2 mit der in LV3 hinsichtlich des Arbeitsaufwandes und der Reinheit der erhaltenen Monomere.

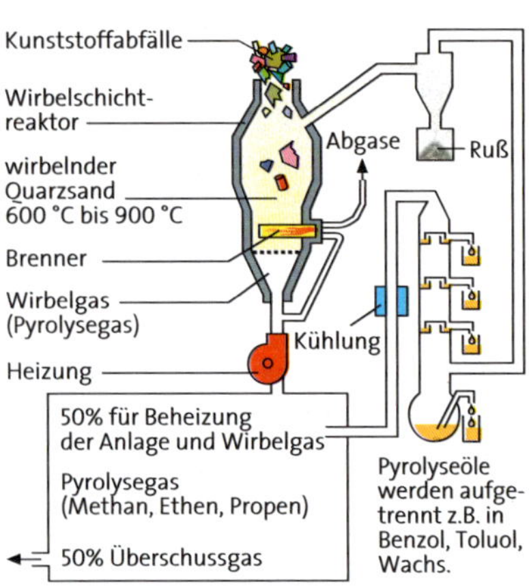


**B3** *Pyrolyseanlage.* **A:** *Beschreiben Sie, an welcher Stelle (Neben-)Produkte die Anlage verlassen.*

## Verwertung von Kunststoffabfällen

Kunststoffe sind Werkstoffe, die an Luft und bei Feuchtigkeit sehr beständig sind. Weder rosten sie wie Metalle noch faulen sie wie Holz. Gerade diese Beständigkeit wird aber zum Problem, wenn es darum geht, Gegenstände aus Kunststoffen zu entsorgen oder wiederzuverwerten.
Weltweit wurden im Jahr 2011 ca. 280 Mio. t Kunststoffe produziert, fast ein Viertel davon für Verpackungen.
Das vollständige **Rohstoffrecycling** von Kunststoffen, d. h. die Wiedergewinnung der monomeren Verbindungen, aus denen dann erneut makromolekulare Kunststoffe synthetisiert werden können, gelingt nur bei **sortenreinen Abfällen**: Polymethylmethacrylat kann relativ einfach durch **Pyrolyse** (Erhitzen in Abwesenheit von Luft) zu Methylmethacrylat depolymerisiert werden (V2). Polyester, Polyamide, Polycarbonate und andere durch Polykondensation erhaltene Kunststoffe können durch **Hydrolyse** (Reaktion mit Wasser; LV3) in ihre Monomere gespalten werden.
Bei **gemischten Abfällen** ist ein Rohstoffrecycling durch Pyrolyse zwar möglich (B3, B4), man erhält aber keine reinen Monomere, sondern Gemische aus niedermolekularen Verbindungen wie Methan, Ethen, Propen, Butadien, Benzol, Toluol u. a. (B3). Sie sind im Pyrolysegas und in den Pyrolyseölen enthalten und können als Ausgangsstoffe für verschiedene chemische Synthesen, nicht jedoch direkt zur Wiederherstellung der pyrolysierten Kunststoffe, dienen.
Beim **Werkstoffrecycling** wird sowohl sortenreiner als auch gemischter Abfall beispielsweise durch Umschmelzen oder Schreddern und Neupressen zu Gegenständen wie Parkbänken oder Schallschutzwänden an Autobahnen verarbeitet (B5).
Da Kunststoffe einen hohen Heizwert haben, führt man gemischte Abfälle der **energetischen Verwertung** in Müllverbrennungsanlagen zu. Die Verbrennungsprodukte einiger Kunststoffe sind die gleichen wie bei der Verbrennung von Benzin und Diesel. Bei der Verbrennung von Polyvinylchlorid können aber auch Chlorwasserstoff und giftige Dioxine entstehen, die in speziellen Rauchwaschanlagen zurückgehalten werden müssen. Aus ökologischer Sicht bleibt die Verbrennung von Kunststoffmüll umstritten.
Die biologische Zersetzung von erdölbasierten Kunststoffsorten wie PE oder PP kann Hunderte von Jahren dauern. Produkte aus Polyhydroxybutansäure PHB oder Polymilchsäure PLA (vgl. S. 150, 151) hingegen verrotten deutlich schneller. Dies gelingt, weil die entsprechenden Makromoleküle aus den Kunststoffen auch durch Mikroorganismen aufgebaut wurden.

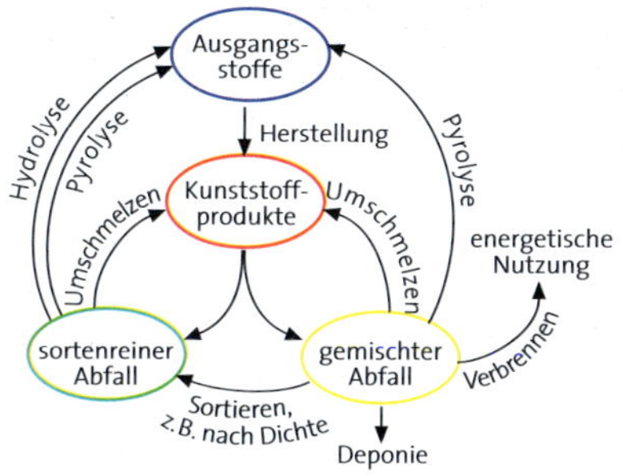


**B4** *Kunststoffkreislauf. A: Begründen Sie, warum sortenreiner Müll am besten recycelt werden kann.*

**B5** *Werkstoffrecycling. Beim Werkstoffrecycling werden die recycelten Kunststoffe für Objekte verwendet, für die Kunststoffe mit einer niedrigeren Reinheitsstufe ausreichen. A: Begründen Sie, welche Folge sich daraus für einen effizienten Umgang mit Ressourcen ergibt.*

### *Aufgaben*

*A1* Nennen Sie fünf Kunststoffe, bei deren vollständiger Verbrennung die gleichen Produkte entstehen wie bei der von Benzin und Diesel.
*A2* Bewerten Sie die verschiedenen Arten der Verwertung von Kunststoffabfällen aus ökonomischer und aus ökologischer Sicht.

### Fachbegriffe

Pyrolyse, Hydrolyse, sortenreiner Abfall, gemischter Abfall, Werkstoffrecycling, energetische Verwertung

# Ökonomie und Ökologie – keine Gegensätze

**B1** *Die Innenausstattung in Autos, Bahnen und Flugzeugen besteht fast ausschließlich aus Kunststoffen und Synthesefasern.*

**B2** *Auch Kabel- und Steckerisolierungen sowie Gehäuse von elektronischen Geräten sind i.d.R. aus Kunststoffen.*

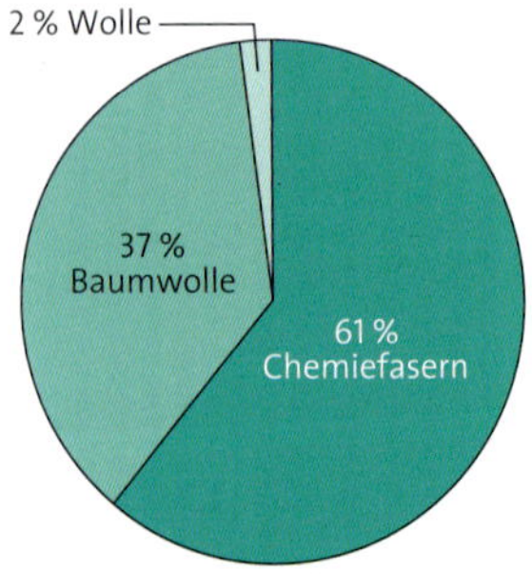


**B3** *Prozentualer Anteil verschiedener Faserarten an der globalen Textilwirtschaft*

### INFO

Kunststoffe und synthetische Textilfasern sind bedeutende Wirtschaftsfaktoren sowohl in der chemischen Industrie, die diese Stoffe herstellt, als auch in den Industriebranchen, in denen sie verarbeitet werden. Dank ihrer mechanischen, optischen, chemischen und elektrischen Eigenschaften erfüllen Kunststoffe die Anforderungen, die man an Werkstoffe stellt, oft besser als z.B. Metalle, Holz, Glas oder Naturfasern (B1 bis B3).

Aus *ökonomischer* Sicht ist der Einsatz von Kunststoffen sinnvoll, wenn die Kosten für Herstellung, Verarbeitung, Transport zum Abnehmer und Entsorgung geringer sind als die anderer Materialien mit vergleichbaren Eigenschaften.

Den *ökologischen* Anforderungen genügen Kunststoffe dann, wenn die Umweltbelastung bei ihrer Herstellung, Nutzung und auch Entsorgung niedriger ist als die alternativer Materialien.

Erfüllt ein Kunststoff zugleich die ökonomischen *und* ökologischen Ansprüche, hat dies deutliche Auswirkungen auf die entsprechenden Industrie- und Wirtschaftsbranchen, wie das folgende Beispiel zeigt. Chemiefasern (*korrekter*: synthetische Textilfasern oder *kurz*: Synthesefasern) machen heute 61% der Weltproduktion von Textilfasern aus, während die Naturfasern Wolle und Seide (weniger als 3%) sowie Baumwolle (37%) weit geringere Rollen spielen (B3). Dafür gibt es mehrere Gründe: Herstellung und Verarbeitung von Textilien aus Naturfasern sind meist arbeitsaufwendiger und teurer als die von Textilien aus Synthesefasern. Mit den zur Verfügung stehenden Naturfasern kann der Bedarf an Textilien weder quantitativ noch qualitativ auch nur annähernd gedeckt werden. Die Herstellung von Textilien aus Naturfasern belastet die Umwelt, so verwunderlich es sich liest, stärker als die von Textilien aus Synthesefasern: Ein Chemiewerk, das 150 Tonnen Polyacryl pro Tag produziert, „ersetzt" 12 Millionen Schafe, die eine Weidefläche benötigten, die größer als die Fläche Nordrhein-Westfalens ist.

### Auswertung

a) Nennen Sie fünf Industrie- bzw. Wirtschaftszweige, in denen Kunststoffe eingesetzt werden.

b) Erläutern Sie anhand der einzelnen in B1 bis B3 gezeigten Anwendungen, in welchen Eigenschaften Kunststoffe bzw. Synthesefasern bei den gezeigten Anwendungen anderen Materialien wie Holz, Metall, Glas und Naturfasern überlegen sein können.

c) Im Rahmen der Textilökologie unterscheidet man die drei Bereiche Produktionsökologie (Belastung von Wasser, Luft und Boden bei der Herstellung der Textilien), Humanökologie (Wirkung der Textilien auf die Haut und andere Körperteile) und Entsorgungsökologie (Kompostierung, Verbrennung oder Recycling gebrauchter Textilien). Erstellen Sie in Gruppen arbeitsteilig Referate mit Folien zu den drei Bereichen, präsentieren Sie Ihr Referat dem Kurs und stellen Sie es zur Diskussion.

d) Analysieren Sie die Werkstoffökologie des Kunststoffs PET bei der Verwendung für Getränkeflaschen nach einem zu c) analogen Muster.

## Ressourcenschonung und Nachhaltigkeit bei der Produktion von Kunststoffen

Ein Leitziel der chemischen Industrie sind nachhaltige Produktionsverfahren. Unter **Nachhaltigkeit** versteht man ein Handlungsprinzip zur Ressourcennutzung, das es ermöglicht, unsere heutigen Bedürfnisse zu befriedigen, ohne dabei die Bedürfnisse zukünftiger Generationen zu beeinträchtigen.
Wie in der industriellen Synthesechemie allgemein geht man bei der Produktion von Kunststoffen vorwiegend von wenigen Grundchemikalien aus. Eine davon ist das beim Cracken von Alkanen anfallende Propen (B4). Propen dient nicht nur als Ausgangssubstanz für die Synthese von Polypropen oder Polycarbonat, sondern auch für die von Plexiglas®. Dafür wird aus Propen zunächst Aceton hergestellt, entweder über Propan-2-ol (vgl. S. 156) oder über Cumol (B4). Cumol muss oxidiert werden und zerfällt dann in Aceton und das **Kopplungsprodukt** Phenol, eine ebenso wichtige Grundchemikalie.
Es wäre unwirtschaftlich, wenn solche Kopplungsprodukte aus Reaktionen ungenutzt blieben. Daher hat die chemische Industrie **Verbundsysteme** entwickelt. Ein Verbundsystem besteht aus eng miteinander kooperierenden Betrieben, in denen häufig die gleichen Grundchemikalien eingesetzt und die Kopplungsprodukte und Zwischenchemikalien untereinander ausgetauscht werden. Verbundsysteme machen es möglich, die Ressourcen an Rohstoffen und Energie ökonomisch sinnvoll und ökologisch schonend zu nutzen.
Nicht immer lassen sich Kopplungsprodukte sinnvoll nutzen, auch nicht im Rahmen der bestehenden Verbundsysteme. So fallen bei der Polycarbonat-Synthese und bei der Silicon-Synthese große Mengen Salzsäure an. Diese wird innerhalb der Anlage dem prozessintegrierten Recycling zugeführt. Beim **prozessintegrierten Recycling** wird ein Kopplungsprodukt oder eine andere Chemikalie (Lösemittel, Katalysator etc.) innerhalb der Industrieanlage physikalisch und chemisch wieder in ihre ursprüngliche Form zurückgeführt und kann erneut eingesetzt werden. Bei der Silicon-Synthese kann die Salzsäure nach Reinigung und Aufkonzentration mit Methanol zu Chlormethan umgesetzt werden, einem Ausgangsstoff für die Silicon-Synthese.
Bei der Plexiglasherstellung wird die anfallende Abfallsäure aus der MMA-Produktion bei ca. 900 °C in Schwefeldioxid, Sauerstoff und Wasser gespalten. Das Schwefeldioxid dient zur Herstellung reiner Recycling-Schwefelsäure $H_2SO_4$.
Prozessintegriertes Recycling ist nicht immer die billigste Lösung, aus ökologischer Sicht aber notwendig.

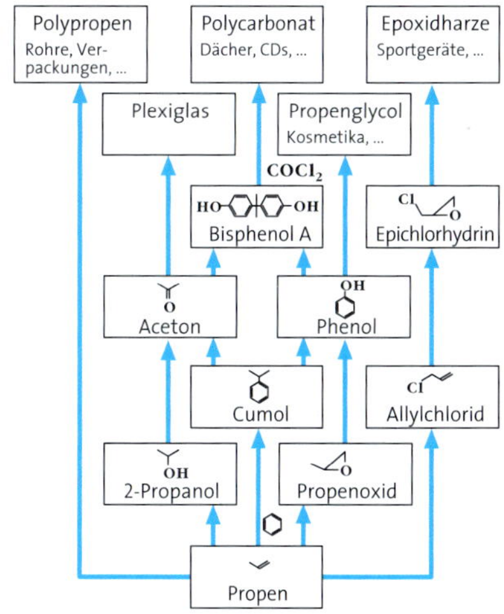


**B4** *Propen als Grundchemikalie für Synthesewege zu Zwischenprodukten und Anwendungsprodukten*

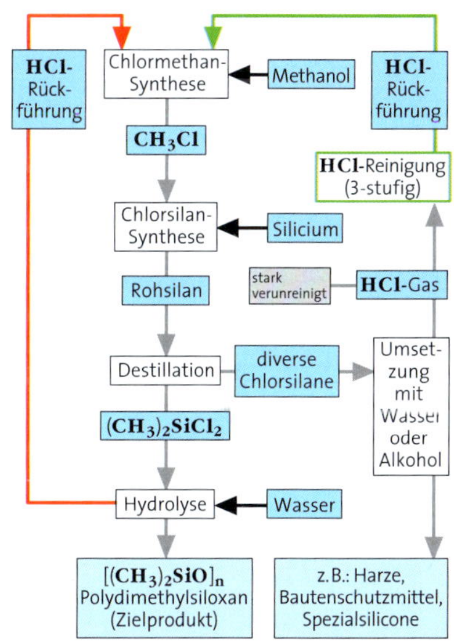


**B5** *Prozessintegriertes Recycling von Chlorwasserstoff bei der Herstellung von Siliconen.* ***A:*** *Erklären Sie, inwiefern das Beispiel zeigt, dass auch Anwendungsprodukte, die kein gebundenes Chlor enthalten, eine industrielle „Chlorchemie" erfordern.*

### *Aufgabe*

***A1*** Am Industriestandort A, der an einer großen Wasserstraße liegt, wird eine Anlage geplant, in der Polycarbonat für den Weltmarkt hergestellt werden soll. Begründen Sie, welche der folgenden Industrieanlagen in A oder in unmittelbarer Nähe wünschenswert wäre: eine Raffinerie, eine Crackanlage, eine Chlor-Alkali-Elektrolyseanlage, eine Ammoniakfabrik, ein Elektrizitätskraftwerk.

### Fachbegriffe

Nachhaltigkeit, Verbundsystem, Kopplungsprodukt, prozessintegriertes Recycling

***Kompetenz*** **Chemische Sachverhalte und Erkenntnisse nach fachlichen Kriterien ordnen und strukturieren**

Es gibt verschiedene Möglichkeiten, chemische Sachverhalte und Erkenntnisse zu ordnen und zu strukturieren und dann übersichtlich zu veranschaulichen. Geeignete Darstellungsformen sind beispielsweise Cluster aus Fachbegriffen, Mind Maps und Concept Maps.
Mind Maps und Concept Maps sind Begriffslandkarten zu einem gewählten Thema. Der Begriff, der das Thema bezeichnet, steht in ihrem Zentrum. Um diesen Zentralbegriff herum sind gruppenweise die Begriffe angeordnet, mit denen der Zentralbegriff in Zusammenhang steht.
Bei einer Mind Map wird durch *Verbindungslinien* angedeutet, *dass* bestimmte Begriffe miteinander in Beziehung stehen.
Eine Concept Map ist inhaltsreicher als eine Mind Map, da bei ihr die Begriffe durch *Pfeile* miteinander verbunden sind und die Pfeile mit *Relationen* versehen werden. In den Relationen wird stichwortartig der Zusammenhang zwischen den beiden verbundenen Begriffen beschrieben.
Durch diese Struktur gibt eine Concept Map genauer Auskunft darüber, *wie* die Begriffe miteinander verbunden sind.

***Aufgaben***

a) Sammeln Sie wichtige Begriffe zum Thema „Organische Werkstoffe“. Wählen Sie fachliche Kriterien, nach denen Sie die Begriffe in Cluster ordnen. Cluster sind Gruppen von Begriffen, die eng zusammenhängen. b) Erstellen Sie eine Concept Map, bei deren Strukturierung Sie die Cluster aus a) verwenden.

***Lösung***

a)

| **Fachliches Ordnungskriterium** | **Cluster aus Fachbegriffen** |
|---|---|
| Verhalten bei Hitzeeinwirkung und Einwirken von Kräften | Thermoplast, Duroplast, Elastomer |
| Molekulare Strukturmerkmale | Monomer, Polymer, Makromolekül, Polymerisationsgrad, Copolymer, Peptid-Gruppe, Ester-Gruppe |
| Stoffklassen | Polyester, Polyamide, Polyurethane, Silicone |
| Reaktionstypen zur Synthese | Polymerisation, Polykondensation, Polyaddition |
| Beispiele | PE, PP, PVC, PET, Nylon, PLA, Gummi, Bakelit |
| Rohstoffe | Erdöl/Erdgas, Stroh/Getreide, Sand |
| Verwertung nach Gebrauch | Recycling, Pyrolyse, Hydrolyse, energetische Nutzung, biologische Abbaubarkeit |

***Kompetenz*** **Chemische Sachverhalte und Erkenntnisse nach fachlichen Kriterien ordnen und strukturieren**

***Lösung***

b) Bei der Strukturierung der Begriffe aus den Clustern in einer Concept Map werden die Fachbegriffe eines Clusters nach Möglichkeit nahe beieinander positioniert. Sie werden z.T. durch Relationen miteinander in Beziehung gesetzt.

***Kompetenzen trainieren***

Diese Kompetenz kann mit der Aufgabe 20 auf Seite 204 vertieft werden.

# Warum sehen wir Blattgrün grün?

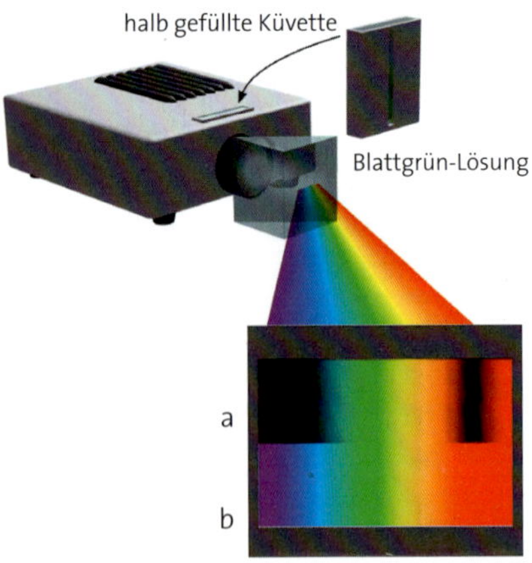


**B1** *Vorrichtung zur Erzeugung von Spektren und zur Untersuchung der Lichtabsorption in Lösungen.* ***A:*** *Erläutern Sie die Funktion des Prismas.*

## Versuche

**V1** Füllen Sie drei Flachküvetten jeweils bis zur Hälfte mit farbigen Lösungen, beispielsweise mit: a) Blattgrün in Aceton* oder Ethanol* – grüne Blätter in Aceton oder Ethanol im Mörser mit Seesand zerreiben, Suspension abfiltrieren, b) Bromthymolblau (alkalische Lösung), c) Bromthymolblau (saure Lösung). Bauen Sie eine Vorrichtung nach den Angaben in B1 auf, mit der sich auf einer Projektionsfläche Spektren erzeugen lassen. Die Küvetten können Sie entweder so abkleben, dass nur ein Lichtspalt offen bleibt (B1), oder sie setzen eine Spaltblende vor die Küvette ein.

Halten Sie der Reihe nach die drei Küvetten in den Strahlengang der Projektorlampe und stellen Sie jeweils fest, welche Farben bei dem Licht, das die Lösung passiert hat, fehlen.

Erzeugen Sie erneut Spektren wie in B1. Mischen Sie jetzt die Farben zusammen, indem Sie nach dem Prisma eine Sammellinse einschieben. Beobachten und notieren Sie die jeweiligen Farben.

**V2** Nehmen Sie mithilfe eines Photometers (B4) die Absorptionsspektren der Lösungen aus V1 gegen das jeweilige Lösemittel als Vergleich auf. (*Hinweis*: Verdünnen Sie die Lösungen ggf. so, dass die in B4 definierte Extinktion $E$ nicht über den Wert 2 ansteigt.)

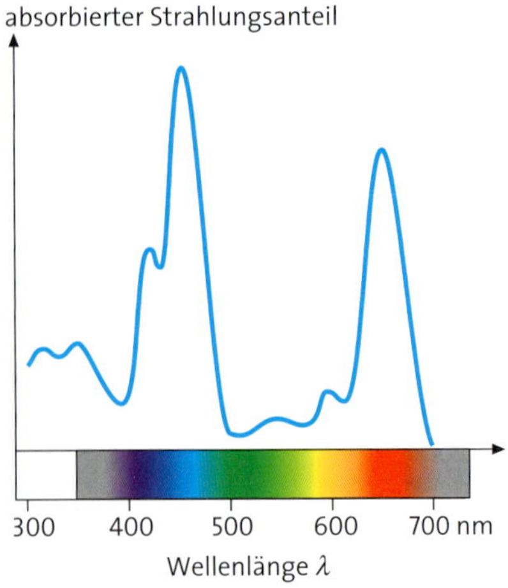


**B2** *Absorptionsspektrum von Chlorophyllen.* ***A:*** *Nennen Sie die nicht bzw. nur schwach absorbierten Farben.*

## Auswertung

a) Erklären Sie, warum in den Spektren der drei farbigen Lösungen aus V1 Dunkelzonen entstehen. Entwickeln Sie eine Hypothese zu den unterschiedlichen Stellen, an denen Dunkelzonen auftreten.

b) Ermitteln Sie den Zusammenhang zwischen den Dunkelzonen in B1 und den Peaks in B2. Erklären Sie den Zusammenhang mithilfe von B4.

c) Absorbiert ein Gegenstand die Spektralfarbe Blau aus dem weißen Licht, so erscheint er in der Komplementärfarbe Gelb. Stellen Sie eine Definition für den Begriff **Komplementärfarbe** auf. (*Hinweis:* Berücksichtigen Sie dabei die Auswertungen a) und b) sowie B3, B5 und B7.)

d) Erklären Sie mithilfe der Definition aus B4, warum beim Extinktionswert $E = 2$ die Lichtintensität $I$ beim Austritt aus der Probe nur 1% der Intensität $I_0$ beim Eintritt in die Probe beträgt. Erläutern Sie, was $E = 0$ bedeutet.

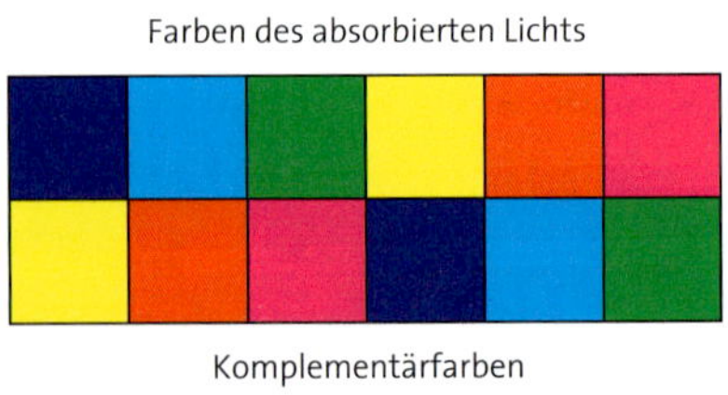


**B3** *Zusammenhang zwischen den absorbierten Spektralfarben und den gesehenen Komplementärfarben eines Gegenstands*

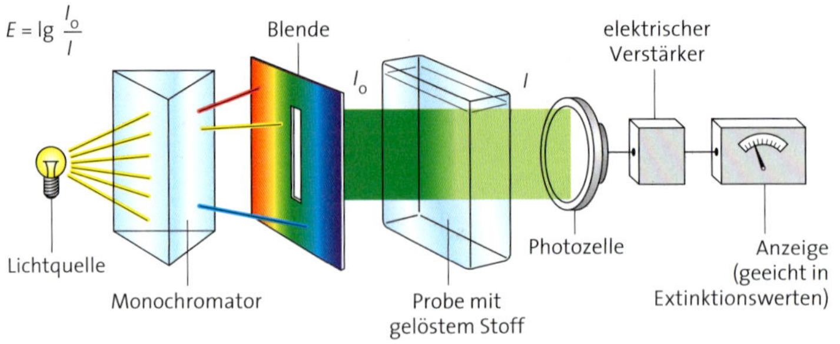


**B4** *Schematischer Aufbau eines Photometers und Definition der Extinktion*[1] *E* (*$I_0$: Lichtintensität vor dem Eintritt in die Probe; I: Lichtintensität nach dem Austritt aus der Probe).* ***A:*** *Erklären Sie, warum E ein Maß für den absorbierten Strahlungsanteil ist.*

[1] von *extinctio* (lat.) = Auslöschung

## Farben durch Lichtabsorption

Weißes Licht lässt sich mithilfe eines Prismas in alle Farben des Regenbogens, in die **Spektralfarben**, zerlegen. Farbiges Licht, das beispielsweise entsteht, wenn weißes Licht eine farbige Lösung durchquert, liefert nach dem Zerlegen mit einem Prisma nicht mehr alle Spektralfarben (V1 und B1): Im Echtfarbenspektrum erscheinen Dunkelzonen, die darauf hindeuten, dass die Farben, die an diesen Stellen auftreten müssten, von der Lösung „festgehalten“ wurden. Dieses Phänomen wird als **Lichtabsorption**[2] bezeichnet. Lichtabsorption ist der Grund dafür, dass wir Gegenstände farbig sehen, wenn wir sie bei weißem Licht betrachten (B5). Die von uns wahrgenommene Farbe ergibt sich durch **additive Farbmischung**, d. h. durch die Überlagerung der vom Gegenstand nicht absorbierten Lichtanteile des weißen Lichts. Die Linse unseres Auges übernimmt dabei die Funktion der Sammellinse aus V1. Die Farben des absorbierten Lichts und die von uns wahrgenommene Farben des Gegenstands sind **komplementär**[3] (**Komplementärfarben**, B3).

Wenn Farbigkeit durch Lichtabsorption zustande kommt, ist die gesehene Farbe immer im weißen Licht enthalten, das den farbigen Gegenstand anstrahlt (Unterschied zur Farbe durch Lichtemission, vgl. S. 169).

Mithilfe eines **Photometers** lässt sich über Extinktionsmessung recht genau bestimmen, welche Farben und wie viel eine bestimmte gefärbte Lösung davon absorbiert (V2, B2 und B4). Das **Absorptionsspektrum** einer Lösung ist die grafische Auftragung der logarithmischen Größe **Extinktion *E*** gegen die Wellenlänge $\lambda$ (vgl. S. 171, B4). Sie zeigt beispielsweise bei Chlorophyllen zwei starke Absorptionsbanden, deren Peaks (Spitzen) an jenen Stellen auftreten, an denen im Echtfarbenspektrum bei V1 die beiden Dunkelzonen am intensivsten erscheinen (B1 und B2). Darüber hinaus zeigt das Absorptionsspektrum, dass die Lösung im Bereich um $\lambda = 450$ nm stärker absorbiert als im Bereich um $\lambda = 650$ nm und dass es noch weitere, weniger stark ausgeprägte Absorptionsbanden gibt. Absorptionsspektren dieser Art spielen eine wichtige Rolle bei der Identifikation und bei der Strukturaufklärung von Molekülen, die Farbigkeit verursachen. Das von Chlorophyll-Molekülen absorbierte Licht wird von grünen Pflanzen in den Lichtreaktionen der Photosynthese genutzt.

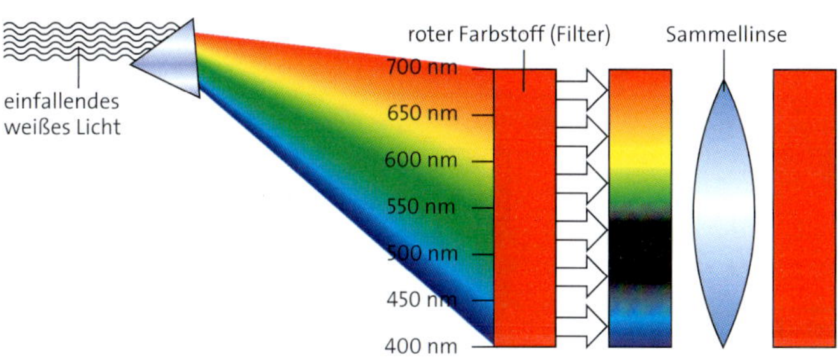


**B7** *Wenn eine Lösung Licht zwischen 450 nm und 550 nm absorbiert, sehen wir sie rot.* ***A:*** *Ermitteln Sie aus dieser Darstellung die Komplementärfarbe von Rot.*

[2] von *absorbere* (lat.) = verschlucken; [3] von *completare* (lat.) = ergänzen, vervollständigen

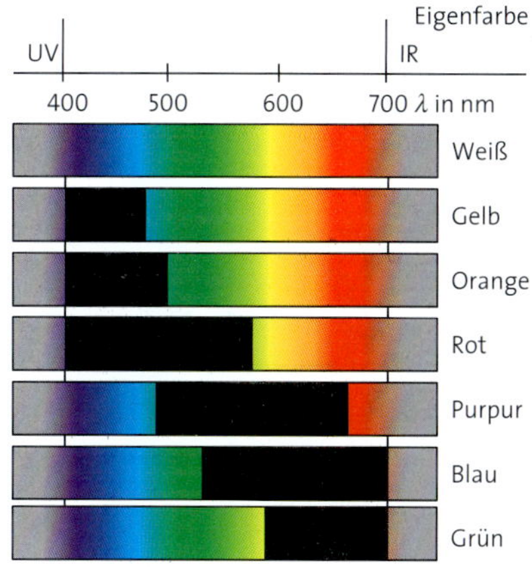


**B5** *Zusammenhang zwischen Eigenfarbe und absorbierten Spektralfarben.* ***A:*** *Erläutern Sie den Unterschied zwischen Rot und Purpur (vgl. auch B3).*

**B6** *Additive (links) und subtraktive (rechts) Farbmischung*

### Aufgaben

**A1** Für den Farbdruck dieses Buches wurden die drei Grundfarben Cyan (Blau), Gelb und Magenta (Rot) übereinander gedruckt. Dadurch konnten alle Farben erzeugt werden. Erläutern Sie diesen Sachverhalt unter Verwendung der Begriffe additive und subtraktive Farbmischung (B6).

**A2** „Jede Farbe, die wir bei Tageslicht sehen, ist auch im Tageslicht enthalten“. Beurteilen Sie diese Aussage.

### Fachbegriffe

Spektralfarben, Lichtabsorption, additive Farbmischung, Komplementärfarben, Photometer, Absorptionsspektrum, Extinktion

# Wie entstehen Leuchtfarben?

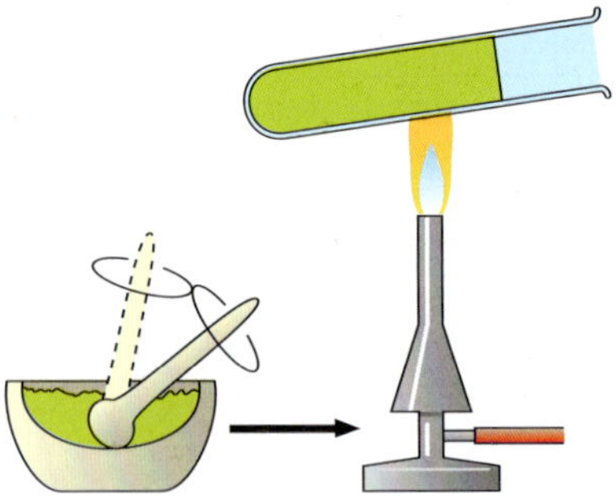

**B1** *Herstellung von Leuchtproben in V4*

## Versuche

*Hinweis*: Für V1 bis V4 wird ein verdunkelbarer Raum benötigt[1].

***V1*** Untersuchen Sie Geldscheine, Kreditkarten, Ausweise und Leuchtgegenstände aus Bastel- und Spielzeugläden im Licht einer UV-Handlampe ($\lambda$ = 366 nm und $\lambda$ = 254 nm). Vergleichen Sie die Unterschiede zu den Farben der gleichen Gegenstände bei Tageslicht und beobachten sie genau, was jeweils beim Ausschalten der UV-Lampe geschieht.

***V2*** Lösen Sie in einem großen Rggl. eine kleine Spatelspitze Fluoreszein-Natriumsalz* in ca. 70 mL Wasser und betrachten Sie die Lösung im Licht einer UV-Handlampe ($\lambda$ = 366 nm). Stellen Sie den Unterschied zwischen der Lösungen UV- und Tageslicht fest und beobachten Sie, was beim Ausschalten der UV-Lampe geschieht.

***V3*** Halten Sie einen frisch angeschnittenen Kastanienzweig (*Aesculus hippocastanum*) in ein mit Wassers gefülltes 1-L-Becherglas, das mit der UV-Handlampe ($\lambda$ = 366 nm) angestrahlt wird. Beobachten Sie das Geschehen an der Schnittstelle genau.

***V4*** Zerreiben Sie in zwei Mörsern 25 mg Fluoreszein-Natriumsalz* und 10 g Weinsäure bzw. 25 mg Aesculin und 10 g Weinsäure. Beschicken Sie je drei große Rggl. ca. 2 cm hoch mit jeweils einer dieser Mischungen. Fixieren Sie jeweils ein Rggl. in einer Klemme, die Sie in der Hand halten, und erhitzen Sie das Gemisch vorsichtig, bis es schmilzt (B1). Verteilen Sie die Schmelze durch Drehen des Rggl. möglichst auf die gesamte Innenfläche des Rggl. Lassen Sie je eine der hergestellten Proben auf Raumtemperatur abkühlen, kühlen Sie eine zweite im Gefrierfach auf ca. −5 °C und erwärmen Sie die dritte im Wasserbad auf ca. 70 °C. Untersuchen Sie zunächst die Proben mit Raumtemperatur im Licht der UV-Lampe ($\lambda$ = 366 nm). Beobachten Sie genau, was beim Ausschalten der Lampe geschieht. Halten Sie dann jeweils zwei Proben gleicher Zusammensetzung und verschiedener Temperaturen gleichzeitig ins Licht der Lampe und beobachten Sie die Unterschiede beim Ausschalten der Lampe.

## Auswertung

a) Ordnen Sie die verschiedenen Leuchterscheinungen aus V1 bis V4 mithilfe von B2 den Begriffen *Fluoreszenz* und *Phosphoreszenz* zu und nennen Sie Gemeinsamkeiten und Unterschiede dieser Leuchterscheinungen.

b) Nennen Sie ähnliche, Ihnen bekannte Leuchterscheinungen.

c) Recherchieren Sie in *Chemie 2000+ Online* in der Flash-Animation „Ein Fall für 2" die Teilchenmodelle zur Erklärung der Farb- und Leuchteigenschaften von $\beta$-Carotin und Chlorophyll (vgl. auch S. 265).

[1] Weitere Versuche zur Fluoreszenz, Phosphoreszenz und Chemolumineszenz sind über *Chemie 2000+ Online* zugänglich.

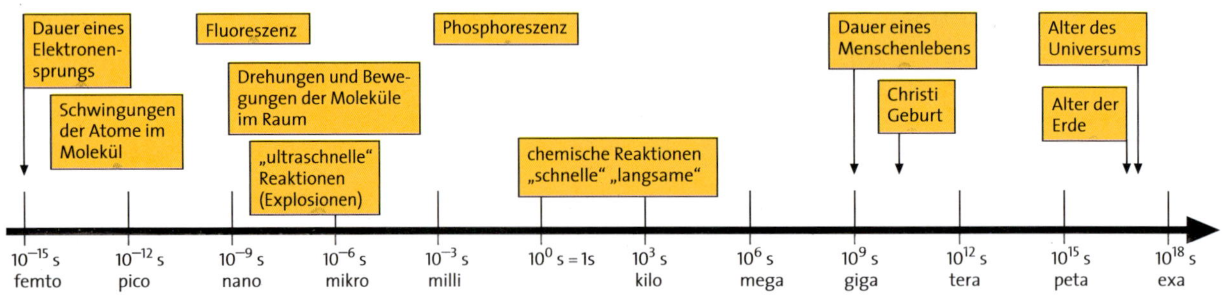


**B2** *Zeitskala zum Vergleich von Vorgängen aus dem „zeitlichen Mikrokosmos" und aus dem „zeitlichen Makrokosmos"*

## Energiestufenmodell zur Lichtabsorption und Lichtemission

Wenn Gegenstände wie Textilien, Geldscheine, Kreditkarten etc. nur während der Bestrahlung mit einer UV-Lampe leuchten, spricht man von **Fluoreszenz** (V1 bis V3). Leuchtet eine Probe auch nach dem Ausschalten der UV-Lampe weiter, handelt es sich in der Regel um **Phosphoreszenz** (V4). Fluoreszenz und Phosphoreszenz sind zwei Arten von **Lumineszenz** und kommen durch **Lichtemission**[2] zustande.

Auf molekularer Ebene sind Fluoreszenz und Phosphoreszenz mit der Fähigkeit von Molekülen verbunden, Lichtquanten nicht nur zu absorbieren, sondern auch zu emittieren. Das kann mithilfe des **Energiestufenmodells** erklärt werden. Danach können Moleküle außer im **elektronischen Grundzustand $S_0$** auch in **elektronisch angeregten Zuständen** existieren. Die Elektronen eines Moleküls können im Grundzustand nur bestimmte erlaubte Energiestufen (Energiezustände) „besetzen". Die erlaubten Energiestufen werden „von unten nach oben" mit je einem Elektronenpaar, d.h. zwei Elektronen mit entgegengesetztem **Spin**[3] aufgefüllt, soweit der Elektronenvorrat des Moleküls reicht. Über den besetzten Energiestufen liegen noch weitere erlaubte, jedoch im Grundzustand nicht besetzte Energiestufen. Alle Vorgänge, bei denen Licht beteiligt ist, lassen sich in guter Näherung mithilfe von nur zwei Energiestufen erklären, der **höchsten besetzten** und der **niedrigsten unbesetzten Energiestufe** (B3). Wenn ein Lichtquant (Photon), dessen Energie gleich der Energiedifferenz zwischen der niedrigsten unbesetzten und der höchsten besetzten Energiestufe ist, $\Delta E = h \cdot \upsilon$, (B3) vom Molekül absorbiert wird, „springt" ein Elektron innerhalb der unvorstellbar kurzen Zeit von einer Femtosekunde ($10^{-15}$ s, B2) ohne Spinumkehr aus der höchsten besetzten in die niedrigste unbesetzte Energiestufe. In dem so erreichten angeregten **Singlett-Zustand $S_1$** verweilt das Molekül nur ca. eine Nanosekunde ($10^{-9}$ s). Beim Rücksprung des Elektrons wird ein Lichtquant emittiert, die Stoffprobe fluoresziert (B4). Unter bestimmten Umständen, beispielsweise wenn die lichtabsorbierenden Teilchen wie bei V4 in einem Feststoff fixiert sind, kann es im angeregten Zustand zu einer strahlungslosen reversiblen Spinumkehr innerhalb der gleichen Energiestufe kommen (geschlängelte Pfeile in B4). Die Lebensdauer des angeregten **Triplett-Zustands $T_1$** (B4) kann 1 s bis 10 s betragen, weil der Rücksprung des Elektrons aus $T_1$ nach $S_0$ „verboten", d.h. sehr unwahrscheinlich ist. Die Folge ist, dass eine phosphoreszierende Probe nach Ausschalten der Lampe nachleuchtet.

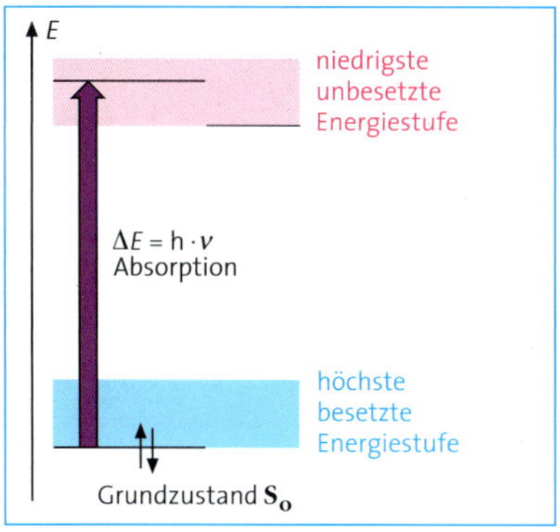


**B3** *Elektronische Anregung $S_0 \rightarrow S_1$ durch Absorption eines Lichtquants*

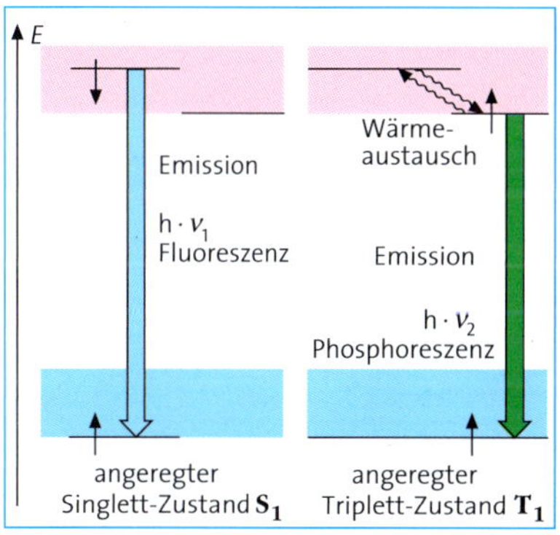


**B4** *Lichtemission durch Fluoreszenz $S_1 \rightarrow S_0$ und Phosphoreszenz $T_1 \rightarrow S_0$*

### Fachbegriffe

Lumineszenz, Lichtemission, Fluoreszenz, Phosphoreszenz, elektronischer Grundzustand, angeregter (Singlett- und Triplett-) Zustand, Spin, höchste besetzte und niedrigste unbesezte Energiestufe

### *Aufgaben*

***A1*** Erklären Sie mithilfe von B4, warum eine kalte Probe länger phosphoresziert als eine warme.

***A2*** Die Probe mit Aesculin in V4 fluoresziert blau und phosphoresziert gelb. Erklären Sie den Sachverhalt mithilfe von B4.

[2] von *emittere* (lat.) = aussenden

[3] von *to spin* (engl.) = rotieren. Der Spin ist eine Eigenschaft des Elektrons, die man als Eigendrehung um die eigene Achse, in die eine oder die andere Richtung, veranschaulichen kann.

# Photometrische Messungen

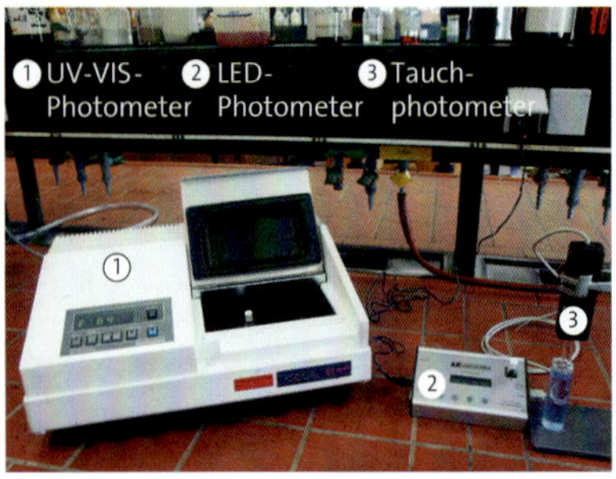


**B1** *Verschiedene Photometer; den schematischen Aufbau eines Photometers zeigt B4 auf S. 166.*

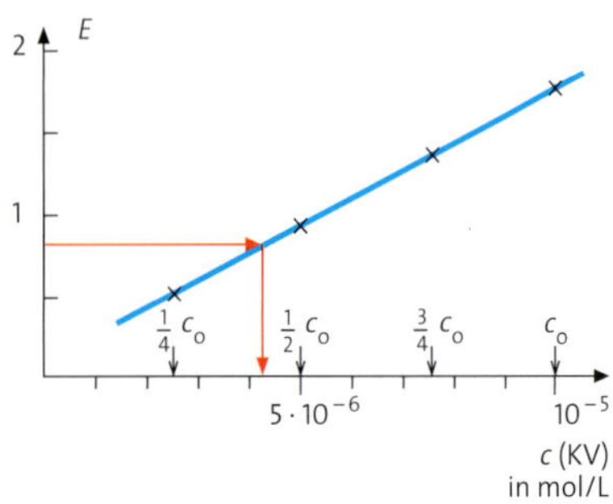


**B2** *Photometrische Eichgerade einer Farblösung*

## Versuche

*Hinweis:* Alle Messungen werden in Küvetten mit gleicher Schichtdicke $d$ durchgeführt, z. B. mit $d = 1$ cm.

***V1*** *Bestimmung der Eichgerade*: Stellen Sie eine Verdünnungsreihe von Kristallviolett*-Lösungen in destilliertem Wasser her, indem Sie von einer Lösung der Konzentration $c_0(\mathbf{KV}^+) = 10^{-5}$ mol/L ausgehen. (*Hinweis*: Die Formel von Kristallviolett finden Sie auf S. 174.) Die Verdünnungsreihe soll mindestens die vier in B2 angegebenen Konzentrationen umfassen. Regeln Sie die Extinktion $E$ des Photometers bei der Wellenlänge $\lambda = 560$ nm und einer Küvette mit destilliertem Wasser auf null. Messen Sie bei dieser Wellenlänge und dieser Einstellung die Extinktionen der Kristallviolett-Lösungen und tragen Sie die Wertpaare Konzentration $c$ – Extinktion $E$ nach dem Muster aus B2 grafisch auf. Ziehen Sie durch die Punkte eine Ausgleichsgerade.

***V2*** *Konzentrationsbestimmung*: Stellen Sie Kristallviolett*-Lösungen verschiedener, unbekannter Konzentrationen her, beispielsweise indem Sie die Lösung mit $c_0$ aus V1 mit einem nicht abgemessenen Volumen Wasser verdünnen. Bestimmen Sie dann die Konzentrationen dieser Lösungen durch Extinktionsmessungen bei $\lambda = 560$ nm. Verfahren Sie grafisch nach der Anweisung durch die roten Pfeile in B2.

## Auswertung

a) Nach dem LAMBERT-BEER-Gesetz ist die Extinktion $E$ einer gelösten, lichtabsorbierenden Verbindung unter bestimmten Bedingungen proportional zur Konzentration $c$, sodass sich ein linearer Zusammenhang zwischen $E$ und $c$ ergibt (B2):

$$E = \varepsilon \cdot d \cdot c.$$

Der Proportionalitätsfaktor $\varepsilon$ heißt molarer Extinktionskoeffizient. Leiten Sie aus V1 die photometrischen Messbedingungen ab, unter denen $\varepsilon$ eine Stoffkonstante für die gelöste Verbindung ist.

b) Schlagen Sie eine Einheit vor, in der $\varepsilon$ angegeben werden kann. (*Hinweis*: Die Extinktion $E$ ist dimensionslos, vgl. Definition von $E$ in B4, S. 166.)

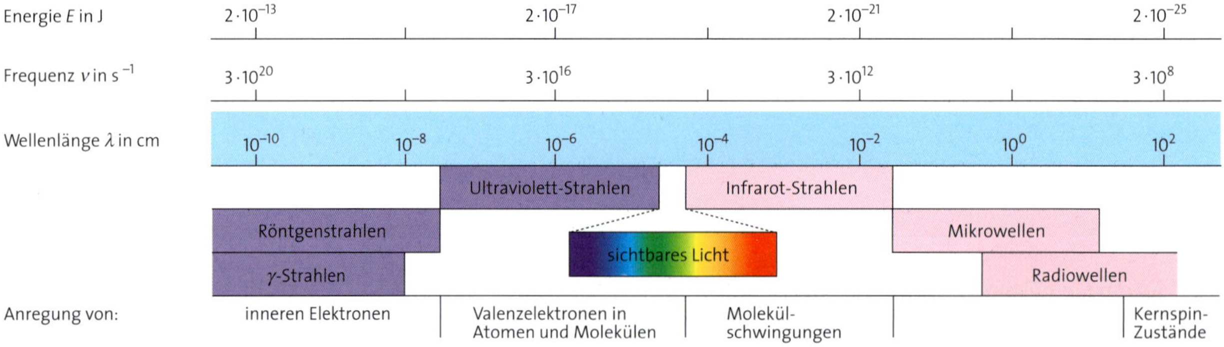


**B3** *Das Spektrum der elektromagnetischen Strahlung. Wellenlänge λ, Frequenz ν und Energie E sind über folgende Gleichungen miteinander verknüpft: $E = h \cdot \nu$ und $c = \lambda \cdot \nu$ (h: Plancksche Konstante, c: Lichtgeschwindigkeit, vgl. Anhang).*

## Absorptionsspektren und Konzentrationen von Lösungen

Ein Stoff erscheint bei Tageslicht nur dann farbig, wenn er sichtbares Licht absorbiert, d. h. elektromagnetische Strahlung mit Wellenlängen zwischen 400 nm und 700 nm (B3, B4). Wenn die lichtabsorbierenden Teilchen Moleküle sind, dann werden nicht nur Lichtquanten (Photonen) einer ganz bestimmten Wellenlänge, z. B. $\lambda = 600$ nm, absorbiert, sondern auch solche mit mehr oder weniger größeren und kleineren Wellenlägen, z. B. zwischen ca. 500 nm und 680 nm wie bei dem blauen Farbstoff aus B4.

Dies lässt sich mit dem **Energiestufenmodell** (vgl. S. 169) erklären, wenn man berücksichtigt, dass die in einem Molekül gebundenen Atome Schwingungen ausführen. Diese Schwingungen führen dazu, dass es bei Molekülen innerhalb jedes **elektronischen Zustands** (innerhalb jeder Elektronenstufe) mehrere erlaubte **Schwingungszustände** (Schwingungsniveaus) gibt. In B5 sind die elektronischen Zustände durch die breiten, farbigen Balken dargestellt, die relativ nah beieinanderliegenden schwarzen Striche innerhalb der Balken zeigen die Schwingungszustände. Übergänge zwischen Schwingungsniveaus derselben elektronischen Energiestufe erfolgen strahlungslos durch Aufnahme oder Abgabe von Wärme. Wenn ein Molekül bei Raumtemperatur einen Lichtquant absorbiert, wird in der Regel ein Elektron vom untersten Schwingungsniveau der höchsten besetzten Energiestufe in eines der Schwingungsniveaus der niedrigsten unbesetzten Energiestufe angehoben. Der gelbe Pfeil in B5 zeigt nur einen der möglichen Übergänge – die anderen Übergänge führen zu den anderen Schwingungsniveaus der niedrigsten unbesetzten Energiestufe. Die Moleküle einer Stoffportion absorbieren demnach Lichtquanten verschiedener Wellenlängen, was zu einer mehr oder weniger breiten **Absorptionsbande** im Absorptionsspektrum führt. Sowohl der Wellenlängenbereich der Absorptionsbande insgesamt als auch ihre Form und insbesondere das **Absorptionsmaximum** $\lambda_{max}$ (die Wellenlänge, bei der die Extinktion am größten ist) geben wichtige Hinweise auf strukturelle Merkmale in farbgebenden Molekülen (vgl. S. 175).

Bei farbigen Stoffen, die keine Lumineszenz zeigen, desaktivieren die Moleküle, die durch Lichabsorption elektronisch angeregt wurden, strahlungslos durch Wärmeabgabe an die Umgebung (B5). In diesem Fall kann die Konzentration des farbigen Stoffes in einer Lösung bestimmt werden, indem bei einer bestimmten Wellenlänge und in einem bestimmten Lösemittel die Extinktion *E* mit dem Photometer gemessen wird. Dafür macht man sich das **Lambert-Beer-Gesetz** zunutze (V1, V2, B2).

### Aufgaben

**A1** Geben Sie begründet an, welche der folgenden Wellenlängen am besten für die photometrische Bestimmung der Konzentration des blauen Farbstoffs aus B4 geeignet ist: 460 nm, 580 nm und 640 nm.

**A2** In B6 ist die zeitliche Veränderung der Extinktion *E* bei einer Reaktion dargestellt, bei der ein farbiger Stoff zu farblosen Produkten abgebaut wird. Erklären Sie den Kurvenverlauf und begründen Sie, warum alle Wertepaare *E* – *t* bei gleicher Wellenlänge $\lambda$ gemessen werden müssen.

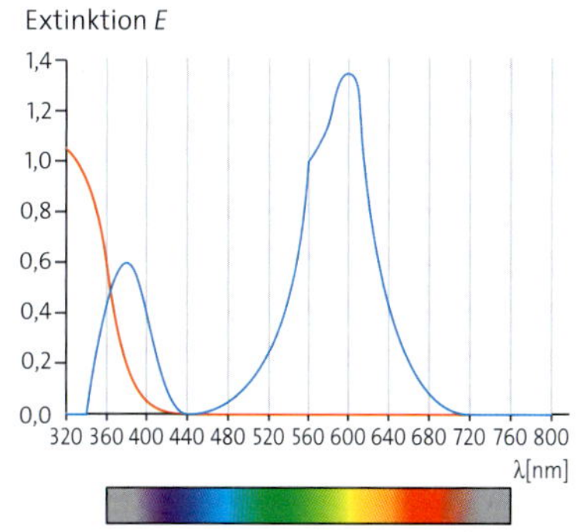


**B4** *Absorptionsspektren einer farblosen Lösung (rote Kurve) und einer blauen Lösung (blaue Kurve)*

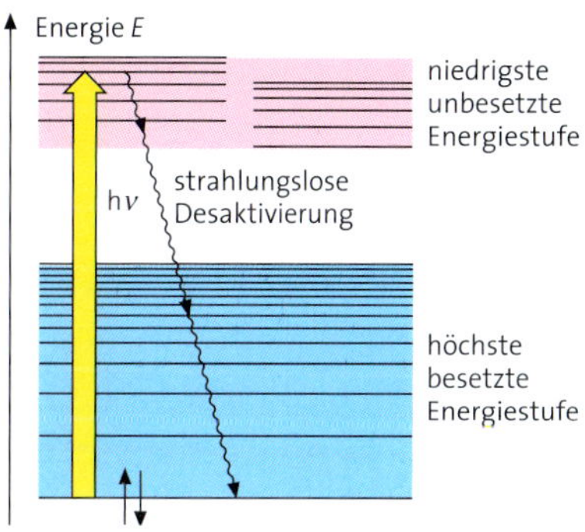


**B5** *Energiestufenmodell zur Lichtabsorption bei einem Farbstoff-Molekül.* **A:** *Erklären Sie, warum Schwingungszustände innerhalb des elektronischen Grundzustands durch Infrarot-Strahlen angeregt werden können.*

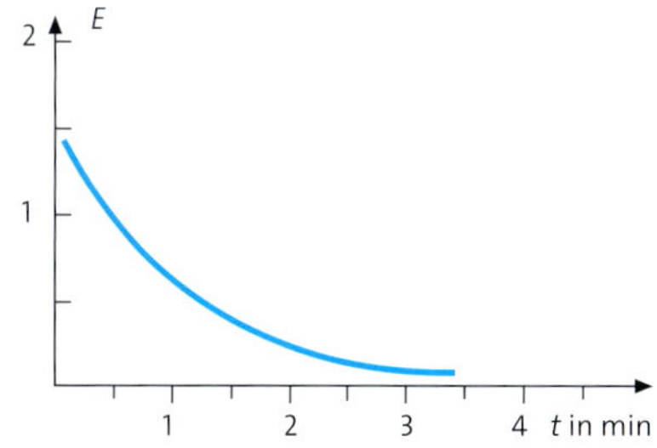


**B6** *Verlauf einer Extinktions-Zeit-Kurve bei einer Reaktion*

### Fachbegriffe

Energiestufenmodell, elektronische Zustände, Schwingungszustände, Energiestufenmodell, Absorptionsbande, Absorptionsmaximum, Lambert-Beer-Gesetz

## Fluoreszenz und Phosphoreszenz

**B1** *Fluoreszierende Proben und ihre Echtfarben-Emissionsspektren (V1)*

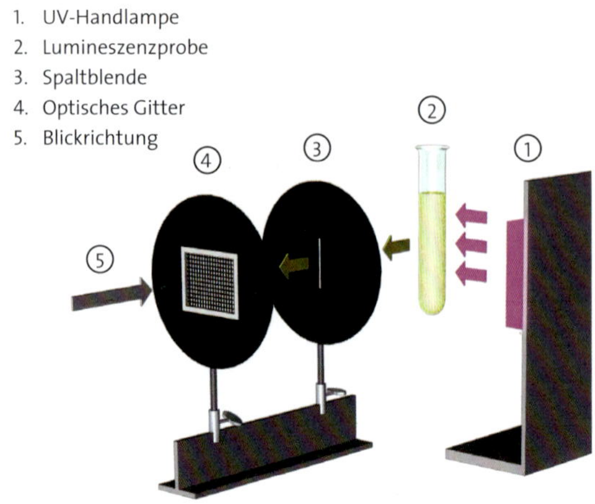


**B2** *Vorrichtung zur Erzeugung und Sichtbarmachung von Echtfarben-Emissionsspektren (V1)*

### *Versuch*

***V1*** *Echtfarben-Emissionsspektren*: Bauen Sie mithilfe einer Spaltblende, eines Gitters und einer optischen Bank aus der Physiksammlung die in B2 dargestellte Vorrichtung auf. Bringen Sie in der angedeuteten Weise verschiedenfarbig leuchtende Fluoreszenzproben zum Leuchten und betrachten Sie die Spektren. Als Fluoreszenzproben eignen sich sehr gut die Lösungen **1**, **3** und **4** aus B1. Dabei handelt es sich um wässrige Lösungen von UV-Farbaufheller aus Vollwaschmitteln (**1**), Fluoreszein-Natriumsalz* (**3**) und Aesculin aus der Rinde eines Kastanienzweigs (**4**, vgl. V3, S. 168). Vergleichen Sie die von Ihnen gesehenen Spektren mit denen aus B1.

### *Auswertung*

a) Das Gitter in der Vorrichtung aus B2 übernimmt die Funktion des Prismas aus der Vorrichtung in B1, S. 166. Erläutern Sie, welche Funktion gemeint ist.

b) Nennen Sie den Unterschied zwischen den Anordnungen der Lampe in der Vorrichtung aus B2 und im Photometer aus B4, S. 166. Begründen Sie, warum sich die Anordnungen unterscheiden müssen.

c) Die Proben **1** und **4** erzeugen eine weiß-bläuliche Fluoreszenz, die Probe **3** eine orange-gelbliche. Nennen und erläutern Sie den Zusammenhang zwischen den Fluoreszenzfarben dieser Proben und den entsprechenden Echtfarben-Emissionsspektren aus B1.

d) Prüfen Sie, ob der Zusammenhang, den Sie in c) festgestellt haben, auch für die Probe **2** aus B1 zutrifft.

Die spektrale Zerlegung des Fluoreszenzlichts von molekularen Verbindungen liefert Spektren, die in der Regel mehrere Farben enthalten, die wie im Regenbogen ineinander übergehen. Die Spektren sehen aber dennoch anders aus als ein Regenbogen (B1, V1). Der Anteil der einzelnen Farben ist je nach Probe unterschiedlich und oft kommen nicht alle Regenbogenfarben vor. So liefert beispielsweise Fluoreszein eine intensive und breite **Emissionsbande** im gelben Bereich und zwei schwächere Banden im roten und im grünen Bereich. Mithilfe des **Energiestufenmodells** und der Aufspaltung der elektronischen Energiestufen in Schwingungsniveaus (vgl. S. 171) lässt sich erklären, warum bei der Fluoreszenz nach der Absorption von Lichtquanten aus dem UV-Bereich Lichtquanten aus dem sichtbaren Bereich emittiert werden (B3).

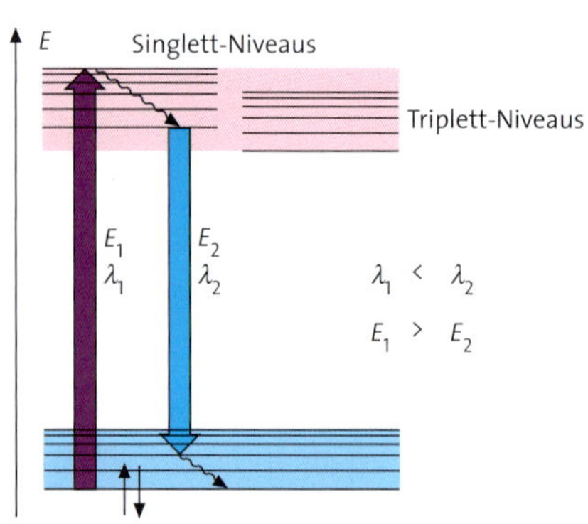


**B3** *Elektronenübergänge bei der Anregung mit UV-Licht und anschließender Fluoreszenz.* **A:** *Erläutern Sie die Energiebilanz bei den dargestellten Übergängen.*

## Fluoreszenz und Phosphoreszenz

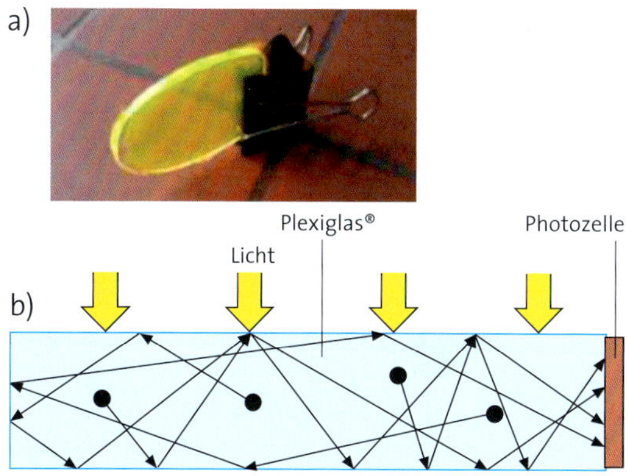


**B4** *Fluoreszenzkollektor aus Plexiglas® mit einem Farbstoff aus einem Textmarker (a); Funktionsprinzip eines Fluoreszenzkollektors (b)*

### Versuche

***V1*** *Herstellung*: Fluoreszenzkollektoren aus Plexiglas® und Leuchtfarbstoffen aus Textmarkern können nach den Vorschriften zu V3 und V4, S. 130, hergestellt werden.

***V2*** *Wirksamkeit in Solarzellen*: Die Wirksamkeit eines Fluoreszenzkollektors kann mithilfe von herkömmlichen Solarzellen untersucht werden. Dazu wird eine Solarzelle so in Aluminiumfolie eingewickelt, dass nur ein schmaler Streifen freibleibt, auf den genau die Kante des Fluoreszenzkollektors passt (vgl. *Chemie 2000+ Online*).

### Auswertung

a) Geben Sie an, welche Spektralfarben des Tageslichts bei der Anregung des Fluoreszenzfarbstoffs aus B4 a) *nicht* wirksam sind und begründen Sie.

b) Erläutern Sie, woran man bei V2 erkennen könnte, dass der Fluoreszenzkollektor die Leistung der Solarzelle verbessert.

Bei einigen Alltagsgegenständen aus transparenten Materialien, beispielsweise bei bestimmten Klarsichthüllen, Geschenkartikeln und Spielwaren, leuchten die Kanten heller als die großen Flächen: Der Fluoreszenzkollektor-Effekt ist sichtbar. Ein **Fluoreszenzkollektor** ist in der Regel eine großflächige Platte aus transparentem Material, beispielsweise Plexiglas®, das geringe Mengen eines Fluoreszenzfarbstoffs enthält. Die Moleküle des Farbstoffs sind im polymeren Material fixiert. Sie werden durch sichtbares Licht, das über die große Fläche in den Kollektor eindringt, zur Fluoreszenz angeregt. Die Quanten des emittierten Fluoreszenzlichts gelangen von innen an die glatten Flächen des Kollektors (B4). Dort unterliegen die meisten einer Totalreflexion, d.h. sie werden immer wieder in das Innere des Kollektors zurückgeworfen. Erst wenn die Fluoreszenzquanten auf eine Kante des Kollektors treffen, wo aus geometrischen Gründen keine Totalreflexion zustande kommt, treten sie aus dem Material heraus. Im Idealfall wird also die gesamte, in der Kollektorplatte erzeugte Fluoreszenzstrahlung auf eine kleine Fläche konzentriert. Als Ergebnis dieses Vorgangs leuchtet die Kante des Kollektors selbst bei diffusem Tageslicht in einer bestimmten Farbe sehr hell.
Dank dieser Eigenschaft wären Fluoreszenzkollektoren in unseren Breitengraden auch als Dachziegel interessant, da sie so eingesetzt der Bereitstellung von Solarstrom dienen könnten.

### Aufgaben

**A1** Ein Elektronenübergang zwischen zwei Elektronenstufen dauert ca. $10^{-15}$ s (1 Femtosekunde), die Übergänge zwischen den Schwingungsstufen innerhalb einer Elektronenstufe dauern ca. $10^{-12}$ s (1 Pikosekunde). Die mittlere „Lebensdauer" eines angeregten Systems beträgt im $S_1$-Zustand ca. $10^{-9}$ s (1 Nanosekunde) und im $T_1$-Zustand 1 s bis 10 s. Die Geschwindigkeiten aller dieser Übergänge sind temperaturunabhängig. Erklären Sie, warum bei der Fluoreszenz das Leuchten der Probe beim Ausschalten der UV-Lampe sofort erlischt und bei der Phosphoreszenz das Leuchten innerhalb einiger Sekunden allmählich „abklingt" (nicht plötzlich erlischt).

**A2** Die Geschwindigkeiten der reversiblen Übergänge zwischen $S_1$ und $T_1$ sind ähnlich wie die Geschwindigkeiten von chemischen Reaktionen umso größer, je höher die Temperatur ist. Erklären Sie, warum kalte Proben länger phosphoreszieren als warme.

**A3** Erläutern Sie die in B3 angegebenen Relationen zwischen den Wellenlängen $\lambda$ und den Energien $E$. Begründen Sie, warum die emittierte Strahlung im Vergleich zur absorbierten stets nach größeren Wellenlängen verschoben ist (Stokes-Verschiebung).

# Vielfalt der Farbstoff-Moleküle

| Anzahl Doppel-bindun-gen n | Wellenlänge λ des absorbierten Lichtes in nm | |
|---|---|---|
| | Polyen 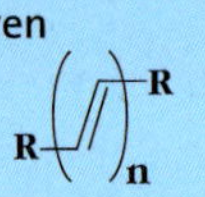 | Cyanin 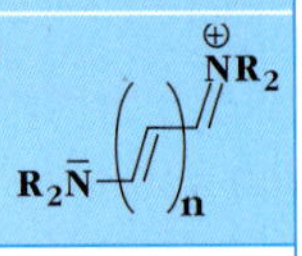 |
| 2 | 225 | 420 violett |
| 3 | 257 | 519 grün |
| 4 | 300 | 620 rot |
| 6 | 344 | 848 |
| 8 | 386 | |
| 10 | 430 violett | |
| 12 | 460 blau | |
| 14 | 485 blaugrün | |

**B1** *Absorptionsmaxima und absorbierte Farbe von Polyenen und Cyaninen*

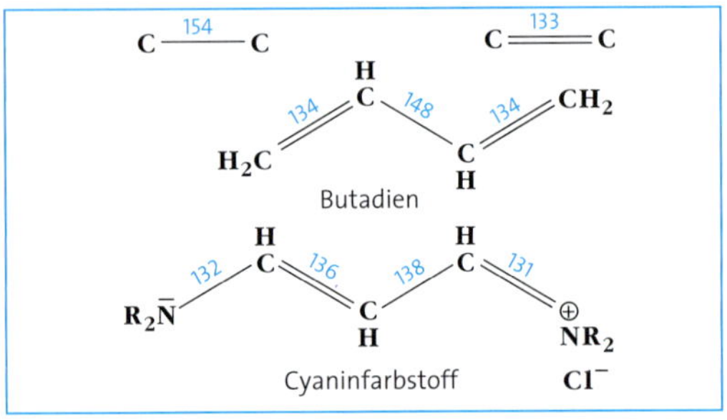


**B2** *Bindungslängen im Butadien- und in einem Cyanin-Molekül in pm (Pikometer) sowie die Bindungslängen einer Einfach- und einer Doppelbindung zum Vergleich*

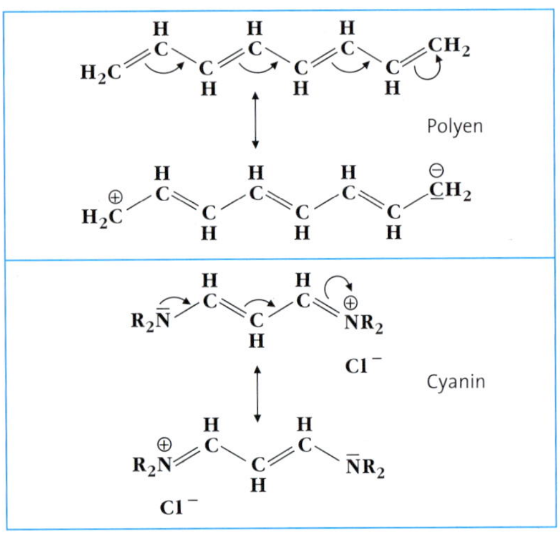


**B3** *Mesomere Grenzformeln eines Polyen- und eines Cyanin-Moleküls. Mit der Verschiebung der Elektronenpaare aus den Doppelbindungen wird symbolisiert, dass der Bindungszustand zwischen dem von Einfach- und Doppelbindungen liegt. Mesomere Grenzformeln werden durch einen Mesomeriepfeil verknüpft.*

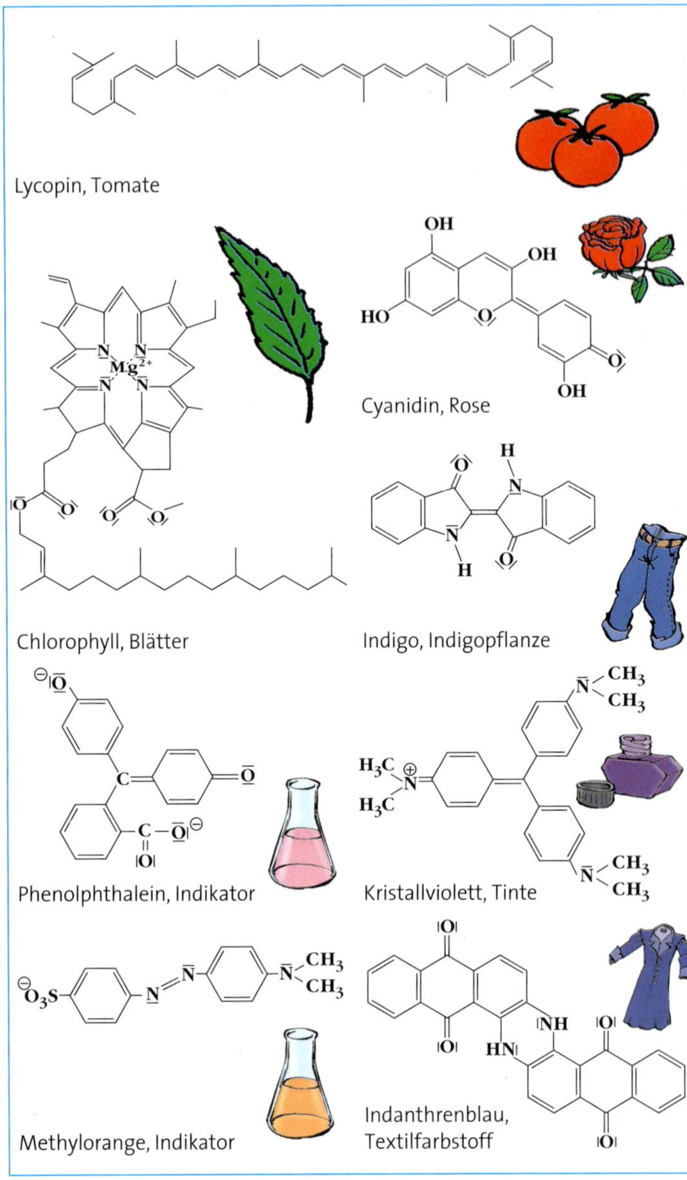


**B4** *Formeln einiger Farbstoff-Moleküle*

## *Auswertung*

a) Geben Sie anhand der Formeln in B4 an, welches Strukturmerkmal bei allen Farbstoff-Molekülen auftritt und welche Strukturelemente häufig vorkommen.

b) Vergleichen Sie die in B2 angegebenen Bindungslängen im Butadien-Molekül mit denen in Alkan- und Alken-Molekülen und ziehen Sie Schlussfolgerungen daraus. Vergleichen Sie die Bindungslängen im Butadien- und in einem Cyanin-Molekül.

## Struktur und Farbigkeit

Die Formeln sowohl der natürlich vorkommenden als auch der synthetischen Farbstoffe in B4 zeigen auf den ersten Blick: Farbstoff-Moleküle haben als gemeinsames Strukturmerkmal ein Gerüst aus Atomen, die über **konjugierte Doppelbindungen**, d.h. Einfach- und Doppelbindungen im Wechsel, verknüpft sind. Solche ausgedehnten Systeme konjugierter Doppelbindungen in Molekülen nennt man **Chromophore**[1]. Chromophore sind die charakteristischen Strukturmerkmale farbgebender Moleküle. In Molekülen mit Chromophoren ist der Energieunterschied zwischen dem höchsten mit Elektronen besetzten und dem niedrigsten unbesetzten Energieniveau relativ klein, sodass die Elektronen durch Absorption von sichtbarem Licht angeregt werden können.

Am leichtesten lässt sich der Zusammenhang zwischen Farbe und Struktur bei den Polyenen und den Cyaninen (B1) mit linearen Chromophoren erkennen. Polyene sind z.B. die als *Carotinoide* bezeichneten Farbstoffe, die Möhren, Tomaten und Paprika die typische Farbe verleihen. Bei Polyenen nimmt die Wellenlänge des absorbierten Lichtes mit steigender Anzahl von Doppelbindungen im Molekül zu, die Anregungsenergie also ab (B1). Polyen-Moleküle mit zehn oder mehr Doppelbindungen absorbieren sichtbares Licht und zwar im violetten bis blauen Spektralbereich, sie erscheinen daher gelb bis rot.

In Polyen-Molekülen sind die Einfachbindungen kürzer als Einfachbindungen in Alkan-Molekülen, während die Doppelbindungen etwas länger sind als Doppelbindungen in Alken-Molekülen (B2). Der Bindungszustand liegt also zwischen dem einer Einfach- und einer Doppelbindung. Dies lässt sich mit *mesomeren Grenzformeln* symbolisieren (B3). Man nennt den Zustand eines Atomverbands zwischen mehreren, durch Grenzstrukturen darstellbaren Elektronenverteilungen **Mesomerie**. Die Elektronen sind im Polyen-Molekül zwischen den Kohlenstoff-Atomen **delokalisiert**.

Die Farbe ist von der Ausdehung und Geometrie des Chromophors abhängig. Aber die Zahl der delokalisierten Elektronen ist nicht allein entscheidend für die Energie, die zu ihrer Anregung nötig ist. So absorbieren Cyanin-Moleküle mit nur zwei Doppelbindungen bereits sichtbares Licht. Im Unterschied zu Polyen-Molekülen sind die Elektronen in Cyanin-Molekülen fast vollständig delokalisiert, was ein Vergleich der Bindungslängen (B2) zeigt. Der *Bindungsausgleich* zwischen Doppel- und Einfachbindungen wird durch die Amino-Gruppe $-\overline{N}R_2$ erreicht. Die Grenzformeln sind bei Cyanin-Molekülen völlig gleichwertig, bei den Polyen-Molekülen hat die dipolare Grenzstruktur weniger Gewicht als die unpolare. Die Amino-Gruppe $-\overline{N}R_2$ mit ihrem freien Elektronenpaar übt einen +M-Effekt auf das System delokalisierter Elektronen aus, sie wirkt als Elektronen-Donator. Die $HC{=}\overset{\oplus}{N}R_2$-Gruppe übt einen –M-Effekt aus und wirkt als Elektronen-Akzeptor (B5).

Je besser der Bindungsausgleich ist, umso längerwelliges Licht absorbiert der Farbstoff.

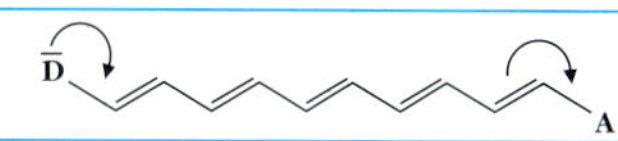


| Donator-Gruppe | Akzeptor-Gruppe |
|---|---|
| +M-Effekt | −M-Effekt |
| $H\overline{O}-$ | $RC{=}\overline{O}$ |
| $R\overline{O}-$ | $HC{=}\overline{O}$ |
| $\ominus|\overline{O}-$ | $\overline{O}{=}\overset{\oplus}{N}-\overline{O}|^{\ominus}$ |
| $H_2\overline{N}-$ | $HC{=}\overset{\oplus}{N}R_2$ |
| $R_2\overline{N}-$ | |

**B5** *Die Stärke der Donator- und Akzeptor-Gruppen nimmt von oben nach unten zu.*

### Aufgaben

**A1** Erklären Sie anhand mesomerer Grenzstrukturen und der Angaben in B5, warum Merocyanine $R_2N\text{–}(CH{=}CH)_n\text{–}CH{=}O$ mit gleicher Anzahl an konjugierten Doppelbindungen im Molekül längerwelliges Licht als Polyene, aber kürzerwelliges Licht als Cyanine absorbieren.

**A2** Geben Sie jeweils die Donator- und die Akzeptor-Gruppe im Indigo- und im Phenolphthalein-Molekül (B4) an und zeichnen Sie je eine weitere mesomere Grenzstruktur.

### Fachbegriffe

Chromophore, konjugierte Doppelbindungen, Mesomerie, delokalisierte Elektronen

[1] von *chroma* (griech.) = Farbe und *phoros* (griech.) = Träger

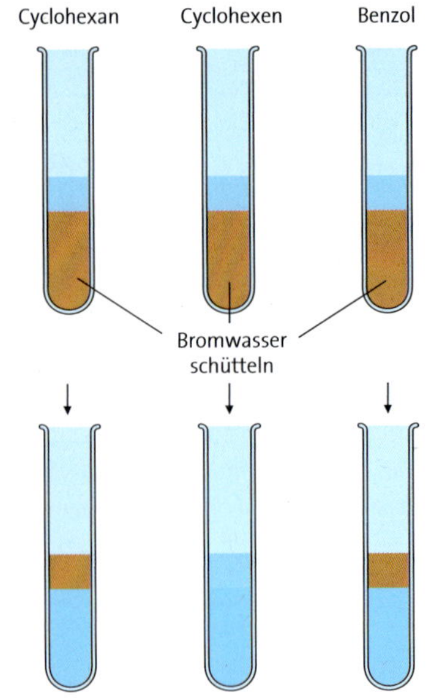


**B1** *Versuchsbeobachtungen beim Schütteln der angegebenen Kohlenwasserstoffe mit Bromwasser. A: Vergleichen und erklären Sie die Beobachtungen zunächst für Cyclohexen und Cyclohexan. Ziehen Sie dann Rückschlüsse auf die Reaktivität von Benzol.*

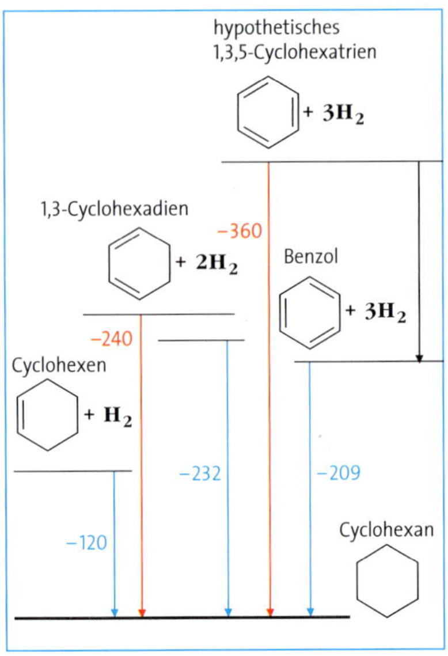


**B2** *Berechnete (rot) und gemessene (blau) molare Bildungsenergien in kJ/mol für die Hydrierung von Cyclohexen, 1,3-Cyclohexadien und Benzol. A: Formulieren Sie die Reaktionsgleichungen für die Hydrierungen. Berechnen Sie die Differenz zwischen der berechneten Energie für die Hydrierung von hypothetischem 1,3,5-Cyclohexatrien und dem für Benzol gemessenen Wert.*

# Magische Ringe

### INFO

Benzol wurde im Jahr 1825 von FARADAY endeckt. Die Summenformel $C_6H_6$ konnte schnell bestimmt werden, die Konstitution des Benzol-Moleküls blieb aber zunächst ungeklärt. Dies lag an dem ungewöhnlichen Reaktionsverhalten von Benzol, das mit der Summenformel, nach der Benzol ein ungesättigter Kohlenwasserstoff sein muss, lange nicht in Einklang gebracht werden konnte.

- Benzol ist ungewöhnlich reaktionsträge.
- Im Gegensatz zu Alkenen reagiert Benzol erst in Gegenwart eines Katalysators mit Brom, jedoch nicht in einer Addition, sondern in einer Substitution. Dabei entstehen nur ein einziges Monobrombenzol $C_6H_5Br$ und Bromwasserstoff.
- Es gibt drei isomere Dibrombenzole $C_6H_4Br_2$.

Im Jahr 1865 schlug F. A. KEKULÉ die sechseckige Ringstruktur mit drei Einfach- und drei Doppelbindungen vor. Er nahm an, dass Benzol ein Gemisch aus sich sehr schnell ineinander umwandelbaren Cyclohexatrien-Isomeren sei. In den Folgejahren wurden weitere Vorschläge für die Konstitution des Benzol-Moleküls gemacht:

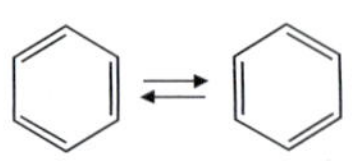

KEKULÉ, 1865

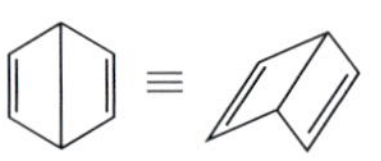

DEWAR, 1867

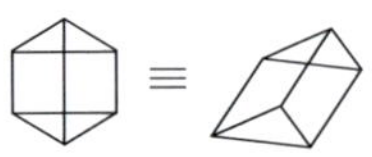

LADENBURG, 1869

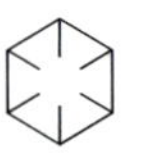

ARMSTRONG, 1887
BAEYER, 1888

### Auswertung

a) Zeichnen Sie mögliche Valenzstrichformeln für die Summenformel $C_6H_6$. Geben Sie an, wie viele Mono- und wie viele Dibromderivate jeweils existieren würden.

b) Begründen Sie, warum auch nach KEKULÉS Vorschlag für die Konstitution des Benzol-Moleküls weitere Vorschläge von anderen Forschern gemacht wurden.

c) Untersuchen Sie, inwiefern die Vorschläge für die Benzol-Formel von DEWAR und LADENBURG mit der Reaktivität und der Isomerenanzahl von Mono- und Dibrombenzol übereinstimmen.

### Aufgaben

**A1** Berechnen Sie die Mesomerieenergie für 1,3-Cyclohexadien und vergleichen Sie die Mesomeriestabilisierung mit der von Benzol. Geben Sie zwei mesomere Grenzstrukturen an.

**A2** Erläutern Sie den Unterschied zwischen der Vorstellung über die Konstitution des Benzol-Moleküls von KEKULÉ aus dem Jahr 1865 und von heute.

## Das aromatische System und das Benzol-Molekül

Bei den Valenzstrichformeln der Farbstoff-Moleküle (vgl. S. 174, B4) fällt auf, dass die Chromophore häufig ein ringförmiges Gerüst aus sechs Kohlenstoff-Atomen als Struktureinheit besitzen. Das einfachste Molekül mit dieser Struktureinheit ist das **Benzol**-Molekül $C_6H_6$. Auch Verbindungen wie Vanillin oder Thymol (vgl. S. 182) enthalten diese Struktureinheit im Molekül. Man bezeichnete diese wegen ihres intensiven Aromas als aromatische Verbindungen. Heute werden alle Verbindungen, die sich von Benzol (B3) ableiten, als **aromatische Verbindungen** zusammengefasst.
In der KEKULÉ-Formel für das Benzol-Molekül sind alle Wasserstoff-Atome gleichartig sind. Mit ihr kann man erklären, dass es nur ein Monobrombenzol gibt, nicht aber, warum Benzol im Gegensatz zu den Alkenen so reaktionsträge ist und keine Additionen, sondern Substitutionen eingeht. Die Messung der Hydrierungsenthalpien (B2) ergibt, dass das Benzol-Molekül energieärmer sein muss als seine Valenzstrichformel vorgibt. Erst durch moderne Analysemethoden konnte die Konstitution des Benzol-Moleküls geklärt werden. Aus der Röntgenstrukturanalyse lässt sich ableiten, dass alle Kohlenstoff-Atome in einem ebenen Sechseck angeordnet sind, dass alle Kohlenstoff-Kohlenstoff-Bindungen gleich lang sind und dass die Bindungswinkel 120° betragen. Das bedeutet, dass alle Kohlenstoff-Kohlenstoff-Bindungen teilweise Doppelbindungscharakter aufweisen.
Die KEKULÉ-Formeln stellen sogenannte **Grenzstrukturen** dar, von denen keine allein die wirklichen Bindungsverhältnisse beschreibt. Die Elektronen sind zwischen den Kohlenstoff-Atomen nicht in Doppelbindungen lokalisiert, sondern über den ganzen Ring **delokalisiert**. Man kann dies durch einen Kreis im Sechseck symbolisieren. Durch die **Elektronendelokalisierung** kommt die Mesomerie (vgl. S. 175) zustande. Dadurch wird das Molekül stabilisiert. Das Benzol-Molekül ist energieärmer als ein hypothetisches Cyclohexatrien-Molekül. Die molare Mesomerieenergie von Benzol kann durch Messung der Hydrierungsenthalpien bestimmt werden und beträgt 151 kJ/mol (B2, B4).

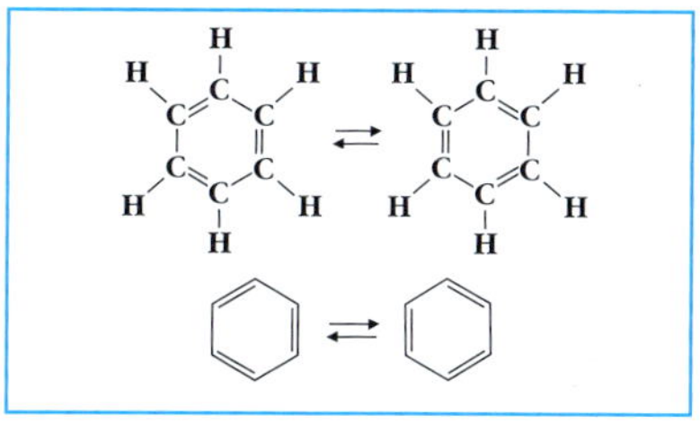

**B3** *Valenzstrichformeln und Molekülsymbole nach KEKULÉ*

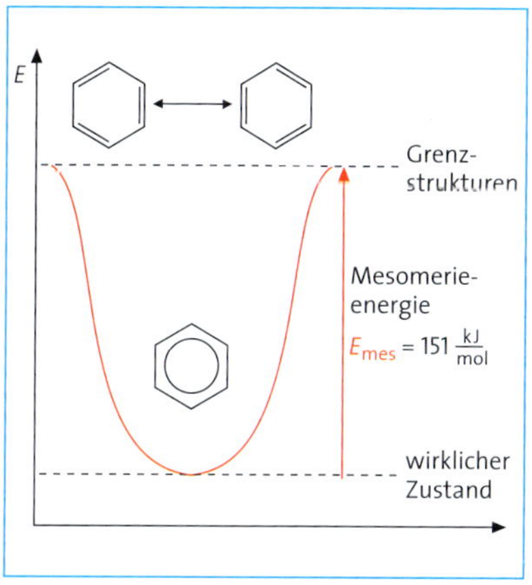


**B4** *Mesomere Grenzstrukturen, Mesomeriestabilisierung und Mesomerieenergie $E_{mes}$ des Benzol-Moleküls. Zwischen die Grenzformeln schreibt man einen* ***Mesomeriepfeil*** *(⟷). Dieser ist nicht zu verwechseln mit einem Gleichgewichtspfeil (⇄).*

### Fachbegriffe

aromatisches System, aromatische Verbindungen, Benzol, Elektronendelokalisierung

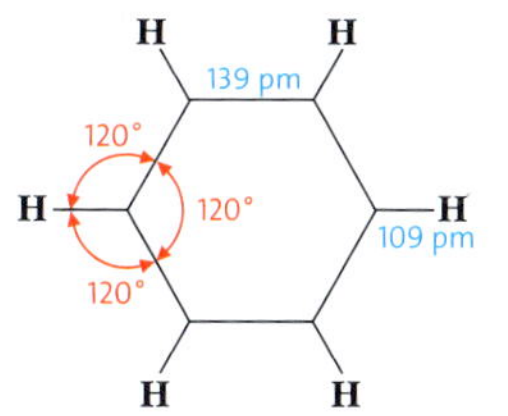


| Zum Vergleich | Bindungslänge |
|---|---|
| C – C in Alkanen: | 154 pm |
| C = C in Alkenen: | 134 pm |

**B5** *Geometrie des Benzol-Moleküls.*
**A:** *Vergleichen Sie die Geometrie des Benzol-Moleküls mit der des Ethan- und der des Ethen-Moleküls.*

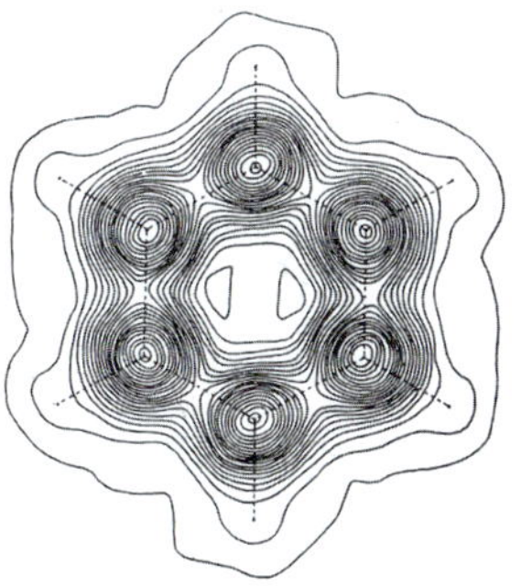

**B6** *Elektronendichteverteilung im Benzol-Molekül*

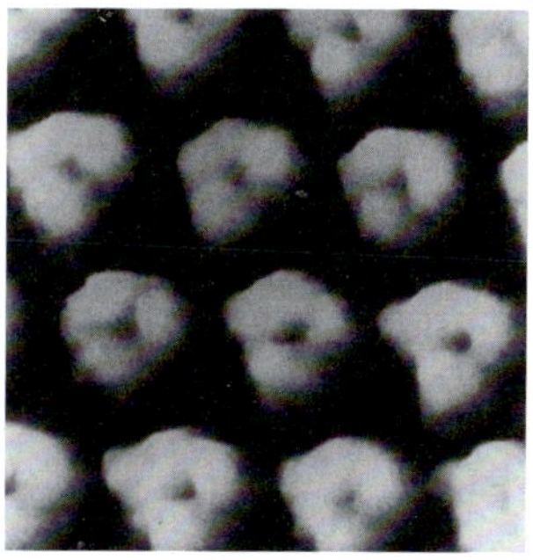

**B7** *Benzol-Moleküle können mithilfe eines Rastertunnelelektronenmikroskops sichtbar gemacht werden.*

## Weitere aromatische Verbindungen

Charakteristisch für das Benzol-Molekül ist das **cyclische Elektronensextett**, d.h. 6 π-Elektronen, die über einen Ring delokalisiert sind. Dieses Elektronensextett ist das typische Strukturmerkmal in den Molekülen der meisten aromatischen Verbindungen, auch in den Molekülen der kondensierten Aromaten sowie der heterocyclischen Aromaten.

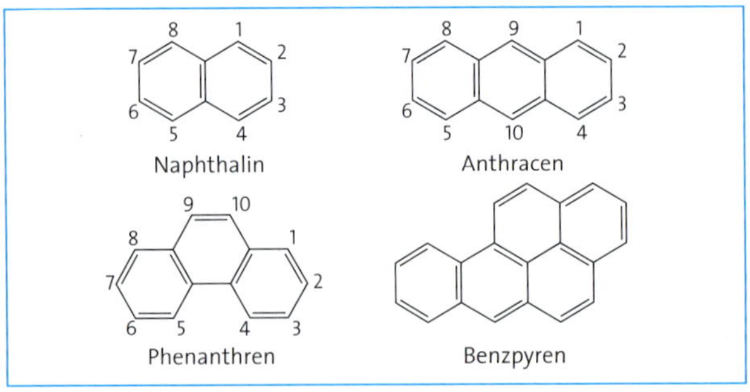


**B1** *Moleküle polycyclischer kondensierter Aromaten*

### Kondensierte Aromaten

Polycyclische kondensierte Aromaten sind aromatische Verbindungen, in deren Molekülen mehrere Benzol-Ringe über gemeinsame Kanten miteinander verknüpft sind (B1). Naphthalin und Anthracen sind solche kondensierten Aromaten, die man durch fraktionierte Destillation aus hochsiedenden Erdölfraktionen und aus Steinkohlenteer gewinnt. Sie sind wichtige Ausgangsstoffe für Farbstoffsynthesen. Benzpyren ist eine carcinogene (krebserzeugende) Verbindung, die bei vielen Verbrennungsprozessen entsteht.

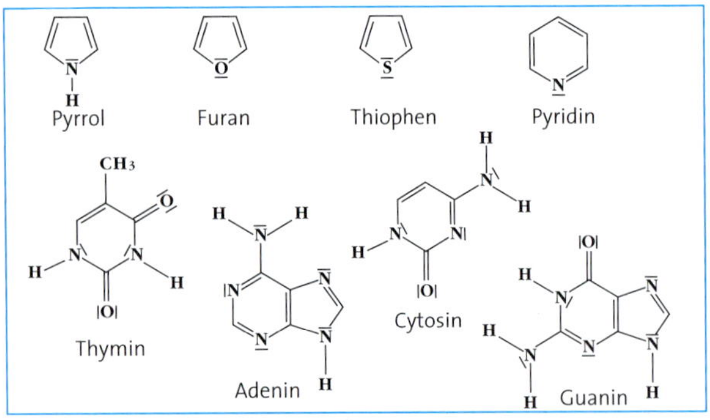


**B2** *Moleküle heterocyclischer Aromaten mit technischer oder biologischer Bedeutung.* ***A:*** *Geben Sie eine weitere mesomere Grenzstruktur von Pyridin an.*

### Heterocyclische Aromaten

Als Hetero-Atome[1] bezeichnet man in der organischen Chemie diejenigen Atome in einem Molekül, die weder Kohlenstoff- noch Wasserstoff-Atome sind. **Heterocyclische Aromaten** sind aromatische Verbindungen, die aus ringförmigen Molekülen mit Hetero-Atomen bestehen (B2). Bei den fünfgliedrigen Heterocyclen Pyrrol, Furan und Thiophen ist jeweils ein freies Elektronenpaar des Stickstoff-, Sauerstoff- bzw. Schwefel-Atoms Teil des aromatischen Elektronensextetts. Dadurch erhalten diese Moleküle einen aromatischen Charakter. Die Einbeziehung des freien Elektronenpaars vom Stickstoff-Atom ins aromatische Elektronensextett wird in den mesomeren Grenzstrukturen deutlich. Sie erklärt auch die extrem geringe Basenstärke von Pyrrol ($pK_b$ = 13,6).

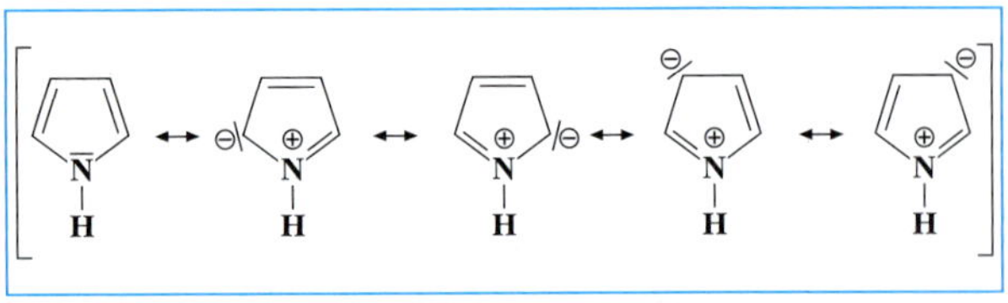

**B3** *Mesomere Grenzstrukturen von Pyrrol*

Im Vergleich dazu ist Pyridin, ein sechsgliedriger heterocyclischer Aromat (B2), eine wesentlich stärkere Base ($pK_b$ = 8,8), da hier das freie Elektronenpaar des Stickstoff-Atoms nicht für das aromatische Elektronensextett benötigt wird und somit für die Bindung eines Protons zur Verfügung steht.

Heterocyclische Aromaten spielen in der Technik und in lebenden Organismen entscheidende Rollen. So ist beispielsweise Pyrrol der Grundbaustein im Porphyrin, einem essentiellen Bestandteil der Chlorophylle aus grünen Blättern und des roten Blutfarbstoffs Hämoglobin. Von herausragender Bedeutung für die Biochemie sind auch die Heterocyclen Pyrimidin und Purin mit mehreren Stickstoff-Atomen im Molekül. Ihre Derivate, die **Nucleinbasen** Adenin, Thymin, Cytosin und Guanin sind in der **Desoxyribonucleinsäure DNA** die Träger der Erbinformation und die Verursacher der Doppelhelix-Struktur der DNA-Moleküle.

[1] von *heteros* (griech.) = verschieden

## Weitere aromatische Verbindungen

### Fluoreszenz kondensierter Aromaten

Ölfilme auf Pfützen zeigen sich im Sonnenlicht durch schillernde Farben, die teilweise durch **polycyclische kondensierte Aromaten** verursacht werden (B1).

Bei den Molekülen dieser Verbindungen liegt eine ausgedehnte Elektronendelokalisation vor. Sie absorbieren im nahen UV-Bereich (UV-A) oder gar im sichtbaren Bereich. Wegen der ebenen Anordnung aller Kohlenstoff-Atome in diesen Molekülen sind die Molekülgerüste relativ starr, Rotationen um Kohlenstoff-Kohlenstoff-Bindungen sind nicht möglich. Auch Schwingungen innerhalb dieser Moleküle sind stark eingeschränkt, sodass es vergleichsweise wenige, energetisch weit auseinanderliegende **Schwingungsniveaus** für den elektronischen Grundzustand gibt. Wenn diese Moleküle durch Lichtabsorption elektronisch angeregt werden, verläuft die Desaktivierung durch Emission eines Lichtquants nach B6, S. 169.

Derivate von kondensierten Aromaten werden zur Herstellung moderner **Fluoreszenzfarbstoffe** eingesetzt, die im Licht von UV-Lampen und von Halogen- oder Xenonscheinwerfern in bunten Farben lumineszieren. Daraus ergeben sich zahlreiche Anwendungsmöglichkeiten, beispielsweise für fälschungssichere Geldscheine, Kreditkarten und Ausweise, für Verkehrsschilder und Sicherheitskleidung, für großflächige Bildanzeigen, für modische Kleidung und optische Showeffekte in Discos, Stadien, Konzerthallen etc.

### UV-Absorption mit und ohne Fluoreszenz

Bei den Fluoreszenzfarbstoffen ist man daran interessiert, UV-Strahlung in sichtbare Strahlung verschiedener Farben umzuwandeln. In Sonnenschutzcremes und manch anderen Produkten will man dagegen UV-Strahlung einfach „vernichten“. Dafür benötigt man UV-Absorber, deren Teilchen nicht fluoreszieren und auch nicht mit anderen Teilchen chemisch reagieren, wenn sie elektronisch angeregt sind. Die Derivate der Zimtsäure erfüllen diese Bedingungen und werden daher in vielen Sonnenschutzcremes eingesetzt (B4).

Cumarin und Zimtsäure absorbieren beide im gleichen UV-Bereich ($280 < \lambda < 320$ nm), weil in ihren Molekülen die Elektronendelokalisation die gleiche Ausdehnung

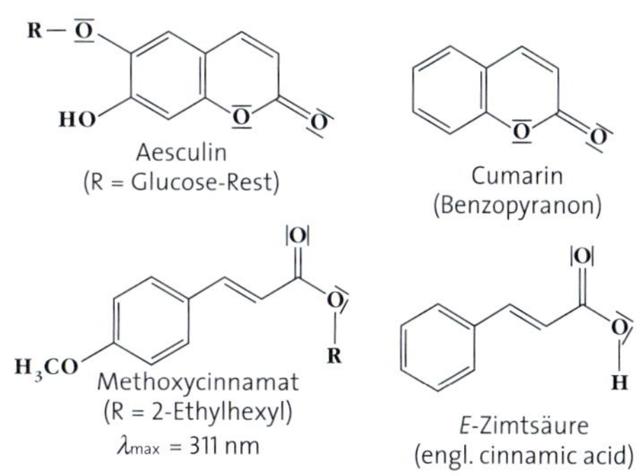


**B4** *Cumarin-Derivate fluoreszieren im UV-Licht, Derivate der Zimtsäure absorbieren UV-Licht ohne zu fluoreszieren.*

hat. Cumarin-Derivate fluoreszieren, weil das Molekülgerüst des Cumarin-Bausteins relativ starr ist (vgl. linke Spalte). Im Gegensatz dazu gibt es im Zimtsäure-Baustein viele Schwingungsmöglichkeiten: Zimtsäure-Derivate fluoreszieren daher nicht. Die Desaktivierung der angeregten Zustände erfolgt thermisch, d.h. durch Schwingungen über viele, energetisch dicht liegende Schwingungszustände des elektronischen Grundzustands (vgl. S. 171, B5).

### *Aufgaben*

***A1*** Pyrrol reagiert mit Brom zu Brompyrrol $C_4H_4NBr$ und Bromwasserstoff. Eine Röntgenstrukturuntersuchung von Pyrrol ergibt folgende Bindungslängen:

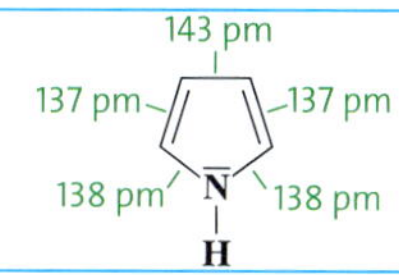


(*Zum Vergleich*: Bindungslängen von Einfach- bzw. Doppelbindungen in Alkanen, Alkenen und Aminen: **C-C**: 154 pm; **C=C**: 134 pm; **C-N**: 147 pm; **C=N**: 130 pm.)

a) Formulieren Sie ein Reaktionsschema für die Bromierung und geben Sie die isomeren Produkte an.

b) Erläutern Sie, inwiefern sowohl die Bromierung als auch die Messung der Bindungslängen den aromatischen Charakter von Pyrrol bestätigen.

***A2*** Erläutern Sie anhand von Molekülmodellen die unterschiedliche Starrheit von Cumarin- und *E*-Zimtsäure-Molekülen.

## Derivate des Benzols

**Benzol**

*Entdeckung:* 1825 von MICHAEL FARADAY im Leuchtgas

*Name:* Bezeichnung von LIEBIG aus dem Jahr 1834. Die IUPAC-Bezeichnung lautet Benzen. In der deutschen Sprache ist auch Benzol zugelassen.

*Eigenschaften:* farblose Flüssigkeit von charakteristischem Geruch, $\vartheta_m$ = 5,5 °C, $\vartheta_b$ = 80 °C, $\varrho$ = 0,88 g/cm³, in Wasser praktisch nicht löslich, unbegrenzt löslich in Ethanol und Benzin, leicht entzündlich und brennbar, brennt mit stark rußender Flamme

*Physiologische Eigenschaften:* giftig beim Einatmen, kann Krebs erzeugen, wird durch die Haut resorbiert

*Verwendung:* Beimischung von Benzin

*Gewinnung:* früher durch Destillation von Steinkohlenteer, heute zu mehr als 90 % durch Erdölverarbeitung

**B1** *Steckbrief Benzol*

### INFO

Nach folgender Versuchsvorschrift kann Benzol mit Brom zur Reaktion gebracht werden. Man macht dabei die beschriebenen Beobachtungen:

*Versuchsdurchführung:* In einem kleinen Kolben werden 5 mL Benzol mit 1 mL Brom und einem Büschel Eisenwolle versetzt. Man verschließt den Kolben mit einem gewinkelten Glasrohr und erwärmt im Wasserbad, bis die Reaktion einsetzt. An das Glasrohr hält man ein feuchtes Indikatorpapier. Nach Beendigung der Reaktion gießt man das Reaktionsgemisch in kaltes Wasser. Man trennt die beiden Phasen in einem Scheidetrichter. In die wässrige Phase hält man einen Streifen Indikatorpapier. Die organische Phase wäscht man 2-mal mit sehr verdünnter Natronlauge. Anschließend führt man mit der organischen Phase die BEILSTEIN-Probe (vgl. S. 132) durch.

*Beobachtungen:* Nach Erwärmen der Lösung von Benzol und Brom setzt eine Gasentwicklung ein und die rotbraune Lösung hellt auf. Das Gas färbt Indikatorpapier rot. Nach Zugabe von Wasser setzt sich die organische Phase unten ab. Die wässrige Lösung färbt Indikatorpapier rot. Die BEILSTEIN-Probe fällt positiv aus.

### Auswertung

a) Bei der Umsetzung von Benzol mit Brom wirkt Eisen(III)-bromid als Katalysator. Erläutern Sie die Bildung des Katalysators.

b) Ziehen Sie Schlussfolgerungen aus der Farbe des Indikatorpapiers und aus der positiven BEILSTEIN-Probe. Begründen Sie, warum man die organische Phase vor der BEILSTEIN-Probe mit Natronlauge waschen muss.

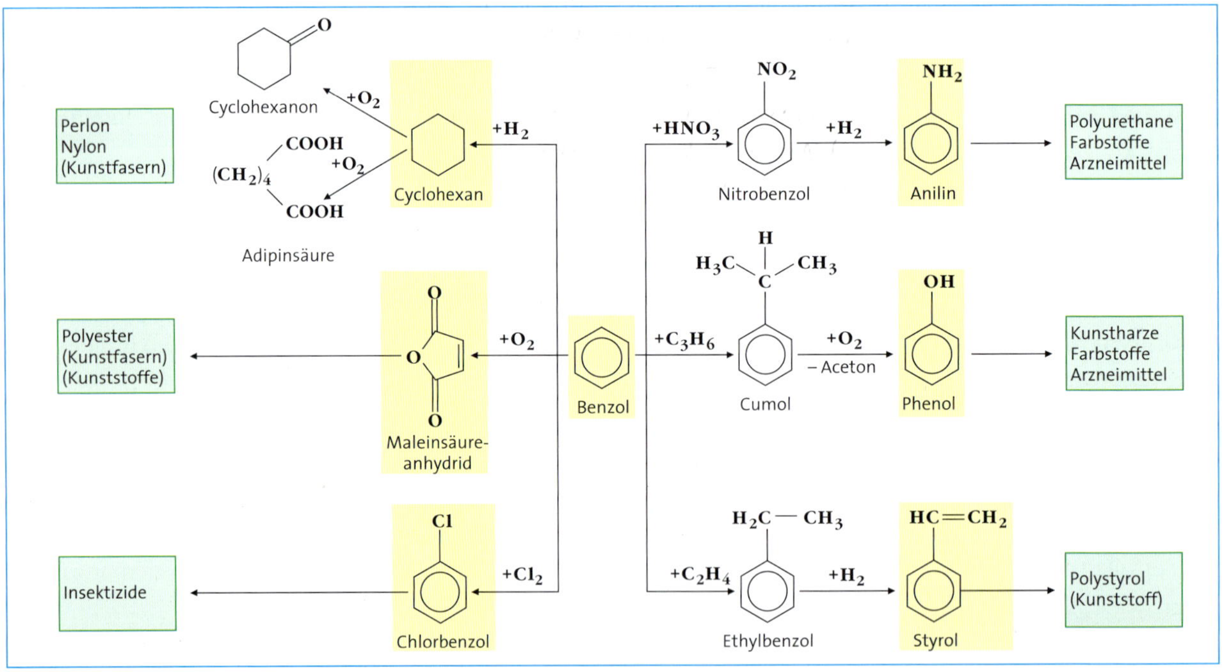


**B2** *Benzol ist eine Grundchemikalie. Sie ist Ausgangsstoff für die Synthese vielfältiger Anwendungsprodukte.* **A:** *Geben Sie an, bei welchen der angegebenen Reaktionen des Benzols es sich um elektrophile Substitutionen handelt.*

## Elektrophile Substitution an Aromaten

Benzol ist zwar sehr viel reaktionsträger als Alkene, aber mit einem geeigneten Katalysator kann Benzol Reaktionen eingehen. Der aromatische Ring weist eine relativ hohe Elektronendichte auf. Daher kann er von einem elektrophilen Teilchen angegriffen werden. Wie bei der elektrophilen Addition an Alkene (vgl. S. 137) wird auch die Bromierung von Benzol zu Brombenzol

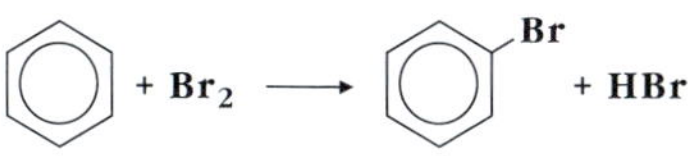


durch eine Polarisierung des Brom-Moleküls eingeleitet (B3). Diese wird durch Zugabe von stark polarisierend wirkendem Eisen(III)-bromid verstärkt. In dem beschriebenen Versuch entsteht der Katalysator Eisen(III)-bromid im Reaktionsgemisch aus dem zugesetzten Eisen und einem Teil des Broms.
Im 1. Schritt greift das positiv polarisierte Brom-Atom das Benzol-Molekül elektrophil an, wobei es zur Wechselwirkung mit den delokalisierten Elektronen und zur Ausbildung des Tradukts kommt. Dieses zerfällt unter Ausbildung einer Kohlenstoff-Brom-Bindung in ein Carbenium-Ion (Interdukt) und ein $\mathbf{FeBr_4^-}$-Ion. Die positive Ladung des Interdukts ist delokalisiert (B3), das Ion ist mesomeriestabilisiert. Im 2. Schritt spaltet das Interdukt ein Proton ab, es entsteht ein Brombenzol-Molekül. Das Proton wird von einem $\mathbf{FeBr_4^-}$-Ion aufgenommen. Dabei entstehen Bromwasserstoff und Eisen(III)-bromid.
Eine denkbare Addition eines Bromid-Ions an das Interdukt entsprechend der Addition an Alkene tritt nicht ein, denn die Protonenabspaltung führt unter Freisetzung von Mesomerieenergie wieder zum stabilen aromatischen Zustand. Die Aufhebung der Mesomerie des aromatischen Rings und die heterolytische Spaltung des Brom-Moleküls erfordern im 1. Schritt der elektrophilen Substitution eine hohe Aktivierungsenergie. Er ist der langsamste, geschwindigkeitsbestimmende Schritt. Die Abspaltung des Protons verläuft schnell, da der aromatische, nun substituierte Ring unter Abgabe von Energie zurückgebildet wird (B4). Wegen der **Rearomatisierung** ist die Substitution gegenüber der Addition bevorzugt.

### Aufgabe

**A1** Die Bromierung von Benzol bleibt auf der Stufe des Monobrombenzols stehen. Stellen Sie eine Vermutung auf, warum die Bromierung von Brombenzol zu Dibrombenzol energischere Reaktionsbedingungen erfordert.

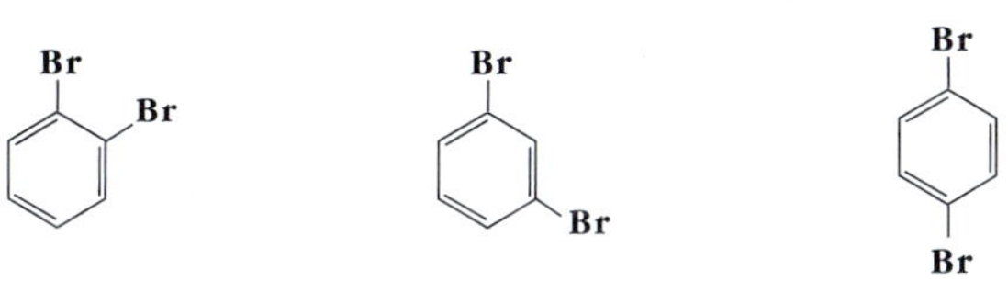


**B5** *Nomenklatur bei Benzol-Derivaten am Beispiel der Dibrombenzole*

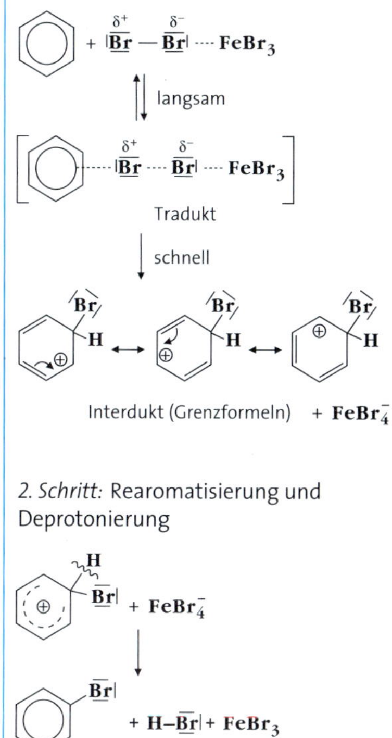


**B3** *Mechanismus der elektrophilen Sustitution bei der Bromierung von Benzol zu Brombenzol*

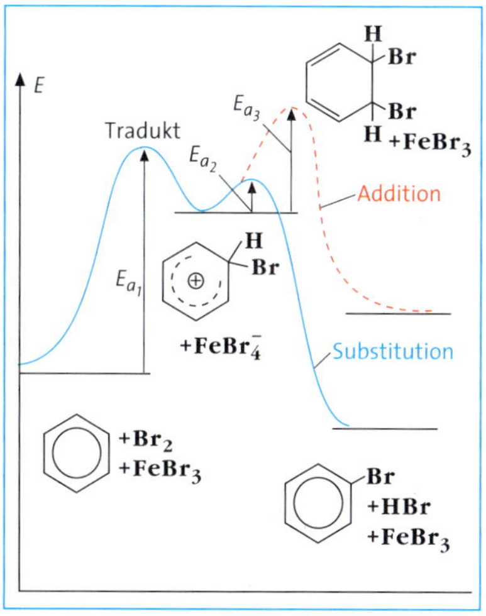


**B4** *Energiediagramm der Bromierung von Benzol*

### Fachbegriffe

elektrophile Substitution, Rearomatisierung

**Phenol**

*Entdeckung:* 1834 im Steinkohlenteer
*Name:* abgeleitet von *phainein* (griech.) = scheinen, da es bei der Leuchtgasgewinnung erhalten wird
*Eigenschaften:* farblose Nadeln, $\vartheta_m$ = 43 °C, giftig, stark ätzend, antiseptisch und desinfizierend, mäßig gut in Wasser und gut in Alkohol löslich, schwache Säure ($pK_s$=10,0)
*Verwendung:* Kunststoffe – Polycarbonate, Phenolharze, Polyamide, Arzneimittel – Acetylsalicylsäure, Paracetamol, Farbstoffe
*Herstellung:* Cumol-Oxidation (vgl. S. 182), bei der Phenol und Aceton entstehen

**B1** *Steckbrief Phenol*

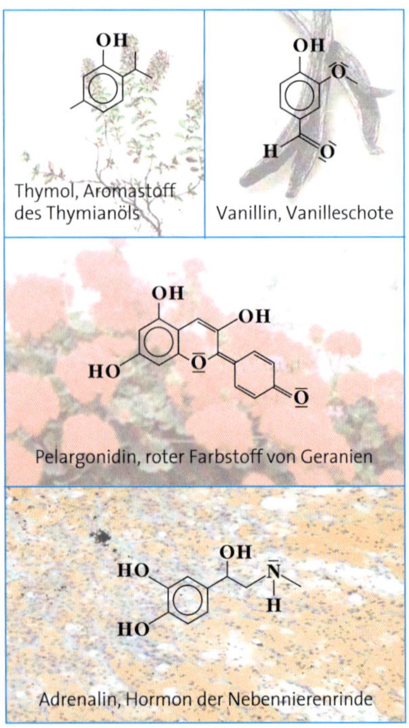


**B2** *Phenol-Derivate in der Natur. Thymol wirkt stärker antiseptisch (keimtötend) als Phenol, ist aber weniger giftig und hautreizend, da es schlechter wasserlöslich ist. Thymol ist in verdünnter Natronlauge löslich. Es kann durch Behandeln von Thymianöl mit Natronlauge von den anderen Bestandteilen aus Thymian abgetrennt werden.*

# Kein Farbstoff ohne ...

## Versuche

**Vorsicht! Phenol ist giftig und stark ätzend. Versuche unter dem Abzug durchführen und Handschuhe tragen!**

***LV1*** In ein Rggl. gibt man ca. 0,5 cm hoch kristallines Phenol* und dazu zwei Tropfen Wasser. Man beobachtet und tropft dann weiter Wasser hinzu. Der *p*H-Wert der schließlich klaren Lösung wird mit Indikatorpapier gemessen. Zum Vergleich überprüft man auch die *p*H-Werte etwa gleich konzentrierter wässriger Essigsäure(Ethansäure)*- und Ethanol*-Lösungen (je 0,5 mL Essigsäure bzw. Ethanol in 15 mL Wasser). Die Phenol-Lösung wird in LV3 weiter verwendet.

***LV2*** Im Rggl. werden ca. 4 mL einer Phenol*-Wasser-Emulsion tropfenweise mit Natronlauge*, $c$ = 1 mol/L, versetzt. Man beobachtet und tropft anschließend Salzsäure*, $c$ = 1 mol/L, hinzu und beobachtet erneut.

***LV3*** Man versetzt die verdünnte Phenol*-Lösung aus LV1 portionsweise mit gesättigtem Bromwasser*, beobachtet und prüft den *p*H-Wert erneut.

## Auswertung

a) Beschreiben Sie die Beobachtungen bei LV1, vor allem die Besonderheiten, die beim Lösen von Phenol in Wasser auftreten.

b) Ziehen Sie aus den *p*H-Werten der drei Lösungen bei LV1 Schlüsse bezüglich der Säureeigenschaft von Phenol im Vergleich zu der von Ethanol und der von Ethansäure.

c) Beschreiben und erklären Sie die Beobachtungen bei LV2.

d) Bei LV3 läuft die Bromierung von Phenol schrittweise über Monobrom- und Dibromphenole bis zu 2,4,6-Tribromphenol ab:

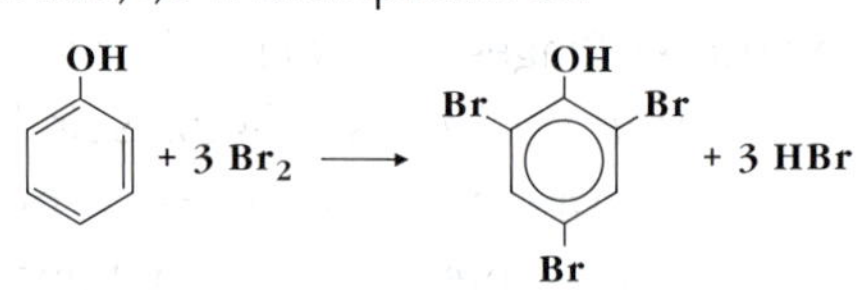


Erklären Sie die Beobachtungen bei LV3 mithilfe dieser Angaben und formulieren Sie fünf mögliche Monobrom- und Dibromphenole.

e) Die Reaktion von Phenol mit Brom verläuft in wässriger Lösung rasch und ohne Katalysator (LV3). Erläutern Sie mithilfe der mesomeren Grenzstrukturen aus B3, warum Phenol für einen elektrophilen Angriff besser geeignet ist als Benzol. Begründen Sie, in welchen Positionen der Angriff bevorzugt erfolgt.

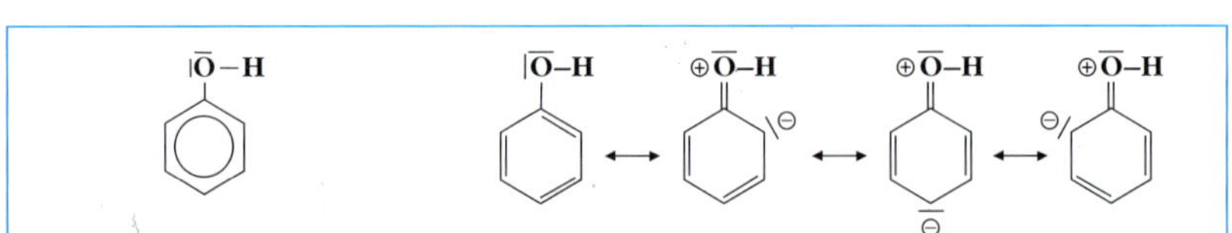


**B3** *Phenol-Molekül und mesomere Grenzstrukturen des Phenol-Moleküls*

## Phenol und Anilin

Viele Farbstoff-Moleküle enthalten an den aromatischen Ringen Hydroxy-Gruppen oder Amino-Gruppen. Die einfachsten Verbindungen mit diesen Strukturen sind Phenol (Hydroxybenzol) und Anilin (Aminobenzol) (B5). Beide Verbindungen sind die wichtigsten Ausgangsstoffe für die Synthesen der verschiedensten Farbstoffe.

Phenol ist eine kristalline Verbindung, die in Wasser mäßig löslich ist. Sie gehört auf Grund der Hydroxy-Gruppe im Molekül zu den Alkoholen. Im Gegensatz zu Alkanol-Lösungen reagiert eine Phenol-Lösung deutlich sauer. Phenol-Moleküle reagieren als schwache Säuren.

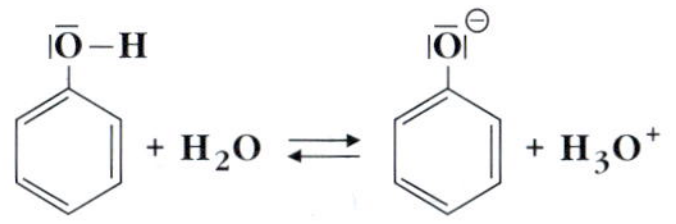


Die Acidität des Phenol-Moleküls ist auf die Stabilität der konjugierten Base, des Phenolat-Ions, zurückzuführen. Die negative Ladung ist nicht am Sauerstoff-Atom lokalisiert, sondern über den ganzen Ring delokalisiert, wie die mesomeren Grenzformeln verdeutlichen (B6).

Im Vergleich zu Benzol reagiert Phenol mit Brom sehr schnell, nämlich bereits beim Schütteln mit Bromwasser. Dabei sinkt der *p*H-Wert der Lösung stark, was auf die Bildung von Bromwasserstoff und damit auf eine Substitution hinweist. Es entsteht 2,4,6-Tribromphenol, das als weißer Niederschlag ausfällt.

Die gegenüber Benzol stark erhöhte Reaktivität des Phenols kann mit einer Aktivierung des aromatischen Ringes durch die Hydroxy-Gruppe erklärt werden. Die freien Elektronenpaare des Sauerstoff-Atoms sind in die Mesomerie des Ringes mit einbezogen. Durch diesen positiven **mesomeren Effekt** (+M-Effekt) wird die Elektronendichte im Ring erhöht und eine elektrophile Substitution erleichtert. Zwar übt die Hydroxy-Gruppe auch einen elektronenziehenden –I-Effekt aus, aber der +M-Effekt überwiegt bei weitem. Phenol-Moleküle werden nur in ortho- und para-Stellung zur Hydroxy-Gruppe substituiert. Dies lässt sich anhand der mesomeren Grenzstrukturen (B3) erklären, die in ortho- und para-Stellung eine höhere Elektronendichte anzeigen als in meta-Stellung.

Ebenso wie Phenol kann Anilin viel leichter substituiert werden als Benzol, denn auch die Amino-Gruppe übt einen +M-Effekt aus, sodass der Ring für elektrophile Substitutionen aktiviert wird. Daher sind Phenol und Anilin ideale Reaktionspartner für die Synthese von Farbstoffen und anderen Produkten.

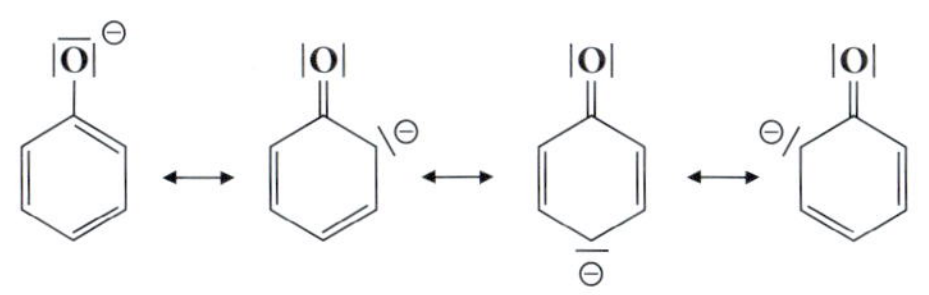

**B6** *Mesomere Grenzstrukturen des Phenolat-Ions*

**Anilin**

*Entdeckung:* 1826 beim Erhitzen von Indigo und Kalk
*Name:* von *Anil*, dem portugiesischen Wort für Indigo
*Eigenschaften:* unangenehm riechende, giftige, farblose Flüssigkeit, $\vartheta_m = -6\,°C$, in Wasser mäßig, in Ethanol gut löslich, schwache Base ($pK_b = 9{,}42$), starkes Blutgift
*Verwendung:* Synthese von Farbstoffen, Pharmazeutika, Sulfonamiden, Fotochemikalien, Polyurethanen
*Herstellung:* Reduktion von Nitrobenzol mit Eisenfeilspänen und Salzsäure

**B4** *Steckbrief Anilin*

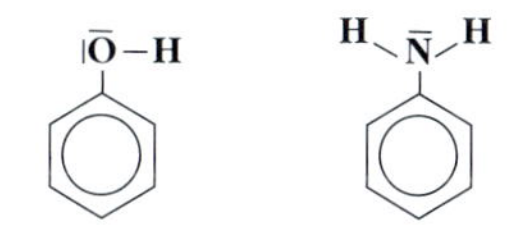

**B5** *Phenol und Anilin*

### Aufgaben

**A1** Formulieren Sie den vollständigen Mechanismus der Bromierung von Phenol bis zum Monobromphenol.

**A2** Anilin ist eine schwächere Base als Ammoniak. Erklären Sie dies.

**A3** Anilin reagiert mit Brom bereits beim Schütteln mit Bromwasser. Begründen Sie, a) welche Monobromaniline gebildet werden und b) warum sich im Unterschied zur Bromierung von Phenol der *p*H-Wert dabei nicht ändert.

### Fachbegriffe

mesomerer Effekt der Hydroxy-Gruppe

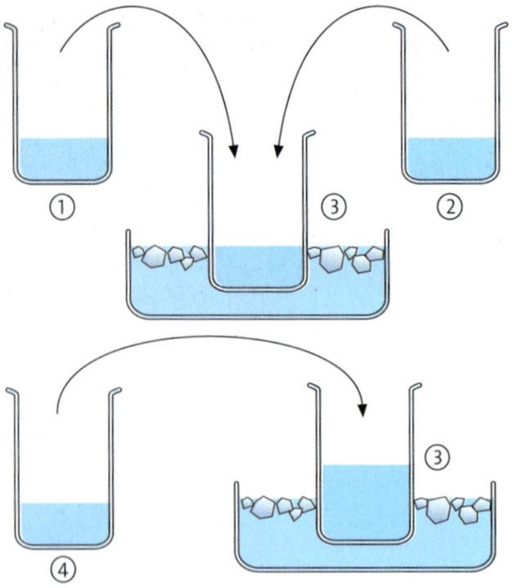


**B1** *Versuchsschritte bei V1*

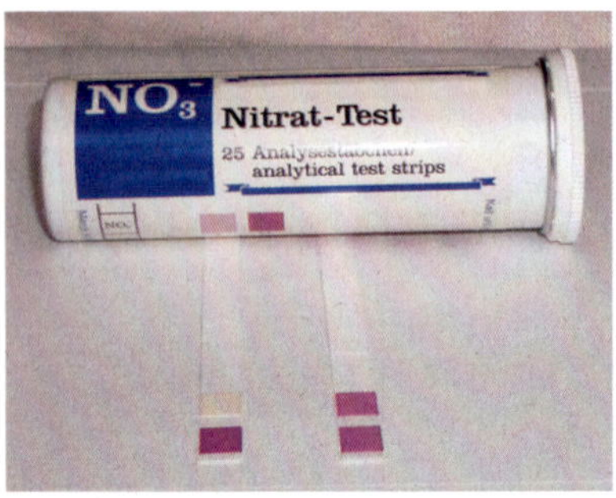


**B2** *Nitrit- und Nitrat-Ionen-Nachweis mit Teststäbchen. Der linke Teststreifen wurde in eine verdünnte Natriumnitrat-Lösung, der rechte in eine verdünnte Natriumnitrit-Lösung getaucht. Die Testfelder der Teststäbchen sind mit einer Lösung aus Sulfanilsäure, Naphthylethylendiamin und Essigsäure getränkt. Zusätzlich enthält das untere Testfeld für den Nitrat-Ionen-Nachweis Zinkpulver.* **A:** *Erklären Sie folgenden Hinweis auf der Packungsbeilage: „Nitrit-Ionen stören den Nitrat-Nachweis. Färbt sich das obere Testfeld rot, müssen vorhandene Nitrit-Ionen zerstört und der Nitrat-Nachweis muss mit einem neuen Teststäbchen wiederholt werden."*

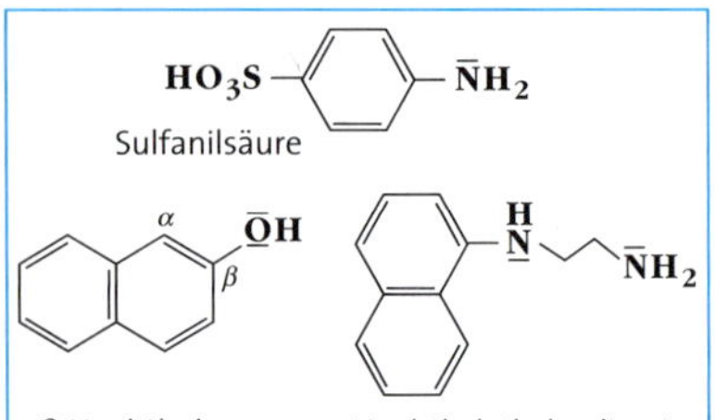


**B3** *Formeln der bei V1 und V2 eingesetzten Verbindungen*

# Farbstoffe nach Maß

## Versuche

***V1*** Lösen Sie in Becherglas *1* (B1) 1 g Sulfanilsäure* (4-Aminobenzolsulfonsäure) in 25 mL Natronlauge, $c = 2$ mol/L. Lösen Sie in Becherglas *2* 0,4 g Natriumnitrit* in 25 mL Wasser. Rühren Sie die Lösungen langsam in das Becherglas *3* mit 50 mL eisgekühlter (0 °C bis 5 °C) Salzsäure*, $c = 4$ mol/L. Die Temperatur darf dabei nicht über 5 °C ansteigen. Lösen Sie in Becherglas *4* 0,8 g $\beta$-Naphthol* in 50 mL Natronlauge*, $c = 2$ mol/L. Gießen Sie diese Lösung in Becherglas *3*.

***V2*** Tauchen Sie ein Nitrat*- bzw. ein Nitrit*-Teststäbchen in a) eine sehr verdünnte Natriumnitrit- und b) eine sehr verdünnte Natriumnitrat-Lösung. Geben Sie eine Spatelspitze Zinkpulver* zur Natriumnitrat-Lösung, schütteln Sie kurz.

Filtrieren Sie die Lösung vom überschüssigen Zinkpulver ab und tauchen Sie erneut ein Teststäbchen in die Lösung.

### *INFO* Reaktionsfolge bei der Synthese eines Azofarbstoffes

*1. Schritt:* **Diazotierung**

Aminobenzol (Anilin) und seine Derivate reagieren mit salpetriger Säure zu Diazonium-Ionen:

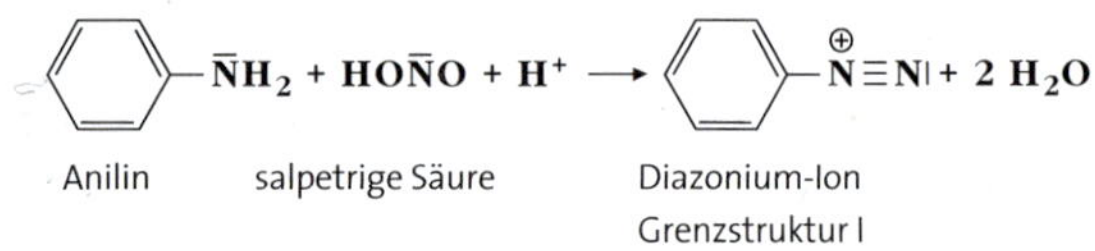


Diazonium-Ionen zersetzen sich bei höheren Temperaturen leicht in Phenyl-Kationen und Stickstoff-Moleküle, daher muss die Diazotierung bei Temperaturen unter 5 °C durchgeführt werden.

*2. Schritt:* **Azokupplung**

Die Azokupplung ist eine elektrophile Substitution, bei der das Diazonium-Ion mit der Kupplungskomponente, meist einem Anilin- oder Phenol-Derivat, reagiert.

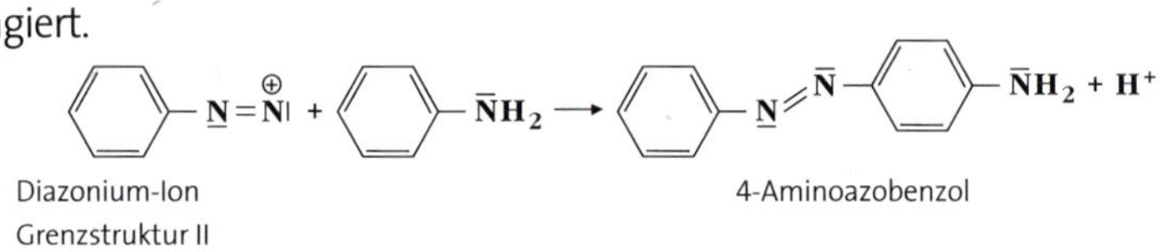


## Auswertung

a) Erläutern Sie, durch welche Reaktion bei V1 salpetrige Säure entsteht.

b) Geben Sie das Diazonium-Ion an, das aus Sulfanilsäure gebildet wird.

c) Erklären Sie, warum die Kupplungsreaktion bei V1 in alkalischer Lösung durchgeführt wird. Beachten Sie die Reaktivität von Naphthol in saurer und in alkalischer Lösung.

d) Geben Sie die Formel des in V1 entstehenden Azofarbstoffes Naphtholorange an. $\beta$-Naphthol wird in $\alpha$-Stellung substituiert (B3).

e) Erläutern Sie, auf welchen Reaktionen der Nachweis von Nitrit- bzw. Nitrat-Ionen in Teststäbchen beruht (V2, B2, B3). Formulieren Sie die ablaufenden Reaktionen.

## Synthese von Azofarbstoffen

Natürliche Farbstoffe wie Indigo und Purpur waren bis ins 19. Jahrhundert hinein echte Kostbarkeiten, denn sie konnten nur in geringen Mengen aus pflanzlichem oder tierischem Material gewonnen werden. Farbige Kleidung konnten sich daher nur wenige, wohlhabende Menschen leisten. Dies änderte sich, als es gelang, künstliche Farbstoffe zu synthetisieren und sie industriell zu produzieren. Mit der Synthese der **Azofarbstoffe** ist der Aufschwung der chemischen Farbenindustrie Ende des 19. Jahrhunderts eng verbunden, denn nun wurde es möglich, Farbstoffe in allen Schattierungen und mit erstaunlicher Brillanz herzustellen.

Azofarbstoffe stellen die größte Farbstoffklasse dar. Ihre Moleküle haben eine **Azo-Gruppe** $-\overline{N}=\overline{N}-$ zwischen zwei aromatischen Resten. Als Ausgangsstoff für die Synthese der Azofarbstoffe dient Anilin, das in der Anfangszeit aus dem Steinkohlenteer gewonnen wurde.

Die Synthese von Azofarbstoffen verläuft in zwei Schritten (vgl. *INFO*). In dem ersten erfolgt die **Diazotierung** von Anilin oder eines Anilin-Derivates, in dem zweiten die **Azokupplung** mit einer aromatischen Verbindung, meist einem Phenol- oder Anilin-Derivat. Durch Einsatz von Diazo- und Kupplungskomponenten mit verschiedenen Substituenten an den aromatischen Ringen erhält man eine Vielzahl von Azofarbstoffen aller Farbnuancen. Die Seitengruppen beeinflussen die Eigenschaften dieser Farbstoffe. Eine Sulfonsäure-Gruppe $-SO_3H$ oder ein Sulfonat-Rest $-SO_3^-$ im Farbstoff-Molekül macht einen Farbstoff wasserlöslich (V1, $\beta$-Naphtholorange). Azofarbstoffe werden zum größten Teil als Textilfarbstoffe eingesetzt, einige werden als Indikator verwendet wie Methylorange, der saure Lösungen ($p$H < 3,1) rot und schwach saure bis alkalische gelb-orange färbt (B6). Auch der Nachweis von Nitrat-Ionen mit Teststäbchen beruht auf der Synthese von Azofarbstoffen (V2).

### Aufgabe

**A1** $\beta$-Naphtholorange kann als Säure-Base-Indikator verwendet werden, da die Hydroxy-Gruppe im Molekül in alkalischer Lösung ein Proton abspaltet. Formulieren Sie die entsprechende Reaktionsgleichung. Überprüfen Sie die Farbe des in V1 hergestellten $\beta$-Naphtholoranges in alkalischer und in saurer Lösung und erklären Sie den Farbunterschied mithilfe mesomerer Grenzstrukturen.

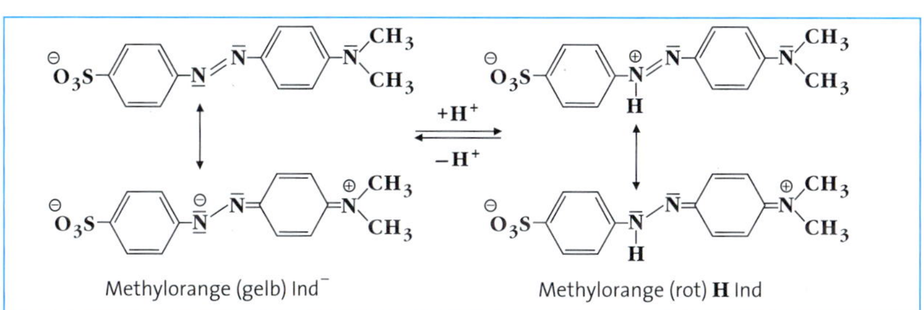


**B6** *Mesomere Grenzstrukturen des Methylorange-Moleküls in saurer bzw. in alkalischer Lösung.* **A:** *Erklären Sie die unterschiedliche Farbe von Indikator-Säure und Indikator-Base anhand der Grenzstrukturen.*

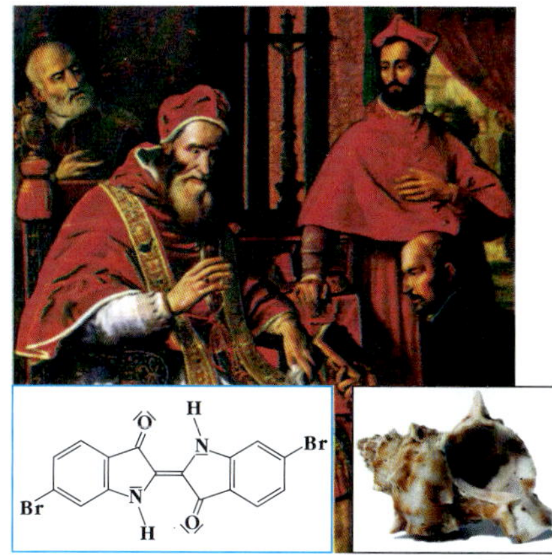

**B4** *Purpurmäntel und Purpurschnecke. Antiker Purpur war der kostbarste Farbstoff aller Zeiten. Aus 12 000 Purpurschnecken erhielt man 1 g Purpur.*

**B5** *Azofarbstoffe*

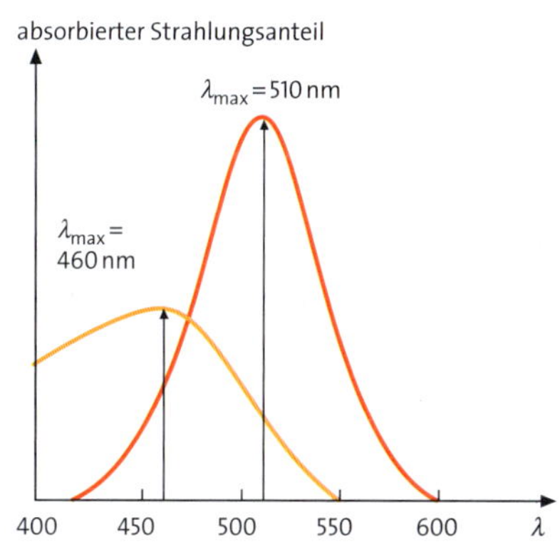


**B7** *Absorptionsspektren von Methylorange-Lösungen verschiedener pH-Werte.* **A:** *Ordnen Sie die Spektren den pH-Werten 2 und 10 zu.*

### Fachbegriffe

Azofarbstoffe, Diazotierung, Azokupplung

## Weitere Farbstoffklassen

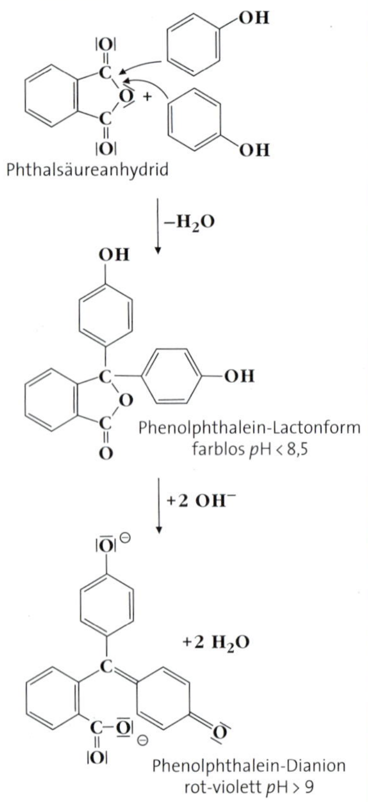


**B1** *Synthese von Phenolphthalein. Als Lactone bezeichnet man cyclische Ester.*

### *Versuche*

***V1*** *Synthese von a) Thymolphthalein und b) Fluoreszein*

Mischen Sie in je einem Rggl. je eine Spatelspitze Phthalsäureanhydrid* und a) Thymol* bzw. b) Resorcin*. Geben Sie je einige Tropfen konz. Schwefelsäure* hinzu. Erhitzen Sie ca. 2 min auf kleiner Flamme. Lösen Sie die Reaktionsmischungen nach dem Abkühlen in Natronlauge*, $w = 10\,\%$, und gießen Sie diese Lösungen in je einen Standzylinder mit Wasser.

***V2*** Lassen Sie eine alkalische Phenolphthalein-Lösung* ca. 10 min stehen.

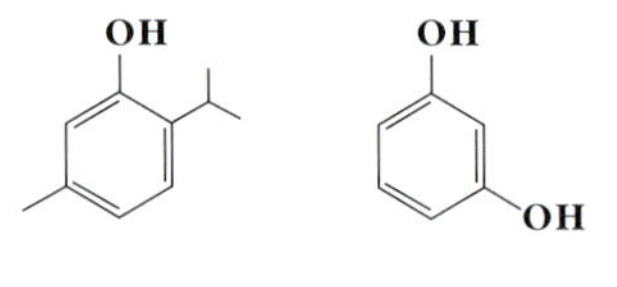

Thymol Resorcin

### *Auswertung*

a) Erläutern Sie die Synthese von Phenolphthalein anhand von B1. Geben Sie an, um welchen Reaktionstyp es sich handelt. Beschreiben Sie, wie das elektrophile Teilchen aus Phthalsäureanhydrid und Schwefelsäure entsteht. Erläutern Sie, warum die Phenol-Moleküle vorwiegend in para-Stellung zur Hydroxy-Gruppe substituiert werden.

b) Formulieren Sie analog zur Synthese von Phenolphthalein die Reaktionsgleichung für die Synthese von Fluoreszein. Stellen Sie die Gemeinsamkeiten und die Unterschiede anhand der Valenzstrichformeln heraus.

c) In alkalischer Lösung addiert ein Phenolphthalein-Dianion allmählich ein Hydroxid-Ion am zentralen Kohlenstoff-Atom. Erklären Sie damit die Beobachtungen beim Stehenlassen der alkalischen Phenolphthalein-Lösung (V2).

d) Erklären Sie, warum Fluoreszein (B3) fluoresziert, Phenolphthalein (B1) dagegen nicht (vgl. S. 179).

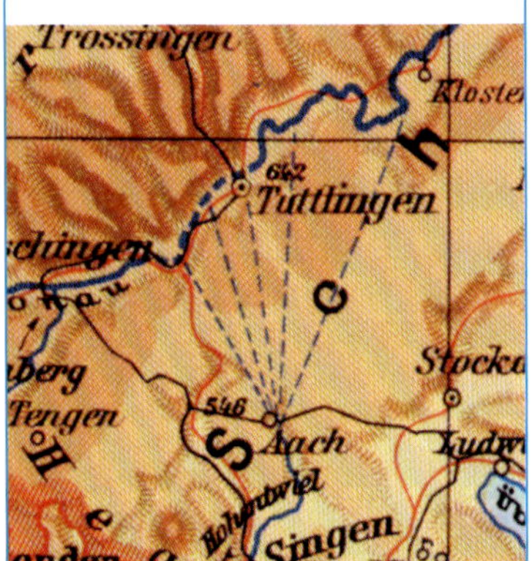


### *INFO*

Fluoreszein ist einer der gebräuchlichsten Fluoreszenzfarbstoffe. Seine Fluoreszenz ist so stark, dass sie selbst noch bei großer Verdünnung zu sehen ist. Fluoreszein kann daher z.B. zur Aufklärung unterirdischer Wasserläufe eingesetzt werden. So kippte man im Jahr 1877 zur Untersuchung der Donauversickerung 10 kg Fluoreszein in die Donau. Drei Tage später beobachtete man eine deutliche Fluoreszenz in der Aach, einem Nebenfluss des Rheins. Dadurch konnte aufgeklärt werden, dass ein Großteil des Donauwassers unterirdisch in das Flusssystem des Rheins abfließt.

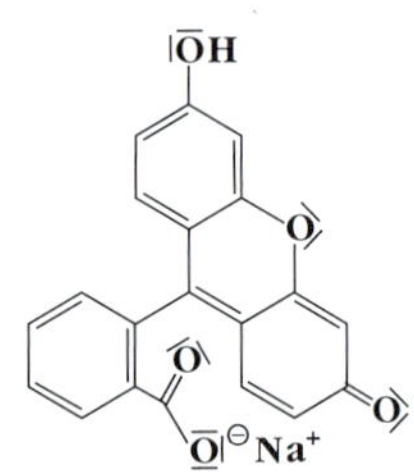

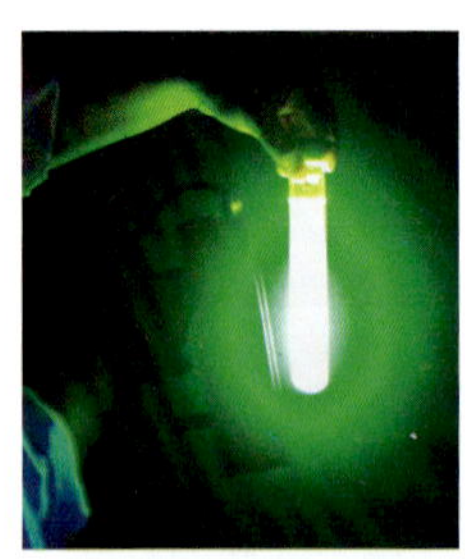

## Indigo-, Anthrachinon- und Triphenylmethanfarbstoffe

**Triphenylmethanfarbstoffe** sind synthetische Farbstoffe von hoher Lichtintensität und Brillanz. Zu ihnen gehören beispielsweise der Tintenfarbstoff Kristallviolett (vgl. S. 176, B4) und die Untergruppe der Phthaleine mit dem bekannten Indikatorfarbstoff Phenolphthalein. Gemeinsam ist ihnen das chromophore Grundgerüst, das sich vom Triphenylmethan (B2) ableitet. Triphenylmethan selbst ist farblos, da das System der delokalisierten Elektronen am zentralen tetraedrischen Kohlenstoff-Atom unterbrochen ist. Triphenylmethanfarbstoffe werden aus Phenol oder Anilin und ihren Derivaten und einem geeigneten Reaktionspartner durch elektrophile Substitutionen hergestellt.

**Indigo** und **Anthrachinonfarbstoffe** gehören zu den **Carbonylfarbstoffen**. Indigo, der bekannte Jeansfarbstoff, ist einer der wenigen natürlich vorkommenden Farbstoffe, die synthetisch in großen Mengen hergestellt werden. Es wurde bis zum Ende des 19. Jahrhunderts aus der Indigopflanze oder aus dem in Westeuropa vorkommenden Färberwaid gewonnen. Indigopflanzen wurden vor allem in Indien kultiviert und Indigo wurde nach Europa exportiert. Nachdem die Struktur des Indigo-Moleküls aufgeklärt worden war, gelang HEUMANN eine Synthese (B5), nach der auch heute noch Indigo produziert wird. Die industrielle Synthese von Indigo um die Jahrhundertwende brachte den Indigo-Plantagen den wirtschaftlichen Ruin, denn das synthetische Indigo war sauberer und billiger.

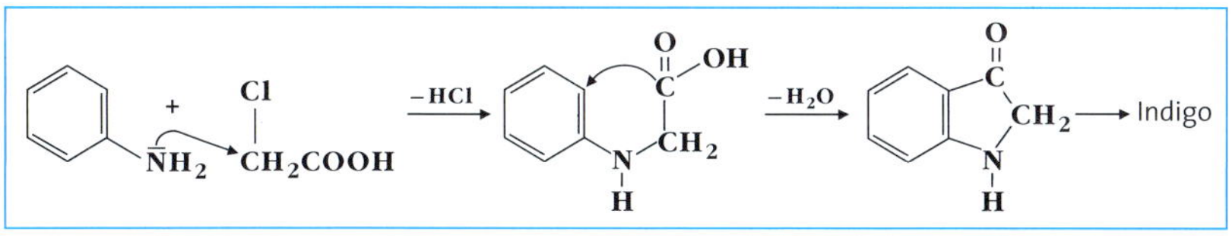


**B5** *Indigo-Synthese nach HEUMANN (1890).* ***A:*** *Erläutern Sie, welche Reaktionen bei den einzelnen Schritten ablaufen.*

### *Aufgaben*

***A1*** Alizarin (B6) kann aus Phthalsäureanhydrid (B1) und 1,2-Dihydroxybenzol hergestellt werden. Formulieren Sie die Reaktion.

***A2*** Der *p*H-Indikator Thymolphthalein wird aus Phthalsäureanhydrid (B1) und Thymol (2-Isopropyl-5-methylphenol) hergestellt. a) Geben Sie die Valenzstrichformel von Thymolphthalein an. b) Vergleichen Sie die Umschlagsbereiche von Phenolphthalein (*p*H = 8,3 bis 10,0) und Thymolphthalein (*p*H = 9,0 bis 10,5) und erklären Sie den Unterschied.

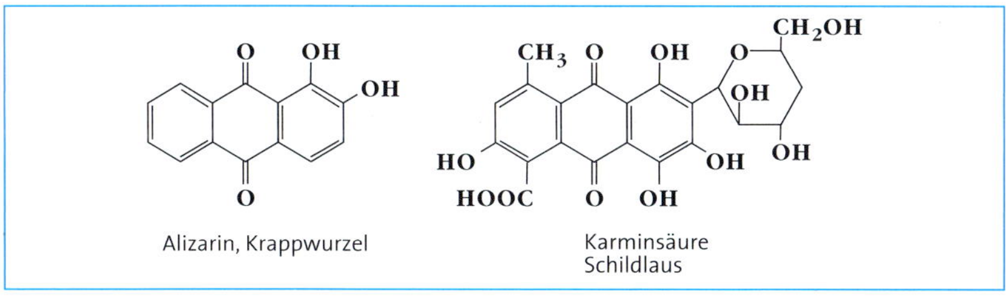


**B6** *Natürliche Anthrachinonfarbstoffe*

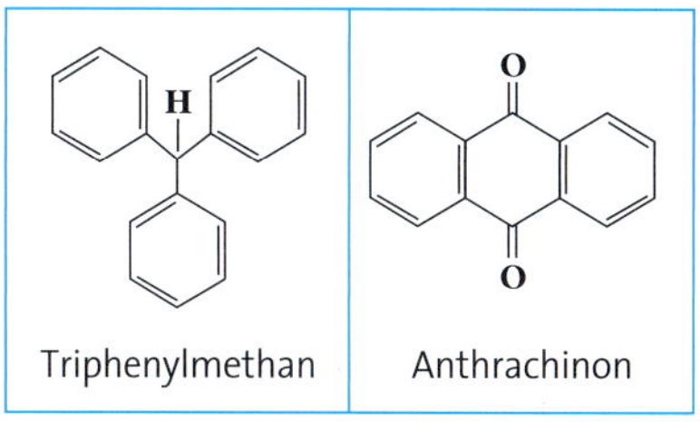


**B2** *Triphenylmethan und Anthrachinon sind die Grundgerüste vieler Farbstoffe.*

**B3** *Indigopflanze und mit Indigo gefärbte Jeans*

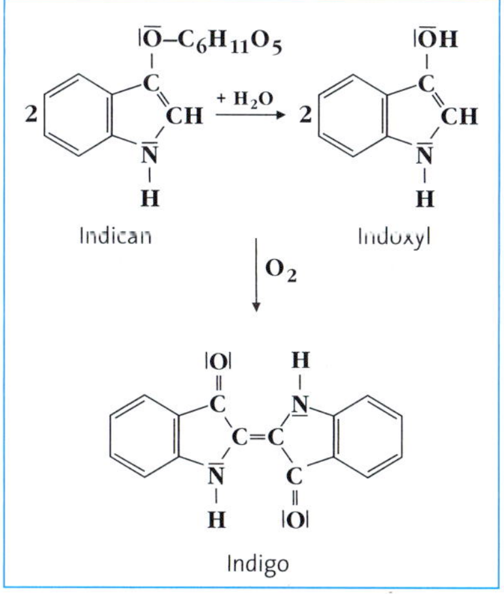


**B4** *In der Pflanze liegt Indigo in einer Vorstufe, dem Glucosid Indican, vor. Um den Farbstoff zu erhalten, werden die Pflanzen in Wasser zerquetscht. Durch die dabei frei werdenden Enzyme wird Indican zu Glucose und Indoxyl hydrolysiert. An der Luft wird dieses zu Indigo oxidiert.* ***A:*** *Zeigen Sie anhand der Oxidationszahlen, welche Kohlenstoff-Atome oxidiert werden.*

### Fachbegriffe

Triphenylmethanfarbstoffe, Anthrachinonfarbstoffe, Carbonylfarbstoffe

## Derivate des Phenols – Polyphenole

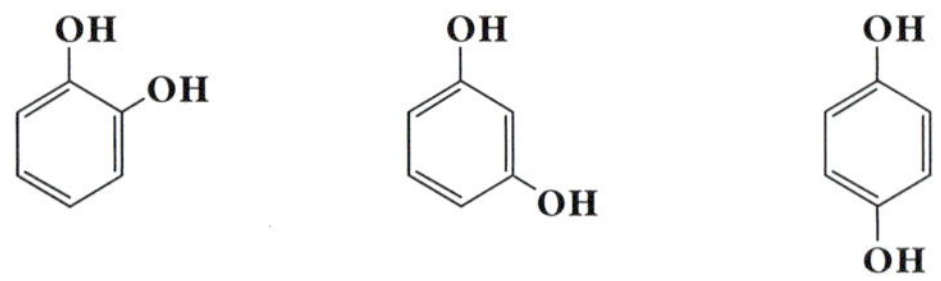


Brenzcatechin 1,2-Dihydroxybenzol | Resorcin 1,3-Dihydroxybenzol | Hydrochinon 1,4-Dihydroxybenzol

**B1** *Isomere Diphenole.* **A:** *Bei der Oxidation von Hydrochinon entsteht para-Chinon (B4). Formulieren Sie für diese Oxidation die entsprechende Reaktionsgleichung ausgehend vom Dianion des Diphenols.* **A:** *Erklären Sie, warum sich Resorcin nicht zu einem meta-Chinon oxidieren lässt.*

### *Versuch*

***LV1*** Nachweis von phenolischen Hydroxy-Gruppen: Man versetzt Lösungen von Phenol*, den Diphenolen*, Gallussäure* und Salicylsäure*, eine Aspirin-Suspension, schwarzen Tee und verdünnten Kaffee mit einigen Tropfen Eisen(III)-chlorid*-Lösung.

### Polyphenole in Früchten, Tee und Rotwein

Angeschnittene Früchte werden an der Luft braun. Für diese Färbung sind die in den Früchten enthaltenen Polyphenole verantwortlich. Polyphenole sind Derivate des Phenols, deren Moleküle mehrere Hydroxy-Gruppen enthalten. Diese werden in Gegenwart der in den Zellen vorhandenen Phenoloxydase-Enzyme an der Luft zu farbigen **Chinonen** oxidiert, die in noch nicht ganz geklärter Weise zu dunkel gefärbten Produkten weiterreagieren. Zu den Polyphenolen in Früchten gehören neben farblosen auch farbige Stoffe wie die Anthocyane (vgl. S. 200, 201), die sich häufig direkt unter der Schale befinden.

**B2** *Ungeschwefelte und geschwefelte getrocknete Aprikosen*

Man kann das Braunwerden verhindern, indem man die Früchte mit Zitronensaft beträufelt, da die Enzyme im sauren Medium inaktiv sind. Trockenfrüchte werden mit Schwefeldioxid behandelt (Schwefeln), das die Enzyme zerstört.

Polyphenole lassen sich mit Eisen(III)-chlorid-Lösungen nachweisen (LV1). Sie reagieren mit Eisen(III)-Ionen zu grün bis blau gefärbten Verbindungen. Tee und Rotwein u. a. enthalten Tannine, von *tanin* (franz. = Gerbstoff), wie die Flavonoidfarbstoffe (B3). Diese rufen den bitteren Geschmack hervor und wirken adstringierend (zusammenziehend). Wegen der starken gerbenden Wirkung werden Tannine seit Jahrtausenden zum Gerben von Leder verwendet. Sie können aus Galläpfeln und Wucherungen an Eichen gewonnen werden.

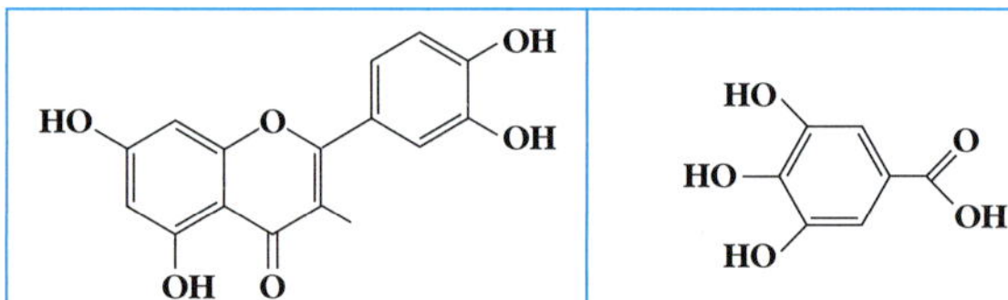


Quercetin, ein Flavonoid in Wein oder Tee | Gallussäure

**B3** *Tannine*

### Ubichinone

Als reversible Redoxpaare spielen Derivate des Hydrochinon/para-Chinon-Redoxpaares, die Ubichinone (B4) und Ubihydrochinone eine wichtige Rolle bei Stoffwechselvorgängen, der Atmungskette und bei der Photosynthese.

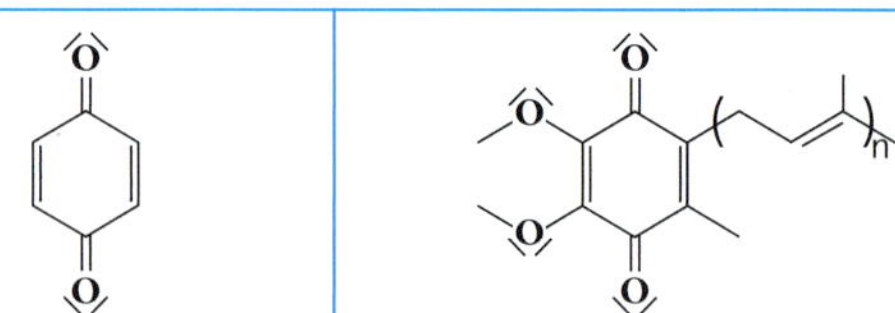


para-Chinon | Ubichinone (n = 6,8,10)

**B4** *para-Chinon und Ubichinone*

## Derivate des Phenols – Salicylsäure und Aspirin

Bereits der griechische Arzt HIPPOKRATES (460 bis 377 v. Chr.) kannte die schmerzlindernde Wirkung von Rindenextrakten einiger Weidenarten und empfahl sie bei rheumatischen Schmerzen. Weidenrinde enthält Salicylalkohol, der im menschlichen Körper zu Salicylsäure umgewandelt wird.
Heute synthetisiert man Salicylsäure nach dem KOLBE-SCHMITT-Verfahren aus Natriumphenolat und Kohlenstoffdioxid bei 125 °C und 6000 hPa. Salicylsäure ist eine relativ starke Säure, da das Anion durch intramolekulare Wasserstoffbrückenbindungen stabilisiert wird.
Salicylsäure ist ein wirksames Schmerzmittel, schmeckt aber sehr unangenehm und greift häufig die Magenschleimhäute an. Im Jahr 1897 versuchte FELIX HOFFMANN, dessen Vater an Rheuma litt, eine verträgliche Form des Wirkstoffs Salicylsäure zu finden. Er veresterte sie mit Essigsäureanhydrid zu Acetylsalicylsäure ASS. ASS ist das heute weltweit am meisten verwendete Medikament, von dem jährlich 36 000 Tonnen hergestellt werden.

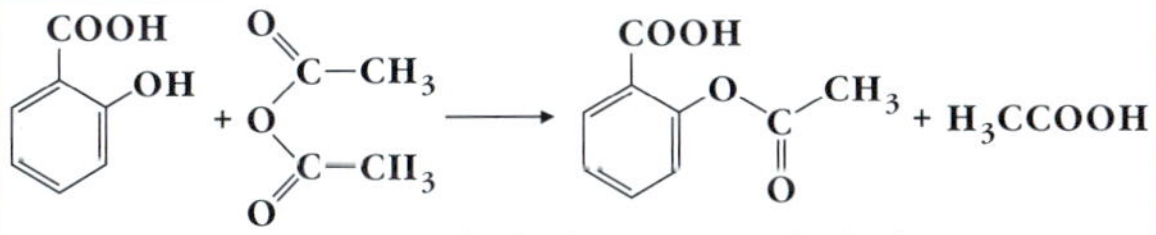

Salicylsäure Essigsäureanhydrid Acetylsalicylsäure

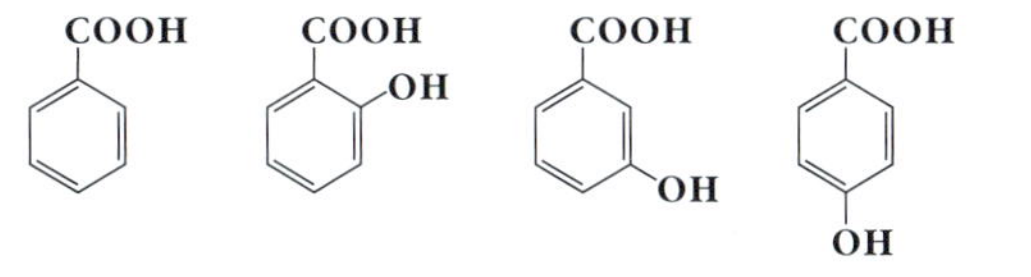

**B5** *Benzoesäure, Salicylsäure, meta- und para-Hydroxybenzoesäure*

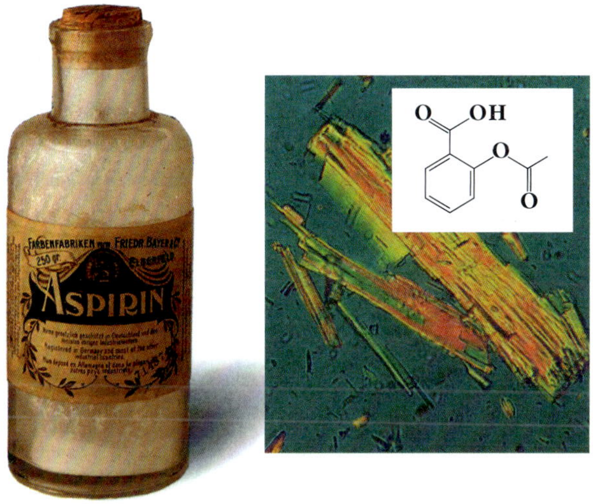


**B6** *Historische Verpackung des Schmerzmittels Aspirin, Formel und Kristalle des Wirkstoffs ASS*

| Säure | $pK_S$-Wert |
|---|---|
| Benzoesäure | 4,19 |
| ortho-Hydroxybenzoesäure (Salicylsäure) | 2,97 |
| meta-Hydroxybenzoesäure | 4,06 |
| para-Hydroxybenzoesäure | 4,48 |

**B7** *Säurestärken von Benzoesäure und Hydroxybenzoesäuren*
***A:*** *Erklären Sie die unterschiedliche Säurestärke von Benzoesäure, meta-Hydroxybenzoesäure und para-Hydroxybenzoesäure anhand des induktiven bzw. mesomeren Effekts der Hydroxy-Gruppe.*
***A:*** *Bauen Sie ein Molekülmodell von Salicylsäure und erklären Sie, welcher Effekt die hohe Säurestärke bewirkt.*

### *Aufgaben*

***A1*** Erklären Sie anhand der Struktur der Salicylsäure, warum man bei der Synthese von Acetylsalicylsäure das reaktivere Essigsäureanhydrid statt Essigsäure einsetzt.

***A2*** Salicylsäure kann mit Methanol zu „Wintergrünöl" verestert werden, einem Geruchsstoff für Zahnpasten wie auch für Reinigungsmittel. Vergleichen Sie die Synthese mit der von ASS und formulieren Sie die Reaktionsgleichung.

***A3*** Bei dem KOLBE-SCHMITT-Verfahren zur Synthese von Salicylsäure aus Natriumphenolat und Kohlenstoffdioxid erhält man zunächst das Natriumsalz der Salicylsäure, aus dem durch Umsetzung mit Salzsäure Salicylsäure entsteht. Erläutern Sie die Reaktionsschritte (Mechanismus) der beim KOLBE-SCHMITT-Verfahren ablaufenden Reaktion und begründen Sie, warum man die Synthese unter Druck durchführt und von Natriumphenolat statt von Phenol ausgeht.

## Toluol – Substitution am Kern oder in der Seitenkette

**Toluol** (Toluen, Methylbenzol) ist der einfachste Vertreter der **Alkylbenzole**. Toluol findet sich in kleinen Mengen im Erdöl und wird hauptsächlich aus diesem gewonnen. Wegen seiner hohen Octanzahl wird es wie Benzol und die Xylole dem Benzin zugesetzt. Zudem dient Toluol als Lösemittel und als Edukt bei der Synthese von Farb- und Sprengstoffen.

### Toluol reagiert wie Benzol

In Gegenwart von Eisen(III)-bromid als Katalysator reagiert Toluol wie Benzol in einer elektrophilen Substitution, aber viel schneller. Die Methyl-Gruppe übt einen +I-Effekt auf den Benzolkern aus, sodass sich die Elektronendichte im Ring erhöht. Dadurch wird ein elektrophiler Angriff begünstigt und ein Wasserstoff-Atom am Ring („Kern") durch ein Brom-Atom ersetzt.

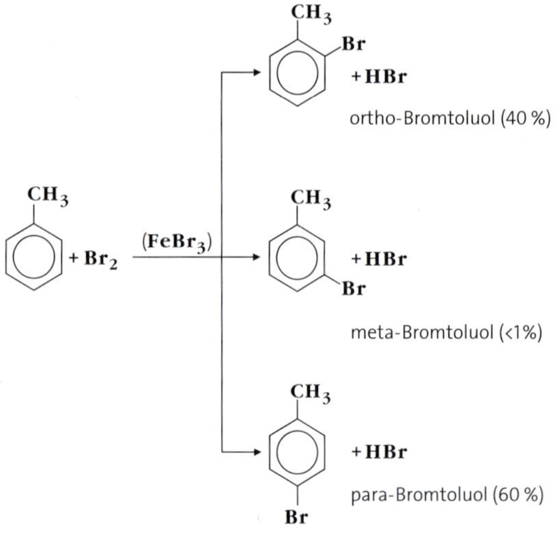


Dabei enstehen fast ausschließlich ortho- und para-Bromtoluol. Eine Erklärung dafür ist, dass bevorzugt die stabileren ortho- und para-Interdukte gebildet werden (B1), bei denen tertiäre Carbenium-Ionen als mesomere Grenzstrukturen auftreten.

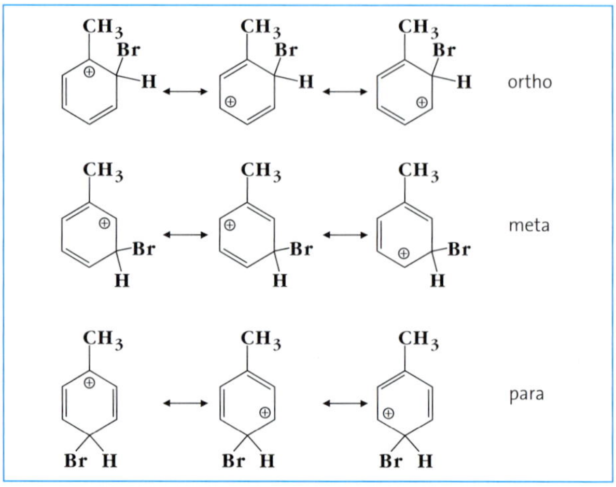


**B1** *Mesomere Grenzstrukturen der Interdukte bei der elektrophilen Substitution an Toluol. Die Methyl-Gruppe mit ihrem +I-Effekt kann die positive Ladung im Interdukt teilweise kompensieren. Dies führt zu einer Stabilisierung der ortho- und para-Interdukte.*

### Toluol reagiert wie Methan

Toluol kann auch als Derivat des Methans angesehen werden. Wie bei Alkanen läuft unter dem Einfluss von Licht eine radikalische Substitution ab, bei der ein Wasserstoff-Atom der Methyl-Gruppe substituiert wird:

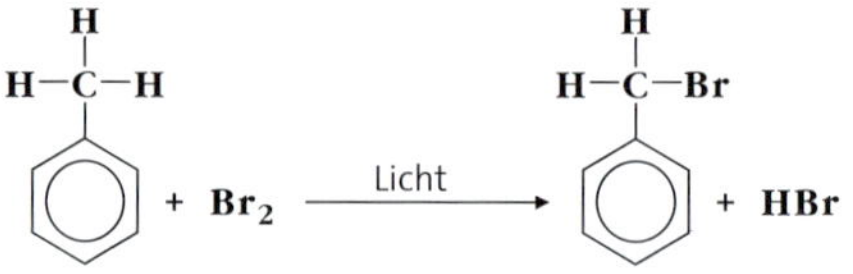


Benzylbromid ($\alpha$-Bromtoluol)

Das als Interdukt entstehende Benzyl-Radikal ist mesomeriestabilisiert und begünstigt die Substitution. Stufenweise können alle drei Wasserstoff-Atome der Methyl-Gruppe ersetzt werden.

### Die KKK- und die SSS-Regel

Wie Toluol reagieren auch andere Alkylbenzole je nach Reaktionsbedingungen als Aromaten oder als Alkane.

*Kälte-Katalysator-Kernsubstitution:*
Bei niedriger Temperatur und mit einem Katalysator erfolgt bevorzugt eine elektrophile Substitution am aromatischen Kern.

*Siedehitze-Sonne-Seitenkettensubstitution:*
Bei erhöhter Temperatur und Bestrahlung mit Licht ist dagegen eine radikalische Substitution in der Seitenkette favorisiert.

## Technisch wichtige elektrophile Substitutionen

### FRIEDEL-CRAFTS-Alkylierung

Zur gezielten Herstellung bestimmter Alkylbenzole setzt man Benzol mit dem entsprechenden Chloralkan in Gegenwart von Aluminium(III)-chlorid um.

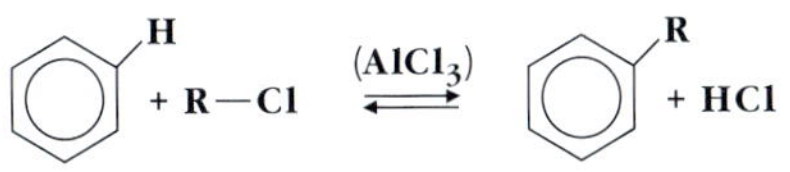


Bei dieser elektrophilen Substitution wirkt Aluminiumchlorid als Katalysator durch Polarisierung der Chlor-Kohlenstoff-Bindung im Alkylchlorid.

Auch Alkene können zur **Alkylierung** eingesetzt werden, z.B. bei der technisch wichtigen Synthese von Cumol (Isopropylbenzol), dem Grundstoff für 90 % der Weltproduktion von Phenol und Aceton (vgl. S. 163, B4).

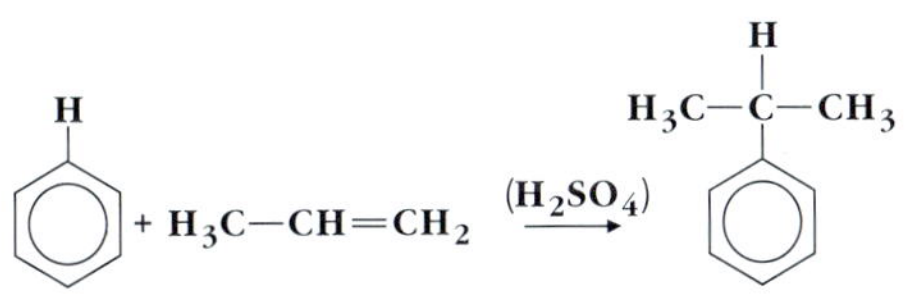


Elektrophil ist das Propyl-Carbenium-Ion, das durch Protonierung von Propen mit Schwefelsäure entsteht.

### Sulfonierung

Eine weitere wichtige elektrophile Substitution ist die **Sulfonierung**, bei der ein Wasserstoff-Atom eines Aromaten-Moleküls durch eine Sulfonsäure-Gruppe ersetzt wird. Im Gegensatz zur Nitrierung und Bromierung ist die Sulfonierung von Benzol reversibel. Als Elektrophil dient das Schwefeltrioxid-Molekül, das in rauchender Schwefelsäure gelöst vorliegt.

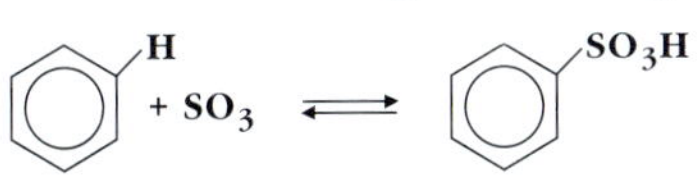


Benzolsulfonsäure ist wegen der Sulfonsäure-Gruppe **$-SO_3H$** eine wasserlösliche, starke Säure. Die Sulfonierung von Aromaten wird deshalb genutzt, um aromatische Verbindungen wie Farbstoffe wasserlöslich zu machen.

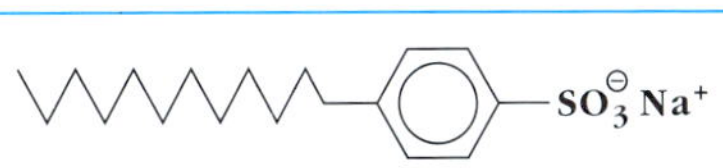


**B1** *Natriumdodecylbenzolsulfonat ist eine waschaktive Substanz und im Gegensatz zu den früher üblichen verzweigten Alkylbenzolsulfonaten biologisch abbaubar.* **A:** *Formulieren Sie drei Schritte der Synthese von Natriumdodecylbenzolsulfonat.*

### Nitrierung

Die **Nitrierung** von Benzol und anderen Aromaten gelingt mit Nitriersäure, einem Gemisch aus konzentrierter Salpetersäure und konzentrierter Schwefelsäure. Als elektrophiles Teilchen wirkt das Nitryl-Kation **$NO_2^+$**, das in einer Protolyse zwischen einem Salpetersäure- und einem Schwefelsäure-Molekül gebildet wird:

a) Bildung des elektrophilen Teilchens

$$H{-}\bar{\underline{O}}{-}NO_2 + H_2SO_4 \rightleftharpoons H{-}\underset{H}{\overset{+}{\bar{O}}}{-}NO_2 + HSO_4^-$$

$$\rightleftharpoons H_2O + NO_2^+ + HSO_4^-$$

b) Reaktion

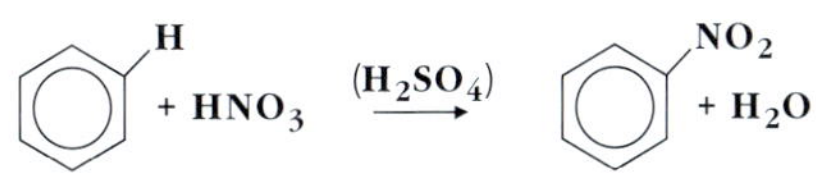


Durch Reduktion der Nitro-Gruppe am Nitrobenzol zur Amino-Gruppe entsteht Anilin (Aminobenzol), eine wichtige Grundchemikalie für die Synthese von Farbstoffen (vgl. S. 182 bis 185).

### *Aufgaben*

**A1** Formulieren Sie den Mechanismus der FRIEDEL-CRAFTS-Alkylierung von Benzol analog dem Mechanismus der Bromierung (vgl. S. 134, 135).

**A2** Begründen Sie unter Angabe der Reaktionsschritte, warum bei der Alkylierung von Benzol mit Propen in Gegenwart von Schwefelsäure als Katalysator fast ausschließlich Isopropylbenzol (Cumol) und kein Propylbenzol (1-Phenylbenzol) gebildet wird.

**A3** Der Süßstoff Saccharin hat eine Süßkraft, die ca. 500-mal größer ist als die von Saccharose. Saccharin kann nach dem Schema synthetisiert werden:

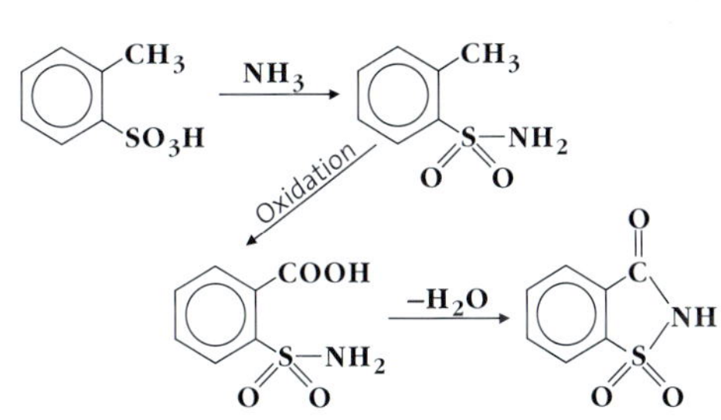


Formulieren Sie eine mögliche Synthese für den Ausgangsstoff ortho-Toluolsulfonsäure.

*Kompetenzen* **Erläutern des Reaktionsverhaltens von aromatischen Verbindungen und Erklären des Reaktionsverhaltens mit Reaktionsschritten der elektrophilen Erst- und Zweitsubstitution; Voraussagen des Orts der elektrophilen Zweitsubstitution am Aromaten und Begründen der Voraussagen mit dem Einfluss des Erstsubstituenten**

Wenn eines der sechs Wasserstoff-Atome am Benzol-Ring durch ein anderes Atom oder eine Atomgruppe ersetzt (substituiert) ist, bezeichnet man dieses Atom bzw. diese Atomgruppe als **Substituent**. Bei einer weiteren elektrophilen Substitution am Benzol-Ring nimmt der bereits vorhandene Substituent allerdings doppelt Einfluss: Er kann den Benzol-Ring für einen elektrophilen Angriff aktivieren oder desaktivieren, d. h. die Reaktion erleichtern oder erschweren, und er kann den Angreifer in bestimmte, „bevorzugte" Positionen am aromatischen Ring dirigieren.

Ausschlaggebend dafür sind der **induktive Effekt** und der **mesomere Effekt** eines Substituenten. Im Gegensatz zum induktiven Effekt (vgl. S. 139) sind beim mesomeren Effekt Elektronenpaare aus Doppelbindungen oder freie Elektronenpaare im Substituenten in die Bindungsdelokalisation mit einbezogen (B1).

Viele Substituenten können sowohl einen induktiven als auch einen mesomeren Effekt ausüben. Durch deren Zusammenwirken ergeben sich Gesamteffekte bezüglich des aktivierenden oder desaktivierenden und des dirigierenden Einflusses bei elektrophilen Substitutionen, wie sie in B2 gezeigt sind. In der Regel dirigieren aktivierende Substituenten in die ortho- und para-Stellung, desaktivierende in die meta-Stellung. Eine Ausnahme bilden die Halogen-Atome. Sie desaktivieren den Benzol-Ring für eine Zweitsubstitution, dirigieren aber in ortho- und para-Stellung.

### Regeln zur Aufstellung von mesomeren Grenzstrukturformeln

Mesomere Grenzstrukturformeln unterscheiden sich nur durch die Anordnung von Elektronenpaaren aus Doppelbindungen und freien Elektronenpaaren (z. B. von Halogen-, Sauerstoff- oder Stickstoff-Atomen). Beim Aufstellen von mesomeren Grenzstrukturen gelten folgende Regeln:

- Man „verschiebt" ein Elektronenpaar aus einer Doppelbindung (oder ein freies Elektronenpaar) in diejenige benachbarte Einfachbindung, die den größeren Elektronenmangel aufweist. Bei der ersten Grenzformel aus B1 zeigt der gebogene Pfeil diese Verschiebung an.
- Nun wird das Elektronenpaar aus der nächsten Doppelbindung nach dem gleichen Prinzip verschoben (vgl. gebogener Pfeil in der zweiten Grenzformel des Interdukts in B1), um die nächste Grenzformel zu erhalten.
- In jeder Grenzformel müssen alle Kohlenstoff-Atome, an denen keine elektrische Ladung lokalisiert ist, vierbindig sein.

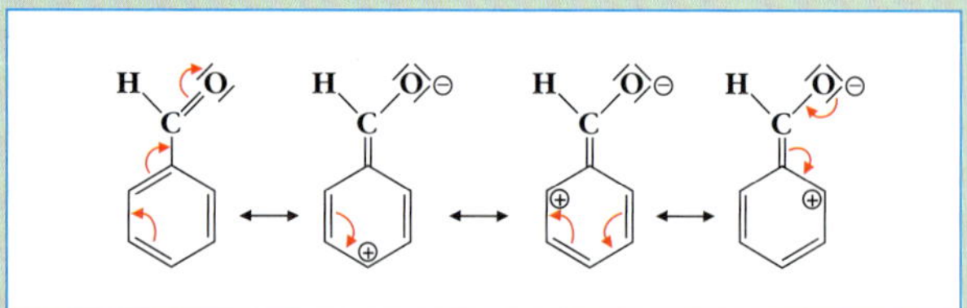

**B1** *-M-Effekt der Carbonyl-Gruppe. Das Elektronenpaar aus der Doppelbindung des Substituenten ist in die Bindungsdelokalisation des aromatischen Rings einbezogen. Dadurch desaktiviert die Carbonyl-Gruppe den Benzol-Ring und dirigiert den Zweitsubstituenten in meta-Stellung.*

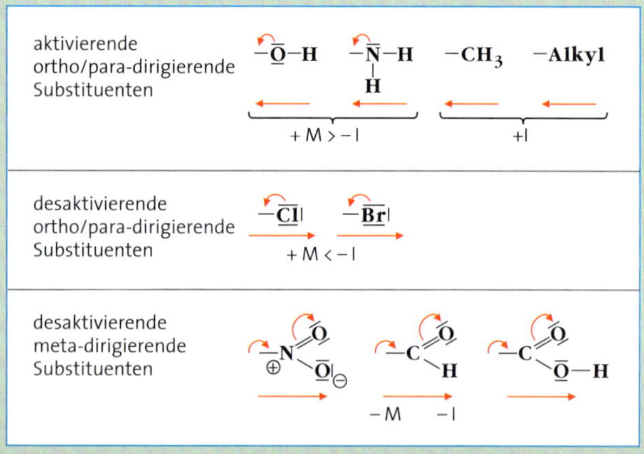


**B2** *Induktive und mesomere Effekte verschiedener Substituenten*

*Kompetenzen* **Erläutern des Reaktionsverhaltens von aromatischen Verbindungen und Erklären des Reaktionsverhaltens mit Reaktionsschritten der elektrophilen Erst- und Zweitsubstitution; Voraussagen des Orts der elektrophilen Zweitsubstitution am Aromaten und Begründen der Voraussagen mit dem Einfluss des Erstsubstituenten**

## Aufgabe

Zur Nitrierung von Benzol muss Nitriersäure, ein Gemisch aus Salpetersäure und Schwefelsäure, eingesetzt werden. Für die Nitrierung von Phenol reicht es dagegen, mit verdünnter Salpetersäure zu arbeiten.
Bei beiden Reaktionen ist das Nitryl-Kation $NO_2^+$ das elektrophile Teilchen. Aus Phenol entsteht ein Gemisch aus zwei isomeren Nitrophenolen.

a) Erläutern Sie, warum die Nitrierung von Phenol leichter, d.h. unter milderen Reaktionsbedingungen, gelingt als die von Benzol.
b) Erläutern Sie den Mechanismus der Nitrierung von Phenol und formulieren Sie die Reaktionsschritte. Begründen Sie, welche isomeren Nitrophenole gebildet werden.

## Lösung

a) Das Phenol-Molekül unterscheidet sich vom Benzol-Molekül durch eine zusätzliche Hydroxy-Gruppe am aromatischen Ring. Die Hxdroxy-Gruppe mit ihrem +M-Effekt aktiviert den aromatischen Ring des Phenol-Moleküls für eine elektrophile Substitution. Die mesomeren Grenzstrukturen (B3) zeigen, dass die Aktivierung des Rings auf einer Erhöhung der Elektronendichte im Ring beruht. Dadurch ist die elektrophile Substitution von Phenol im Vergleich zu der von Benzol begünstigt, sodass die Nitrierung von Phenol leichter gelingt

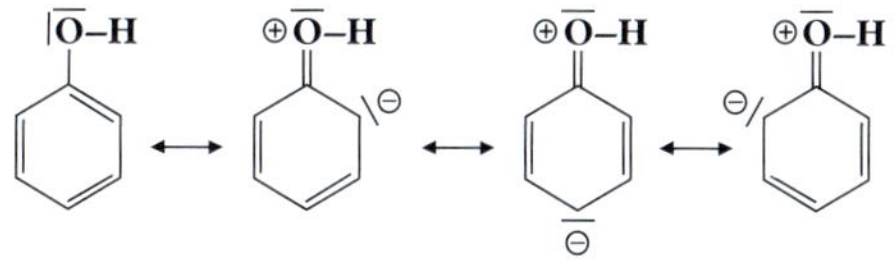

**B3** *Mesomere Grenzstrukturen des Phenol-Moleküls*

b) Das elektrophile Nitryl-Kation $NO_2^+$ greift den Ring des Phenol-Moleküls an. Dabei entsteht ein mesomeriestabilisiertes positiv geladenes Interdukt (1), das durch Abspaltung eines Protons und unter gleichzeitiger Rearomatisierung zu einem Nitrophenol-Molekül weiterreagiert (2):

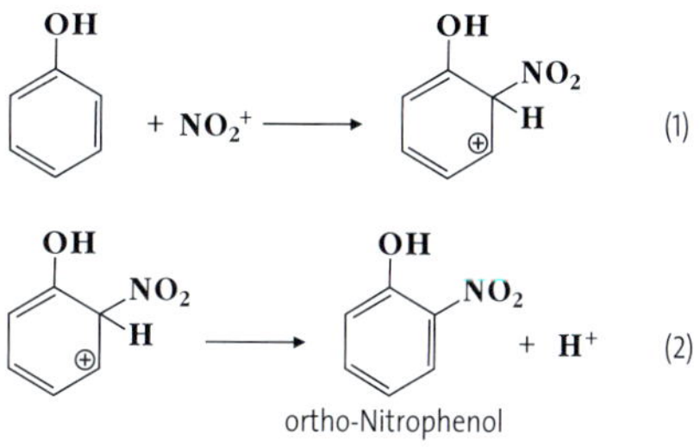


Von den drei isomeren Nitrophenolen werden bevorzugt ortho- und para-Nitrophenol gebildet:

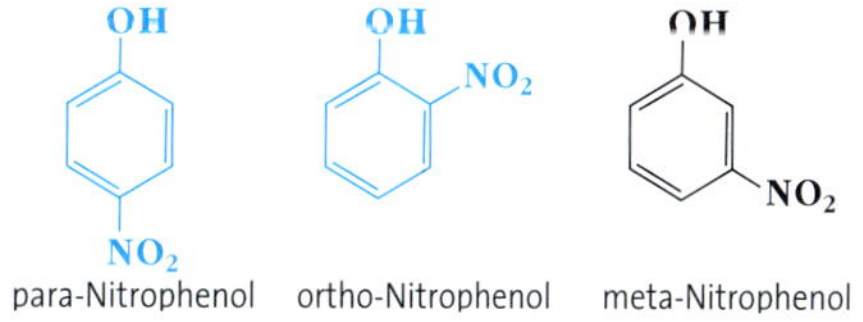


Da die Elektronendichte im aromatischen Ring des Phenol-Moleküls in ortho-und para-Position zur Hydroxy-Gruppe gegenüber der meta-Position erhöht ist, greift das Elektrophil den Ring bevorzugt in ortho- bzw. para-Position an: Die Hydroxy-Gruppe im Phenol-Molekül dirigiert den Zweitsubstituenten, hier das Nitryl-Kation, in die ortho- bzw. para-Position.

## Kompetenzen trainieren

Diese Kompetenzen können mit den Aufgaben A26, A28, A33 und A34 auf den Seiten 205 und 207 vertieft werden.

***Kompetenzen*** **Angeben eines Reaktionsschemas für die Synthese eines Azofarbstoffes und Erläutern der Azokupplung als elektrophile Zweitsubstitution**

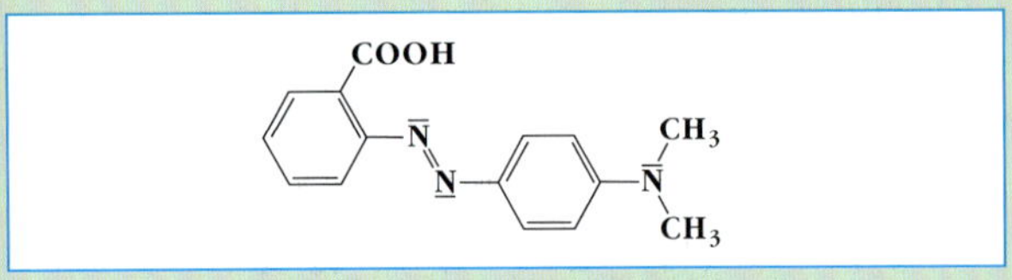


**B1** *Methylrot*

Methylrot ist ein Azofarbstoff, der häufig als Säure-Base-Indikator verwendet wird. Er wird aus ortho-Aminobenzoesäure (Anthranilsäure) und N,N-Dimethylanilin hergestellt. In dem 1. Syntheseschritt wird Anthranilsäure in einer eisgekühlten, sauren Natriumnitrit-Lösung diazotiert. Die Lösung der dabei entstandenen Diazonium-Ionen wird im 2. Syntheseschritt mit N,N-Dimethylanilin versetzt. Dabei fällt der in Wasser schlecht lösliche, rote Farbstoff Methylrot aus.

### *Aufgabe*

a) Formulieren Sie eine Reaktionsgleichung für die im 1. Schritt ablaufende Diazotierung von Anthranilsäure.

b) Erläutern Sie den 2. Syntheseschritt und formulieren Sie den Mechanismus dieser Reaktion.
Begründen Sie den Ort der Azokupplung an N,N-Dimethylanilin und erläutern Sie, ob Isomere von Methylrot gebildet werden.

### *Lösung*

a) $NaNO_2 + H_3O^+ \longrightarrow HONO + Na^+ + H_2O$

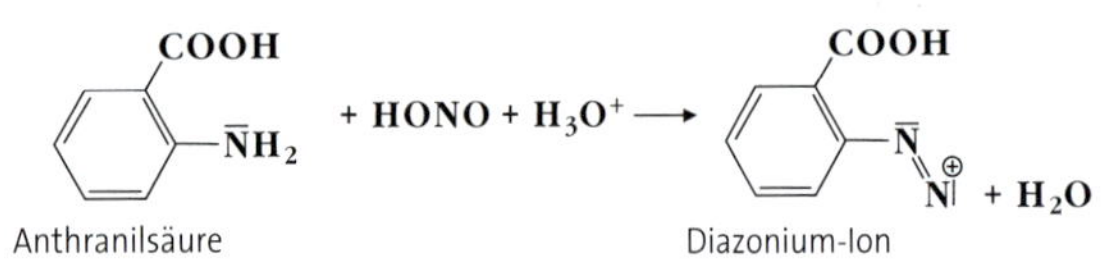


b) Der 2. Syntheseschritt ist die Azokupplung zwischen dem entstandenen Diazonium-Ion und N,N-Dimethylanilin. Dabei läuft eine elektrophile Substitution am N,N-Dimethylanilin-Molekül durch das positiv geladene, elektrophile Diazonium-Ion ab. Es bildet sich ein mesomeriestabilisiertes, positiv geladenes Interdukt, das durch Abspaltung eines Protons zu dem Methylrot-Molekül reagiert (Rearomatisierung).

Die Dimethylamino-Gruppe im N,N-Dimethylanilin-Molekül übt einen +M-Effekt aus und dirigiert den Zweitsubstituenten in ortho- und para-Stellung. Aus sterischen Gründen ist bei dieser elektrophilen Zweitsubstitution von N,N-Dimethylanilin die para-Position begünstigt. Daher findet die Azokupplung bevorzugt in para-Stellung zur Dimethylamino-Gruppe statt und es ensteht das para-Isomer „Methylrot".
In geringem Maße findet die Substitution in den ortho-Positionen zur Dimethylamino-Gruppe statt, sodass es auch das ortho-Isomer zu Methylrot gibt:

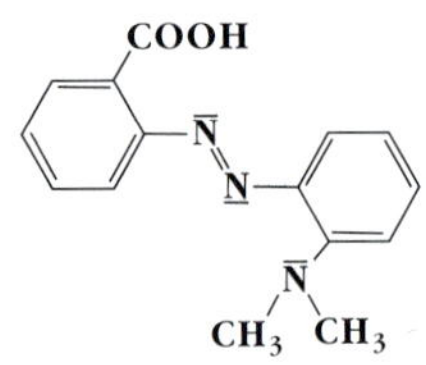


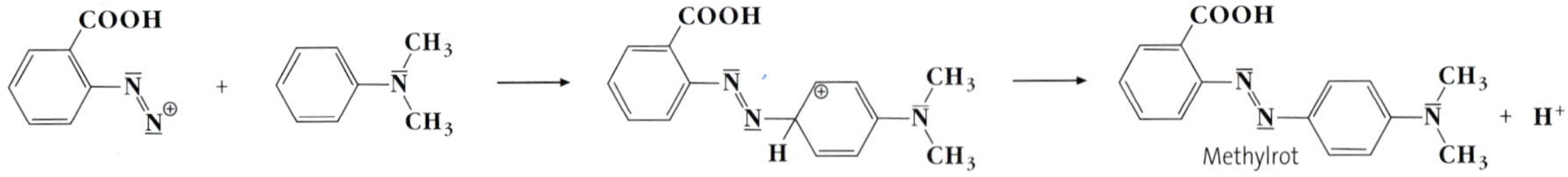


### *Kompetenzen trainieren*

Diese Kompetenzen können mit den Aufgaben A30 und A35 auf den Seiten 206 und 207 vertieft werden.

***Kompetenzen*** **Erklären der Farbigkeit von gegebenen Farbstoffen durch Lichtabsorption und Erläutern des Zusammenhangs zwischen Farbigkeit und Molekülstruktur mithilfe des Mesomeriemodells**

## *Aufgabe*

B1 zeigt die Absorptionsspektren von drei Farbstoff-Lösungen und die Absorptionsmaxima $\lambda_{max}$. Die Farbe der Lösung ist unter der Kurve notiert.

a) Erklären Sie die unterschiedlichen Farben der drei Lösungen mithilfe der Absorptionsspektren und erläutern Sie den Zusammenhang zwischen den Farben und der Molekülstruktur mithilfe geeigneter Fachbegriffe.

b) Vergleichen Sie die Molekülstruktur des Phenolphthaleins mit der des Azofarbstoffs aus B1. Entwickeln Sie je eine weitere mesomere Grenzstruktur zu den beiden angegebenen Formeln.

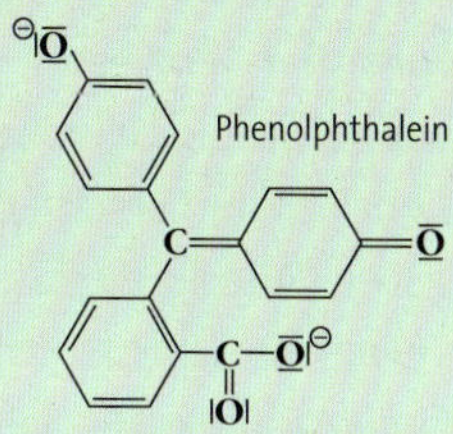


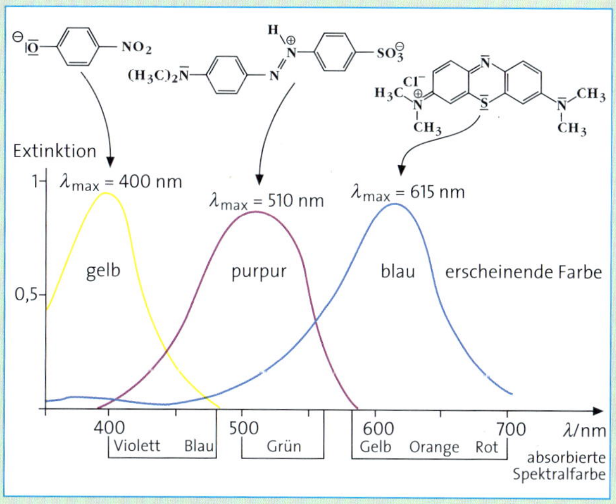


**B1** *Gerüstformeln (Molekülsymbole) und Absorptionsspektren von 4-Nitrophenol, Methylorange und Methylenblau*

## *Lösung (Fachbegriffe sind kursiv hervorgehoben)*

a) Die *Absorptionsspektren* aus B1 zeigen, dass die *Wellenlänge* des *Absorptionsmaximums* $\lambda_{max}$ in der Reihenfolge 4-Nitrophenol, Methylorange, Methylenblau zunimmt. Die gesehene *Komplementärfarbe* verschiebt sich damit in der genannten Reihenfolge von dem Gelb des 4-Nitrophenols über das Orangerot des Methylorange bis zum Blau des Methylenblaus.

Jedes der drei Farbstoff-Teilchen enthält einen oder zwei *aromatische Benzol-Ringe* mit jeweils einem *Elektronensextett* in *konjugierten Doppelbindungen*. Durch die elektronenschiebenden *Donator*- und elektronenziehenden *Akzeptor*-Gruppen an den Benzol-Ringen und durch die Verknüpfungen zwischen den Benzol-Ringen erstreckt sich die *Bindungsdelokalisation* jeweils über das gesamte System. Ihre Ausdehnung und der *Bindungsausgleich* nehmen in der Reihenfolge 4-Nitrophenol, Methylorange, Methylenblau zu. Entsprechend verschiebt sich das Absorptionsmaximum $\lambda_{max}$ zu größeren Wellenlängen.

b) Methylorange ist der *Azofarbstoff* in B1. Die angegebene Gerüstformel stellt das Molekül in einer *zwitterionischen* Grenzstruktur dar. Darin sind die beiden aromatischen Benzol-Ringe über die Azo-Gruppe **–N=N–** miteinander verknüpft. Die für den *Triphenylmethanfarbstoff* Phenolphthalein angegebene Formel zeigt ein *Dianion*, in dem die beiden negativen Ladungen an jeweils einem Sauerstoff-Atom einer *Carboxylat*-Gruppe und einer *Phenolat*-Gruppe lokalisiert sind. Durch die Verknüpfung der beiden *Benzol-Ringe* und des *Chinon-Rings* über das zentrale Kohlenstoff-Atom erstreckt sich auch hier die *Bindungsdelokalisation* über das gesamte Molekül. Sie verbreitet sich sternförmig vom zentralen Kohlenstoff-Atom in drei Richtungen. Beim Methylorange dagegen verläuft sie linear über das System.

Weitere mesomere Grenzstrukturen:

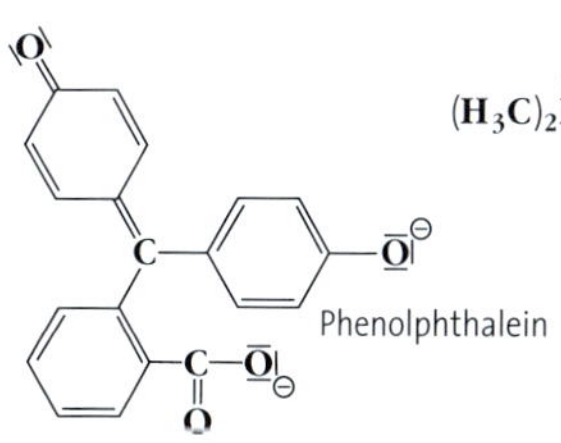


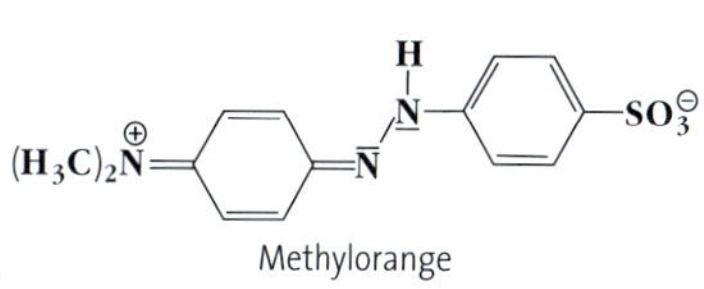


## *Kompetenzen trainieren*

Diese Kompetenzen können mit den Aufgaben A23, A24, A32 und A33 auf den Seiten 205 bis 207 vertieft werden.

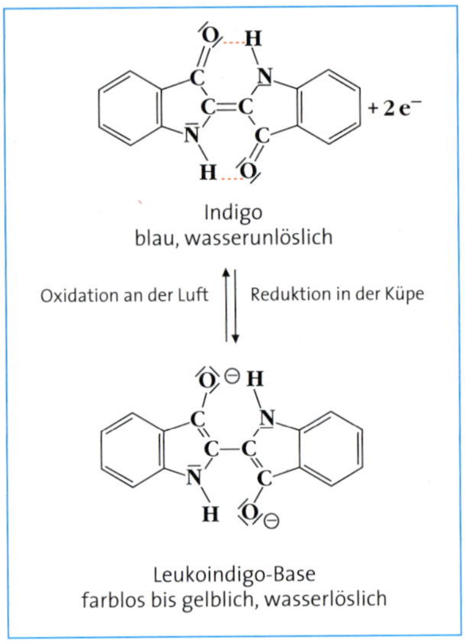


**B1** *Indigo als Küpenfarbstoff*

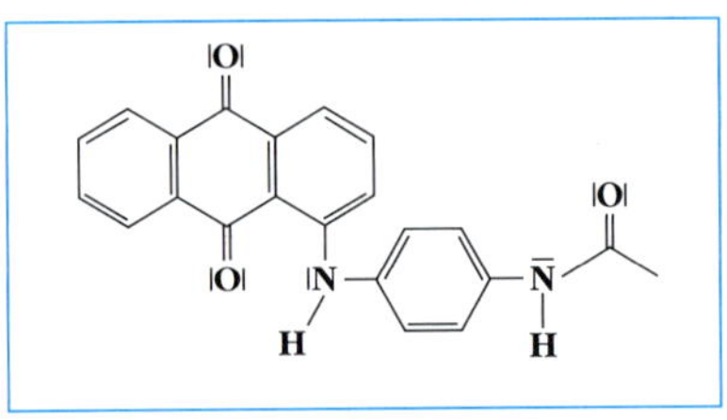

**B2** *Supracen Blau® G*

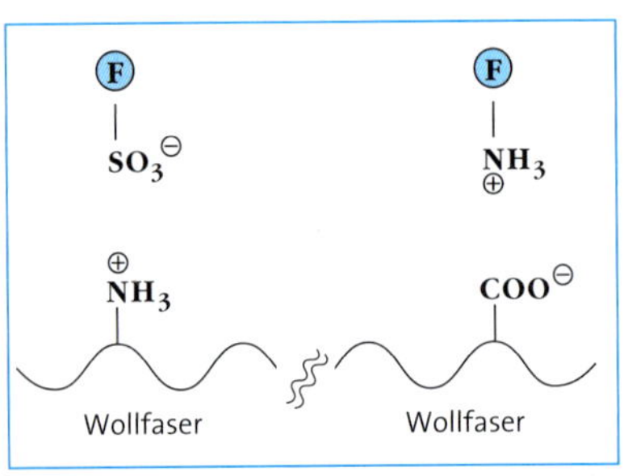


**B3** *Schema der Bindung von anionischen bzw. kationischen Farbstoffen an eine Wollfaser. Ⓕ stellt einen Farbstoff-Molekülrest dar. Die Wollfaser trägt sowohl kationische als auch anionische Gruppen.*

## Blau machen

### Versuche

*Hinweise:* Bezugsquelle für Siriuslichtblau: www.diagonal-shop.de; Ersatzstoffe für Supracen Blau®: der Textilfarbstoff Simplicol aus dem Drogeriemarkt oder der Lebensmittelfarbstoff Indigotin (Indigocarmin).

***V1*** *Direktfärbung mit Siriuslichtblau*: Lösen Sie 0,1 g Siriuslichtblau*, 15 g Natriumchlorid und 0,5 g Natriumcarbonat* in 100 mL heißem Wasser (60 °C), geben Sie ein Baumwolltuch hinein und erhitzen Sie ca. 10 min zum Sieden. Waschen Sie die Stoffprobe anschließend mit kaltem Wasser. Färben Sie auch Textilproben aus Wolle, Polyester und Polyamid.

***V2*** *Färben mit einem ionischen Farbstoff*: Lösen Sie 0,1 g Supracen Blau® G* in 10 mL kochendem Wasser und verdünnen Sie mit 60 °C heißem Wasser auf 400 mL. Geben Sie 10 mL Natriumsulfat-Lösung, $w$ = 10 %, und 4 mL verd. Schwefelsäure*, $w$ = 10 %, zu. Geben Sie in diese Färbelösung Textilproben aus Baumwolle, Wolle, Polyamid, Polyester und Polyacrylnitril. Erhitzen Sie ca. 15 min zum Sieden, wobei Sie die Gewebeproben mit einem Glasstab immer wieder bewegen. Spülen Sie die Gewebeproben anschließend mit heißem, dann mit kaltem Wasser. Alternativ lässt sich dieser Versuch auch mit $\beta$-Naphtholorange* (synthetisierter Farbstoff) durchführen.

***V3*** *Küpenfärbung mit Indigo*: Versetzen Sie in einem Rggl. 0,5 g Indigo* und 5 g Natriumhydroxid*-Plätzchen mit 10 mL heißem Wasser, schütteln Sie um und geben Sie 1 g Natriumdithionit* zu. Verschließen Sie das Reagenzglas mit einem Gummistopfen und schütteln Sie ca. 1 min. Gießen Sie das nun grünliche Gemisch in ein Becherglas mit 100 mL heißem Wasser. Tauchen Sie ein Baumwolltuch in diese Küpe, spülen Sie das Tuch anschließend gründlich mit Wasser ab und lassen Sie es an der Luft trocknen.

### Auswertung

a) Geben Sie an, welche Textilien in V2 angefärbt werden. Geben Sie an, welche Ionen sich in saurer Lösung aus Supracen Blau®-Teilchen bilden, und erläutern Sie welche zwischenmolekularen Bindungen sich zwischen Supracen Blau®-Ionen und der Faser ausbilden (B2, B3).

b) Vergleichen Sie die Wasserlöslichkeit von Indigo mit der der Leukoindigo-Base und erklären Sie den Unterschied. Begründen Sie, warum man die Küpenfärbung in alkalischer Lösung durchführt.

c) Erklären Sie, warum sich auf der Küpe eine blaue Haut bildet.

d) Dithionit-Ionen $S_2O_4^{2-}$ sind starke Reduktionsmittel und werden zu Sulfit-Ionen $SO_3^{2-}$ oxidiert. Formulieren Sie die vollständigen Reaktionsgleichungen für die Reduktion von Indigo in der Küpe und die Rückbildung von Indigo beim Trocknen. Geben Sie dabei an, welche Atome im Indigo-Molekül ihre Oxidationszahl ändern.

e) Erklären Sie anhand von B1, warum sich Indigo nicht zur Direktfärbung eignet.

## Färben von Textilien mit Direkt- und Küpenfarbstoffen

Ein großer Teil der Farbstoffe wird zur Textilfärbung verwendet. Aber nicht jeder Farbstoff ist dafür geeignet. Ein Farbstoff muss lichtecht und waschecht sein, d.h. er muss so fest auf der Faser haften, dass er auch beim Waschen nicht abgelöst wird. Der Farbstoff muss auf die Faser „aufziehen". Dazu ist es nötig, dass der Farbstoff im Färbebad, der „Flotte", löslich ist, damit das zu färbende Textil vom Farbstoff durchtränkt wird. Weiterhin müssen Textilfarbstoffe alkali- und säurefest sein, da sie sonst in der alkalischen Waschlauge ihre Farbe ändern.

**Direktfarbstoffe:** Das Färben mit direkt ziehenden Farbstoffen ist die einfachste Methode, Baumwolle, eine Cellulosefaser mit vielen Hydroxy-Gruppen, einzufärben. Man taucht das Gewebe einige Zeit in die wässrige Farbstoff-Lösung und der Farbstoff haftet gut an der Faser. Direktziehende Farbstoffe sind überwiegend Azofarbstoffe mit Hydroxy- und Amino-Gruppen im Molekül. Zwischen diesen funktionellen Gruppen der Farbstoff-Moleküle und den Hydroxy-Gruppen der Baumwollfaser bilden sich Wasserstoffbrückenbindungen aus, wodurch die Farbstoff-Moleküle mit der Faser verknüpft werden.

**Ionische Farbstoffe:** Wolle und Seide lassen sich gut mit anionischen oder kationischen Farbstoffen direkt einfärben. Wolle und Seide sind Proteinfasern, die in ihren Molekülen elektrisch geladene Amino- $\mathbf{-NH_3^{\oplus}}$ und Carboxy-Gruppen $\mathbf{-COO^{\ominus}}$ enthalten, die mit ionischen Farbstoffen feste salzartige Bindungen eingehen (B3).

**Küpenfarbstoffe:** Mit Indigo lassen sich Textilien nicht direkt färben, denn Indigo, dessen Moleküle starke intramolekulare Wasserstoffbrückenbindungen ausbilden, ist nicht wasserlöslich (B1, V3). Um auf eine Faser aufzuziehen, muss Indigo erst in eine wasserlösliche Form überführt werden. Dazu wird Indigo in der sogenannten Küpe mit Natriumdithionit zu fast farblosem Leukoindigo reduziert. In alkalischer Lösung liegt das gut lösliche Dianion des Leukoindigos vor, das auf die Faser aufziehen kann. Das in der Küpe behandelte Gewebestück wird nach dem Waschen an der Luft getrocknet. Dabei entsteht durch Oxidation wieder blaues, wasserunlösliches Indigo, das an den Fasern haften bleibt.

Färben mit Indigo (B4, B5) ist ebenso alt wie aktuell. Schon vor 4000 Jahren kannten die Ägypter die Technik der **Küpenfärbung**. Beim Färben mit natürlichem Indigo entstehen in der Küpe reduzierende Verbindungen durch Vergären pflanzlicher Bestandteile. Indigo ist wie alle Küpenfarbstoffe, zu denen auch die Anthrachinonfarbstoffe (Indanthrenfarbstoffe) gehören, sehr wasch- und lichtecht, allerdings nicht reibfest. An besonders beanspruchten Stellen wird der Farbstoff von der Faser ausgerieben. Dies verleiht mit Indigo gefärbten Kleidungsstücken wie Jeans schnell das oft gewünschte abgetragene Aussehen.

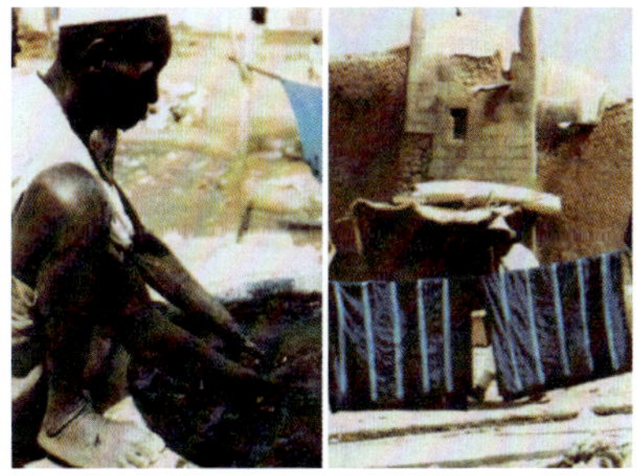

**B4** *Traditionelles Färben mit natürlichem Indigo*

**B5** *Farbige Kleidung dank Indigo und anderer Textilfarbstoffe*

### Aufgabe

**A1** Eine Schülerin möchte ihre Jeans ausbleichen und behandelt sie dazu mit einem käuflichen Textilentfärbemittel, bis die Hose an den behandelten Stellen nur noch schwach blau ist. Nach dem Auswaschen und Trocknen stellt sie verblüfft fest, dass die Hose wieder genauso blau wie vorher ist. Aber sie findet schnell eine Erklärung.

a) Formulieren Sie ihre Erklärung.

b) Geben Sie an, welche Eigenschaften die Substanzen im Textilentfärbemittel haben.

### Fachbegriffe

Direktfarbstoffe, ionische Farbstoffe, Küpenfarbstoffe, Küpenfärbung

# Lebensmittelfarbstoffe

**B1** *Gefärbte Süßigkeiten.* ***A:*** *Ermitteln Sie anhand der Zutatenlisten von verschiedenen Süßwaren wie Eis, Pudding, Backzutaten u.a. aus dem Supermarkt welche Farbstoffe in diesen Lebensmitteln enthalten sind.*

| Zulassungs-Nr. | Name | | Farbe |
|---|---|---|---|
| E 100 | Curcumin (Gelbwurz) | n | orangegelb |
| E 101 | Riboflavin (Vitamin B2) | n | gelb |
| E 104 | Chinolingelb | s | gelb |
| E 110 | Gelborange S | s | orange |
| E 120 | Karminsäure | n | rot |
| E 124 | Cochenillerot A | s | rot |
| E 131 | Patentblau V | s | blau |
| E 132 | Indigotin | s | blau |
| E 140 | Chlorophylle | n | grün |
| E 151 | Brillantschwarz | s | schwarz |
| E 160 | Carotinoide (160 a-f) | n | gelb, rot |
| E 161 | Xanthophylle (161 a-f) | n | orange |
| E 162 | Betanin (Rote Beete) | n | rot |
| E 163 | Anthocyane | n | rot |
| E 170 | Calciumcarbonat | n | weiß |

**B2** *Lebensmittelfarbstoffe und ihre E-Nummern (n = natürlich, s = synthetisch; als Xanthophylle bezeichnet man sauerstoffhaltige Carotinoide).* ***A:*** *Ermitteln Sie Vor- und Nachteile natürlicher Lebensmittelfarbstoffe im Vergleich zu synthetischen.* ***A:*** *Geben Sie Gründe für die Verwendung von Lebensmittelfarbstoffen an.*

## *Aufgaben*

***A1*** Der Farbstoff Curcumin (B3) zeigt eine gelbe Farbe, die sich in alkalischer Lösung nach Orange vertieft. Erklären Sie diese Farbvertiefung.

***A2*** Zur Unterscheidung von Indigotin und Patentblau (B3) wird folgender Test vorgeschlagen: Zu beiden Farbstoff-Lösungen gibt man etwas Natriumdithionit $Na_2S_2O_4$ (Reduktionsmittel). Patentblau ändert seine Farbe nicht, Indigotin wird farblos. Erklären Sie die Beobachtungen (B3). Prüfen Sie diesen Test im Experiment anhand von Lebensmitteln, die mit diesen Farbstoffen gefärbt sind.

***A3*** Im Gegensatz zu Indigo (vgl. S. 196, 197) ist Indigotin (B3) ein Textilfarbstoff, der direkt auf Wollfasern aufzieht.
Erklären Sie, warum bei Verwendung von Indigotin eine Küpenfärbung nicht nötig ist.

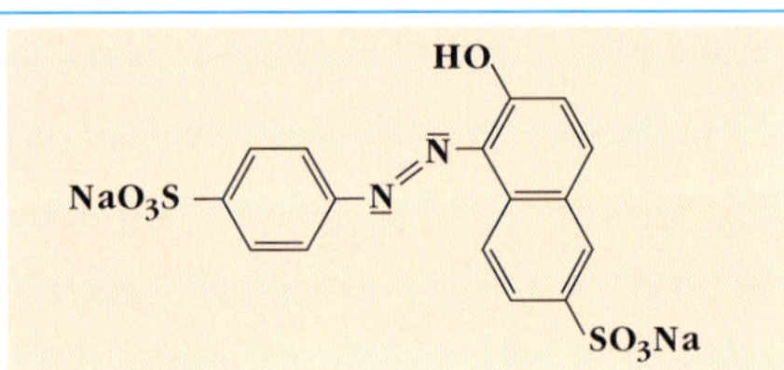


E 110 Gelborange S

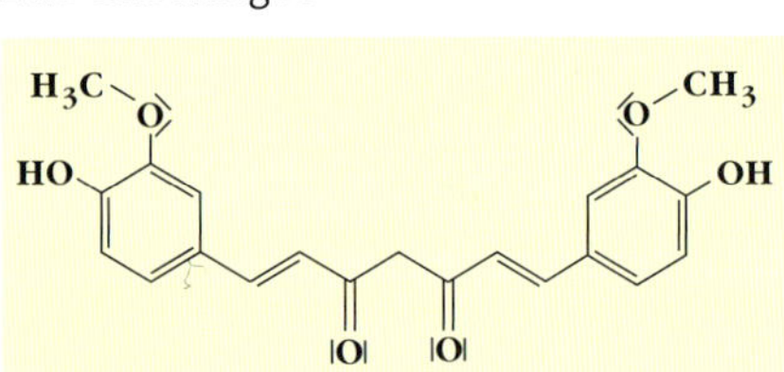


E 100 Curcumin

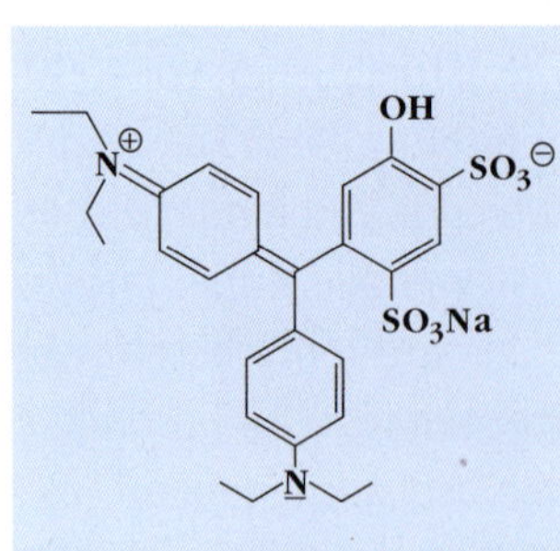


E 131 Patentblau V

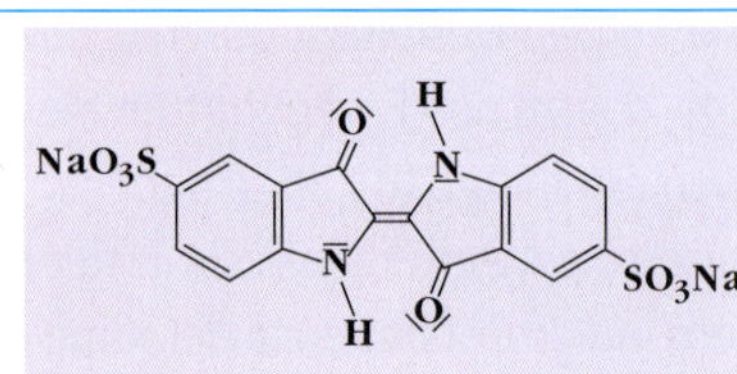


E 132 Indigotin

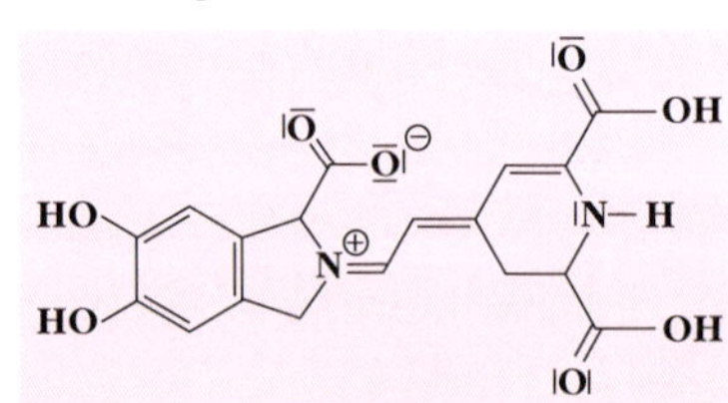


E 162 Betanin

**B3** *Gerüstformeln einiger Lebensmittelfarbstoffe (B2).* ***A:*** *Ordnen Sie drei dieser Farbstoffe jeweils einer in diesem Kapitel behandelten Farbstoffklassen zu.*

## Farbstoffe – weitere Anwendungen

### Durchschreibepapiere

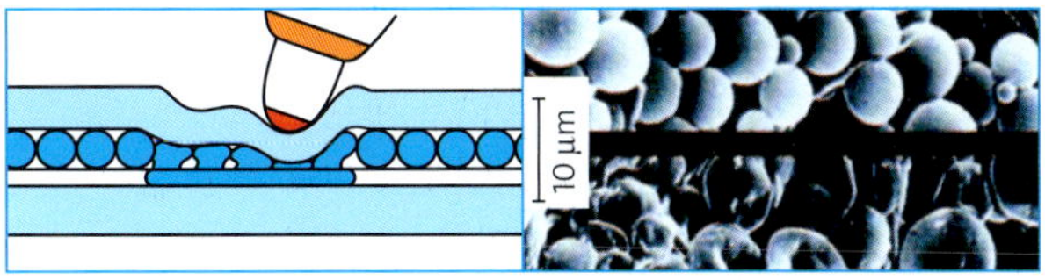


**B1** *Funktionsprinzip von Durchschreibepapier und elektronenmikroskopische Aufnahme von Mikrokapseln*

Für manche Formulare benutzt man Durchschreibepapiere mit Kristallviolett. Das Original (Deckblatt) ist auf der Unterseite mit einer Schicht aus Mikrokapseln belegt, die mit farblosem Kristallviolettlacton KVL (B1, B2) gefüllt sind. Unter Druck platzen sie und das KVL fließt auf das darunterliegende Formular, das mit einer säurehaltigen Silikatschicht versehen ist. Bei der Reaktion mit Säure öffnet sich der Lactonring und es entsteht der violette Farbstoff.

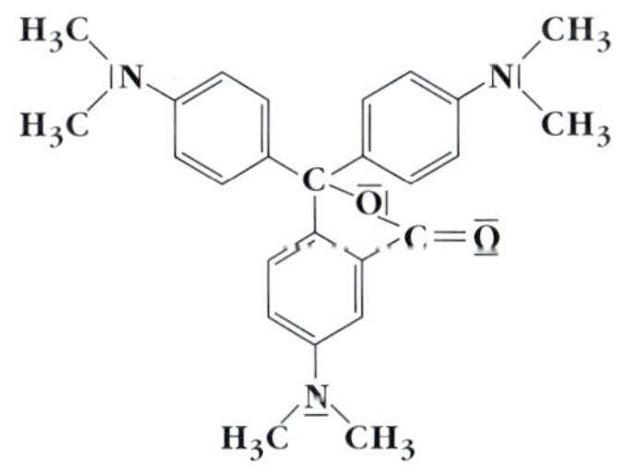

**B2** *Gerüstformel von Kristallviolettlacton*

### Reaktivfarbstoffe

Reaktivfarbstoffe werden insbesondere zur Färbung von Baumwolle eingesetzt. Moleküle dieser Farbstoffklasse enthalten reaktive funktionelle Gruppen wie z. B. einen Triazin-Rest (B3). Diese Gruppen, die die Farbe nicht beeinflussen, können mit den Hydroxy-Gruppen der Cellulosefasern Kondensationsreaktionen eingehen, wobei das Farbstoff-Molekül durch eine Elektronenpaarbindung an der Faser fixiert wird.

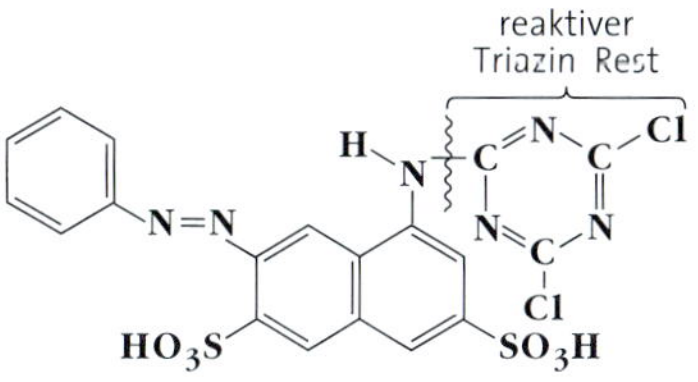


**B3** *Roter Reaktivfarbstoff mit Triazin-Rest*

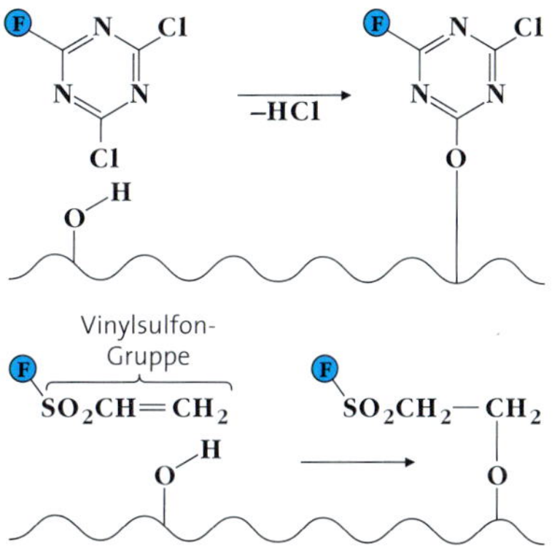


**B4** *Bindung von Reaktivfarbstoffen an einer Cellulosefaser.* Ⓕ *stellt einen Farbstoff-Molekülrest dar.* ***A:*** *Geben Sie an, um welchen Reaktionstyp es sich beim Färben mit Reaktivfarbstoffen handelt, deren Moleküle a) einen Triazin-Rest und b) einen Vinylsulfon-Rest enthalten.*

### *Aufgaben*

***A1*** Planen Sie einen Versuch mit einem Bankformular, der zeigt, dass Säure für das Auftreten der Farbe notwendig ist. Führen Sie den Versuch durch.

***A2*** Erläutern Sie, welcher prinzipielle Unterschied zwischen dem Färben mit Reaktivfarbstoffen und anderen Farbstoffen besteht.

***A3*** Erklären Sie, warum ein Teil der Reaktivfarbstoffe mit Wasser reagiert und daher aus dem Gewebe ausgespült wird.

## Farbstoffe für Analytik und Solarzellen

| Anthocyanidin-Gerüst | Blütenfarbstoff | Vorkommen |
|---|---|---|
| 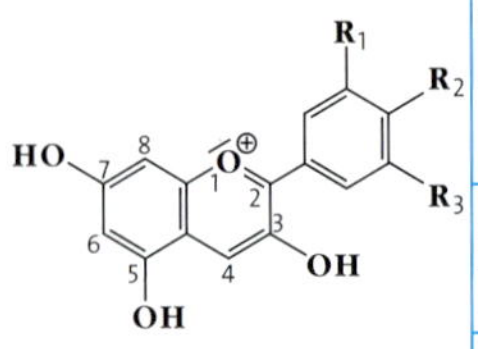 | Pelargonidin<br>$R_1 = R_3 = H$<br>$\lambda_{max} = 520$ nm | Dahlie, Salbei, Geranien (Pelargonien) |
| | Cyanidin<br>$R_1 = OH, R_3 = H$<br>$\lambda_{max} = 535$ nm | Kornblume, rote Rose, Pflaume, Klatschmohn, Holunderbeeren, Radieschen |
| | Delphinidin<br>$R_1 = OH, R_3 = OH$<br>$\lambda_{max} = 544$ nm | Rittersporn, violette Stiefmütterchen |
| | Phäonidin<br>$R_1 = OCH_3, R_3 = H$<br>$\lambda_{max} = 532$ nm | rote Johannisbeere, Pfingstrose |
| | Petunidin<br>$R_1 = OCH_3, R_3 = OH$<br>$\lambda_{max} = 543$ nm | Petunie, Rotkohl |
| | Malvidin<br>$R_1 = OCH_3, R_3 = OCH_3$<br>$\lambda_{max} = 542$ nm | Malve, blaue Weintraube, Rotwein |

**B1** *Anthocyanfarbstoffe mit $R_2 = OH$ und ihre Absorptionsmaxima in methanolischen Salzsäure-Lösungen.* **A:** *Bauen Sie ein Molekülmodell für das Anthocyanidin-Gerüst auf und erläutern Sie daran, warum das Molekül nicht planar gebaut ist.*

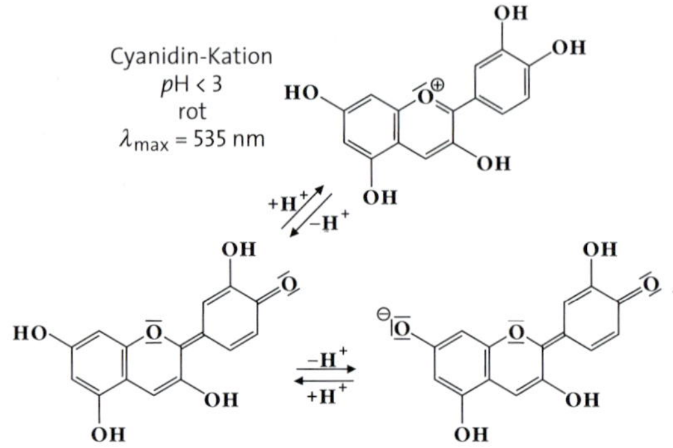


**B2** *Struktur und Farbe von Cyanidin bei verschiedenen pH-Werten.* **A:** *Formulieren Sie jeweils eine weitere mesomere Grenzstruktur für Cyanidin bei pH = 7 und pH > 9 und erklären Sie die unterschiedlichen Absorptionsmaxima.*

### Versuche[1]

***V1*** *Anthocyane als pH-Indikatoren*: Extrahieren Sie Farbstoffe aus klein geschnittenen Rotkohlblättern mit kochendem Wasser. Stellen Sie eine Reihe aus Rggl. mit je 10 mL Puffer-Lösung oder mit Verdünnungsreihen aus Salzsäure* bzw. Natronlauge* von *p*H = 1 bis *p*H = 14 auf. Geben Sie in jedes Rggl. der ersten Reihe 0,5 mL Rotkohl-Extrakt und beobachten Sie die Indikatorwirkung anhand der Farben.

***V2*** *Anthocyane als Photosensibilisatoren in Solarzellen*: Stellen Sie nach den Angaben von S. 82 eine photogalvanische 1-Topf-Zelle her und messen Sie die Zellspannung beim Belichten mit a) violettem, b) grünem und c) rotem Licht aus LED-Taschenlampen. Stellen Sie jeweils fest, ob die weiße Photoelektrode lichtempfindlich ist, indem Sie einige Male abdunkeln und erneut bestrahlen. Nehmen Sie die Photoelektrode vorsichtig aus der Zelle heraus und tauchen Sie sie 2 min lang in Himbeersaft ein. Lassen Sie abtropfen, spülen Sie kurz mit dest. Wasser und bauen Sie die Zelle erneut zusammen. Wiederholen Sie die Messungen a) bis c) und notieren Sie die Beobachtungen.

[1] Vgl. weitere Versuche zu Solarzellen in Kap. 3 und Kap. 4 sowie in *Chemie 2000+ Online*.

### Auswertung

a) In den Molekülen der Anthocyanfarbstoffe aus Blüten und Beeren ist an der Position 3 des Molekülgerüsts ein Glucose-Rest glycosidisch gebunden (vgl. S. 219). Erklären Sie, warum Anthocyane besser wasserlöslich sind als Anthocyanidine (B1).

b) Beurteilen Sie, ob *p*H-Indikatoren aus Rotkohlsaft auf die Dauer für die Chemiesammlung besser wären als die im Chemikalienhandel gekauften Indikatoren.

c) Die Energielücke $E_g$ (*energy gap*, vgl. S. 80) zwischen dem Valenzband und dem Leitungsband beträgt bei Titandioxid $E_g = 3{,}1$ eV. Das bedeutet, dass nur Photonen mit $\lambda < 388$ nm Elektronen aus dem Valenz- ins Leitungsband anregen können. Erklären Sie mithilfe dieser Angaben und des Spektrums des weißen Lichts (vgl. z. B. S. 166, B1) die Ergebnisse aus V2 mit der unsensibilisierten Photoelektrode.

d) Beschreiben Sie, woran zu erkennen ist, dass die mit Himbeersaft sensibilisierte Photoelektrode aus V2 auch für Photonen mit $\lambda > 388$ nm empfindlich ist.

e) Erkunden Sie in *Chemie 2000+ Online* die Flash-Animation „Photoelektrochemische Zelle" und erläutern Sie, wie der Stromfluss in der Zelle funktioniert.

## Farbstoffe für Analytik und Solarzellen

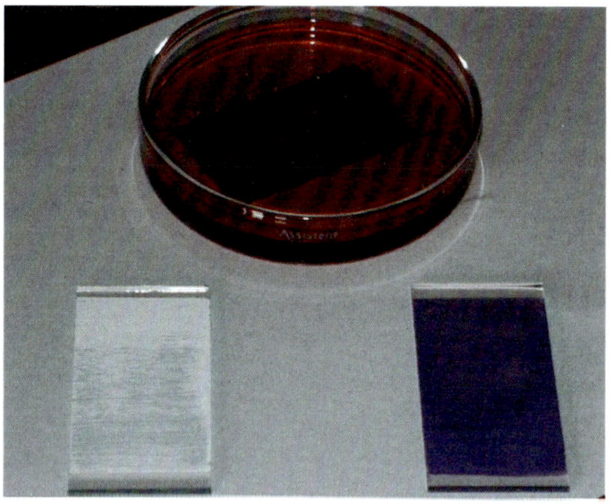

**B3** *Photoelektrode aus Titandioxid vor und nach der Sensibilisierung mit Himbeersaft (V1)*

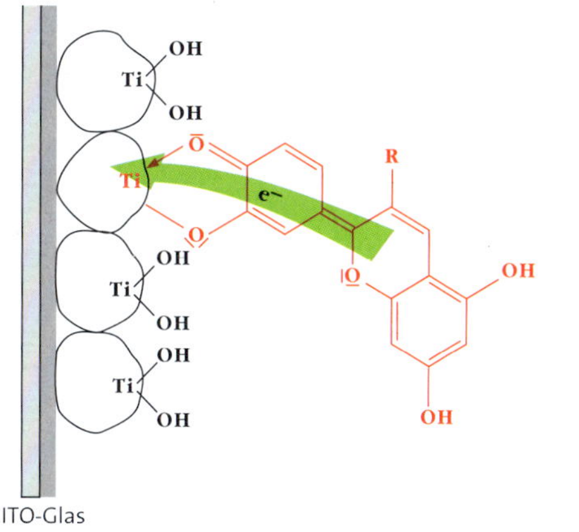


**B4** *Nach der elektronischen Anregung im Anthocyan-Molekül wird ein Elektron in das Titandioxid-Korn injiziert.*

Viele farbige Verbindungen z. B. in roten, blauen und violetten Blumen und Beeren gehören der Klasse der **Anthocyane** an. Ihr gemeinsames strukturelles Merkmal ist das **Anthocyanidin**-Gerüst (B1). In der Natur wirken die Anthocyane u. a. als Lockmittel für Insekten und fördern somit die Bestäubung, also letztendlich die Vermehrung der Pflanzen[1].

Aus chemischer Sicht sind Anthocyane und Anthocyanidine interessante Farbstoffe, die als ***p*H-Indikatoren** wirken können (V1). Allerdings sind sie nicht lange haltbar, weil sie durch Bakterien abgebaut werden. Cyanidin liegt in saurer Lösung bei $pH < 3$ als Kation, als Indikator-Säure, vor (B2). Darin ist die Bindungsdelokalisation auf das Benzopyran-System beschränkt, weil die Kohlenstoff-Atome des Phenyl-Rests nicht in der gleichen Ebene wie die übrigen Atome im Benzopyran-Gerüst liegen. Bei steigenden *p*H-Werten wird die Indikator-Säure in zwei Schritten deprotoniert. Damit geht eine Vergrößerung der Bindungsdelokalisation im Molekül einher, die sich in einer stark **bathochromen Verschiebung** des Absorptionsmaximums, d. h. nach größeren Wellenlängen, auswirkt.

[1] Vgl. weitere natürliche Farbstoffe (z. B. Chlorophylle, Carotinoide) und ihre biologischen Funktionen in Kap. 4, **Naturstoffe**.

**Anthocyane**, deren Moleküle zwei orthoständige Hydroxy-Gruppen am Phenyl-Ring enthalten, bilden chemische Bindungen mit Hydroxy-Gruppen aus, die sich an der Oberfläche winziger Körner aus Metalloxiden befinden. So können beispielsweise **Nanopartikel** aus **Titandioxid** mit „Lichtantennen" aus Anthocyan-Molekülen belegt werden. In der Rasterelektronenmikroskop-Aufnahme sind die hellen Stellen an der Oberfläche der Agglomerate durch Farbstoff-Moleküle verursacht, die an den winzigen Nanopartikeln aus Titandioxid mit Durchmessern von 10 nm bis 50 nm gebunden sind. Diese Struktur ist charakteristisch für **Solarzellen** mit **farbstoffsensibilisierte Photoelektroden** aus Nano-Titandioxid. Darin übernehmen die Anthocyane die Funktion von **Sensibilisatoren** für sichtbares Licht. Durch Absorption von Lichtquanten (Photonen) aus dem sichtbaren Bereich werden zunächst in den Farbstoff-Molekülen aus der höchsten besetzten in die niedrigste Energiestufe angeregt (vgl. **Energiestufenmodell**, S. 169). Von da aus werden die Elektronen in das Leitungsband des Halbleiters Titandioxid injiziert. Gleichzeitig werden die fehlenden Elektronen aus den höchsten besetzten Energiestufen der angeregten Farbstoff-Moleküle durch Elektronen ausgeglichen, die von Teilchen aus der Lösung zur Verfügung gestellt werden. Diese Teilchen wirken also als Elektronen-Donatoren und werden dabei oxidiert.

**A1** Eine thermoplastische Folie aus Polypropylen PP lässt sich auf die mehrfache Länge dehnen. Erklären Sie, warum sie sich im Gegensatz zu elastischem Gummi nach der Dehnung nicht mehr zusammenzieht.

**A2** Erklären Sie, dass Polyethylen PE mit einer mittleren Molekülmasse von 10 000 u wachsartig, Polyethylen mit einer Molekülmasse von 100 000 u dagegen fest ist.

**A3** Erklären Sie, warum die Oligomere des Ethens, Propens und Isobutens wasserunlöslich, aber gut in Benzin löslich sind.

**A4** Verstreckt man einen Streifen aus Polyethen niedriger Dichte PE-LD, so lässt er sich ziehen, wird dabei dünner und milchig trüb, die Festigkeit nimmt zu. a) Überprüfen Sie dies, indem Sie einen PE-Streifen aus einem Einkaufsbeutel verwenden. b) Erklären Sie den Sachverhalt unter Verwendung geeigneter Modelle und Fachbegriffe.

**A5** Für die Herstellung von Kunststoffen stehen folgende zehn Stoffe zur Verfügung:
(I) Glycerin (Propan-1,2,3-triol), (II) 1,6-Diaminohexan, (III) Hexandisäure, (IV) meta-Dihydroxybenzol, (V) Propen, (VI) Propensäure, (VII) Wasser, (VIII) Butan-1,4-diisocyanat, (IX) Methanal und (X) Phosgen.
Durch geeignete Auswahl sollen folgende Kunststoffe hergestellt werden:
a) ein Kunststoff, der durch Polymerisation entsteht;
b) ein thermoplastischer Kunststoff, der durch Polykondensation gebildet wird und bei der Verbrennung nicht stark rußt;
c) ein duroplastischer Kunststoff, der durch Polykondensation gebildet wird und kein Polyester ist;
d) ein Polyurethan-Schaumstoff mit vielen Poren;
e) ein Polycarbonat.
Geben Sie für jeden Fall (a bis e) die Nummer(n) des bzw. der ausgewählten Edukts/Edukte an und zeichnen Sie den kleinstmöglichen Ausschnitt aus dem Makromolekül des betreffenden Kunststoffs.

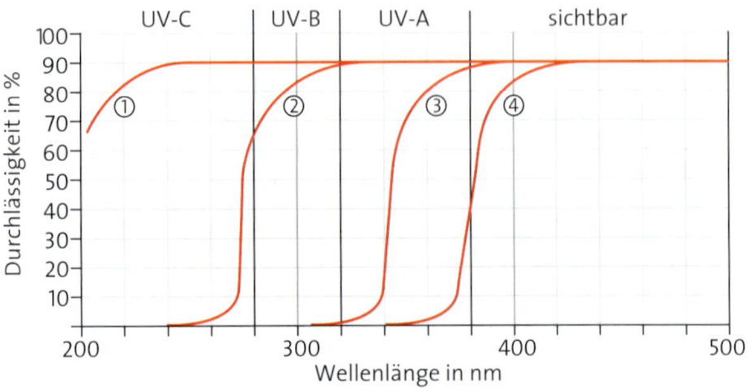


**B1** *Durchlässigkeit von Quarzglas (1), reinem PMMA (2), Normalglas (3) und Plexiglas® mit UV-Schutz (4)*

**A6** Stellen Sie mithilfe von B1 eine Vermutung auf, warum man hinter Plexiglas®, das aus reinem PMMA besteht, eher braun wird als hinter Normalglas (Borosilikatglas). Sonnenbrillen aus Plexiglas® lassen kein UV-Licht durch, Plexiglas®-Filter in Solarien lassen nur UV-A-Strahlung durch und absorbieren schädliche UV-B- und UV-C-Strahlung. Erläutern Sie Ihre Vermutung.

**A7** Die mittlere molare Masse von industriell erzeugtem PMMA liegt je nach Bedingungen bei der Polymerisation zwischen 100 000 u und einigen Millionen u. Erklären Sie, warum höhere Starter-Konzentrationen und höhere Temperaturen zu niedrigeren molaren Massen des Produkts führen.

**A8** Begründen Sie, welche der folgenden Kunststoffe als Material für Behälter zum Aufbewahren von Säuren und Laugen nicht geeignet sind: Polyethen, Polymilchsäure, Polyvinylchlorid, Nylon 6.6.

**A9** a) Bewerten Sie die Methoden für die Verwertung von Kunststoff-Abfällen aus ökonomischer und ökologischer Sicht. b) Erläutern Sie, warum es „zu schade" ist, Abfälle aus Plexiglas® durch Verbrennung zu entsorgen.

**A10** Erstellen Sie mithilfe der Informationen von S. 125 und zusätzlicher Recherchen aus dem Internet ein Referat über den Chemiker, der das Makromolekülkonzept entwickelt hat.

**A11** Polyurethane werden durch Polyaddition erhalten. a) Nennen Sie eine Gemeinsamkeit und einen Unterschied zwischen der Polyadditions- und der Polykondensationsreaktion. b) Begründen Sie, warum man bei der Herstellung von massiven Polyurethanen, z.B. für Helme, absolut wasserfreie Alkohol-Komponenten einsetzen muss.

**A12** Beim Verstrecken eines Rohnylonfadens beobachtet man, dass dieser milchig trüb wird. Nachdem er gestreckt wurde, lässt er sich nicht weiter strecken und ist sehr reißfest. Erklären Sie die Trübung und die Reißfestigkeit mithilfe von Molekülmodellen und Formeln.

**A13** Maleinsäure (*Z*-Butendisäure) und Glycol reagieren zu einem hochviskosen Kunststoffvorprodukt, das in einem Härtungsprozess zu einem harten, belastungsfähigen Kunststoff weiterverarbeitet wird. Im Härtungsprozess wird das Gemisch in die Form gegossen, in der es erhärten soll.
a) Formulieren und erläutern Sie die beiden Reaktionsschritte.
b) Geben Sie an, welche Verbindungen als Härter eingesetzt werden können und warum das Vorprodukt in Styrol „gelöst" wird.
c) Zeichnen Sie einen Ausschnitt aus dem Kunststoff und erklären Sie, warum dieser duroplastisch ist.

**A14** Beim Erhitzen von Polyacrylnitril auf 160 °C entsteht das Polymer A, das an der Luft leicht zum schwarzen Polymer B weiterreagiert (vgl. Strukturausschnitte). Dieses ist sehr temperaturbeständig und eignet sich zur Herstellung von Feuerschutzanzügen.

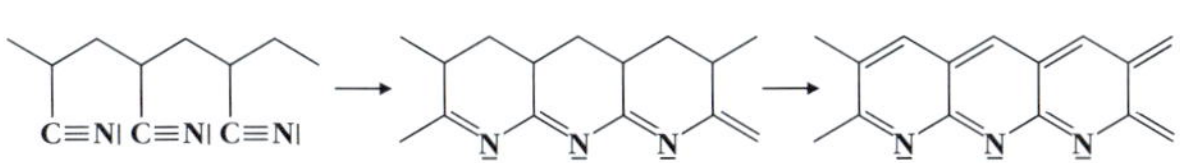

Polyacrylnitril — A — B („Black Orlon")

Entwickeln Sie einen möglichen Mechanismus für die Reaktion von Polyacrylnitril zu A. Erklären Sie, warum A sehr leicht zu dem beständigen Polymer B weiterreagiert und warum das Polymer B schwarz ist.

**A15** Polycarbonate sind moderne Kunststoffe, aus denen beispielsweise CDs, Stadion- und Bahnhofsdächer gefertigt werden. Die Synthese von Polycarbonaten erfolgt aus Bisphenol A und Phosgen durch Polykondensation:

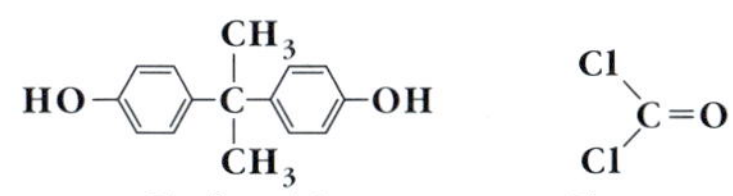

Bisphenol A — Phosgen

a) Formulieren Sie einen Strukturausschnitt aus einem Polycarbonat-Makromolekül und benennen Sie das abgespaltene Produkt.
b) Die Polykondensation von Bisphenol A und Phosgen wird in alkalischer Lösung durchgeführt. Erläutern Sie den Einfluss von Natriumhydroxid-Lösung auf die Reaktion.
c) Ordnen Sie jedem der vier in B2 formulierten Reaktionsschritte begründet den Reaktionstyp zu.
d) Informieren Sie sich über die Giftigkeit von Phosgen und diskutieren Sie Sicherheitsmaßnahmen, die bei der industriellen Produktion von Polycarbonaten notwendig sind.

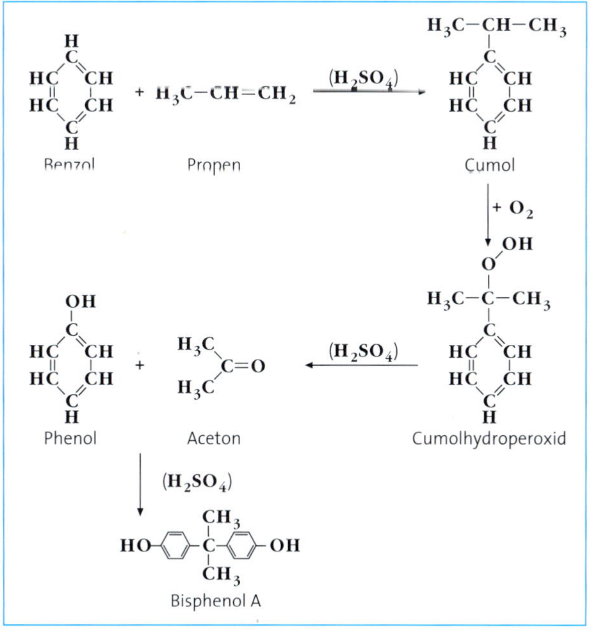


**B2** *Industrielle Synthese von Bisphenol A*

**A16** Der Allrounder unter den Polyestern, das Polyethylenterephthalat PET, ist ein glasklarer Feststoff, aus dem z.B. Getränkeflaschen hergestellt werden. PET wird aus Terephthalsäure (1,4-Benzoldicarbonsäure) und Ethylenglycol (Ethan-1,2-diol) synthetisiert. Großtechnisch lässt sich Terephthalsäure katalytisch aus para-Xylol mit Luftsauerstoff herstellen. Bei dieser Reaktion entsteht auch Wasser. Als Grundchemikalie für die industrielle Synthese von Ethan-1,2-diol (Ethylenglycol) dient Ethenoxid (Ethylenoxid). Es wird durch Oxidation von Ethen hergestellt.

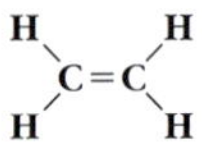
Ethen

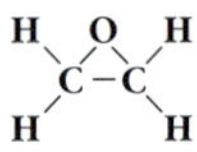
Ethenoxid

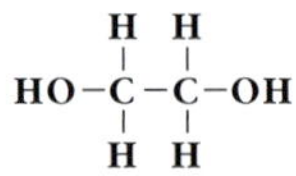
Ethan-1,2-diol

a) Zeichnen Sie einen Strukturausschnitt aus PET mit drei sich wiederholenden Struktureinheiten aus dem gebildeten Polykondensationsprodukt. Formulieren Sie die Reaktionsgleichung für die Synthese von PET aus Terephthalsäure und Ethan-1,2-diol. Geben Sie begründet den Reaktionstyp an.

b) Erklären Sie, warum es sich bei PET um einen thermoplastischen Kunststoff handelt.

c) Erstellen Sie ein Fließschema für die Herstellung von PET ausgehend von den Grundchemikalien Ethen und para-Xylol und benennen Sie die jeweiligen Reaktionstypen.

d) Formulieren Sie die Reaktionsgleichungen für die Synthese von Terephthalsäure aus para-Xylol und für die Synthese von Ethan-1,2-diol ausgehend von Ethen über Ethenoxid.

e) Erläutern Sie, wie man aus dem Kunststoff PET die Monomere Terephthalsäure (1,4-Benzoldicarbonsäure) und Ethylenglycol (Ethan-1,2-diol) zurückgewinnen kann. Geben Sie begründet auch die Reaktionsbedingungen an.

f) Bewerten Sie die verschiedenen Arten der Verwertung von PET-Abfällen aus ökonomischer und aus ökologischer Sicht.

**A17** Aus 4-Hydroxy-2-methylenbutansäure

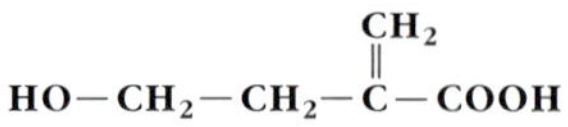

wird ein thermoplastisches Polykondensat synthetisiert, das in einer anschließenden, zweiten chemischen Reaktion durch Zugabe von Radikalbildern in einen Kunststoff überführt wird, der zur Herstellung von Druckplatten für Thermokopieverfahren verwendet wird. a) Geben Sie die Strukturformelgleichungen für beide Synthesen an. b) Vergleichen und begründen Sie das unterschiedliche thermische Verhalten der beiden Kunststoffe.

**A18** In Klebstoffen und Shampoos wird ein Verdickungsmittel eingesetzt, das aus Polyvinylacetat hergestellt wird. Dessen Monomer ist Vinylacetat, der Vinylester der Ethansäure (Essigsäure):

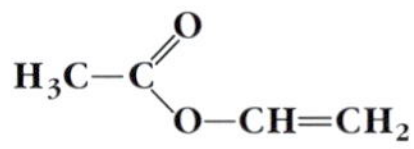

Es handelt sich um ein Isomer des Methylacrylats. Vergleichen Sie die Valenzstrichformeln und ordnen Sie den Isomerietyp begründet den Isomeriearten zu.

**A19** Die Makromoleküle des synthetischen Butylkautschuks für Autoreifen werden durch Copolymerisation von 2-Methylpropen (Isobuten) mit 1% bis 3% Methylbutadien (Isopren) hergestellt. Vergleichen Sie den Strukturausschnitt von Polyisopren auf S. 127 mit dem folgenden Strukturausschnitt eines Moleküls aus vulkanisiertem Butylkautschuk

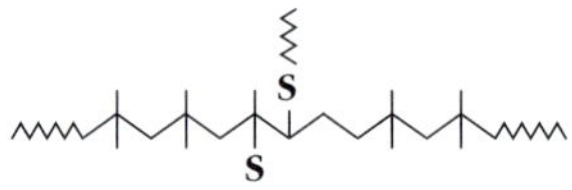

Schätzen Sie anhand der Strukturausschnitte die Chemikalienbeständigkeit von Butylkautschuk im Vergleich zu Naturkautschuk ein. Begründen Sie Ihre Schätzung.

**A20** Erstellen Sie eine *Concept Map* (vgl. S. 165) zu dem Zentralthema „Farbstoffe". Verwenden Sie dazu die Begriffe und Informationen aus diesem Kapitel und aus dem Internet.

*A21* Nennen Sie strukturelle Merkmale von Molekülen, die Farbigkeit verursachen und begründen Sie, warum Polyethen farblos und *β*-Carotin farbig ist.

*A22* Erläutern Sie den Unterschied zwischen der Farbigkeit durch Lichtabsorption und der Farbigkeit durch Lichtemission in Bezug auf die wahrgenommene Farbe eines Gegenstands und das Farbspektrum des Lichts, mit dem der Gegenstand angestrahlt wird.

*A23* Der natürliche Lebensmittelfarbstoff Curcumin (E 100) zeigt eine gelbe Farbe, die sich in alkalischer Lösung nach Orange (vertieft) verändert. Erklären Sie diese Farbänderung.

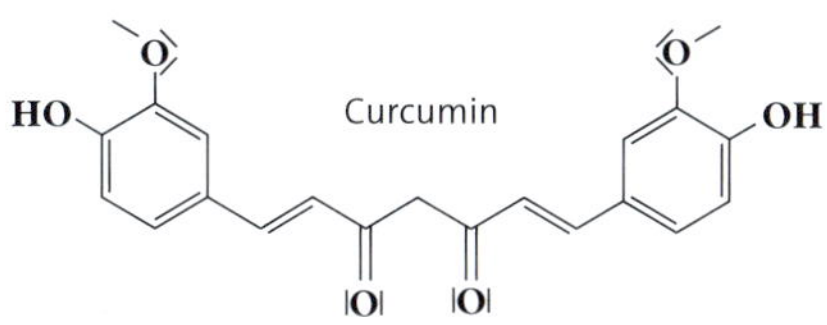


*A24* Erklären Sie die in B3 angegebenen Unterschiede im Absorptionsverhalten jeweils eines Polyens und eines Cyanins für n = 2, n = 3 und n = 4.

*A25* Erläutern und begründen Sie, welche der folgenden experimentellen Fakten zu den Eigenschaften von Benzol mithilfe der KEKULÉ-Formel erklärt werden konnten und welche nicht:

a) Benzol kann zu Cyclohexan hydriert werden.
b) Dabei reagieren Benzol und Wasserstoff im Verhältnis $n(C_6H_6) : n(H_2) = 1:3$.
c) Die Reaktionsenergie bei a) ist wesentlich geringer als das Dreifache der Energie, die bei der Hydrierung von Cyclohexen frei wird.
d) Es gibt nur ein ortho-Dibrombenzol.

| Anzahl Doppelbindungen n | Wellenlänge λ des absorbierten Lichtes in nm | |
|---|---|---|
| | Polyen 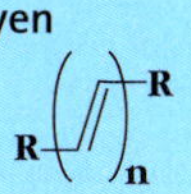 | Cyanin 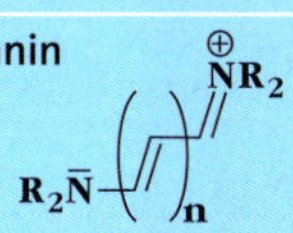 |
| 2 | 225 | 420 violett |
| 3 | 257 | 519 grün |
| 4 | 300 | 620 rot |
| 6 | 344 | 848 |
| 8 | 386 | |
| 10 | 430 violett | |
| 12 | 460 blau | |
| 14 | 485 blaugrün | |

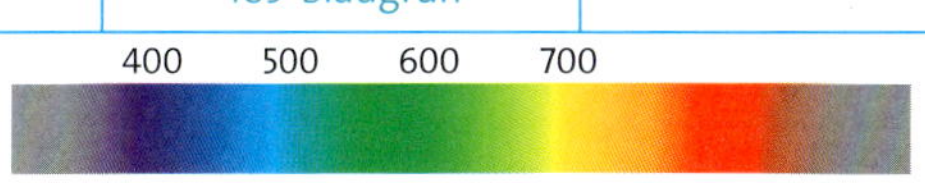


**B3** *Absorptionsmaxima von Polyenen und Cyaninen*

*A26* Ein aromatischer Kohlenwasserstoff A mit der Molekülformel $C_8H_{10}$ wird mit Brom in Gegenwart von Eisenwolle zur Reaktion gebracht. Dabei entsteht neben Chlorwasserstoff nur ein Monobromderivat B. Setzt man A unter Lichteinwirkung um, entsteht neben Chlorwasserstoff ein zu B isomeres Monobromderivat C. a) Geben Sie alle für A möglichen Valenzstrichformeln an. b) Formulieren Sie die Reaktionen A → B und A → C und finden Sie die für A zutreffende Valenzstrichformel heraus.

*A27* Benzylalkohol $C_6H_5CH_2OH$ wird als Jasminduftstoff in Toilettenartikeln verwendet. Er ist aus Toluol über das Zwischenprodukt Benzylchlorid $C_6H_5CH_2Cl$ herstellbar. Aus Benzylalkohol kann das künstliche Bittermandelöl Benzaldehyd $C_6H_5CHO$ hergestellt werden, daraus schließlich der Konservierungsstoff E 210, die Benzoesäure $C_6H_5COOH$.

a) Formulieren Sie die genannten Reaktionen und ordnen Sie jede einem der Ihnen bekannten Reaktionstypen zu.

b) Geben Sie jeweils an, nach welchem Merkmal der Reaktionstyp benannt ist.

*A28* In dem ersten Schritt der Synthese von meta-Nitrophenol setzt man Nitrobenzol mit Chlor in Gegenwart eines Katalysators um. Das Produkt reagiert dann durch längeres Kochen mit Natronlauge weiter zu meta-Nitrophenol.

a) Formulieren Sie den Reaktionsmechanismus für den ersten Syntheseschritt und erklären Sie, warum in meta-Position substituiert wird.

b) Formulieren Sie den zweiten Reaktionsschritt und begründen Sie, warum es sich hier nicht um eine elektrophile Substitution handelt.

c) Erklären Sie, weshalb man meta-Nitrophenol nicht durch direkte Nitrierung von Phenol herstellen kann.

**A29** Freie Elektronenpaare von Atomen in ringförmigen Molekülen können am aromatischen Elektronensextett beteiligt sein.

a) Erläutern Sie dies an den folgenden Beispielen von heterocyclischen Aromaten:

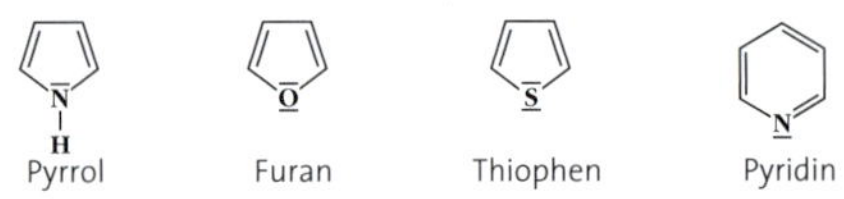


b) Erklären Sie, warum Pyrrol-Moleküle viel schwächere Basen sind als Pyridin-Moleküle.

c) Thiophen lässt sich von Benzol durch Destillation nicht abtrennen. Stellen Sie eine Vermutung darüber auf, woran das liegen könnte und überprüfen Sie Ihre Vermutung durch Recherche im Internet.

**A30** Beim ersten Schritt der Synthese (B4) handelt es sich um eine doppelte elektrophile Substitution.

a) Erläutern Sie diese Aussage und nennen Sie das elektrophile Teilchen. (*Hinweis*: Überlegen Sie, an welchen Kohlenstoff-Atomen im Phthalsäureanhydrid-Molekül positive Partialladungen auftreten.)

b) Wird bei der Synthese aus B4 der Naturstoff Thymol statt Phenol eingesetzt, so erhält man Thymolphthalein, das ebenso wie Phenolphthalein als Säure-Base-Indikator wirkt. Geben Sie die Gerüstformel des Thymolphthalein-Dianions an.

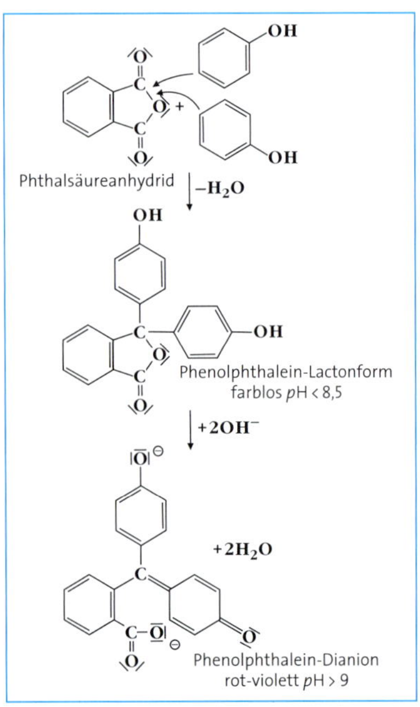


**B4** *Synthese von Phenolphthalein*

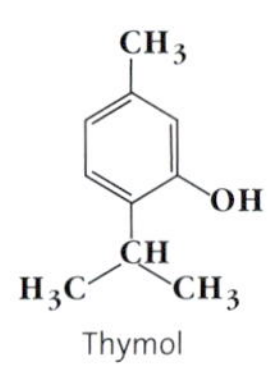


**A31** Berechnen Sie das Luftvolumen in $m^3$, das einer Gruppe von drei Rauchern zur Verdünnung ihrer Atemluft zur Verfügung stehen muss, wenn diese an einem Abend im Freien je vier Zigaretten rauchen. Der Rauch einer Zigarette enthält 100 µg Benzol, wobei 20 µg im Körper des Rauchers verbleiben. Der EU-Außenluftgrenzwert für Benzol von 5 µg/$m^3$ soll nicht überschritten werden. Für ständige gleichmäßige Vermischung der Luft sei gesorgt. Die vorhandene Luft enthält durch den Autoverkehr bereits eine Benzol-Massenkonzentration von $\beta = 0{,}003$ ppm (1 ppm = 1 mg/$m^3$).

**A32** Die blaue Flüssigkeit in B5 enthält den Farbstoff Methylenblau, dessen Farbe durch ein Molekül-Kation verursacht wird. Die mit Methylenblau sehr verwandte Substanz Leukomethylenblau (B5) ist farblos.

a) Erklären Sie die Farbigkeit von Methylenblau und Leukomethylenblau mithilfe der Molekülstrukturen und geeigneter Fachbegriffe.

b) Begründen Sie, warum es sich bei Methylenblau weder um einen Azo-, noch um einen Triphenylmethanfarbstoff handelt.

c) Erläutern Sie anhand der Oxidationszahlen bestimmter Atome in den beiden Molekül-Kationen, warum Leukomethylenblau eine reduzierte Form von Methylenblau ist.

d) Die farblose Lösung aus B5 reagiert beim Schütteln mit einem Bestandteil aus der Luft und färbt sich blau. Formulieren Sie dazu eine Reaktionsgleichung.

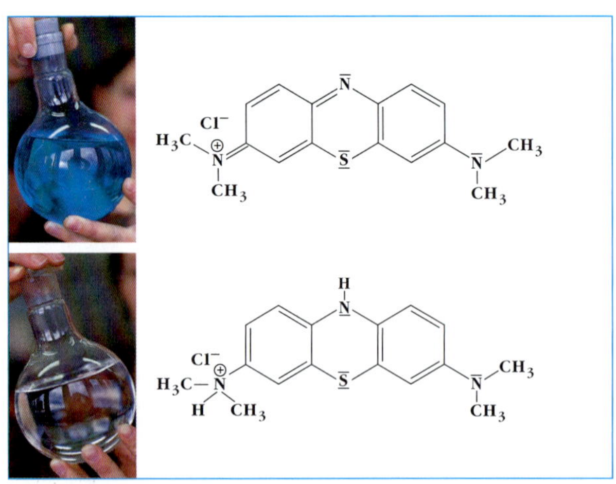


**B5** *Methylenblau (oben) und Leukomethylenblau (unten)*

**A33** Der Tintenfarbstoff Eosin (Tetrabromfloureszein)

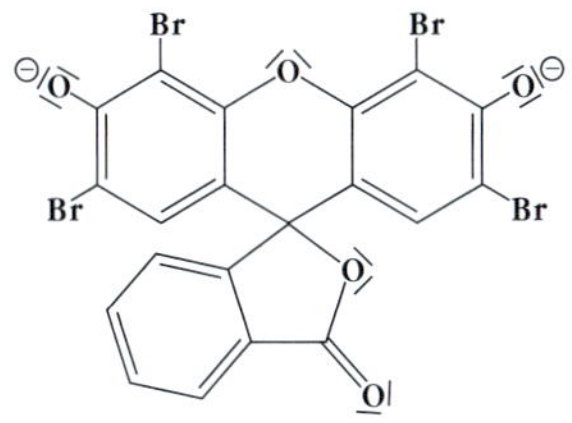

Eosin-Dianion

wird aus Fluoreszein und Brom im Überschuss hergestellt. Wie Fluoreszein ist auch Eosin ein Fluoreszenzfarbstoff. Eine Lösung von Fluoreszein-Dianionen ist orangerot und zeigt eine grüne Fluoreszenz, die rote Lösung von Eosin-Dianionen zeigt eine leuchtend gelbrote Fluoreszenz.

a) Erläutern Sie die Bromierung von Fluoreszein zu Eosin und begründen Sie, warum die Bromierung an den angegebenen vier Positionen eintritt.

b) Erklären Sie die unterschiedlichen Farben der Lösungen von Eosin- und Fluoreszein-Dianionen.

c) Vergleichen Sie die Farben der absorbierten und der emittierten Strahlung der Lösungen von Fluoreszein- bzw. Eosin-Dianionen und erklären Sie die Unterschiede.

**A34** Bei der sogenannten Xanthoproteinreaktion werden Eiweiße mit Salpetersäure umgesetzt. Durch eine Gelbfärbung werden dabei Aminosäuren mit aromatischen Resten in den Molekülen wie z.B. Tyrosin oder Phenylalanin (vgl. S. 45) nachgewiesen. Die Gelbfärbung beruht auf einer Nitrierung der aromatischen Ringe in den Molekülen, bei der gelb gefärbte Produkte entstehen.

a) Erläutern Sie den schrittweisen Ablauf der Nitrierung von Tyrosin.

b) Geben Sie die Strukturformeln der aus Phenylalanin bzw. Tyrosin entstehenden gelben Produkte begründet an.

**A35** Entwickeln Sie eine Synthese für den Lebensmittelfarbstoff Gelborange S (vgl. S. 198) aus den Edukten Sulfanilsäure (para-Aminobenzolsulfonsäure) und 2-Naphthol-6-sulfonsäure und weiteren Edukten.

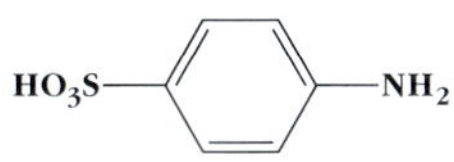

Sulfanilsäure

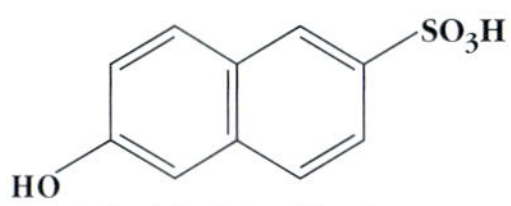

2-Naphthol-6-sulfonsäure

**A36** Sulfonamide sind antibakteriell wirksame Arzneimittel der allgemeinen Formel

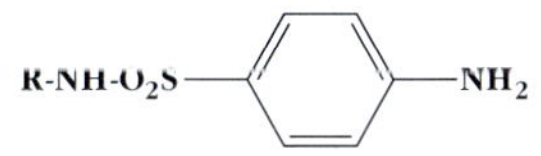


Zum Nachweis kann man eine kleine Menge eines Medikaments in verdünnter Salzsäure lösen. Man gibt Natriumnitrit-Kristalle und anschließend etwas *β*-Naphthol-Lösung hinzu. Bei Anwesenheit von Sulfonamiden färbt sich die Lösung.

a) Erläutern Sie die Farbreaktion und formulieren Sie Reaktionsgleichungen.

b) Begründen Sie, ob der Nachweis spezifisch ist.

**A37** Die Kohlenstoff-Kohlenstoff-Bindung im Naphthalin-Molekül ($C_{10}H_8$; vgl. S. 178) sind nicht alle gleich lang. Vier Bindungen sind kürzer als die sieben anderen. Stellen Sie alle mesomeren Grenzstrukturen des Naphthalin-Moleküls auf und entscheiden Sie dann anhand der Ausprägung des „Doppelbindungscharakters", welche vier Bindungen kürzer sind.

**Reaktionsmechanismen in der Organischen Chemie**

Man unterscheidet drei Reaktionstypen, denen sich die meisten Reaktionen in der organischen Chemie zuordnen lassen: Substitution, Addition und Eliminierung.
Reaktionen eines Reaktionstyps können dann radikalisch, nuclephil oder elektrophil verlaufen.

**Substitutionen:**

Bei Substitutionen an Kohlenstoff-Atomen wird ein Bindungspartner durch einen anderen ersetzt.

**Radikalische Substitutionen ($S_R$)** laufen ab, wenn durch Licht oder durch Wärme Radikale, Teilchen mit einem ungepaarten Elektron, gebildet werden, die eine Reaktion einleiten können.

Startreaktion

$$Br_2 \xrightarrow{h\nu} 2\,Br\cdot$$

Kettenreaktionen

$$Br\cdot + RH \longrightarrow HBr + R\cdot$$
$$R\cdot + Br_2 \longrightarrow RBr + Br\cdot$$

Abbruchreaktionen

$$Br\cdot + \cdot Br \longrightarrow Br_2$$
$$Br\cdot + \cdot R \longrightarrow RBr \qquad R\cdot\text{: Radikal}$$
$$R\cdot + \cdot R \longrightarrow R_2$$

**Nucleophile Substitutionen ($S_N$)** laufen nur an polaren Molekülen, die ein positiv polarisiertes Kohlenstoff-Atom besitzen, ab. Diese Moleküle enthalten polare Bindungen wie **C-O** oder **C-Cl** und können von nucleophilen Teilchen, d. h. negativ geladenen oder polarisierten Teilchen, angegriffen werden. Möglicher Reaktionsverlauf:

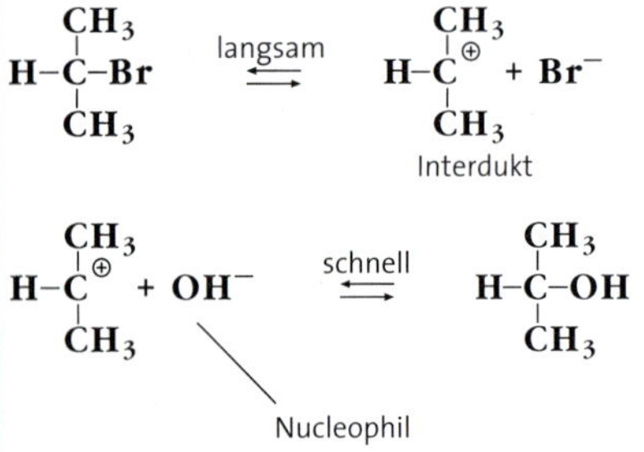


**Additionen:**

Additionen können nur bei Molekülen mit Mehrfachbindungen eintreten.

**Elektrophile Additionen** laufen bei Molekülen mit unpolaren Doppel- oder Dreifachbindungen zwischen Kohlenstoff-Atomen ab, bei denen ein elektrophiles, positiv geladenes oder positiv polarisiertes Teilchen an die Mehrfachbindung mit der erhöhten Elektronendichte angreift. Eine elektrophile Addition ist z. B. die Bromierung von Alkenen.

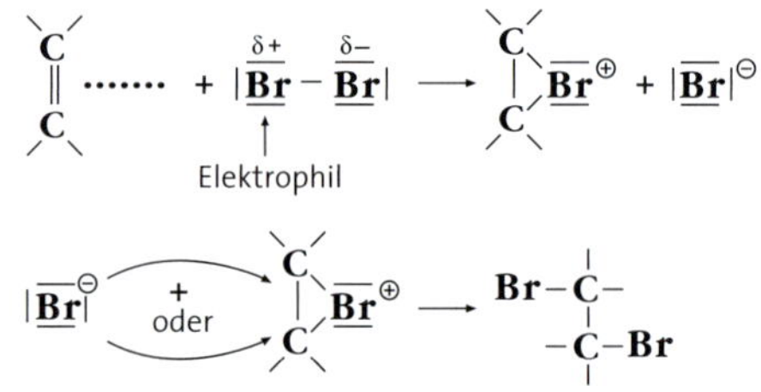


**Nucleophile Additionen** sind die charakteristischen Reaktionen von Molekülen mit polaren Doppelbindungen, wie z. B. **C=O**-Bindungen, also von Aldehyden, Ketonen und Carbonsäurederivaten.

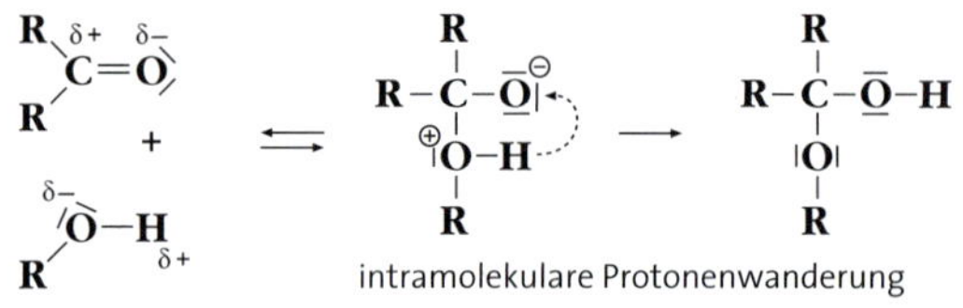


**Eliminierungen:**

Bei Eliminierungen werden unter Abspaltung kleiner Moleküle Mehrfachbindungen in Molekülen neu gebildet, wie z. B. bei der Wasserabspaltung von Alkoholen zu Alkenen. Man kann wieder zwischen radikalischen und polaren Mechanismen unterscheiden. Eine Unterscheidung zwischen elektrophil und nucleophil entfällt.

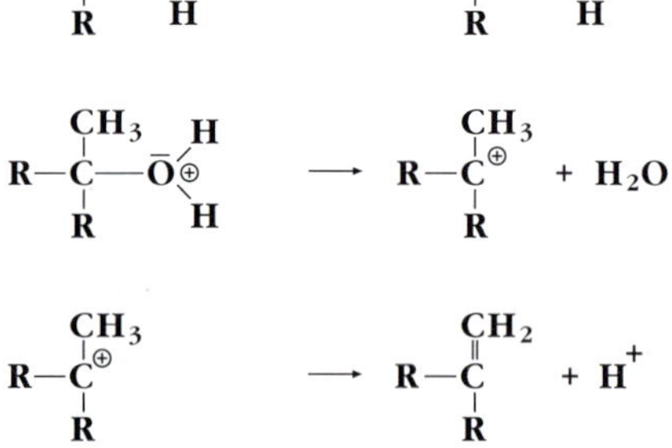

Bei der **Polymerisation** reagieren gleiche Monomer-Moleküle, i.d.R. Moleküle mit einer Doppelbindung, miteinander zu Makromolekülen. So polymerisiert beispielsweise Propen zu Polypropen:

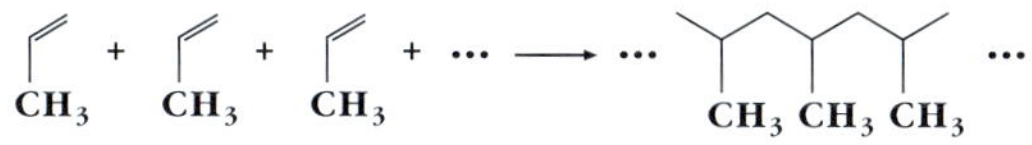

In vielen Fällen verläuft die Polymerisation in Kettenreaktionen über Radikale (radikalische Polymerisation):

Startreaktion

$$R{-}R \xrightarrow[\text{(Licht)}]{\text{Wärme}} 2\,R\cdot$$

Kettenreaktionen

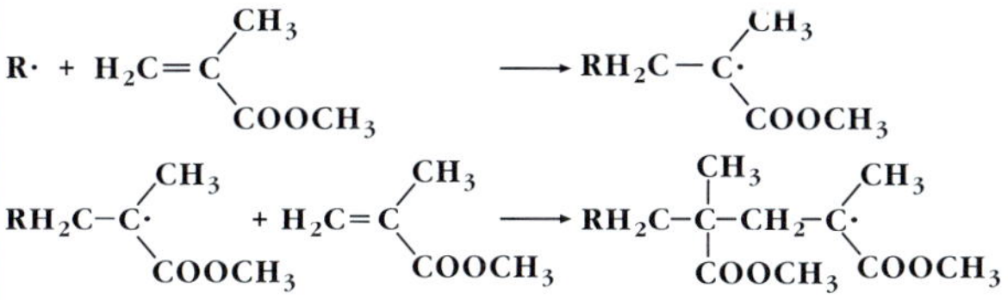

Abbruchreaktionen (M· bezeichnet ein langkettiges Radikal)

$$M\cdot + \cdot R \longrightarrow M-R; \qquad M\cdot + \cdot M \longrightarrow M-M$$

Wichtige, durch Polymerisation hergestellte Polymere sind Polyethen, Polypropen, Polystyrol, Polyvinylchlorid, Polymethylmethacrylat, Polytetrafluorethen (Teflon), Polyisobuten und Polyacrylnitril.

Unter einer **Polykondensation** versteht man eine Reaktion, bei der i.d.R. bifunktionelle Monomer-Moleküle unter Abspaltung von kleinen Molekülen, wie z.B. Wasser-Molekülen, miteinander verknüpft werden. So reagiert beispielsweise Hexandisäure mit 1,6-Diaminohexan zu Nylon 6.6:

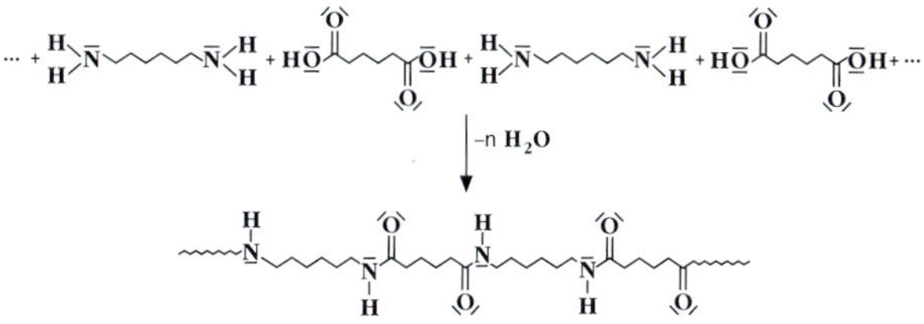

Durch Polykondensation werden Polyamide, Polyester, Silicone und Polycarbonate hergestellt.

Bei **Polyadditionen** reagieren zwei Monomere zu Makromolekülen, ohne dass dabei kleine Moleküle abgespalten werden. Die Polyaddition eines Diols an ein Diisocyanat verläuft nach folgendem Schema:

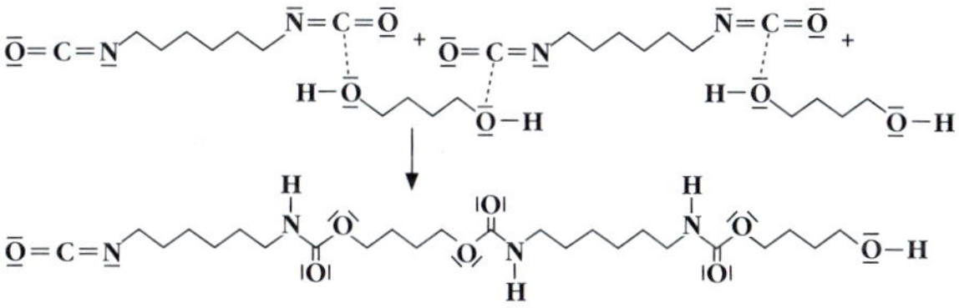

Auf diese Weise erhält man Polyurethane, die wichtigsten industriell durch Polyaddition hergestellten Kunststoffe.

**Eigenschaften und Struktur von Kunststoffen (Polymeren):** Man unterscheidet zwischen Thermoplasten, Duroplasten und Elastomeren.

**Thermoplaste** bestehen aus linearen Makromolekülen. Thermoplastische Kunststoffe werden beim Erwärmen weich und formbar. Die relativ schwachen Anziehungskräfte zwischen den linearen Molekülen (VAN-DER-WAALS-Kräfte, Dipol-Dipol Kräfte, Wasserstoffbrückenbindungen) werden aufgebrochen und die Moleküle können aneinander vorbeigleiten.

lineare Makromoleküle: *Thermoplast*

Beispiele für Thermoplaste sind Polyethen, Polypropen, Polystyrol, Polymethylmethacrylat, Polyamide und einige (lineare) Polyester.

**Elastomere** bestehen aus linearen Makromolekülen, die durch nur wenige Querverbindungen zwischen den Molekülketten vernetzt sind. Sie sind dehn- und formbar. Sobald die Zug- oder Druckspannung nachlässt, nehmen sie die ursprüngliche Form wieder an.

schwach vernetzte Makromoleküle: *Elastomer*

Beispiele für Elastomere sind vulkanisiertes *Z*-Polyisopren (Kautschuk), einige Polyurethane und einige Silicone (mit entsprechender Vernetzung der Molekülketten).

**Duroplaste** sind aus dreidimensional vernetzten Makromolekülen aufgebaut. Duroplastische Kunststoffe erweichen daher beim Erwärmen nicht, bei stärkerem Erhitzen zersetzen sie sich.

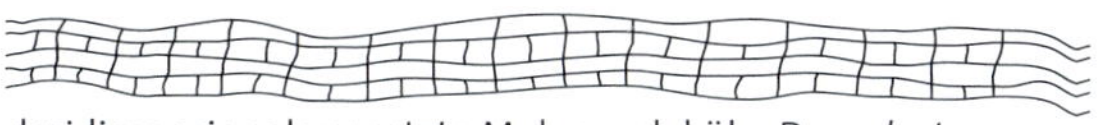

dreidimensional vernetzte Makromoleküle: *Duroplast*

Beispiele für Duroplaste sind Bakelit, einige Polyester und einige Silicone.

Das **aromatische System**: Die Besonderheiten des aromatischen Systems werden am Beispiel des **Benzol-Moleküls** deutlich. Es handelt sich in diesem Fall um ein **delokalisiertes Elektronensextett** aus sechs Elektronen, die nicht zwischen jeweils zwei Kohlenstoff-Atomen lokalisiert, sondern über den ganzen Ring delokalisiert sind. Dieses strukturelle Merkmal bezeichnet man als Mesomerie und wird durch mesomere Grenzstrukturformeln oder durch einen Kreis im Sechseck symbolisiert. Das Benzol-Molekül ist energieärmer als ein hypothetisches Cyclohexatrien-Molekül mit lokalisierten Doppelbindungen.

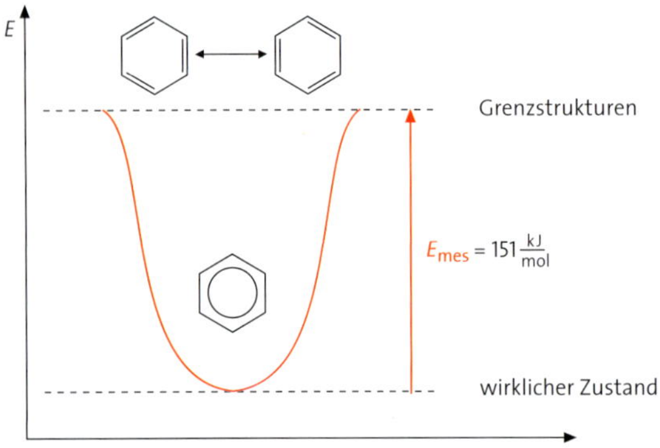


**Elektrophile Substitution**: Die typische und für die Technik bedeutsamste Reaktion für aromatische Verbindungen ist die elektrophile Substitution:

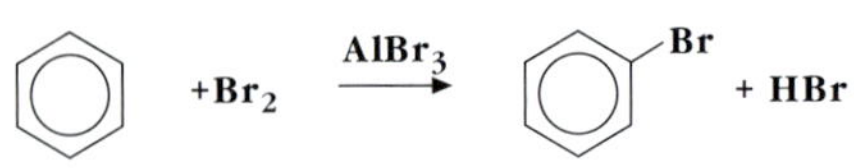


Die elektrophile Substitution verläuft nach folgendem Mechanismus:

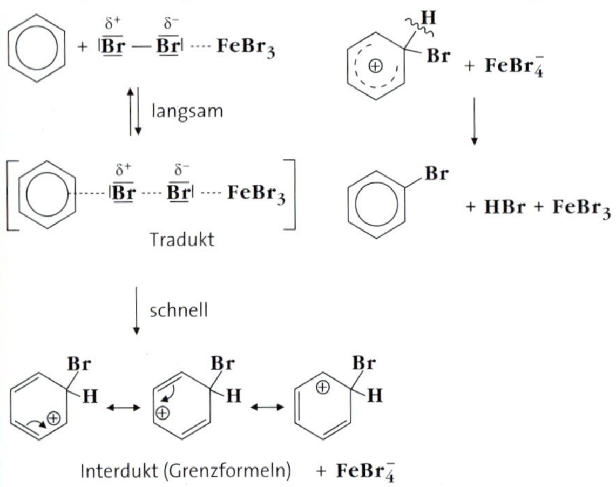


**Aromatische Moleküle**: Kohlenwasserstoffe, deren Moleküle einen oder mehrere Benzol-Ringe enthalten, sind aromatisch. Dies können Alkylbenzole wie Toluol und Ethylbenzol oder polycyclische kondensierte Aromaten wie Naphthalin und Phenanthren sein. Ringförmige Moleküle mit einem delokalisierten Elektronensextett können auch dann aromatisch sein, wenn sie Heteroatome enthalten. Bei manchen Molekülen ist das freie Elektronenpaar beispielsweise eines Stickstoff- oder Sauerstoff-Atoms am aromatischen Elektronensextett beteiligt.

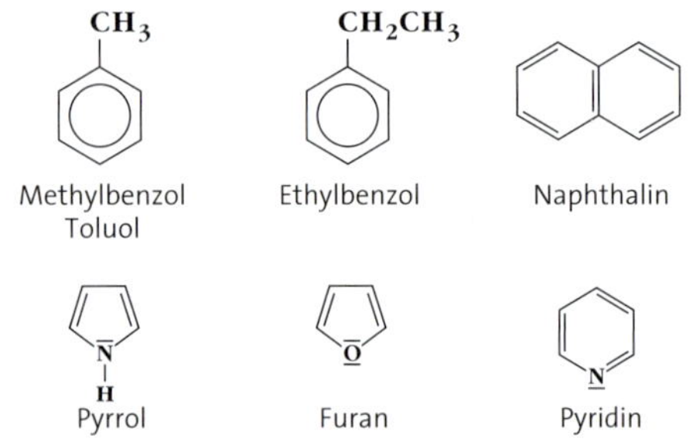


**Einflüsse** des **Phenyl-Rests**: Phenol $C_6H_5OH$ ist eine stärkere Säure als aliphatische Alkohole, Anilin $C_6H_5NH_2$ eine schwächere Base als aliphatische Amine. Das kann mithilfe von mesomeren Grenzstrukturformeln erklärt werden, z. B.:

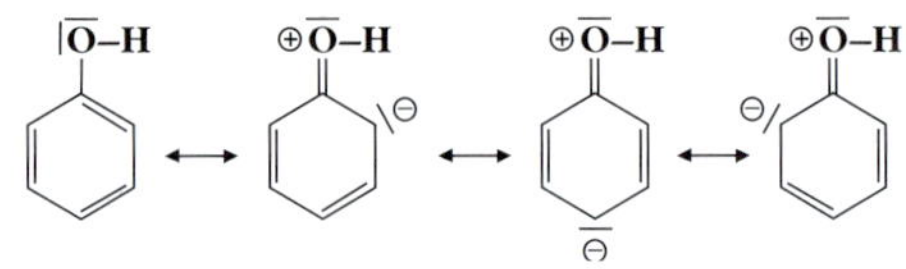


**Induktive** und **mesomere Effekte** von **Substituenten**: Substituenten am aromatischen Ring können durch ihre induktiven und mesomeren Effekte weitere Substitutionen erleichtern oder erschweren. Sie bestimmen auch den Ort der Zweitsubstitution:

| | |
|---|---|
| aktivierende ortho/para-dirigierende Substituenten | 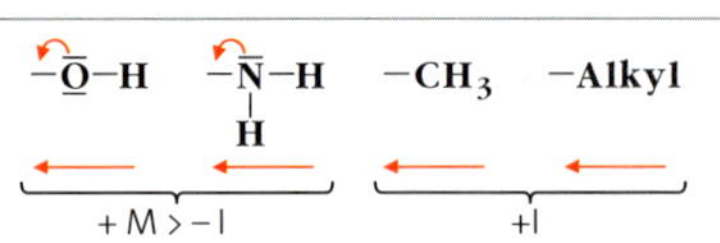 |
| desaktivierende ortho/para-dirigierende Substituenten | 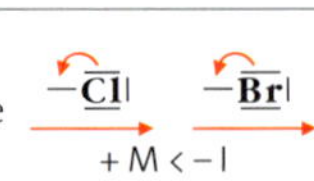 |
| desaktivierende meta-dirigierende Substituenten | 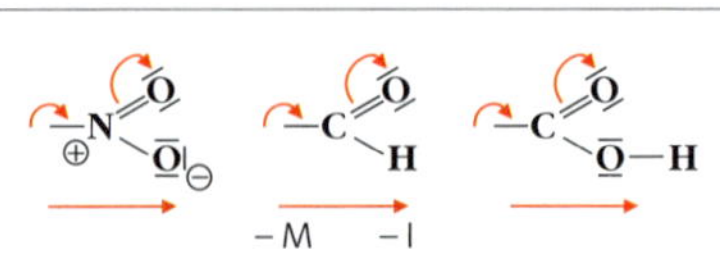 |

**Lichtabsorption und Farbigkeit**: Farbige Stoffe absorbieren einen Teil der Spektralfarben des weißen Lichtes. Der Stoff erscheint in der Farbe, die durch Überlagerung der nicht absorbierten Farben entsteht (Komplementärfarbe).

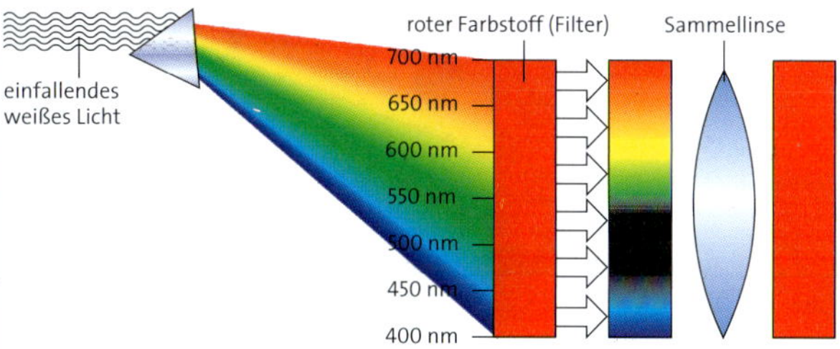


**Molekülstruktur und Farbigkeit**: Farbstoff-Moleküle besitzen ein ausgedehntes System von konjugierten Doppelbindungen, in dem die Elektronen delokalisiert sind. Das System der delokalisierten Elektronen wird als **Chromophor** bezeichnet. Im $\beta$-Carotin-Molekül erstreckt sich der Chromophor über 22 Kohlenstoff-Atome:

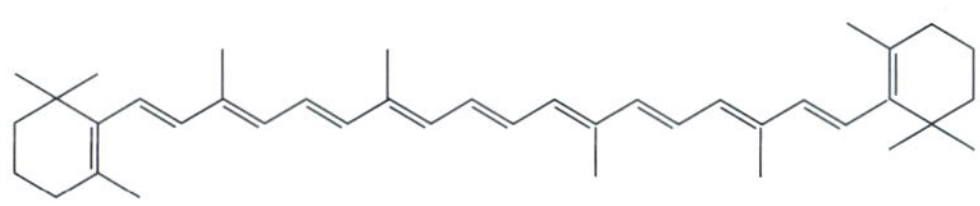

**Azofarbstoffe**: Das gemeinsame strukturelle Merkmal der Azofarbstoffe ist die Azo-Gruppe $-\bar{N}=\bar{N}-$ im Molekül. Sie überbrückt in der Regel zwei delokalisierte Elektronensysteme, die aromatische Ringe enthalten, und führt dadurch zu einem über das gesamte Farbstoff-Molekül ausgedehnten Chromophor:

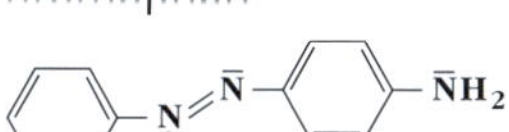

Azofarbstoffe können allgemein in zwei Reaktionsschritten synthetisiert werden:

*1. Schritt:* Diazotierung

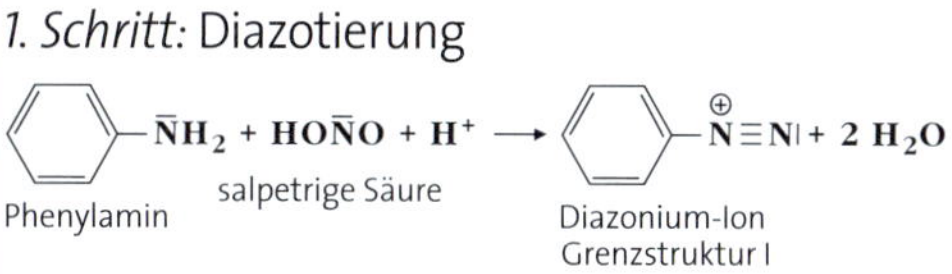


Hier wird ein aromatisches Amin (z. B. Anilin) mit salpetriger Säure zu Diazonium-Ionen umgesetzt.

*2. Schritt:* Azokupplung

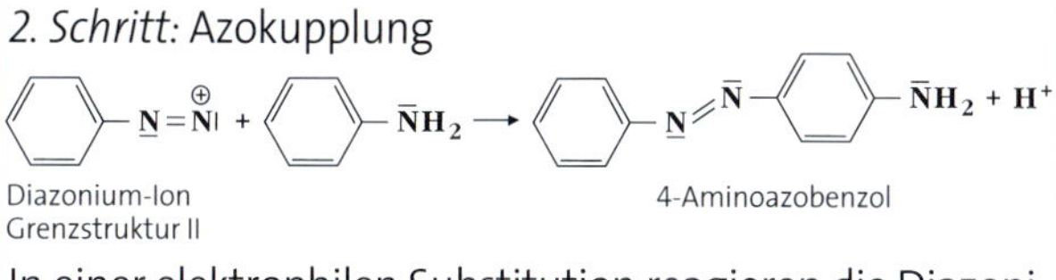


In einer elektrophilen Substitution reagieren die Diazonium-Ionen mit einem aromatischen Amin oder einem Phenol-Derivat (Kupplungskomponente).

**Energiestufenmodell**: Bei der Lichtabsorption werden Elektronen der Farbstoff-Moleküle aus der höchsten besetzten in die niedrigste unbesetzte Energiestufe angehoben. Die aufgenommene Lichtenergie wird beim strahlungslosen Übergang des so erreichten angeregten Zustand zurück in den Grundzustand in Wärme umgewandelt.

Farbigkeit durch Lichtemission kommt zustande, wenn ein Teil der aufgenommenen Lichtenergie wieder als Licht größerer Wellenlänge ausgestrahlt wird.

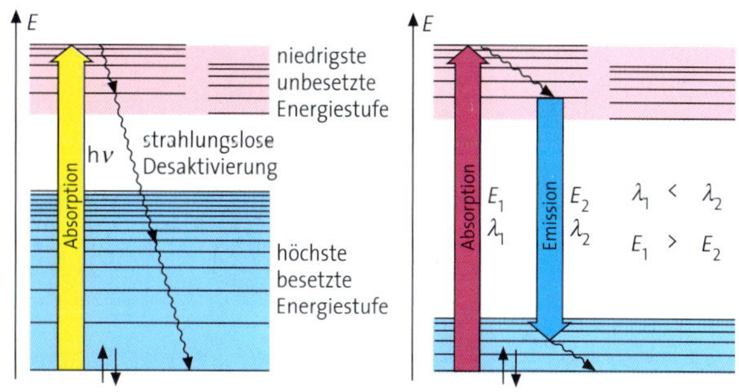


*Energiestufenmodell zur Lichtabsorption und -emission*

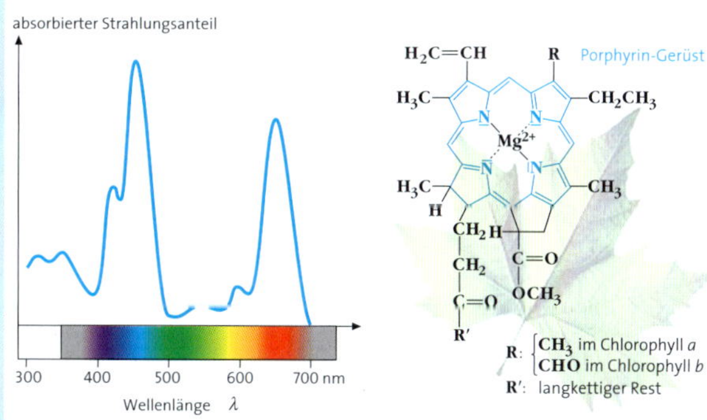


*Absorptionsspektrum eines Gemisches aus Chlorophyll a und b*

**Einfluss von Substituenten**: Donator-Gruppen und Akzeptor-Gruppen am Chromophor eines Farbstoff-Moleküls beeinflussen die Lichtabsorption. Geeignete Substituenten in Azofarbstoff-Molekülen können durch Protonenaufnahme und -abgabe die Farbe ändern. Das Funktionsprinzip eines Säure-Base-Indikators wird am Beispiel des Azofarbstoffs Methylorange deutlich:

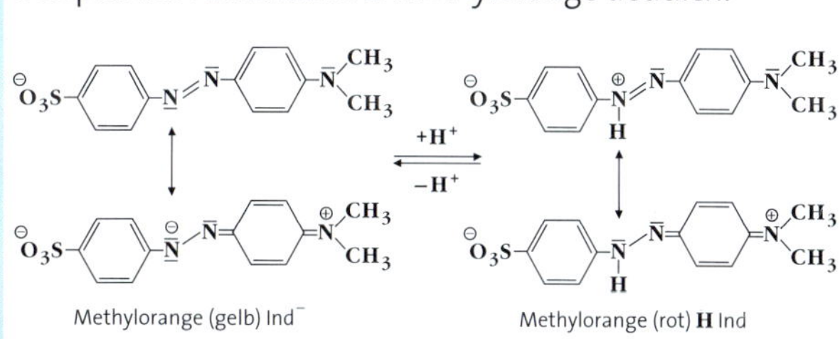

## CHE-MINT – Ergänzung und Vernetzung

Als **Naturstoffe** bezeichnet man Substanzen, die in Pflanzen, Tieren und anderen lebenden Organismen vorkommen. Dabei handelt es sich in der Regel um organische Verbindungen, die in vielen Reaktionsschritten aus einfachen anorganischen Stoffen wie Wasser, Kohlenstoffdioxid und Salzen synthetisiert werden.

Unter **Neuen Materialien** versteht man Stoffe und Stoffgemische, die mit den Eigenschaften synthetisiert werden, die für bestimmte Anwendungen gewünscht sind. Sie werden in der Technik ausgehend von natürlichen Rohstoffen in Folgen von chemischen Reaktionen hergestellt.
An Beispielen von Naturstoffen und neuen Materialien werden in diesem Kapitel Inhalte der Chemie durch Inhalte aus anderen MINT-Fächern ergänzt und mit diesen vernetzt.

# Neue Materialien

## CHE-MINT – Projektkurse und individuelles Lernen

Mithilfe der folgenden Seiten können Sie

- Ihre Kenntnisse und Kompetenzen in **Chemie**, **Biologie**, **Physik**, **Informatik** und **Technik** vertiefen und sich so besser auf das Abitur vorbereiten,
- sich Tipps, Informationen und Einstiegsexperimente für Arbeiten bei Jugend forscht oder andere Wettbewerbe einholen und
- Orientierung hinsichtlich des Studiums einer Naturwissenschaft, einer Ingenieurwissenschaft oder der Medizin finden.

Dieses Kapitel eignet sich sowohl für individuelles Lernen außerhalb des Chemieunterrichts als auch für Projektkurse aus mehreren MINT-Fächern.

# Traubenzucker, Stärke und Verwandte

**B1** *Früchte und Beeren enthalten Traubenzucker (Glucose) und Fructose (Fruchtzucker).*

**B2** *Fehling-Probe (V4).* **A:** *Untersuchen Sie angeschnittene Äpfel, Orangen, Trauben und Kartoffeln mit Glucose-Teststreifen (V6).*

**B3** *Fructose-Nachweis (V5)*

## Versuche

***V1*** Erhitzen Sie jeweils 3 Spatelspitzen Glucose (Traubenzucker), Fructose (Fruchtzucker), Saccharose (Rohrzucker), Stärke und Cellulose im Rggl. Beobachten Sie die kalten Zonen der Rggl.

***V2*** Prüfen Sie die Löslichkeit von Glucose und Saccharose in Wasser und in Heptan*.

***V3*** *Silberspiegel-Probe, Tollens-Reaktion*: Geben Sie zu 5 mL Silbernitrat*-Lösung in einem neuen Rggl. tropfenweise verd. Natronlauge*, bis sich ein schwarzbrauner Niederschlag bildet. Tropfen Sie dann so viel verd. Ammoniak*-Lösung hinzu, bis sich der Niederschlag wieder auflöst. Geben Sie dann Glucose-Lösung (0,5 g in wenig Wasser) zu und stellen Sie das Rggl. in ein warmes Wasserbad. Beobachten Sie die Ablagerung an der Innenwand des Rggl.

***V4*** *Fehling-Probe*: Geben Sie in ein Rggl. je 2 mL Fehling I*- und Fehling II*-Lösung, schütteln Sie und versetzen Sie dann mit 1 mL Glucose-Lösung. Erwärmen Sie im heißen Wasserbad und beobachten Sie die Farbe und den sich absetzenden Niederschlag (B2). Führen Sie die Fehling-Probe auch mit Fructose durch.

***V5*** *Spezifischer Fructose-Nachweis*: Geben Sie zu 3 mL Fructose-Lösung (als Vergleich Glucose-Lösung) ca. 3 mL Resorcin-Salzsäure-Lösung (1 Spatelspitze Resorcin* in 20 mL Salzsäure*, $w = 10\,\%$). Erhitzen Sie das Rggl. in siedendem Wasser und beobachten Sie die Farbe (B3). Führen Sie diesen Versuch auch mit Fruchtsäften und -stücken durch.

***V6*** *GOD-Test* (*Glucose-Oxidase-Test*): Stellen Sie sich verschiedene wässrige Glucose-Lösungen (zwischen 10 und 200 mg Glucose in je 100 mL Lösung) her und tauchen Sie jeweils ein frisches Glucose-Teststäbchen ein. Vergleichen Sie die Farben, die auf dem Teststäbchen zu sehen sind, mit der Farbskala auf der Verpackung der Teststäbchen.

## Auswertung

a) Protokollieren Sie die Beobachtungen bei V1 bis V6 (ggf. tabellarisch).

b) Erläutern Sie, wie man überprüfen kann, ob die bei V1 gebildeten Tröpfchen an der kalten Wand der Rggl. Wasser sind.

c) Erklären Sie das Löslichkeitsverhalten in V2 anhand von B4.

d) Bei V3 wird Glucose zu Gluconsäure oxidiert. Entwickeln Sie für die Silberspiegel-Probe die Teilgleichungen für die Reduktion und die Oxidation in alkalischer Lösung. Stellen Sie dann die Gesamtgleichung auf.

e) Bei der Fehling-Probe in V4 reagiert die Aldehyd-Gruppe wie in d) zu einer Carboxy-Gruppe. Kupfer(II)-Ionen $Cu^{2+}$ werden dabei zu Kupfer(I)-Ionen $Cu^{+}$ umgesetzt und als rotbrauner Niederschlag aus Kupfer(I)-oxid ausgefällt. Formulieren Sie die Reaktionsgleichung.

## Kohlenhydrate $C_m(H_2O)_n$

*Glucose* und *Fructose* aus Früchten und Beeren (B1), *Saccharose* aus Zuckerrohr und -rübe, *Stärke* aus Kartoffeln und Getreide sowie *Cellulose* aus Baumwolle und Holz spalten beim Erhitzen Wasser ab (V1). Dabei entsteht elementarer Kohlenstoff. In den Molekülen dieser Verbindungen sind neben Kohlenstoff-Atomen nur Wasserstoff- und Sauerstoff-Atome im gleichen Atomanzahlverhältnis wie im Wasser-Molekül enthalten. Damit ist die allgemeine Molekülformel $\mathbf{C_m(H_2O)_n}$. Diese Verbindungen werden daher als **Kohlenhydrate** bezeichnet.

Glucose und Fructose sind die beiden wichtigsten **Einfachzucker** (**Monosaccharide**). Sie haben beide die molare Masse $M = 180$ g/mol. Es handelt sich um zwei Isomere mit der Molekülformel (Summenformel) $\mathbf{C_6H_{12}O_6}$. Die experimentellen Befunde aus V2 bis V5 zeigen, dass sich Glucose und Fructose gut in Wasser und schlecht in Heptan lösen (V2). Glucose zeigt – wie für Aldehyde charakteristisch – sofort eine positive FEHLING- sowie Silberspiegel(TOLLENS)-Probe, Fructose dagegen erst nach einiger Zeit (B7). Fructose kann aber mit Resorcin-Salzsäure-Lösung spezifisch nachgewiesen werden (V5). Diese experimentellen Befunde unterstützen die in B4 angegebenen Konstitutionsformeln (Valenzstrichformeln) für Glucose- und Fructose-Moleküle. In diesen wird deutlich, dass das Glucose-Molekül neben fünf Kohlenstoff-Atomen mit je einer Hydroxy-Gruppe eine *Aldehyd*-Gruppe **–CHO** enthält, Glucose ist eine **Aldose**. Im Fructose-Molekül befindet sich dagegen eine *Keto*-Gruppe, Fructose ist eine **Ketose**.

Die Moleküle von Glucose und die von Fructose liegen vorwiegend in einer ringförmigen Struktur vor (B5, B6). Diese entsteht aus der entsprechenden kettenförmigen Struktur durch intramolekulare Addition einer Hydroxy-Gruppe an die Carbonyl-Gruppe. Während man die kettenförmigen Strukturen am besten durch FISCHER-Projektionsformeln wiedergibt, eignen sich für die Darstellung der ringförmigen die HAWORTH-Projektionsformeln (B4 bis B6, vgl. auch S. 218, 219). In wässriger Lösung stellt sich sehr rasch ein Gleichgewicht zwischen der Ketten- und der Ringstruktur ein. Fructose isomerisiert aber nur in alkalischer Lösung und langsam zu Glucose (B7, V4).

Saccharose ist ein **Zweifachzucker**, ein **Disaccharid**, und lässt sich hydrolytisch in Glucose und Fructose spalten (vgl. S. 223). Stärke- und Cellulose-Moleküle bestehen aus sehr vielen Glucose-Einheiten, Stärke und Cellulose gehören deshalb zu den **Vielfachzuckern**, den **Polysacchariden** (vgl. S. 224f).

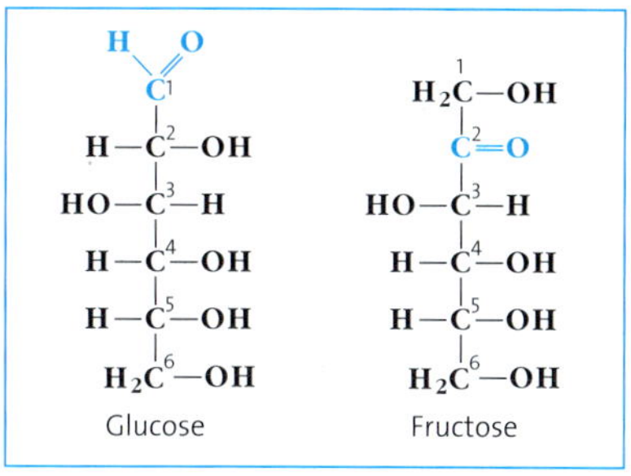


**B4** *FISCHER-Projektionsformeln eines Glucose- und eines Fructose-Moleküls (vgl. S. 219): Glucose ist eine Aldose, Fructose eine Ketose.*

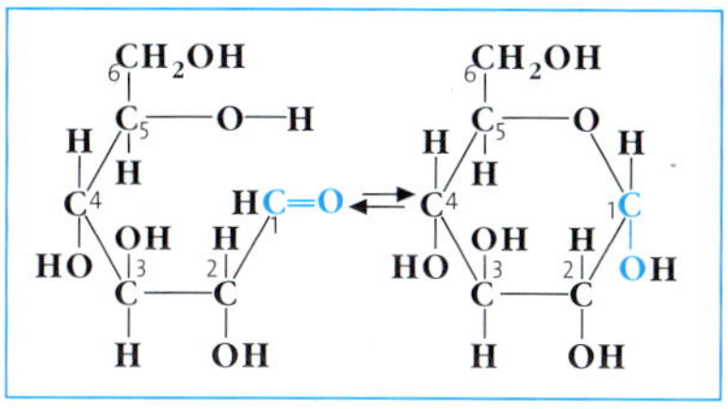

**B5** *Übergänge zwischen Ketten- und Ringstruktur bei einem Glucose-Molekül (HAWORTH-Projektion; vgl. S. 221)*

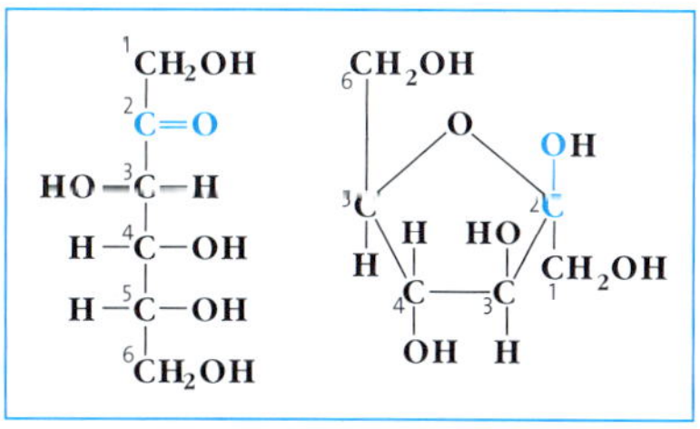

**B6** *Ketten- und Ringstruktur eines Fructose-Moleküls (FISCHER- bzw. HAWORTH-Projektion)*

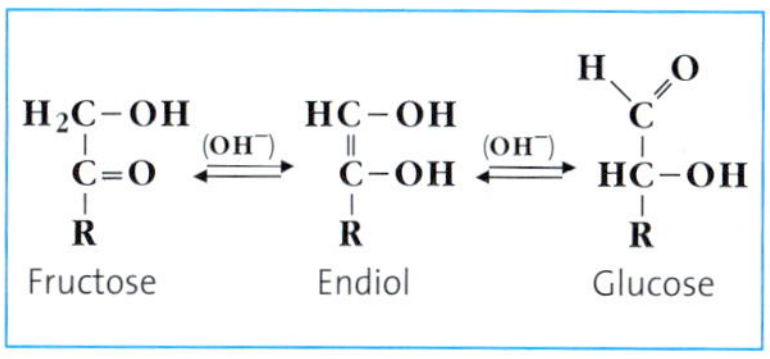


**B7** *Isomerisierung von Glucose zu Fructose in alkalischer Lösung (Keto-Enol-Tautomerie).* **A:** *Nennen Sie die Strukturunterschiede in den drei Isomeren.*

### Aufgaben

**A1** Erklären Sie, warum Fructose erst nach längerem Erhitzen eine positive FEHLING-Probe zeigt.

**A2** Der Blutzuckergehalt des Menschen beträgt ca. 100 mg/100 mL Blut. Ein erwachsener Mann hat ca. 7 Liter Blut. Berechnen Sie die Masse an Glucose, die in seinem Blut gelöst ist.

# Chiralität am räumlichen Bau von Molekülen

Wenn Kinder lernen müssen, sich selbständig anzuziehen, dann fließen häufig Tränen. Schlüpft der Knirps zum Beispiel mit dem linken Ärmchen in den rechten Hemdsärmel,dann führt dies schnell zu ärgerlichen Verwicklungen. Und mit der Fortbewegung hapert es, wenn nach längeren Mühen der linke Stiefel am rechten Füßchen sitzt. Manche lernen erst nach einigen Wutanfällen, daß Körper und Kleider viele Asymmetrien aufweisen, daß Bild und Spiegelbild häufig zwar zum Verwechseln ähnlich, aber keineswegs identisch sind ...

Vor einem ähnlichen Problem wie die Kinder beim Anziehen stehen häufig auch Biochemiker beim Herstellen von Naturstoffen. Denn was für den Körper gilt, stimmt auch für die Moleküle die ihn aufbauen ... Ernährungsbewußte Zeitgenossen wissen zum Beispiel, daß es eine „rechtsdrehende" und eine „linksdrehende" Milchsäure etwa in Joghurtprodukten gibt. Erstere spielt in unserem Stoffwechsel eine wichtige Rolle ... Mit der linksdrehenden Milchsäure hingegen kann der Körper nichts anfangen. Ähnliches gilt für viele Zucker. Während Glukose ein wichtiger Energielieferant ist, würde eine Diät mit ihrem Spiegelbild zum Hungertod führen ...

**B1** *Auszüge aus einem Artikel von Hans Schuh, DIE ZEIT, Nr. 44, 26. Okt. 1990*

### INFO

Es gibt isomere Verbindungen, deren Moleküle wie ein Objekt und sein Spiegelbild anzusehen sind. Ein solches Objekt, ein solches Molekül, das selbst keine Spiegelebene besitzt, bezeichnet man als **chiral**[1]. So ist ein Molekül z.B. chiral, wenn vier verschiedene Substituenten an ein Kohlenstoff-Atom gebunden sind. Dieses bezeichnet man dann als **asymmetrisches Kohlenstoff-Atom**. Zu einem Molekül mit einem asymmetrischen Kohlenstoff-Atom gibt es ein Spiegelbild-Molekül (B3, B4). Zwei Stoffe, deren Moleküle sich wie Objekt und Spiegelbild verhalten, bezeichnet man als **optische Isomere** oder **Enantiomere**[2]. Ihre Moleküle sind chiral und haben verschiedene **Konfigurationen**, d. h. verschiedene räumliche Anordnungen der Substituenten an den asymmetrischen Kohlenstoff-Atomen. Optische Isomere (Enantiomere) haben weitgehend gleiche physikalische und chemische Eigenschaften. Allerdings drehen sie die Ebene des polarisierten Lichts (vgl. *Chemie 2000+ Online*) in entgegengesetzte Richtungen. Das chemische Verhalten von Enantiomeren gegenüber anderen Stoffen aus chiralen Molekülen kann vollkommen unterschiedlich sein. Das ist bei lebenswichtigen Reaktionen in Organismen von herausragender Bedeutung.

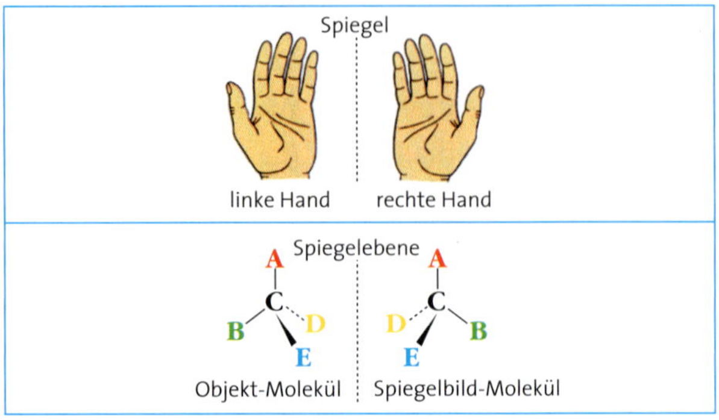


**B2** *Die linke und die rechte Hand sind chirale Objekte.* **A:** *Nennen Sie drei andere chirale Körperteile.*

### Auswertung

a) Begründen Sie, ob ein geometrischer Würfel und ob ein Spielwürfel ein chirales Objekt ist.

b) Die systematische Bezeichnung von Milchsäure mit der Halbstrukturformel $H_3CCH(OH)COOH$ ist 2-Hydroxypropansäure (B3). Begründen Sie, warum es zwei optische Isomere (Enantiomere) von Milchsäure gibt, rechtsdrehende und linksdrehende Milchsäure.

c) Geben Sie die räumliche Strukturformel eines 2-Brombutan-Moleküls und die eines 2-Brompropan-Moleküls nach dem Muster aus B3 an. Begründen Sie, welches Molekül chiral ist.

d) Recherchieren Sie im Internet nach zwei Beispielen von Stoffen, deren Enantiomere unterschiedliche physiologische Wirkung haben.

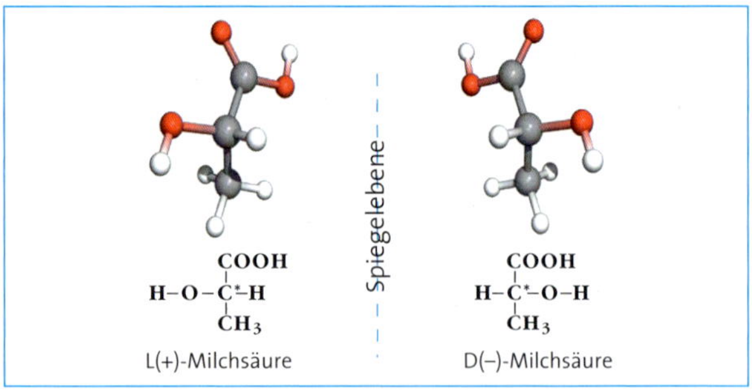


**B3** *Kugelstab-Modelle und Fischer-Projektionsformeln von Milchsäure-Molekülen*

[1] von *cheir* (griech.) = Hand; [2] von *enantios* (griech.) = entgegengesetzt, gegensätzlich

## Chiralität am räumlichen Bau von Molekülen

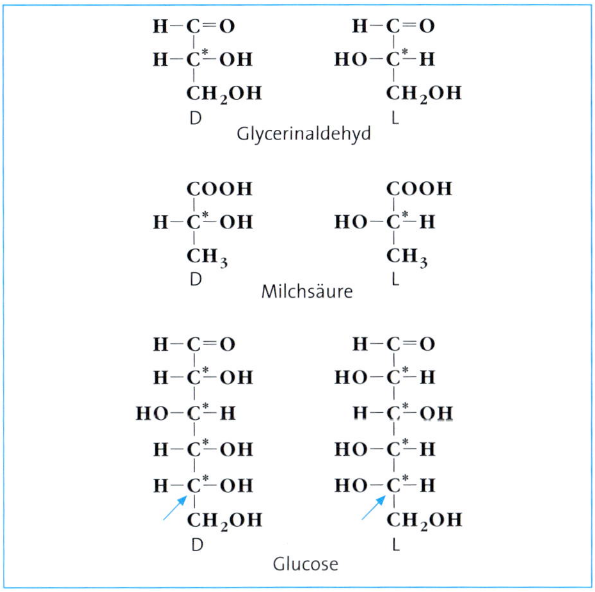


**B4** *Fischer-Projektionsformeln und Konfigurationen (vgl. auch Konvention nach Fischer im Text)*

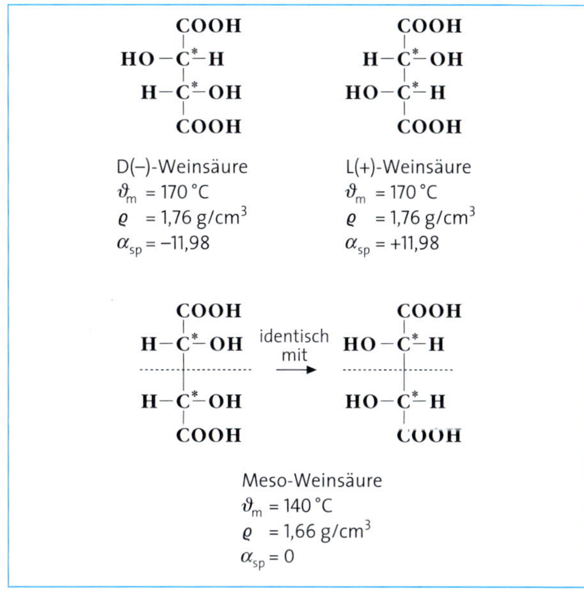


**B5** *Isomere Weinsäuren (Dihydroxybutansäuren).* **A:** *Begründen Sie, warum es bei der Weinsäure nicht $2^2 = 4$ Stereoisomere gibt.*

**Stereoisomerie** (optische Isomerie, Raumisomerie) tritt bei Molekülen mit gleicher Konstitution, aber unterschiedlicher Konfiguration, d. h. unterschiedlicher räumlicher Anordnung der Atome, auf. Da die Moleküle von Kohlenhydraten mehrere **asymmetrische Kohlenstoff-Atome** besitzen, sind sie **chiral** (*INFO*, B2, B3) und kommen in Form verschiedener Stereoisomere vor. Stereoisomere können **optisch aktiv** sein, d. h. die Ebene des polarisierten Lichts nach rechts oder nach links drehen (vgl. *Chemie 2000+ Online*). Zur Kennzeichnung der Stereoisomere werden die Buchstaben D und L eingesetzt[3]. Dabei ist Glycerinaldehyd (B4) Bezugssubstanz: Die Konfiguration mit der Hydroxy-Gruppe auf der rechten Seite wird vereinbarungsgemäß als D-Konfiguration und die mit der Hydroxy-Gruppe auf der linken Seite als L-Konfiguration bezeichnet. In gleicher Weise verfährt man bei anderen Molekülen.

Nach der Konvention von Emil Fischer schreibt man bei einem Kohlenhydrat-Molekül die Kette der Kohlenstoff-Atome von oben nach unten, wobei das am höchsten oxidierte Kohlenstoff-Atom oben (wie bei Glucose) oder nahe am oberen Ende steht (wie bei Fructose). Die Substituenten (Hydroxy-Gruppen und Wasserstoff-Atome) werden nach rechts und nach links gesetzt. Monosaccharid-Moleküle erhalten die Bezeichnung D oder L nach der Konfiguration an dem Chiralitätszentrum, das von der Carbonyl-Gruppe am weitesten entfernt ist (B4).

Bei Molekülen mit z Chiralitätszentren (*Kennzeichnung:* *) gibt es maximal $2^z$ Stereoisomere. Neben D-Glucose gibt es danach weitere 15 Isomere der D-Reihe. Die Zahl der optischen Isomere verringert sich aber, wenn es innerhalb des Moleküls eine Spiegelebene gibt, wie bei Weinsäure (B5). Bei den Molekülen der Meso-Weinsäure kommt es zu einer intramolekularen Kompensation der Drehwirkung, sodass Meso-Weinsäure optisch inaktiv ist. Sie unterscheidet sich aber in ihren physikalischen und chemischen Eigenschaften von ihren optischen Isomeren und kann durch übliche Methoden von diesen getrennt werden. Dagegen bilden D- und L-Weinsäure ein Paar von **Enantiomeren** (vgl. *INFO*) mit gleichen Eigenschaften (B5). Sie können aus einem 1:1 Gemisch, einem **Racemat**, nur durch spezielle Methoden getrennt werden.

[3] von *dexter* (lat.) = rechts und *laevus* (lat.) = links

# Kette und Ring

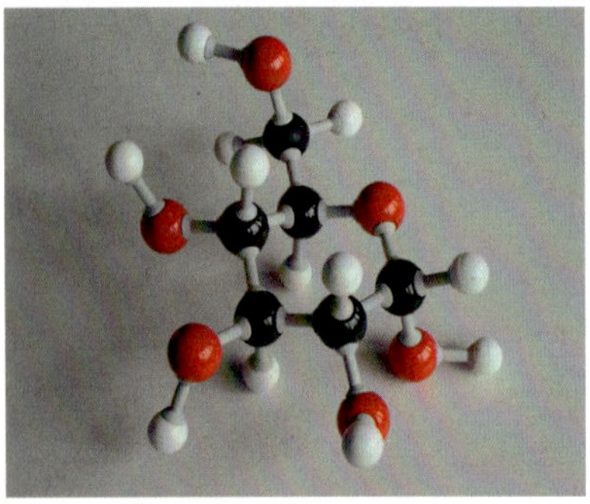

**B1** *Kugelstab-Modell eines α-D-Glucopyranose-Moleküls*

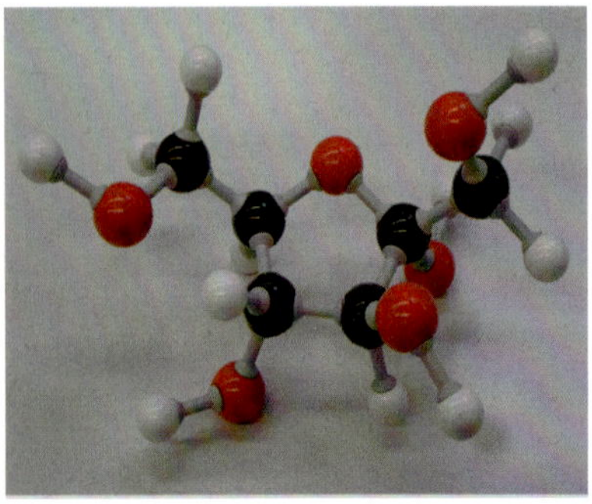

**B2** *Kugelstab-Modell eines α-D-Fructofuranose-Moleküls.* ***A:*** *Bauen Sie das Modell eines β-D-Fructofuranose-Moleküls, dem Baustein von Saccharose (Haushaltszucker).*

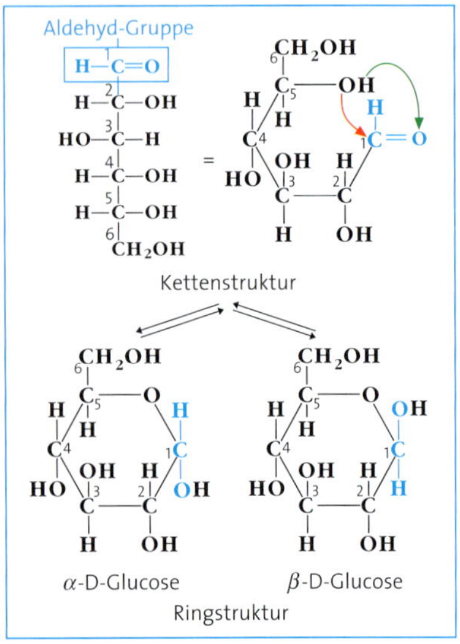


**B3** *Ketten- und Ringstrukturen des D-Glucose-Moleküls.* ***A:*** *Erläutern Sie den Unterschied zwischen α- und β-D-Glucose-Molekülen (vgl. auch Auswertung a).*

### INFO

Die beiden wichtigsten natürlichen Monosaccharide **Glucose** und **Fructose** bilden **intramolekulare Halbacetale**.

**Halbacetale** entstehen bei der **nucleophilen Addition** eines Alkohols an eine Carbonylverbindung. Dabei wird das partiell positiv geladene Kohlenstoff-Atom einer Carbonyl-Gruppe durch ein freies Elektronenpaar des Sauerstoff-Atoms einer Hydroxy-Gruppe nucleophil angegriffen.

Bei einem **Glucose-Molekül** erfolgt eine solche nucleophile Addition **intramolekular** durch die Hydroxy-Gruppe des Kohlenstoff-Atoms C5 an das Kohlenstoff-Atom C1 der Carbonyl-Gruppe (B3). In seiner **Halbacetalform** enthält das Glucose-Molekül somit einen Sechserring aus einem Sauerstoff-Atom und fünf Kohlenstoff-Atomen (*Pyranring*) und die Carbonyl-Gruppe existiert als solche nicht mehr, sie ist „maskiert". Glucose ist eine **Glucopyranose** (B1).

Die Ausbildung der Ringstruktur nach B3 hat mehrere Folgen. So wird durch die Maskierung der im kettenförmigen Glucose-Molekül sehr leicht oxidierbaren Aldehyd-Gruppe ein „Schutz" gegen Oxidationsmittel erreicht. Mit der intramolekularen Addition an die Carbonyl-Gruppe entsteht zudem ein weiteres asymmetrisches Kohlenstoff-Atom (C1 in B3), also ein neues Chiralitätszentrum im Glucose-Molekül (B3). Von den beiden Isomeren (B3, B4) existiert im reinen, festen Zustand ausschließlich die α-D-Glucose. In wässriger Lösung reagiert diese über die offenkettige Form zu β-D-Glucose, bis sich schließlich im Gleichgewicht ein Gemisch aus ca. 40 % α-D-Glucose und ca. 60 % β-D-Glucose ergibt.

Bei einem **Fructose-Molekül** (vgl. S. 215, B6) sind die Keto-Gruppe des Kohlenstoff-Atoms C2 und eine Hydroxy-Gruppe des Kohlenstoff-Atoms C5 oder C6 an der Halbacetalbildung beteiligt. Im ersten Fall wird ein Fünferring mit einem Sauerstoff-Atom (*Furanring*) gebildet und Fructose liegt als **Fructofuranose** vor (B2). Im zweiten Fall entsteht **Fructopyranose**, deren Moleküle einem Sechserring mit Sauerstoff-Atom enthalten.

### Auswertung

a) Zeichnen Sie die Kettenstruktur des D-Glucose-Moleküls mit den freien Elektronenpaaren an den Sauerstoff-Atomen, die bei der Bildung des Halbacetals beteiligt sind, und erklären Sie die Bedeutung des roten und des grünen Pfeils (B3).

b) Formulieren Sie analog zu B3 die Bildung des Fructofuranose-Fünferrings.

c) Begründen Sie, warum und wie es auch bei der Glucose zur Bildung eines intramolekularen Halbacetals mit einem fünfgliedrigen Ring (Glucofuranose) kommen kann.

## Intramolekulare Halbacetale und intermolekulare Glycoside

Monosaccharid-Moleküle bilden einerseits **intramolekulare Halbacetale** (*INFO*, B1 bis B4). Nach einem anderen, einfachen Verknüpfungsprinzip können Monosaccharide aber auch miteinander (**intermolekular**) durch **Kondensationsreaktionen** zu Di- und weiter zu Polysacchariden reagieren (B5). Dabei wird zwischen zwei Monosaccharid-Molekülen jeweils ein Wasser-Molekül abgespalten. Wenn diese Abspaltung zwischen der Hydroxy-Gruppe des Kohlenstoff-Atoms C1 des einen Glucose-Moleküls und der Hydroxy-Gruppe des Kohlenstoff-Atoms C4 eines anderen Glucose-Moleküls erfolgt, bildet sich zwischen den beiden Glucose-Bausteinen eine **1,4-glycosidische Bindung** aus.

Solche Bindungen sind für die Stärke- wie auch für die Cellulose-Moleküle charakteristisch. Das Verknüpfungsmuster ist zwar bei beiden Polysacchariden gleich (B5), die Konfiguration am Kohlenstoff-Atom C1 der verknüpften Glucose-Bausteine ist aber unterschiedlich. In den Maltose- und Stärke-Molekülen sind jeweils $\alpha$-D-Glucose-Moleküle (B3) $\alpha$-1,4-glycosidisch miteinander verknüpft, in den Cellobiose- und Cellulose-Molekülen liegen dagegen $\beta$-1,4-glycosidische Bindungen zwischen $\beta$-D-Glucose-Molekülen vor. Infolgedessen liegen Stärke-Makromoleküle in einer schraubenförmig gewundenen Kette und Cellulose-Makromoleküle in einer fadenförmigen Kette aus Glucopyranose-Ringen (vgl. S. 215, B5) vor. Die Beispiele Stärke (vgl. S. 223) und Cellulose (vgl. S. 225) zeigen deutlich, dass geringe strukturelle Unterschiede zu großen Eigenschaftsunterschieden führen können.

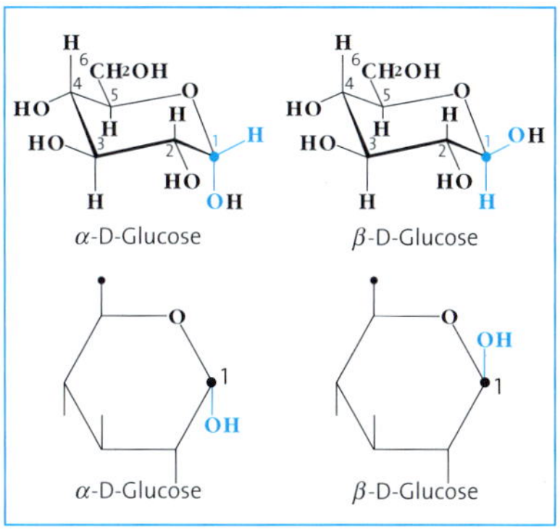


**B4** *Räumliche Strukturformeln (Sesselformen, oben) und vereinfachte* HAWORTH-*Projektionsformeln*[1] *von α-und β-D-Glucose.*
**A:** *Identifizieren und beschreiben Sie mithilfe von B5, S. 215, die Bedeutung der Striche und des Strichs mit endständigem Punkt in den* HAWORTH-*Projektionsformeln.*

### *Aufgaben*

***A1*** Trehalose ist ein Dissacharid, das in Pilzen und Insekten vorkommt. In einem Trehalose-Molekül sind zwei $\alpha$-D-Glucose-Moleküle an den C1-Atomen verknüpft ($\alpha$,$\alpha$-1,1-glycosidische Bindung). Stellen Sie die Strukturformel von Trehalose auf und begründen Sie, warum die FEHLING-Probe mit Trehalose negativ ausfällt.

***A2*** Erläutern Sie, warum ein Disaccharid aus 1,2-verknüpften Glucose-Monomeren eine andere Konstitution hat als eines aus 1,4-verknüpften Glucose-Bausteinen. Begründen Sie, warum es bei dem 1,4-verknüpften Disaccharid auch unterschiedliche *Konfiguration* geben kann.

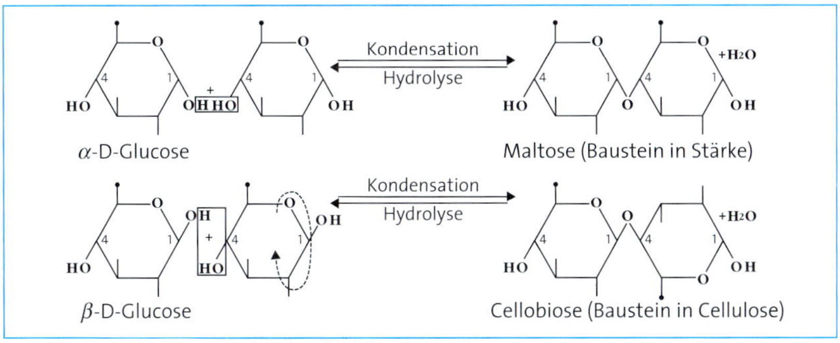


**B5** *1,4-glycosidische Verknüpfung von α-D-Glucose-Bausteinen in einem Maltose-Molekül und von β-D-Glucose-Bausteinen in einem Cellobiose-Molekül. (Diese Disaccharid-Moleküle sind die Bausteine der Makromoleküle von Stärke bzw. Cellulose.)*

[1] Vereinfachte HAWORTH-Projektionsformeln sind bei Kohlenhydrat-Molekülen üblich; vgl. Biologiebücher.

# Das süße Geheimnis von Zuckerrohr und Rübe

**B1** *Zuckerrohr enthält Saccharose mit einem Massenanteil von 15–17%, bei Zuckerrüben beträgt er 20%.*

## Versuche

***LV1*** In einem hohen Becherglas durchfeuchtet man 5 Teelöffel Saccharose (feinen Haushaltszucker) mit wenig Wasser. Dann gibt man 5 mL konz. Schwefelsäure* zu und beobachtet die Veränderungen.

***V2*** Führen Sie die FEHLING-Probe (vgl. S. 214) mit Saccharose durch.

***V3*** Versetzen Sie 10 mL Saccharose-Lösung, $w = 5\%$, mit 2 mL verd. Salzsäure* und erhitzen Sie 5 min zum Sieden (Siedesteinchen). Neutralisieren Sie nach dem Abkühlen mit Natriumhydrogencarbonat* (mit *p*H-Papier testen).
a) Führen Sie mit einem Teil der Lösung die FEHLING-Probe durch. b) Prüfen Sie die Lösung mit Glucose-Testpapier (GOD-Test). c) Führen Sie mit einem Teil der Lösung den Fructose-Test (vgl. S. 214) durch.

### INFO

**Saccharose**, besser bekannt unter dem Namen Haushaltszucker, kommt in vielen Früchten vor, in höherer Konzentration in Zuckerrohr und in Zuckerrüben. In Deutschland gewinnt man Saccharose aus Zuckerrüben (B2). Nach der Ernte müssen diese sofort verarbeitet werden, da ihr Zuckergehalt beim Lagern abnimmt. Die gewaschenen und zerkleinerten Rüben werden mit heißem Wasser bei etwa 80 °C extrahiert, dann abgepresst. Der dunkelbraune Rohsaft wird mit Kalkmilch versetzt, um Nichtzuckerstoffe wie Pflanzensäuren und Eiweißstoffe auszufällen. Anschließend wird Kohlenstoffdioxid eingeleitet, um nun die Calcium-Ionen auszufällen. Nach dem Abfiltrieren wird der Dünnsaft im Vakuum eingedampft, bis der entstehende Dicksaft zu kristallisieren beginnt. Der braune Rohzucker wird abzentrifugiert und der Sirup teilweise wieder zum Dicksaft gegeben, teilweise als Melasse weiterverwendet. Zur Reinigung wird Zucker aufgelöst und mit Aktivkohle behandelt. Nach dem Eindampfen kristallisiert reiner Zucker aus.

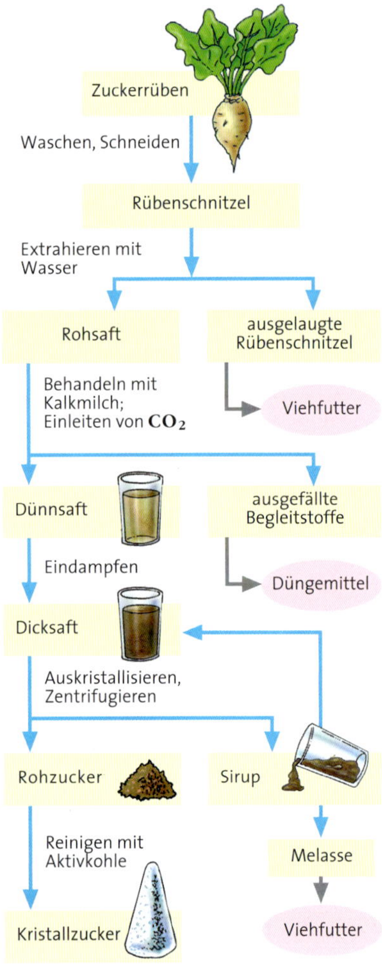


**B2** *Von der Rübe zum Zucker*

## Auswertung

a) Geben Sie an, inwiefern das Ergebnis von LV1 die Bezeichnung „Kohlenhydrat" auch für Saccharose unterstützt.

b) Erklären Sie das Ergebnis der FEHLING-Proben aus V2 und V4 mithilfe der Formeln aus B5. Erläutern Sie, welche Reaktion beim Sieden von Saccharose-Lösung mit Salzsäure abläuft.

c) Erklären Sie, warum es keine sichtbaren Unterschiede im Löslichkeitsverhalten von Glucose, Fructose und Saccharose gibt.

d) Formulieren Sie kurze und exakte Beschreibungen der Trennverfahren, die bei der Gewinnung von Saccharose aus Zuckerrüben angewandt werden (B2, *INFO*).

e) Erläutern Sie, warum die bei der Zuckergewinnung mit Kalkmilch und durch Einleiten von Kohlenstoffdioxid ausgefällten Begleitstoffe gute Düngemittel sind.

f) Planen Sie in Anlehnung an das technische Verfahren zur Zuckergewinnung eine Versuchsreihe, die im Schullabor durchgeführt werden kann.

## Saccharose und andere Disaccharide

Die in vielen Früchten und Pflanzen enthaltene **Saccharose** (*INFO*) verwenden wir als „Zucker“ in verschiedenen Formen (B3) zum Süßen von Speisen und auch von Getränken, da sie sich wie Glucose und Fructose sehr gut in Wasser löst. Beim Erhitzen *karamellisiert* Saccharose. Dabei laufen komplexe Reaktionen ab, durch die Aroma- und Geschmacksstoffe entstehen und der Zucker eine gelbbraune Farbe annimmt (Karamellzucker).
Saccharose zeigt im Gegensatz zu Glucose keine positive FEHLING-Probe (V2). Das deutet darauf hin, dass Saccharose-Moleküle keine (ringförmigen) Halbacetale (vgl. S. 218, 219) sind, die sich leicht in die (offenkettige) Aldehydform umwandeln und eine positive FEHLING-Probe bewirken würden.
Saccharose ist ein **Disaccharid**: Ein Saccharose-Molekül besteht aus einem $\alpha$-D-Glucose- und einem $\beta$-D-Fructose-Baustein (B5), die beide über die Hydroxy-Gruppe ihrer Halbacetal-Gruppe acetalartig miteinander verknüpft sind. Damit liegt im Saccharose-Molekül eine Sauerstoffbrücke zwischen dem C1-Atom des Glucose- und dem C2-Atom des Fructose-Bausteins vor, die somit hier **$\alpha$, $\beta$-1,2-glycosidisch** verknüpft sind. Durch die acetalartige Verknüpfung im Saccharose-Molekül sind die Halbacetal- und damit die „maskierten“ Carbonyl-Gruppen der beiden Bausteine „blockiert“, mit der Folge, dass der Saccharose die für die Monosaccharide typischen Eigenschaften (wie die positive FEHLING-Probe) fehlen. B5 zeigt die 1,2-glycosidische Verknüpfung im Saccharose-Molekül, die sich somit von der 1,4-glycosidischen Verknüpfung bei Stärke und Cellulose (vgl. S. 219) durch die Positionen und die Art der beteiligten Hydroxy-Gruppen unterscheidet.
**Maltose**, Malzzucker, findet sich in keimenden Samen (Gerstenmalz) und ist ein Zwischenprodukt beim biochemischen Stärkeabbau. Die Moleküle dieses Disaccharids setzen sich aus zwei Glucose-Bausteinen zusammen, die **$\alpha$-1,4-glycosidisch** miteinander verknüpft sind. Auch die Moleküle des Disaccharids **Cellobiose**, dem Abbauprodukt der Cellulose, bauen sich aus zwei Glucose-Einheiten auf, die hier aber **$\beta$-1,4-glycosidisch** miteinander verbunden sind (vgl. S. 219, B5).
Disaccharide hydrolysieren zu Monosacchariden. Erhitzt man beispielsweise Saccharose mit verdünnter Salzsäure, so wird das Saccharose-Molekül unter Anlagerung eines Wasser-Moleküls in ein $\alpha$-D-Glucose-Molekül und ein $\beta$-D-Fructose-Molekül gespalten:

$$\underset{\text{Saccharose}}{C_{12}H_{22}O_{11}} + H_2O \rightleftharpoons \underset{\text{Glucose}}{C_6H_{12}O_6} + \underset{\text{Fructose}}{C_6H_{12}O_6}$$

Das bei dieser Hydrolyse entstehende Gemisch der beiden Monosaccharide zeigt eine positive FEHLING-Probe.

### *Aufgaben*

***A1*** Die Wasserlöslichkeit von Zucker (Saccharose) ist viel größer als die von Kochsalz (bei 20 °C lösen sich 204 g Zucker, aber nur 36 g Natriumchlorid in 100 g Wasser). Erklären Sie diesen Sachverhalt.

***A2*** Erklären Sie, warum bei der Hydrolyse von Stärke Maltose, nicht aber Saccharose als Zwischenprodukt entstehen kann.

**B3** *Saccharose ist als „Zucker“ in vielfältiger Form im Handel. Saccharose muss man aber nicht zu sich nehmen, da der Körper die lebensnotwendige Glucose auch aus Stärke erhält. Ein Zuviel an Zucker wandelt der Körper in Fett um und speichert es.*

| | Süßkraft[1] | Brennwert in kJ/g |
|---|---|---|
| Saccharose | 1,0 | 17,0 |
| Glucose | 0,5 | 17,0 |
| Fructose | 1,2 | 17,0 |
| Maltose | 0,5 | 17,0 |
| Sorbit | 0,5 | 10,0 |
| Saccharin | 450 | 0 |
| Cyclamat | 35 | 0 |
| Aspartam | 140 | 17,0 |

**B4** *Süßkraft und Brennwert von Zuckern und Zuckerersatzstoffen im Vergleich zu Saccharose*

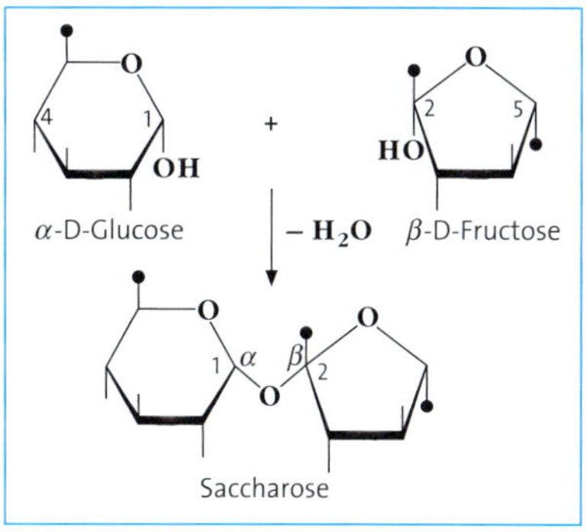


**B5** *Glycosidische Bindung und Struktur des Saccharose-Moleküls.* **A:** *Schreiben Sie die HAWORTH-Projektionsformel des Saccharose-Moleküls nach dem Muster von S. 215, B5 und B6, auf.*

[1] Die Süßkraft von Saccharose ist auf 1 festgelegt.

# Das feste Nahrungsmittel Nr. 1

**B1** *Die Körner von Gerste enthalten Stärke, ihre Hüllen und die anderen Pflanzenteile bestehen aus Cellulose.*

## Versuche

***V1*** Lösen Sie 1 g Stärke in 100 mL Wasser durch Aufkochen. Die abgekühlte Stärke-Lösung wird für weitere Versuche benötigt.

***V2*** *Stärkenachweis*: a) Tropfen Sie zu einer Probe Stärke-Lösung einige Tropfen Iod-Kaliumiodid-Lösung (LUGOL'sche-Lösung) und beobachten Sie die Farbe. b) Tropfen Sie auf eine durchgeschnittene Kartoffel (einen durchgeschnittenen Apfel) Iod-Kaliumiodid-Lösung und beobachten Sie die Auftropfstelle. c) Übergießen Sie Nudeln (Brotkrümel) mit Wasser, erhitzen Sie einige Minuten und testen Sie die Suspension mit Iod-Kaliumiodid-Lösung.

***V3*** Geben Sie zu 50 mL Stärke-Lösung in einem Erlenmeyerkolben 5 mL verd. Salzsäure* und erhitzen Sie zum Sieden. Entnehmen Sie alle 3 min mit einer Pipette eine Probe, kühlen Sie sie unter fließendem Wasser ab und führen Sie den Stärkenachweis (V2) durch. Wenn der Nachweis negativ ausfällt (keine Blaufärbung), neutralisieren Sie die Reaktionslösung mit Natriumhydrogencarbonat (Test mit *p*H-Indikatorpapier) und halten Sie dann einen Glucose-Teststreifen (GOD-Test) in die Lösung.

***V4*** *Herstellung einer Stärkefolie*: Geben Sie in einem Becherglas zu 4 g Stärke (z.B. Mondamin ) 2 mL Glycerin und 20 ml Wasser und erhitzen Sie unter Umrühren ca. 15 min zum Sieden. Gießen Sie das entstandene Gel auf eine Plastikfolie (z.B. Prospekthülle) und lassen Sie trocknen. Am nächsten Tag lässt sich die Stärkefolie abziehen.

**B2** *Nachweis von Stärke mit Iod-Kaliumiodid-Lösung (V2)*

## Auswertung

a) Die blaue Farbe beim Stärke-Nachweis mit Iod-Kaliumiodid-Lösung kommt durch die Einlagerung von Iod-Molekülen in den Spiralwindungen der Stärke-Makromoleküle zustande. Erklären Sie mithilfe von B3, warum dieser Nachweis bei Cellulose negativ ausfällt.

b) Planen Sie einen Versuch zum Nachweis von Stärke in Weizen- und in Maiskörnern und führen Sie ihn nach Rücksprache mit der Lehrkraft durch.

c) Deuten und erklären Sie die Versuchsergebnisse aus V3. Formulieren Sie dazu auch ein Reaktionsschema unter Verwendung von HAWORTH-Projektionsformeln.

d) Erläutern Sie, welche zwischenmolekularen Bindungen sich zwischen Stärke-Molekülen und Glycerin-Molekülen in der Stärkefolie ausbilden können und skizzieren Sie einen vereinfachten Strukturausschnitt. Begründen Sie, warum der Zusatz von Glycerin die Ausbildung von Stärkekristallen behindert und die Folie weich macht.

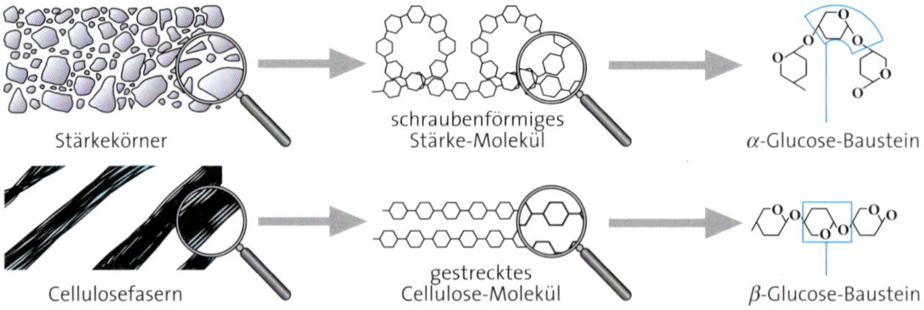


**B3** *Modelle zum Erscheinungsbild und zur Struktur von Stärke und Cellulose.* ***A:*** *Erläutern Sie, welche Informationen jedes der drei Modellpaare für Stärke und Cellulose enthält.*

## Stärke – ein Polysaccharid aus $\alpha$-D-Glucose

Stärke ist das wichtigste Kohlenhydrat in unserer Nahrung. Sie wird in Pflanzenzellen, z. B. in Kartoffeln oder Getreidekörnern, als Reservestoff gespeichert. Aus „chemischer Sicht" ist Stärke ein Polysaccharid aus 1,4-glycosidisch verknüpften $\alpha$-D-Glucose-Einheiten (vgl. S. 219, B5). Pflanzliche Stärke, z. B. Kartoffelstärke, besteht aus zwei Stärke-Arten, zu ca. 20 % aus gut wasserlöslicher **Amylose**, deren lineare, schraubenförmig gewundenen Makromoleküle 100 bis 1400 Glucose-Einheiten enthalten, und zu ca. 80 % aus **Amylopektin** (B5). Dessen teilweise verzweigte Makromoleküle sind aus mehr als 10 000 Glucose-Einheiten aufgebaut. Bei zunehmender Molekülgröße wird Amylopektin selbst in heißem Wasser immer schlechter löslich. Ebenfalls wasserunlöslich ist **Glycogen**, das Reservekohlenhydrat in tierischen und menschlichen Organismen. Die stark verzweigten Glycogen-Makromoleküle enthalten mehr als 100 000 $\alpha$-D-Glucose-Einheiten, die wie im Amylopektin in der Hauptkette 1,4-glycosidisch und an den Verzweigungsstellen 1,6-glycosidisch verknüpft sind (B5).
Stärke kann sehr einfach durch Blaufärbung mit Iod-Kaliumiodid-Lösung (Lugol'sche-Lösung) nachgewiesen werden (V2, B2, Auswertung a). Bei der Verdauung wird die Stärke erst zu Glucose hydrolysiert, die dann im Rahmen der Glycolyse weiter abgebaut wird. Die Hydrolyse beginnt bereits im Mund, da Speichel stärkespaltende Enzyme enthält. Während Enzyme aus Proteinen bestehen und bei höheren Temperaturen, z. B. in siedendem Wasser, inaktiv werden, kann die Stärke-Hydrolyse mit Salzsäure als Katalysator durch Erhitzen bis zum Sieden beschleunigt werden.
Stärke ist nicht nur ein Hauptnahrungsmittel, sondern auch ein wichtiger **nachwachsender Rohstoff** (B6), der im Gegensatz zu Cellulose beispielsweise zu Bioethanol vergoren werden kann. Ökologisch und ökonomisch ist diese Methode allerdings problematisch, weil riesige Regenwaldflächen gerodet oder landwirtschaftliche Flächen statt für die Produktion von Nahrungsmitteln für die von Treibstoffen für Fahrzeuge genutzt werden. Dank ihrer guten Quelleigenschaften kann Stärke auch für die Erzeugung von z. B. Folien, Verpackungen und Essgeschirr verwendet werden, die nach dem Gebrauch kompostierbar und theoretisch sogar essbar sind.

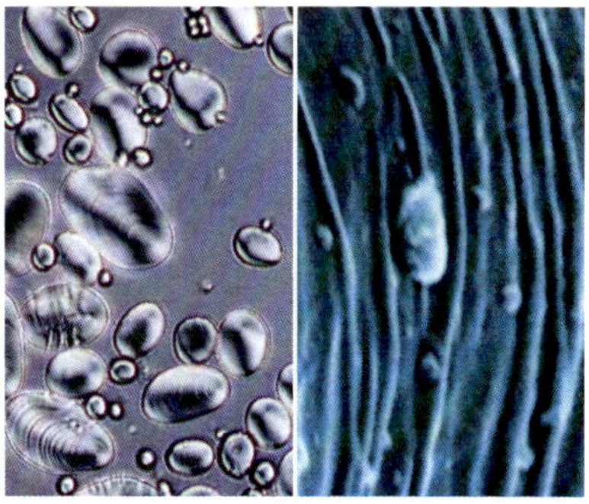

**B4** *Kartoffelstärke unter dem Lichtmikroskop (links) und Cellulose im Elektronenmikroskop (rechts).* ***A:*** *Informieren Sie sich über die Vergrößerungsfaktoren bei den beiden Mikroskoptypen und stellen Sie einen Bezug zu den Fotos her.*

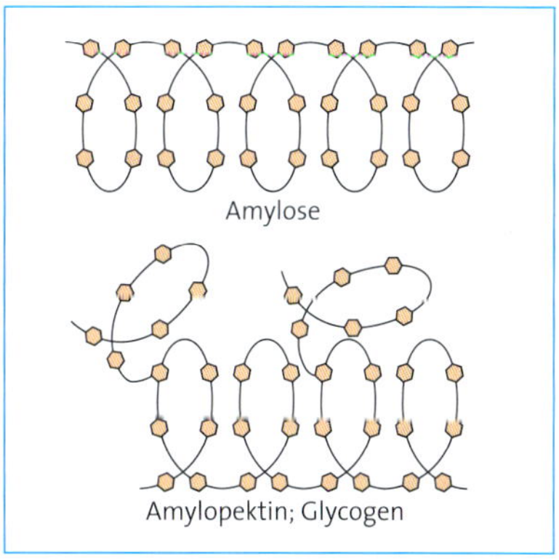


**B5** *Verschiedene Stärke-Arten*

### *Aufgaben*

***A1*** Stellen Sie anhand eigener Recherchen im Supermarkt eine Liste aus 10 Fertigprodukten auf, die Stärke nicht als Hauptbestandteil, sondern als Eindickungsmittel enthalten.

***A2*** Orientieren Sie sich an B5 von S. 219 und formulieren Sie eine 1,4-glycosidische Verknüpfung, die weder in Stärke noch in Cellulose vorkommt. Erläutern und begründen Sie Ihren Vorschlag.

***A3*** Eine Portion Stärke quillt in Wasser, d. h. sie vergrößert ihr Volumen und wird klebrig. Erklären Sie diesen Vorgang anhand der Struktur der Moleküle und der zwischenmolekularen Bindungen.

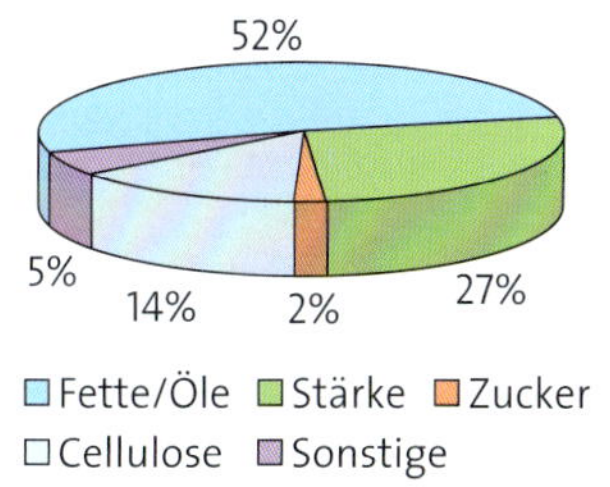


**B6** *Einsatz von nachwachsenden Rohstoffen im Chemiebereich (Deutschland)*

# Die häufigste organische Verbindung

**B1** *Tropischer Regenwald. **A:** Erläutern Sie, auch anhand einer Reaktionsgleichung, warum und wie gerade in Gebieten wie dem Tropischen Regenwald große Mengen an Kohlenhydraten entstehen.*

## *Versuche*

***V1*** *Herstellung der Iod-Zinkchlorid-Lösung*: Gießen Sie eine Zinkchlorid-Lösung aus 10 g wasserfreiem Zinkchlorid in 5 mL dest. Wasser und eine Lösung aus 1,05 g Kaliumiodid und 0,25 g Iod* in 2,5 mL dest. Wasser in einer Vorratsflasche zusammen.

*Cellulose-Nachweis*: Beträufeln Sie ein Stück Zellstoff oder Baumwolle mit Iod-Zinkchlorid-Lösung (B2).

***V2*** **Schutzbrille!** Untersuchen Sie ein Stück Baumwolle auf Beständigkeit gegenüber Säuren und Laugen, indem Sie je eine Stoffprobe für 15 bis 20 min in Salzsäure*, $c = 5$ mol/L, und in Natronlauge*, $c = 5$ mol/L, legen. Waschen Sie die Proben mit Wasser aus und trocknen Sie sie. Notieren Sie die Beschaffenheit (Aussehen der Fasern, Rauheit, Steifheit) der Proben.

***V3*** **Schutzbrille und -handschuhe!** Testen Sie die Beständigkeit von Baumwolle gegenüber Oxidationsmitteln, z. B. Wasserstoffperoxid*, $w = 5\%$, und Reduktionsmitteln, z. B. Natriumdithionit*, $w = 5\%$. Legen Sie dazu je eine Stoffprobe für 15 bis 20 min in eine wässrige Lösung des Oxidations- bzw. Reduktionsmittels, waschen und trocknen Sie anschließend.

***LV4*** **Schutzbrille!** Man verrührt einen Bausch Watte (oder Filterpapierschnipsel) mit 5 mL Schwefelsäure*, $w = 80\%$, bis sich die Watte gelöst hat. Dann gibt man vorsichtig 40 mL Wasser hinzu und erhitzt 10 min zum Sieden. Nach dem Abkühlen wird die Lösung mit Natriumhydrogencarbonat (Test mit *p*H-Indikatorpapier) neutralisiert und ein Glucose-Teststreifen hineingehalten.

**B2** *Positiver Cellulose-Nachweis bei einem Stück Baumwollstoff. **A:** Schlagen Sie weitere Materialien vor, bei denen man einen positiven Cellulose-Nachweis erhalten müsste, und testen Sie diese.*

## *Auswertung*

a) Beim Cellulose-Nachweis in V1 färben sich die benetzten Stellen schwarzblau (B2). Diese Farbreaktion ist für die Cellulose typisch. Dabei lagern sich Iod-Moleküle zwischen die einzelnen Stränge der Makromolekülketten ein. Gleichzeitig sind Bindungen von Zink-Ionen zu den Hydroxy-Gruppen der Cellulose sowie zu den Triiodid-Ionen $I_3^-$ beteiligt. Beschreiben Sie den Unterschied zum Iod-Stärke-Nachweis (vgl. S. 222).

b) Erläutern Sie die Konsequenzen, die sich aus V2 und V3 in Bezug auf die Einsatzmöglichkeiten und die Waschbarkeit von Baumwollstoff ergeben.

c) Stellen Sie Gemeinsamkeiten und Unterschiede bei den Experimenten zur Hydrolyse von Cellulose (LV4) und von Stärke (vgl. S. 222) fest.

## Cellulose – ein Polysaccharid aus β-D-Glucose

**Cellulose** bildet als Gerüstsubstanz den Hauptbestandteil der pflanzlichen Zellwände und ist somit das am häufigsten vorkommende Kohlenhydrat. Baumwolle (B3) und verschiedene Fasern wie Hanf und Flachs sind nahezu reine Cellulose, in Holz ist sie zu etwa 50 % enthalten. Cellulose ist der wichtigste Ausgangsstoff für die Textil- und Papierindustrie. Cellulosefasern enthalten mehrere lineare Makromolekülketten, in denen viele Tausend Glucose-Bausteine über β-1,4-glycosidische Bindungen miteinander verknüpft sind. Diese Ketten lagern sich über Wasserstoffbrücken zu **Mikrofibrillen** zusammen (B5), wobei sich die einzelnen Stränge in parallelen oder antiparallelen Schichten ausrichten. Die Mikrofibrillen ordnen sich wiederum zu Fasern, den **Makrofibrillen**, an (vgl. S. 223, B4).

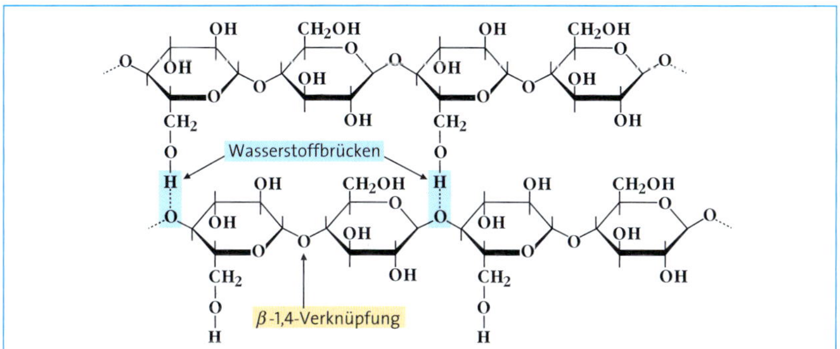


**B5** *Zwischen den Cellulose-Makromolekülen bilden sich Wasserstoffbrücken aus.*

**Baumwolle** ist der pflanzliche Rohstoff mit dem höchsten Cellulosegehalt aller Pflanzen. Jährlich werden etwa 19 Millionen Tonnen Baumwolle von der in den Tropen und Subtropen wachsenden Baumwollpflanze geerntet. Wenn deren Fruchtkapseln aufplatzen, quillt die Baumwolle in weißen Bäuschen heraus (B3).

**Holzcellulose** (**Holzzellstoff**) lässt sich im Gegensatz zur Baumwolle nicht direkt verspinnen. Ihre Makromoleküle sind über Wasserstoffbrücken zu festen Faserbündeln miteinander verbunden. Diese müssen zunächst unter Einwirkung von Natronlauge getrennt werden. Dabei wird ein Teil der Hydroxy-Gruppen in den Cellulose-Molekülen deprotoniert, die Cellulose quillt auf und die Molekülketten werden stark verkürzt. Durch Zusatz von Kohlenstoffdisulfid $CS_2$ wird die entstandene Alkalicellulose in eine orangegelbe, zähflüssige und spinnfähige Masse, das Cellulosexanthogenat[1] (Viskose, B4), überführt. Nach erneutem Lösen in Natronlauge und Nachreifen wird die Masse in ein schwefelsäure- und salzhaltiges Fällbad überführt, in das die viskose Lösung durch Spinndüsen gepresst wird. Man erhält einen festen Faden, die **Viskosefaser**. Sie besteht wieder aus reiner Cellulose und wird daher auch als **Regeneratfaser** bezeichnet.

**B3** *Baumwollpflanze.* ***A:*** *Informieren Sie sich im Internet über die Ernte und Verarbeitung von Baumwolle.*

$$\text{Cell}-\text{OH} \xrightarrow[-H_2O]{+NaOH} \text{Cell}-\text{O}^{\ominus}\text{Na}^{+}$$

$$\text{Cell}-\text{O}^{\ominus}\text{Na}^{+} \xrightarrow{+CS_2} \text{Cell}-\text{O}-\underset{\underset{\text{S}}{\|}}{\text{C}}-\text{S}^{\ominus}\text{Na}^{+}$$

$$2\,\text{Cell}-\text{O}-\underset{\underset{\text{S}}{\|}}{\text{C}}-\text{S}^{\ominus}\text{Na}^{+} \xrightarrow[-Na_2SO_4,\ -2\,CS_2]{+H_2SO_4} 2\,\text{Cell}-\text{OH}$$

**B4** *Reaktionsschritte bei der Herstellung von Viskosefasern.* ***A:*** *Erklären Sie die Wasserlöslichkeit der Alkalicellulose und des Cellulosexanthogenats.*

### *Aufgaben*

**A1** Erklären Sie die lineare, faserartige Ausrichtung von Cellulose-Molekülen im Vergleich zum schraubenförmigen Bau von Stärke-Molekülen (vgl. S. 223).

**A2** Erläutern Sie, inwieweit sich die Regeneratfaser von der ursprünglich eingesetzten Holzcellulosefaser unterscheidet.

**A3** Informieren Sie sich unter *Chemie 2000+ Online* über Ökobilanzen allgemein und die Ökobilanzierung von Frischfaser- und Recyclingpapier im Besonderen. Bereiten Sie ein Kurzreferat zu diesem Thema vor.

[1] von *xanthos* (griech.) = gelb und *gennas* (griech.) = erzeugen

# Cyclodextrine – Oligosaccharide aus α-Glucose

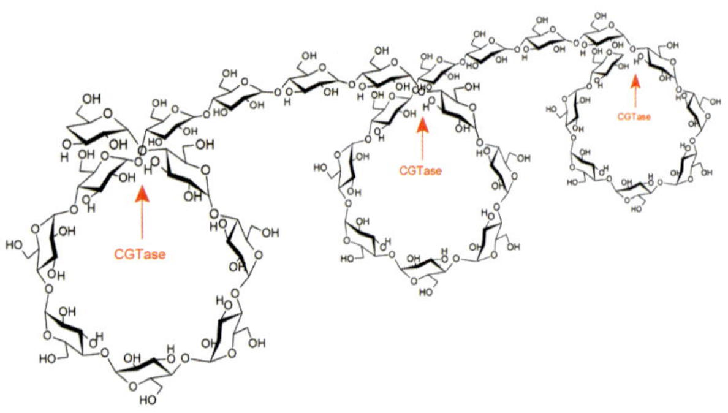


**B1** *Cyclodextrine werden durch enzymatischen Abbau von Maisstärke gebildet.*

## Cyclodextrine – biotechnologisch hergestellt

Cyclodextrine sind Oligosaccharide[1], deren Moleküle in der Regel 6 bis 8 α-D-Glucose-Einheiten enthalten. In der Natur stellen Bakterien mittels eines speziellen Enzyms Cyclodextrine aus Stärke her. Dieses Enzym schneidet die schraubenförmige Kette des Stärke-Moleküls hydrolytisch auf und verknüpft die Schnittstellen dann neu zu einem Ring (B1). Es ist gelungen, die Bakterien so zu modifizieren, dass sie genau das gewünschte Cyclodextrin produzieren. So können α-, β- oder γ-Cyclodextrine aus 6, 7 bzw. 8 Glucose-Bausteinen auf biotechnologischem Wege hergestellt werden. Cyclodextrine haben einige strukturelle Merkmale, die ihnen interessante Eigenschaften verleihen. Ein Cyclodextrin-Molekül ist ein Ring aus Ringen. Es hat die Form eines Kegelstumpfs, der wegen der Anordnung der Hydroxy-Gruppen einen lipophilen Hohlraum und eine hydrophile Außenseite aufweist. Dadurch sind Cyclodextrine wasserlöslich und gleichzeitig fähig, lipophile Moleküle aufzunehmen und Wirt-Gast-Komplexe zu bilden (B4).

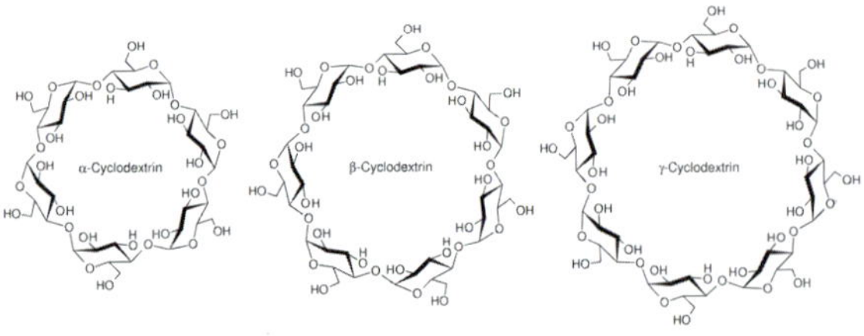


**B2** *Molekülstrukturen der natürlichen Cyclodextrine*

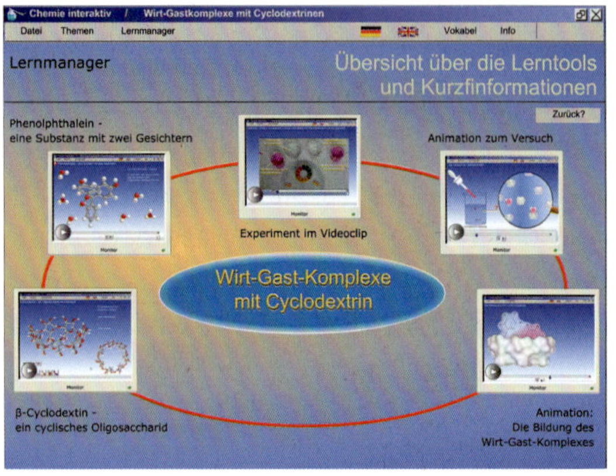


**B3** *Wirt-Gast-Komplex von Phenolphthalein mit β-Cyclodextrin als interaktiver Lernbaustein*

## Cyclodextrine – als interaktiver Lernbaustein

***Aufgabe***

Unter *Chemie 2000+ Online* > DiSiDoCy > Cyclodextrine finden Sie einen interaktiven Lernbaustein, in dem die Bildung des Wirt-Gast-Komplexes von β-Cyclodextrin und Phenolphthalein im Mittelpunkt steht. Erkunden Sie die fünf Module dieses Bausteins und bearbeiten Sie folgende Teilaufgaben:

a) Erläutern Sie mithilfe der Molekülmodelle die Struktur des β-Cyclodextrin-Moleküls und erklären Sie damit die Eigenschaft, als „Wirt" für Moleküle zu fungieren.

b) Diskutieren und bewerten Sie jeweils die Vor- und Nachteile der verschiedenen Arten von Molekülmodellen, die im Baustein angeboten werden.

c) Nennen Sie die unerwarteten Beobachtungen, die beim Versuch mit Cyclodextrin und Phenolphthalein-Lösung auftreten.

d) Suchen Sie unter DiSiDoCy > Cyclodextrine das elektronische Arbeitsblatt zu dem Versuch von c), lösen Sie es und vergleichen Sie Ihre Lösung mit der ebenfalls online vorhandenen Lösung des Arbeitsblatts.

e) Recherchieren Sie unter DiSiDoCy > Cyclodextrine und den dort vorhandenen Links verschiedene Anwendungen von Cyclodextrinen.

f) Planen Sie einen Versuch, mit dem man nachweisen kann, dass Cyclodextrine Oligomere der Glucose sind, und vergleichen Sie Ihre Vorschläge mit den entsprechenden Versuchen unter DiSiDoCy > Cyclodextrine.

[1] von *oligos* (griech.) = wenige

## Cyclodextrine – Oligosaccharide aus α-Glucose

**B4** *Bitterschmeckendes Naringin und säuerliches Limonin aus Pampelmusensaft bilden mit β-Cyclodextrin Wirt-Gast-Komplexe.*

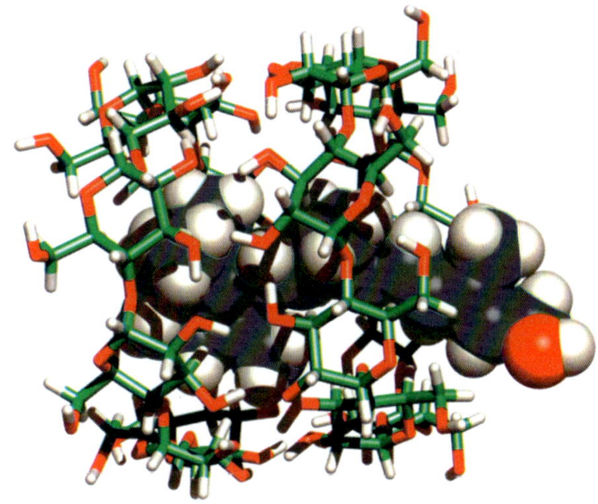

**B5** *Modell eines Wirt-Gast-Komplexes aus einem Retinol-Molekül und zwei γ-Cyclodextrin-Molekülen*

### Cyclodextrine – Fallen für unbeliebte Moleküle

In Lebensmitteln sind bittere Aromastoffe oft unerwünschte Bestandteile. In einigen Fällen, wie bei den Bitterstoffen Naringin und Limonin aus dem natürlichen Pampelmusensaft (B4), ist es möglich, diese als Wirt-Gast-Komplexe mit Cyclodextrinen einzufangen und abzutrennen. Dadurch verschwindet der bittere Geschmack, während die anderen Aromastoffe und das Vitamin C (die Ascorbinsäure) erhalten bleiben.

In Textilerfrischern sind Cyclodextrine hervorragende „molekulare Fallen" für übelriechende Stoffe aus Küchendunst, Schweiß und Hundegeruch. Durch Aufsprühen des Textilerfrischers auf Gardinen oder Kleidung können die Moleküle dieser Stoffe komplexiert werden, wodurch der Geruch maskiert wird. Bei der Wäsche werden die Cyclodextrin-Komplexe mit den eingeschlossenen Geruchstoff-Molekülen von der Textiloberfläche abgewaschen. Will man die Gerüche erneut unterbinden, muss der Textilerfrischer wieder aufgesprüht werden. Um einen anhaltenden Effekt zu erzielen, können Cyclodextrine auch kovalent an die Moleküle der Textilfasern gebunden werden. Dann bindet das Kleidungsstück schon während des Tragens die entstehenden Geruchstoff-Moleküle, die beim Waschen wieder abgegeben werden. Die permanente Bindung der Cyclodextrin-Moleküle an textile Oberflächen wird mithilfe von Anker-Molekülen verwirklicht und ist Teil der Ausrüstung von modernen Textilien.

### Cyclodextrine – kleinste Kosmetikkoffer der Welt

Retinol (Vitamin-A-Alkohol) kommt in vielen Kosmetika vor. Es mildert Akne, ist wirksam gegen Schuppenflechte, stimuliert die Erneuerung der Haut und verhindert die Bildung von Fältchen. Allerdings ist Retinol luft- und lichtempfindlich. Es kann aber „geschützt" werden, wenn es in „die kleinsten Kosmetikkoffer der Welt", in Cyclodextrin-Moleküle, „verpackt" wird. B5 zeigt das Modell eines Komplexes aus dem Gast-Molekül Retinol und zwei Wirt-Molekülen γ-Cyclodextrin. Das empfindliche Retinol wird so gegen den zerstörerischen Einfluss von Tageslicht und Sauerstoff geschützt. Auf der Haut wird dann Retinol aus dem Wirt-Gast-Komplex kontrolliert freigesetzt (*Controlled-Release* Prinzip). Cyclodextrine werden auch einigen Lebensmitteln zugesetzt, in denen sie als temporäre Speicher für bestimmte Moleküle fungieren, die sie erst nach dem Verzehr kontrolliert freisetzen. Beispielsweise werden ungesättigte Fettsäuren aus Fischölen und Algenextrakten mit unangenehmem Geruch und Geschmack „verkapselt". Sie sind in Lebensmitteln erwünscht, weil sie die Blutfettwerte positiv beeinflussen und das Risiko z. B. für Herzinfarkt senken.

In Arzneimitteln setzt man Wirt-Gast-Komplexe aus Cyclodextrinen mit Tocopherolen (Vitamin E und Derivate), Terpinen-4-ol (Wirkstoff gegen Akne), dem körpereigenen Coenzym Q 10 und den für die Zellatmung wichtigen Ubichinonen ein.

# Proteine – Gerüststoffe und Nahrungsmittel

| Lebensmittel | freies Glutamat mg/100 g | gebundenes Glutamat mg/100 g |
|---|---|---|
| Parmesankäse | 1200 | 9800 |
| Hühnerfleisch | 45 | 3300 |
| Rindfleisch | 35 | 2800 |
| Schweinefleisch | 25 | 2300 |
| Lammfleisch | 20 | 2700 |
| Eier | 25 | 1600 |
| Makrelen | 35 | 2400 |
| Lachs | 20 | 2200 |
| Mais | 130 | 1800 |
| Tomaten | 140 | 240 |
| Bohnen | 200 | 5600 |
| Kartoffeln | 100 | 270 |
| Möhren | 35 | 200 |

**B1** *Natriumglutamat in Lebensmitteln.*
**A:** *Vergleichen Sie das Verhältnis freies/gebundenes Glutamat bei Fleisch und bei Gemüse.*

**B2** *Kartoffelchips und Chinafood – schmecken lecker auch dank Natriumglutamat (vgl. Zutaten).*

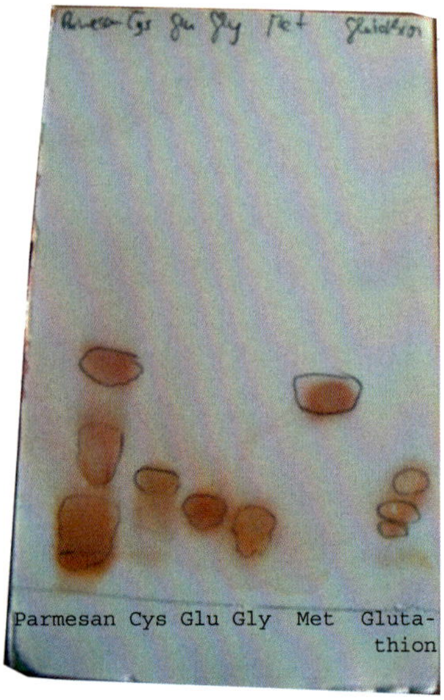


**B3** *Dünnschichtchromatogramm zu V1*

### INFO

Jeder Koch weiß, dass der Geschmack einer Speise nicht alleine von den Zutaten, sondern auch von der Zubereitung abhängt. Neben süß, sauer, salzig und bitter gibt es auch eine fünfte Geschmacksrichtung: *umami* auf Japanisch, *herzhaft* oder *fleischig* auf Deutsch. Der *umami*-Geschmack wird hauptsächlich durch Natriumglutamat, das Natriumsalz der Glutaminsäure, hervorgerufen. Natriumglutamat kommt nämlich in vielen Lebensmitteln vor (B1) und damit auch in Extrakten, Saucen, Konzentraten etc., die man daraus herstellt. Fleisch, Fisch, Milchprodukte und Bohnen (insbesondere Sojabohnen) enthalten insgesamt wesentlich mehr Glutamat als andere Lebensmittel, wobei der überwiegende Teil des Glutamats in diesen Nahrungsmitteln gebunden ist, d.h. Bestandteil von Peptiden und Proteinen, aus denen es erst beim Kochen, Backen, Braten oder Garen freigesetzt wird. Natriumglutamat wird auch als Geschmacksverstärker (B2) verwendet.

### Versuch

***V1*** Geben Sie in drei Erlenmeyerkolben je 0,3 g a) Glutathion (Tripeptid: Glu-Cys-Gly), b) Parmesankäse und c) Pepton (partiell gespaltenes Eiweiß). Fügen Sie je 8 mL Wasser und 20 mL konz. Salzsäure* hinzu. Schütteln Sie gut durch und stellen Sie die Proben über Nacht mit gesichertem Glasschliffstopfen in den Trockenschrank bei 100 °C. Bringen Sie die Hydrolysate mit Natronlauge* auf *p*H = 5 und trennen Sie sie dünnschichtchromatografisch auf Kieselgel auf (B3). Benutzen Sie als Vergleichsproben Lösungen einiger Aminosäuren, beispielsweise Gly, Ala, Glu, Cys*, Met (vgl. S. 45). Verwenden Sie als Fließmittel für die DC ein Gemisch aus Butan-1-ol*: Eisessig*: Wasser in den Volumenanteilen 4:1:1. Zur Sichtbarmachung der Flecke besprühen Sie diese mit Ninhydrin*-Reagenz.

### Auswertung

a) Interpretieren Sie die DC-Ergebnisse bei V1. Geben Sie die Aminosäuren an, die Sie in den Hydrolyseprodukten von Glutathion, Parmesankäse und Pepton nachweisen konnten.

b) Erläutern Sie, in welcher der drei Proben Glutaminsäure am besten erkennbar ist.

## Proteine – Kondensationsprodukte von Aminosäuren

Ähnlich wie Cellulose der Gerüststoff von Pflanzenzellen ist, sind **Proteine** oder **Polypeptide** die Gerüststoffe in tierischen und menschlichen Organismen für den Aufbau von Muskel- und Bindegewebe, Organen, Haut, Haaren u.a. In den daraus hergestellten Produkten wie Seide, Wolle und Leder werden Proteine auch als Werkstoffe genutzt.
Wie Stärke sind Proteine aber auch eines unserer Hauptnahrungsmittel.
Proteine sind Kondensationsprodukte aus Aminosäuren. Durch Hydrolyse von Proteinen kann man die in einem Protein gebundenen Aminosäuren nachweisen (V1). Die Hydrolyse tritt auch bei der Zubereitung von Speisen auf, bei der Glutaminsäure bzw. ihr Natriumsalz, Natriumglutamat, entsteht.
Die Bildung und die Hydrolyse von Proteinen verlaufen wie das folgende Beispiel, das die Bildung eines Dipeptid-Moleküls zeigt:

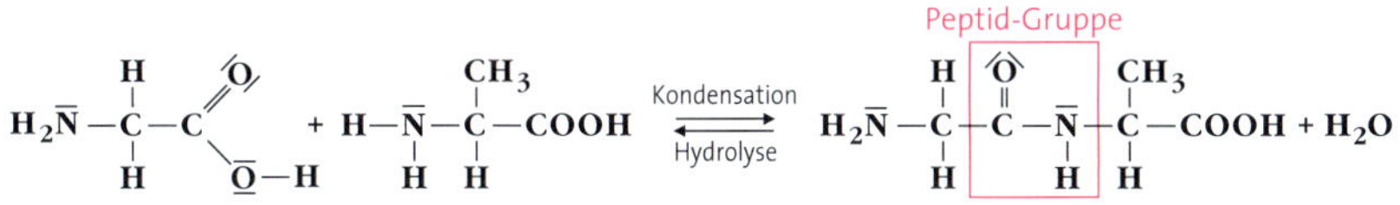


Glycin Gly Alanin Ala Glycylalanin Gly-Ala

Auf den ersten Blick scheint danach die Synthese eines Peptids einfach zu sein. Durch Kondensation unter Abspaltung eines Wasser-Moleküls wird eine **Peptid-Gruppe** (B4) gebildet, sodass zwei Aminosäure-Moleküle verknüpft werden. Die gezielte Synthese von Peptiden ist allerdings schwieriger: Aus Glycin und Alanin kann außer dem formulierten Produkt Glycylalanin Gly-Ala auch Alanylglycin Ala-Gly gebildet werden. Bei 20 verschiedenen Aminosäuren sind alleine $20^2$ verschiedene Dipeptide, $20^3$ Tripeptide, also $20^k$ Peptide mit k Aminosäure-Bausteinen im Molekül formulierbar. Um ein Tripeptid mit vorgegebener **Sequenz**[1], beispielsweise Glutathion (Glu-Cys-Gly), zu synthetisieren, wäre es nicht zweckmäßig, die drei Aminosäuren gleichzeitig in einem Gefäß zur Reaktion zu bringen. Es würde sich ein Gemisch aus vielen verschiedenen **Oligopeptiden**[2] und **Polypeptiden**[3] bilden. Für die Synthese von Peptiden im Labor sind aufwendige Verfahren, die nur in Stufen und mit speziellen Techniken ablaufen, nötig. Umso erstaunlicher ist es, dass in lebenden Organismen die richtigen Peptide zum richtigen Zeitpunkt in der richtigen Menge synthetisiert werden. Das bekannteste Beispiel ist das den Blutzuckerspiegel regulierende Hormon *Insulin*.
Die gezielte und hocheffiziente Synthese von Peptiden in Organismen ist ebenso wie deren hydrolytischer Abbau nur mithilfe von **Enzymen** (Biokatalysatoren) möglich. Enzyme bestehen aus Proteinen, d.h. Polypeptiden aus über 100 Aminosäure-Bausteinen, und enthalten in der Regel auch Metall-Atome oder -Ionen. Durch zwischenmolekulare Wechselwirkungen richtet sich das Peptid-Molekül am Enzym so aus, dass genau die richtige Bindung aufgetrennt oder geknüpft werden kann (B5).

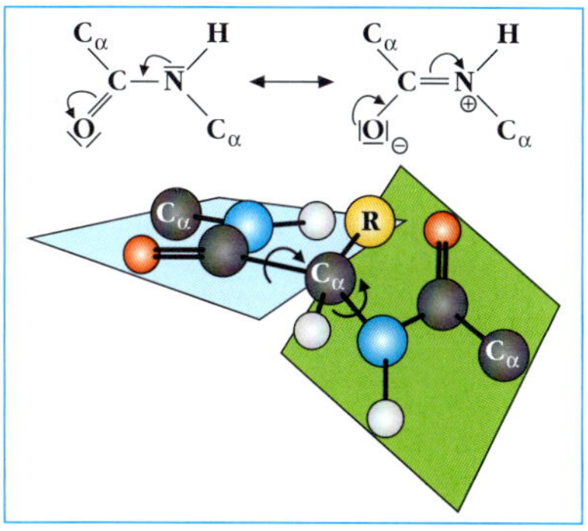

**B4** *Alle Atome der Peptid-Gruppe und das $C_\alpha$-Atom liegen in einer Ebene (Peptid-Ebene), die jedoch zur Ebene der benachbarten Peptid-Gruppe verdrillt ist.*

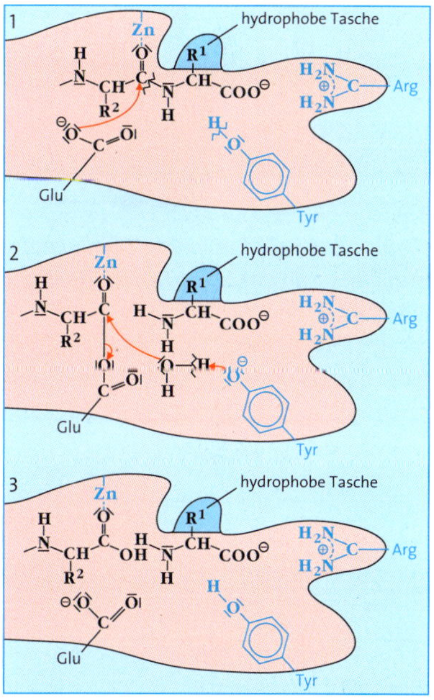


**B5** *Wirkungsweise des Enzyms Carboxypeptidase bei C-terminalem Abbau eines Peptids, Schrittfolge: 1, 2, 3.*
*A: Erläutern Sie, wie das Wasser-Molekül das Kohlenstoff-Atom in Schritt 2 angreift.*

[1] von *sequentia* (lat.) = Aufeinanderfolge, Reihenfolge; [2] von *oligos* (griech.) = wenig; bis zu 10 Aminosäure-Bausteine; [3] von *polys* (griech.) = viel; 10 bis 100 Aminosäure-Bausteine; [4] Die N-terminale Aminosäure, d.h. der Aminosäure-Rest mit der noch freien Amino-Gruppe, steht jeweils vorne.

# Haar-Styling

| | |
|---|---|
| Anzahl | 90 000–150 000 |
| Haardichte | ca. 200/cm$^2$ |
| Durchmesser | 0,04–0,1 mm |
| Monatliches Wachstum | 1 cm |
| Gesamte tägliche Produktion | 30 m |
| Belastbarkeit bis zu | 100 g/Haar |
| Dehnbarkeit bis zu | 50 % |
| Täglich ausfallende Haare | 50–100 |

**B1** *Eigenschaften von Kopfhaaren*

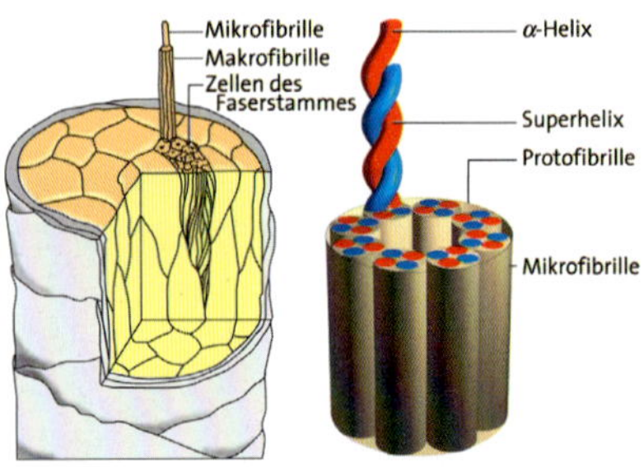


**B2** *Aufbau eines Kopfhaares.* ***A:*** *Erklären Sie mithilfe von B4, was die α-Helices in der Superhelix zusammenhält.*

1. Öffnen der Disulfid-Brücken

$$\text{Cys}-\text{S}-\text{S}-\text{Cys} + 2\,\text{HS}-\text{CH}_2-\text{COO}^{\ominus}\text{NH}_4^{+}$$

Ammoniumthioglycolat

$$\downarrow$$

$$\text{Cys}-\text{SH} + \text{HS}-\text{Cys} +$$

$$^{+}\text{H}_4\text{N}^{\ominus}\text{OOC}-\text{CH}_2-\text{S}-\text{S}-\text{CH}_2-\text{COO}^{\ominus}\text{NH}_4^{+}$$

2. Schließen der Disulfid-Brücken

$$\text{Cys}-\text{SH} + \text{HS}-\text{Cys} + \text{H}_2\text{O}_2$$

$$\downarrow$$

$$\text{Cys}-\text{S}-\text{S}-\text{Cys} + 2\,\text{H}_2\text{O}$$

**B3** *Chemie der Dauerwelle.* ***A:*** *Das „Öffnen" und „Schließen" der Disulfid-Brücken sind Redoxreaktionen. Erklären Sie dies anhand von Oxidationszahlen.*

### INFO

Eine Föhnfrisur ist ruiniert, wenn man mit ihr durch den Regen läuft. Dagegen hält eine Dauerwelle mehrere Monate, auch bei täglichem Waschen und Föhnen der Haare. Die Erklärung ist einfach: Bei feuchten Haaren liegen die Ammonium-, Carboxylat- und Hydroxy-Gruppen der Aminosäure-Reste in den Protein-Molekülen hydratisiert vor. Die Wechselwirkungen zwischen den Makromolekülen sind schwach und das Haar nimmt seine genetisch vorgegebene Form ein. Wird eine Zugkraft angesetzt, so verrutschen die Protein-Moleküle gegeneinander. Beim Föhnen werden die Wasser-Moleküle ausgetrieben und es kommt zu Ion-Ion-Anziehungskräften und Wasserstoffbrücken zwischen den Makromolekülen, und zwar in der neuen Position. Das Haar erhält zeitweise die gewünschte Form, die allerdings beim Anfeuchten wieder verschwindet. Auch bei der Erzeugung einer Dauerwelle werden die Protein-Moleküle aus dem Haar aus ihrer natürlich gewachsenen Lage durch Auftrennen und Neuknüpfen von Wechselwirkungen in eine neue, künstliche Position gebracht. Im Gegensatz zur Föhnfrisur werden hier Elektronenpaarbindungen (kovalente Bindungen) getrennt und neu geknüpft. Es handelt sich dabei um Disulfid-Brücken **–S-S–**, die durch Reduktion geöffnet und durch Oxidation wieder geschlossen werden (B3).

### Versuche

***V1*** Befestigen Sie eine abgeschnittene Haarlocke auf einem Lockenwickler in der gewünschten Form und tauchen Sie sie in ein Bad aus 10 mL Thioglycolsäure*, 50 mL dest. Wasser und 25 mL Ammoniak*-Lösung, $w$ = 10 %. Lassen Sie die Lösung ca. 15 min einwirken und waschen Sie sie anschließend mit Wasser. Fixieren Sie dann durch Eintauchen in eine Wasserstoffperoxid*-Lösung, $w$ = 2 %, die mit Citronensäure* auf $p$H = 2,5 bis $p$H = 3 eingestellt wurde. Waschen Sie nach dem Fixieren erneut mit Wasser, entfernen Sie den Lockenwickler und trocknen Sie mit dem Föhn. Testen Sie die Beständigkeit der Dauerwelle gegen Wind und Feuchtigkeit.

***V2*** Verfahren Sie mit zwei Haarproben wie in V1, jedoch a) ohne Zusatz von Ammoniak-Lösung im ersten Arbeitsschritt und b), indem Sie den zweiten Arbeitsschritt (das Fixieren) ganz weglassen. Vergleichen Sie die so erhaltenen Ergebnisse mit dem Ergebnis aus V1.

### Auswertung

a) Erläutern Sie, welche der in B6 angegebenen Wechselwirkungen (Bindungen) bei der Föhnfrisur getrennt und gebildet werden. Benennen Sie die Prozesse, die dabei zwischen den Molekülen ablaufen (*Hinweis: INFO*).

b) Auch eine Föhnfrisur kann gegen „Wind und Regen" stabilisiert werden. Dafür geeignete Sprays und Gele enthalten neben Lösemitteln und Riechstoffen u.a. auch Polymere. Erklären Sie, wie die Haltbarkeit der Frisur nach Spray- oder Gelbehandlung zu erklären ist.

c) Bei der Dauerwelle werden 20 % bis 40 % der im Haar vorhandenen Disulfid-Brücken getrennt und an anderer Stelle wieder gebildet (B3). Erläutern Sie, was „an anderer Stelle" genau heißt.

## Sekundär- und Tertiärstruktur von Proteinen

Nicht nur Haarstyling und Kosmetik an unserem Körper basieren auf der Chemie von Proteinen, auch nahezu alle Reaktionen in unserem Körper sind ohne Proteine unmöglich. Um einen tieferen Einblick in die dabei ablaufenden Prozesse zu erhalten, betrachten wir die Struktur der Protein-Makromoleküle genauer.

Die **Primärstruktur** eines Proteins wird durch die Art und Anzahl der Aminosäure-Einheiten und ihre Verknüpfungsfolge (Sequenz) im Protein-Makromolekül festgelegt. Die Primärstruktur wird durch **Sequenzanalyse** ermittelt, also durch schrittweise Abkopplung und anschließenden Nachweis der einzelnen Aminosäure-Moleküle. Das kann durch **N**-terminalen[1] oder **C**-terminalen Abbau erfolgen, je nachdem, ob immer ein Aminosäure-Molekül vom Molekülende mit der Amino-Gruppe **$-NH_2$** oder vom Ende mit der Carboxy-Gruppe **$-COOH$** abgespalten wird. Ein C-terminaler Abbau kann beispielsweise mithilfe der *Carboxypeptidase* (vgl. S. 229, B5), einem Enzym aus 307 Aminosäure-Bausteinen, erfolgen.

Zwischen der **N–H** Gruppe einer Peptid-Gruppe (vgl. S. 229, B4) und der **C=O** Gruppe einer anderen Peptid-Gruppe, die zur ersten günstig liegt, bildet sich jeweils eine Wasserstoffbrücke aus. Diese intramolekularen Wechselwirkungen sind in der Summe so stark, dass sie Molekülfragmenten oder dem gesamten Molekül eine bestimmte räumliche Anordnung (Konformation) verleihen, die man als **Sekundärstruktur** des Peptid- (oder Protein-) Moleküls bezeichnet. Die beiden häufigsten „geordneten" Konformationen sind die **$\alpha$-Helixstruktur** und die **$\beta$-Faltblattstruktur** (B4, B5). Bei der *Carboxypeptidase* liegen 38 % des Moleküls als $\alpha$-Helix und 17 % als $\beta$-Faltblatt vor. Zusammen mit den restlichen 45 %, in denen sich die Molekülfragmente räumlich aufgrund der weiteren Wechselwirkungen zwischen den Aminosäure-Resten (B6) ordnen, ergibt sich die **Tertiärstruktur** des Proteins. Sowohl die Sekundärstruktur als auch die Tertiärstruktur eines Protein-Moleküls sind bereits durch die Aminosäuresequenz, d. h. durch die Primärstruktur vorgegeben.

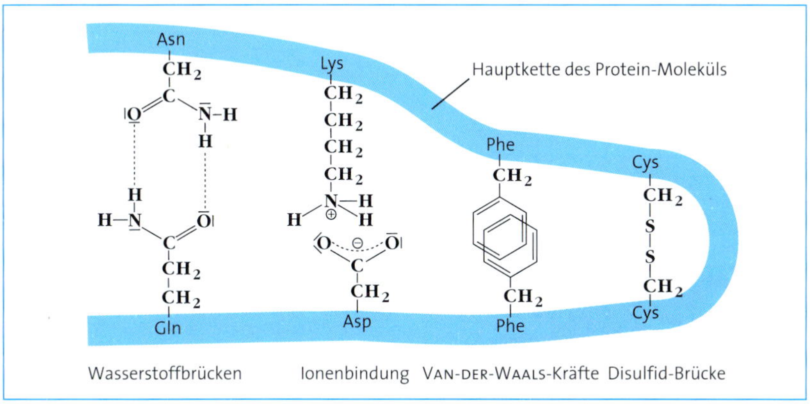


**B6** *Wechselwirkungen und Bindungen, zu denen es zwischen den Aminosäure-Resten in Protein-Molekülen kommen kann.* **A:** *Ordnen Sie diese Wechselwirkungen (Bindungen) nach abnehmender Stärke.*

[1] von *terminer* (franz.) = beendigen, begrenzen

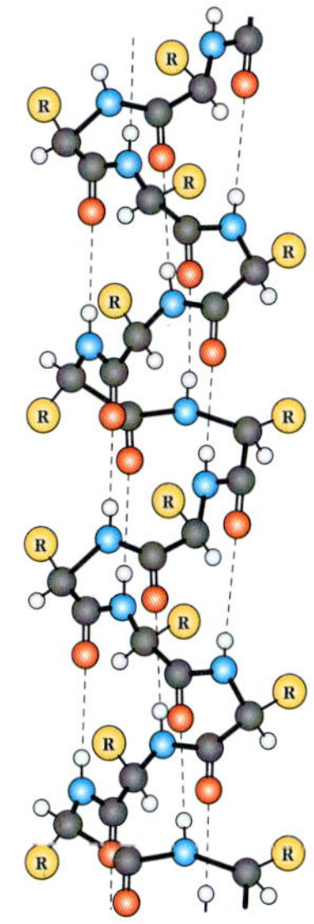

**B4** *$\alpha$-Helixstruktur.* **A:** *Geben Sie an, welche Atome jeweils an Wasserstoffbrücken beteiligt sind.*

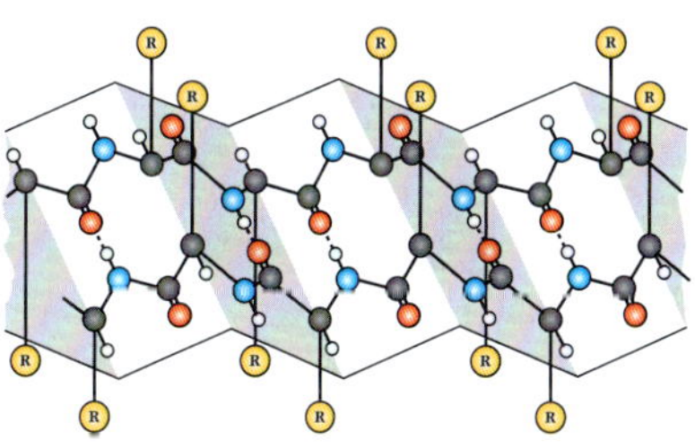

**B5** *$\beta$-Faltblattstruktur.* **A:** *Erläutern Sie mithilfe von B4, S. 229, warum es zu der zickzackförmig gefalteten Fläche kommt.*

### Aufgaben

**A1** Begründen Sie, ob sich bei den Molekülen aus B4 und B5 intra- oder intermolekulare Wasserstoffbrücken ausbilden.

**A2** Blei- und Kupfersalze sowie große Mengen Alkohol können lebenswichtige Enzyme blockieren, d. h. unwirksam machen. Erklären Sie den Sachverhalt.

# Intelligente Werkstoffe

**B1** *„Intelligente Werkstoffe" in Organismen können beispielsweise Faserproteine bilden, aus denen unsere Muskeln bestehen.*

## Versuche

***V1*** Verdünnen Sie in einem 50-mL-Becherglas ein Eiklar mit wenig Wasser, streuen Sie etwas Kochsalz hinein und verrühren Sie gut. a) Erhitzen Sie in einem Rggl. 5 mL dieser Lösung. b) Versetzen Sie in drei weiteren Rggl. je 5 mL der Eiklar-Lösung mit 5 mL Salzsäure*, $c$ = 5 mol/L, Natronlauge*, $c$ = 5 mol/L, bzw. gesättigter Eisen(III)-chlorid*-Lösung und vergleichen Sie die Beobachtungen.

***V2*** Geben Sie zu 100 mL Milch portionsweise 6 mL Essigsäure*-Lösung, $c$ = 2 mol/L. Beobachten und filtrieren Sie das Gemisch dann durch Glaswolle, beobachten Sie erneut.

***V3*** Verrühren Sie zerschnittene, grüne Blätter im Mörser und extrahieren Sie die Blattpigmente in ca. 15 mL Aceton* oder 15 mL Ethanol*. Geben Sie die Blattextrakt-Lösung in eine Petrischale und stellen Sie dicht daneben eine zweite Petrischale mit zerschnittenen (ggf. auch verriebenen) Blättern, aus denen die Pigmente jedoch nicht extrahiert wurden. Betrachten Sie die Inhalte der beiden Petrischalen gleichzeitig im Licht einer UV-Handlampe ($\lambda$ = 366 nm).

**B2** *Gerinnen von Eiklar (V1).* **A:** *Blut gerinnt im Gegensatz zu Eiklar auch bei Raumtemperatur und ohne Zusatz von weiteren Stoffen. Erklären Sie den Sachverhalt.*

## Auswertung

a) Bei V1 und V2 werden Proteine *denaturiert*. Beschreiben Sie anhand der Versuchsbeobachtungen, welche Eigenschaften der Proteine sich bei der Denaturierung ändern. (*Hinweis*: Im Alltag bezeichnet man die Denaturierung von Proteinen hier auch als Gerinnung.)

b) Benennen und beschreiben Sie mögliche Vorgänge auf der molekularen Ebene, die bei V1 und V2 sowie B2 zur Denaturierung führen können. Berücksichtigen Sie dabei mögliche Wechselwirkungen und Reaktionen zwischen funktionellen Gruppen der Aminosäure-Reste untereinander und Bindungen zu Metall-Ionen unter Bildung von sogenannten Komplexen.

c) Chlorophyll-Moleküle absorbieren UV-Licht und übertragen die aufgenommene Energie an benachbarte Moleküle, jedoch nur dann, wenn sie in eine geeignete Matrix aus Protein-Molekülen eingebettet sind. Sonst emittieren sie einen Teil der aufgenommenen Energie als rote Fluoreszenz (vgl. S. 264 und *Chemie 2000+ Online*: Flash-Animation „Ein Fall für zwei"). Beurteilen Sie diese Aussagen anhand der Ergebnisse aus V3.

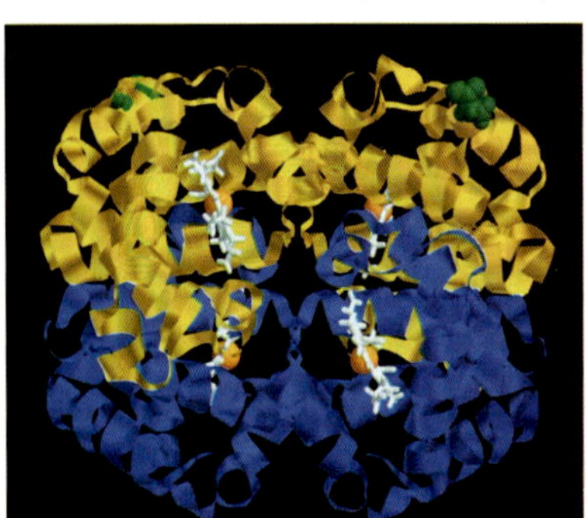

**B3** *Quartärstruktur des Proteinteils von Hämoglobin*

*Rote Blutkörperchen (Erythrozyten) transportieren Sauerstoff und zum Teil auch Kohlenstoffdioxid, weiße Blutkörperchen (Leukozyten) sind für die Abwehr von Krankheitserregern zuständig und Blutplättchen aktivieren die Blutgerinnung. Die Blutflüssigkeit (Blutplasma) enthält u.a. Cholesterin, Glucose, freie Aminosäuren und Natrium-, Chlorid- und Hydrogencarbonat-Ionen.*

**B4** *Wichtige Bestandteile des Bluts.* **A:** *Erklären Sie, warum Fibrinogen, das Schlüsselprotein für die Blutgerinnung, vor der Analyse von Blutplasma entfernt wird.*

## Quartärstruktur von Proteinen und Proteiden

Was in B3 und B6 wie wirre Knäuel aussieht, sind in Wirklichkeit hoch organisierte Systeme, die eine genau definierte Struktur haben müssen, wenn sie tatsächlich biochemisch aktiv sein sollen. Sie bestehen jeweils aus mehreren Polypeptidketten und zusätzlichen Bausteinen, die keine Polypeptide sind. Solche **supramolekularen Systeme** aus Polypeptiden und anderen molekularen oder ionischen Bausteinen bezeichnet man als **Proteide**. Proteide enthalten **prosthetische Gruppen**, beispielsweise einen Kohlenwasserstoff-Rest wie beim Rhodopsin (B5). Für die Funktionstüchtigkeit des Proteids muss nicht nur jede einzelne Polypeptid-Einheit die richtige Tertiärstruktur (vgl. S. 231) haben, die Einheiten müssen auch genau in der richtigen räumlichen Ausrichtung zueinander und zu den übrigen Bestandteilen des Systems zusammengefügt sein. Diese **Quartärstruktur** des Proteids enthält nun die Information für seine auszuübende biologische Funktion. Die Quartärstrukturen des Hämoglobins (B3), des photosynthetischen Zentrums (B6) und des Rhodopsins sind Beispiele dafür, dass auch kleinste biologische Funktionseinheiten aus mehreren chemischen Komponenten bestehen. Die Polypeptidketten darin weisen in der Regel nur abschnittsweise eine regelmäßige $\alpha$-Helixstruktur oder $\beta$-Faltblattstruktur auf, während andere Kettenabschnitte auf den ersten Blick ungeordnet aussehen. Doch genau diese konformationell sehr beweglichen Bereiche sind für die molekulare Erkennung verantwortlich.

Die Tertiär- und Quartärstrukturen der Polypeptidketten sind keineswegs starr, sondern verändern sich beim „Andocken" anderer Moleküle, Molekülfragmente oder Ionen. Wenn Proteine auf über 60 °C erhitzt oder mit Säuren, Laugen oder Schwermetall-Ionen versetzt werden, findet ihre **Denaturierung** statt. Dabei können auch chemische Prozesse ablaufen, beispielsweise die Bildung von Ester-, Peptid- oder Etherbrücken zwischen den Aminosäure-Resten.

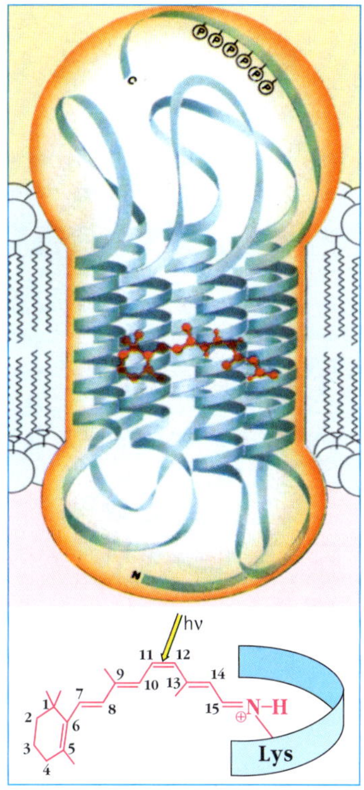


**B5** *Retinal-Reste sind Bestandteile des Rhodopsins in den Stäbchenzellen des Auges.*

### *Aufgaben*

***A1*** Polypeptidketten können in Modellen als Zick-Zack-Linien (B6) oder als Bänder kombiniert mit Schleifen (B3, B5) dargestellt werden. Diskutieren Sie Vor- und Nachteile dieser Darstellungsweisen.

***A2*** Es gibt **Globuline** (**Sphäroproteine**) und **Faserproteine** (**Skleroproteine**). Bei Globulinen nehmen die makromolekularen Einheiten die Formen von Kugeln an, die nach außen hin polare und ionische Gruppen aufweisen. Bei Faserproteinen bilden diese Einheiten lang gestreckte Makromolekülstränge, deren polare und ionische Gruppen sich größtenteils gegenseitig anziehen. Stellen Sie begründet Vermutungen über die Wasserlöslichkeit von Globulinen und Skleroproteinen auf.

***A3*** Nennen Sie Aminosäure-Reste, zwischen denen bei der Denaturierung eines Proteins a) Ester- und b) Peptidbrücken gebildet werden können.

***A4*** Erläutern und begründen Sie, welche der in B6 von S. 231 angegebenen Wechselwirkungen bei der Denaturierung eines Proteins durch Säurezugabe beeinflusst werden.

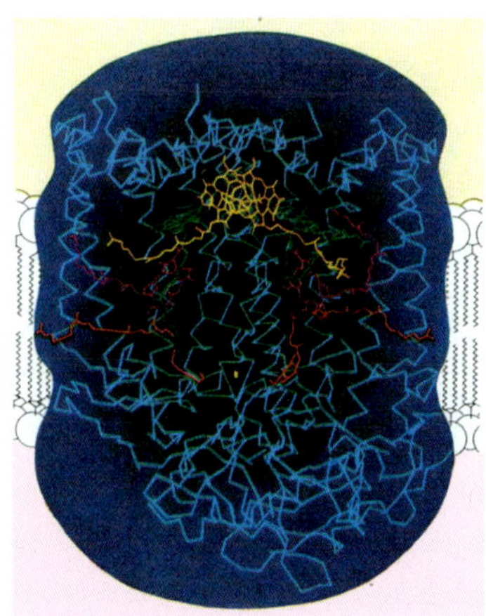

**B6** *Computergraphik des Photosynthesezentrums bei Purpurbakterien der Gattung Rhodopseudomonas. Vier Protein-Moleküle bilden den Hauptteil und sind blau dargestellt, die Farbstoff-Moleküle bunt.*

# Dem Täter auf der Spur

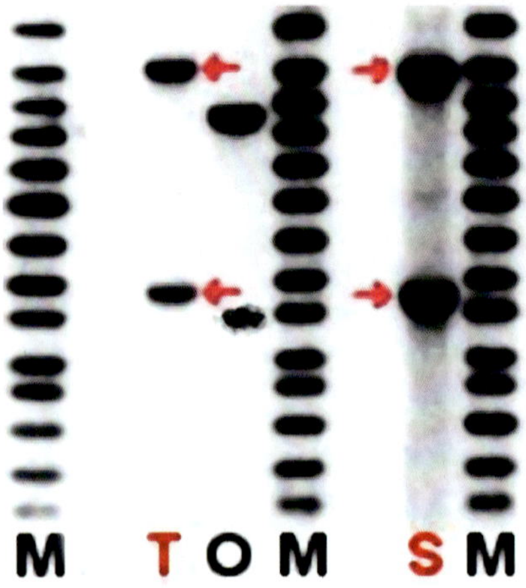


**B1** *Sichtbar gemachte DNA-Fragmente eines genetischen Fingerabdrucks. T, O, S: DNA-Fragmente des* ***T****atverdächtigen, des* ***O****pfers und der* ***S****pur vom Tatort; M: Marker, d. h. DNA-Fragmente bekannter, unterschiedlicher Molekülgrößen.* ***A:*** *Verfassen Sie auf der Basis von B1 eine Anklage bzw. Verteidigungsschrift für den Verdächtigen (T).*

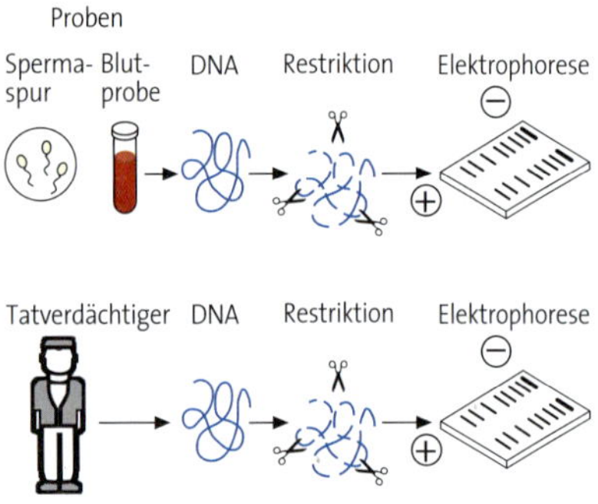


**B2** *Ablauf der Erstellung eines genetischen Fingerabdrucks*

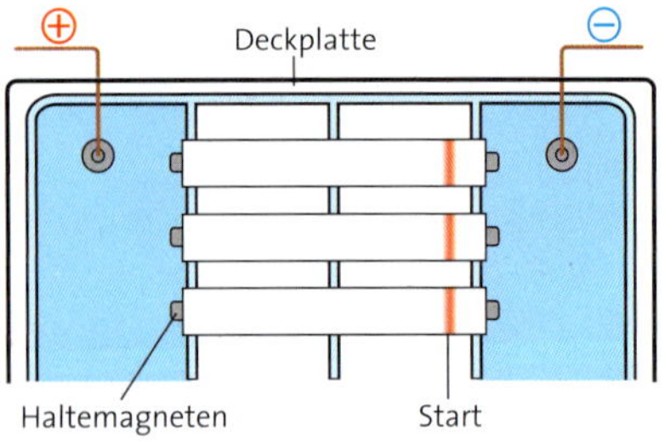


**B3** *Elektrophorese-Apparatur für DNA-Fragmente.* ***A:*** *Erläutern Sie mithilfe der Formeln aus B5 (links), warum die DNA-Fragmente vom Minus- zum Pluspol wandern.*

***INFO***

Anders als der Fingerabdruck, den ein Täter am Tatort unmittelbar zurücklässt, muss ein **genetischer Fingerabdruck** erst durch ein gentechnisches Verfahren erzeugt werden. Dabei wird die **Desoxyribonucleinsäure** eines Tatverdächtigen mit DNA-Spuren am Tatort verglichen. Der Genvergleich wird nicht mit der gesamten DNA durchgeführt, sondern nur mit **repetitiven Basenabfolgen**, bei denen sich z. B. die Basenabfolge A-A-T-G (B5) mehrmals (etwa 3- bis 30-mal) hintereinander wiederholt. Die Anzahl an Wiederholungen kann von Mensch zu Mensch unterschiedlich sein. Die DNA-Abschnitte mit den Wiederholungen bezeichnet man als **Minisatelliten**. Der Vergleich nur eines Minisatelliten allein reicht nicht, um die DNA eines Verdächtigen eindeutig einer Spurenprobe zuzuordnen. In der Kriminologie werden daher etwa 8 bis 15 Minisatelliten für einen Identitätsnachweis herangezogen.

Um einen genetischen Fingerabdruck herzustellen, muss man zuerst die DNA des Tatverdächtigen und die in den Spuren isolieren. Mithilfe bestimmter Enzyme werden die Minisatelliten (Bruchstücke, Fragmente) dann aus der DNA herausgeschnitten (Restriktion). Anschließend werden die beim Schneiden erzeugten DNA-Fragmente durch die Methode der Gel-Elektrophorese getrennt (B2, B3). Hierzu werden die geschnittenen DNA-Fragmente auf ein Gel aufgetragen, an das ein elektrisches Feld angelegt wird (B3). Die Fragmente wandern nun entsprechend ihrer Größe in dem Gel unterschiedlich weit (B1).

Auch kleinste Mengen gefundener DNA aus Bluttropfen, Haaren, Sperma oder Haut reichen aus, um einen genetischen Fingerabdruck herzustellen. Dies funktioniert, weil die DNA ein reproduzierbares Molekül ist. Durch das Verfahren der **Polymerase-Kettenreaktion PCR** (**P**olymerase **C**hain **R**eaction) lässt sich ein einzelner DNA-Doppelstrang beliebig vervielfältigen (B4). Dafür wird der DNA-Doppelstrang erst aufgespalten (Denaturierung), indem man die komplementären Basenpaare trennt. Man erhält folglich zwei Einzelstränge. Dann wird jeweils ein **Primer**, ein synthetisch hergestelltes Stück DNA, das komplementär zum Anfang eines DNA-Stranges ist, angebunden. Dies ist die Voraussetzung dafür, dass das Enzym *Polymerase* weitere **Nucleotide** anlagern kann, sodass zwei komplette DNA-Doppelstränge entstehen. Dieser Vorgang wird mehrmals wiederholt, bis man genügend DNA-Material hat, um einen genetischen Fingerabdruck anzufertigen.

## *Aufgaben*

***A1*** Angenommen, in einem Minisatelliten könnten beim Menschen bis zu 10 Wiederholungen vorkommen. Ermitteln Sie unter dieser Annahme die Wahrscheinlichkeit, dass zwei Menschen den gleichen genetischen Fingerabdruck haben. Geben Sie nun die Wahrscheinlichkeit an, die sich ergibt, wenn man 10 Minisatelliten vergleichen würde. Beurteilen Sie, ob diese Vergleiche für eine zweifelsfreie Verurteilung eines Verdächtigen ausreichen.

***A2*** Führen Sie Recherchen mithilfe von *Chemie 2000+ Online* zu den Themen: a) Forschungen von Rosalind Franklin, James Watson und Francis Crick zur Strukturaufklärung der DNA und b) DNA-Replikation bei der Zellteilung durch. Fertigen Sie Referate zu den beiden Themen.

## Desoxyribonucleinsäure DNA

Unter den **Nucleinsäuren** (RNA[1] und DNA) nimmt die **Desoxyribonucleinsäure DNA** einen besonderen Platz ein, weil in ihr jeweils das Erbgut eines Lebewesens gespeichert ist. Wie Proteine und Polysaccharide bestehen auch Nucleinsäuren aus Makromolekülen, es sind Polynucleotide: Die sich repetierenden Bausteine in einem DNA-Molekül sind weder Aminosäure-Reste noch Monosaccharid-Reste, sondern **Nucleotide** (B5). Jedes Nucleotid besteht aus einem Phosphorsäure-Rest, dem Rest eines Monosaccharids, der Desoxyribose, und einem **Nucleinbase**-Rest. Die Moleküle der vier Nucleinbasen *Adenin* (A), *Thymin* (T), *Guanin* (G) und *Cytosin* (C) enthalten Fünfer- und Sechserringe aus Kohlenstoff- und Stickstoff-Atomen und verdanken ihren basischen Charakter den Amino-Gruppen. Die DNA liegt als **Polynucleotid-Doppelstrang** vor. Ein solcher Doppelstrang entsteht aus zwei Nucleotidketten durch Paarung der gegenüberliegenden, komplementären Basen-Reste von Adenin (A) und Thymin (T) bzw. Guanin (G) und Cytosin (C) (B5). Es sind nur die Basenpaarungen A-T und C-G möglich, weil die molekulare Struktur der vier Basen vorgibt, dass zwischen Adenin und Thymin *zwei*, zwischen Cytosin und Guanin dagegen *drei* Wasserstoffbrücken ausgebildet werden können (B5).

Die Erbinformation eines Menschen wird in der DNA durch die Abfolge vieler Millionen Basenpaare codiert. Jedes Individuum hat seine eigene DNA. Die Struktur der einzelnen Nucleotide und die Doppelstrang-Struktur der Makromoleküle, die durch viele Millionen Wasserstoffbrücken zusammengehalten werden, verleihen der DNA ein sehr hohe chemische Stabilität, was sie zum idealen Träger für die Erbinformationen macht.

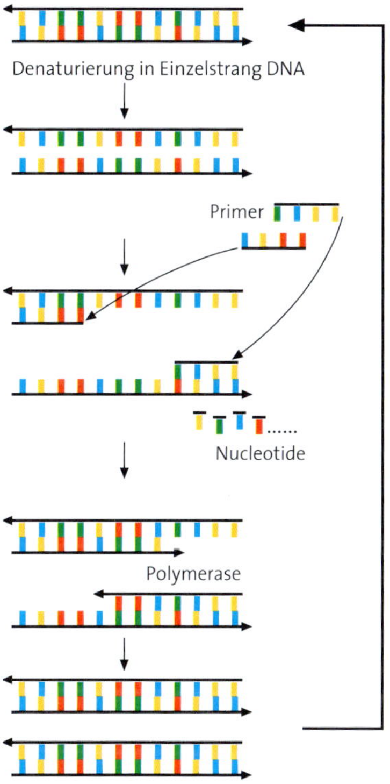


**B4** *Prinzip der Vermehrung von DNA-Stücken mithilfe der PCR (vgl. INFO)*

[1] RNA bzw. RNS: Ribonucleinsäure

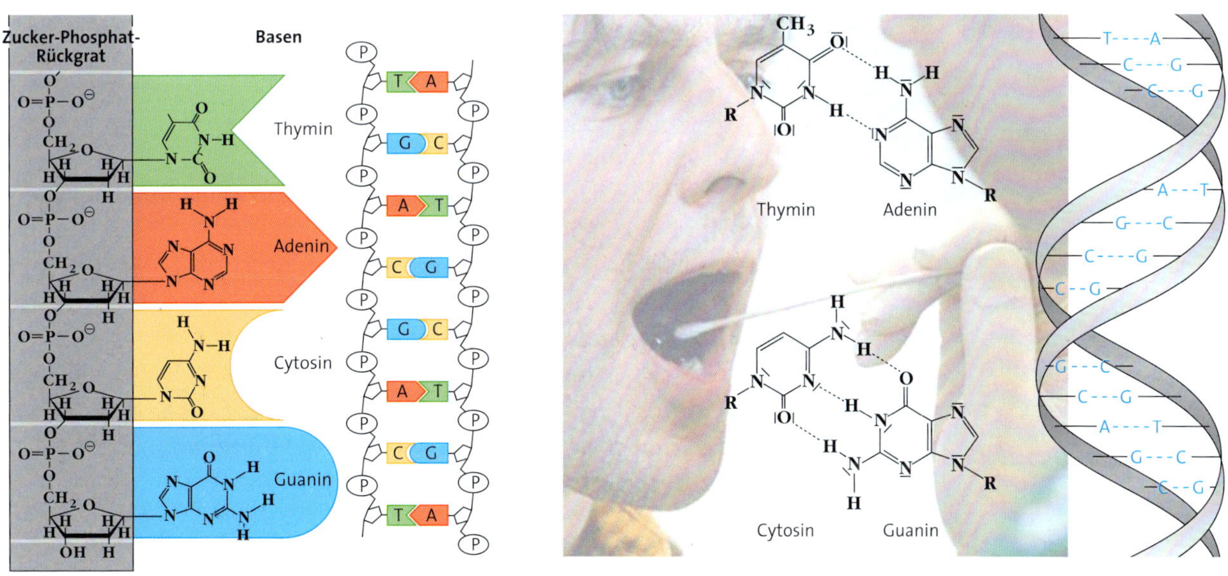


**B5** *DNA-Ausschnitt mit vier Nucleotiden und vereinfachter DNA-Doppelstrang (links), Basenpaare mit Wasserstoffbrücken und DNA-Doppelhelix (rechts).* ***A:*** *Betrachten Sie bewegte DNA-Molekülmodelle im 3D-Molekülviewer unter Chemie 2000+ Online > Chemie interaktiv.*

**B1** *Missglücktes Löschen eines Fettbrands.* **A:** *Erklären Sie, warum man Fett- und Ölbrände nicht mit Wasser löscht.*

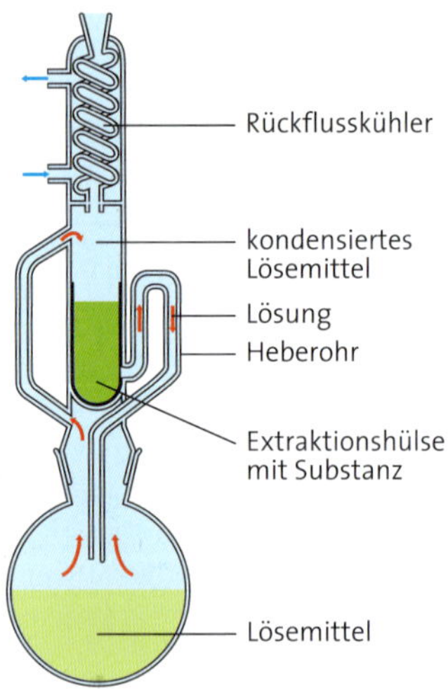


**B2** *Soxhlet-Apparatur zur kontinuierlichen Extraktion von Pflanzenölen.* **A:** *Erläutern Sie die Funktionsweise.*

**B3** *Nachweis des in LV5 gebildeten Acroleins durch* SCHIFFS*-Reagenz*

## Fette und Öle

### Versuche

***V1*** Zerreiben Sie Sonnenblumenkerne, Erdnusskerne, Leinsamen oder Rapssamen in einer Reibschale, geben Sie einige Milliliter Heptan* hinzu und reiben Sie einige Zeit weiter. Dekantieren Sie die Lösung dann in eine Petrischale. Lassen Sie das Heptan verdampfen und tüpfeln Sie eine kleine Menge des Rückstands auf ein Papiertuch (**Fettfleckprobe**). Tüpfeln Sie zum Vergleich reines Heptan an anderer Stelle auf das Tuch.

***V2*** Überprüfen Sie in je einem Rggl. die Löslichkeit von Öl, Butter, Margarine und Schweineschmalz in a) Wasser, b) Ethanol* und c) Heptan* (oder Benzin*).

***V3*** Geben Sie in getrennte Reagenzgläser gleiche Portionen von Butter, Butterschmalz, Kokosfett, verschiedenen Margarinesorten und Stearinsäure. Stellen Sie die Rggl. in ein Wasserbad mit kaltem Wasser und einem Thermometer. Erwärmen Sie langsam. Beobachten und notieren Sie das Schmelzverhalten der Fettproben, während Sie die Temperatur des Wassers kontinuierlich messen und ebenfalls notieren.

***V4*** Schmelzen Sie in einem schwer schmelzbaren, großen Reagenzglas einen Spatellöffel Palminfett und versetzen Sie vorsichtig mit 10 mL Natronlauge*, $c = 2$ mol/L. Lassen Sie die Lösung unter ständigem Schwenken 5 min schwach sieden. Geben Sie nach dem Abkühlen 10 mL Kochsalz-Lösung hinzu. Füllen Sie mit 10 mL Wasser auf, verschließen Sie das Reagenzglas und schütteln Sie. Schütteln Sie auch ein mit Palminfett und 10 mL Wasser gefülltes Reagenzglas zum Vergleich.

***LV5*** **Abzug!** In ein Rggl. wird 2 cm hoch Kaliumhydrogensulfat* gefüllt. Es wird bis zur Schmelze erhitzt, dann werden mit einer Pipette vorsichtig einige Tropfen Glycerin (Propan-1,2,3-triol) zugefügt. Es wird weiter erhitzt, wobei ein mit SCHIFFS*-Reagenz getränkter Wattebausch locker auf das Rggl. gesteckt (B3) und anschließend der Geruch geprüft wird. Der Versuch wird mit Olivenöl anstelle von Glycerin wiederholt.

### Auswertung

a) Vergleichen Sie die Methode der Fettgewinnung in V1 mit der in der Apparatur aus B2.

b) Schließen Sie begründet aus dem Löslichkeitsverhalten der Öle und Fette in V2 auf ein Strukturmerkmal ihrer Moleküle.

c) Vergleichen Sie das Schmelzverhalten der Fette in V3 mit dem der Stearinsäure.

d) Bei V4 bilden sich Natriumsalze der Fettsäuren (Seifen) und Glycerin. Formulieren Sie die Reaktionsgleichung mit dem Fett aus der Textspalte der rechten Seite und deuten Sie die Schaumbildung.

e) In LV5 wirkt Kaliumhydrogensulfat als wasserabspaltendes Mittel. Aus Glycerin (Propan-1,2,3-triol) wird Acrolein (Propenal) gebildet, das an dem stechenden Geruch zu erkennen ist. Stellen Sie die Reaktionsgleichung auf und geben Sie begründet den Reaktionstyp an.

## Triglyceride – Ester aus Glycerin und Fettsäuren

Fette und Öle sind Naturprodukte. In Lebewesen werden sie unter der Haut und zwischen den Muskeln und Organen gespeichert. Sie sind wichtige Energielieferanten und gehören neben den Kohlenhydraten und Eiweißen zu den grundlegenden Nährstoffen. Der Brennwert von Fetten ist mit ca. 38 kJ/g etwa doppelt so hoch wie der von Kohlenhydraten und Eiweißen mit je ca. 17 kJ/g. Auch als Lösemittel für lipophile Stoffe wie z. B. die Vitamine A, D und E sowie die Sexualhormone sind Fette lebensnotwendig. Der durchschnittliche Tagesbedarf eines Menschen an Fett liegt bei ca. 50 g.
Fette und Öle verwendet man gerne zum Backen, Braten und Frittieren. Fettspritzer und Fettflecke auf Textilien lassen sich mit Wasser schlecht entfernen. Besser eignen sich lipophile Lösemittel als Reinigungsmittel (V2), woraus zu schließen ist, dass Fette aus unpolaren Molekülen bestehen. Einen Fettbrand (B1) darf man nicht mit Wasser löschen: Da Fette und Öle eine geringere Dichte als Wasser haben, sinkt Löschwasser unter das Fett und reißt beim Verdampfen brennendes Fett mit in die Höhe.
Obwohl es verschiedenste Fette und Öle gibt, sind ihre Moleküle ähnlich aufgebaut. Jedes Fett-Molekül besteht aus einem Molekül-Rest des dreiwertigen Alkanols Glycerin (Propan-1,2,3-triol), der über Ester-Gruppen mit drei Fettsäure-Molekül-Resten verknüpft ist. Daraus resultiert die Bezeichnung der Fette als **Triglyceride**. Die Halbstrukturformel eines Triglycerid-Moleküls mit verschiedenen Fettsäure-Resten lautet:

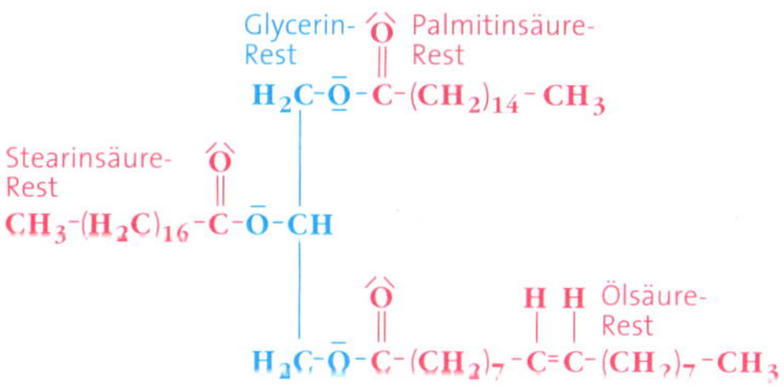


Durch irreversible Verseifung der Ester mit Natronlauge (V4) entstehen Fettsäure-Anionen und Glycerin. Die Natriumsalze der Fettsäuren sind die **Seifen**, die das Wasser zum Schäumen bringen. Die Acrolein-Probe (LV5) zeigt den Glycerin-Baustein der Fett-Moleküle an.
Fette sind keine Reinstoffe, sondern Stoffgemische aus Triglyceriden, deren Moleküle verschiedene Fettsäure-Reste aufweisen. Fette haben deshalb keine definierten Schmelztemperaturen, sondern **Schmelzbereiche** (V3). Einige der in Fetten gebundenen Fettsäuren wie Linolsäure und Arachidonsäure gehören zu den essenziellen Fettsäuren, d. h. sie können nicht vom Körper synthetisiert werden, sondern müssen ihm (über die Fette) zugeführt werden.

| Fettsäure | Butterfett | Olivenöl | Kokosfett |
|---|---|---|---|
| $C_3H_7COOH$ Buttersäure | 3 | – | – |
| $C_{11}H_{23}COOH$ Laurinsäure | 3 | – | 49 |
| $C_{13}H_{27}COOH$ Myristinsäure | 9 | 2 | 15 |
| $C_{15}H_{31}COOH$ Palmitinsäure | 25 | 15 | 9 |
| $C_{17}H_{35}COOH$ Stearinsäure | 13 | 2 | 3 |
| $C_{17}H_{33}COOH$ Ölsäure | 29 | 71 | 5 |
| $C_{17}H_{31}COOH$ Linolsäure | 2 | 8 | 2 |
| $C_{17}H_{29}COOH$ Linolensäure | 1 | – | – |
| andere | 15 | 2 | 17 |

**B4** *Prozentualer Anteil einzelner Fettsäuren in verschiedenen Nahrungsfetten. **A:** Ermitteln Sie, welche Fettsäuren vor allem am Aufbau der Fett-Moleküle beteiligt sind.*

**B5** *Fettreduzierte Diätmargarine und Milchprodukte werden heutzutage ebenso angeboten wie Produkte, die zusätzlich mit Vitaminen angereichert sind (functional food). **A:** Diskutieren Sie, ob fettreduzierte Lebensmittel zu einer gesunden Ernährung beitragen können.*

### *Aufgaben*

***A1*** Informieren Sie sich unter *Chemie 2000+ Online* über den empfohlenen Fettanteil an der Ernährung. Vergleichen Sie mit Ihrer eigenen Ernährung.

***A2*** Erklären Sie anhand der Molekülstruktur und mit geeigneten Fachbegriffen, warum Fette nicht wasserlöslich sind. Beurteilen Sie die Wasserlöslichkeit von Fettsäuren und von Glycerin.

***A3*** Geben Sie an, wie viele verschiedene Fett-Moleküle aus einem Glycerin-Molekül und zwei verschiedenen Fettsäure-Molekülen zu konstruieren sind.

# Fest oder flüssig – einziger Unterschied?

**B1** *Olivenöl und Sonnenblumenkernöl kurz nach der Entnahme aus dem Kühlschrank (links) und nach längerem Stehenlassen (rechts).* **A:** *Informieren Sie sich über die Zusammensetzung der beiden Öle und vergleichen Sie diese.*

## *Versuche*

*Hinweis:* Weitere Versuche zur Charakterisierung von Fetten und Ölen (Iodzahl, Verseifungszahl) können nach den Angaben in *Chemie 2000+ Online* durchgeführt und ausgewertet werden.

***V1*** Lösen Sie in einem Rggl. 1 g Schmalz, in einem zweiten 1 g Speiseöl in 10 mL Heptan*, geben Sie in beide 5 mL Bromwasser* hinzu, verschließen Sie mit einem Stopfen und schütteln Sie gut.

***V2*** Lösen Sie in vier verschiedenen Reagenzgläsern je etwa 0,5 g Ölsäure, Stearinsäure, Kokosfett und Olivenöl in Heptan*. Geben Sie tropfenweise unter Schütteln Brom-Lösung zu (hergestellt aus 0,1 mL Brom* in 20 mL Heptan), bis die Bromfärbung bestehen bleibt. Vergleichen Sie die bis zur bleibenden Färbung benötigte Tropfenanzahl an Brom-Lösung bei den vier Proben.

## *Auswertung*

a) Erklären Sie sämtliche Farbänderungen, die Sie bei V1 beobachten.

b) Formulieren Sie für die Reaktion von Ölsäure $C_{17}H_{33}COOH$ mit Brom (V2) die Reaktionsgleichung.

### *INFO* Fetthärtung

Auf den Verpackungen von Margarine und anderen Fetten findet man häufig Hinweise auf „gehärtete Fette". Bei der Fetthärtung werden ungesättigte Fettsäuren mit Wasserstoff bei Temperaturen zwischen 150 °C und 200 °C, unter Druck und mit Nickel als Katalysator zur Reaktion gebracht. Bei dieser auch als **Fetthydrierung** bezeichneten Reaktion wird Wasserstoff an eine Doppelbindung nach folgender Gleichung addiert:

$$\underset{\text{Ölsäure, } \vartheta_m = 16\,°C}{C_{17}H_{33}COOH} + H_2 \xrightarrow{\text{Ni-Katalysator}} \underset{\text{Stearinsäure, } \vartheta_m = 70\,°C}{C_{17}H_{35}COOH}$$

Ungesättigte Fettsäuren werden so durch Hydrierung in gesättigte umgewandelt. Ein Fett erhält dadurch eine festere Konsistenz, weil gesättigte Fettsäuren gegenüber ungesättigten Fettsäuren mit gleicher Anzahl an Kohlenstoff-Atomen im Molekül eine höhere Schmelztemperatur haben. Der Nickel-Katalysator ist giftig und muss nach der Hydrierung entfernt werden. Eine zusätzliche Folge der Fetthärtung ist die längere Haltbarkeit der gewonnenen Fette. Ungesättigte Fettsäuren reagieren unter dem Einfluss von Mikroorganismen leicht mit Luftsauerstoff, mit der Folge, dass die entsprechenden Fette schneller verderben und ranzig werden. Dabei werden die Doppelbindungen eines Fettsäure-Moleküls durch Sauerstoff-Moleküle oxidativ gespalten:

Die entstehenden Alkanale verursachen den unangenehmen Geruch ranzigen Fetts und sind außerdem gesundheitsschädlich, da sie wichtige Vitamine im Körper desaktivieren.

| Stearinsäure | Ölsäure |
|---|---|
| $C_{17}H_{35}COOH$ | $C_{17}H_{33}COOH$ |

**B2** *Stearinsäure ist bei Raumtemperatur fest, Ölsäure flüssig.* **A:** *Bauen Sie ein Stearinsäure- und ein Ölsäure-Molekül mithilfe eines Molekülbaukastens. Vergleichen Sie die Strukturen und erklären Sie den Unterschied.*

## Molekülstruktur und Eigenschaften von Triglyceriden

Alle Fette und Öle sind Triglyceride, die sich lediglich in der Zusammensetzung ihrer Fettsäure-Reste unterscheiden. Versetzt man gleiche Mengen von Fetten, Ölen und typischen, in Triglyceriden gebundenen Fettsäuren mit Brom-Lösung, stellt man fest, dass Pflanzenöle bis zu einer bleibenden Färbung mehr Brom-Lösung verbrauchen als feste Fette. Da bei der jeweils ablaufenden Reaktion Brom-Moleküle aus der Brom-Lösung an Doppelbindungen der Fettsäure-Reste bzw. der Fettsäure-Moleküle addiert werden, müssen Triglycerid-Moleküle von Pflanzenölen mehr Doppelbindungen enthalten als Triglycerid-Moleküle fester Fette: Die Moleküle der Öle enthalten mehr ungesättigte Fettsäure-Reste als die der Fette. Je nach Anzahl von Doppelbindungen pro Fettsäure-Rest unterscheidet man zwischen einfach und mehrfach ungesättigten Fettsäure-Resten (B3).

Ungesättigte Fettsäuren sind reaktiver als gesättigte Fettsäuren, weshalb die **Oxidationsstabilität** eines Fetts bzw. Öls mit dem Anteil ungesättigter Fettsäure-Reste abnimmt. Bei Oxidationsreaktionen von Fetten, die durch Metall-Ionen katalysiert werden können, entstehen kurzkettige, freie Fettsäuren oder Aldehyde, durch die die Fette einen ranzigen Geruch bekommen.

Auch die unterschiedlichen Schmelzbereiche der Fette und Öle stehen in Zusammenhang mit den unterschiedlichen Molekülstrukturen der Fettsäure-Reste. Gesättigte Fettsäure-Moleküle sind linear gebaut. Die Moleküle der in Fetten und Ölen vorkommenden ungesättigten Fettsäuren liegen überwiegend in der *Z*-Konfiguration[1] vor und weisen einen „Knick" auf (B3). Fett-Moleküle mit vorwiegend gesättigten Fettsäure-Resten können sich daher besser parallel zueinander anordnen, so dass sich besser VAN-DER-WAALS-Kräfte (-----) zwischen den Molekülen ausbilden können als zwischen solchen mit gewinkelt gebauten Fettsäure-Resten.

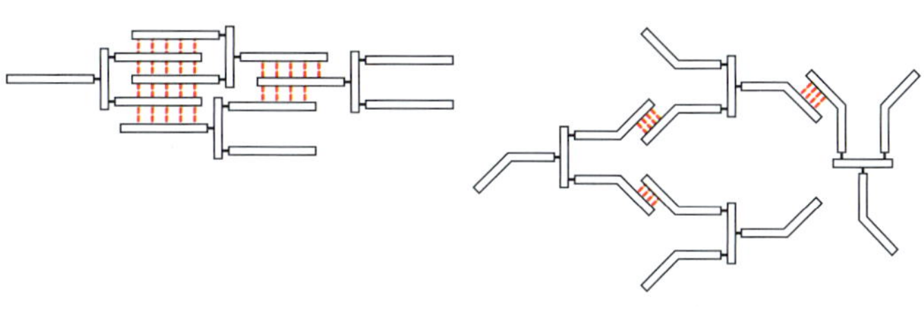

Fette mit einem hohen Anteil an ungesättigten Fettsäure-Resten im Molekül sind bei Raumtemperatur flüssig, also Öle. Nicht nur der Anteil an ungesättigten Fettsäure-Resten, auch die Länge der Kohlenwasserstoffketten beeinflusst die Temperatur des Schmelzbereichs.

Stearinsäure (Octadecansäure)

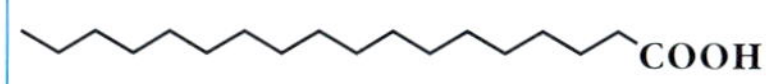


$C_{17}H_{35}COOH$; Schmelztemperatur ca. 70 °C

Ölsäure (*Z*-Octadeca-9-ensäure)

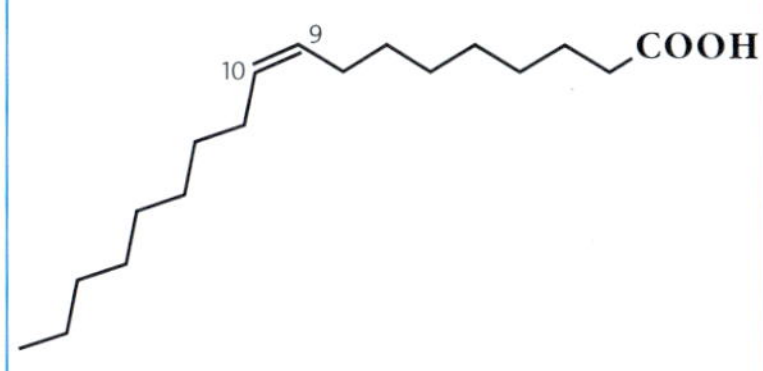


$C_{17}H_{33}COOH$; Schmelztemperatur ca. 16 °C

Linolsäure (*Z,Z*-Octadeca-9,12-diensäure)

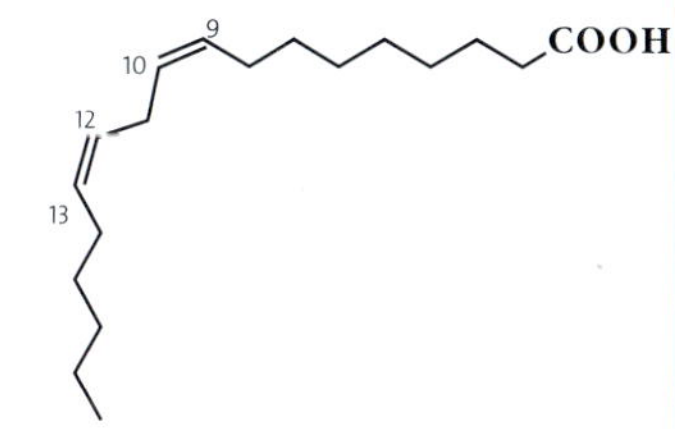


$C_{17}H_{31}COOH$; Schmelztemperatur ca. –4 °C

Linolensäure
(all-*Z*-Octadeca-9,12,15-triensäure)

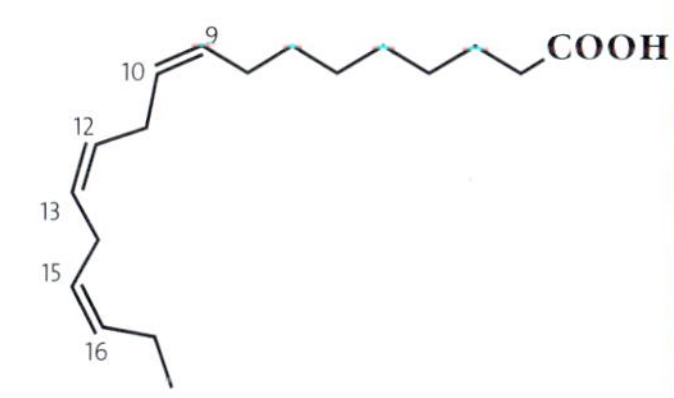


$C_{17}H_{29}COOH$; Schmelztemperatur ca. –11 °C

**B3** *Gerüstformeln gesättigter und ungesättigter Fettsäure-Moleküle mit 18 Kohlenstoff-Atomen.* **A:** *Beschreiben Sie einen erkennbaren Trend bei den Schmelztemperaturen der angesprochenen Fettsäuren. Erklären Sie die unterschiedlichen Schmelztemperaturen der drei ungesättigten Fettsäuren.*

### *Aufgabe*

***A1*** Formulieren Sie für die Hydrierung von einem Fett-Molekül mit drei Linolsäure-Resten die Reaktionsgleichung. Kennzeichnen Sie auch relevante Oxidationszahlen.

[1] Die älteren Bezeichnungen für *Z*- bzw. *E*-Konfiguration sind *cis*- bzw. *trans*-Konfiguration. Entsprechend sind die Bezeichnungen ungesättigte *cis*- und *trans*-Fettsäure weiterhin gebräuchlich.

## Seifen und Tenside

**B1** *Mit Fett und Lauge kann man im Labor ganz einfach Seife herstellen (vgl. S. 236, V4). **A:** Erklären Sie, welche Eigenschaften von Seife in diesem Bild deutlich werden.*

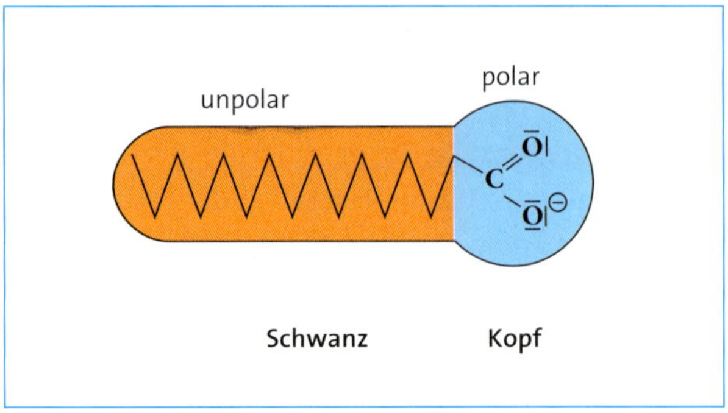


**B2** *Fettsäure-Anion: Seifen sind die Salze der Fettsäuren. **A:** Schreiben Sie die Summenformel des abgebildeten Ions auf und benennen Sie es (vgl. S. 237, B4).*

### *Versuche*

***V1*** Setzen Sie mit einer Tropfpipette vorsichtig auf ein sauberes Stück Baumwolle einen Tropfen Wasser bzw. Seifenlösung ab. Beobachten Sie die Tropfenform.

***V2*** Füllen Sie eine Petrischale zur Hälfte mit Wasser und bestreuen Sie die Oberfläche dünn mit Pfeffer- oder Kohlepulver. Geben Sie aus einer Tropfpipette einen Tropfen Seifenlösung mitten in die Schale.

***V3*** Füllen Sie je ein Rggl. mit dest. Wasser, Leitungswasser bzw. Calciumhydrogencarbonat-Lösung. Geben Sie in jedes Rggl. einen Tropfen Seifenlösung, verschließen Sie die Rggl. und schütteln Sie jeweils 1 min.

***V4*** Füllen Sie je ein Rggl. zur Hälfte mit Wasser bzw. Seifen(oder Tensid)lösung. Geben Sie in beide Rggl. je 1 mL Salatöl, verschließen Sie und schütteln Sie kräftig. Vergleichen Sie den Zeitraum, bis sich Öl und Wasser bzw. Öl und Seifenlösung wieder getrennt haben.

### *Auswertung*

a) Vergleichen und deuten Sie die Beobachtungen zu V1 und V2. Berücksichtigen Sie bei der Erklärung auch die Animation zur Oberflächenspannung des Wassers aus *Chemie 2000+ Online*.

b) In V3 wird hartes Wasser in Form der Calciumhydrogencarbonat-Lösung verwendet. Erläutern Sie die Konsequenzen für den Waschvorgang, die sich aus der Beobachtung ergeben.

c) Durch das Schütteln in V4 vermischen sich die beiden ineinander unlöslichen Phasen zu einer Emulsion. Beschreiben Sie die Funktion des Tensids.

### Herstellung und Eigenschaften von Seife

Seifen wurden bereits in der Zeit um 2500 v. Chr. hergestellt, aber erst seit Anfang des zwanzigsten Jahrhunderts wandelten sie sich vom Luxusgut zu einem Alltagsprodukt „für jedermann".

**Seifen** nennt man die Natrium- und Kaliumsalze der Fettsäuren, die durch die Verseifung von Fetten hergestellt werden. Allgemein bezeichnet man die **alkalische Hydrolyse** eines Esters als **Verseifung**.

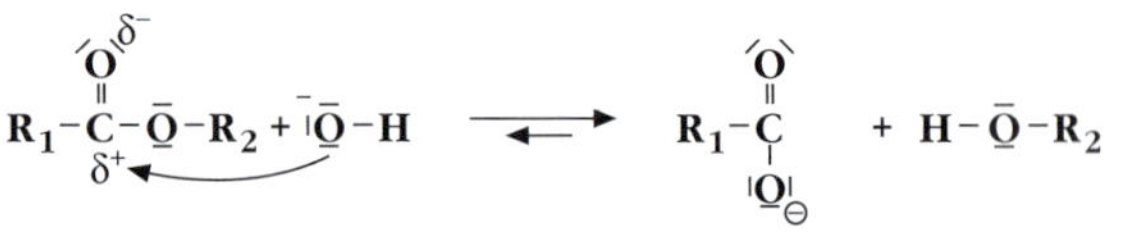

Bei der Verseifung von Fetten bildet sich als Alkohol-Komponente Glycerin und die Carboxylat-Ionen der Fettsäuren liegen als Natriumsalze (bei Kernseifen) oder als Kaliumsalze (bei Schmierseifen) vor.

Aufgrund des unpolaren „Schwanzes" und des polaren „Kopfes" der Seifen-Anionen (B2) sind Seifen hydrophob und hydrophil. Stoffe mit dieser Eigenschaft nennt man **amphiphil**[1].

Seifen setzen die Oberflächenspannung des Wassers herab (V2), indem die polaren Köpfe ihrer Anionen in die Lösung hineintauchen und die unpolaren Schwänze herausragen. Eine Seifenlösung hat daher ein gutes Benetzungsvermögen (V1) und wirkt als Emulgator (V4).

[1] von *amphi* (griech.) = beides und von *philos* (griech.) = Freund

## Seifen und Tenside

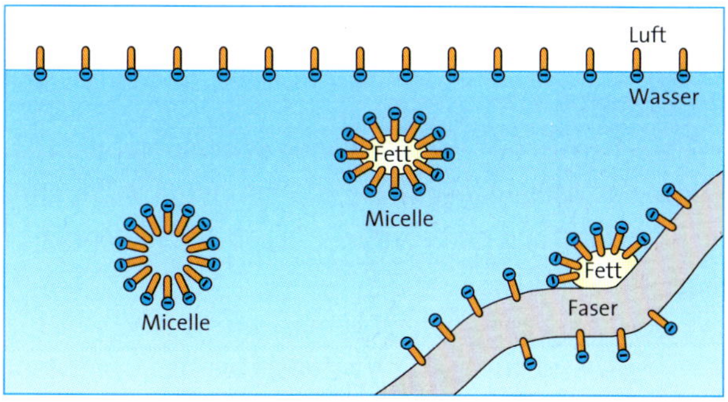


**B3** *Grenzflächenanordnung der Seifen-Anionen und Micellenbildung.*
*A: Erklären Sie, wie Micellen entstehen und wie Fett durch Tenside von einer Faser getrennt wird.*

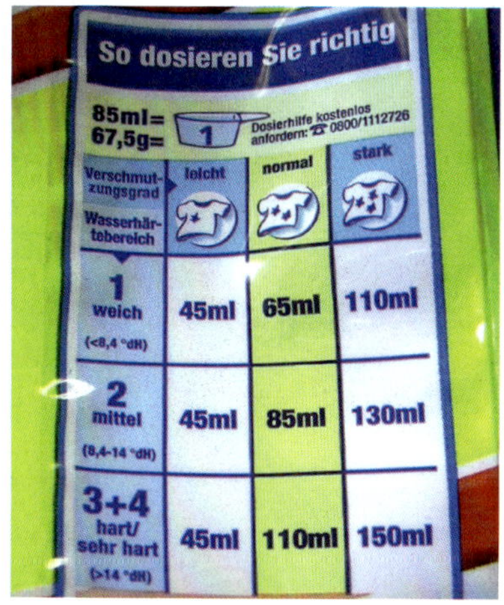


**B4** *Dosierungsanweisung für ein effektives Waschen*

### Die Entfaltung der Waschkraft und Wasserhärte

In einer wässrigen Seifenlösung orientieren sich die Seifen-Anionen so, dass die unpolaren Reste einander zugewandt sind und durch VAN-DER-WAALS-Kräfte zusammengehalten werden. Dadurch entsteht ein kugelförmiger Teilchenverband, die **Micelle**. Die Außenseite der Micelle bilden die polaren Köpfe, die mit den Wasser-Molekülen wechselwirken (B3). In den unpolaren Innenraum der Micelle können unpolare Moleküle eingeschlossen werden. So können flüssige oder feste Teilchen umnetzt, von der Faser abgelöst und in die Micellen aufgenommen werden. Die nach außen gerichteten polaren Köpfe der Tensid-Moleküle verhindern durch elektrostatische Abstoßung ein erneutes Zusammenlagern der Schmutzpartikel, die so in der Waschflotte in der Schwebe gehalten werden und eine stabile Schmutzemulsion bilden.

Seifenlösungen sind alkalisch und bilden mit hartem Wasser Kalkseifen (V3). Dabei reagieren die Seifen-Anionen mit den Calcium-Ionen aus dem Wasser und bilden schwerlösliche Calciumsalze:

Seife $\quad 2\ CH_3(CH_2)_{14}COO^{\ominus}(aq) + Ca^{2+}(aq) \longrightarrow$
Kalkseife $\quad [CH_3(CH_2)_{14}COO^{\ominus}]_2Ca^{2+}(s)$

Die Kalkseifen setzen sich als schmieriger Rückstand im Waschbecken und auf den Stofffasern ab und die Waschkraft der Seife kann sich nicht entfalten.

### Tenside

In modernen Waschmitteln sind Seifen durch synthetische **Tenside** ersetzt. Als Tenside bezeichnet man alle waschaktiven Substanzen, deren Teilchen wie das Seifen-Anion ein unpolares und ein polares Ende haben. Sie sind ebenfalls grenzflächenaktiv. Man unterscheidet allgemein ionische und nichtionische Tenside. Bei anionischen Tensiden sind die polaren Köpfen negativ geladene Atomgruppen wie die Carboxylat- $-COO^{\ominus}$, Sulfat- $-O-SO_3^-$ oder Sulfonat-Gruppe $-SO_3^-$.
In Waschmitteln befinden sich sowohl anionische als auch nichtionische Tenside. Anionische Tenside bilden in hartem Wasser ebenfalls schwerlösliche Kalkseifen. Um dies zu verhindern, werden dem Waschmittel Enthärter (z.B. Zeolithe) zugesetzt. Je nach Waschmittel sind außerdem Bleichmittel, Enzyme, optische Aufheller und Duftstoffe enthalten. Kationische Tenside werden in Weichspülern eingesetzt.
Allgemein verwendet man Tenside auch in der Lebensmittel- und Kosmetikindustrie, wo man sich ihre emulgierende Wirkung zunutze macht.

### *Aufgaben*

***A1*** Erläutern Sie, welche Schmutzteilchen mit Seife gut von der Faser entfernt werden können (B3).

***A2*** Erklären Sie unter Bezug auf V3 die unterschiedlichen Dosierungsvorgaben in B4. Begründen Sie, warum eine zu niedrige Dosierung den Wascherfolg beeinträchtigt.

# Aus Strom wird Licht

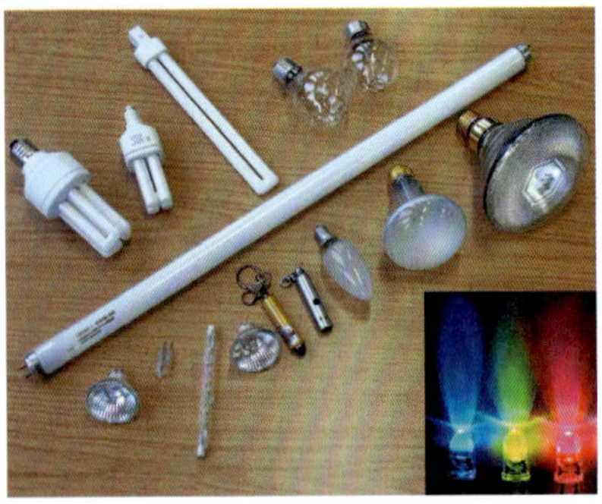

**B1** *Glühlampen, Laserpointer und LEDs.* ***A:*** *Nennen Sie die Anwendungen der verschiedenen Lampentypen.*

## Versuche

***LV1*** Eine Leuchtstoffröhre und eine Energiesparlampe werden über einer Wanne zertrümmert. Eventuell herausfallende Quecksilbertröpfchen* werden in einem Behälter unter Wasser zur Entsorgung gesammelt. Mit den Glasscherben werden V2 und V3 durchgeführt.

***V2*** Betrachten Sie die Glasscherben aus LV1 von beiden Seiten unter der UV-Handlampe bei verschiedenen Wellenlängen ($\lambda$ = 366 nm und $\lambda$ = 254 nm). Beobachten Sie die Innenbeschichtung und ermitteln Sie, ob diese fluoresziert oder phosphoresziert (vgl. V4, S. 167).

***V3*** Untersuchen Sie, mit welchen der folgenden Chemikalien die Beschichtung der Glasscherben aus LV1 gelöst bzw. zur Reaktion gebracht werden kann: Heptan*, Aceton*, Wasser, Salzsäure*, $c$ = 3 mol/L, Natronlauge*, $c$ = 3 mol/L.

## Auswertung

a) Glühbirnen sind mit Stickstoff oder Argon gefüllt. Erklären Sie, warum die Glühwendel schneller durchbrennen würde, wenn der Glaskolben mit Luft gefüllt wäre.

b) Stellen Sie die Ergebnisse aus V2 tabellarisch dar. Erklären Sie die Ergebnisse mithilfe von B4.

c) Deuten und erläutern Sie die Ergebnisse aus V3 dahingehend, ob die Beschichtung der Innenwand bei den untersuchten Lampen aus organischen oder anorganischen Verbindungen besteht.

d) Die Beschichtungen in den Leuchtstoffröhren werden als „Phosphore" bezeichnet. Erklären Sie mithilfe von S. 167, warum diese Bezeichnung irreführend ist.

e) Formulieren Sie die in B2 skizzierten Reaktionen in einer Halogenlampe mit Angabe des Vorzeichens der Reaktionsenthalpie $\Delta H_R$.

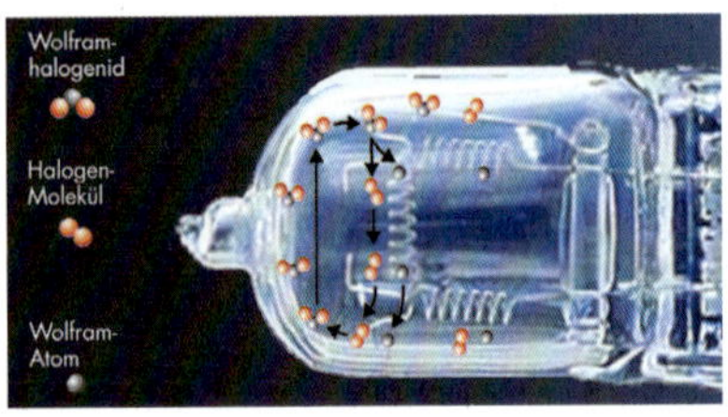


**B2** *In der Halogenlampe verbinden sich Wolfram-Atome mit Brom- oder Iod-Molekülen zu Wolframhalogenid. Dieses wird an der 3000 °C heißen Wendel wieder in Elemente zerlegt.* ***A:*** *Erklären Sie die längere Haltbarkeit des Glühdrahts, die auf dieser Reaktion beruht.*

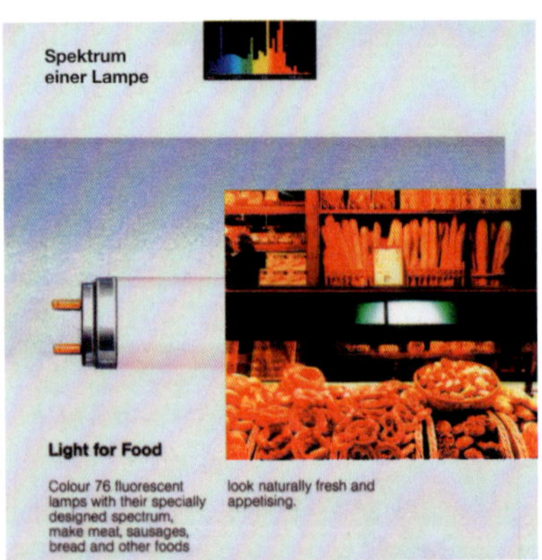


**B3** *Die Innenbeschichtung bei Leuchtstoffröhren bestimmt das Farbenspektrum des Lichts.* ***A:*** *Erläutern Sie, warum Lebensmittel unter einer entsprechenden Lampe appetitlicher aussehen.*

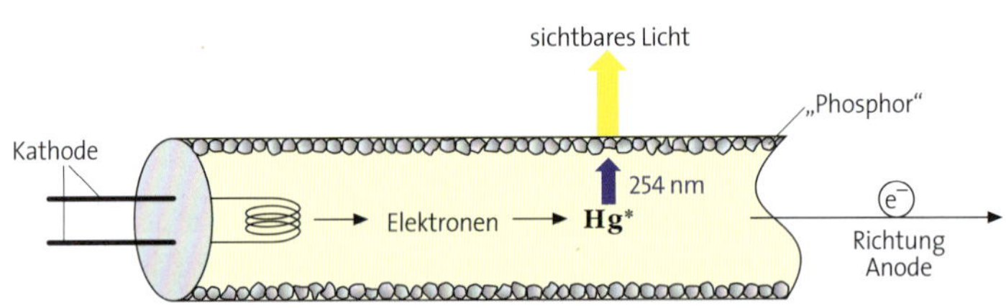


**B4** *In der Leuchtstoffröhre werden Quecksilber-Atome durch Elektronen angeregt. Sie übertragen UV-Quanten mit $\lambda$ = 254 nm an die Leuchtstoffschicht. Diese strahlt sichtbares Licht aus.* ***A:*** *Erklären Sie mithilfe eines Energiediagramms, wo die zusätzliche Energie der UV-Quanten bleibt.*

## Angeregte Zustände in künstlichen Lichtquellen

Lampen aller Art (B1) sind künstliche Quellen für Licht und Farben. In ihnen wird „edle“ elektrische Energie in Licht umgewandelt. Je nach Lampentyp wird aber ein Teil der elektrischen Energie zu „unedler“ Wärme und damit entwertet[1]. Bei herkömmlichen **Glühlampen** beträgt der Wärmeverlust bis zu 90 %, da das Licht durch einen dünnen, glühenden Draht aus Wolfram erzeugt wird. Um die Oxidation des Wolframs zu verhindern, ist der Glaskolben mit Argon gefüllt. Zwar schmilzt Wolfram erst bei 3 410 °C, aber bereits bei Temperaturen unter 3 000 °C werden nach und nach Wolfram-Atome von der Glühwendel abgetragen, sie wird dünner und schließlich brennt die Lampe durch.

Bei **Halogenlampen** wird das abgetragene Wolfram nach dem in B2 beschriebenen Stoffkreislauf mithilfe eines Halogens zurück auf die Wendel geführt. Das macht nicht nur eine höhere Temperatur an der Wendel und damit intensiveres Licht möglich, sondern verlängert auch die Lebensdauer dieser Lampen erheblich.

In **Leuchtröhren** werden Edelgas-Atome bei einer Hochspannung von ca. 5 000 V elektronisch angeregt. Sie strahlen bei der Rückkehr in die Grundzustände gelbes (Helium), rotes (Neon), blaues (Argon), gelbgrünes (Krypton) oder violettes (Xenon) Licht aus.

**Leuchtstoffröhren** und **Energiesparlampen** funktionieren bereits bei 230 V und liefern ca. fünfmal mehr Licht als Glühlampen gleicher Leistung (gleicher Wattzahl). In ihnen sind Argon und eine sehr geringe Menge Quecksilber enthalten, das beim Einschalten der Lampe zunächst verdampft. Dann kommt es durch Anregung der Quecksilber-Atome und Energieübertragung auf den fluoreszierenden Feststoff der Innenwand zur Lichtemission durch letzteren (B4). Als fluoreszierende Materialien in Leuchtstoffröhren werden in der Regel anorganische Salze mit Zusätzen aus Verbindungen von Übergangsmetallen und Lanthanoiden verwendet. Durch die passenden Zusätze lässt sich das Spektrum des emittierten Lichts einstellen (B3, B5, B6).

Wenn im Gasraum Xenon- statt Quecksilber-Atome primär angeregt würden, könnte die Lichtemission im sichtbaren Bereich verdoppelt werden (B7). Leuchtstoffröhren dieser Art werden erforscht, weil darin auch das giftige Quecksilber durch das harmlose Erdgas Xenon ersetzt wäre.

Auf einem ganz anderen Prinzip als die Lampen von dieser Seite basieren **Leuchtdioden**. Ihr Funktionsprinzip wird auf den folgenden Seiten erschlossen.

### *Aufgaben*

**A1** Erläutern Sie, dass weder Beschichtung A noch Beschichtung B aus B5 alleine für eine Leuchtstoffröhre im Klassenraum geeignet ist. Erklären Sie, was durch die Mischung von A mit B erreicht wird.

**A2** Erläutern Sie im Zusammenhang mit der Aufgabe zu B3, warum ganz allgemein Objekte im Licht einer anderen Lampe in anderen Farben erscheinen können.

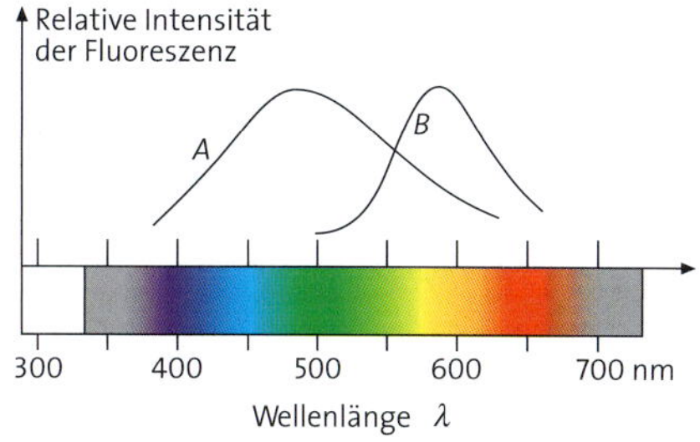


**B5** *Emissionsspektren häufiger „Phosphore“ aus Leuchtstoffröhren [A: $Ca_3(PO_4)_2$ mit Zusätzen von $SbF_3$, B: $Ca_3(PO_4)_2$ mit Zusätzen von $MnCl_2$]*

**B6** *Anorganische Leuchtstoffe [blau: $BaMgAl_{10}O_{17}(Eu^{2+})$, grün: $CaMgAl_{11}O_{19}(Tb^{3+})$, rot: $Y_2O_3(Eu^{3+})$]. Die in Klammern angegebenen Ionen sind nur in Spuren enthalten. **A:** Geben Sie die Positionen dieser Elemente im Periodensystem an.*

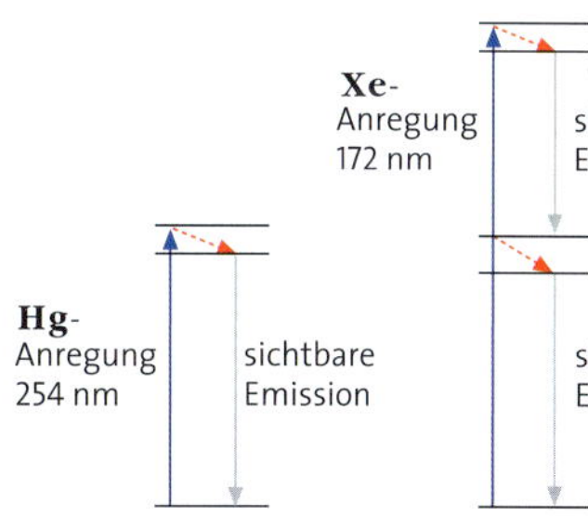


**B7** *Verdopplung von sichtbaren Lichtquanten bei der Anregung des „Phosphors“ mit Xenon. **A:** Zeigen Sie rechnerisch, dass dies möglich ist.*

[1] Elektrische Energie ist „edel“, weil sie mit sehr hohem Wirkungsgrad in jede andere Energieform umgewandelt werden kann.

# Kaltes Licht aus chemischen Reaktionen

**B1** *Kaltes Leuchten bei der Chemolumineszenz von Luminol.* **A:** *Erklären Sie die besonders hohe Intensität des Leuchtens in Gegenwart von reinem Sauerstoff.*

## Versuche

**LV1** „*Kalte Weißglut*": Der Boden eines Erlenmeyerkolbens wird mit einer dünnen Schicht Kaliumhydroxid*-Plättchen bedeckt. Man fügt ca. 1 bis 2 mL Dimethylsulfoxid DMSO und eine Spatelspitze Luminol* hinzu. Im abgedunkelten Raum wird der Kolben kräftig (bei geöffnetem Kolbenhals) geschwenkt. Man beobachtet den Kolbeninhalt während des Schwenkens, während einer Pause und bei erneutem Schwenken.

**V2** „*Leuchtendes Scherblatt*": Lösen Sie 0,03938 g ($n$ = 5 x $10^{-5}$ mol) Tris-(1,10-phenanthrolin)ruthenium(II)-chlorid $[Ru(phen)_3]Cl_2$ (z. B. von Aldrich) in 37,5 mL Wasser. Geben Sie 12,5 mL eines Phosphat-Puffers aus 0,12 g Natriumdihydrogenphosphat $NaH_2PO_4 \cdot 2\ H_2O$ und 2,67 g Dinatriumdihydrogenphosphat $Na_2HPO_4 \cdot 12\ H_2O$ in 12,5 mL dest. Wasser dazu [$n$ ($Na_2HPO_4$) : $n$ ($NaH_2PO_4$) = 10 : 1]. Lösen Sie anschließend eine kleine Spatelspitze (5 bis 10 mg) Ethylendiamintetraessigsäure-Dinatriumsalz **EDTA**, darin. Diese Lösung geben Sie in ein 50-mL-Becherglas oder ein Schraubdeckelglas. Als Elektroden tauchen Sie zwei gebrauchte Scherfolien von einem Elektrorasierer ein. Verbinden Sie die Scherfolien **im Dunkeln** über Kabel und Krokodilklemmen mit einer 4,5-V-Batterie. (Nur die Scherfolien sollen in die Elektrolyt-Lösung tauchen.) Beobachten Sie zunächst, was ohne Rühren der Lösung passiert. Wiederholen Sie den Versuch und schwenken Sie nun die Lösung. Notieren Sie in beiden Fällen die Dauer des jeweiligen Leuchtens.

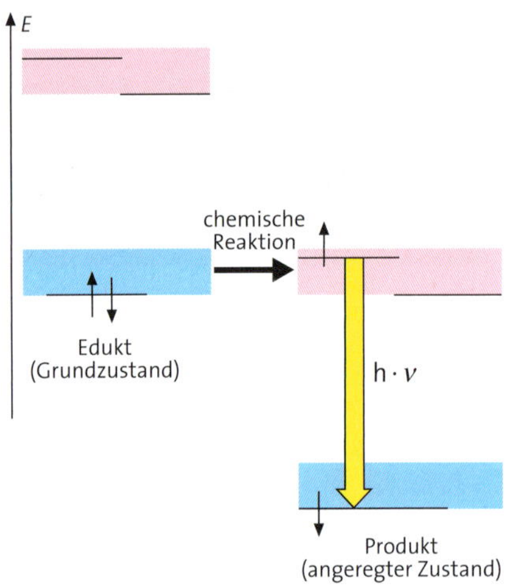


**B2** *Erklärung der Chemolumineszenz (LV1) nach dem Energiestufenmodell*

## Auswertung

a) Erklären Sie anhand zweier Beobachtungen, welche Rolle der Luftsauerstoff bei LV1 spielt.

b) Schlagen Sie zum Versuch „Kalte Weißglut" eine Versuchsanordnung vor, mit der Sie die Lumineszenz „löschen" und wieder starten können.

c) Verwenden Sie B2 und B4 zur Erklärung des Zustandekommens von Lumineszenz in LV1.

d) Beschreiben Sie, wo genau bei V2 das Leuchten stattfindet und in welcher Phase sich die leuchtende Spezies befindet. (Vgl. die Dauer des Leuchtens mit und ohne Rühren.)

e) Benennen Sie den Pol, mit dem die leuchtende Scherfolie verbunden ist und nennen Sie den Reaktionstyp, der bei Elektrolysen an diesem Pol stattfindet.

f) Vergleichen Sie die Reaktion aus LV1/B1 mit der Verbrennung von Eisenwolle und nennen Sie Gemeinsamkeiten und Unterschiede bei LV1 und V2.

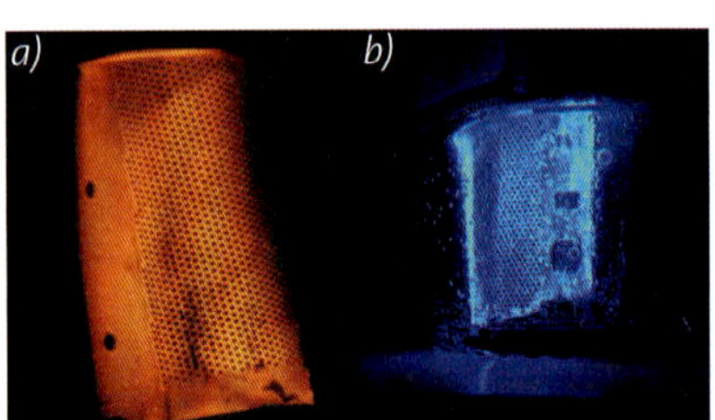


**B3** *Aufbau von V2 und leuchtende Scherfolien durch Elektrochemolumineszenz.* **A:** *Erklären Sie mit Bezug auf die Leuchtfarben und B2, warum es sich in Bildteil a und b um zwei verschiedene Stoffe handeln muss.*

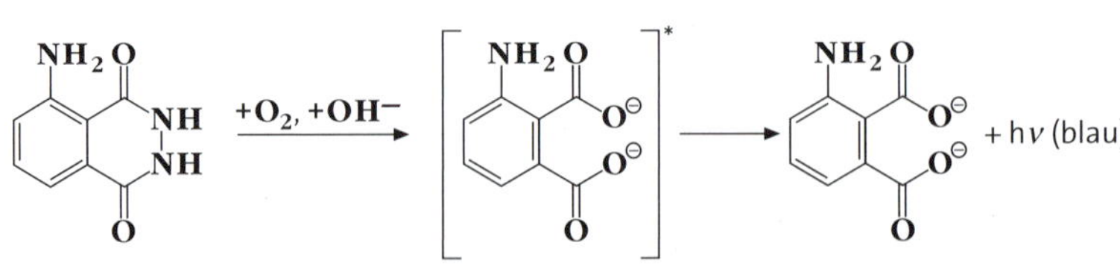


**B4** *Struktur des in LV1 eingesetzten Luminols und vereinfachte Darstellung der Reaktion. Das Dianion wird zunächst im angeregten Zustand gebildet.*

## Chemolumineszenz und Elektrolumineszenz

Wie bei allen Arten von Lumineszenz sind in LV1 und V2 elektronisch angeregte Zustände beteiligt. Im Gegensatz zu den fluoreszierenden und phosphoreszierenden Leuchtproben (vgl. S. 172) wird hier kaltes Licht ohne vorherige Bestrahlung mit einer UV-Lampe erzeugt. In LV1 beobachtet man **Chemolumineszenz**, also kaltes Leuchten, bei einer stark exergonischen chemischen Reaktion. Sie kommt dadurch zustande, dass die Produkt-Teilchen im angeregten Zustand gebildet werden (B2, B4). Durch Emission von Lichtquanten gelangen sie in den Grundzustand.

Wenn kaltes Licht beim Anlegen einer elektrischen Spannung emittiert wird, handelt es sich um **Elektrolumineszenz** (B5). Im Idealfall kommt diese wie folgt zustande: Am Pluspol wird ein Elektron aus der höchsten besetzten Energiestufe abgezogen und am Minuspol ein Elektron in die niedrigste unbesetzte Energiestufe injiziert (B5a). An der Stelle, in der höchsten besetzten Energiestufe, an der sich zuvor ein Elektron befunden hat, liegt nun ein Elektronendefizit vor, ein sogenanntes „Loch" $h^+$. Es hat sich ein **Elektron-Loch-Paar** gebildet, also ein Teilchen im angeregten Zustand (B5b). Auch in diesem Fall kann ein Übergang in den Grundzustand erfolgen. Durch **Rekombination** von Elektron und Loch kommt es dabei zur Lichtemission (B5c).

Wenn das Leuchten in V2 reine Elektrolumineszenz wäre, müsste es genau so lange zu beobachten sein, wie Spannung angelegt wird. Dies ist beim „Leuchtenden Scherblatt" jedoch nicht der Fall, weil neben Elektronenübergängen an den Elektroden hier auch chemische Reaktionen in der Lösung eine wichtige Rolle spielen. Da das Leuchten ausschließlich an der mit dem Pluspol verbundenen Scherfolie zu beobachten ist, muss es unter anderem auf einer Oxidationsreaktion beruhen. An der Oberfläche der mit dem Pluspol verbundenen Scherfolie werden im ersten Schritt zwei Spezies aus der Lösung oxidiert: der Luminophor, ein Ruthenium-Komplexion mit aromatischen Liganden $Ru(phen_3)^{2+}$, und EDTA, ein guter Opferdonator (B6). In einem zweiten Schritt gibt das einfach oxidierte EDTA-Teilchen ein weiteres Elektron an das oxidierte Ruthenium-Komplexion ab, das dabei aber im angeregten Zustand entsprechend B5b entsteht. Das nun reduzierte, angeregte Ruthenium-Komplexion geht unter Lichtemission wieder in den Grundzustand über. Die beim „Leuchtenden Scherblatt" beobachtete Lumineszenz ist Folge einer elektrischen Spannung *und* chemischer Reaktionen, es handelt sich somit um **Elektrochemolumineszenz**.

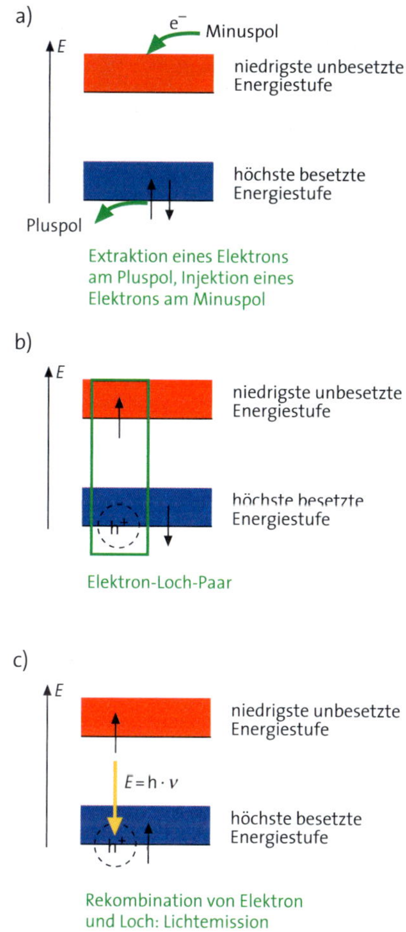


**B5** *Das Entstehen von Elektrolumineszenz.* **A:** *Wenden Sie die Begriffe Oxidation, Reduktion und intramolekulare Redoxreaktion auf die in B5 dargestellten Prozesse an. Geben Sie an, was oxidiert bzw. reduziert wird.*

**1. Schritt:**

$[Ru(phen)_3]^{2+} \rightarrow [Ru(phen)_3]^{3+} + e^-$

$EDTA \rightarrow EDTA_{Ox} + e^-$

**2. Schritt:**

$EDTA_{Ox} + [Ru(phen)_3]^{3+} \rightarrow EDTA_{(Ox)_2} + [Ru(phen)_3]^{2+*}$

**3. Schritt:**

$[Ru(phen)_3]^{2+*} \rightarrow [Ru(phen)_3]^{2+} + h\nu$

**B6** *Reaktionen bei V2.* **A:** *Erläutern Sie, warum es prinzipiell unerheblich ist, dass der Ruthenium-Komplex teuer ist.*

### *Aufgabe*

***A1*** Erkunden Sie unter *Chemie 2000+ Online* den Flash-Baustein Elektrolumineszenz. Betrachten Sie die Animation im Teilchenmodell zum „Leuchtenden Scherblatt" (Unterpunkt: *Die Zelle im Schulversuch*). Vergleichen Sie die dargestellten Prozesse mit den Reaktionsschritten in B6.

# Klein aber hell

**B1** *Leuchtdioden auf einer Platine*

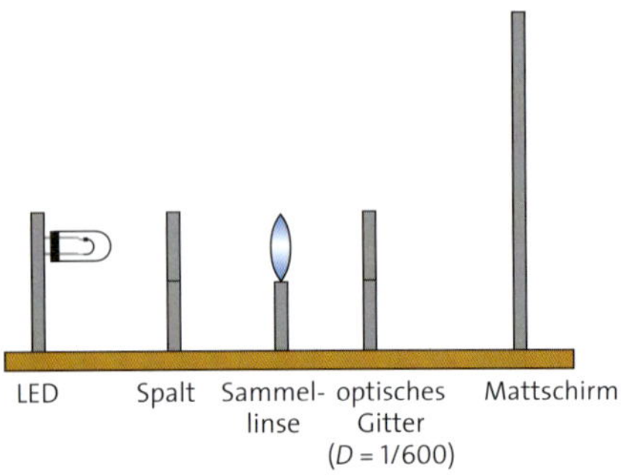


**B2** *Versuchsaufbau zu V2*

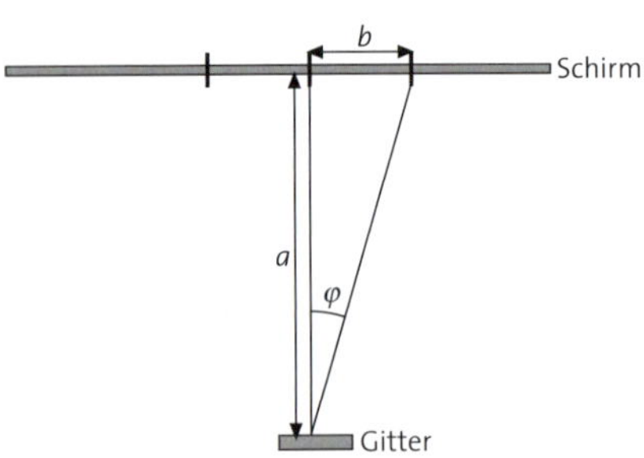


**B3** *Versuchsauswertung von V2*

## Versuche

*Hinweis*: Für die Versuche können einzelne handelsübliche Leuchtdioden mit farbloser Umhüllung verwendet werden. Alternativ eignet sich eine Platine, auf die mehrere verschiedenfarbig leuchtende Leuchtdioden aufgebracht sind (B1). Legen Sie keine Spannung an, die oberhalb des vom Hersteller genannten Wertes liegt, da die Leuchtdioden sonst Schaden nehmen können.

***V1*** Untersuchen Sie den Aufbau verschiedener Leuchtdioden mit einer Lupe. Verbinden Sie dann die Leuchtdioden nacheinander über ihre Pole über Krokodilklemmen und Kabel mit einer Spannungsquelle (Gleichspannung). Regeln Sie die Spannung **vorsichtig** von 0 V auf ca. 5 V (je nach Herstellerangabe ist die Betriebsspannung unterschiedlich) hoch und notieren Sie die Farbe des Leuchtens.

***V2*** Echtfarben-Emissionsspektren (EFES) von verschiedenfarbig leuchtenden LEDs: Bauen Sie den Versuch nach B2 auf einer optischen Bank auf. Dabei muss durch Hin- und Herschieben der einzelnen Komponenten eine Einstellung gefunden werden, bei der möglichst scharfe Linien auf dem Mattschirm erkennbar sind. Legen Sie nacheinander Spannung an die zu untersuchenden Leuchtdioden an und betrachten Sie das sich jeweils ergebende Spektrum. Führen Sie die Messungen für Auswertung c) durch.

## Auswertung

a) Vergleichen Sie die Ansprechzeit der Leuchtdioden mit der des „Leuchtenden Scherblatts" von S. 244.

b) Geben Sie an, um welche Art von Spektren es sich in V2 handelt.

c) Ermitteln Sie anhand der Schritte in B4 die Wellenlänge des in V2 emittierten Lichts.

d) Betrachten Sie die Wellenlängen aus c) und die jeweilige Farbe der Lumineszenz. Ordnen Sie dann die Leuchtdioden aus V2 nach der Größe ihrer Bandlücke.

e) Stellen Sie einen Zusammenhang zwischen der Größe der Bandlücke und der Wellenlänge des emittierten Lichts her und vergleichen Sie mit der Formel aus Schritt 3 in B4.

1. Abmessen von Abstand *a* (Gitter-Schirm) und Abstand *b* (beobachtetes Hauptmaximum und Spektrallinie auf dem Schirm) in cm (vgl. B3)
2. Berechnung der Wellenlänge $\lambda$ nach[1]: $\lambda = b \cdot D/\sqrt{a^2 + b^2}$ (Umrechnen in nm) mit Gitterkonstante D = 1/600 (D in mm)
3. Berechnung der Bandlücke nach: $1240/\lambda = E_g$ ($\lambda$ in nm, $E_g$ in eV)

**B4** *Schritte für die Ermittlung der Wellenlänge in V2, Auswertung c).*

Musterrechnung:
Aus dem EFES einer grünen LED ergibt sich:

a) $a = 11{,}7$ cm; $b = 3{,}9$ cm

b) Berechnung der Wellenlänge:
$\lambda = b \cdot D/\sqrt{a^2 + b^2}$
$\lambda = 3{,}9/6000 \cdot \sqrt{11{,}7^2 + 3{,}9^2}$ cm
$\lambda = 0{,}0000527$ cm
$\underline{\lambda = \mathbf{527\ nm}}$

c) Berechnung der Bandlücke:
$E_g = 1240$ eV · nm / 527 nm
$\underline{E_g = 2{,}35 \text{ eV}}$

**B5** *Musterrechnung zur Ermittlung der Bandlücke in einer grünen LED*

[1] Eine Linie erscheint dort, wo die Bedingung $\lambda = D \cdot \sin\varphi$ erfüllt ist.

## Anorganische Leuchtdioden

Leuchtdioden **LEDs** (**l**ight **e**mitting **d**iodes) sind nicht mehr aus unserem Alltag wegzudenken. Betrachtet man diese kleinen Lichtquellen unter der Lupe, sieht man, dass im Inneren ein silbrig-grauer Feststoff-Block über einen dünnen Draht mit zwei Kontakten verbunden ist (B6). Dieser Feststoff besteht aus anorganischem Halbleiter-Material (vgl. S. 80), weshalb man auch von anorganischen LEDs spricht. Beim „Leuchtenden Scherblatt" von S. 244 ist die Lumineszenz das Resultat des Übergangs der Luminophor-Teilchen aus dem elektronisch angeregten Zustand in den Grundzustand. Das Leuchten der LEDs beruht auf Vorgängen innerhalb des Halbleiter-Blocks, also innerhalb eines Feststoffs mit Gitterstruktur. Wieder findet der Übergang aus dem elektronisch angeregten Zustand in den Grundzustand unter Emission von Lichtquanten statt. Da es sich hier aber um Halbleiter-Materialien handelt, erfolgt dieser Übergang zwischen Energiestufen, die im **Bändermodell** als **Valenzband** und **Leitungsband** beschrieben werden (vgl. S. 80, B2).
Wenn man Spannung an die Kontakte einer LED anlegt, entstehen im Halbleiter-Material Elektron-Loch-Paare. Mit der Rekombination eines Elektrons und eines Lochs geht die Emission jeweils eines Lichtquants bestimmter Wellenlänge $\lambda$ einher. Beim Leuchten von LEDs handelt es sich um „reine" **Elektrolumineszenz** (vgl. S. 245, B5).
Obwohl man baugleiche LEDs optisch äußerlich zunächst nicht voneinander unterscheiden kann, können sie in verschiedenen Farben leuchten (V1). Maßgeblich für die Wellenlänge der emittierten Lichtquanten ist die Größe der **Bandlücke** $E_g$. Also müssen die LEDs aus verschiedenen Halbleiter-Materialien mit unterschiedlich großen Bandlücken bestehen. Aus V2 kann man ableiten, dass Halbleiter-LEDs mit kleiner Bandlücke Licht großer Wellenlänge, z. B. rotes Licht, aussenden. Blaues Licht entsteht bei Halbleiter-Materialien mit großer Bandlücke. Dieses Licht ist im Gegensatz zu dem Licht der fluoreszierenden und phosphoreszierenden Proben von S. 245 annähernd **monochromatisch**, d. h. Licht einer Wellenlänge. In V2 erhält man aus diesem Grund auch Bandenspektren nur einer Farbe und nicht mehrfarbige Spektren wie in B1 von S. 172.
LEDs zeichnen sich durch Licht hoher Intensität, niedrige Betriebsspannungen, schnelle Ansprechzeit, große Robustheit und Langlebigkeit aus. Dank dieser Eigenschaften haben LEDs ein weites Anwendungsfeld z. B. in Ampeln (B7), Informationsanzeigen, Monitoren und als Fahrzeugleuchtmittel.

### *Aufgaben*

***A1*** Begründen Sie ausführlich, ob das rote Leuchten einer LED ähnlich entsteht, wie es in B5 auf S. 245 dargestellt ist.

***A2*** Erstellen Sie eine Tabelle, in der Sie für 1. Glühbirnen, 2. das „Leuchtende Scherblatt" und 3. anorganische LEDs die folgenden Punkte gegenüberstellen: a) Lichtentstehung, b) Art des Lichts, c) chemischer Stoffumsatz, d) Energieumsatz und e) Betriebsspannung. Bewerten Sie auf dieser Grundlage, ob das „Leuchtende Scherblatt" oder die LEDs sinnvolle Alternativen zu Glühbirnen sind.

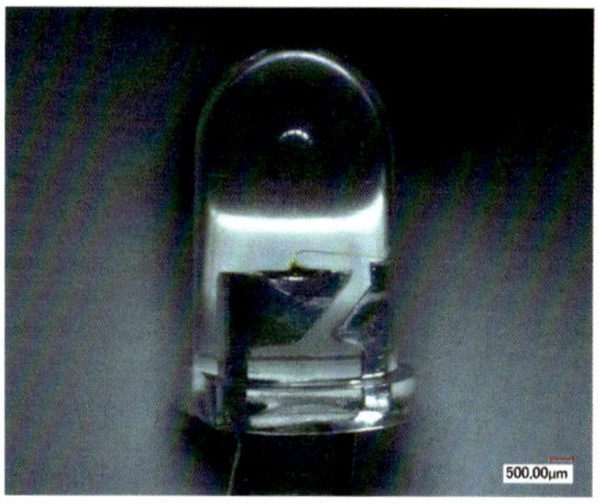


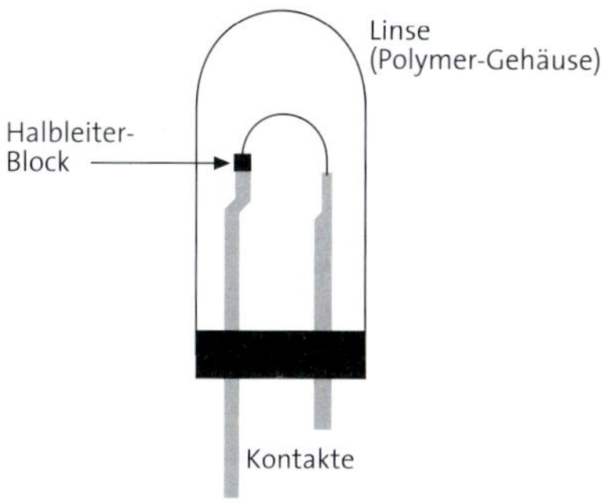


**B6** *Aufbau einer Leuchtdiode.* ***A:*** *Erklären Sie mithilfe des Bändermodells, warum Metalle keine geeigneten Materialien für LEDs sind.*

**B7** *Verkehrsampel mit LEDs.* ***A:*** *Nennen Sie Vorteile, die der Einsatz von LEDs in Ampeln gegenüber herkömmlichen Glühlampen bringt.*

# Anorganische Halbleiter für Licht und Farben

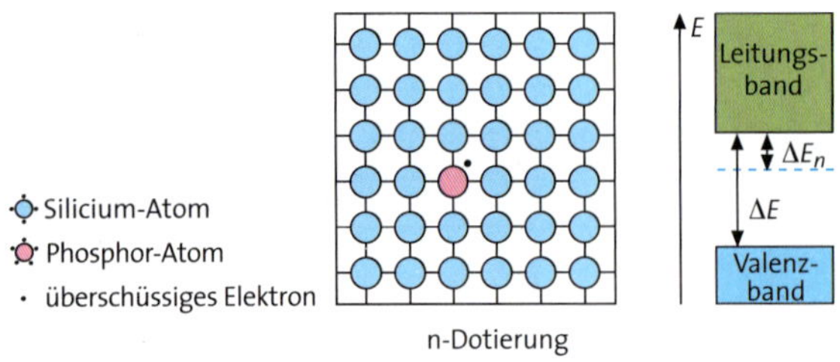


**B1** *n-Dotierung von Silicium und Einfluss der Dotierung auf die Lage von Valenzband und Leitungsband bzw. auf die Bandlücke bei Halbleitern. **A:** Erklären Sie, welchen Einfluss die Dotierung von Silicium auf die Wellenlänge des absorbierten Lichts hat.*

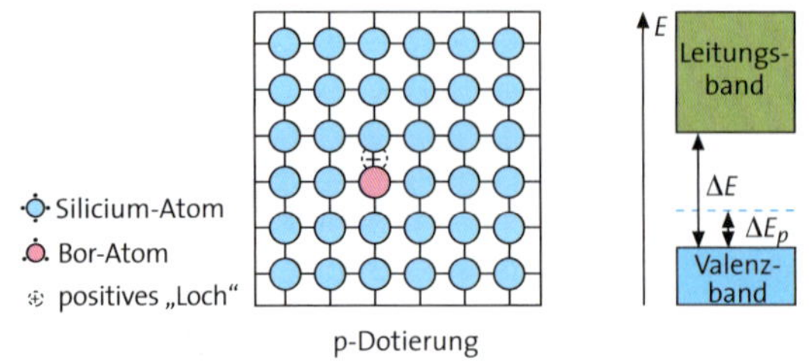


**B2** *p-Dotierung von Silicium und Einfluss auf die Lage von Valenzband und Leitungsband bzw. auf die Bandlücke bei Halbleitern. **A:** Erklären Sie, warum es nur bei der p-Dotierung zur Bildung eines positiven „Lochs" kommt.*

## Dotierung von Silicium

Silicium ist der bekannteste unter den anorganischen Halbleitern. Als solcher leitet Silicium wie die Metalle den Strom, ohne stofflichen Veränderungen zu unterliegen. Die elektrische Leitfähigkeit ist bei Raumtemperatur allerdings sehr gering, nimmt aber im Gegensatz zu den Metallen bei Energiezufuhr zu (vgl. S. 80). Am häufigsten wird Silicium derzeit für Computer-Chips und Solarzellen verwendet.

Die Bandlücke (vgl. S. 80) von Silicium ist mit $\Delta E = 1{,}1$ eV relativ groß. Sie kann durch **Dotierung** verkleinert werden. Unter Dotierung versteht man das Zufügen von Atomen eines Elements aus der III. oder aus der V. Hauptgruppe des Periodensystems in einem Anteil von ca. 30 ppb (**p**arts **p**er **b**illion, also 30 Fremd-Atome pro Milliarde Silicium-Atome).

Dotiert man z. B. mit Phosphor-Atomen, liegt im Atomgitter ein Überschuss an Elektronen vor, da nur vier der fünf Valenzelektronen eines jeden Phosphor-Atoms zur Ausbildung von Elektronenpaarbindungen benötigt werden. Die überschüssigen Elektronen erhöhen die Leitfähigkeit des Silicium-Kristalls, da sie durch geringste Energiezufuhr ($\Delta E_n$ in B1) in das Leitungsband gehoben werden können. Da die Leitung durch elektrisch negative Ladung erfolgt, spricht man von einem **n-dotierten Halbleiter**.

Wenn man dagegen mit Bor dotiert, so wird durch jedes Bor-Atom eine Elektronenfehlstelle erzeugt, ein sogenanntes Loch $h^+$. Dieses Loch kann durch ein Valenzelektron eines benachbarten Silicium-Atoms aufgefüllt werden, wodurch nun in diesem ein Loch entsteht (vgl. den auf S. 80 beschriebenen „hopping"-Prozess). Elektrische Ladung wird hier in Form von positiven Löchern transportiert, man spricht von einem **p-dotierten Halbleiter**. Im Energiebändermodell entspricht dies einem Absinken der unteren Kante des Leitungsbands, so dass durch geringe Energiezufuhr ($\Delta E_p$ in B2) Leitfähigkeit erzeugt wird.

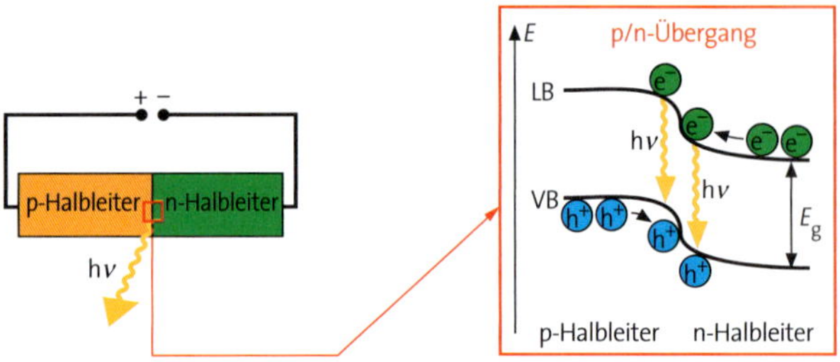


**B3** *Polung einer LED und Modelldarstellung der Vorgänge am p/n-Übergang*

Auch III/V-Halbleiter lassen sich ähnlich wie Silicium dotieren. Bei der Herstellung von LEDs durch organometallische Gasphasen-Epitaxie[1] baut man Schichten aus p- und n-dotierten III/V-Halbleitern auf.

Die einfachste Variante einer LED besteht aus einem kleinen Halbleiter-Sandwich aus einer p-dotierten Schicht und einer n-dotierten Schicht. Ihre Kontaktfläche wird als **p/n-Übergang** bezeichnet (B3).

[1] *Epitaxie* (griech. *epi-* – auf, *taxis* – das Ordnen). Das geordnete Aufwachsen einer Substanz auf einer einkristallinen Unterlage, dem Substrat. (Vgl. *Chemie 2000+ Online* zur Herstellung von LEDs.)

## Anorganische Halbleiter für Licht und Farben

Der p/n-Übergang ist eine ladungsverarmte Zone, die durch Rekombination von lokalen Elektronen und Löchern entsteht und auf der Differenz der elektrochemischen Potenziale beider Halbleiter-Materialien beruht.

Um die LEDs an die Spannungsquelle in Durchlassrichtung anzuschließen, wird die n-dotierte Seite mit dem Minuspol und die p-dotierte Seite mit dem Pluspol verbunden. Die Elektronen aus der n-Schicht und die Löcher aus der p-Schicht können sich dann aufeinander zu bewegen und unter Emission von Licht rekombinieren (B3).

### Zur Geschichte der LEDs

Bereits im Jahr 1907 wurde das Phänomen der Elektrolumineszenz bei einem anorganischen Festkörper entdeckt (B4). Die Emission zeigte sich also als „kaltes" Licht bei ausbleibender Erwärmung des Kristalls.

Knapp 30 Jahre später entdeckte G. Destriau einen ähnlichen Leuchteffekt an Zinksulfid, einem II/VI-Halbleiter. Die Emission konnte jedoch erst 1951 erklärt werden, nachdem ein mit der Entdeckung und Entwicklung des Transistors eingeleiteter wissenschaftlicher Fortschritt in der Halbleiterphysik stattgefunden hatte. Erst jetzt setzte eine genauere Erforschung des von Destriau beobachteten Effekts ein. Der Erfolg mit Zinksulfid blieb aus, aber nachdem man Anfang der 1950er Jahre die III/V-Verbindungen als Halbleiter erkannt hatte, kam der erhoffte Durchbruch für die Anwendung.

Die ersten kommerziellen LEDs wurden schon Anfang der 1960er Jahre eingeführt. Sie bestanden aus **GaAsP** und leuchteten rot. Seither setzte auf dem Gebiet der LEDs eine rasante Entwicklung ein (B5). Heute kann man in allen Farben leuchtende LEDs mit hoher Strahlungseffizienz kaufen.

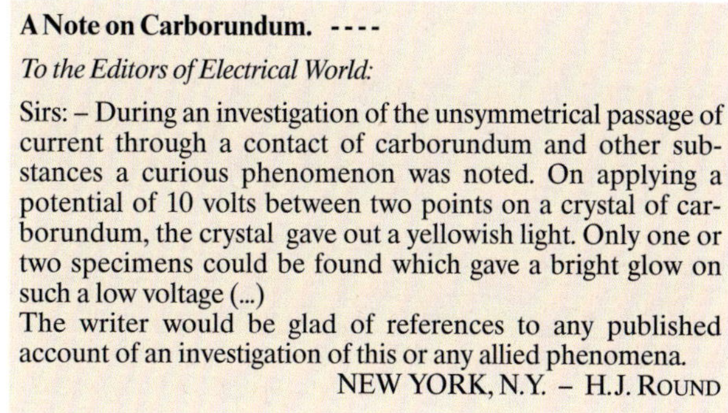

**A Note on Carborundum.** ----

*To the Editors of Electrical World:*

Sirs: – During an investigation of the unsymmetrical passage of current through a contact of carborundum and other substances a curious phenomenon was noted. On applying a potential of 10 volts between two points on a crystal of carborundum, the crystal gave out a yellowish light. Only one or two specimens could be found which gave a bright glow on such a low voltage (...)

The writer would be glad of references to any published account of an investigation of this or any allied phenomena.

NEW YORK, N.Y. – H.J. Round

**B4** H.J. Rounds *Veröffentlichung eines „seltsamen Phänomens", der ersten Beobachtung von Elektrolumineszenz bei einem Siliciumcarbid-Kristall* **SiC**

### *Aufgaben*

*A1* Informieren Sie sich unter *Chemie 2000+ Online* anhand der Animation zum photovoltaischen Effekt über die Vorgänge am p/n-Übergang. Vergleichen Sie die Abläufe bei Bestrahlung eines Halbleiters und bei Anlegen einer Spannung.

*A2* Halbleiter der Zusammensetzung $\mathbf{GaAs_xP_{1-x}}$ haben je nachdem, welchen Wert x zwischen 0 und 1 annimmt, Bandlücken zwischen 1,4 eV und 2,3 eV.

| Halbleiter | **GaP** | **GaAs** | **GaSb** | **AlAs** |
|---|---|---|---|---|
| Bandlücke $E_g$ | 2,3 eV | 1,4 eV | 0,7 eV | 2,1 eV |

Ermitteln Sie, welchen Farbbereich des sichtbaren Spektrums man durch LEDs der Zusammensetzung $\mathbf{GaAs_xP_{1-x}}$ abdecken kann. (*Hinweis:* $\lambda = 1240/E_g$)

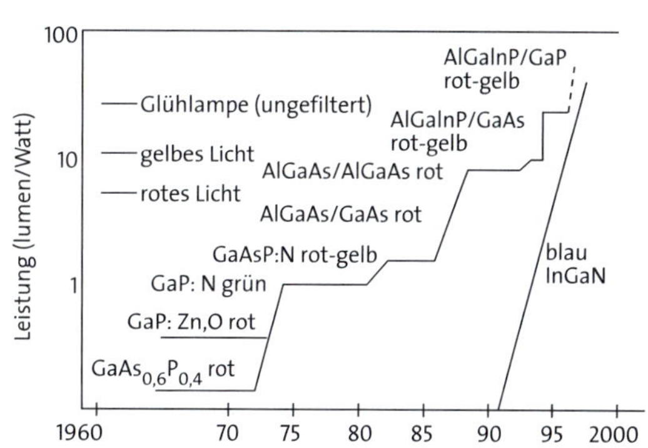


**B5** *Beginn der kommerziellen Nutzung einiger anorganischer LEDs*

## Elektrisch leitfähige Kunststoffe für Licht und Farben

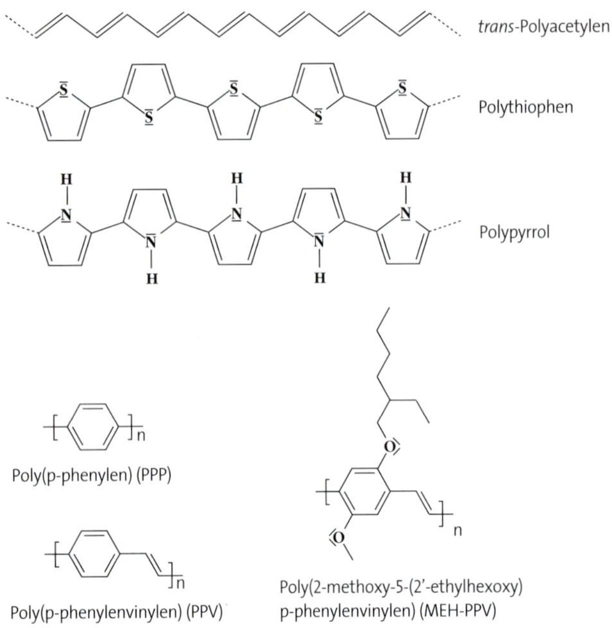


**B1** *Grundstrukturen einiger organischer halbleitender Makromoleküle.* ***A:*** *Vergleichen Sie diese Strukturausschnitte der Moleküle und nennen Sie gemeinsame und unterschiedliche Merkmale.*

### Kunststoffe als organische Halbleiter

Herkömmliche Kunststoffe sind als elektrische Isolatoren bekannt. Einige Kunststoffe können aber elektrische Ladung transportieren und sich dann wie **Halbleiter** verhalten, wenn ihre Moleküle bestimmte strukturelle Voraussetzungen erfüllen. Diese sind gegeben, wenn konjugierte Doppelbindungen entlang der gesamten Makromolekülkette vorliegen (B1).

Dies wurde zwar schon in den 1960er Jahren entdeckt, doch erst im Jahr 2000 erhielten SHIRAKAWA, MCDIARMID und HEEGER den Nobelpreis für Chemie dafür.

Ähnlich wie beim Benzol-Molekül (vgl. S. 176) liegen in den elektrisch leitfähigen Polymer-Molekülen delokalisierte π-Elektronen entlang der gesamten Polymerkette vor (B1). Die Energieniveaus in diesen organischen Materialien sind vergleichbar mit dem Valenzband und dem Leitungsband bei anorganischen Halbleitern (vgl. S. 80). Die Wellenlänge des absorbierten Lichts entspricht der **Bandlücke** $E_g$, d.h. der Energiedifferenz (Energielücke) zwischen den Energiebändern. Ihre Größe kann durch Veränderungen der molekularen Struktur und Dotierung gezielt beeinflusst werden. Durch Absorption eines Lichtquants kann in einem Molekül eines organischen Halbleiters ein **Elektron-Loch-Paar** (vgl. S. 245) gebildet werden. Das ist die Grundlage für den Einsatz in organischen Solarzellen (vgl. S. 252).

Wie bei anorganischen Halbleitern kann aber auch bei organischen halbleitenden Materialien durch Einwirkung einer äußeren elektrischen Gleichspannungsquelle **Elektrolumineszenz** beobachtet werden. Die Wellenlänge des emittierten Lichts entspricht der Größe der Bandlücke $E_g$. Damit bietet sich der Einsatz in organischen Leuchtdioden (B2) an.

**B2** *Organische Leuchtdioden in einer flexiblen Matrix aus leitfähigem Kunststoff.* ***A:*** *Recherchieren Sie, welche Einsatzmöglichkeiten sich für flexible OLEDs ergeben.*

### Kunststoffe für organische Leuchtdioden

Während eine anorganische LED ist auf eine Leuchtfläche von nur wenigen Quadratmillimetern beschränkt ist, lassen sich organische Materialien in gelöster Form (groß)flächig auf geeigneten Substraten in Schichten aufbringen. Man erhält unterschiedlich große **organische Leuchtdioden OLEDs**. OLEDs bestehen im einfachsten Fall aus drei Komponenten (B3). Auf eine transparente Anode, z.B. leitfähiges ITO[1]-Glas (vgl. *Chemie 2000+ Online*), wird ein dünner Film eines halbleitenden Polymers, z.B. PPV (B1), aufgebracht. Als Kathode dient eine dünne Schicht aus Aluminium.

[1] *ITO:* leitfähige Schicht aus Indium-Zinn-Oxid (engl.: *indium tin oxide*)

## Elektrisch leitfähige Kunststoffe für Licht und Farben

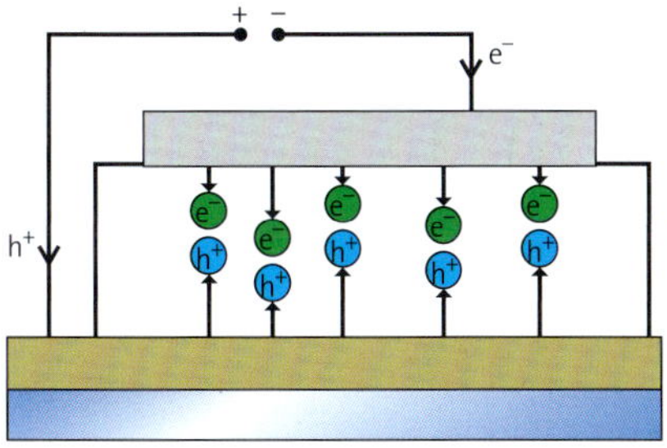


**B3** *Schematischer Aufbau einer einfachen OLED mit PPV.* ***A:*** *Vergleichen Sie diesen Aufbau mit dem Aufbau einer anorganischen LED.*

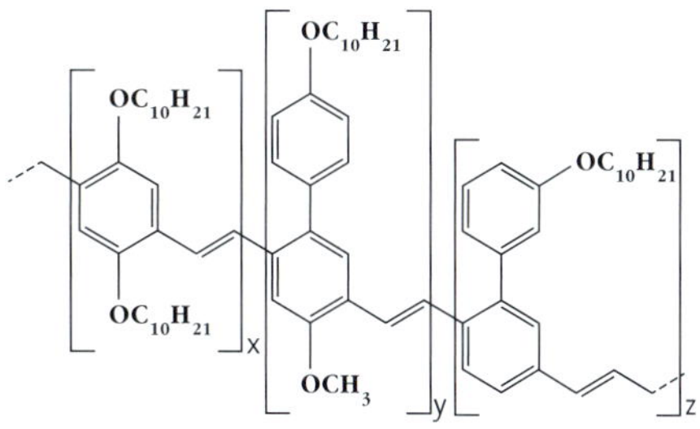


**B5** *Strukturausschnitt aus einem Superyellow®-Makromolekül.* ***A:*** *Erklären Sie, warum Superyellow® ein Copolymer (vgl. S.129) ist.*

Beim Anlegen einer Gleichspannung werden in Polymer-Molekülen, die mit dem Pluspol in Kontakt sind, Löcher $h^+$ erzeugt und in Polymer-Molekülen am Minuspol Elektronen $e^-$. Die Elektronen und Löcher wandern unter dem Einfluss des elektrischen Feldes von Makromolekül zu Makromolekül. Treffen sich ein Elektron und ein Loch in einem Makromolekül, so kommt es zur **Rekombination** des Elektron-Loch-Paares. Dabei geht das Elektron unter Emission eines Lichtquants aus dem Valenz- in das Leitungsband über.

Zu den ersten technischen Anwendungen von OLEDs zählten Displays von Mobiltelefonen. Der Betrieb von OLEDs ist genau wie der von anorganischen Leuchtdioden sehr energieeffizient. Vorteilhaft bei OLEDs ist, dass z. B. Leiterbahnen aus gelösten organischen Materialien schnell und ohne großen technischen Aufwand durch Tintenstrahldruck auf ein Substrat aufgebracht werden können. Deshalb und wegen ihrer Flexibilität und mechanischen Stabilität eignen sich halbleitende Polymere auch für farbige, ultraflache, großflächige und flexible Bildanzeigen und Großmonitore.

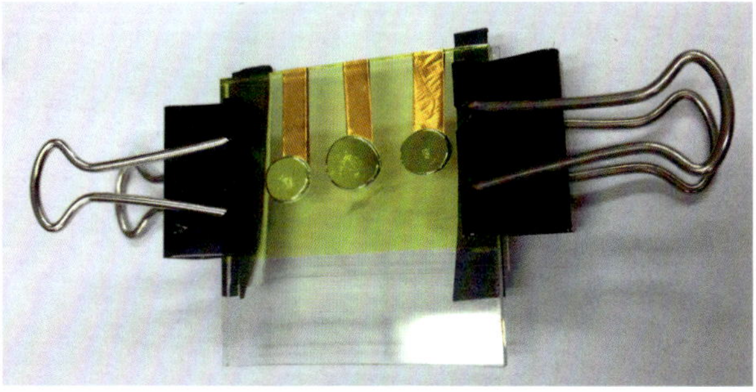

**B4** *Selbstbau-OLED.* ***A:*** *Ordnen Sie die Komponenten der Selbstbau-OLED denen der in B3 dargestellten OLED zu.*

### *Versuch*

***V1*** Bauen Sie eine Selbstbau-OLED (B4) gemäß den Vorgaben aus *Chemie 2000+ Online* aus leitfähigem Glas, Superyellow®* und Galinstan zusammen. Testen Sie sie, indem Sie im abgedunkelten Raum eine Spannung von 9 V anlegen.

### *Auswertung*

a) Beobachten Sie, an welcher Stelle Elektrolumineszenz zu sehen ist, und erklären Sie, welcher Faktor die Form der leuchtenden Fläche definiert.

b) Vergleichen Sie die Emitterschicht und die Galinstan-Kontakte vor und nach dem Betrieb. Leiten Sie daraus eine Aussage über die Beständigkeit der OLED ab.

### *Aufgaben*

***A1*** Erstellen Sie eine Liste mit Gemeinsamkeiten und Unterschieden von organischen LEDs und anorganischen LEDs.

***A2*** Bei der Herstellung der OLED aus V1 ist Superyellow® das emittierende Polymer. Erklären Sie anhand der Struktur aus B5 und den Informationen dieser Doppelseite, warum sich Superyellow® als Emitter eignet.

***A3*** Erklären Sie, warum bei der Selbstbau-OLED der Einsatz des flüssigen Galinstan günstiger als der Einsatz von Aluminium ist.

***A4*** Stellen Sie eine Hypothese darüber auf, was man beobachten müsste, wenn man bei V1 die Spannung langsam von 0 V auf 9 V hochregelt. Überprüfen Sie Ihre These anschließend experimentell.

# Organische Photovoltazellen OPV

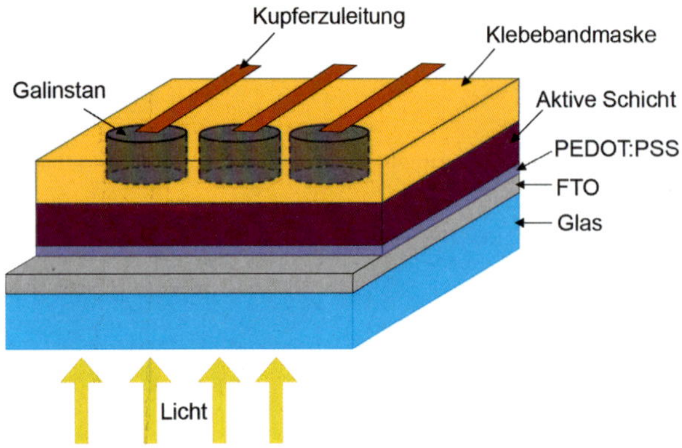


**B1** *Skizze zum Bau einer organischen Photovoltazelle (vgl. detaillierte Bauanleitung unter Chemie 2000+ Online)*

**B2** *Flash-Modul zu organischen Photovoltazellen (vgl. Chemie 2000+ Online)*

## Bau und Funktionsprinzip einer OPV

Eine organische Photovoltazelle **OPV** wie in B1 kann mithilfe der ausführlichen Anweisungen im Flash-Modul aus B2 gebaut und getestet werden. Als tragende Grundlage dient eine Glasplatte, die einseitig mit fluordotiertem Zinnoxid (***Fluorine-doped Tin Oxide*** FTO) beschichtet ist. Diese Schicht ist völlig transparent und elektrisch leitfähig. Die in B1 als PEDOT:PSS angegebene Schicht (vgl. Formeln zu A2) ist nicht unbedingt notwendig, verbessert aber die Leistung der Zelle. Das Herzstück der OPV bildet die **aktive Schicht** aus einem Polymer, dem Poly(3-hexylthiophen) P3HT und einem Fullerenderivat, dem Phenyl-$C_{61}$-Butansäuremethylester PCBM. Die beiden Komponenten bilden ein **nanostrukturiertes Netzwerk**, in dem es eine große Kontaktfläche zwischen P3HT und PCBM gibt.

Das Polymer wirkt als Lichtabsorber und Elektronen-Donator. PCBM ist Elektronen-Akzeptor und erhält dadurch eine negative Ladung $e^-$. Im Polymer-Molekül entsteht ein positives „Loch" $h^+$ (ein Elektronendefizit).

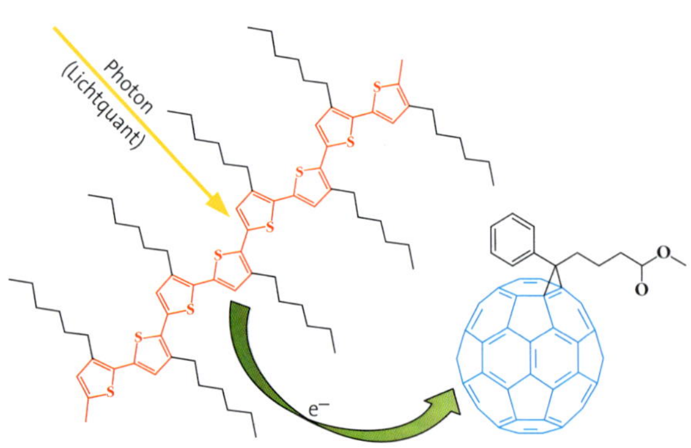


Die beiden Funktionsmodelle aus B2 liefern in Form von interaktiven Animationen und erläuternden Texten ausführliche Informationen darüber, wie es zur Bildung dieses Elektron-Loch-Paares $e^-/h^+$ kommt, wie sich Elektronen und Löcher voneinander trennen, in verschiedene Richtungen auseinander driften und zu einem Stromfluss führen, der einen kleinen Elektromotor antreiben kann (vgl. S. 253, B1 und Video in *Chemie 2000+ Online*).

### *Aufgaben*

***A1*** Vergleichen Sie Struktur des Polymers P3HT aus der OPV mit den Strukturen der Makromoleküle, in Polyethen PE, Polyethylenterephthalat PET und Polyisopren (Naturkautschuk). Nennen Sie den wichtigsten Unterschied und erläutern Sie, welche Eigenschaften darauf zurückzuführen sind.

***A2*** Ein Gemisch aus Poly(ethylendioxythiophen) PDOT und Poly(styrolsulfonat) PSS verbessert die Übertragung der positiven Löcher $h^+$ auf die FTO-Schicht in einer OPV. Nennen Sie den strukturellen Unterschied in den Ketten der beiden Makromoleküle:

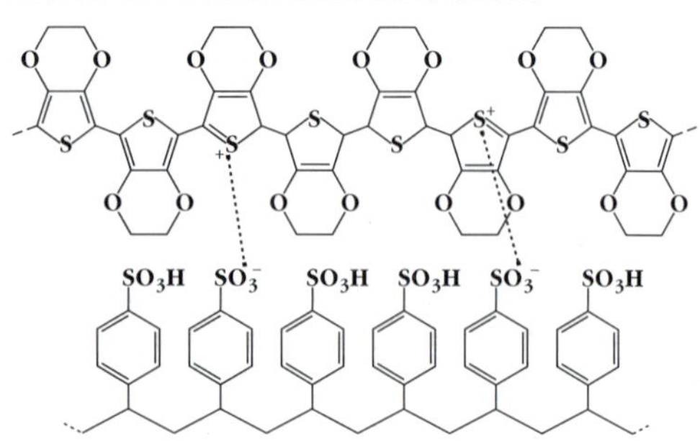

## Nachhaltigkeit durch Solarenergienutzung

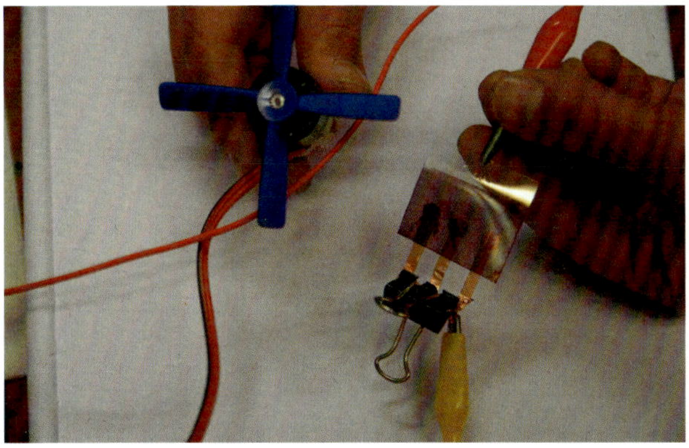

**B1** *Die Selbstbau-OPV treibt bei Sonnenlicht einen kleinen Elektromotor an.*

**B3** *Solarfolien aus OPV können in moderne Verglasungen im Sinne nachhaltiger Architektur eingebaut werden.*

### Licht zu Strom und zu chemischen Energiespeichern

Die Energieeinstrahlung der Sonne auf die Erde beträgt mit $3 \cdot 10^{24}$ J pro Jahr das 100-Fache an Energie, die in den gesamten Weltreserven an Erdgas, Erdöl, Kohle und Uran enthalten ist. Eine nachhaltige Energieversogung ist mittel- und langfristig nur möglich, wenn der Anteil der Solarenergie am globalen Energiemix stark zunimmt (B2). Dafür gibt es mehrere technische Lösungen. Während in der **Photovoltaik** Licht direkt in elektrische Energie umgewandelt wird, nutzt man in **solarthermischen Kraftwerken** gebündeltes Licht zur Erzeugung hoher Temperaturen. Damit wird Wasser zu Wasserdampf verdampft, der dann wie in konventionellen Kraftwerken Generatoren antreibt und so Strom erzeugt.

Eine weitere Möglichkeit besteht in der Nutzung von Sonnenlicht nach dem Vorbild der natürlichen Photosynthese. Dabei handelt es sich **photochemische Reaktionen**, d.h. um chemische Reaktionen, die durch Licht angetrieben werden und zur Herstellung von energiereichen Langzeitspeichern führen. Beispiele für solche Reaktionen sind die Herstellung von Wasserstoff durch photokatalytische Spaltung von Wasser (B4) und die photokatalytische Herstellung von Alkoholen oder Kohlenwasserstoffen aus Wasser und Kohlenstoffdioxid. Als Photokatalysatoren werden **nanostrukturierte Materialien** (vgl. S. 271) nach Mustern aus der Natur erforscht und entwickelt.

Durch Kombination geeigneter makromolekularer Kunststoffe mit elektrischen Halbleitern aus organischen Molekülen und/oder Nanomaterialien aus Kohlenstoff (Fullerene, Graphene und Kohlenstoff-Nanoröhrchen, vgl. Chemie 2000+ Einführungsphase, S. 129) kann man u.a. transparente, pastellfarbige OPV als Solarfolien herstellen. Voraussetzung ist auch dafür, dass die photoaktiven Bausteine in diesen Materialien nanostrukturiert sind. Auf den Punkt gebracht lässt sich sagen: „Nano & Photo – ein starkes Paar!".

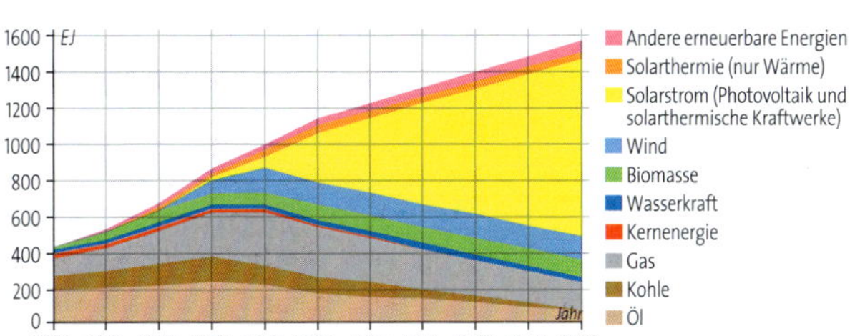


**B2** *Prognose zum globalen Energiemix bis zum Jahr 2100; 1 EJ (Exajoule) = $10^{18}$ J*

### *Aufgaben*

***A1*** Einen besonderen Typ von OPV bilden die sogenannten *all carbon solar cells*. Führen Sie dazu eine Internetrecherche durch und geben Sie an, welche Teile der OPV aus B1 hier durch welche Kohlenstoff-Nanomodifikationen ersetzt werden.

***A2*** In den westeuropäischen Ländern werden pro Person im Laufe des Lebens durchschnittlich 300 000 Euro für Mobilität ausgegeben. Erläutern Sie, warum durch intensivere Solarenergienutzung Mobilität kostengünstiger und nachhaltiger werden kann.

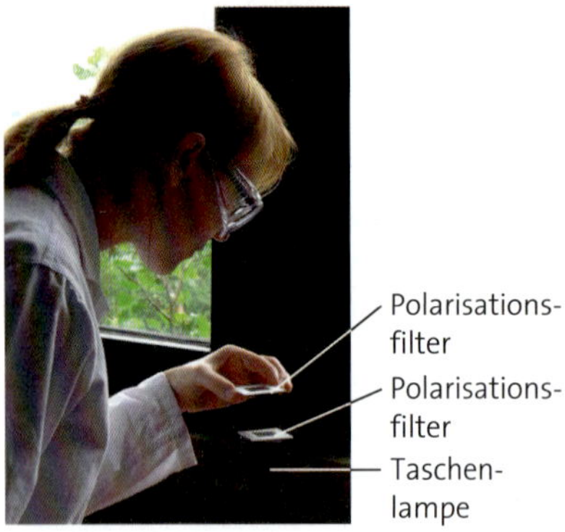


**B1** *Versuchsaufbau zu V1*

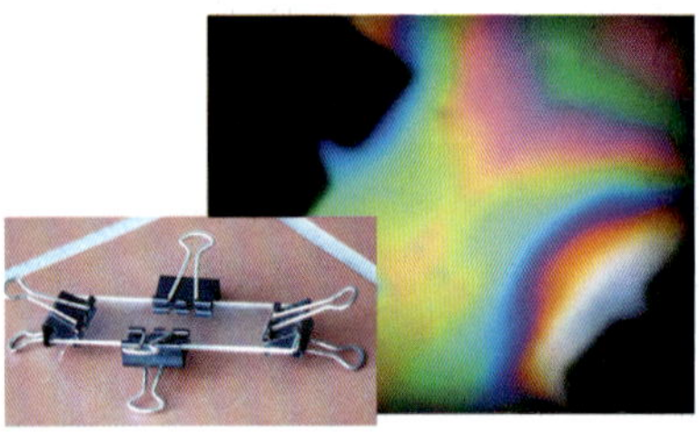

**B2** *MBBA-Sandwich aus V2*

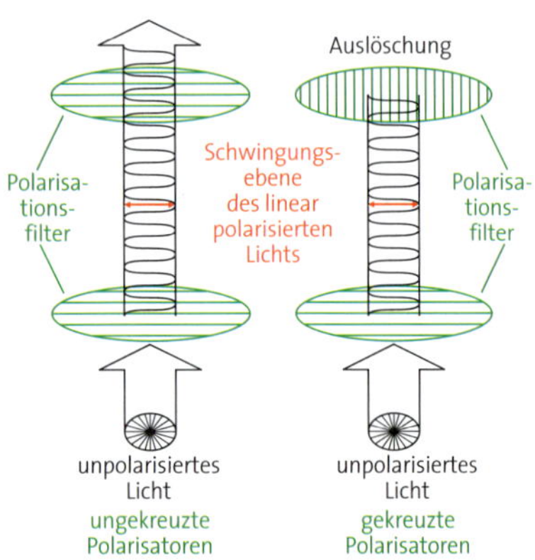


**B3** *Entstehung von linear polarisiertem Licht und Auswirkungen eines zweiten Polarisators.* **A:** *Stellen Sie begründete Hypothesen darüber auf, was geschieht, wenn man zwischen zwei gekreuzte bzw. zwei ungekreuzte Polarisatoren einen dritten Polarisationsfilter um 0°, um 45° und um 90° verdreht hält. Überprüfen Sie Ihre Vermutung ggf. experimentell.*

# Ordnung macht bunt

## Versuche

***V1*** Bauen Sie die Anordnung aus B1 auf. Betrachten Sie die Durchlässigkeit für Licht, während Sie den oberen Polarisationsfilter in der Ebene drehen. Merken Sie sich die Position, bei der das Licht ungehindert passieren kann („ungekreuzte" Polarisatoren) und die Position, bei der eine Auslöschung stattfindet („gekreuzte" Polarisatoren).

***V2*** Geben Sie jeweils einen Tropfen a) Wasser, b) Glycerin, c) N-(4-Methoxybenzyliden)-4-butylanilin* MBBA (B4) und d) ein Glimmerplättchen zwischen zwei Objektträger. Klammern Sie die Objektträger mit Papierklammern (B2) zu einem „Sandwich". Halten Sie die einzelnen Proben zwischen zwei gekreuzte Polarisationsfilter und beobachten Sie die Durchlässigkeit der Proben.

***V3*** Nehmen Sie die Probe c) aus V2 und halten Sie sie zwischen gekreuzte Polarisatoren. Betrachten Sie die Stellen, an denen die MBBA-Schicht durch den Druck der Klammern besonders dünn ist. Erwärmen Sie die Probe mit einem Föhn. Lassen Sie die Probe wieder abkühlen (ggf. mit der Kaltluftstufe des Föhns), ohne ihre Position zu verändern. Wiederholen Sie das Aufwärmen und Abkühlen mehrmals.

***V4*** Geben Sie etwas N-(4-Methoxybenzyliden)-4-butylanilin* MBBA 1 bis 2 cm hoch in eine unten zugeschmolzene Glaspipette und verschließen Sie die Pipette mit einem Pipettierhütchen. Halten Sie die Pipette einige Zeit in ein mit Eiswasser gefülltes 100-mL-Becherglas. Entnehmen Sie die Pipette und betrachten Sie das MBBA. Geben Sie die Pipette wieder in das Wasserbad. Erhitzen Sie das Wasser langsam mit einer Heizplatte bis auf 60 °C und betrachten Sie währenddessen das MBBA bei verschiedenen Temperaturen genau.

## Auswertung

a) Protokollieren Sie Ihre Versuchsergebnisse. Legen Sie für V4 eine gesonderte Tabelle an, in der Sie die Temperatur (5°-Intervalle) und das genaue Aussehen von MBBA notieren.

b) Bei parallelen Polarisationsfiltern kann das Licht, dessen Schwingungsebene der Polarisationsebene des ersten Filters entspricht, diese passieren und ebenfalls durch den zweiten Filter hindurch gelangen. Erklären Sie mithilfe von B3, warum man bei gekreuzten Polarisatoren eine Auslöschung des Lichts beobachtet.

c) Erläutern Sie ausführlich anhand der Beobachtungen, ob die Bildung von Farbmustern bei V2 vom Aggregatzustand des untersuchten Stoffs bestimmt wird.

d) Beschreiben Sie die Temperaturabhängigkeit der Eigenschaften von MBBA (Farbenmuster, Lichtauslöschung) in V3 und korrelieren Sie mit dem Schmelzverhalten in V4.

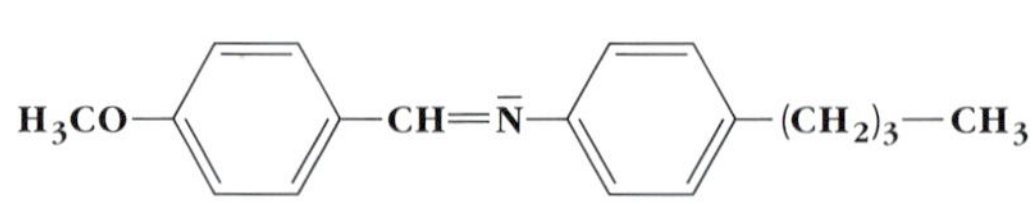


**B4** *Struktur von N-(4-Methoxybenzyliden)-4-butylanilin MBBA. MBBA gibt es als Z-Isomer und als E-Isomer. Das E-Isomer ist thermodynamisch stabiler und hat Dipolcharakter.*
**A:** *Zeichnen Sie die beiden Isomere und erklären sie dann, welches der Isomere eher stäbchenförmig aufgebaut ist.*

## Kristalline Flüssigkeiten im polarisierten Licht

Polarisationsfilter kennt man beispielsweise von einigen Sonnenbrillen und Objektiven von Fotoapparaten. Wenn ein Lichtstrahl einen Polarisationsfilter passiert, wird nur der Teil des Lichts durchgelassen, bei dem die Schwingungsebene[1] der vom Filter vorgegebenen Ebene entspricht. Es entsteht **linear polarisiertes Licht** (B3). Ein zweiter Polarisator im Strahlengang kann das polarisierte Licht ungestört durchlassen oder seine Intensität bis zur vollständigen Dunkelheit abschwächen. Zur völligen Löschung kommt es dann, wenn die durch den zweiten Polarisator vorgegebene Schwingungsebene senkrecht zu der des ersten steht (gekreuzte Polarisatoren bei V1 bzw. B3).

Platziert man verschiedene Proben zwischen zwei gekreuzte Polarisatoren, so kann es hinter dem zweiten Polarisator zu einer Aufhellung oder sogar zu kunstvollen Farbmustern kommen. Das ist beispielsweise bei einem Glimmerplättchen oder einer dünnen Schicht der organischen Verbindung **MBBA** aus B4 der Fall. In diesen Stoffproben gibt es Bereiche, in denen auf molekularer Ebene, ähnlich wie in Kristallen, eine hohe Ordnung herrscht. Aufgrund dieser Ordnung sind die Proben **anisotrop**[2] gegenüber polarisiertem Licht. D.h. je nach Richtung, in der das Licht die Probe durchquert, erfolgt eine jeweils charakteristische Drehung der Ebene des polarisierten Lichts sowie eine unterschiedliche Absorption von Licht verschiedener Wellenlängen. Beides ist auch von der Schichtdicke der Probe abhängig. Als Ergebnis dieser Effekte entstehen bei einigen Proben aus V2 und V3 Farben und Farbmuster.

In **kristallinen Flüssigkeiten** sind die Moleküle entlang einer Vorzugsrichtung ausgerichtet. Sie besetzen aber nicht wie in einem echten Kristall definierte Gitterpunkte im dreidimensionalen Raum, sondern sie sind entlang der Vorzugsrichtung statistisch verteilt und dabei in ständiger Bewegung. Daher kann der flüssig-kristalline Zustand gewissermaßen als ein „vierter Zustand der Materie“ betrachtet werden. Stoffe wie MBBA zeigen entsprechend zwei Phasenübergänge. Beim Erwärmen des Feststoffs erfolgt der Übergang vom kristallinen, fest-anisotropen in den flüssig-anisotropen Zustand (Schmelztemperatur). Die anisotrope Flüssigkeit streut das Licht und erscheint daher trübe. Bei der **Klärtemperatur** (**Klärpunkt**) erfolgt der Übergang in die isotrope Flüssigkeit. Dabei „schmilzt“ der Flüssigkristall. In V4 wird die Probe klar, während in V3 das Farbmuster auf der Projektionsfläche schlagartig verschwindet.

Bei Farbmonitoren mit Flüssigkristallen wird die molekulare Ordnung nicht thermisch, sondern durch elektrische Felder gesteuert (vgl. S. 257).

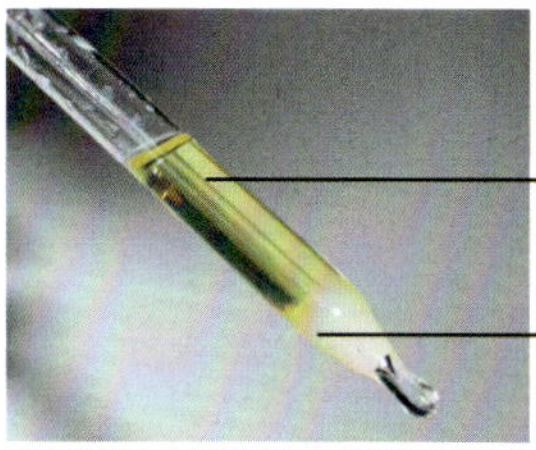


**B5** *MBBA im flüssig-kristallinen und im flüssigen Zustand.* **A:** *Beschreiben Sie die Unterschiede zwischen der flüssig-kristallinen und der flüssigen Phase.*

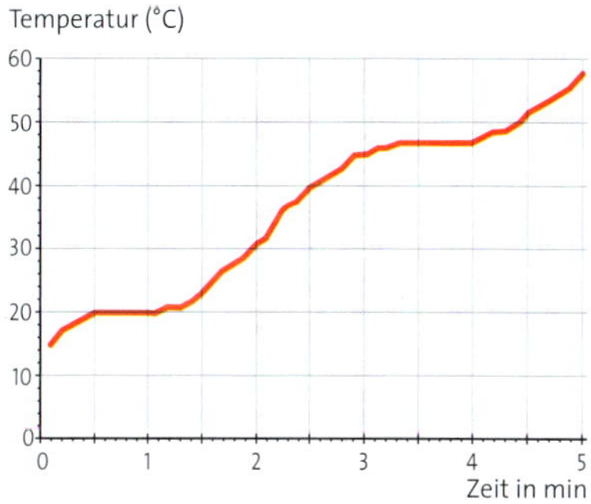


**B6** *Schmelzkurve von MBBA.* **A:** *Vergleichen Sie die Kurve mit einer typischen Schmelzkurve einer Substanz, die keine flüssig-kristallinen Eigenschaften zeigt.*

[1] Licht verhält sich einerseits wie ein Strahl aus winzigen Teilchen (Photonen, Lichtquanten), andererseits wie eine Folge von elektromagnetischen Wellen, d.h. Schwingungen eines elektrischen und magnetischen Feldes; bei unpolarisiertem Licht erfolgen die Schwingungen in allen Ebenen.

[2] Anisotrope Stoffe haben richtungsabhängige Eigenschaften, bei isotropen Stoffen sind alle Eigenschaften richtungsunabhängig.

## Stapel und Schrauben aus Molekülen – Flüssigkristalle für Displays und Monitore

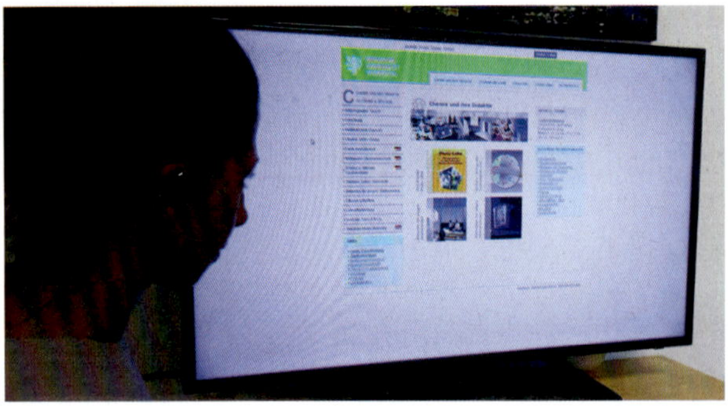

**B1** *LCD-Bildschirm*

Flüssigkristalle werden vielfach bei Anzeigenelementen von Autoradios, Uhren und Messinstrumenten sowie bei Monitoren verwendet. Dabei nutzt man die Eigenschaft der Flüssigkristall-Moleküle, sich in einem elektrischen Feld auszurichten.

Eine LCD ist wie ein Sandwich aufgebaut (B3). Beide begrenzenden Glasplatten sind außen mit einer Polarisationsfolie beklebt und innen mit einer dünnen Orientierungsschicht aus sehr feinen Rillen versehen. Zwischen den Glasplatten befindet sich eine dünne Flüssigkristall-Schicht. Ihre Dicke beträgt etwa 4 bis 8 nm. Die stäbchenförmigen Moleküle der kristallinen Flüssigkeit richten sich gemäß der Rillen in den beiden Orientierungsschichten aus.

Bei **TN-Zellen** (twisted nematic[1]), die z. B. bei Taschenrechnern verwendet werden, sind die Orientierungsschichten in den Glasplatten um 90 ° gegeneinander verdreht. Dadurch ordnen sich die Moleküle in einem Stapel jeweils schraubenartig zu einer Helix an. Im spannungslosen Zustand wird einfallendes Licht zunächst polarisiert und dann entlang der Helix um 90 ° gedreht. So kann es den zweiten Polarisator ungehindert passieren. Der Beobachter sieht eine helle Fläche. Wenn man eine Spannung anlegt, richten sich die Flüssigkristall-Moleküle parallel zum elektrischen Feld aus und bilden keine Helix mehr. Das polarisierte Licht wird innerhalb der Flüssigkristall-Schicht nicht mehr gedreht und der Beobachter sieht eine dunkle Fläche (Auslöschung). Die Flüssigkristall-Moleküle wirken in LCDs also wie spannungsgesteuerte Lichtventile.

[1] In der nematischen Phase sind alle Flüssigkristall-Moleküle entlang der Vorzugsrichtung orientiert (vgl. *Chemie 2000+ Online*).

Für Notebooks werden überwiegend **STN-Zellen** (supertwisted nematic) verwendet, bei denen die Polarisatoren um 180 ° bis 270 ° verdreht sind. STN-Displays zeichnen sich durch höheren Kontrast und einen größeren Betrachtungswinkel aus. Je nach angelegter Spannung wird die helicale Verdrehung der Flüssigkristall-Moleküle aufgehoben, sodass es zu verschiedenen Grauabstufungen kommen kann. Das macht man sich für große Flächen wie z. B. **smart windows** zunutze. Durch Anlegen einer Spannung lässt sich so eine nicht transparente Trennwand erzeugen, bzw. das Licht, das durch Fenster gelangt, abschirmen.

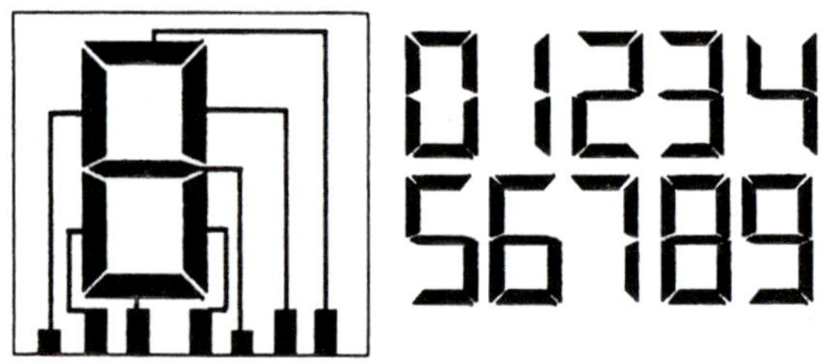


**B2** *7-Segment-Anzeige zur Darstellung von Zahlen.* **A:** *Geben Sie jeweils an, welche Kontakte zur Darstellung der einzelnen Zahlen angesteuert werden müssen.*

### Von der Segment-Anzeige zum Aktivmatrix-Display

In einfachen Anzeigeelementen, z. B. bei Weckern und Taschenrechnern, werden die Zahlen über 7-Segment-Anzeigen dargestellt. Jedes einzelne Segment wird über einen gesonderten Kontakt am Anzeigenrand elektronisch angesteuert (B2).

Bei Flüssigkristall-Bildschirmen ist die derzeitige minimale Standardauflösung 1368 x 768 für FD-ready Fernseher, d. h. es verlaufen auf einer Fläche horizontal 768 und vertikal 1368 Leiter wie in einer Matrix. Jeder Schnittpunkt bildet dabei ein **Pixel**[2].

Bei den **Aktivmatrix-Displays** wird jedes Pixel mittels einer aktiven elektronischen Schalteinheit unabhängig von den anderen Elementen angesteuert. Dazu wird ein Dünnfilmtransistor (*thin film transistor*, **TFT**) verwendet, der sich z. B. am Rand eines jeden Pixels befindet. Monitore mit TFT-Technologie zeichnen sich durch schnelle Reaktionszeiten, ein gutes Kontrastverhältnis und klare Farbdarstellung aus.

[2] *Pixel* steht für Bildpunkt oder Bildzelle in einer digitalen Rastergrafik, Kunstwort aus *picture* und *element*.

## Stapel und Schrauben aus Molekülen – Flüssigkristalle für Displays und Monitore

LCD-Anzeigen sollen bei den unterschiedlichsten klimatischen Bedingungen, d.h. in einem breiten Temperaturbereich, betriebsfähig sein. Es müssen also Flüssigkristalle eingesetzt werden, bei denen Schmelztemperatur und Klärtemperatur (vgl. S. 255) möglichst weit auseinanderliegen. Dies ist nur der Fall, wenn man Mischungen verschiedener Flüssigkristalle verwendet. So erhält man Materialien, bei denen die flüssig-kristalline Phase in einem Temperaturbereich zwischen −20 °C und +60 °C liegt.

### Farbige LCD-Monitore

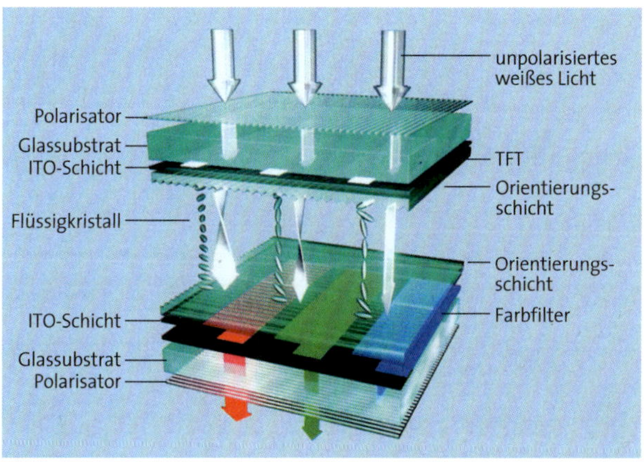


**B3** *Aufbau eines LCD-Farbpixels. Der Farbton und die Farbintensität werden durch das Ansteuern der Transistoren geregelt.*

Besonders für Displays und Monitore sind farbige LCDs notwendig. Diese funktionieren prinzipiell wie auf S. 256 beschrieben. Zusätzlich sind aber unter der zweiten Orientierungsschicht Farbfilter eingebaut (B3). Ein einzelnes farbiges Pixel besteht immer aus drei farbigen Subpixeln, einem roten, einem grünen und einem blauen (B4). Je nachdem ob und wie viel Spannung an die einzelnen Subpixel angelegt wird, ergibt sich dann das Pixel durch Farbmischung (vgl. S. 167 und B4). Die Intensität eines Subpixels kann über 256 Abstufungen verlaufen. Kombiniert man diese Subpixel, so ergibt sich eine mögliche Farbpalette von 16,8 Millionen Farben.
Für einen Monitor mit einer Auflösung von 1280 x 1024 Pixeln müssen ca. 1,3 Millionen Pixel bzw. ca. 4 Millionen Subpixel angesteuert werden. Defekte Pixel erscheinen am Bildschirm als dunkle, teils auch farbige Punkte und können die Bilddarstellung stören.

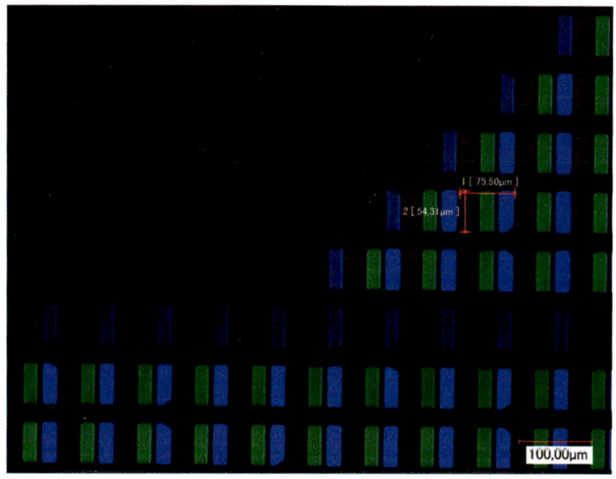


**B4** *Subpixel eines Handy-Displays (400-fache Vergrößerung).*
*A: Erklären Sie, welche Bereiche in B4 schwarz, weiß bzw. hellblau leuchten.*

Die Größe von Flachbildschirmen ist durch die technischen Möglichkeiten bei der Herstellung limitiert. Um die Größe eines Displays zu erhöhen, müssen mehr Pixel und Transistoren hinzugefügt werden. Damit steigt die Wahrscheinlichkeit, dass ein defekter Transistor eingebaut wird. Je höher die Ausschussrate an fehlerhaften Bildschirmen ist, desto höher wird der Preis für Flachbildschirme. Nur Verbesserungen bei den Herstellungsverfahren können zu kostengünstigeren Flachbildschirmen führen.

### *Aufgaben*

*A1* Erklären Sie, warum bei LCDs eine Hinterleuchtung, z.B. aus anorganischen LEDs, notwendig ist (B3).

*A2* Erklären Sie, warum bei Displays die Glasplatten mit einer Schicht z.B. aus Indium-Zinnoxid ITO leitfähig gemacht werden müssen (B3).

*A3* Begründen Sie, ob man als Träger einer polarisierenden Sonnenbrille mit Beeinträchtigungen beim Ablesen von LCDs zu rechnen hat.

*A4* Diskutieren Sie Vor- und Nachteile des Einsatzes von *smart windows* anstelle herkömmlicher Fenster.

*A5* Stellen Sie die Analogie zwischen dem Einsatz von Flüssigkristall-Mischungen und dem Einsatz von Streusalz im Winter heraus.

# Chamäleon-Farben

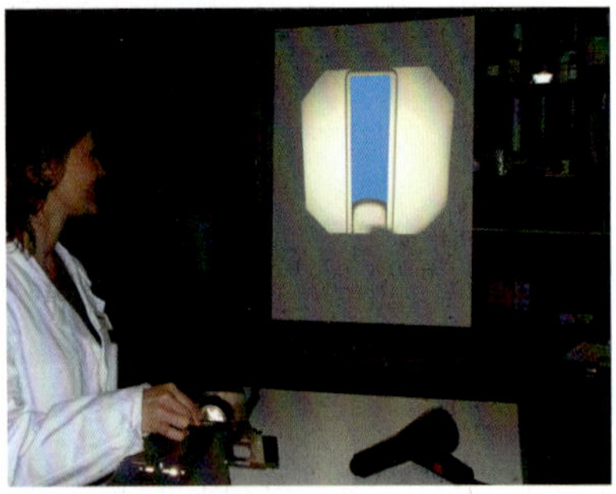

**B1** *Photochrome Lösung im Licht einer Halogenlampe (V1)*

## Versuche

***V1*** Lösen Sie ca. 10 mg Spiropyran*[1] in 1,5 mL Toluol* und füllen Sie die farblose bis schwach gelbe Lösung in eine Küvette oder ein kleines Rggl. Verschließen Sie das Gefäß. Halten Sie die Lösung 5 s lang in den Strahlengang eines Diaprojektors mit Halogenlampe (200 W). Beobachten Sie die Farbe der Lösung auf der Projektionsfläche. Stellen Sie die Lösung ins Dunkle und notieren Sie nach 25 s und nach 50 s die Farbe. Wiederholen Sie die Arbeitszyklen dreimal.

***V2*** Bestrahlen Sie die Spiropyran*-Lösung aus V1 durch verschiedene Lichtfilter (rot, blau, gelb) oder mit verschiedenfarbigem Licht aus LED-Taschenlampen. Stellen Sie fest, bei welchen Farben sich die Lösung verfärbt.

***V3*** Kühlen Sie die Lösung aus V1 in einem Eis-Wasser-Salz-Bad auf ca. 0 °C. Bestrahlen Sie die Lösung 5 s lang mit weißem Licht (Diaprojektor) oder mit der LED-Taschenlampe ($\lambda$ = 400 nm). Beobachten Sie die Geschwindigkeit der Blaufärbung. Stellen Sie die Lösung sofort ins Dunkle und notieren Sie nach 25 s, 50 s und 100 s die Farbe. Stellen Sie die Unterschiede zu V1 fest.

## Auswertung

a) Erklären Sie die Ergebnisse von V1 mit der Reaktionsgleichung in B3.

b) Geben Sie die Summenformeln (Molekülformeln) von Spiropyran und Merocyanin (B3) an und begründen Sie, warum es sich um Isomere handelt.

c) Ordnen Sie den Farbänderungen bei V1 bis V3 die Begriffe photochemische Reaktion und thermische Reaktion zu.

d) Thermische Reaktionen haben eine positive Aktivierungsenergie, ihre Geschwindigkeit steigt mit der Temperatur. Begründen Sie mithilfe der Ergebnisse von V1 und V2, warum das für photochemische Reaktionen nicht zutrifft.

e) Stellen Sie eine begründete Vermutung darüber auf, wie die blaue Zeichnung von der Folie aus B2 schnell gelöscht und wie sie langzeitig erhalten (gespeichert) werden kann.

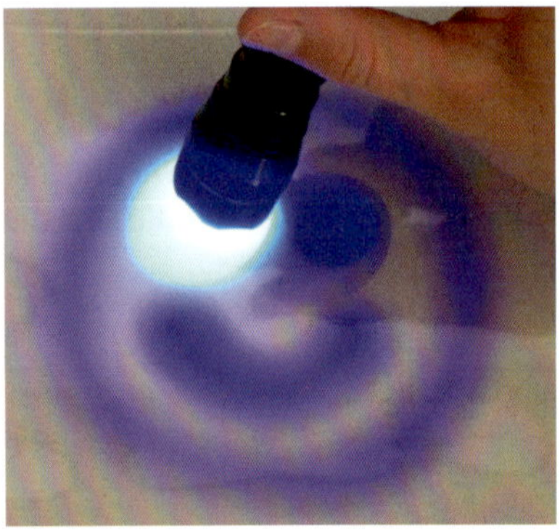

**B2** *Auf eine „intelligente Folie" (photochrome Folie) kann mit einer LED-Taschenlampe gezeichnet oder geschrieben werden.*
*A: Erläutern Sie den Unterschied zur Lösung in B1.*

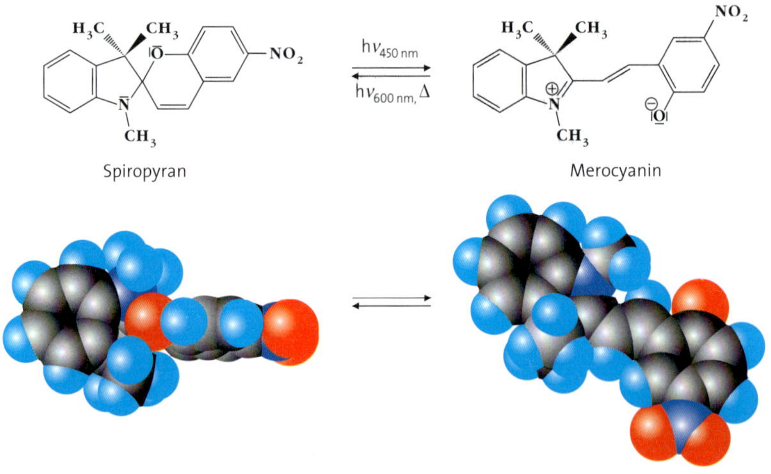


**B3** *Reaktionsgleichung und Modelle zu V1 bis V3. A: Erklären Sie, warum das Merocyanin bei einer größeren Wellenlänge Licht absorbiert als das Spiropyran.*

[1] Das hier eingesetzte Spiropyran ist unter der Bezeichnung 6-Nitro-1',3',3'-trimethyl-spiro[2H-1-benzopyran-2,2'-indolin] im Chemiekalienhandel erhältlich. Es kann auch nach Angaben aus *Chemie 2000+ Online* bezogen oder selbst synthetisiert werden.

## Photochromie und molekulare Schalter

Die Lösung aus B1 und die Folie aus B2 verhalten sich wie Chamäleons: Sie ändern ihre Farben in Abhängigkeit von den Lichtverhältnissen. Die reversible Farbänderung von Substanzen bei Licht und Dunkelheit oder bei Licht verschiedener Wellenlängen nennt man **Photochromie**. Das Isomeren-Paar Spiropyran-Merocyanin (B3) ist ein photochromes System. In Toluol-Lösung erscheint dieses System bei Raumtemperatur und ohne Lichtbestrahlung farblos bis schwach gelb, weil sich das **chemische** (**thermodynamische**) **Gleichgewicht** einstellt, in dem das energieärmere Isomer, das Spiropyran A, stark überwiegt (B3, B4). Bei Bestrahlung mit weißem oder blauem Licht werden die Spiropyran-Moleküle elektronisch angeregt. Bei Bestrahlung mit weißem oder blauem Licht werden die Spiropyran-Moleküle elektronisch angeregt. Sie reagieren entlang der grünen Pfeile in B4 zu Merocyanin-Molekülen (vgl. dazu auch *Chemie 2000+ Online*). Dieser Reaktionsweg, der den angeregten Zustand einschließt, ist typisch für eine **photochemische Isomerisierung**. Die thermische Isomerisierung des Merocyanins zum Spiropyran verläuft dagegen ausschließlich im Grundzustand entlang der blauen Kurve von B nach A. Die Aktivierungsenergie $E_{a2}$ ist so gering, dass die Reaktion schon bei Raumtemperatur relativ schnell verläuft.
Bei Dauerbestrahlung mit weißem oder blauem Licht überlagern sich die photochemische Isomerisierung A → B und die thermische Isomerisierung B → A. Es stellt sich ein **photostationärer Zustand** ein, in dem das Merocyanin überwiegt. Bestrahlt man dagegen mit gelben Licht, so kann nur die Reaktion B → A thermisch oder photochemisch ablaufen (gelbe Pfeile in B4). Es entsteht ein anderer photostationärer Zustand, in dem Spiropyran ganz stark überwiegt. Somit verhält sich das photochrome System Spiropyran-Merocyanin wie ein **molekularer Schalter**, der mit blau-violettem Licht in die eine und mit gelben Licht in die andere Richtung geschaltet werden kann.
Derartige Schalter kommen in biologischen Systemen vor. Ein Beispiel ist Retinal im Rhodopsin aus den Stäbchenzellen der Netzhaut unserer Augen (vgl. S. 233). In der Forschung versucht man, nach gleichem Prinzip wie in der Natur sogenannte **Nano-Maschinen** oder **molekulare Maschinen** zu entwickeln, die mit Licht schaltbare Einheiten enthalten. Das in B5 dargestellte ringförmige System besteht aus einem Kronenether-Fragment und einer Azobenzol-Einheit als Schalter. Mit diesem können Alkalimetall-Ionen wie mit einem molekularen Trojanischen Pferd durch eine Doppellipid-Membran geschleust werden. Photochrome Systeme werden für die Herstellung farb- und helligkeitsgetönter Gläser eingesetzt und könnten in Zukunft auch bei der reversiblen Datenspeicherung Anwendung finden.

### *Aufgaben*

***A1*** Erläutern Sie, welche Atome aus dem Ringmolekül in B5 auf welche Weise mit dem Alkalimetall-Ion wechselwirken, und erklären Sie, warum der Komplex lipophil ist.

***A2*** Erklären Sie die Gültigkeit von $K_{h\upsilon} > K_{\Delta}$ für die beiden Konstanten aus B4.

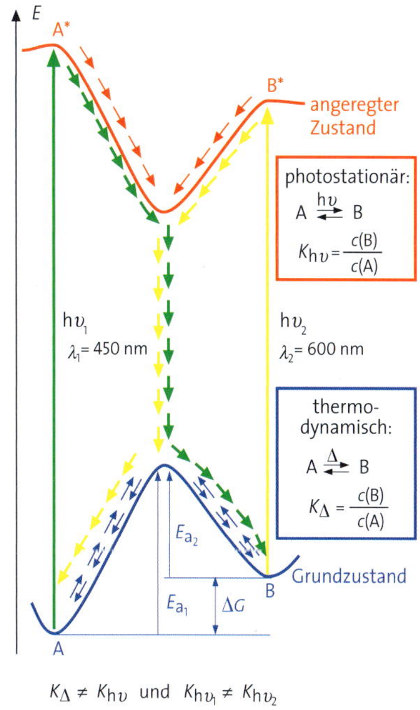


**B4** *Energiediagramm zum photochromen System Spiropyran (A) – Merocyanin (B) in Toluol.* ***A:*** *Erklären sie, warum mit Rotlicht von B nach A, aber nicht umgekehrt „geschaltet" werden kann.*

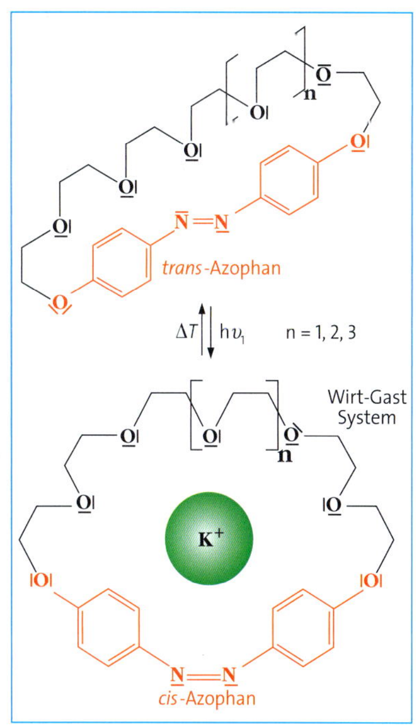


**B5** *Molekulare Schalter (rot) in Nano-Maschinen.* ***A:*** *Benennen Sie den Reaktionstyp, der beim Schalten stattfindet.*

# Intelligente Folie und photostationäres Gleichgewicht

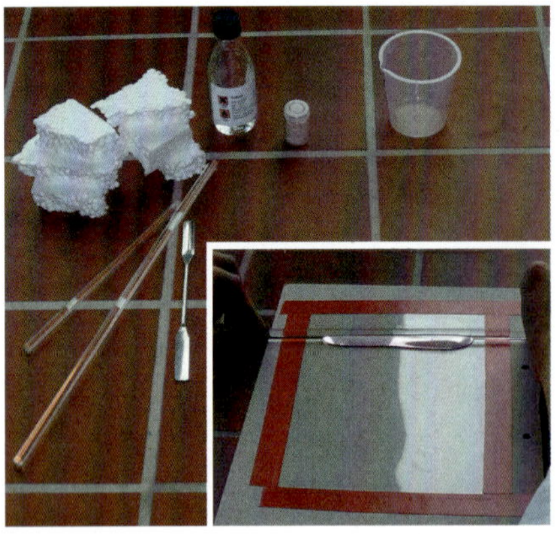

**B1** *Material für die Herstellung der intelligenten Folie und Erzeugung eines dünnen Polymer-Films (vgl. Chemie 2000+ Online)*

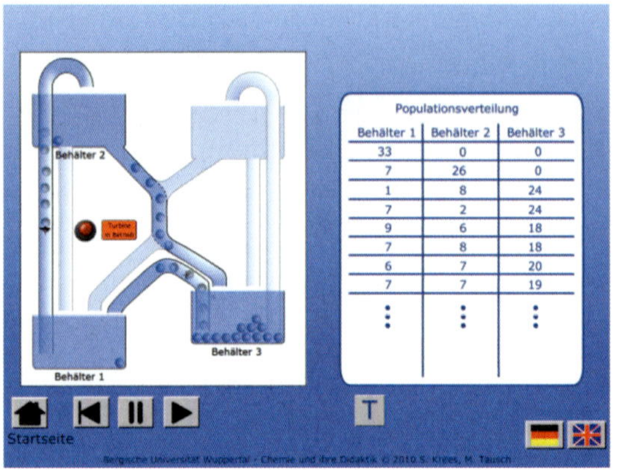


**B2** *Screenshot aus dem Flash-Modul zur Photostationarität (vgl. Chemie 2000+ Online)*

## Die intelligente Folie

### *Versuche*

*Hinweis*: Mengenangaben für zwei DIN-A5-Folien.

***V1*** *Herstellung der intelligenten Folie*: Kleben Sie zwei hitzebeständige Kopierfolien in DIN-A5-Größe an allen Kanten mit Gewebeklebeband ab. Lösen Sie dann 50 mg Spiropyran* in 15 mL Toluol* und geben Sie in diese Lösung stückweise insgesamt 3,5–4 g Styropor, so dass sich eine zähflüssige, aber noch gießfähige Masse ergibt. Gießen Sie diese Masse auf das obere Ende der Folie und ziehen Sie die Masse mit einem Glasstab über die gesamte Folie. Lassen Sie die Spiropyran-Polystyrol-Lösemittel-Schicht 30 min unter dem Abzug trocknen. Entfernen Sie nun das Klebeband und schweißen Sie die beschichtete Folie in Laminierfolie ein.

***V2*** Bestrahlen Sie die intelligente Folie mit UV-Licht, z. B. dem Licht einer LED-Taschenlampe ($\lambda$ = 400 nm) und beobachten Sie die Farbänderung im Dunkeln mindestens 15 min lang.

***V3*** Führen Sie V2 und V3, S. 258, mit der intelligenten Folie anstelle der Spiropyran-Lösung* durch. Untersuchen Sie auch die Wirkung der verschiedenen Lichtquellen auf blau gefärbte Bereiche der intelligenten Folie.

### *Auswertung*

Vergleichen Sie das Verhalten der intelligenten Folie (V2, V3) mit dem Verhalten der Spiropyran-Lösungen (vgl. S. 258) bei verschiedenen Lichtverhältnissen und Temperaturen.

## Simulationen zum photostationären Zustand

### *Aufgaben*

Rufen Sie die Animation „Photostationarität" (vgl. *Chemie 2000+ Online*) auf und bearbeiten Sie folgende Aufgaben:

***A1*** Ein photostationäres Gleichgewicht ist ein Zustand eines Systems, der durch Lichteinstrahlung erzeugt und aufrechtgehalten wird und in dem alle Reaktionsteilnehmer (Edukte und Produkte) in bestimmten zeitlich konstanten Anteilen vorliegen (vgl. S. 259).
Erkunden Sie das Modul zum „Reaktionsverlauf im Energieprofil" und geben Sie an, welche Prozesse in dem System der intelligenten Folie am photostationären Gleichgewicht beteiligt sind.

***A2*** Schauen Sie sich das Modul „Simulation auf der Ebene des Teilchenmodells" an und beschreiben Sie, warum ab einem gewissen Schritt der Simulation ein stationärer Zustand (konstante Verteilung der Kugeln in den Behältern) erreicht wird.

***A3*** a) Vergleichen Sie die Module „Reaktionsverlauf im Energieprofil" und „Simulation auf der Ebene des Teilchenmodells" und stellen Sie Analogien zwischen beiden Darstellungen her.
b) Erklären Sie, wie sich eine Temperaturerhöhung bzw. -erniedrigung im Realversuch (intelligente Folie wird bestrahlt und taucht dabei in heißes bzw. kaltes Wasser) in der Simulation auf der Ebene des Teilchenmodells darstellen ließe.

## Die Umgebung macht's – das Phänomen der Solvatochromie

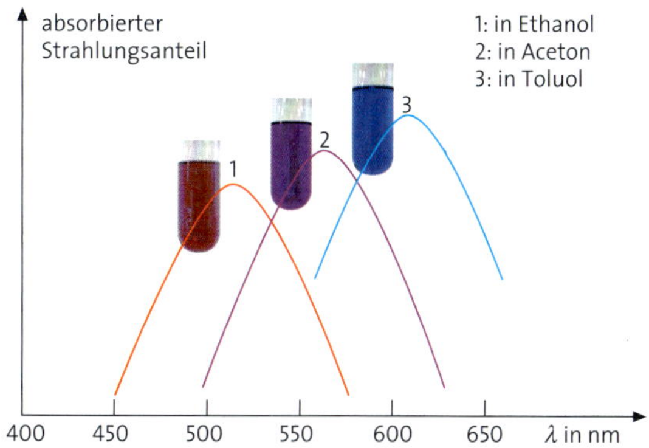


**B1** *Färbung der Spiropyran-Merocyanin-Lösung nach Bestrahlung mit Licht (λ = 400 nm) und Absorptionsmaxima der Merocyanin-Lösungen in verschiedenen Lösemitteln*

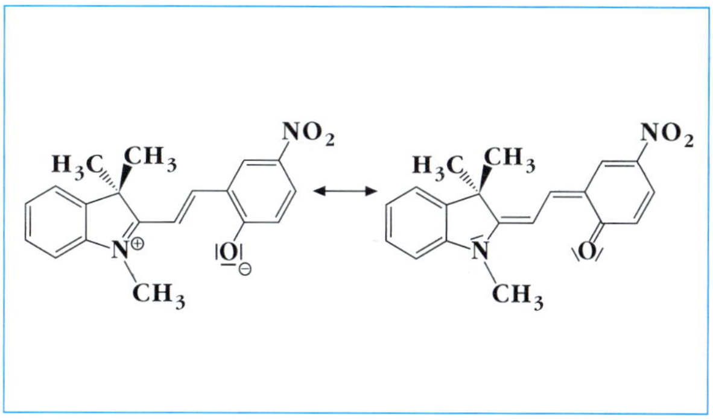

**B2** *Mesomere Grenzstrukturen des Merocyanin-Moleküls; links: Zwitterion; rechts: ungeladenes Molekül.* **A:** *Zeichnen Sie die Molekülstrukturen ab und markieren Sie die Verschiebung von Elektronenpaaren (vgl. S. 194, B1).*

### Photo-, Thermo- und Solvatochromie

In den Versuchen mit Spiropyran-Toluol-Lösungen (vgl. S. 258) und der intelligenten Folie auf Spiropyran-Polystyrol-Basis (S. 260) zeigen sich **photochrome** und **thermochrome Eigenschaften**. Die photochrome Eigenschaft beruht auf den unterschiedlichen Absorptionseigenschaften der beiden Isomere und den Reaktionswegen der photochemischen Isomerisierung (vgl. S. 259, B4). Bei Bestrahlung mit Licht einer bestimmten Wellenlänge stellt sich das photostationäre Gleichgewicht ein, das mit der Gleichgewichtskonstante $K_{h \cdot \nu}$, also dem Konzentrationsverhältnis von Spiropyran und Merocyanin, beschrieben werden kann.

Das thermodynamische Gleichgewicht wird hingegen durch die relative Lage der Grundzustände der beiden Isomere und die Höhe der Aktivierungsenergie beeinflusst (vgl. S. 259, B4). Ein Maß für dieses Gleichgewicht ist die Gleichgewichtskonstante $K_{\Delta}$.

Bei Bestrahlung von Spiropyran-Lösungen in verschiedenen Lösemitteln zeigt sich eine weitere besondere Eigenschaft des Spiropyran-Merocyanin-Systems (B1). Das Phänomen der Abhängigkeit zwischen der Farbe einer Lösung und dem Lösemittel bezeichnet man als **Solvatochromie**. In den Absorptionsspektren der verschiedenen Lösungen zeigen sich hypsochrome Verschiebungen der Absorptionsmaxima des Farbstoffs Merocyanin bei zunehmend polaren Charakter des Lösemittels (B1). Man bezeichnet dieses Verhalten als **negative Solvatochromie**.

Aus den Absorptionsbanden der Merocyanin-Lösungen kann abgelesen werden, dass für die Absorption im unpolaren Lösemittel Toluol eine niedrigere Energie erforderlich ist als im polaren Lösemittel Ethanol (B1). Die Anregungsenergien sind also umso größer, je polarer das Lösemittel ist.

Die Solvatochromie kann mit Struktur-Eigenschaft-Beziehungen erklärt werden. Organische Farbstoff-Moleküle enthalten als strukturelle Merkmale Chromophore, Donator- und Akzeptor-Gruppen und können zumeist durch mehrere Grenzformeln dargestellt werden. Im Fall des Merocyanins haben diese unterschiedliche Polaritäten (B2). Der Beitrag der zwitterionischen Grenzformel zur Beschreibung der tatsächlichen Elektronenverteilung im Merocyanin-Molekül ist in polaren Lösemitteln größer als der der Grenzformel ohne Ladungen (B2). Die zwitterionische Struktur kann sich durch Dipol-Dipol-Wechselwirkungen zu den polaren Lösemittel-Molekülen besser stabilisieren als in unpolaren Umgebungen. Das führt zu einer energetischen Absenkung der höchsten besetzten Energiestufe, während die niedrigste unbesetzte Energiestufe davon nicht bzw. nicht so stark beeinflusst wird.

### *Aufgabe*

**A1** Zeichnen Sie ein Energiediagramm zu der Aussage im letzten Satz des Textes.

# β-Carotin – ein Multitalent

**B1** *β-Carotin oder Provitamin A ist in Gemüse, Obst, Eiern, Lachs und anderen Lebensmitteln enthalten. Als natürlicher oder naturidentischer Zusatzstoff E 160 wird es vielen Lebensmitteln zugesetzt.* ***A:*** *Suchen Sie im Supermarkt 10 Produkte mit E 160.*

## Versuche

***V1*** Extrahieren Sie a) β-Carotin aus frischen, geraspelten Möhren und b) Blattgrün aus zerkleinerten und gemörserten Blättern. Verwenden Sie als Lösemittel für a) ca. 20 mL n-Heptan* oder Toluol* und für b) ca. 20 mL Aceton*. Führen Sie mit den Extrakten V2 bis V3 durch.

***V2*** Führen Sie mit den beiden Extrakten aus V1 und mit einer Lösung von echtem β-Carotin in n-Heptan* oder Toluol* eine Trennung auf einer mit Kieselgel beschichteten DC-Folie durch. Teilen Sie die DC-Folie durch Einritzen in 3 Bahnen ein. Verwenden Sie als Laufmittel eine Mischung aus Petrolether* (Siedebereich: 40 °C bis 70 °C), Petroleumbenzin* (Siedebereich: 100 °C bis 140 °C) und 2-Propanol* im Volumenverhältnis 5 : 5 : 1. Vergleichen Sie die Farbflecke, fertigen Sie eine Farbkopie des Chromatogramms an und deuten Sie das Ergebnis.

***V3*** Untersuchen Sie die Lichtbeständigkeit von β-Carotin, indem Sie Filterpapiere mit Lösung aus V1 tränken, halb mit Aluminiumfolie bedecken und durch verschiedene Farbfilter auf dem Overheadprojektor oder im Sonnenlicht belichten.

***V4*** Lösen Sie 2 bis 3 Kristalle Tetraiodethen* in ca. 6 mL Heptan* und verteilen Sie die Lösung auf zwei Küvetten oder Rggl. Fügen Sie in eine der beiden Proben 2 bis 3 Tropfen β-Carotin-Lösung hinzu. Bestrahlen Sie beide Proben gleichzeitig im Overheadprojektor oder im Sonnenlicht und beobachten Sie die Farben.

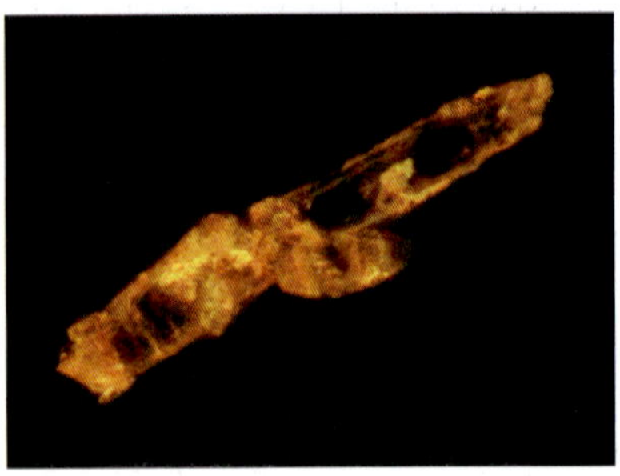

**B2** *Kristallines β-Carotin schmilzt bei 183 °C, löst sich sehr schlecht in Wasser, mäßig in Heptan, Diethylether und Aceton und gut in Benzol und Toluol.* ***A:*** *Erklären Sie mithilfe der Formel in B4 die unterschiedlichen Löslichkeiten.*

## Auswertung

a) In den Chromatogrammen aus V2 läuft das gelbe β-Carotin fast mit der Laufmittelfront mit. Es folgen zwei grüne Flecken der Chlorophylle und dann mehrere gelbe und orange Flecken für Xanthophylle (*Carotinoide* mit Hydroxy-Gruppen, Carbonyl-Gruppen und anderen funktionellen Gruppen mit Sauerstoff-Atomen in den Molekülen). Erklären Sie die Reihenfolge anhand der Formeln der Moleküle und der Trennbedingungen.

b) Nur absorbiertes Licht kann chemisch genutzt werden, d. h. eine chemische Reaktion auslösen. Erklären Sie in diesem Sinne die Beobachtungen bei V3 hinsichtlich der unterschiedlichen Lichtfarben, die zu einem chemischen Abbau von β-Carotin führen.

c) Im Tetraiodethen-Molekül $I_2C{=}CI_2$ werden die Kohlenstoff-Iod-Bindungen durch sichtbares Licht homolytisch gespalten. Aus den gebildeten Iod-Atomen (Iod-Radikalen) entsteht elementares Iod, das in Heptan-Lösung violett erscheint. β-Carotin wirkt als Radikalfänger für Iod-Radikale. Formulieren Sie die beschriebenen Reaktionen.

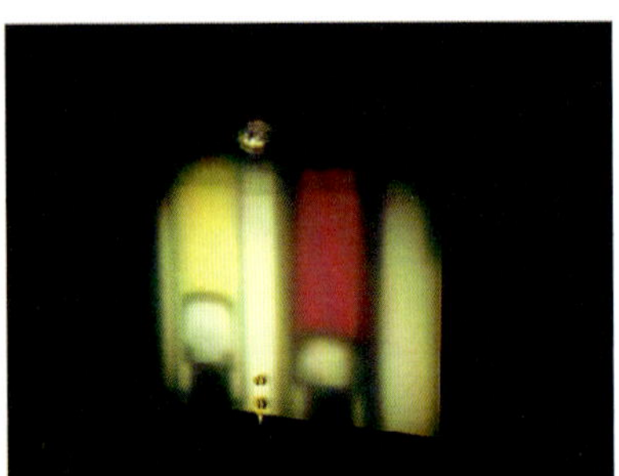

**B3** *Versuchsbeobachtung bei V4.* ***A:*** *Erläutern Sie, inwiefern diese Beobachtung zeigt, dass β-Carotin als Radikalfänger wirkt.*

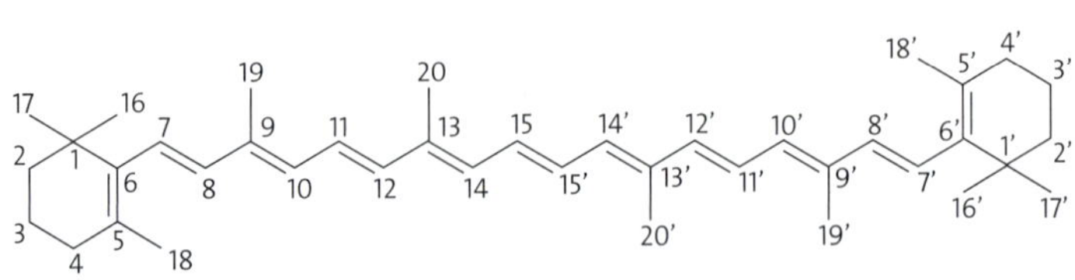


**B4** *β-Carotin ist ein Oligomer des Isoprens (2-Methylbutadiens).* ***A:*** *Ermitteln Sie die Summenformel von β-Carotin.* ***A:*** *Geben Sie die Anzahl der Atome an, über die sich der Chromophor im β-Carotin-Molekül ausdehnt.*

## Carotinoide – Biochrome mit multiplen Funktionen

Farbige Verbindungen erfüllen in den Organismen bestimmte biologische Funktionen. Man bezeichnet sie daher auch als **Biochrome**. Unter den Biochromen nehmen die **Carotinoide** (B5), von denen die Pflanzen ca. 100 Mio t pro Jahr produzieren, den Spitzenplatz ein.

*β*-Carotin kann zum einen als **Photosensibilisator** für Chlorophylle bei der Photosynthese wirken[1]. Wenn, wie bei Wasserpflanzen, nur wenig Licht von den Chlorophyllen absorbiert werden kann, erhöht *β*-Carotin den Nutzungsgrad des Lichts für die Photosynthese:

$$^1\mathbf{Car} + h\nu \rightarrow {}^1\mathbf{Car}^* \quad (1)$$

$$^1\mathbf{Car}^* + {}^1\mathbf{Chl} \rightarrow {}^1\mathbf{Chl}^* + {}^1\mathbf{Car} \quad (2)$$

Zunächst wird ein *β*-Carotin-Molekül $^1\mathbf{Car}$ durch Absorption eines Lichtquants in den angeregten Singlett-Zustand $^1\mathbf{Car}^*$ gehoben (vgl. S. 169, B6). Es folgt ein **Energietransfer** von $^1\mathbf{Car}^*$ auf ein Chlorophyll-Molekül $^1\mathbf{Chl}$, wobei das *β*-Carotin-Molekül in den Grundzustand zurückkehrt und das Chlorophyll-Molekül zu $^1\mathbf{Chl}^*$ angeregt wird. Dieses kann nun im Photosynthese-Prozess aktiv werden.

Bei einem Überschuss an Licht wirkt *β*-Carotin dagegen als **Photoprotektor**, d. h. als Lichtschutz für die Chlorophylle und andere Blattsubstanzen:

$$^1\mathbf{Chl} + h\nu \rightarrow {}^1\mathbf{Chl}^* \quad (3)$$

$$^1\mathbf{Chl}^* \rightarrow {}^3\mathbf{Chl}^* \text{ (blattschädigende Weiterreaktionen)} \quad (4)$$

$$^3\mathbf{Chl}^* + {}^1\mathbf{Car} \rightarrow {}^3\mathbf{Car}^* + {}^1\mathbf{Chl} \quad (5)$$

$$^3\mathbf{Car}^* \rightarrow {}^1\mathbf{Car} \quad (6)$$

Wenn von den Chlorophyllen in den Blättern mehr Licht absorbiert wird als in den sich anschließenden biochemischen Dunkelreaktionen der Photosynthese umgesetzt werden kann, kommt es in den angeregten Chlorophyll-Molekülen $^1\mathbf{Chl}^*$ durch Spinumkehr zu langlebigen angeregten Triplett-Zuständen $^3\mathbf{Chl}^*$. Diese stellen eine Gefahr für das Blatt dar, da sie in Zusammenwirkung mit Sauerstoff zu schädigenden Weiterreaktionen führen. *β*-Carotin „löscht" durch Energietransfer gemäß (5) angeregte Triplett-Zustände von Chlorophyll-Molekülen $^3\mathbf{Chl}^*$, wobei es seinerseits in einen angeregten Triplett-Zustand $^3\mathbf{Car}^*$ übergeht. Durch Schwingungsrelaxation kehrt $^3\mathbf{Car}^*$ in den Grundzustand zurück. Der Lichtüberschuss wird in den Prozessen (3) bis (6) also schrittweise in Wärme umgewandelt, ohne das Blatt zu schädigen (vgl. auch S. 264).

Sowohl in Pflanzen als auch in tierischen Organismen wirkt *β*-Carotin auch als **Radikalfänger** und verhindert somit die schädigende Wirkung von Radikalen. Schließlich ist die Funktion des *β*-Carotins als **Provitamin A** von essentieller Bedeutung. Bei Tieren und Menschen muss es mit der Nahrung zugeführt werden, um dann im Organismus **Vitamin A** (Retinol) bereitzustellen.

### *Aufgabe*

***A1*** Informieren Sie sich anhand käuflicher Produkte über die Funktionen von *β*-Carotin in Kosmetika und Medikamenten.

[1] In Biologiebüchern wird *β*-Carotin daher auch als Lichtantenne oder *akzessorisches Pigment* bezeichnet.

**B5** *Wenn die Chlorophylle in Blättern abgebaut werden, kommen die Carotinoide zum Vorschein.* ***A:*** *Nennen und formulieren Sie mithilfe von Chemie 2000+ Online vier Carotinoide.*

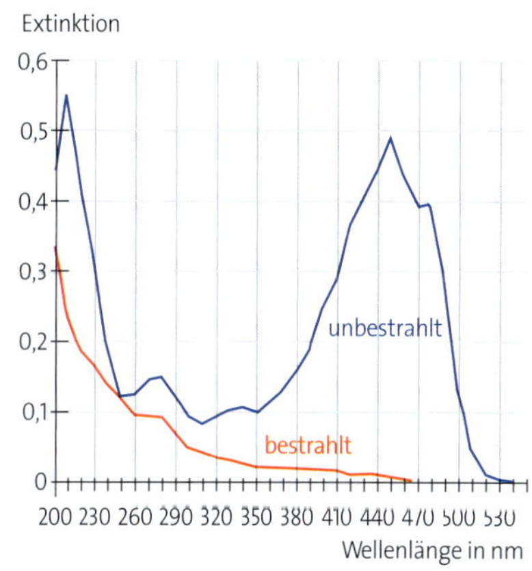


**B6** *Absorptionsspektren von frischem β-Carotin (blau) und von UV-bestrahltem β-Carotin (rot) (vgl. auch B7)*

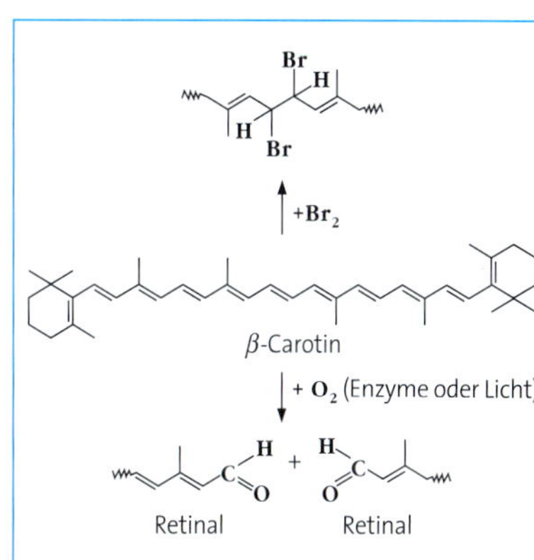


**B7** *Reaktionen des β-Carotins.* ***A:*** *Begründen Sie, warum bei diesen Reaktionen die Farbe ausbleicht.*

# Ein Fall für zwei: β-Carotin und Chlorophyll bei der Photosynthese

**B1** *Vorversuch zu V1 und V2: Die linke Hälfte eines Rundfilters wurde mit Chlorophyll-Lösung[1] und die rechte mit β-Carotin-Lösung getränkt. Im Licht der UV-Lampe fluoresziert Chlorophyll rot, β-Carotin fluoresziert nicht.*

**B2** *Chlorophyll[1] wird durch starkes Licht an der Luft abgebaut (dunkelblaues Viereck inmitten der rot fluoreszierenden Fläche). β-Carotin hemmt diesen Abbau (rot fluoreszierender Fleck im blauen Viereck).*

## Versuche

*Hinweis:* V1 und V2 sind als Video „Ein Fall für zwei" unter *Chemie 2000+ Online* verfügbar.

***V1*** *Fluoreszenzlöschung von Chlorophyll durch β-Carotin:* Tränken Sie ein Rundfilterpapier vollständig mit einer Lösung aus Blattgrünextrakt oder grünem Kürbiskernöl. Tragen Sie auf das Filterpapier mit einer Glaskapillare nun einen Fleck aus gesättigter β-Carotin-Lösung in Aceton auf. Der gelb-orange Fleck erzeugt im UV-Licht* eine starke Abschwächung der roten Fluoreszenz des Chlorophylls (vgl. Video unter *Chemie 2000+Online*).

***V2*** *Photochemischer Abbau von Chlorophyll und Photoprotektion durch β-Carotin:* Halten Sie eine Zone rund um den in V1 erzeugten β-Carotinfleck 2 min lang in den Strahlengang eines Diaprojektors mit einer 200-Watt-Halogenlampe oder ins starke Sonnenlicht. Die bestrahlte Fläche erscheint bereits bei Tageslicht stark ausgebleicht und fluoresziert im UV-Licht nicht mehr. Allerdings ist dort, wo der β-Carotinfleck war, noch eine schwache, rote Fluoreszenz zu beobachten (B2 und Video unter *Chemie 2000+Online*).

## Auswertung

a) Geben Sie die Reaktionsgleichung von S. 263 an, mit der die Fluoreszenzlöschung in V1 erklärt werden kann.

b) Erklären Sie mithilfe geeigneter Reaktionsgleichungen von S. 263 die Beobachtungen bei V2 (B2).

[1] Die Bezeichnung „Chlorophyll" wird hier vereinfachend für beide Chlorophylle a und b verwendet (vgl. Formeln auf S. 270).

## UV-Absorption mit und ohne Fluoreszenz

Chlorophyll[1] und β-Carotin sind farbig, weil sie Teile des Lichts aus dem sichtbaren Bereich absorbieren. Ihre Absorptionsspektren in B2, S. 166, und B6, S. 263, geben darüber genaue Auskunft. Sowohl Chlorophyll als auch β-Carotin absorbieren aber auch Strahlung aus dem UV-Bereich. Wie ist zu erklären, dass Chlorophyll dabei fluoresziert, β-Carotin dagegen nicht? Ursache ist die unterschiedliche „innere Beweglichkeit" der Moleküle der beiden Verbindungen. Der Chromophor im Chlorophyll-Molekül ist im Vergleich zum Chromophor im β-Carotin-Molekül starrer. Entsprechend gibt es für den Grundzustand des Chlorophyll-Moleküls nur wenige Schwingungsniveaus (schwarze Striche im blauen Bereich in B3), beim β-Carotin-Molekül sind es dagegen viele. Die höchsten liegen energetisch so nahe an der niedrigsten unbesetzten Energiestufe (roter Bereich in B3), dass es zu einer strahlungslosen Desaktivierung kommt und β-Carotin nicht fluoresziert.

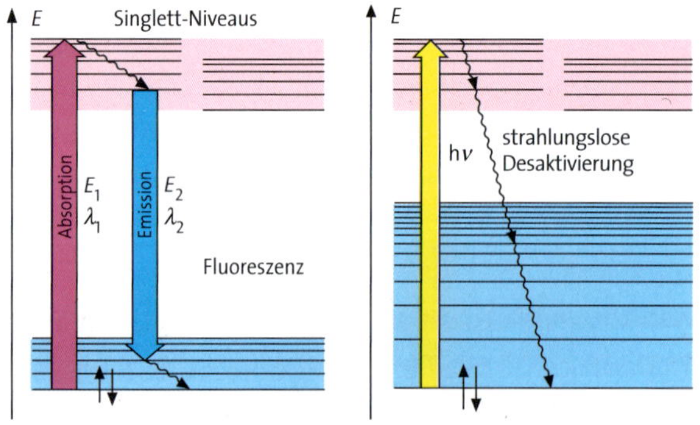


**B3** *Energiestufenmodell: Chlorophyll links, β-Carotin rechts*

## Ein Fall für zwei: $\beta$-Carotin und Chlorophyll bei der Photosynthese

### Teilchenmodelle und Energiestufenmodelle zu „Ein Fall für zwei" als Computeranimationen

Die experimentellen Fakten aus den Versuchen lassen sich am besten erklären, wenn man *beide* Modelltypen (Teilchenmodell und Energiestufenmodell) heranzieht. Im elektronischen Modul aus B4 sind sie miteinander kombiniert und so aufbereitet, dass die Erklärungen einzelner Teilaspekte aus den Versuchen in 19 Lerntools interaktiv erschlossen werden können.

Die Tools **1** bis **4** dienen der modellhaften Beschreibung der Versuche zum Verhalten von $\beta$-Carotin und Chlorophyll bei der Bestrahlung mit UV-Licht. In **2** und **4** werden Teilchen- und Energiestufenmodelle eingesetzt.

In den Tools **5** bis **9** werden $\beta$-Carotin und Chlorophyll in der Proteinmatrix des Photosystems II in Darstellungen von unterschiedlicher Komplexität gezeigt. Dies erfolgt sowohl ohne als auch mit Animationen der Lichtabsorption sowie des Energie- und Elektronentransfers. Diese Tools können für die Erklärung von Teilen der Lichtreaktion im Fach Biologie hilfreich sein.

In den Tools **10** bis **19** von der rechten Bildhälfte des Lernmanagers werden die beiden Experimente V1 und V2 von S. 264 und die auf S. 263 diskutierten Reaktionsgleichungen erschlossen. Die Durchführung und die Beobachtungen der beiden Versuche werden in **10** bis **13** wiederholt. Die Tools **14** und **15** enthalten Animationen mit Teilchenmodellen zur Fluoreszenz und Fluoreszenzlöschung in V2. Hier sind jeweils mehrere Teilchen dargestellt, um dem beobachteten Phänomen möglichst nahe zu kommen. Mit nur zwei Teilchen, aber auch dem dazu gehörigen Energiestufenmodell wird die Löschung der Chlorophyll-Fluoreszenz durch $\beta$-Carotin in **17** dargestellt. Das komplexe Zusammenspiel der beiden Protagonisten im „Fall für zwei" mit Licht und dem Sauerstoff aus der Luft in V2, bei dem die Eigenschaft des $\beta$-Carotins als Photoprotektor deutlich wird, ist Inhalt der Animationen im Teilchenmodell **15** und im Teilchen- und Energiestufenmodell **18**.

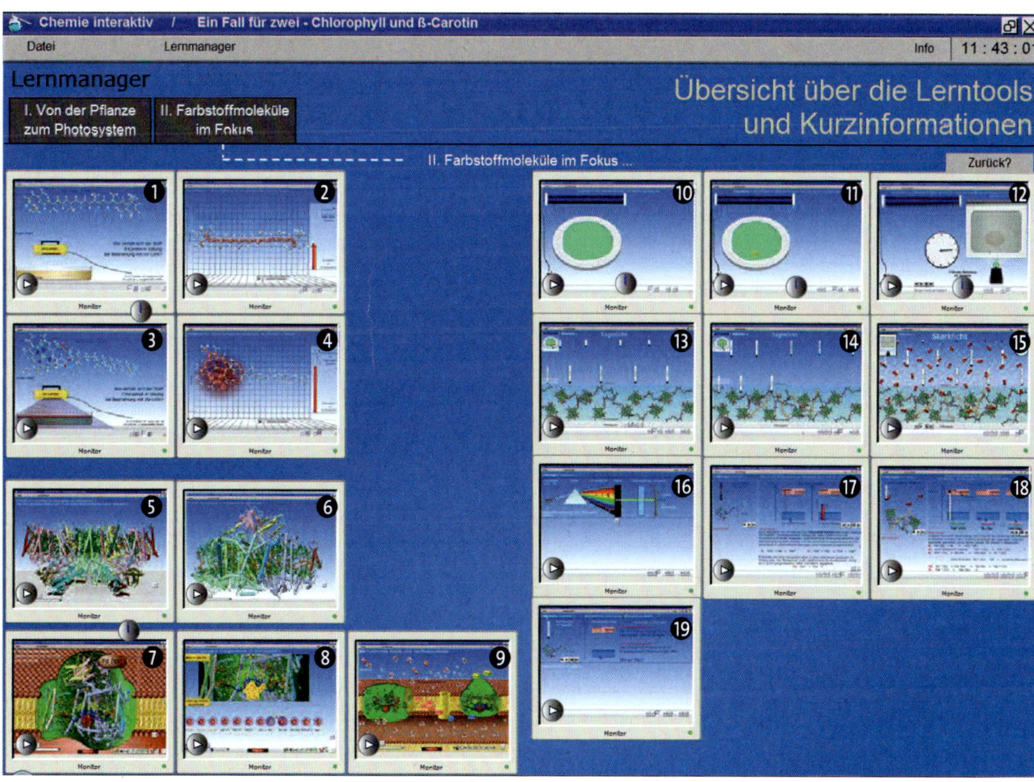


**B4** *Lernmanager des Flash-Moduls „Ein Fall für zwei" in Chemie 2000+ Online.* **A:** *Erschließen Sie in Zweiergruppen je ein Tool. Präsentieren Sie die Animation mit Ihren eigenen Kommentaren, indem Sie auch Stärken und Schwächen der Modelldarstellung hervorheben.*

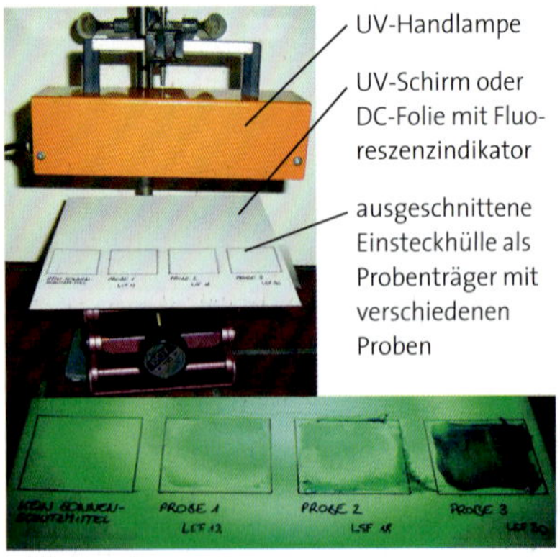


**B1** *Versuchsaufbau zum Schnelltest der UV-Absorption bei 254 nm.* ***A:*** *Diskutieren Sie unter Zuhilfenahme von B2 die Aussagekraft dieses Schnelltests.*

# Knackig braun – immer gesund?

## Versuche

***V1*** Bringen Sie auf ein Stück PE-Folie eine kleine Menge Sonnencreme sehr dünn auf (verreiben und mit einem Taschentuch abwischen) und beobachten Sie das Absorptionsvermögen von UV-Licht ($\lambda$ = 254 nm) mit und ohne Creme.

***V2*** Testen Sie das UV-Absorptionsvermögen von a) Sonnenschutzprodukten verschiedener Lichtschutzfaktoren LSF, b) Sonnencremes, -lotionen und -ölen mit gleichem LSF und ggf. c) der nach V4 selbst hergestellten Creme. Tragen Sie jeweils nur einen sehr dünnen Film auf das Trägermaterial auf. Setzen Sie das verwendete Trägermaterial auch unbestrichen als Referenz ein.

***V3*** Testen Sie auf UV-Absorption: auf Trägermaterial gestrichene wasserfeste, nicht als wasserfest deklarierte und ggf. die nach V4 selbst hergestellte Creme. Lassen Sie eine Minute lang Wasser über das mit wasserfester Sonnencreme bestrichene Trägermaterial laufen und testen Sie danach die UV-Absorption. Spülen Sie erneut eine Minute lang und betrachten Sie die UV-Absorption. Wiederholen Sie ggf. diesen Schritt.

***V4*** *Herstellen einer Sonnencreme:* Geben Sie in ein 100-mL-Becherglas 30 mL Wasser und erhitzen Sie auf 80 °C. Verrühren Sie in einem 50-mL-Becherglas 10 mL Sojaöl, 2,5 mL Tegomuls, 2,5 mL Cetylalkohol und 2,5 mL Eusolex®2292 (2-Ethylhexyl-para-methoxycinnamat, B2) und erhitzen Sie auf 70 °C. Gießen Sie die heiße Fettphase in das Wasser und rühren Sie 2 Minuten. Lassen Sie die entstandene Emulsion auf 50 °C abkühlen und fügen Sie 20 Tropfen D-Panthenol, 10 Tropfen Aloe Vera, 3 Tropfen Heliozimt und ggf. 5 Tropfen Parfumöl hinzu. Rühren Sie erneut 1 Minute lang und füllen Sie schließlich die Emulsion in ein verschraubbares Gefäß.

## Auswertung

a) Erklären Sie, warum sich bei V1 PE-Folie als Trägermaterial eignet, aber nicht Glas.

b) Vergleichen Sie die Tönung der in V2 entstehenden Schatten. Leiten Sie daraus Aussagen bezüglich der UV-Abschirmung durch Sonnenschutzprodukte mit verschiedenen und gleichem LSF ab. Erklären Sie, ob die Art des Schutzprodukts (Öl, Creme, Lotion) einen Einfluss auf die Schutzwirkung hat.

c) Beschreiben Sie den Einfluss, den das Spülen mit Wasser in V4 auf die Schutzwirkung der getesteten Cremes hat. Folgern Sie daraus, welche Konsequenzen sich daraus für einen Badeurlaub ergeben.

d) Recherchieren Sie im Internet, welche Funktionen die in V4 eingesetzten Komponenten haben.

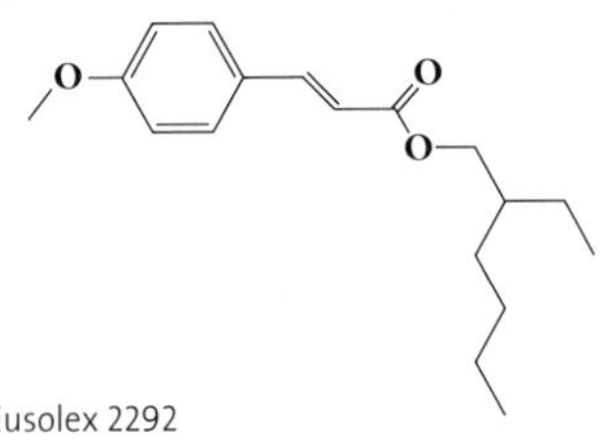

Eusolex 2292
2-Ethylhexyl-para-methoxycinnamat

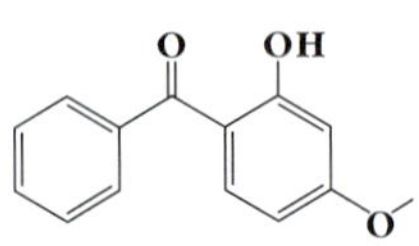

Eusolex 4360
2-Hydroxy-4-methoxybenzophenon

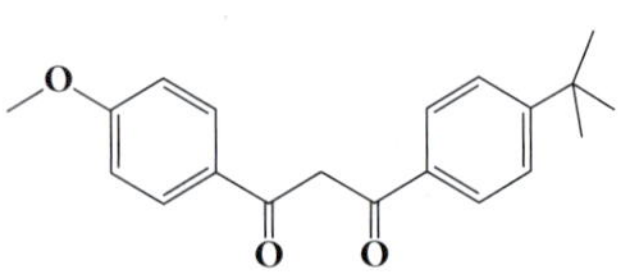

Eusolex 9020
1-(4-*tert*. Butylphenyl)-3-(4-methoxyphenyl)-1,3-propandion

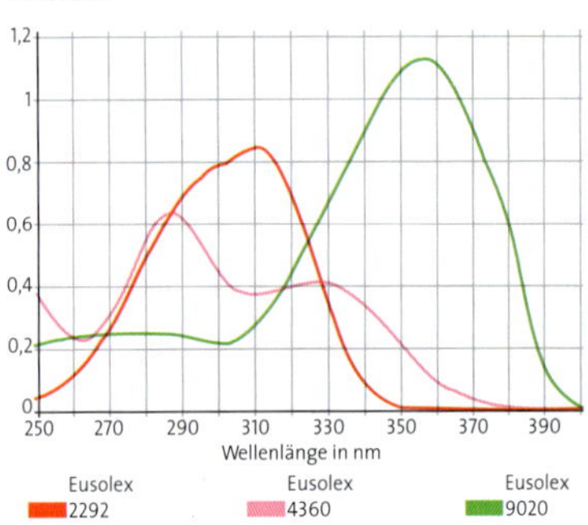


**B2** *Strukturen und Absorptionskurven einiger Substanzen, die als UV-Filter eingesetzt werden.* ***A:*** *Machen Sie anhand der Strukturen Voraussagen über die Löslichkeit der UV-Filter in Wasser. Beschreiben Sie den Kurvenverlauf einer Substanz, die als Breitbandfilter geeignet ist.*

## Sonnenlicht und Sonnenschutzmittel

„Knackig braun" kann in Maßen gesund sein. Allerdings hat zu viel Sonneneinstrahlung auch negative Folgen: Es drohen Sonnenbrand, Augenschäden, frühzeitige Hautalterung und langfristig die Gefahr der Bildung von Hautkrebs und grauem Star. Ursache ist die im Sonnenlicht enthaltene **UV-Strahlung**, also der für das menschliche Auge nicht mehr sichtbare Bereich der elektromagnetischen Strahlung der Wellenlängen zwischen 200 nm und 400 nm (B4). Die Haut sollte besonders der UV-B-, aber auch der UV-A-Strahlung möglichst nicht lange ungeschützt ausgesetzt sein, denn durch die Einwirkung von UV-Strahlung werden im Hautgewebe z.B. **Radikale** gebildet, die das Gewebe schädigen.

Der Mensch besitzt körpereigene Sonnenschutzmittel, z.B. das Pigment Melanin, das in den Melanozyten in der Oberhaut gebildet wird, und die Aminosäuren Tryptophan und Tyrosin, die als Sonnenfilter wirken. Allerdings ist ihre Wirkung auch bei mitteleuropäischer Sonneneinstrahlung nicht ausreichend, ein künstlicher Sonnenschutz ist notwendig. Sonnenschutzmittel können die schädliche Wirkung der UV-Strahlen über drei Wege vermindern: durch Reflektion, durch chemisches Abfangen der durch die UV-Strahlung gebildeten Spezies oder aber durch Absorption der Strahlen und Umwandlung in Wärme.

Wie viele andere Kosmetikprodukte sind Sonnenschutzmittel Stoffgemische aus vielen Komponenten, von denen jede eine bestimmte Funktion hat (V4). Eine typische Sonnencreme kann ca. 5% Titandioxid $TiO_2$, 5–10% organische UV-Filter (B2), 10% verschiedene Öle (u.a. Siliconöl), 5% Emulgator, destilliertes Wasser und in weiteren Anteilen Konservierungsmittel, Konsistenzgeber und Feuchtigkeitsspender enthalten. Man setzt meist ein Gemisch aus Titandioxid $TiO_2$ oder Zinkoxid $ZnO$, die die Strahlung auch reflektieren, verschiedene organische UV-Filter, die die Strahlung in Wärme umwandeln, und Radikalfänger nebeneinander ein. So kann ein breites Spektrum an Strahlung abgeschirmt werden. Angesichts der unterschiedlichen Anforderungen an Sonnencremes werden sie zu regelrechten Hightech-Produkten: Sie sollen u.a. hautverträglich sein sowie UV-A- und UV-B-Strahlung über einen breiten Wellenlängenbereich und mit hoher Effizienz filtern. Da Wasser UV-Strahlung nicht absorbiert, sollten Sonnencremes außerdem wasserfest sein. Hierfür sind geeignete, wasserunlösliche UV-Filter zu wählen.

Je nach Art und Konzentration der UV-Filter ergeben sich unterschiedliche **Lichtschutzfaktoren LSF** (V2). Cremes mit LSF4 absorbieren 74% der auf die Haut auftreffenden UV-Strahlung, solche mit LSF15 93% und bei LSF30 werden 97% absorbiert. Textilien mit eingebautem Lichtschutzfaktor 80 bestehen aus Nylonfasern, die u.a. mit winzigen Titandioxid-Partikeln versehen sind. Sie schirmen den Körper vollständig ab.

**B3** *Mit Sonnenschutz zum Sonnenbad.* *A: Nennen Sie Vor- und Nachteile eines Sonnenbads und listen Sie Schutzmaßnahmen gegen UV-Strahlung auf.*

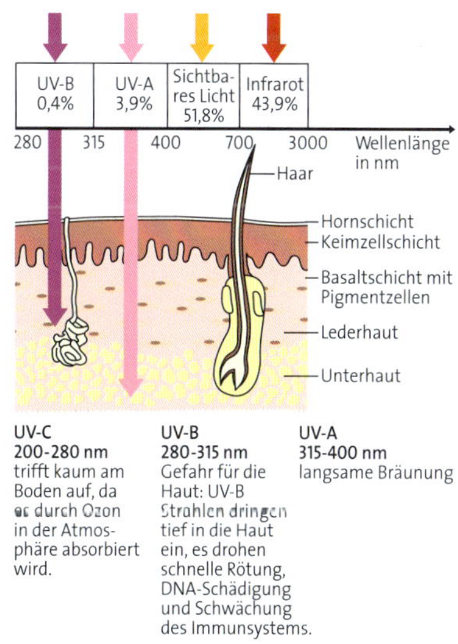


**B4** *Arten von UV-Strahlung und Eindringtiefe in die Haut. A: Erklären Sie, warum die Verwendung nur eines UV-Filters i.d.R. nicht ausreicht (vgl. B2).*

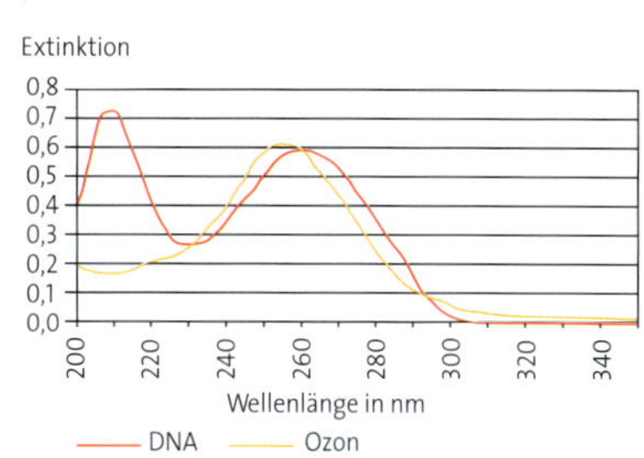


**B5** *Absorptionskurven von Ozon und von DNA. A: Erläutern Sie die Konsequenzen, die ein Abbau der Ozonschicht hat. A: Beschreiben Sie das Aussehen der Absorptionskurve eines optimalen UV-Filters.*

# Bunt allein genügt nicht

**B1** *Autolack muss auch kratzfest sein.*

## Versuche

*Hinweis:* Die Chemikalien für die folgenden Versuche sind z. T. in Baumärkten, Hobbyläden und Geschäften für Malerbedarf erhältlich. Beachten Sie die Sicherheitshinweise auf den Verpackungen.

***V1*** Verrühren Sie im Mörser ca. 4 g Pigment (rotes Eisenoxid, gelbes Eisenoxid oder ein anderes Pigment aus B2) mit etwa der gleichen Menge Leinöl zu einer Paste. Rühren Sie dann noch ein Gemisch aus 0,2 mL Bienenwachs und 0,6 mL Terpentinöl* ein. Streichen Sie die homogen aussehende Farbe mit dem Pinsel auf mehrere Stücke weißes Papier. Beobachten Sie die Trocknung an Luft und bei wenig bzw. bei starkem Licht (Sonnenlicht, Halogenlampenlicht).

***V2*** Stellen Sie eine Farbe aus einem Pigment, Klarlack und Verdünner her, verfahren Sie dabei wie in V1. Beobachten Sie die Trocknung dieser Farbe auf Papier und vergleichen Sie mit der aus V1.

***V3*** Rühren Sie ca. 5 g a) Titandioxid (Rutil) und b) Bariumsulfat* mit je ca. 5 g Tapetenkleister und Wasser zu gut streichfähigen Gemischen zusammen. Streichen Sie mit den beiden weißen Farben schwarze Pappen und Klarsichtfolien ein. Vergleichen Sie das Deckvermögen und die Lichtdurchlässigkeit nach dem Trocknen.

***V4*** Untersuchen Sie, wie man aus einem Nagellack und Metallglitter ein Metallpigment (B5) herstellen kann.

## Auswertung

a) Die DIN-Definition von *Pigment* lautet: „Ein Pigment ist ein im Anwendungsmedium unlösliches, anorganisches oder organisches, unbuntes oder buntes Farbmittel." Nennen Sie die in V1 bis V4 verwendeten Pigmente und erklären Sie mithilfe von B2 ihr Löslichkeitsverhalten in den Versuchen. (*Hinweis:* In B2 sind Strukturmodelle von Metalloxidpartikeln [$d \approx 1\ \mu m$] und Formeln von organischen Pigmenten angegeben.)

b) Leinöl besteht aus Glycerinestern ungesättigter Fettsäuren. Bei Licht und Luft härtet es von selbst zu einem polymeren Netzwerk. Bienenwachsöl ist ein Additiv, das die Elastizität des Farbfilms nach der Trocknung des Lacks erhöht. Nennen Sie die Funktionen der anderen Komponenten aus V1 unter Bezug auf B3.

c) Recherchieren Sie im Internet die Brechzahlen von Titandioxid, Bariumsulfat und Bindemitteln und erklären Sie die Ergebnisse aus V3.

d) Das Bindemittel im Nagellack ist ein Polyacrylat, der Verdünner kann Aceton oder Essigsäureethylester (Ethylacetat) sein. Geben Sie die Formeln der in V4 eingesetzten Stoffe an und erklären Sie das Zustandekommen der Farb- und Glanzeffekte mithilfe von B3 und B5.

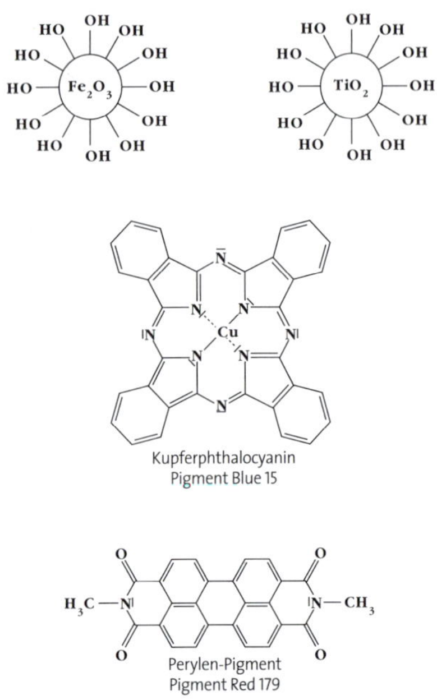


**B2** *Anorganische und organische Pigmente.* ***A:*** *Nennen Sie die charakteristischen Strukturmerkmale bei den organischen Pigmenten.*

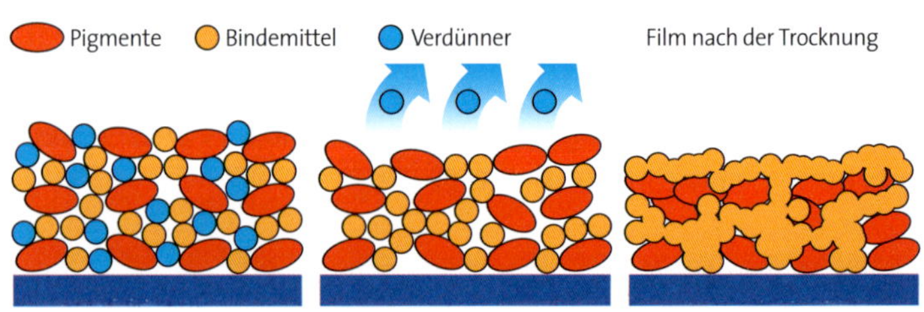


**B3** *Schema zur Bildung eines Lackfilms.* ***A:*** *Erläutern Sie die Rolle a) des Bindemittels und b) des Verdünner.*

## Farben, Lacke und Effektpigmente

Im täglichen Sprachgebrauch unterscheidet man **Farben** nicht nur nach ihrem Farbton, sondern auch danach, von wem und wozu sie verwendet werden. Man spricht beispielsweise von Ölfarben und Wasserfarben, mit denen Künstler ihre Bilder malen, oder von Malerfarben und Baufarben, mit denen Wände, Hausfassaden und Holzoberflächen gestrichen werden. **Lacke** ist die technische Bezeichnung für Beschichtungsstoffe, die schützende und dekorative Eigenschaften für die Oberfläche haben, auf die sie aufgetragen werden. Lacke und Farben sind immer Gemische aus mehreren Stoffen (V1 bis V4 und B3), die in der Regel **Pigmente** (vgl. Definition in Auswertung a) enthalten. Diese sind für die Farbigkeit und/oder das Deckungsvermögen, den Kontrast zwischen einem schwarzen und weißen Untergrund aufzuheben, verantwortlich. Besonders gutes Deckvermögen hat das Weißpigment Titandioxid aufgrund seiner hohen Brechzahl (V3). Bei den Buntpigmenten ergibt sich der Farbton aus der jeweils charakteristischen Lichtabsorption. Die Pigmente sind im Lack oder in der Farbe als Mikrokristalle mit einem Durchmesser von weniger als 1 µm enthalten. Nach dem Trocknen liegen sie im **Bindemittel** eingebettet vor (B3). In den technischen Lacken und Farben verwendet man als Bindemittel fast ausschließlich synthetische makromolekulare Verbindungen (Polyacrylate, Polyester, Polyurethane u. a.). Bei einkomponentigen Bindemitteln liegt das fertige Polymer bereits in Lösung vor, bei zweikomponentigen Bindemitteln wird seine Synthese aus Vorstufen (z. B. Polyol und Polyisocyanat) kurz vor dem Aufbringen des Lacks durch Zusammenmischen der beiden Komponenten gestartet. Moderne Autolacke sind aus mehreren Schichten aufgebaut. Im transparenten Decklack sind ca. 15 nm große Partikel aus Aluminiumoxid enthalten. Sie bilden einen kratzfesten Schutzpanzer (B1).
Besonders glänzende, brillante oder irisierende Farben können mit verschiedenen **Effektpigmenten** erzeugt werden (B4, B5, B6). Die einfachsten davon sind **Metallpigmente**, bei denen dünne, metallische Plättchen, beispielsweise aus Aluminium oder Kupfer-Zink-Bronzen, im Lack wie kleine Spiegelchen das Licht reflektieren. Noch faszinierender sind die **Perlglanzpigmente** und die **LC-Pigmente** (Liquid-Crystal-Pigmente: Flüssigkristall-Pigmente), in denen ein kompliziertes Wechselspiel aus Absorptions-, Reflexions- und Interferenzphänomenen zu wechselnden Farbflops, zarten Pastelltönen und zu einem Glanz führt, der aus der Tiefe zu kommen scheint.

### *Aufgaben*

*A1* LC-Pigmente können besser als Perlglanzpigmente in Polyolefine, Polyester und Polycarbonate eingearbeitet werden. Stellen Sie eine begründete Vermutung auf, woran das liegen könnte.

*A2* Lacke und Farben enthalten neben den Komponenten in B3 auch Additive, wie Diphenylketon (Benzophenon) $(C_6H_5)_2C{=}O$ als Lichtschutzmittel. Erläutern Sie, warum bei einem Lack Lichtschutz nötig ist, und erklären Sie die prinzipielle Funktionsweise des Lichtschutzmittels.

**B4** *Effektpigmente in Natur und Technik.* *A: Nennen Sie weitere Beispiele aus beiden Bereichen.*

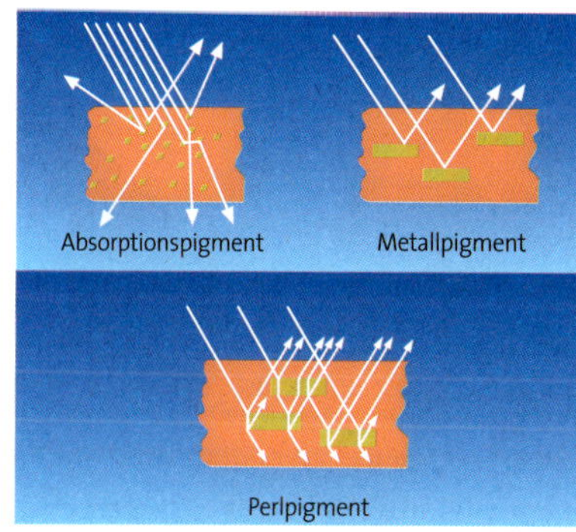


**B5** *Absorptionspigment und Effektpigmente. Die Plättchen haben Durchmesser von 10 µm bis 30 µm.* *A: Erklären Sie den Perlglanzeffekt mithilfe von Chemie 2000+ Online.*

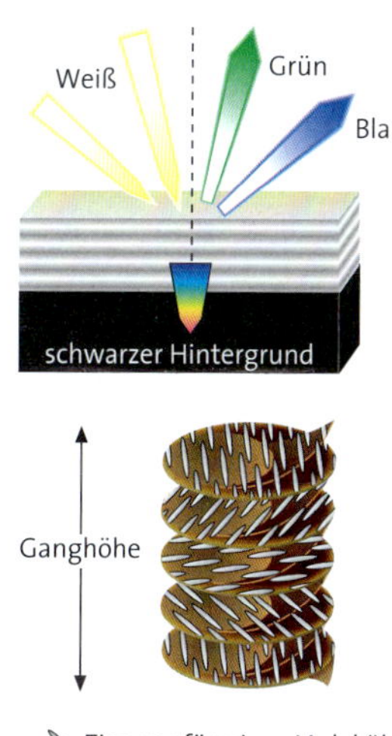


**B6** *Optische Wirkung eines LC-Pigments mit Grün-Blau-Farbwechsel.*

# Nicht nur Deckweiß

**B1** *Titandioxid ist ein weißes Pulver. Es kommt in den Modifikationen Rutil, Anatas und Brookit vor.*

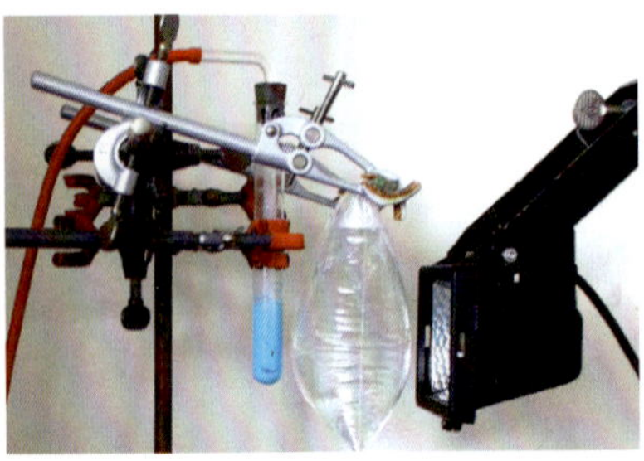

**B2** *Versuchsaufbau zu V2 und V3. Das Kühlwasser im Plastikbeutel lässt die UV-Anteile des Lichts durch.*

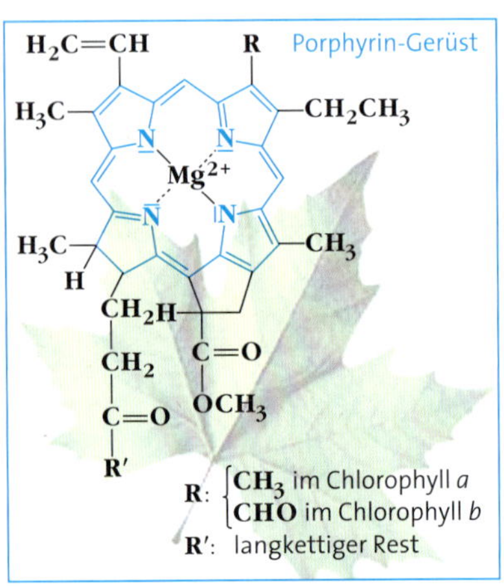


**B3** *Molekülstruktur von Chlorophyll a und von Chlorophyll b.* ***A:*** *Vergleichen Sie die Chromophore in einem Chlorophyll-Molekül mit denen in einem β-Carotin-Molekül (vgl. S. 262).*

## Versuche

***V1*** Streichen Sie auf je ein Stück PE-Folie einen dünnen Film aus a) Titandioxid und b) Stärke, beide in Glycerin aufgeschlämmt. Prüfen Sie die UV-Durchlässigkeit der Proben mithilfe eines fluoreszierenden Schirms und einer Hand-UV-Lampe.

***V2*** Geben Sie in ein dünnwandiges Rggl. 10 mL Methylenblau*-Lösung, $c = 2 \cdot 10^{-5}$ mol/L, und 30 mg Titandioxid (Anatas). Bestrahlen Sie die Suspension unter Einleitung von Stickstoff* mit einer 200-Watt-Halogenlampe. Zur Kühlung verwenden Sie einen wassergefüllten PE-Beutel (B2). Notieren Sie die Zeit bis zur vollständigen Entfärbung. Schalten Sie die Lampe aus und leiten Sie Luft oder Sauerstoff in die Suspension ein. Beobachten Sie die Farbänderung.

***V3*** Verfahren Sie mit einem neuen Gemisch aus Methylenblau*-Lösung und Titandioxid (Anatas) wie in V2, leiten Sie aber Sauerstoff* statt Stickstoff ein. Leiten Sie nach der Entfärbung Wasserstoff* ein. Beobachten Sie die Farbänderung.

***V4*** Erzeugen Sie auf weißen Baumwolltuchstücken Flecken aus Gras, Himbeersaft, Rotwein und anderen Naturfarbstoffen. Beträufeln Sie die Flecken mit einer Suspension aus ca. 0,5 g Titandioxid (Anatas) in ca. 50 mL Wasser und legen Sie das Tuch a) in die Sonne, b) unter eine Ultravitalux-Lampe*, c) unter eine Halogenlampe und d) ins Dunkle. Entwickeln Sie Vorschriften zum Entfernen der Flecke.

*Hinweis:* Weitere Versuche mit Titandioxid für Facharbeiten und Projekte sind über *Chemie 2000+ Online* zugänglich.

## Auswertung

a) Erläutern Sie, woran man bei V1 erkennt, dass Titandioxid (Anatas) UV-Licht absorbiert.

b) Die Bandlücke $E_g$ (B5 und S. 271) beträgt beim Halbleiter Titandioxid in der Anatas-Modifikation 3,2 eV (Elektronenvolt). Die Energie eines Quants aus blauem Licht beträgt ca. 3 eV, aus rotem Licht ca. 1,6 eV. Begründen Sie, warum Titandioxid farblos erscheint, aber als Sonnenschutzmittel gegen UV-Strahlung gut geeignet ist.

c) Die Entfärbung von Methylenblau in V2 kann stark vereinfacht folgendermaßen formuliert werden:

$$2\ \mathbf{MB^+(aq)} + 2\ \mathbf{H_2O(l)} \longrightarrow 2\ \mathbf{MBH_2^+(aq)} + \mathbf{O_2(ads)}.$$

Die Reaktion verläuft photokatalytisch, d. h. bei Lichtbestrahlung und mit Titandioxid als Katalysator. $\mathbf{O_2(ads)}$ steht für Sauerstoff, der an die Titandioxid-Körnern adsorbiert ist. Erklären Sie anhand der Reaktionsgleichung, warum sich das entfärbte Gemisch aus V2 beim Stehenlassen im Dunklen spontan wieder blau färbt.

d) Weder das entfärbte Methylenblau aus V3 noch die entfärbten Obst- und Weinflecken aus V4 nehmen wieder die ursprüngliche Farbe an, wenn man sie stehen lässt oder mit Reduktionsmitteln oder Oxidationsmitteln versetzt. Schließen Sie daraus, welche Strukturmerkmale der Moleküle bei der Reaktion verändert wurden. (*Hinweis:* Die Formeln der Chlorophylle finden Sie in B3, die der Anthocyanfarbstoffe aus Obst und Wein finden Sie auf S. 200.)

## Nano-Titandioxid – UV-Absorber und Photokatalysator

Der größte Anteil des industriell hergestellten Titandioxids wird in der Rutil-Modifikation als Weißpigment für Farben, Lacke, Papier, Zahnpasta und andere Alltagsprodukte eingesetzt. Wenn Titandioxid in der Anatas-Modifikation als **Nanopartikel** mit Durchmessern von 5 nm bis 50 nm vorliegt, zeigt dieses Material die Eigenschaften eines **n-Halbleiters** (vgl. S. 248). Bei Absorption eines Lichtquants aus dem violetten oder ultravioletten Bereich des Spektrums ($\lambda$ = 388 nm) wird ein Elektron aus dem Valenzband ins Leitungsband angeregt. Dabei bildet sich ein **Elektron-Loch-Paar** (B5). Je nachdem wie das Elektron-Loch-Paar „vernichtet" wird, erfüllt das Nano-Titandioxid verschiedene Funktionen in entsprechenden Einsatzbereichen.

Wenn das angeregte Elektron ins Valenzband zurückfällt, spricht man von der **Rekombination** des Elektron-Loch-Paares. Die Energie des absorbierten Lichtquants wird dabei als längerwellige Fluoreszenz emittiert oder in Schwingungsenergie umgewandelt, d.h. die Schwingungen der Ionen im Titandioxid-Gitter werden stärker. Wenn das Titandioxid-Nanopartikel von anderen Teilchen umgeben ist, beispielsweise von den Molekülen aus einer Sonnenschutzcreme oder aus einer Textilie, übernehmen diese die Energie des angeregten Titandioxid-Partikels. Als Endergebnis dieser Energieübertragung bewegen sich die Moleküle bzw. die Molekülteile schneller. Die absorbierte Strahlungsenergie wird also in Wärme umgewandelt, es findet keine chemische Reaktion statt. Auf diese Weise funktioniert Titandioxid als **UV-Absorber** in Sonnenschutzmitteln.

Ganz anders ist die Wirkungsweise des in B5 dargestellten Titandioxid-Korns. Das angeregte Elektron aus dem Leitungsband wird an ein anderes Teilchen aus der Umgebung, an den Elektronenakzeptor **A**, abgegeben, der dabei reduziert wird. Das positive „Loch" aus dem Valenzband wird durch den Einfang eines Elektrons von einem Elektronendonator **D** aus der Umgebung ausgeglichen. **D** wird dabei oxidiert und das Elektron-Loch-Paar aus dem Titandioxid-Korn ist „vernichtet". Dabei hat aber die in B5 formulierte Redoxreaktion stattgefunden. Nano-Titandioxid wirkt in diesem Fall als **Photokatalysator**, denn es ermöglicht den Antrieb einer endergonischen Redoxreaktion. Die photokatalytische Spaltung von Wasser mit Licht, die **Wasserphotolyse**, ist eine Möglichkeit, Wasserstoff, den umweltfreundlichsten aller Energieträger, mithilfe von Sonnenlicht zu gewinnen.

$$H_2O \longrightarrow H_2 + 1/2\, O_2;\ \Delta G° = +237\ kJ$$

Prinzipiell ist das möglich, denn die freie Reaktionsenthalpie $\Delta G°$ bei der Zersetzung eines Wasser-Moleküls entspricht der Energie eines Lichtquants von 2,45 eV mit $\lambda$ = 504 nm aus dem sichtbaren Bereich. Dabei könnte auch Nano-Titandioxid nützlich sein, das aber für Licht größerer Wellenlängen sensibilisiert werden muss (vgl. S. 201).

### *Aufgabe*

***A1*** Recherchieren Sie im Internet Entwicklungen zur photokatalytischen a) Wasserspaltung und b) Selbstreinigung von Oberflächen.

**B4** *Nanopartikel aus Titandioxid in den Fasern von Textilien machen diese UV-undurchlässig.* ***A:*** *Erläutern Sie, wo die Energie der UV-Strahlen bleibt.*

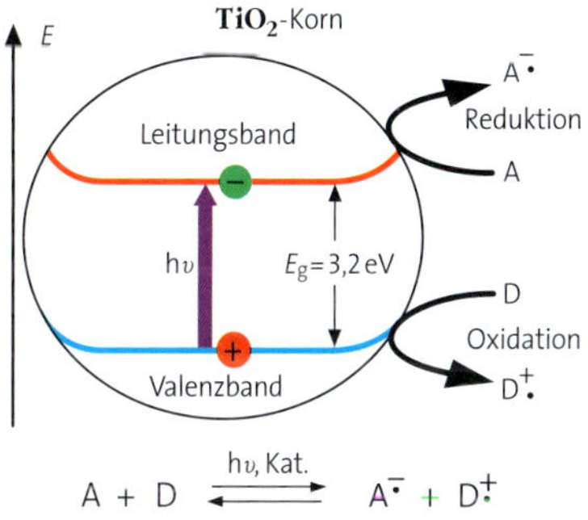


**B5** *Prinzipielle (idealisierte) Funktionsweise von Titandioxid als Photokatalysator.*
***A:*** *Begründen Sie, warum die endergonische Hinreaktion zwischen A und D nur bei Lichtbestrahlung ablaufen kann.*

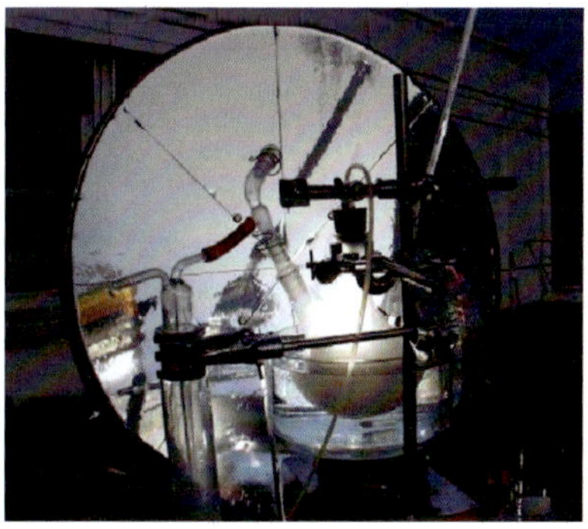

**B6** *Selbstgebauter Solarreaktor für den photokatalytischen Abbau von Organochlorverbindungen*

[1] In einem nanostrukturierten Material sind die Teilchen in mindestens einer räumlichen Ausrichtung kleiner als 100 nm (vgl. auch Nanoröhrchen und Graphenplättchen aus Kohlenstoff, *Chemie 2000+ Einführungsphase*, S. 128, 129).

# Nanotechnologie

**B1** *Das Lotusblatt ist selbstreinigend. Wassertropfen perlen von ihm ab und nehmen den Schmutz mit.*

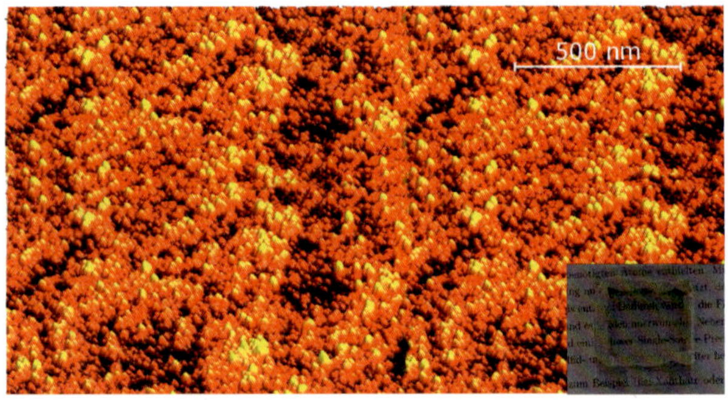


**B2** *AFM[1]-Aufnahme der Oberfläche eines mit Nano-Titandioxid beschichteten, transparenten Glasplättchens*

## Nanostrukturen beim Lotus-Effekt® und *Easy-to-clean*-Beschichtungen

Der selbstreinigende Effekt eines Lotusblattes beruht auf der Mikro- bzw. Nanostruktur seiner Oberfläche. Auf ihr gibt es regelmäßig angeordnete Erhebungen und darauf winzige Nanokristalle aus Wachs (B1). Ein Wassertropfen berührt die Oberfläche nur an wenigen Punkten und zieht sich aufgrund der Oberflächenspannung zu einer Kugel zusammen. Beim Abrollen nimmt er die lose auf der Blattoberfläche liegenden Schmutzpartikel mit.

Künstlich hergestellte Easy-to-clean-Beschichtungen funktionieren nach dem gleichen Prinzip.

### *Versuch*

***V1*** *Anti-Graffiti-Oberfläche aus Nano-Kieselsäure:* Verrühren Sie 5 mL Ethanol*, 15 mL Tetraethoxysilan* (Tetraethylorthosilikat) $\mathbf{Si(OC_2H_5)_4}$, 1 mL Salpetersäure*, $c$ = 3 mol/L, 8 mL dest. Wasser, 4 g Kupfer(II)-nitrat-Trihydrat* und 1 mL Essigsäure*, $c$ = 4 mol/L zu einer homogenen Lösung. Lassen Sie die Lösung einen Tag stehen und tropfen Sie dann 30 mL Ethanol* und 10 Tropfen Klarspüler (nichtionisches Tensid) hinzu. Mit dieser Lösung beschichten Sie perfekt gereinigte Objektträger. Befestigen Sie dazu den Objektträger mit einer Wäscheklammer an einem Faden und ziehen ihn langsam mit 2 bis 3 mm/s über eine Metallstange aus der Lösung heraus. Dann erhitzen Sie 1 Stunde lang bei 250 °C im Backofen. Vergleichen Sie beschichtete und unbeschichtete Objektträger hinsichtlich der Leichtigkeit, mit der sie sich von Spray reinigen lassen.

## Nanoagglomerate für Katalysatoren und Photoelektroden

In der AFM[1]-Aufnahme aus B2 und in der REM[2]-Aufnahme aus B3 ist zu erkennen, dass sich winzige Nanopartikel mit Durchmessern von 10 nm bis 50 nm zu größeren Agglomeraten zusammengeballt haben. Diese Struktur ist charakteristisch für entwässerte und erhitzte (gesinterte) Proben aus Nano-Metalloxiden. Beim Sintern wird zwischen einem Teil der Hydroxy-Gruppen an der Oberfläche der Nanopartikel (vgl. S. 268, B2) Wasser abgespalten, sodass die Nanopartikel teilweise über Elektronenpaarbindungen miteinander verbunden werden. Die so gebildeten Agglomerate haben immer noch einige wesentliche Eigenschaften der entsprechenden Nanopartikel, beispielsweise die charakteristische Energielücke von 3,2 eV beim Titandioxid (vgl. S. 271, B5). Daher kann Titandioxid auch in dieser Form als **Photokatalysator** bei Redoxreaktionen wirken. Ein weiterer Vorteil der Nanoagglomerate zeigt sich beim Einsatz als Material für **Photoelektroden** von Solarzellen (vgl. S. 82, 83). Da die Nanopartikel teilweise miteinander verschmolzen sind, können die ins Leitungsband angeregten Elektronen vergleichsweise leicht von Korn zu Korn durch das Agglomerat fließen. Von Vorteil ist auch, dass die gesamte Oberfläche des Materials immer noch sehr groß ist. Lichtquanten und Reaktanden können so zu den Nanopartikeln vordringen.

[1] Bei der **A**tomic **F**orce **M**icroscopy (Atomkraftmikroskopie) wird die Oberfläche mit einer spitzen Nadel mechanisch „abgetastet".

[2] Bei der **R**aster**e**lektronen**m**ikroskopie wird das Objekt mit einem Elektronenstrahl nach einem bestimmten Muster „gerastert".

## Nanotechnologie

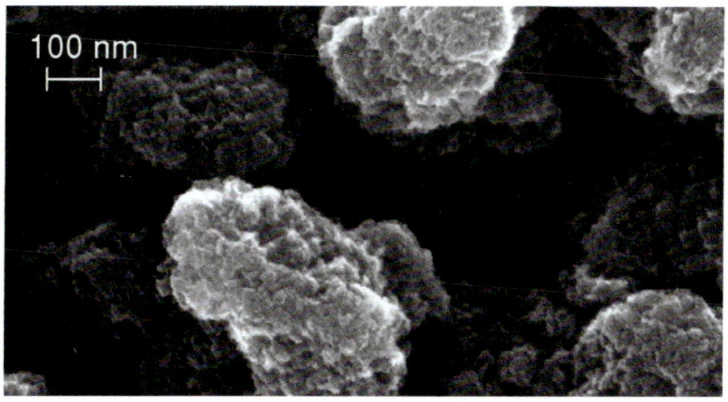


**B3** *REM²-Aufnahme von Agglomeraten aus Nano-Titandioxidpartikeln, die mit Himbeersaft sensibilisiert sind.*

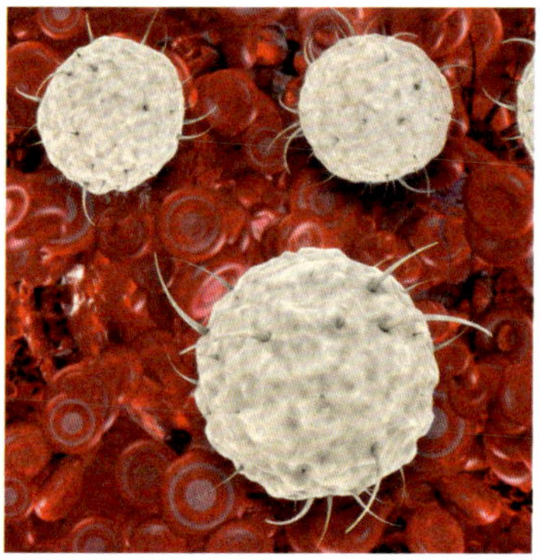

**B4** *Rote und weiße Blutzellen (Erythrozyten und Leukozyten) haben Durchmesser von 7 µm bis 20 µm.*

### Chancen und Risiken der Nanotechnologie

Die Nanotechnologie ist eine der Schlüsseltechnologien des 21. Jahrhunderts. Sie eröffnet u.a. folgende **Chancen**:

- Nanostrukturierte Katalysatoren helfen, Energie und Rohstoffe *einzusparen*, Abgase und Abwässer zu *reinigen* und Abfälle zu *recyceln*.
- Membranen und Elektroden aus nanostrukturierten Materialien wirken sich effizienzsteigernd bei elektrochemischen Energiequellen aus, z.B. bei Brennstoffzellen und Lithium-Ionen-Akkumulatoren.
- Materialien aus Nanoagglomeraten sind oft lichtempfindlich. Sie eignen sich für die Umwandlung von *Solarlicht* in *elektrische Energie*, aber auch für die *photochemische Herstellung langlebiger Energiespeicher* wie Wasserstoff, Kohlenwasserstoffe und Alkohole aus Wasser bzw. Wasser und Kohlenstoffdioxid.
- Mit Modifikationen des Nano-Kohlenstoffs (Graphene und Kohlenstoff-Nanotubes) werden immer kleinere Bauelemente für energiesparende Nanoelektronik, z.B. Nanocomputer, möglich.
- In der Medizin verspricht man sich durch die Entwicklung und den Einsatz von nanostrukturierten Arzneimitteln viele Fortschritte.

Damit trägt die Nanotechnologie zur Bewältigung der globalen Probleme Energie, Klima, Mobilität und Gesundheit bei.

Wie jeder wissenschaftliche Fortschritt birgt die Nanotechnologie auch **Risiken** in sich:

- Man weiß noch viel zu wenig darüber, ob synthetische Nanopartikel auf lebende Organismen toxisch wirken können. Da sie etwa die Größe von Viren haben und um den Faktor 100 bis 1000 kleiner als Zellen (B4) sind, können sie je nach Beschaffenheit in die Zellen eindringen. So könnten sie beispielsweise die Blut-Hirn-Schranke überwinden und Schädigungen hervorrufen.
- Es ist bekannt, dass sich Nanoartikel mit Durchmessern von 100 bis 1000 nm z.B. aus dem Zigarettenrauch oder aus Abgasen beim Einatmen in den Luftwegen und in der Lunge festsetzen und dort langfristig schädigend wirken. Diese Partikel sind aus Kohlenstoff-Atomen aufgebaut und an ihrer Oberfläche sind oft Moleküle von krebserregenden Aromaten adsorbiert.
- Die mögliche Entwicklung von Nanorobotern, die auch militärischen Zwecken dienen können, stellt ein Risiko für die Sicherheit der Menschen und der Umwelt allgemein dar.

Am Beispiel der Nanotechnologie wird einmal mehr deutlich, dass sich Wissenschaftler bewusst sein müssen, dass sie auch für die Risiken ihrer Forschungsergebnisse Verantwortung tragen.

### Aufgabe

**A1** Extrahieren Sie aus dem Text über die Chancen und Risiken der Nanotechnologie die chemischen Fachbegriffe und erläutern Sie sie.

## INFO

Der schmerzstillende und fiebersenkende Wirkstoff im Arzneimittel **Aspirin®** ist **Acetylsalicylsäure ASS**:

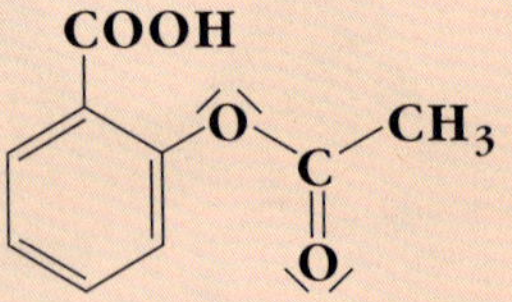

ASS ist in wässriger Lösung bei dem *p*H-Wert von *p*H = 3 schwerlöslich. In einer „Aspirin® plus C"-Brausetablette bewirkt der Zusatz eines Citronensäure-Natriumcitrat-Puffersystems, dass der *p*H-Wert der wässrigen Lösung bei *p*H ca. 5,5 liegt. Bei diesem *p*H-Wert löst sich ASS gut.

Früher wurde ASS als Pulver in Gläsern aufbewahrt. Bildete sich dann an feuchter Luft ein Geruch nach Essig, sollte das ASS nicht mehr verwendet werden.

Die Ausgangsstoffe für die Synthese von Acetylsalicylsäure sind Salicylsäure (ortho-Hydroxybenzoesäure) und Essigsäureanhydrid:

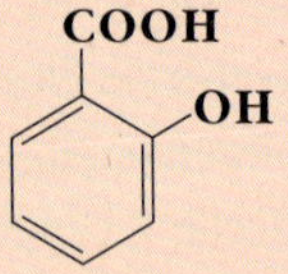

Salicylsäure

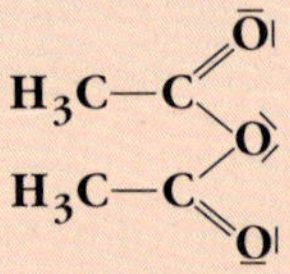

Essigsäureanhydrid

Salicylsäure wird industriell nach dem KOLBE-SCHMITT-Verfahren aus Phenol (Hydroxybenzol) und Kohlenstoffdioxid hergestellt. Man leitet Kohlenstoffdioxid bei einer Temperatur von $\vartheta = 125\ °C$ und einem Druck von $p = 0{,}5$ MPa über Natriumphenolat. Das Reaktionsprodukt wird anschließend mit Salzsäure versetzt.

Lösungen von Acetylsalicylsäure und Salicylsäure in Dichlormethan haben die in B1 angegebenen Absorptionsspektren. Bei Wellenlängen über 350 nm absorbieren sie kein Licht.

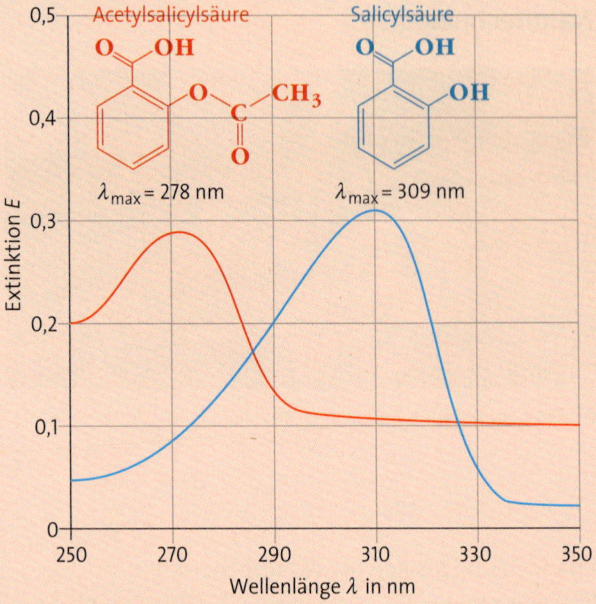


**B1** *Absorptionsspektren von ASS und Salicylsäure*

## Aufgaben

**A1** Erklären Sie die unterschiedliche Löslichkeit von Acetylsalicylsäure und „Aspirin® plus C". Erklären Sie, warum beim Aufbewahren von ASS an feuchter Luft ein Essiggeruch auftreten kann und warum es dann nicht mehr eingenommen werden soll.

**A2** Geben Sie den Reaktionstyp und die Reaktionsgleichung für die Synthese von ASS aus Salicylsäure und Essigsäureanhydrid an. Erklären Sie anhand einer Strukturformel, warum Salicylsäure-Moleküle intramolekulare Wasserstoffbrückenbindungen ausbilden.

**A3** Entwickeln Sie einen Mechanismus für die Reaktion, die bei der KOLBE-SCHMITT-Synthese von Salicylsäure abläuft, und begründen Sie, warum es sinnvoller ist, von Natriumphenolat als von Phenol auszugehen und unter Druck zu arbeiten.

**A4** Begründen Sie mithilfe der angegebenen Absorptionsspektren (B1), warum ASS und Salicylsäure farblos sind, und erläutern Sie mithilfe eines Energiestufendiagramms die unterschiedlichen Absorptionsmaxima.

[1] Vgl. auch **Kompetenzen trainieren** zu den Kapiteln 1 bis 3.

## Thema[1]: Ascorbinsäure – ein Antioxidationsmittel und eine Säure

### INFO

**Ascorbinsäure** ist als **Vitamin C** bekannt und in vielen Früchten und Gemüsesorten enthalten. An Luft wird Ascorbinsäure zu Dehydroascorbinsäure oxidiert.

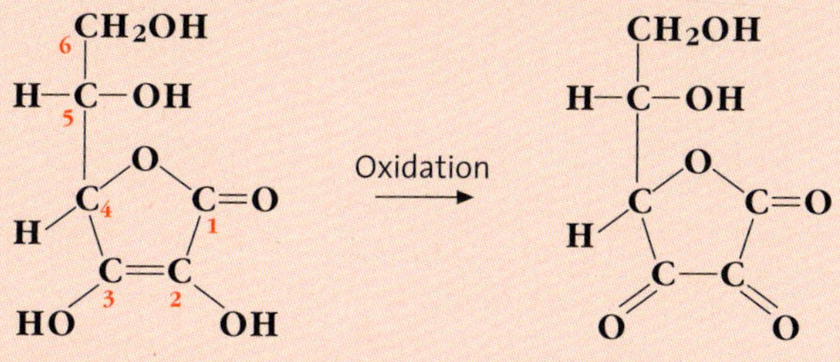


Ascorbinsäure Vitamin C — Dehydroascorbinsäure

Diese Oxidation kann vereinfacht folgendermaßen formuliert werden:

$$2\ AscH_2 + O_2 \rightleftharpoons 2\ Asc + 2\ H_2O$$

Ascorbinsäure ist ein Reduktionsmittel und reduziert beispielsweise Eisen(III)-Ionen, nach folgender Reaktionsgleichung:

$$AscH_2 + 2\ Fe^{3+} + 2\ H_2O \rightleftharpoons Asc + 2\ Fe^{2+} + 2\ H_3O^+$$

Ascorbinsäure ist eine zweiprotonige Säure, obwohl das Molekül keine Carboxy-Gruppen enthält, denn das Monoanion wird durch intramolekulare Wasserstoffbrückenbindungen und durch folgende mesomere Grenzstrukturen stabilisiert:

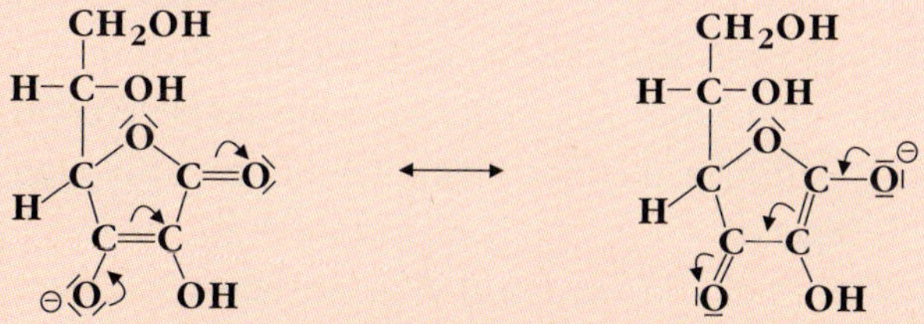

Ascorbinsäure kommt in zwei Formen vor:

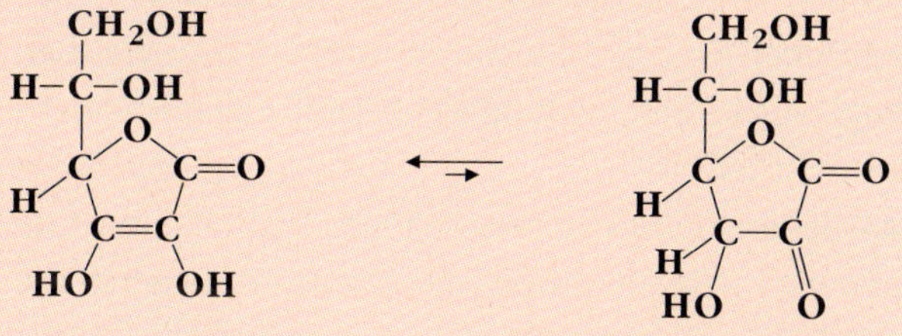

Endiol-Form — Keto-Form

**Redoxpotenziale:**
$E(AscH_2/Asc) = 0{,}2\ V$ (bei $pH = 2$)
$E(AscH_2/Asc) = 0{,}06\ V$ (bei $pH = 7$)

**$pK_s$-Werte**
Ascorbinsäure: $pK_{s1} = 4{,}17$, $pK_{s2} = 11{,}6$

### Aufgaben

**A1** Ermitteln Sie die für die Redoxreaktion zwischen Ascorbinsäure und Sauerstoff relevanten Oxidationszahlen und erklären Sie die Bezeichnung „Dehydroascorbinsäure". Erläutern Sie anhand der Reaktion von Ascorbinsäure mit Eisen(III)-Ionen, warum Ascorbinsäure als Antioxidationsmittel bezeichnet wird.

**A2** Erklären Sie die $p$H-Abhängigkeit des Redoxpotenzials des Redoxpaares $AscH_2/Asc$ mithilfe der NERNST-Gleichung. Erklären Sie, warum Ascorbinsäure in sauren Lösungen, z.B. in Zitrusfrüchtesäften, besonders lange haltbar ist.

**A3** Erläutern Sie mithilfe geeigneter Formeln die Ausbildung von intramolekularen Wasserstoffbrückenbindungen in der Endiol-Form des Ascorbinsäure-Moleküls und begründen Sie, warum in der Keto-Form nur eine dieser beiden Wasserstoffbrückenbindungen möglich ist.

**A4** Formulieren Sie die beiden Protolysestufen der Ascorbinsäure in Wasser. Erklären Sie den vergleichsweise großen Unterschied zwischen den beiden $pK_s$-Werten für die Protolysestufen von Ascorbinsäure

**A5** Zeichnen Sie in ein Diagramm die zu erwartende Titrationskurve der Titration von 100 mL Ascorbinsäure, $c = 0{,}1$ mol/L, mit Natronlauge, $c = 1$ mol/L. Erläutern Sie den Kurvenverlauf und ermitteln Sie, welcher Indikator (vgl. S. 39, B4) zur Endpunkttitration geeignet ist.

[1] Vgl. auch **Kompetenzen trainieren** zu den Kapiteln 1 bis 3.

*INFO*

Bei einigen Redoxpaaren sind Oxonium-Ionen an dem Gleichgewicht zwischen der reduzierten und der oxidierten Form beteiligt. Beispiel:

$$Mn^{2+}(aq) + 12\ H_2O \rightleftharpoons MnO_4^-(aq) + 8\ H_3O^+(aq) + 5e^-$$

Um die Abhängigkeit der Redoxpotenziale solcher Redoxpaare vom *p*H-Wert zu überprüfen, wurden die folgenden Versuche durchgeführt.

***V1*** In einen Schenkel eines U-Rohrs mit Fritte wurde eine Kupfersulfat-Lösung, $c$ = 1 mol/L, und eine Kupfer-Elektrode (als Bezugs-Halbzelle) gegeben, in den anderen eine Kaliumpermanganat-Lösung und eine Platin-Elektrode.

a) Zunächst wurde die Kaliumpermanganat-Lösung mit Ethansäure-Lösung auf *p*H = 3 angesäuert. Die Spannung dieser Zelle wurde mit $U$ = 0, 9 V gemessen.

b) Dann wurde die Kaliumpermanganat-Lösung mit Schwefelsäure-Lösung auf *p*H = 1 angesäuert. Die Spannung der Zelle betrug nun $U$ = 1,1 V.

Die Kupfer-Elektrode war jeweils der Minuspol.

***V2*** In drei Rggl. mit a) verd. Salzsäure mit *p*H = 0, b) angesäuerter Natriumchlorid-Lösung mit *p*H = 3 und c) angesäuerter Natriumbromid-Lösung mit *p*H = 3 wurden jeweils einige Tropfen Kaliumpermanganat-Lösung gegeben (für das Redoxpaar $Mn^{2+}/MnO_4^- + 8\ H_3O^+$ gilt das oben genannte Gleichgewicht).

Bei der Entwicklung von fotografischen Filmen auf Silberbromid-Basis mit Hydrochinon als Reduktionsmittel ist der *p*H-Wert der Entwickler-Lösung wichtig. Die Filmentwicklung wird bei einem *p*H-Wert von *p*H = 10,5 durchgeführt. Es läuft folgende Reaktion ab:

$$AgBr(s) + e^- \longrightarrow Ag(s) + Br^-(aq)$$

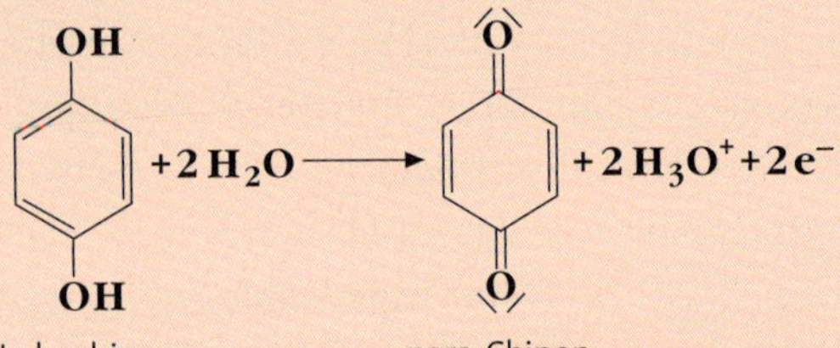


Hydrochinon (para-Dihydoxybenzol)    para-Chinon

[1] Vgl. auch **Kompetenzen trainieren** zu den Kapiteln 1 bis 3.

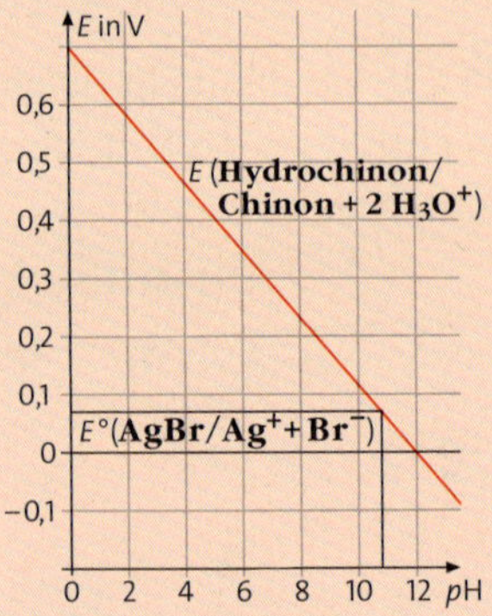


**B1** *pH-Abhängigkeit des Redoxpotenzials E(Hydrochinon/para-Chinon +* $2\ H_3O^+$*)*

Standardpotenziale:

$E°(AgBr/Ag^+ + Br^-)$ = 0,07 V

$E°(Cu/Cu^{2+})$ = 0,35 V;

$E°(2\ Br^-/Br_2)$ = 1,07 V;

$E°(2\ Cl^-/Cl_2)$ = 1,36 V;

$E°(Mn^{2+}/MnO_4^- + 8\ H_3O^+)$ = 1,51 V

## *Aufgaben*

***A1*** Zeichnen Sie eine beschriftete Skizze der Zelle in V1 und formulieren Sie die in den beiden Halbzellen ablaufenden Reaktionen. Erklären Sie, warum die Spannung dieser Zelle höher ist, wenn der *p*H-Wert in der Halbzelle mit der Kaliumpermanganat-Lösung niedriger ist.

***A2*** Ermitteln Sie aus den in V1 gemessenen Spannungen das Elektrodenpotenzial (Redoxpotenzial) der Kaliumpermanganat-Halbzelle für die Fälle a) und b).

***A3*** Geben Sie begründet an, in welchem bzw. welchen Rggl. aus V2 eine Bildung des betreffenden Halogens zu erwarten ist.

***A4*** Geben Sie bei dem Redoxpaar Hydrochinon/Chinon die Oxidationszahlen der Atome an, an denen sie sich bei der Oxidation bzw. Reduktion ändert.

***A5*** Erläutern Sie das Diagramm B1 und begründen Sie, unter welchen *p*H-Bedingungen die Entwicklung von fotografischen Filmen auf Silberbromid-Basis durchgeführt werden kann.

**Akkumulator**: Ein Akkumulator ist eine wiederaufladbare galvanische Zelle (Beispiele: Bleiakkumulator, Nickel-Cadmium-Akkumulator, Lithium-Ionen-Akkumulator).

**Aktivierungsenergie:** Auf der Stoffebene versteht man unter der Aktivierungsenergie die Wärme, die anfangs einem System zugeführt werden muss, um darin eine Reaktion auszulösen. Auf der Teilchenebene kann die Aktivierungsenergie als Differenz zwischen der mittleren Energie der „aktiven" Teilchen und der mittleren Energie aller Teilchen gedeutet werden.

**Akzeptor-Halbzelle**: In der Akzeptor-Halbzelle einer galvanischen Zelle läuft die Reduktion der an der Zellreaktion beteiligten Teilchen ab. Beim DANIELL-Element werden in der Akzeptor-Halbzelle, die das Redoxpaar $\mathbf{Cu/Cu^{2+}}$ enthält, Kupfer(II)-Ionen zu Kupfer-Atomen reduziert. Die dafür nötigen Elektronen werden von der Kupfer-Elektrode bereitgestellt, die sich dadurch elektrisch positiv auflädt und den Pluspol der Zelle bildet.

**Aminosäuren**: Aminosäuren sind Verbindungen mit mindestens je einer Carboxy- und Amino-Gruppe im Molekül. Von besonderer Bedeutung sind die etwa 20 $\alpha$-Aminosäuren $\mathbf{H_2NCHRCOOH}$, aus denen in Organismen die körpereigenen Proteine synthetisiert werden.

**Ampholyt**: Ein Ampholyt kann sowohl als Säure (Protonen-Donator) als auch als Base (Protonen-Akzeptor) wirksam werden. Der wichtigste Ampholyt ist das Wasser-Molekül.

**Anode**: Als Anode bezeichnet man die Elektrode, bei der eine Oxidation abläuft. Bei der Elektrolyse bildet die Anode den Pluspol, bei der galvanischen Zelle den Minuspol.

**Äquivalenzpunkt:** Beim Äquivalenzpunkt einer Säure-Base-Titration sind die Stoffmengen der titrierten Säure (Base) und der Base (Säure) aus der Maßlösung gleich. (*Hinweise:* Das bis zum Äquivalenzpunkt verbrauchte Volumen an Maßlösung, d. h. der Abszissenwert des Äquivalenzpunktes, geht in die rechnerische Auswertung der Titration ein. Da beim Äquivalenzpunkt die Lösung des Salzes aus der titrierten Säure (Base) und der Base (Säure) aus der Maßlösung vorliegt, kann der *p*H-Wert, d. h. der Ordinatenwert des Äquivalenzpunktes, im neutralen, sauren oder alkalischen Bereich liegen.)

**Aromatische Verbindungen (Aromaten):** Das charakteristische strukturelle Merkmal der aromatischen Verbindungen (Aromaten) ist der aromatische Ring, mit über den gesamten Ring delokalisierten Elektronen. Der Hauptvertreter der Aromaten ist das Benzol $\mathbf{C_6H_6}$, dessen Molekül drei über den Ring delokalisierte Elektronenpaare hat (aromatisches Elektronensextett). Viele Aromaten sind Derivate des Benzols (Alkylbenzole, Phenol, Anilin u. a.). Ringförmige Moleküle, die auch Heteroatome (z. B. Sauerstoff-, Stickstoff- oder Schwefel-Atome) enthalten, können ebenfalls aromatisch sein, wenn die Elektronenpaare aus Doppelbindungen und freie Elektronenpaare der Heteroatome zusammen ein aromatisches Elektronensextett ausbilden.

**Asymmetrisches Kohlenstoff-Atom:** Ein Kohlenstoff-Atom mit vier verschiedenen Substituenten ist asymmetrisch. Es stellt in einem Molekül ein Chiralitätszentrum dar.

**Autoprotolyse**: Die Autoprotolyse ist ein Protonenübergang zwischen gleichartigen Teilchen, z. B. zwischen Wasser-Molekülen.

**Azofarbstoffe**: Azofarbstoffe bilden eine wichtige Klasse von synthetischen Farbstoffen, deren allgemeines strukturelle Merkmal die Azo-Gruppe **–N=N–** ist. Im Molekül eines Azofarbstoffs sind zwei oder mehrere Molekülbausteine mit delokalisierten Elektronen (beispielsweise aromatische Ringe) über Azo-Gruppen miteinander verknüpft. Dadurch werden die delokalisierten Elektronen über größere Bereiche, oft über das ganze Molekül, ausgeweitet.

**Base (BRÖNSTED-Definition)**: Eine Base ist ein Protonen-Akzeptor (vgl. zur Frage, ob damit ein Teilchen oder ein Stoff gemeint ist, auch die Säure-Definition nach BRÖNSTED).

**Batterie**: Eine Batterie ist eine einmal entladbare (nicht wiederaufladbare) galvanische Zelle (Beispiel: Taschenlampenbatterie).

**Brennstoffzelle**: Die Brennstoffzelle ist eine galvanische Zelle, die die innere Energie des zugeführten Brennstoffs (z. B. Wasserstoff oder Methanol) und Sauerstoffs direkt in elektrische Energie umwandelt.

**Brennwert**: Der Brennwert $H_s$ eines Brennstoffs ist die pro Masseneinheit (oder pro Volumeneinheit) bei der Verbrennung des betreffenden Brennstoffs abgegebene thermische Energie (Wärme), wobei das Verbrennungsprodukt Wasser in flüssiger Form erhalten wird.

**Carbonfasern:** Carbonfasern sind moderne Verbundwerkstoffe, die in ein Polymer (z. B. Polyester) eingebettete Kohlefasern enthalten. Dadurch werden mechanische Eigenschaften des Materials wie Festigkeit und Elastizität verbessert.

**Chemisches Gleichgewicht**: Im Zustand des chemischen Gleichgewichts liegen Reaktionsprodukte und Ausgangsstoffe in bestimmten, konstanten Konzentrationen nebeneinander vor. Stoff- und Energieumsatz sind nicht beobachtbar. Der Zustand kann nur in einem geschlossenen System eingenommen werden, in dem die Reaktion, die zur Ausbildung des Gleichgewichtszustands führt, auch umkehrbar (reversibel) ist. Auf der Teilchenebene herrscht beim chemischen Gleichgewicht kein Stillstand; sowohl die Hin- als auch die Rückreaktion laufen weiter ab, aber ihre Reaktionsraten sind gleich.

**Chiralität:** Chiralität ist eine Eigenschaft von Objekten, die keine Spiegelebene haben. Zwei Moleküle, die sich wie ein Objekt und sein Spiegelbild zueinander verhalten, sind chiral. Chirale Moleküle haben gleiche Konstitution, aber unterschiedliche Konfiguration. Molekülchiralität ist die Voraussetzung für optische Isomerie.

**Chlor-Alkali-Elektrolyse**: Bei der Chlor-Alkali-Elektrolyse werden aus Natriumchlorid-Lösung unter Zufuhr von elektrischer Energie drei industrielle Grundchemikalien gewonnen: Chlor, Wasserstoff und Natronlauge. Die Chlor-Alkali-Elektrolyse kann nach dem Diaphragma-, dem Amalgam- und dem Membran-Verfahren durchgeführt werden.

**Chromophor:** Ein Chromophor besteht aus mehreren konjugierten Doppelbindungen und stellt das gemeinsame strukturelle Merkmal von organischen, farbgebenden Molekülen dar. Im Chromophor sind die Elektronenpaare aus Doppelbindungen und freie Elektronenpaare delokalisiert.

**Copolymere**: Als Copolymere bezeichnet man makromolekulare Verbindungen, die durch Polymerisation zweier (oder mehrerer) verschiedener Monomere erhalten werden, beispielsweise das Copolymer ETFE (aus Ethen- und Tetrafluorethen-Einheiten).

**DANIELL-Element**: Das DANIELL-Element ist eine galvanische Zelle bestehend aus einer Donator-Halbzelle mit dem Redoxpaar $Zn/Zn^{2+}$ und einer Akzeptor-Halbzelle mit dem Redoxpaar $Cu/Cu^{2+}$. Sie liefert unter Standardbedingungen eine Leerlaufspannung von $U = 1{,}1\ V$.

**Delokalisierte Elektronen:** Delokalisierte Elektronen sind dadurch gekennzeichnet, dass sie über mehr als zwei Atome verteilt sind. Das trifft für Elektronenpaare aus konjugierten Doppelbindungen (und gegebenenfalls freien Elektronenpaaren aus benachbarten Heteroatomen) zu.

**Desoxyribonucleinsäure DNA**: Desoxyribonucleinsäure DNA ist ein makromolekularer Naturstoff, dessen Baueinheiten Nucleotide sind, und der als Informationsträger für das Erbgut eines Organismus dient.

**Dipol-Molekül**: Liegen in einem Molekül die Schwerpunkte der positiven und negativen elektrischen Teilladungen nicht zusammen, so handelt es sich um ein Dipol-Molekül.

**Disaccharide**: Disaccharide (Zweifachzucker) sind Kohlenhydrate, deren Moleküle aus zwei glycosidisch verknüpften Monosaccharid-Resten bestehen. Saccharose (Rohrzucker, Haushaltszucker) ist das bekannteste Disaccharid.

**Donator-Halbzelle**: In der Akzeptor-Halbzelle einer galvanischen Zelle läuft die Oxidation der an der Zellreaktion beteiligten Teilchen ab. Beim DANIELL-Element werden in der Donator-Halbzelle, die das Redoxpaar $Zn/Zn^{2+}$ enthält, Zink-Atome zu Zink(II)-Ionen oxidiert. Die dabei abgegebenen Elektronen werden über die Zink-Elektrode, die den Minuspol der Zelle bildet, in den äußeren Stromkreis geleitet.

**Duroplaste**: Duroplaste sind feste Kunststoffe, die auch beim Erwärmen formstabil und fest bleiben. Bei hohen Temperaturen zersetzen sie sich thermisch. Duroplaste bestehen aus dreidimensional dicht vernetzten Makromolekülen.

**Dynamisches Gleichgewicht**: Beim dynamischen Gleichgewicht gibt es (im Gegensatz zum statischen Gleichgewicht) im System Bewegung, d.h. gegenläufige Prozesse laufen so ab, dass sie sich gegenseitig ausgleichen. Das chemische Gleichgewicht ist auf der Teilchenebene betrachtet ein dynamisches Gleichgewicht, weil dabei die Hinreaktion und die Rückreaktion mit gleichen Reaktionsraten ablaufen.

**Elastomere**: Elastomere sind Kunststoffe mit elastischen Eigenschaften, d.h. Materialien, die sich bei Krafteinwirkung verformen und danach wieder ihre ursprüngliche Form einnehmen. Elastomere bestehen aus linearen Makromolekülen mit einer relativ geringen Anzahl von Quervernetzungen zwischen den Makromolekülen.

**Elektrode**: Als Elektrode bezeichnet man in der Elektrochemie den Teil eines Elektronenleiters (Metalle, Graphit), der in einen Elektrolyt eintaucht und dessen Teilchen Elektronen aufnehmen oder abgeben können.

**Elektrolyt**: Ein Elektrolyt leitet den elektrischen Strom durch bewegliche Ionen. Als Elektrolyte fungieren Lösungen und Schmelzen, die Ionen enthalten, beispielsweise Lösungen und Schmelzen von Salzen.

**Elektronegativität**: Elektronegativität EN ist die Eigenschaft der Atome innerhalb von Molekülen, in denen sie gebunden sind, Bindungselektronen zu sich heranzuziehen. Eine Elektronenpaarbindung ist umso polarer, je größer die Elektronegativitätsdifferenz $\Delta$EN der gebundenen Atome ist.

**Elektronenpaarbindung**: Eine Elektronenpaarbindung (Atombindung, kovalente Bindung) kommt durch ein gemeinsames, bindendes Elektronenpaar zwischen zwei Atomen zustande. Bei einer Doppelbindung liegen zwei, bei einer Dreifachbindung drei gemeinsame Elektronenpaare vor.

**Elektrophile Addition**: Als elektrophile Addition wird eine Reaktion bezeichnet, bei der eine Atomgruppe an ein Molekül angelagert wird, wobei der langsamste, geschwindigkeitsbestimmende Schritt der Reaktion eine elektrophile („elektronenliebende", „elektronensuchende") Anlagerung eines Teilchens an das Molekül, an das die Addition erfolgt, ist. Elektrophile Additionen (z.B. von Halogenen, Halogenwasserstoffen und Wasser) sind typische Reaktionen bei Alkenen.

**Elektrophile Substitution**: Als elektrophile Substitution wird eine Reaktion bezeichnet, bei der ein Atom oder eine Atomgruppe an einem Molekül durch ein anderes Atom oder eine andere Atomgruppe ersetzt wird, wobei der langsamste, geschwindigkeitsbestimmende Schritt der Reaktion eine elektrophile („elektronenliebende", „elektronensuchende") Anlagerung eines Teilchens an das Molekül, an dem die Substitution erfolgt, ist. Elektrophile Substitutionen (Halogenierung, Alkylierung, Nitrierung u.a.) sind typische Reaktionen bei Aromaten.

**Elektrophorese:** Elektrophorese ist ein Trennverfahren, bei dem die Komponenten eines Stoffgemisches auf einem Trägermaterial in einem elektrischen Gleichspannungsfeld unterschiedlich schnell wandern und dadurch aufgetrennt werden. Insbesondere Aminosäure- und Proteingemische werden durch Elektrophorese aufgetrennt.

**Elektrolyse**: Eine Elektrolyse ist eine Reaktion, die bei dauernder Zufuhr von elektrischer Energie durch eine elektrische Energiequelle abläuft. Dabei erhöht sich die innere Energie der Produkte. Die positiv geladenen Ionen (Kationen) werden am Minuspol (Kathode) durch Aufnahme von Elektronen reduziert, die negativ geladenen Ionen (Anionen) am Pluspol (Anode) durch Abgabe von Elektronen oxidiert.

**Eliminierung**: Als Eliminierungen werden Reaktionen bezeichnet, bei denen aus einem Molekül ein anderes, i.d.R. kleineres Molekül, abgespalten wird. Beispiele für Eliminierungen sind die Dehydratisierung (Wasserabspaltung) bei Alkoholen und die Dehydrohalogenierung (Abspaltung von Halogenwasserstoff) bei Halogenalkanen.

**Enantiomere (optische Isomere):** Enantiomere (optische Isomere) sind Stereoisomere, die wie Bild und Spiegelbild zueinander stehen.

**Endergonisch**: Für endergonische Reaktionen gilt: $\Delta G_R > 0$. Die freie Reaktionsenthalpie nimmt bei der Reaktion zu, diese kann nur erzwungen ablaufen.

**Endotherm**: Für endotherme Reaktionen gilt: $\Delta H_R > 0$. Die Reaktionsenthalpie nimmt bei der Reaktion zu und muss i.d.R. als thermische Energie (Wärme) zugeführt werden.

**Energiestufenmodell:** Nach dem Energiestufenmodell können Elektronen in Molekülen nur bestimmte erlaubte Energiestufen (Energieniveaus) besetzten. Die erlaubten Energiestufen werden mit je einem Elektronenpaar „von unten nach oben" aufgefüllt. Durch Absorption eines Energiequants geeigneter Energie kann ein Elektron aus der höchsten besetzten in die niedrigste unbesetzte Energiestufe angehoben werden. Das Molekül geht dabei aus dem Grundzustand in den elektronisch angeregten Zustand über. Mit dem Energiestufenmodell kann die Farbigkeit durch Lichtabsorption (normale Farben) und Lichtemission (Leuchtfarben) erklärt werden.

**Entropie**: Die Entropie ist eine Größe, die vereinfacht als das Maß für die Unordnung eines Systems interpretiert werden kann. Nach dem Entropieprinzip laufen Reaktionen dann selbsttätig (spontan) ab, wenn die Entropie dabei zunimmt.

**Enzyme**: Enzyme sind Biokatalysatoren. In der Regel sind es Proteine, die Reaktionen in Organismen katalysieren. Viele Enzyme katalysieren nur einen bestimmten Reaktionstyp (z.B. Hydrolysen) und nur die Reaktion eines bestimmten Stoffes (Substrats).

**Exergonisch**: Für exergonische Reaktionen gilt: $\Delta G_R < 0$. Die freie Reaktionsenthalpie nimmt bei der Reaktion ab, diese kann selbsttätig ablaufen.

**Exotherm**: Für exotherme Reaktionen gilt: $\Delta H_R < 0$. Die Reaktionsenthalpie nimmt bei der Reaktion ab und wird i.d.R. als thermische Energie (Wärme) an die Umgebung abgegeben.

**Fällungsgleichgewicht**: Ein Fällungsgleichgewicht stellt sich zwischen einer Fällungsreaktion und der entsprechenden Rückreaktion ein, z.B. $Ag^+(aq) + Cl^-(aq) \rightleftharpoons AgCl(s)$. Beim Fällungsgleichgewicht liegen der ausgefällte Stoff (der Bodenkörper) und die gesättigte Lösung zusammen vor.

**FARADAY-Gesetze**: Die FARADAY-Gesetze beschreiben den Zusammenhang zwischen der Stoffmenge $n$ an einem Elektrolyseprodukt X und der durch die Elektrolysezelle geflossenen elektrischen Ladung $Q$. Die FARADAY-Gesetze werden in folgender Gleichung zusammengefasst: $Q = n(X) \cdot z \cdot F$ oder $I \cdot t = n(X) \cdot z \cdot F$ ($F$: FARADAY-Konstante, $z$: Anzahl der Elektronen, die zur Bildung eines Teilchens X aufgenommen oder abgegeben werden, $I$: Stromstärke, $t$: Zeit)

**Farbigkeit**: Stoffe erscheinen im sichtbaren, weißen Licht farbig, wenn sie einen Teil dieses Lichts absorbieren. Die gesehene Farbe kommt durch die Überlagerung der nicht absorbierten Farben zustande. Neben dieser Art von Farbigkeit, die durch Lichtabsorption entsteht, gibt es auch Leuchtfarben, die durch Lichtemission zustande kommen (Fluoreszenz, Phosphoreszenz, Chemolumineszenz, Elektrolumineszenz).

**Farbstoffe**: Als Farbstoffe bezeichnet man (in der Technik) farbige Verbindungen, die aus Lösungen auf verschiedene Materialien (z.B. Textilfasern) aufgebracht werden können, um diese zu färben. Farbstoff-Moleküle enthalten delokalisierte Elektronen, Chromophore sowie Donator- und Akzeptor-Gruppen.

**FEHLING-Probe**: Die FEHLING-Probe ist eine Nachweismethode für Stoffe, deren Moleküle Aldehyd-Gruppen enthalten. Bei positiver Probe werden Kupfer(II)-Ionen aus einem blauen Komplex reduziert und es bildet sich ein rotbrauner Niederschlag aus Kupfer(I)-oxid.

**Fette**: Fette sind allgemein Ester des dreiwertigen Alkohols Glycerin (Propan-1,2,3-triol) mit Fettsäuren.

**Fettsäuren**: Fettsäuren sind Monocarbonsäuren, deren Moleküle neben einer Carboxy-Gruppe langkettige Alkan- oder Alken-Reste, vorwiegend aus 11 bis 17 Kohlenstoff-Atomen, enthalten.

**FISCHER-Projektionsfomeln**: Die FISCHER-Projektionsformeln sind eindeutige Darstellungen dreidimensionaler Molekül-Konfigurationen in der zweidimensionalen Ebene. Sie eignen sich gut für die Darstellung von Monosaccharid-Molekülen in der Kettenform und für Aminosäure-Moleküle (bzw. Aminosäure-Zwitterionen).

**Freie Reaktionsenthalpie**: Die freie Reaktionsenthalpie $\Delta G_R$ ist die maximale Nutzenergie einer Reaktion (vgl. auch GIBBS-HELMHOLTZ-Gleichung).

**Galvanische Zelle**: Die galvanische Zelle ist ein Energiewandler, der innere Energie in elektrische Energie umwandelt. Sie liefert Gleichstrom. In einer galvanischen Zelle laufen die Oxidation und die Reduktion von Teilchen in räumlich getrennten, durch eine Elektrolytbrücke oder poröse Wand verbundenen Halbzellen ab.

**Gerüstformel (Molekülsymbol)**: Die Gerüstformel (das Molekülsymbol) eines Moleküls ist eine vereinfachte Valenzstrichformel (Konstitutionsformel).

**Geschlossenes System**: Bei einem geschlossenen System findet Energieaustausch statt, aber kein Stoffaustausch mit der Umgebung.

**GIBBS-HELMHOLTZ-Gleichung**: Mit der GIBBS-HELMHOLTZ-Gleichung kann die freie Reaktionsenthalpie $\Delta G_R$ aus der Reaktionsenthalpie $\Delta H_R$, der Reaktionsentropie $\Delta S_R$ und der absoluten Temperatur $T$ berechnet werden. Sie lautet:
$\Delta G_R = \Delta H_R - T \cdot \Delta S_R$

**Gleichgewichtskonstante $K_c$**: Die Gleichgewichtskonstante ist eine charakteristische Größe für das chemische Gleichgewicht einer reversiblen Reaktion bei einer bestimmten Temperatur. Sie nimmt den Wert des Massenwirkungsquotienten beim chemischen Gleichgewicht ein.

**Glycosidische Bindung**: Als glycosidische Bindung bezeichnet man die Verknüpfungseinheit zwischen Monosaccharid-Bausteinen, die durch Abspaltung eines Wasser-Moleküls zwischen zwei Hydroxy-Gruppen verschiedener Monosaccharid-Moleküle zustande kommt.

**Grenzflächenaktivität**: Tensid-Teilchen sind grenzflächenaktiv, d.h. sie bewirken wegen ihrer Amphiphilie, dass die Grenzfläche zwischen Wasser und Öl oder Fett „aufgeweicht" wird und es zu einer Emulsion kommt. Dabei lagern sich die Tensid-Teilchen mit dem polaren (ionischen) Ende in die wässrige Phase und mit dem unpolaren in die ölige an und es bilden sich Micellen.

**Grenzstrukturen, Grenzformeln (mesomere)**: Grenzformeln sind Valenzstrichformeln, mit denen Grenzsituationen der Elektronenverteilung in Teilchen (Molekülen oder Molekül-Ionen) mit delokalisierten Elektronen beschrieben werden. Zwischen mesomere Grenzstrukturen schreibt man Mesomeriepfeile.

**HABER-BOSCH-Verfahren**: Nach dem HABER-BOSCH-Verfahren wird die Grundchemikalie Ammoniak $\mathbf{NH_3}$ industriell hergestellt. Zunächst wird aus den Rohstoffen Luft, Wasser und Methan (oder Erdöl oder Kohle) ein Gemisch aus Wasserstoff und Stickstoff hergestellt, das dann im Synthesereaktor bei Drücken von 20 hPa bis 30 hPa und bei einer Temperatur von ca. 550 °C in Gegenwart eines Katalysatorsystems zu Ammoniak umgesetzt wird.

**HAWORTH-Projektionsformeln**: Die HAWORTH-Projektionsformeln sind eindeutige Darstellungen dreidimensionaler Molekül-Konfigurationen in der zweidimensionalen Ebene. Sie eignen sich gut für die Darstellung von Ringen in Saccharid-Molekülen.

**Heizwert**: Der Heizwert $H_i$ ist die bei der Verbrennung einer Massen- oder Volumeneinheit eines Brennstoffs abgegebene thermische Energie (Wärme), die tatsächlich noch übrig bleibt, wenn das Verbrennungsprodukt Wasser in der gasförmigem Form berücksichtigt wird. Um den Heizwert zu berechnen, muss man also vom Brennwert die Verdampfungswärme des gebildeten Wassers abziehen.

**Heteroatom:** In der organischen Chemie werden alle Atome außer den Kohlenstoff-Atomen als Heteroatome bezeichnet. Entsprechend ist ein Heterozyklus ein Ring, der außer Kohlenstoff-Atomen auch andere Atome enthält.

**Indikator**: Ein Stoff, der durch seine Farbe anzeigt, ob eine saure oder alkalische Lösung vorliegt, ist ein Säure-Base-Indikator. (Es gibt auch Redox-Indikatoren, die durch ihre Farbe den Oxidationszustand eines Redoxsystems anzeigen.) Der Säure-Base-Indikator enthält eine Indikatorsäure $\mathbf{HInd}$ und ihre korrespondierende Indikatorbase $\mathbf{Ind^-}$, deren Farben unterschiedlich sind. Zwischen ihnen stellt sich ein Protolysegleichgewicht ein, bei dem je nach *p*H-Wert der Lösung, in die der Indikator gegeben wird, die Farbe von $\mathbf{HInd}$ oder die von $\mathbf{Ind^-}$ vorherrscht. Jeder Indikator hat einen charakteristischen Umschlagbereich, der sich über ca. 2 *p*H-Einheiten erstreckt.

**Ionenprodukt des Wassers $K_w$**: Das Ionenprodukt des Wassers ist das Produkt der Konzentrationen der Oxonium- und Hydroxid-Ionen, $K_w = c(\mathbf{H_3O^+}) \cdot c(\mathbf{OH^-})$. In verdünnten wässrigen Lösungen nimmt es bei 22 °C folgenden Wert an: $K_w = 10^{-14}\ \text{mol}^2 \cdot \text{L}^{-2}$.

**Isoelektrischer Punkt:** Der isoelektrische Punkt IEP einer Aminosäure ist der *p*H-Wert, bei dem die Konzentrationen der Aminosäure-Kationen und der Aminosäure-Anionen gleich sind, also praktisch alle Aminosäure-Moleküle in Form des Zwitterions vorliegen.

**Isoliertes System**: Bei einem isolierten System gibt es weder Energieaustausch noch Stoffaustausch mit der Umgebung.

**Isomere**: Stoffe mit gleicher Molekülformel, aber verschiedener Molekülstruktur (Konstitution oder Konfiguration) werden als Isomere bezeichnet (vgl. auch Isomerietabellen auf S. 17).

**Katalysator**: Ein Katalysator ist ein Stoff (oder ein Stoffsystem), der eine Reaktion beschleunigt, ohne dabei verbraucht zu werden. Er setzt die Aktivierungsenergie der Reaktion herab, indem er mit dem Edukt (den Edukten) Zwischenverbindungen eingeht und sie so in einen reaktionsfähigen Zustand versetzt.

**Kathode**: Als Kathode bezeichnet man die Elektrode, bei der eine Reduktion abläuft. Bei der Elektrolyse bildet die Kathode den Minuspol, bei der galvanischen Zelle den Pluspol.

**Kohlenhydrate**: Kohlenhydrate oder Saccharide sind organische Verbindungen mit der allgemeinen Summenformel $\mathbf{C_m(H_2O)_n}$. Kohlenhydrate dienen als Energieträger in Organismen.

**Konfiguration:** Die Konfiguration eines Moleküls wird durch die Anordnung der Atome im dreidimensionalen Raum festgelegt und durch die räumliche Strukturformel des Moleküls (vereinfacht auch durch die FISCHER- oder durch die HAWORTH-Projektionsformel) angegeben. Isomere mit gleicher Konstitution aber verschiedener Konfiguration werden als Stereoisomere bezeichnet.

**Konformation:** Konformationen sind unterschiedliche räumliche Anordnungen der Atome in einem Molekül, die sich aus der Rotationsmöglichkeit um die Einfachbindungen ergeben. In der Regel stellen zwei unterschiedliche Konformationen nicht zwei Isomere (Stereoisomere) dar, weil sie sich sehr schnell und leicht ineinander umwandeln. Durch Konformationsänderungen können bei Protein-Molekülen z. T. erhebliche Eigenschaftsänderungen verursacht werden.

**Konjugierte Doppelbindungen:** Mehrere alternierende Einfach- und Doppelbindungen bilden konjugierte Doppelbindungen. Dabei kommt es zu delokalisierten Elektronen, bei denen die Doppelbindungselektronen über den gesamten Bereich der konjugierten Doppelbindungen verteilt sind.

**Konstitution:** Die Konstitution eines Moleküls wird durch die Reihenfolge der Verknüpfung der Atome festgelegt und durch die Valenzstrichformel des Moleküls angegeben. Moleküle mit gleicher Molekülformel und unterschiedlicher Konstitution sind Konstitutionsisomere, z. B. Ethanol $\mathbf{H_3CCH_2OH}$ und Dimethylether $\mathbf{H_3COCH_3}$.

**Kontaktelement (Lokalelement)**: Ein Kontaktelement (Lokalelement) ist eine galvanische Zelle, bei der die beiden Elektroden in Kontakt oder über einen metallischen Leiter kurzgeschlossen sind. Bei einem Kontaktelement wird das unedlere Metall oxidiert und schützt das edlere Metall vor Korrosion.

**Konzentration**: Die Konzentration (Stoffmengenkonzentration) $c(\text{X})$ eines gelösten Stoffs X ist der Quotient aus der Stoffmenge $n(\text{X})$ und dem Volumen der Lösung $V_{\text{Lsg}}$: $c(\text{X}) = n(\text{X})/V_{\text{Lsg}}$. Die Einheit ist 1 mol/L.

**Konzentrationszelle**: Eine Konzentrationszelle ist eine galvanische Zelle, bei der die beiden Halbzellen die gleichen Redoxpaare enthalten und sich nur durch die Konzentrationen der gelösten, an den Redoxreaktionen beteiligten Teilchenarten (i. d. R. Ionen) unterscheiden.

**Konjugiertes Redoxpaar**: Ein konjugiertes Redoxpaar besteht aus einem Reduktionsmittel und dem daraus durch Abgabe von z Elektronen gebildeten Oxidationsmittel, z. B. $\mathbf{Zn/Zn^{2+}}$, $\mathbf{Ag/Ag^{+}}$, $\mathbf{2\ Cl^{-}/Cl_2}$.

**Konjugiertes Säure-Base-Paar**: Ein konjugiertes Säure-Base-Paar besteht aus einer Säure und der bei der Abgabe eines Protons daraus gebildeten Base, z. B. $\mathbf{HCl/Cl^{-}}$, $\mathbf{HSO_4^{-}/SO_4^{2-}}$.

**Korrosion**: Korrosion ist die Zerstörung eines Werkstoffes durch chemische Prozesse. Metalle werden durch Oxidationsprozesse korrodiert, bei denen Metall-Atome zu Metall-Kationen oxidiert werden. Das Rosten von Eisen und Stahl ist das bekannteste und wirtschaftlich relevanteste Beispiel von Korrosion.

**Korrosionsschutz**: Beim passiven Korrosionsschutz überzieht man die Metalloberfläche mit einer vor korrosiven Medien schützenden Schicht, beim aktiven Korrosionsschutz erzeugt man z. B. mit Opferanoden oder durch Verbindung mit dem Minuspol einer Gleichstromquelle elektrochemische Kontaktelemente (Lokalelemente).

**Kunststoffe**: Als Kunststoffe bezeichnet man synthetische makromolekulare Verbindungen (z. B. Polyethen PE, Polypropen PP, Polystyrol PS, Polyethylenterephthalat PET, Polyvinylchlorid PVC).

**Leerlaufspannung**: Die Leerlaufspannung einer galvanischen Zelle ist die gemessene Spannung der Zelle, wenn kein elektrischer Verbraucher eingeschaltet ist.

**Lichtabsorption:** Lichtabsorption bedeutet die Aufnahme von elektromagnetischer Strahlung aus dem sichtbaren Bereich durch einen Stoff, was die Farbigkeit des Stoffes bewirkt. Bei der Lichtabsorption werden die Teilchen des Stoffes elektronisch angeregt, wobei i. d. R. ein Elektron aus der höchsten besetzten Energiestufe in die niedrigste unbesetzte Energiestufe angehoben wird. Wenn die Energie des absorbierten Lichts vom Stoff in Wärme umgewandelt wird, erscheint er in der Farbe, die sich durch Überlagerung der nicht absorbierten Teile des weißen Lichts ergibt.

**Lichtemission:** Lichtemission bedeutet die Ausstrahlung von elektromagnetischer Strahlung aus dem sichtbaren Bereich durch einen Stoff. Sie wird z. B. als Fluoreszenz, Phosphoreszenz, Chemolumineszenz oder Elektrolumineszenz sichtbar. Bei der Emission von Licht gehen die Teilchen des Stoffes aus dem elektronisch angeregten Zustand in den Grundzustand über.

**Lokalelement:** vgl. Kontaktelement

**Löslichkeitsprodukt $K_L$**: Das Löslichkeitsprodukt $K_L$ eines schwerlöslichen Salzes ist aus der Gleichgewichtskonstante des heterogenen Gleichgewichts bei der Lösung bzw. Kristallisation des Salzes abgeleitet und enthält das Produkt der Konzentrationen der Ionen in der gesättigten Lösung dieses Salzes. Beispiel $K_L(\mathbf{PbI_2}) = c(\mathbf{Pb^{2+}}) \cdot c^2(\mathbf{I^{-}})$. Das Löslichkeitsprodukt $K_L$ ist eine temperaturabhängige Stoffkonstante.

**Makromolekül**: Als Makromoleküle bezeichnet man sehr große Moleküle mit Molekülmassen von mehreren Tausend atomaren Masseneinheiten. Aus Makromolekülen bestehen sowohl Naturstoffe wie Cellulose, Stärke, Proteine und Nucleinsäuren als auch Kunststoffe wie Polyethen, Polyester und Polyamide.

**Massenwirkungsgesetz MWG**: Das Massenwirkungsgesetz ist eine mathematische Gleichung, die den Zusammenhang zwischen den

Gleichgewichtskonzentrationen $c$ der Reaktionsteilnehmer beim chemischen Gleichgewicht und der Gleichgewichtskonstante $K_c$ ausdrückt. Für das Estergleichgewicht zwischen Ethanol und Ethansäure lautet das MWG:

$$K_c = \frac{c(\mathbf{CH_3COOC_2H_5}) \cdot c(\mathbf{H_2O})}{c(\mathbf{CH_3COOH}) \cdot c(\mathbf{C_2H_5OH})}$$

**Mesomerie:** Mesomerie liegt dann vor, wenn die Elektronenverteilung in einem Atomverband (Molekül oder Ion) nicht durch eine einzige Valenzstrichformel dargestellt werden kann, sondern zwischen mehreren Grenzstrukturen liegt.

**Mesomerieenergie:** Als Mesomerieenergie bezeichnet man den Energiebetrag, um den ein Molekül oder Ion energieärmer ist, als es aufgrund der Grenzstrukturen sein müsste.

**Molekülformel (Summenformel)**: Die Molekülformel (Summenformel) gibt die Art und Anzahl der Atome in einem Molekül an, z. B. $\mathbf{C_6H_{12}O_6}$ für Glucose.

**Monomere**: Als Monomere bezeichnet man Stoffe, deren Moleküle bei der Synthese von Kunststoffen zu Makromolekülen („Polymeren") reagieren. Beispiele: Ethen ist das Monomer von Polyethen, das durch Polymerisation von Ethen entsteht, 1,6-Diaminohexan und Hexandisäure sind die Monomere von Nylon 6.6, das durch Polykondensation der beiden Monomere gebildet wird.

**Monosaccharide**: Monosaccharide oder Einfachzucker sind Kohlenhydrate mit der Summenformel $\mathbf{C_nH_{2n}O_n}$, wobei in der Natur am häufigsten Monosaccharide mit n = 6 oder n = 5, also Hexosen und Pentosen, vertreten sind. Darunter gibt es Aldosen und Ketosen. Glucose und Fructose sind die beiden bekanntesten Monosaccharide.

**Nachhaltigkeit**: Nachhaltigkeit bedeutet die dauerhafte Entwicklung menschlicher Tätigkeiten mit dem Ziel, die heutigen Bedürfnisse zu befriedigen, ohne dabei die Bedürfnisse zukünftiger Generationen zu beeinträchtigen.

**Nachwachsende Rohstoffe**: Nachwachsende Rohstoffe nennt man pflanzliche Produkte wie Cellulose, Stärke, Saccharose, Fette und Öle, die als Rohstoffe in der Industrie verwendet werden können.

**Nano-Kohlenstoff**: Als Nano-Kohlenstoff bezeichnet man Modifikationen des Kohlenstoffs, dessen Teilchen in mindestens einer räumlichen Ausdehnung kleiner als 100 Nanometer sind (1 Nanometer nm = $10^{-9}$ m). Nano-Kohlenstoff kommt als Fullerene, Kohlenstoff-Nanoröhrchen und Graphene vor. Die Kohlenstoff-Atome liegen in all diesen Formen von Nano-Kohlenstoff an der Oberfläche und sind über Einfachbindungen und delokalisierten Elektronen aus konjugierten Doppelbindungen miteinander verbunden. Dieses gemeinsame strukturelle Merkmal hat besondere optische und elektronische Eigenschaften von Nano-Kohlenstoff zur Folge und macht Anwendungen bei Transistoren, Solarzellen und Akkumulatoren möglich.

**Nernst-Gleichung**: Die Nernst-Gleichung beschreibt die Konzentrationsabhängigkeit des Redoxpotenzials $E$ (Elektrodenpotenzials) eines Redoxpaares Red/Ox:

$$E = E° + \frac{0{,}059\ \text{V}}{z} \lg \frac{\{c(\text{Ox})\}}{\{c(\text{Red})\}}$$

Hier steht $E°$ für das Standard-Redoxpotential und $z$ für die Anzahl der übertragenen Elektronen.

**Neutralisation**: Die Neutralisation ist eine chemische Reaktion, bei der sich alkalische und saure Eigenschaften gegenseitig aufheben, weil die Oxonium-Ionen aus der sauren Lösung mit den Hydroxid-Ionen der alkalischen Lösung zu Wasser-Molekülen reagieren. Wasser reagiert neutral.

**Ninhydrinreaktion**: Mit der Ninhydrinreaktion können Aminosäuren und kurzkettige Peptide rasch nachgewiesen werden. Sie bilden mit dem Ninhydrinreagenz (das auf eine Probe gesprüht werden kann) beim kurzen Erwärmen unterschiedlich gefärbte Verbindungen.

**Nucleophile Addition**: Als nucleophile Addition wird eine Reaktion bezeichnet, bei der eine Atomgruppe an ein Molekül angelagert wird, wobei der langsamste, geschwindigkeitsbestimmende Schritt der Reaktion eine nucleophile („kernliebende", „kernsuchende") Anlagerung eines Teilchens an das Molekül, an das die Addition erfolgt, ist. Nucleophile Additionen (z. B. von Wasser und Alkoholen) sind typische Reaktionen bei Carbonylverbindungen (Aldehyden und Ketonen).

**Nucleophile Substitution**: Als nucleophile Substitution wird Reaktion bezeichnet, bei der ein Atom oder eine Atomgruppe an einem Molekül durch ein anderes Atom oder eine andere Atomgruppe ersetzt wird, wobei der langsamste, geschwindigkeitsbestimmende Schritt der Reaktion eine nucleophile („kernliebende", „kernsuchende") Anlagerung eines Teilchens an das Molekül, an dem die Substitution erfolgt, ist. Ein Beispiel für nucleophile Substitution ist die Reaktion eines Halogenalkans mit Wasser zu einem Alkanol und einer Halogenwasserstoffsäure.

**Nucleotid**: Ein Nucleotid ist der Baustein in der makromolekularen Desoxyribonucleinsäure DNA und besteht aus einem Phosphorsäure-Rest, einem Desoxyribose-Rest und einem Molekül-Rest aus einer der vier Nucleinbasen Adenin, Thymin, Cytosin und Guanin.

**Offenes System**: Bei einem offenen System gibt es sowohl Energieaustausch als auch Stoffaustausch mit der Umgebung.

**Oligomer**: Also Oligomere bezeichnet man Polymere aus relativ wenigen (eine genaue Zahl kann nicht angegeben werden) Monomer-Einheiten. Von Oligopeptiden spricht man, wenn bis zu zehn Aminosäure-Einheiten in einem Polypeptid enthalten sind.

**Optische Aktivität**: Als optische Aktivität bezeichnet man die Drehung der Ebene des polarisierten Lichts. Es handelt sich um eine Eigenschaft von Stoffen, deren Moleküle chiral sind.

**Oxidation**: Nach der Sauerstofftheorie von LAVOISIER ist die Oxidation die Reaktion eines Stoffes mit Sauerstoff. Nach dem erweiterten Redoxkonzept bezeichnet man als Oxidation die Veränderung eines Systems, bei dem Elektronen abgegeben werden.

**Oxidationsmittel**: Das Oxidationsmittel ist ein Elektronen-Akzeptor.

**Oxidationszahl:** Die Oxidationszahl OZ ist ein Hilfsmittel, um festzustellen, ob ein System oxidiert oder reduziert wird. Bei Atom-Ionen entspricht sie der Ladungszahl des Ions. Die OZ von Atomen in Molekülen entspricht der Ladungszahl, die man durch formale Zerlegung des Moleküls oder Molekül-Ions erhalten kann. Bei dieser formalen Zerlegung des jeweiligen Teilchens in fiktive Atom-Ionen werden die Valenzelektronen nach Maßgabe der Elektronegativitäten EN zugeordnet.

**Peptide**: Peptide sind Kondensationsprodukte aus Aminosäuren, in deren Molekülen die Aminosäure-Reste jeweils durch Peptid-Gruppen (Peptid-Bindungen) verknüpft sind.

**Peptid-Gruppe (Amid-Gruppe)**: Die Peptid-Gruppe **–NH–CO–** bildet sich bei der Abspaltung eines Wasser-Moleküls zwischen einer Amino-Gruppe und einer Carboxy-Gruppe. Sie ist die Repetiereinheit in Peptid-, Protein- und Polyamid-Makromolekülen.

**Phenyl-Rest:** Der Rest $-C_6H_5$ nach Abzug eines Wasserstoff-Atoms aus einem Benzol-Molekül wird als Phenyl-Rest bezeichnet.

***p*H-Wert**: Der *p*H-Wert ist der negative dekadische Logarithmus aus dem Betrag der Konzentration der Oxonium-Ionen in einer Lösung $pH = -\lg\{c(H_3O^+)\}$. Er dient zur Kennzeichnung saurer, neutraler und alkalischer Lösungen.

**Polyaddition:** Die Polyaddition ist ein Reaktionstyp zur Erzeugung von Makromolekülen aus zwei verschiedenen Monomeren, wobei jeweils ein Molekül des einen Monomers an ein Molekül des anderen addiert wird (Beispiel: Herstellung eines Polyurethans aus einem Diisocyanat und einem Diol).

**Polykondensation**: Die Polykondensation ist ein Reaktionstyp zur Erzeugung von Makromolekülen aus verschiedenen oder identischen bifunktionellen Monomeren, wobei jeweils aus zwei Monomer-Molekülen ein kleines Molekül abgespalten wird (Beispiele: Polyamid aus einem Diamin und einer Dicarbonsäure, Polymilchsäure aus Hydroxypropansäure).

**Polymer**: Streng genommen sind Polymere Makromoleküle, die nur aus einer (Art) Monomer-Einheit aufgebaut sind, z. B. Polyethen, Polystyrol, Polymethylmethacrylat, Poly-ε-aminocapronsäure (Nylon 6), Polymilchsäure u. a. Die Bezeichnung Polymer wird aber häufig auch allgemein für synthetische Makromoleküle verwendet, selbst wenn sie aus mehreren (verschiedenen) Monomer-Einheiten aufgebaut sind.

**Polymerisation**: Polymerisationen sind Reaktionen, bei denen gleiche Monomer-Moleküle, i. d. R. Moleküle mit Doppelbindungen, miteinander zu Makromolekülen reagieren, ohne dass dabei andere „kleine" Moleküle abgespalten werden. Polymerisationen können über radikalische, kationische oder anionische Interdukte (reaktive Zischenstufen) verlaufen.

**Polysaccharide**: Polysaccharide (Vielfachzucker) sind makromolekulare Kohlenhydrate aus sehr vielen Monosaccharid-Einheiten. Die bekanntesten Polysaccharide sind Stärke und Cellulose.

**Potenzialdifferenz**: Die Potenzialdifferenz bei einer galvanischen Zelle kennzeichnet den Unterschied der Redoxpotenziale zwischen den Redoxpaaren in den beiden Halbzellen. Daraus ergibt sich die Leerlaufspannung der Zelle (vgl. dort).

**Primärstruktur**: Die Primärstruktur eines Protein-Moleküls wird durch die Art, Anzahl und Verknüpfungsfolge (die Sequenz) der Aminosäure-Reste festgelegt.

**Prinzip vom kleinsten Zwang (Prinzip von LE CHATELIER)**: Dieses Prinzip besagt, dass sich bei der Einwirkung eines äußeren Zwangs (z. B. einer Temperatur-, Konzentrations- oder Druckänderung) auf ein chemisches Gleichgewicht eine neue Gleichgewichtslage einstellt, in der die Wirkung des ausgeübten Zwangs so klein wie möglich gehalten wird.

**Proteine**: Polypeptide aus mehr als 100 Aminosäure-Einheiten werden als Proteine bezeichnet. Proteine dienen in Organismen als Bausubstanz, Enzyme, Hormone und Antikörper.

**Protolyse**: Als Protolyse bezeichnet man eine Reaktion, bei der ein Proton von einer BRÖNSTED-Säure auf eine BRÖNSTED-Base übertragen wird.

**Protolysegleichgewicht**: Protolysegleichgewichte stellen sich zwischen reversiblen Protolysen, d. h. Reaktionen mit Protonenübergängen zwischen den Teilchen ein. Protolysegleichgewichte zwischen korrespondierenden Säure-Base-Paaren bilden die Grundlage der Vorgänge bei Puffersystemen, Indikatoren und Titrationen.

**Pufferlösung (Puffersystem)**: Unter Pufferlösung versteht man i. d. R. eine Lösung, die bei Säure- oder Basezugabe ihren *p*H-Wert nur geringfügig ändert. Das Puffersystem in einer Pufferlösung besteht aus einer schwachen Säure und ihrer konjugierten Base z. B. $H_3CCOOH/H_3CCOO^{\ominus}$ (Acetat-Puffer).

**Quartärstruktur**: Die Quartärstruktur von Proteinen ist die vollständige dreidimensionale Anordnung, die sich bei der Zusammenlagerung mehrerer Protein-Makromoleküle (oft auch zusätzlicher Einheiten, die nicht Polypeptide sind) ergibt.

**Radikalische Substitution**: Als radikalische Substitutionen werden Reaktionen bezeichnet, bei denen ein Atom oder eine Atomgruppe an einem Molekül durch ein anderes Atom oder eine andere Atomgruppe ersetzt wird, wobei als Interdukte (reaktive Zwischenprodukte) Radikale, d. h. Atome oder Atomgruppen mit einem ungepaarten Elektron, auftreten. Radikalische Substitutionen verlaufen oft kettenförmig. Dabei werden in der Startreaktion hoch reaktive Radikale gebildet, die in der Kettenreaktion weiterreagieren. In Abbruchreaktionen werden die reaktiven Radikale wieder zu Molekülen abgebaut. Typische radikalische Substitutionen sind die Halogenierungen von Alkanen.

**Reaktionsenthalpie**: Die Reaktionsenthalpie $\Delta H_R$ ist die Energie, die bei einer unter konstantem Druck verlaufenden Reaktion abgegeben wird oder zugeführt werden muss.

**Reaktionsentropie**: Die Reaktionsentropie $\Delta S_R$ ist die Differenz aus der Entropie der Produkte und der Entropie der Edukte.

**Reaktionsgeschwindigkeit:** Die mittlere Reaktionsgeschwindigkeit ist die Änderung der Stoffmenge $\Delta n$ eines Reaktionsteilnehmers (Edukts oder Produkts) in einem Zeitintervall. Bezieht man sich auf immer kürzere Zeitintervalle, so entspricht der Grenzwert der Stoffmengenänderung für gegen null gehende Zeitintervalle der momentanen Reaktionsgeschwindigkeit. Bei Reaktionen, die in Lösung ablaufen, wird die Stoffmengenänderung $\Delta n$ durch die Konzentrationsänderung $\Delta c$ des entsprechenden Reaktionsteilnehmers ersetzt.

**Redoxreaktion**: Eine Redoxreaktion stellt die Kombination einer Reduktion und Oxidation dar. Dabei findet eine Übertragung von Elektronen von einem Elektronen-Donator (Reduktionsmittel) auf einen Elektronen-Akzeptor (Oxidationsmittel) statt.

**Reduktion**: Nach der Sauerstofftheorie von LAVOISIER ist eine Reduktion eine Reaktion, bei der einem Stoff Sauerstoff entzogen wird. Nach dem erweiterten Redoxkonzept bezeichnet man als Reduktion die Veränderung eines Systems, bei dem Elektronen aufgenommen werden.

**Reduktionsmittel**: Das Reduktionsmittel ist ein Elektronen-Donator.

**Reversible Reaktion**: Eine reversible Reaktion kann in beide Richtungen, d. h. von den Edukten zu den Produkten und umgekehrt ablaufen.

**Rohstoffe**: Als Rohstoffe bei einem industriellen Verfahren bezeichnet man die Stoffe bzw. Stoffgemische, die als natürliche Ressourcen in den industriellen Prozess eingehen. Zu den wichtigsten Rohstoffen für die chemische Industrie zählen heute Luft, Wasser, Erdgas, Erdöl, Kohle, Steinsalz (Natriumchlorid), Kalkstein (Calciumcarbonat) und Sand (Siliciumdioxid).

**Satz von HESS**: Nach dem Satz von HESS (Satz von den konstanten Wärmesummen) ist die Reaktionsenthalpie einer Reaktion nur von den Edukten und Produkten dieser Reaktion und nicht vom Reaktionsweg von den Edukten zu den Produkten abhängig.

**Säure (BRÖNSTED-Definition)**: Eine Säure ist ein Protonen-Donator. *Hinweis*: Die Begriffe „Säure“ und „Base“ werden sowohl zur Bezeichnung von Stoffen, z. B. Schwefelsäure, als auch zur Bezeichnung ihrer Teilchen, z. B. Schwefelsäure-

Molekül, verwendet. Es muss jeweils dem Zusammenhang entnommen werden, ob vom Stoff (z. B. der flüssigen Schwefelsäure aus der Flasche) oder von einem Teilchen (z. B. dem Schwefelsäure-Molekül in der Reaktionsgleichung) die Rede ist.

**Schwache Säure**: Schwache Säuren sind schlechte Protonen-Donatoren; sie liegen beim Protolysegleichgewicht nur zu einem sehr geringen Anteil protolysiert vor. In Berechnungen stuft man Säuren mit $pK_S > 4{,}75$ als schwach ein.

**Seifen:** Seifen sind Natrium- oder Kaliumsalze der Fettsäuren. Sie werden durch Verseifung von Fetten hergestellt. Die Anionen aus den Seifen wirken als Tenside.

**Sekundärstruktur**: Als Sekundärstruktur der Protein-Moleküle bezeichnet man deren dreidimensionale Struktur (Konformation), die sich durch die Wasserstoffbrücken zwischen den Peptid-Gruppen innerhalb einer Kette ($\alpha$-Helixstruktur) oder zwischen benachbarten Ketten ($\beta$-Faltblattstruktur) ergibt.

**Silberspiegel-Probe (Tollens-Probe)**: Die Silberspiegel-Probe ist eine Nachweismethode für Stoffe, deren Moleküle Aldehyd-Gruppen enthalten. Bei positiver Silberspiegel-Probe werden Silber(I)-Ionen aus einem farblosen Komplex zu metallischem, glänzendem Silber reduziert.

**Spannungsreihe**: In der Spannungsreihe sind die Redoxpaare nach ihrem Standardpotenzial $E^0$ geordnet.

**Standardpotenzial $E^0$ (Standard-Redoxpotenzial, Normalpotenzial)**: Hierbei handelt es sich um die Potenzialdifferenz, die bei einer galvanischen Zelle aus einer Standard-Wasserstoff-Halbzelle und einer Halbzelle des betrachteten Redoxpaares bei Standardbedingungen ($\vartheta = 25\,°C$, $c = 1\,mol/L$) gemessen wird.

**Standard-Wasserstoff-Halbzelle**: Die Standard-Wasserstoff-Halbzelle enthält das Redoxpaar $H_2/2\ H_3O^+$ bei Standardbedingungen ($\vartheta = 25\,°C$, $c = 1\,mol/L$, $p = 1013\,hPa$). Sie besteht aus einer Salzsäure-Lösung ($c = 1\,mol/L$, $\vartheta = 25\,°C$), in die eine mit Wasserstoff ($p = 1013\,hPa$) umspülte Platin-Elektrode eintaucht. Für diese Halbzelle wurde festgelegt: $E^0 = 0\,V$.

**Stereoisomere:** Als Stereoisomere bezeichnet man Stoffe, deren Moleküle gleiche Konstitution (also gleiche Valenzstrichformeln) haben und sich nur durch die Konfiguration (also durch die Anordnung der Atome im dreidimensionalen Raum) unterscheiden.

**Tenside:** Als Tenside bezeichnet man Stoffe, deren Teilchen amphiphil, d. h. sowohl hydrophil als auch lipophil sind. Sie setzen die Oberflächenspannung des Wassers herab, unterstützen den Waschprozess und stabilisieren Emulsionen.

**Tertiärstruktur**: Als Tertiärstruktur der Protein-Moleküle bezeichnet man deren vollständige dreidimensionale Struktur (Konformation), die sich aus der Primär- und Sekundärstruktur und den Wechselwirkungen zwischen den Aminosäure-Resten (Wasserstoffbrücken, Ionenbindungen, Van-der-Waals-Kräfte und Disulfid-Brücken) ergibt.

**Thermoplaste**: Thermoplaste sind Kunststoffe, die beim Erwärmen verformbar sind und nach dem Abkühlen die Form, in die sie gebracht wurden, beibehalten.

**Titration**: Die Säure-Base-Titration ist ein quantitatives Verfahren, bei dem der Gehalt einer Lösung an einer Säure oder an einer Base durch Neutralisation mit einer Lösung bekannter Konzentration einer Base bzw. Säure (Maßlösung) ermittelt wird.

**Triacylglycerine (Triglyceride):** Triacylglycerine (Triglyceride) sind Ester des Glycerins (Propan-1,2,3-triol) mit Fettsäuren. In Fetten sind vorwiegend Reste aus gesättigten Fettsäuren enthalten, in Ölen Reste aus ungesättigten Fettsäuren.

**Triphenylmethanfarbstoffe**: Triphenylmethanfarbstoffe bilden eine wichtige Klasse von synthetischen Farbstoffen, deren allgemeines strukturelle Merkmal die Triphenylmethyl-Gruppe $-C(C_6H_5)_3$ ist. Im Molekül eines Triphenylmethylfarbstoffs sind in der Regel drei substituierte Phenyl-Reste mit delokalisierten Elektronen miteinander verknüpft. Dadurch werden delokalisierte Elektronen über größere Bereiche, oft über das ganze Molekül oder Molekül-Ion, ausgeweitet. Ein wichtiger Vertreter dieser Farbstoffklasse ist das Phenolphthalein.

**Umschlagsbereich**: Als Umschlagsbereich eines Indikators bezeichnet man jenen *p*H-Bereich, in dem dieser seine Farbe deutlich ändert. Die Umschlagsbereiche verschiedener Indikatoren erstrecken sich i. d. R. über zwei *p*H-Einheiten.

**Valenzstrichformel:** vgl. Konstitution

**Verwertung von Kunststoffabfällen**: Kunststoffabfälle können durch Werkstoffrecycling (z. B. durch Schreddern und Pressen von neuen Formteilen), Rohstoffrecycling (z. B. durch Rückgewinnung der Monomere durch Depolymerisation oder anderer Chemikalien durch Pyrolyse des recycelten Kunststoffs) oder energetisch (z. B. durch Energienutzung bei der Verbrennung der Kunststoffabfälle) verwertet werden.

**Zelldiagramm**: Das Zelldiagramm einer galvanischen Zelle ist eine verkürzte Darstellung der in den beiden Halbzellen beteiligten Redoxpaare. So lautet beispielsweise das Zelldiagramm des DANIELL-Elements: $Zn(s)/Zn^{2+}(aq)//Cu^{2+}(aq)/Cu(s)$.

**Zellreaktion**: In der Zellreaktion wird der Gesamtstoffumsatz in einer galvanischen Zelle in einer Reaktionsgleichung dargestellt. Die Zellreaktion beim DANIELL-Element lautet:

$$Zn(s) + Cu^{2+}(aq) \longrightarrow Zn^{2+}(aq) + Cu(s).$$

**Zellspannung**: Die Zellspannung (Leerlaufspannung) einer galvanischen Zelle ist die gemessene Spannung der Zelle, wenn kein elektrischer Verbraucher eingeschaltet ist.

**Zersetzungsspannung $U_z$**: Die Zersetzungsspannung $U_z$ ist die Mindestspannung, bei der bei einer Elektrolyse Stoffe abgeschieden werden.

**Zwitterionstruktur**: Zwitterionen sind Teilchen mit elektrisch positiver und negativer Ladung. Aminosäure-Moleküle haben Zwitterionenstruktur, die durch intramolekulare Protolyse zwischen der Carboxy-Gruppe und der Amino-Gruppe zustande kommt.

## Formeltypen und Molekülmodelle in der organischen Chemie

In der organischen Chemie werden unterschiedliche Formeltypen und Molekülmodelle verwendet, um die Strukturmerkmale von Molekülen darzustellen. Je nachdem, welche dieser Merkmale für die Erklärung von bestimmten Stoffeigenschaften oder Reaktionswegen im Einzelfall von Bedeutung sind, setzt man den einen oder andern Formeltyp ein.

### Molekülformel (Summenformel)

Bei der Herleitung der Molekülformel einer organischen Verbindung geht man vom Ergebnis der Elementaranalyse dieser Verbindung, d. h. den prozentualen Massenanteilen, in denen die Elemente in der betreffenden Verbindung gebunden sind, aus. Daraus berechnet man zunächst die Verhältnisformel der Verbindung. Sie gibt das Atomanzahlverhältnis im Molekül an. Die Verhältnisformel ist nicht mit der Molekülformel zu verwechseln, da für verschiedene Verbindungen, z. B. für Methanal $CH_2O$, Ethansäure $C_2H_4O_2$ und Glucose $C_6H_{12}O_6$ die gleiche Verhältnisformel $C_1H_2O_1$ zutrifft.
Aus der Verhältnisformel wird anhand der experimentell ermittelten molaren Masse der Verbindung auf deren Molekülformel geschlossen.
Die Molekülformel (Summenformel) gibt die Art und Anzahl der Atome in einem Molekül genau an. *Beispiele*:

| $C_2H_6$ | $C_2H_6O$ | $C_6H_{12}O_6$ | $C_7H_8$ |
|---|---|---|---|
| Ethan | Ethanol | Glucose | Toluol |

In der Regel kann auch aus einer gegebenen Molekülformel nicht eindeutig auf die Verbindung geschlossen werden, die damit gemeint ist, weil es mehrere Isomere mit der gleichen Molekülformel gibt.

### Valenzstrichformel (Strukturformel)

Die Valenzstrichformel (Strukturformel) zeigt die Art und Reihenfolge der Verknüpfung der Atome im Molekül an und gibt an, wo die Valenzelektronen der Atome als bindende und nicht bindende Elektronenpaare lokalisiert sind. *Beispiele*:

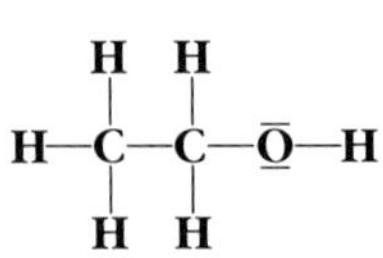
Ethanol

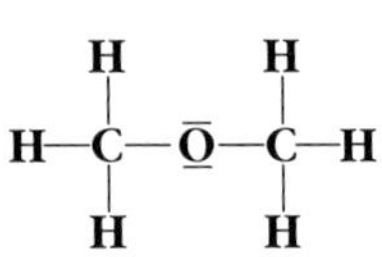
Dimethylether

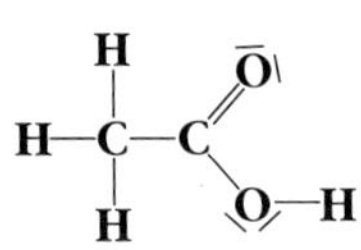
Ethansäure

Durch die Valenzstrichformel wird die Konstitution des Moleküls eindeutig festgelegt. Daher kann man an der Valenzstrichformel in der Regel erkennen, welche Verbindung gemeint ist. (*Hinweis*: Bei Stereoisomeren gibt es Einschränkungen – vgl. Molekülmodelle.)

### Halbstrukturformel

Dieser Formeltyp ist eine Kombination aus Molekül- und Valenzstrichformel und gibt vereinfacht die Konstitution des Moleküls wieder. *Beispiele*:

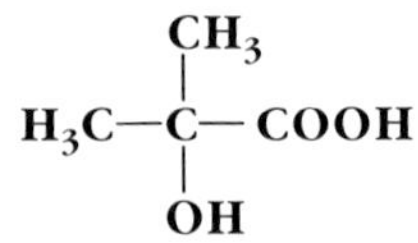
2-Hydroxy-2-methylpropansäure

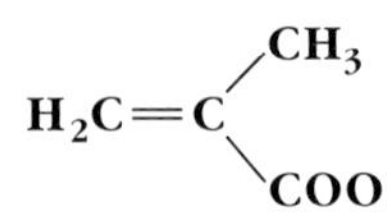
2-Methylpropensäure (Acrylsäure)

Bei der Darstellung von Reaktionsmechanismen mit solchen Formeln werden ganze Alkyl-Reste (Methyl-, Ethyl-Rest etc.) vereinfachend durch „$R_1$", „$R_2$" etc. abgekürzt, die reagierenden funktionellen Gruppen werden dafür so ausführlich dargestellt, wie es für den beschriebenen Vorgang nötig ist, z. B. mit freien Elektronenpaaren und Partialladungen. Zusätzlich verwendet man krumme Pfeile zur Darstellung von Elektronenpaarverschiebungen zwischen den Atomen der reagierenden Teilchen. Die alkalische Verseifung eines Esters kann verkürzt so formuliert werden:

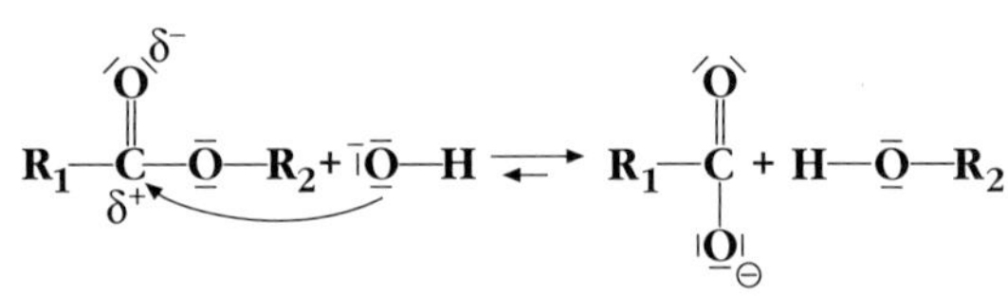

### Räumliche Strukturformel (Keilstrichformel)

Moleküle sind dreidimensionale Objekte, für deren Veranschaulichung in einer Ebene Striche alleine nicht ausreichen. Man setzt daher weitere Zeichenelemente ein, beispielsweise Keile und gestrichelte Linien. Keile führen zu Atomen vor, gestrichelte Linien zu Atomen hinter der Zeichenebene.

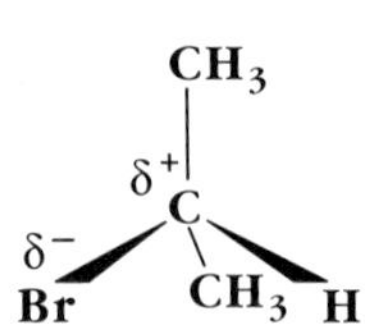
2-Brompropan

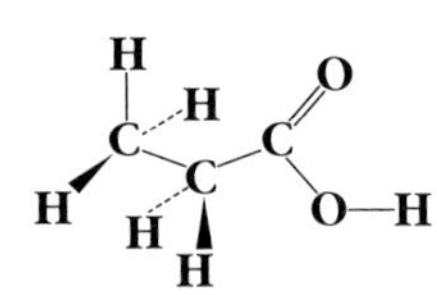
Propansäure

**Molekülsymbole (Gerüstformeln)**

Molekülsymbole oder Gerüstformeln geben das Molekülgerüst unter Berücksichtigung wesentlicher geometrischer Merkmale des Moleküls und Weglassung der Wasserstoff-Atome wieder. *Beispiel*:

$H_3C-CH_2-COOH$
oder
$H_3CCH_2COOH$

Halbstrukturformel

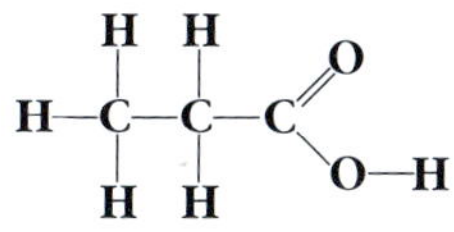

Valenzstrichformel (Strukturformel)

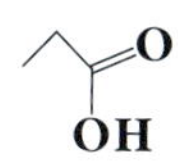

Molekülsymbol

Im Molekülsymbol entspricht jede Ecke (jeder Knick) und jeder frei endende Strich einem Kohlenstoff-Atom, an das so viele Wasserstoff-Atome gebunden sind, bis die Vierbindigkeit des Kohlenstoff-Atoms erreicht ist.
Molekülsymbole sind wegen ihrer einfachen Schreibweise und dennoch großen Aussagekraft der in der organischen Chemie am häufigsten verwendete Formeltyp.
So wird beispielsweise für Benzol, den Hauptvertreter der **aromatischen Verbindungen**, statt der Valenzstrichformel in aller Regel das Molekülsymbol verwendet:

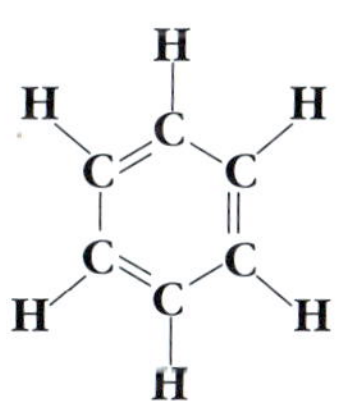

Valenzstrichformel des Benzol-Moleküls

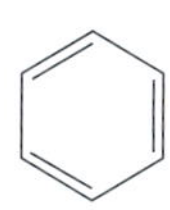

Molekülsymbol des Benzol-Moleküls

Eine Besonderheit des aromatischen Rings im Benzol-Molekül und in Molekülen anderer aromatischer Verbindungen ist, dass die *sechs* Elektronen der konjugierten Doppelbindungen[1], das *aromatische Elektronensextett*, über den ganzen Ring *delokalisiert* sind. Die wahre Elektronenverteilung im Benzol-Molekül wird demnach durch keine der beiden folgenden Molekülsymbole richtig beschrieben, sondern liegt dazwischen:

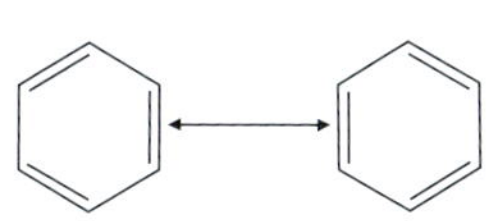

Diese beiden Molekülsymbole werden als *mesomere Grenzstrukturen* oder *Grenzformeln* des Benzol-Moleküls bezeichnet und sind durch den *Mesomeriepfeil* (⟷) verbunden.

[1] Bei *heterocyclischen* aromatischen Ringen können auch freie Elektronenpaare von N-, O- oder S-Atomen ins delokalisierte aromatische Elektronensextett eingehen.

**Molekülmodelle**

Mit Bauelementen aus Molekülbaukästen (Kugeln, Stäbchen, Kalotten) lassen sich verschiedene Molekülmodelle herstellen, z. B. für das Methan-Molekül:

Kugelstäbchenmodell

Kalottenmodell

Viel häufiger als Molekülbaukästen werden zur Erzeugung von Molekülmodellen Computerprogramme verwendet (vgl. z. B. *Chemie 2000+ Online* > Chemie interaktiv > 3D-Moleküle). Damit können virtuelle 3D-Kugelstäbchen- und Kalottenmodelle von Molekülen auf dem Bildschirm erzeugt, in beliebige Richtungen bewegt und gedreht werden. Für die Veranschaulichung der räumlichen Anordnung der Atome eignen sich die Kugelstäbchenmodelle am besten. *Beispiel*:

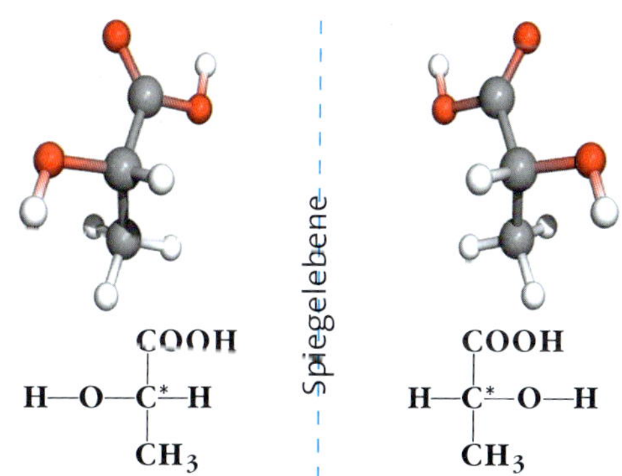


L(+)-Milchsäure    D(–)-Milchsäure

Kugelstäbchenmodelle und Fischer-Projektionsformeln von Milchsäure

Die Raumerfüllung durch die Atome im Molekül und durch das Molekül als Ganzes wird am besten in den Kalottenmodellen veranschaulicht. *Beispiel*:

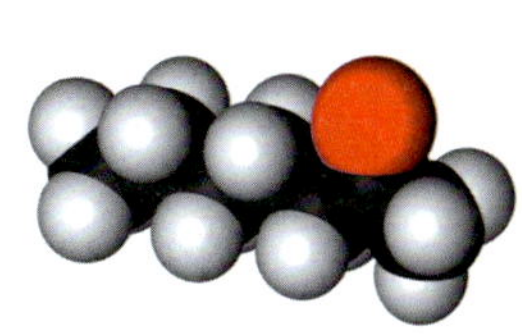

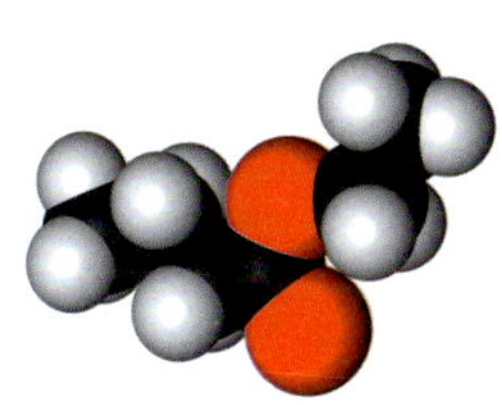

Kalottenmodelle von Heptan-2-on (links) und von Butansäureethylester (rechts)

## Die SI-Einheit der Stoffmenge *n*, das Mol (mol)

**1 mol ist die Stoffmenge eines Systems, das aus ebenso viel Einzelteilchen besteht, wie Atome in 12 g des Kohlenstoff-Isotops $^{12}C$ enthalten sind.**
**Bei Verwendung des Mols müssen die Einzelteilchen des Systems genau bezeichnet sein. Es können Atome, Moleküle, Ionen, Elektronen sowie andere Teilchen oder Gruppen solcher Teilchen genau angegebener Zusammensetzung sein.**

Je größer die Stoffmenge *n* einer Stoffportion ist, desto größer ist die Anzahl *N* der Teilchen, aus denen die Stoffportion besteht:

$n(\mathbf{X}) \sim N(\mathbf{X})$ oder $N(\mathbf{X})/n(\mathbf{X}) = \text{konstant}$

Es gilt: $\frac{N(\mathbf{X})}{n(\mathbf{X})} = N_A$ Die Konstante $N_A$ heißt **AVOGADRO-Konstante**[1].

Für die Einheit der AVOGADRO-Konstante gilt: $\frac{[N]}{[n]} = [N_A] = \frac{1}{\text{mol}}$.

Die Anzahl $N(\mathbf{X})$ der Teilchen in einem Mol einer Stoffportion kann auf verschiedenen Wegen ermittelt werden. Nach dem heutigen Kenntnisstand sind es $6{,}022 \cdot 10^{23}$ Teilchen. Für die AVOGADRO-Konstante $N_A$ erhalten wir somit:

$$\frac{6{,}022 \cdot 10^{23}}{1\ \text{mol}} = \frac{6{,}022 \cdot 10^{23}}{\text{mol}} = N_A.$$

[1] Die AVOGADRO-Konstante wird auch als *molare Teilchenzahl* bezeichnet.
[2] Die erste Bestimmung der Anzahl der Teilchen in einem Mol einer Stoffportion beruht auf einer Arbeit von JOSEPH LOSCHMIDT (1821 bis 1895). Es ergaben sich rund $6 \cdot 10^{23}$ Teilchen.

## Angabe einer Größe

Zur genauen Angabe einer Größe schreibt man das **Produkt aus dem Zahlenwert und der Einheit** auf.

Beispiele:
$m(\mathbf{Fe}) = 5 \cdot 1\ \text{kg} = 5\ \text{kg}$
$n(\mathbf{NaOH}) = 2\ \text{mol}$
$c(\mathbf{HCl}) = 0{,}01\ \text{mol/L}$

## Beispiele für Angaben von Stoffmengen

$n(\mathbf{O}) = 2\ \text{mol}$
(Stoffmenge bezogen auf Sauerstoff-Atome)

$n(\mathbf{O_2}) = 0{,}5\ \text{mol}$
(Stoffmenge bezogen auf Sauerstoff-Moleküle)

$n(\mathbf{H_2O}) = 10\ \text{mol}$
(Stoffmenge bezogen auf Wasser-Moleküle)

$n(\mathbf{NaCl}) = 1\ \text{mol}$
(Stoffmenge bezogen auf Formeleinheiten von Kochsalz)

## Zusammenhänge zwischen der Stoffmenge *n* und anderen Größen

| | |
|---|---|
| $n = \frac{m}{M}$ (gilt für alle Stoffe) | *n*: Stoffmenge in mol<br>*m*: Masse in g<br>*M*: molare Masse in $g \cdot mol^{-1}$ |
| $n = \frac{V_n}{V_{mn}}$ (gilt für Gase) | $V_n$: Normvolumen in L<br>$V_{mn}$: molares Normvolumen (Grundkonstante) |
| $n = \frac{p \cdot V}{R \cdot T}$ (gilt für Gase) | *p*: Druck in Pa = $N \cdot m^{-2}$<br>*V*: Volumen in $m^3$<br>*T*: Temperatur in K<br>*R*: Gaskonstante (Grundkonstante) |
| $n = c \cdot V_{LS}$ (gilt für Lösungen) | *c*: Stoffmengenkonzentration in $mol \cdot L^{-1}$<br>$V_{LS}$: = Volumen der Lösung in L |

## Grundkonstanten

| | | |
|---|---|---|
| Lichtgeschwindigkeit im Vakuum | $c$ | $= 2{,}99793 \cdot 10^8\ m \cdot s^{-1}$ |
| Planck'sche Konstante | $h$ | $= 6{,}626 \cdot 10^{-34}\ J \cdot s$ |
| Elementarladung | $e$ | $= 1{,}602 \cdot 10^{-19}\ C$ |
| Gaskonstante | $R$ | $= 8{,}314\ J \cdot K^{-1} \cdot mol^{-1}$ |
| AVOGADRO-Konstante | $N_A$ | $= 6{,}022 \cdot 10^{23}\ mol^{-1}$ |
| molares Normvolumen | $V_{mn}$ | $= 22{,}415\ L \cdot mol^{-1}$ |
| absoluter Nullpunkt | $T$ | $= 0\ K$ oder $\vartheta = -273{,}15\ °C$ |
| FARADAY-Konstante | $F$ | $= 96487\ C \cdot mol^{-1}$ |

## Konzentrationen und Anteile

| Bezeichnung | Symbol | Formel | Einheiten | Hinweise |
|---|---|---|---|---|
| Stoffmengenkonzentration | $c(X)$ | $c(X) = \frac{n(X)}{V}$ | $\frac{\text{mol}}{\text{L}}$ | *V* ist das Volumen der fertigen Mischung (z. B. einer wässrigen Lösung) |
| Massenkonzentration | $\beta(X)$ | $\beta(X) = \frac{m(X)}{V}$ | $\frac{g}{L}, \frac{mg}{m^3}$ | $\beta$: gelesen „Beta" |
| Massenanteil | $w(X)$ | $w(X) = \frac{m(X)}{m}$ | häufig % | *m* ist die Masse der gesamten Mischung |
| Volumenanteil | $\varphi(X)$ | $\varphi(X) = \frac{V(X)}{V_0}$ | häufig %, $mL/m^3$ = ppm | $\varphi$: gelesen „(klein) Phi"<br>$V_0$ ist die Summe der Volumina aller Bestandteile *vor* dem Mischen. |

## Globally Harmonized System of Classification and Labeling of Chemicals

***GHS – Das neue international gültige System zur Bezeichnung von Gefahrstoffen***

### Einleitung

Es gibt viele verschiedene Länder auf der Welt, die alle mit Gefahrstoffen arbeiten und mit diesen untereinander Handel treiben. Um weltweit sichere Handhabung, Transport und Entsorgung zu gewährleisten, wurde dieses neue System ins Leben gerufen.
Die hier vorgestellten Piktogramme, Gefahrenhinweise und Sicherheitsratschläge stammen aus der Verordnung (EG) Nr. 1272/2008 in der Fassung vom 01.12.2013.
Die alten Gefahrensymbole sind noch bis zum Jahr 2015 zulässig und insbesondere bei Chemikalienbehältern in Schulen noch häufig anzutreffen. Daher ist am Ende dieses Buches, auf der hinteren Vorsatzseite, eine Zuordnung zwischen den Piktogrammen nach GHS und den alten Gefahrensymbolen angegeben.

### Bezeichnungen

Die Gefahrstoffkennzeichnungen erfolgen über Piktogramme, ein Signalwort sowie über H- und P-Sätze, welche über die Gefahren (**H**azards) und Sicherheitsmaßnahmen (**P**recautions) Auskunft geben, wobei Letztere ebenfalls über Piktogramme erfolgen können. Wenn möglich, sollte auch der Hersteller mit Name, Adresse und Telefonnummer angegeben sein. Der Name (die „Produkt-Identifikation“) darf natürlich nicht fehlen.

### Piktogramme

Instabile explosive Stoffe und Gemische
Explosive Stoffe/Gemische und Erzeugnisse mit Explosivstoff
Selbstzersetzliche Stoffe und Gemische
Organische Peroxide

Entzündbare Gase/Aerosole/Flüssigkeiten/Feststoffe
Selbstzersetzliche Stoffe und Gemische
Pyrophore Flüssigkeiten/Feststoffe
Selbsterhitzungsfähige Stoffe und Gemische
Stoffe und Gemische, die bei Berührung mit Wasser entzündbare Gase abgeben
Organische Peroxide

Oxidierende Gase/Flüssigkeiten/Feststoffe

Gase unter Druck:
verdichtete Gase/verflüssigte Gase/tiefgekühlt verflüssigte Gase/gelöste Gase

Auf Metalle korrosiv wirkend
Hautätzend
Schwere Augenschädigung

Akute Toxizität (oral, dermal, inhalativ)

Akute Toxizität (oral, dermal, inhalativ)
Reizung der Haut
Augenreizung
Sensibilisierung der Haut
Spezifische Zielorgan-Toxizität (einmalige Exposition)
Atemwegsreizung
Narkotisierende Wirkungen

Sensibilisierung der Atemwege
Keimzellmutagenität
Karzinogenität
Reproduktionstoxizität
Spezifische Zielorgan-Toxizität (einmalige Exposition)
Spezifische Zielorgan-Toxizität (wiederholte Exposition)
Aspirationsgefahr

Gewässergefährdend
– akut gewässergefährdend
– chronisch gewässergefährdend

### Signalwörter

Die oben angegebenen Piktogramme werden mit Signalwörtern unterstützt, die eine relative Abstufung der von dem Stoff/der Mixtur ausgehenden Gefahr angeben soll. Diese Wörter können jedoch auch ohne Piktogramm auftauchen:

*Achtung* (Warning), warnt vor weniger starken Gefahren, z. B. eher mindergiftige Stoffe oder nur schwach ätzende.

*Gefahr* (Danger), warnt vor akuten Gefahren, wie bei Giften, ätzenden Stoffen etc.

### Hazard-Statements (Gefahrsätze)

Die Gefahrsätze besitzen einen Code, der bereits bei den R- und S-Sätzen Verwendung fand. So sind jegliche H-Sätze mit dem Buchstaben H und einer dreistelligen Nummer versehen, wobei die erste Nummer den Typ der Gefahr angibt. Sätze, die mit H2 beginnen, beziehen sich somit auf physikalische Gefahren (Explosionen, Feuergefahr etc.), Sätze, die mit H3 beginnen, auf gesundheitliche Gefahren (giftig, krebserregend etc.) und Sätze, die mit H4 beginnen, bezeichnen Umweltgefahren.

### Precautionary-Statements (Sicherheitssätze)

Ähnlich wie bei den Hazard-Statements findet sich auch hier ein dreistelliger Code. Die erste Zahl gibt den Typ des Sicherheitssatzes an. Beginnend mit P1(General) sind generelle Angaben, beginnend mit P2(Prevention) sind Sätze, die Vorbeugung und Vemeidung von Gefahren beschreiben. P3(Response)-Sätze beschreiben Vorgehensweisen, wie auf bestehende Gefahren zu reagieren ist (Metallbrände mit Sand zu löschen). P4(Storage)-Sätze bezeichnen Maßnahmen zur sicheren Lagerung und P5(Disposal)-Sätze beschreiben Maßnahmen zur Entsorgung.

### Abschließende Infos

Kombinationen der H- bzw. P-Sätze werden durch ein Plus-Zeichen angegeben (z. B. P402 + P404). Kombinationen der H-Sätze erfolgen mit „oder“ (Beispiel H300+H310: Lebensgefahr bei Verschlucken oder bei Hautkontakt), Kombinationen der P-Sätze mit „und“ (Beispiel P402+P404 An einem trockenen Ort und in einem geschlossenen Behälter aufbewahren).

## Liste der Hazard-Statements (Gefahrsätze)

H200 Instabil, explosiv.

H201 Explosiv, Gefahr der Massenexplosion.

H202 Explosiv, große Gefahr durch Splitter, Spreng- und Wurfstücke.

H203 Explosiv; Gefahr durch Feuer, Luftdruck oder Splitter, Spreng- und Wurfstücke.

H204 Gefahr durch Splitter, Spreng- und Wurfstücke.

H205 Gefahr der Massenexplosion bei Feuer.

H220 Extrem entzündbares Gas.

H221 Entzündbares Gas.

H222 Extrem entzündbares Aerosol.

H223 Entzündbares Aerosol.

H224 Flüssigkeit und Dampf extrem entzündbar.

H225 Flüssigkeit und Dampf leicht entzündbar.

H226 Flüssigkeit und Dampf entzündbar.

H228 Entzündbarer Feststoff.

H240 Erwärmung kann Explosion verursachen.

H241 Erwärmung kann Brand oder Explosion verursachen.

H242 Erwärmung kann Brand verursachen.

H250 Entzündet sich in Berührung mit Luft von selbst.

H251 Selbsterhitzungsfähig; kann in Brand geraten.

H252 In großen Mengen selbsterhitzungsfähig; kann in Brand geraten.

H260 In Berührung mit Wasser entstehen entzündbare Gase, die sich spontan entzünden können.

H261 In Berührung mit Wasser entstehen entzündbare Gase.

H270 Kann Brand verursachen oder verstärken; Oxidationsmittel.

H271 Kann Brand oder Explosion verursachen; starkes Oxidationsmittel.

H272 Kann Brand verstärken; Oxidationsmittel.

H280 Enthält Gas unter Druck; kann bei Erwärmung explodieren.

H281 Enthält tiefkaltes Gas; kann Kälteverbrennungen oder -Verletzungen verursachen.

H290 Kann gegenüber Metallen korrosiv sein.

H300 Lebensgefahr bei Verschlucken.

H301 Giftig bei Verschlucken.

H302 Gesundheitsschädlich bei Verschlucken.

H304 Kann bei Verschlucken und Eindringen in die Atemwege tödlich sein.

H310 Lebensgefahr bei Hautkontakt.

H311 Giftig bei Hautkontakt.

H312 Gesundheitsschädlich bei Hautkontakt.

H314 Verursacht schwere Verätzungen der Haut und schwere Augenschäden.

H315 Verursacht Hautreizungen.

H316 (Verursacht leichte Hautreizungen.)

H317 Kann allergische Hautreaktionen verursachen.

H318 Verursacht schwere Augenschäden.

H319 Verursacht schwere Augenreizung.

H330 Lebensgefahr bei Einatmen.

H331 Giftig bei Einatmen.

H332 Gesundheitsschädlich bei Einatmen.

H334 Kann bei Einatmen Allergie, asthmaartige Symptome oder Atembeschwerden verursachen.

H335 Kann die Atemwege reizen.

H336 Kann Schläfrigkeit und Benommenheit verursachen.

H340 Kann genetische Defekte verursachen *<Expositionsweg angeben, sofern schlüssig belegt ist, dass diese Gefahr bei keinem anderen Expositionsweg besteht>.*

H341 Kann vermutlich genetische Defekte verursachen *<Expositionsweg angeben, sofern schlüssig belegt ist, dass diese Gefahr bei keinem anderen Expositionsweg besteht>.*

H350 Kann Krebs erzeugen *<Expositionsweg angeben, sofern schlüssig belegt ist, dass diese Gefahr bei keinem anderen Expositionsweg besteht>.*

H351 Kann vermutlich Krebs erzeugen *<Expositionsweg angeben, sofern schlüssig belegt ist, dass diese Gefahr bei keinem anderen Expositionsweg besteht>.*

H360 Kann die Fruchtbarkeit beeinträchtigen oder das Kind im Mutterleib schädigen *<konkrete Wirkung angeben, sofern bekannt> <Expositionsweg angeben, sofern schlüssig belegt ist, dass diese Gefahr bei keinem anderen Expositionsweg besteht>.*

H361 Kann vermutlich die Fruchtbarkeit beeinträchtigen oder das Kind im Mutterleib schädigen *<konkrete Wirkung angeben, sofern bekannt> <Expositionsweg angeben, sofern schlüssig belegt ist, dass diese Gefahr bei keinem anderen Expositionsweg besteht>.*

H362 Kann Säuglinge über die Muttermilch schädigen.

H370 Schädigt die Organe *<oder alle betroffenen Organe nennen, sofern bekannt> <Expositionsweg angeben, sofern schlüssig belegt ist, dass diese Gefahr bei keinem anderen Expositionsweg besteht>.*

H371 Kann die Organe schädigen *<oder alle betroffenen Organe nennen, sofern bekannt> <Expositionsweg angeben, sofern schlüssig belegt ist, dass diese Gefahr bei keinem anderen Expositionsweg besteht>.*

H372 Schädigt die Organe *<alle betroffenen Organe nennen, sofern bekannt>* bei längerer oder wiederholter Exposition *<Expositionsweg angeben, sofern schlüssig belegt ist, dass diese Gefahr bei keinem anderen Expositionsweg besteht>.*

H373 Kann die Organe schädigen *<alle betroffenen Organe nennen, sofern bekannt>* bei längerer oder wiederholter Exposition *<Expositionsweg angeben, sofern schlüssig belegt ist, dass diese Gefahr bei keinem anderen Expositionsweg besteht>.*

H400 Sehr giftig für Wasserorganismen.

H410 Sehr giftig für Wasserorganismen, mit langfristiger Wirkung.

H411 Giftig für Wasserorganismen, mit langfristiger Wirkung.

H412 Schädlich für Wasserorganismen, mit langfristiger Wirkung.

H413 Kann für Wasserorganismen schädlich sein, mit langfristiger Wirkung.

H420 Die Ozonschicht schädigend.

## Liste der Precautionary-Statements (Sicherheitssätze)

P101 Ist ärztlicher Rat erforderlich, Verpackung oder Kennzeichnungsetikett bereithalten.

P102 Darf nicht in die Hände von Kindern gelangen.

P103 Vor Gebrauch Kennzeichnungsetikett lesen.

P201 Vor Gebrauch besondere Anweisungen einholen.

P202 Vor Gebrauch alle Sicherheitshinweise lesen und verstehen.

P210 Von Hitze/Funken/offener Flamme/heißen Oberflächen fernhalten. Nicht rauchen.

P211 Nicht gegen offene Flamme oder andere Zündquelle sprühen.

P220 Von Kleidung/.../brennbaren Materialien fernhalten/entfernt aufbewahren.

P221 Mischen mit brennbaren Stoffen/... unbedingt vermeiden.

P222 Kontakt mit Luft nicht zulassen.

P223 Kontakt mit Wasser wegen heftiger Reaktion und möglichem Aufflammen unbedingt verhindern.

P230 Feucht halten mit ...

P231 Unter inertem Gas handhaben.

P232 Vor Feuchtigkeit schützen.

P233 Behälter dicht verschlossen halten.

P234 Nur im Originalbehälter aufbewahren.

P235 Kühl halten.

P240 Behälter und zu befüllende Anlage erden.

P241 Explosionsgeschützte elektrische Betriebsmittel/Lüftungsanlagen/Beleuchtung/... verwenden.

P242 Nur funkenfreies Werkzeug verwenden.

P243 Maßnahmen gegen elektrostatische Aufladung treffen.

P244 Druckminderer frei von Fett und Öl halten.

P250 Nicht schleifen/stoßen/.../reiben

P251 Behälter steht unter Druck: Nicht durchstechen oder verbrennen, auch nicht nach der Verwendung.

P260 Staub/Rauch/Gas/Dampf/Aerosol nicht einatmen.

P261 Einatmen von Staub/Rauch/Gas/Dampf/Aerosol vermeiden.

P262 Nicht in die Augen, auf die Haut oder auf die Kleidung gelangen lassen.

P263 Kontakt während der Schwangerschaft/und der Stillzeit vermeiden.

P264 Nach Gebrauch ... gründlich waschen.

P270 Bei Gebrauch nicht essen, trinken oder rauchen.

P271 Nur im Freien oder in gut belüfteten Räumen verwenden.

P272 Kontaminierte Arbeitskleidung nicht außerhalb des Arbeitsplatzes tragen.

P273 Freisetzung in die Umwelt vermeiden.

P280 Schutzhandschuhe/Schutzkleidung/Augenschutz/Gesichtsschutz tragen.

P281 Vorgeschriebene persönliche Schutzausrüstung verwenden.

P282 Schutzhandschuhe/Gesichtsschild/Augenschutz mit Kälteisolierung tragen.

P283 Schwer entflammbare/flammhemmende Kleidung tragen.

P284 Atemschutz tragen.

P285 Bei unzureichender Lüftung Atemschutz tragen.

P301 BEI VERSCHLUCKEN:

P302 BEI BERÜHRUNG MIT DER HAUT:

P303 BEI BERÜHRUNG MIT DER HAUT (oder dem Haar):

P304 BEI EINATMEN:

P305 BEI KONTAKT MIT DEN AUGEN:

P306 BEI KONTAMINIERTER KLEIDUNG:
P307 Bei Exposition:
P308 Bei Exposition oder falls betroffen:
P309 Bei Exposition oder Unwohlsein:
P310 Sofort GIFTINFORMATIONS-ZENTRUM oder Arzt anrufen.
P311 GIFTINFORMATIONS-ZENTRUM oder Arzt anrufen.
P312 Bei Unwohlsein GIFTINFORMATIONS-ZENTRUM oder Arzt anrufen.
P313 Ärztlichen Rat einholen/ärztliche Hilfe hinzuziehen.
P314 Bei Unwohlsein ärztlichen Rat einholen/ärztliche Hilfe hinzuziehen.
P315 Sofort ärztlichen Rat einholen/ärztliche Hilfe hinzuziehen.
P320 Besondere Behandlung dringend erforderlich (siehe ... auf diesem Kennzeichnungsetikett).
P321 Besondere Behandlung (siehe ... auf diesem Kennzeichnungsetikett).
P322 Gezielte Maßnahmen (siehe ... auf diesem Kennzeichnungsetikett).
P330 Mund ausspülen.
P331 KEIN Erbrechen herbeiführen.
P332 Bei Hautreizung:
P333 Bei Hautreizung oder -ausschlag:
P334 In kaltes Wasser tauchen/nassen Verband anlegen.
P335 Lose Partikel von der Haut abbürsten.
P336 Vereiste Bereiche mit lauwarmem Wasser auftauen. Betroffenen Bereich nicht reiben.
P337 Bei anhaltender Augenreizung:
P338 Eventuell vorhandene Kontaktlinsen nach Möglichkeit entfernen. Weiter ausspülen.
P340 Die betroffene Person an die frische Luft bringen und in einer Position ruhigstellen, die das Atmen erleichtert.
P341 Bei Atembeschwerden an die frische Luft bringen und in einer Position ruhigstellen, die das Atmen erleichtert.
P342 Bei Symptomen der Atemwege:
P350 Behutsam mit viel Wasser und Seife waschen.
P351 Einige Minuten lang behutsam mit Wasser ausspülen.
P352 Mit viel Wasser und Seife waschen.
P353 Haut mit Wasser abwaschen/duschen.
P360 Kontaminierte Kleidung und Haut sofort mit viel Wasser waschen und danach Kleidung ausziehen.
P361 Alle kontaminierten Kleidungsstücke sofort ausziehen.
P362 Kontaminierte Kleidung ausziehen und vor erneutem Tragen waschen.
P363 Kontaminierte Kleidung vor erneutem Tragen waschen.
P370 Bei Brand:
P371 Bei Großbrand und großen Mengen:
P372 Explosionsgefahr bei Brand.
P373 KEINE Brandbekämpfung, wenn das Feuer explosive Stoffe/Gemische/Erzeugnisse erreicht.
P374 Brandbekämpfung mit üblichen Vorsichtsmaßnahmen aus angemessener Entfernung.
P375 Wegen Explosionsgefahr Brand aus der Entfernung bekämpfen.
P376 Undichtigkeit beseitigen, wenn gefahrlos möglich.
P377 Brand von ausströmendem Gas: Nicht löschen, bis Undichtigkeit gefahrlos beseitigt werden kann.
P378 ... zum Löschen verwenden.
P380 Umgebung räumen.
P381 Alle Zündquellen entfernen, wenn gefahrlos möglich.
P390 Verschüttete Mengen aufnehmen, um Materialschäden zu vermeiden.
P391 Verschüttete Mengen aufnehmen.
P401 ... aufbewahren.
P402 An einem trockenen Ort aufbewahren.
P403 An einem gut belüfteten Ort aufbewahren.
P404 In einem geschlossenen Behälter aufbewahren.
P405 Unter Verschluss aufbewahren.
P406 In korrosionsbeständigem ... Behälter mit korrosionsbeständiger Auskleidung aufbewahren.
P407 Luftspalt zwischen Stapeln/Paletten lassen.
P410 Vor Sonnenbestrahlung schützen.
P411 Bei Temperaturen von nicht mehr als ... °C/... aufbewahren.
P412 Nicht Temperaturen von mehr als 50 °C aussetzen.
P413 Schüttgut in Mengen von mehr als ... kg bei Temperaturen von nicht mehr als ... °C aufbewahren.
P420 Von anderen Materialien entfernt aufbewahren.
P422 Inhalt in/unter ... aufbewahren.
P501 Inhalt/Behälter ... zuführen.
P502 Informationen zur Wiederverwertung beim Hersteller/Lieferanten erfragen.

## EUH-Sätze

(zusätzliche Hazard-Statements der Europäischen Union)

EUH001 In trockenem Zustand explosiv.
EUH006 Mit und ohne Luft explosionsfähig.
EUH014 Reagiert heftig mit Wasser.
EUH018 Kann bei Verwendung explosionsfähige/entzündbare Dampf-/Luft-Gemische bilden.
EUH019 Kann explosionsfähige Peroxide bilden.
EUH044 Explosionsgefahr bei Erhitzen unter Einschluss.
EUH029 Entwickelt bei Berührung mit Wasser giftige Gase.
EUH031 Entwickelt bei Berührung mit Säure giftige Gase.
EUH032 Entwickelt bei Berührung mit Säure sehr giftige Gase.
EUH066 Wiederholter Kontakt kann zu spröder oder rissiger Haut führen.
EUH070 Giftig bei Berührung mit den Augen.
EUH071 Wirkt ätzend auf die Atemwege.
EUH201 Enthält Blei. Nicht für den Anstrich von Gegenständen verwenden, die von Kinder gekaut oder gelutscht werden könnten.
EUH201A Achtung! Enthält Blei.
EUH202 Cyanacrylat. Gefahr. Klebt innerhalb von Sekunden Haut und Augenlider zusammen. Darf nicht in die Hände von Kindern gelangen.
EUH203 Enthält Chrom(VI). Kann allergische Reaktionen hervorrufen.
EUH204 Enthält Isocyanate. Kann allergische Reaktionen hervorrufen.
EUH205 Enthält epoxidhaltige Verbindungen. Kann allergische Reaktionen hervorrufen.
EUH206 Achtung! Nicht zusammen mit anderen Produkten verwenden, da gefährliche Gase (Chlor) freigesetzt werden können.
EUH207 Achtung! Enthält Cadmium. Bei der Verwendung entstehen gefährlich Dämpfe. Hinweise des Herstellers beachten. Sicherheitsanweisungen einhalten.
EUH208 Enthält (Name des sensibilisierenden Stoffes). Kann allergische Reaktionen hervorrufen.
EUH209 Kann bei Verwendung leicht entzündbar werden.
EUH209A Kann bei Verwendung entzündbar werden.
EUH210 Sicherheitsdatenblatt auf Anfrage erhältlich.
EUH401 Zur Vermeidung von Risiken für Mensch und Umwelt die Gebrauchsanleitung einhalten.

## Entsorgungsempfehlungen

1: Organische halogenfreie Lösemittel werden in einem Sammelgefäß A gesammelt.
2: Organische halogenhaltige Lösemittel werden in einem Sammelgefäß B gesammelt.
9: Krebserregende und giftige bzw. sehr giftige brennbare Verbindungen werden im Sammelgefäß C gesammelt.
12: Säuren und Säure-Lösungen werden mit viel Wasser verdünnt, mit Natronlauge neutralisiert und dann in den Abguss gegossen. Bei geringen Säure-Mengen wird nur stark verdünnt und in den Abguss gegossen.
13: Hydroxide werden in viel Wasser aufgelöst, Laugen werden mit viel Wasser verdünnt, gegebenenfalls mit verdünnter Schwefelsäure neutralisiert und in den Abguss gegossen.
14: Die Lösungen dieser Salze können stark verdünnt in den Abguss gegossen werden.
15: Schwermetallhaltige Lösungen und Feststoffe werden in einem Sammelgefäß D gesammelt. Ist das Gefäß voll, so kann man die Ionen mit Hydrogensulfid als Sulfide ausfällen, abfiltrieren und das Filtrat weggießen. Die festen Rückstände werden in einem Gefäß E gesammelt.
22: Peroxide, Brom und Iod werden mit Natriumthiosulfat-Lösung zu gefahrlosen Folgeprodukten reduziert, verdünnt und weggegossen.
26: Alkalimetall-Rückstände werden mit Propan-2-ol zersetzt. Am nächsten Tag wird mit Wasser verdünnt. Die stark verdünnte Lösung wird weggegossen.
27: Wertvolle Metalle (in der Schule insbesondere Silber) sollten der Wiederverwertung zugeführt werden. Silberionenhaltige Lösungen werden also in einem Gefäß F gesammelt; wenn das Gefäß voll ist, kann Silberchlorid ausgefällt werden.

**Die nachfolgende Liste enthält Gefahrenhinweise mit Piktogrammen, H- und P-Sätzen und Entsorgungsempfehlungen.**

*Aceton (Propanon),* $C_3H_6O$*, Ents. 1*
H225, H319, H336, EUH066
P210, P233, P305+P351+P338
GEFAHR

*Adipinsäure, vgl. Hexandisäure*

*AIBN, Azoisobutyronitril, Ents. (Aufarbeitung)*
H242, H332, H302, H412
P210, P280, P273
GEFAHR

*Ammoniak-Lösung,* $NH_3(aq)$*, konz., Ents. 13*
H314, H335, H400
P280, P273, P301+P330+P331, P305+P351+P338, P309+P310
GEFAHR

*Ammoniumchlorid,* $NH_4Cl$*, Ents. 14*
H302, H319
P305+P351+P338
ACHTUNG

*Bariumhydroxid,* $Ba(OH)_2 \cdot 8H_2O$*, Ents. 13*
H332, H302, H314
P280, P301+P330+P331, P305+P351+P338, P309+P310
GEFAHR

*Benzin, Leichtbenzin, Ents. 1*
H225, H304, H315, H336, H411
P201, P210, P280, P301+P310, P403+233
GEFAHR

*Blei,* $Pb$*, Ents. 15*
H360D, H360f, H332, H302, H373, H410
P201, P273, P308+P313
GEFAHR

*Bleinitrat,* $Pb(NO_3)_2$*, Ents. 15*
H272, H360Df, H332, H302, H318, H373, H410
P201, P273, P280, P305+P351+P338, P308+P313
GEFAHR

*BPO, Dibenzoylperoxid, (mit 25% Wasser), Ents. 22*
H242, H319, H317
P210, P280, P302+P352, P305+P351+P338
GEFAHR

*Braunstein, Pulver, s. Mangan(IV)-oxid*

*Brennspiritus, s. Ethanol*

*Brenzcatechin,* $C_6H_4(OH)_2$*, Ents. 1*
H315, H319
P302+P352, P305+P351+P338
ACHTUNG

*Brom,* $Br_2$*, Ents. 22*
H330, H314, H400
P210, P273, P304+P340, P305+P351+P338, P403+P233
GEFAHR

*2-Brom-2-methylpropan,* $(CH_3)_3CBr$*, Ents. 2*
H225
P210, P304+P340, P262, P405
GEFAHR

*Bromthymolblau-Lösung*
H226
P210
GEFAHR

*Bromwasser, wässrige Lösung von Brom, s. Brom*

*Butandisäure (Bernsteinsäure),* $C_2H_4(COOH)_2$*, Ents. 12*
H319
P305+P351+P338
ACHTUNG

*Butan-1-ol,* $C_4H_9OH$*, Ents. 1*
H226, H302, H318, H315, H335, H336
P280, P302+P352, P305+P351+P338, P313
GEFAHR

*tert.-Butanol, s. 2-Methylpropan-2-ol*

*Calciumchlorid,* $CaCl_2$*, Ents. 14*
H319
P305+P351+P338
ACHTUNG

*Calciumhydroxid,* $Ca(OH)_2$*, Ents. 13*
H315, H318, H335
P269, P280, P305+P351+P338, P313, P302+P352, P304+P340
GEFAHR

*3-Carboxy-3-hydroxypentandisäure,* $C_6H_8O_7 \cdot H_2O$*, Ents. 28*
H318
P305+P351+P338, P311
GEFAHR

*Chlor,* $Cl_2$*, Ents. 22*
H270, H280, H330, H315, H319, H335, H400, EUH071
P260, P220, P280, P244, P273, P304+P340, P305+P351+P338, P332+P313, P370+P376, P302+P352, P315, P405, P403
GEFAHR

*Chlortrimethylsilan,* $C_3H_9ClSi$*, Ents. 2 (vorher mit Wasser versetzen und organ. Phase abtrennen)*
H225, H312, H314, H331, H335
P201, P261, P280, P305+P351+P338, P310
GEFAHR

*Chlorwasser, s. Chlor*

*Chlorwasserstoff,* $HCl$*, Ents. 12*
H331, H314, H280, EUH071
P260, P280, P304+P340, P303+P361+P353, P305+P351+P338, P315, P405, P403
GEFAHR

*Citronensäure, s. 3-Carboxy-3-hydroxypentandisäure*

*Cyclohexen,* $C_6H_{10}$*, Ents. 1*
H225, H302, H304, H411
P210, P280, P301+P310, P312, P331
GEFAHR

*Cystein, Cys, Ents. 1*
H302
ACHTUNG

*Desmodur, Ents. 1*
H351, H332, H373, H319, H335, H315, H334, H317
P281, P308+P213, P305+P351+P338, P302+P352, P304+P341
GEFAHR

*Desmophen, Ents. 1*
H319
P280, P264, P305+P351+P338, P337+P313
ACHTUNG

*Dichlordimethylsilan,* $C_2H_6Cl_2S$*, Ents. 2 (vorher mit Wasser versetzen und organ. Phase abtrennen)*
H225, H319, H335, H315
P210, P261, P305+P351+P338
GEFAHR

*Eisen, Pulver, Ents. 15*
H228
P210, P241, P289, P290, P370+P378
ACHTUNG

*Eisen(III)-chlorid,* $FeCl_3$*, Ents. 15*
H302, H315, H318, H290
P280, P302+P352, P305+P351+P338, P313
GEFAHR

*Eisen(II)-sulfat,* $FeSO_4$*, Ents. 15*
H302, H319, H315
P305+P351+P338, P302+P352
ACHTUNG

*Eisessig, s. Ethansäure*

*Essigsäure, s. Ethansäure*

*Ethanol,* $C_2H_5OH$*, Ents. 1*
H225
P210
GEFAHR

*Ethansäure,* $CH_3COOH$*, Ents. 12*
H226, H314
P280, P301+P330+P331, P307+P310, P305+P351+P338
GEFAHR

*Fehling Reagenz I, Ents. 14*
H411
P273, P391

*Fehling Reagenz II, Ents. 14*
H290, H314
P280, P303+P361+P353, P305+P351+P338, P310
GEFAHR

*Fluoreszein-Natriumsalz, Ents. 28*
H319
P305+P351+P338
ACHTUNG

*Gallussäure, Ents. 12*
H315, H319, H335
P261, P305+P351+P338
ACHTUNG

*n-Heptan*, $C_7H_{16}$, *Ents. 1*
H225, H304, H315, H336, H410
P210, P273, P301+P310, P331, P302+P352, P403+P235
GEFAHR

*Hepten*, $C_7H_{14}$, *Ents. 1*
H225, H304
P210, P301+P310, P331
GEFAHR

*Hexandiamin*, $C_6H_{16}N_2$, *Ents. 1*
H312, H302, H335, H314
P261, P280, P305+P351+P338, P310
GEFAHR

*Hexandisäure (Adipinsäure)*, $C_4H_8(COOH)_2$, *Ents. 12*
H319
P305+P351+P338
ACHTUNG

*Hydrochinon*, $C_6H_4(OH)_2$, *Ents. 1*
H351, H341, H302, H318, H317, H400
P273, P280, P305+P351+P338
GEFAHR

*2-Hydroxypropansäure*, $CH_3CH(OH)COOH$, *Ents. 12*
H318, H315
P280, P305+P351+P338, P313
GEFAHR

*Indigo, Ents. 28*
H373
ACHTUNG

*Indikator-Lösung, s. Ethanol*

*Iod*, $I_2$, *Ents. 22*
H332, H312, H400
P273, P302+P352
ACHTUNG

*Isobuten*, $CH_2{=}C(CH_3)_2$
H220, H280
P210, P377, P381, P403
GEFAHR

*Kalilauge, s. Kaliumhydroxid*

*Kaliumbromid*, $KBr$, *Ents. 14*
H315, H319, H335
P261, P305+P351+P338
ACHTUNG

*Kaliumcarbonat*, $K_2CO_3$, *Ents. 13*
H315, H319, H335
P302+P352, P305+P351+P338
ACHTUNG

*Kaliumhydroxid*, $KOH$, *Ents. 13*
H314, H302, H290
P280, P301+P330+P331, P305+P351+P338, P309+P310
GEFAHR

*Kaliumhexacyanoferrat(III)*, $K_4[Fe(CN)_6]$, *Ents. 14*
EUH032

*Kaliumhydrogensulfat*, $KHSO_4$, *Ents. 14*
H314, H335
P280, P301+P330+P331, P305+P351+P338, P309+P310
GEFAHR

*Kaliumnitrat*, $KNO_3$, *Ents. 14*
H272
P220
ACHTUNG

*Kaliumperchlorat*, $KClO_4$, *Ents. 22*
H271, H302
P220
GEFAHR

*Kaliumpermanganat*, $KMnO_4$, *Ents. 22*
H272, H302, H410
P210, P273
GEFAHR

*Kristallviolett, Ents. 28*
H351, H302, H318, H410
P273, P280, P305+P351+P338, P308+P313
GEFAHR

*Kupfer*, $Cu$, *Pulver, Ents. (Aufarbeitung)*
H228, H410
P210, P273
GEFAHR

*Kupfer(II)-sulfat(-Pentahydrat)*, $CuSO_4(\cdot\ 5H_2O)$, *Ents. 15*
H302, H315, H319, H410
P273, P305+P351+P338, P302+P352
ACHTUNG

*Lithium, Ents. 26*
H260, H314, EUH014
P280, P301+P330+P331, P305+P351+P338, P309+P310, P370+P378, P402+P404
GEFAHR

*Lithiumchlorid*, $LiCl$, *Ents. 14*
H302, H315, H319
P302+P352, P305+P351+P338
ACHTUNG

*Lugol'sche Lösung, s. Iod/Kaliumiodid-Lösung*

*Luminol, Ents. 28*
H315, H319, H335
P261, P305+P351+P338
ACHTUNG

*Magnesium*, $Mg$, *Pulver, Ents. (Aufarbeitung)*
H228, H261
P210, P231+P232, P422
GEFAHR

*Magnesium*, $Mg$, *Späne, Ents. (Aufarbeitung)*
H250, H260
P222+P223, P231+P232, P370+P378, P422
GEFAHR

*Magnesiumband*, $Mg$, *Ents. (Aufarbeitung)*
H228, H260
P210, P223, P231+P232, P370+P378, P422
GEFAHR

*Mangan(IV)-oxid*, $MnO_2$, *Ents. 15*
H272, H302+H332
P221
GEFAHR

*Methanol*, $CH_3OH$, *Ents. 1*
H225, H331, H311, H301, H370
P210, P233, P280, P302+P352, P309+P310
GEFAHR

*Methansäure (Ameisensäure)*, $HCOOH$, *Ents. 12*
H226, H314, H290
P210, P280, P301+P330+P331, P305+P351+P338, P308+P310
GEFAHR

*N-(4-Methoxybenzyliden)-4-butylanilin, Ents. 28*
H315, H319, H335
P261, P305+P351+P338
ACHTUNG

*Methylenblau, Ents. 14*
H302, H315, H319, H335
P261, P305+P351+338
ACHTUNG

*Methylmethacrylat, Ents. 1*
H225, H335, H315, H317
P210, P262, P280, P301+P310, P315
GEFAHR

*Methylorange-Lösung, w < 1% (ethanol)*
H226
P210
GEFAHR

*2-Methylpropan-2-ol*, $(CH_3)_3COH$, *Ents. 1*
H225, H332, H319, H335
P210, P305+P351+P338, P403+P233
GEFAHR

*Milchsäure, s. 2-Hydroxypropansäure*

*Monochlorethansäure*, $CH_2ClCOOH$, *Ents. 2*
H301, H311, H330, H314, H335, H400
P261, P273, P280, P301+P330+P331, P302+P350, P304+P340, P305+P351+P338
GEFAHR

*β-Naphthol*, $C_{10}H_7OH$, *Ents. 1*
H312, H302, H315, H318, H335
P273
ACHTUNG

*β-Naphtholorange, Ents. 1*
H315, H319, H335
P261, P305+P351+P338
ACHTUNG

*Natriumcarbonat*, $Na_2CO_3$, *Ents. 14*
H319
P260, P305+P351+P338
ACHTUNG

*Natriumdithionit*, $Na_2O_4S_2$, *Ents. 14*
H251, H302, EUH031
P370+P378
GEFAHR

*Natriumhydrogensulfat*, $NaHSO_4$, *Ents. 14*
H318
P262, P305+P351+P338
GEFAHR

*Natriumhydrogensulfit*, $NaHSO_3$, *Ents. 14*
H302, EUH031
P233, P301+P312
ACHTUNG

*Natriumhydroxid*, $NaOH$, *Ents. 13*
H314, H290
P280, P301+P330+P331, P305+P351+P338, P309+P310
GEFAHR

*Natriumnitrat*, $NaNO_3$, *Ents. 14*
H272, H302
P260
ACHTUNG

*Natriumnitrit*, $NaNO_2$, *Ents. 28*
H272, H301, H400
P273, P309+P310
GEFAHR

*Natriumphosphat*, $Na_3PO_4$, *Ents. 14*
H314
P305+P351+P338, P310
GEFAHR

*Natronlauge*, $NaOH(aq)$, *w* ≥ *5%, s. Natriumhydroxid*

*Natronlauge, 2%* ≤ *w* < *5%, Ents. 13*
H314, H290
P280, P301+P330+P331, P305+P351+P338, P308+P310
GEFAHR

*Natronlauge, 0,5%* ≤ *w* < *2%, Ents. 13*
H290, H315, H319
P305+P351+P338, P302+P352
GEFAHR

*Ninhydrin*
H302, H315, H319, H335
P261, P305+P351+P338
ACHTUNG

*Oxalsäure (Ethandisäure)*, $C_2H_2O_4$, *Ents. 12*
H302, H312, H318
P280, P269, P301+P312, P305+P351+P338
GEFAHR

*Perchlorsäure*, $HClO_4$, *Ents. 12*
H271, H314
P260, P280, P303+P361+P353, P305+P351+P338, P310
GEFAHR

*Phenol*, $C_6H_5OH$, *Ents. 1*
H341, H331, H311, H301, H373, H314
P280, P302+P352, P301+P330+P331, P309+P310,
P305+P351+P338
GEFAHR

*Phenolphthalein-Lösung, w < 1% (ethanol)*
H226
P210
GEFAHR

*Phthalsäureanhydrid*, $C_6H_4C_2O_3$, *Ents. 1*
H302, H315, H317, H318, H334, H335
P260, P262, P280, P302+P352, P304+P340,
P305+P351+P338, P313
GEFAHR

*Propandisäure (Malonsäure)*, $CH_2(COOH)_2$, *Ents. 12*
H302, H318
P280, P305+P351+P338
GEFAHR

*Propansäure, Propionsäure*, $C_3H_6O_2$, *Ents. 14*
H226, H314
P210, P280, P301+P330+P331, P305+P351+P338, P309+P310
GEFAHR

*Resorcin*, $C_6H_4(OH)_2$, *Ents. 1*
H302, H315, H319, H400
P273, P302+P352, P305+P351+P338
ACHTUNG

*Salicylsäure*, $HOC_6H_4COOH$, *Ents. 12*
H302, H318
P280, P305+P351+P338, P313
GEFAHR

*Salpetersäure*, $HNO_3$, *Ents. 12*
H272, H314, H290
P220, P280, P305+P351+P338, P310
GEFAHR

*Salzsäure*, $HCl(aq)$, *w* ≥ *25%, Ents. 12*
H314, H335, H290
P280, P301+P330+P331, P305+P351+P338, P308+P310
GEFAHR

*Salzsäure, 10%* ≤ *w* < *25%, Ents. 12*
H290, H315, H319, H335
P302+P352, P305+P351+P338
ACHTUNG

*Salzsäure, 0,1%* ≤ *w* < *10%, Ents. 12*
H290
ACHTUNG

*Sauerstoff*, $O_2$
H270, H280
P244, P220, P370+P376, P403
GEFAHR

*Schiffs-Reagenz, Ents. 1*
H350
P281, P308+P313
GEFAHR

*Schwefel, Ents. 15*
H315
P302+P352
ACHTUNG

*Schwefelsäure*, $H_2SO_4$, *konz., Ents. 14*
H290, H314
P280, P301+P330+P331, P305+P351+P338, P309+P310
GEFAHR

*Sebacinsäuredichlorid*, $C_{10}H_{16}Cl_2O_2$, *Ents. 2*
*(vorher mit Methanol versetzen)*
H314, H302, H335
P280, P302+P350, P301+P330+P331, P305+P351+P338, P310
GEFAHR

*Silbernitrat*, $AgNO_3$, *Ents. 27*
H272, H314, H410
P273, P280, P301+P330+P331, P305+P351+P338, P309+P390
GEFAHR

*Silbernitrat-Lösung, 2%, Ents. 27*
H315, H319, H410
P273, P280, P305+P351+P338
ACHTUNG

*Siriuslichtblau, SDB des Herstellers beachten*

*Soda, s. Natriumcarbonat*

*Spiritus, s. Ethanol*

*Spiropyran*
H315, H319, H335
P261, P305+P351+P338
ACHTUNG

*Stickstoff*, $N_2$
H280
P403
ACHTUNG

*Sulfanilsäure*, $NH_2C_6H_4SO_3H$, *Ents. 1*
H319, H315, H317
P280, P302+P352, P305+P351+P338
ACHTUNG

*Supracenblau, SDB des Herstellers beachten*

*Terpentinöl, Ents. 1*
H226, H302, H312, H332, H304, H315, H317, H319, H411
P273, P280, P301+P310, P305+P351+P338, P331
GEFAHR

*Tetraiodethen*, $C_2I_4$, *Ents. 1*
H302, H312, H315, H319, H332, H335
P261, P280, P305+P351+P338
ACHTUNG

*Thioglycolsäure*, $C_2H_4O_2S$, *Ents. 6*
H331, H311, H301, H314
P280, P304+P340, P302+P352, P301+P330+P331, P309+P310, P305+P351+P338
GEFAHR

*Thymol*, $C_{10}H_{14}O$, *Ents. 1*
H302, H314, H411
P273, P301+P330+P331, P305+P351+P338, P309+P310
GEFAHR

*Toluol*, $C_6H_5CH_3$, *Ents. 1*
H225, H304, H361d, H373, H315, H336
P210, P301+P310, P331, P302+P352
GEFAHR

*Trichlorethansäure*, $CCl_3COOH$, *Ents. 2*
H314, H335, H410
P273, P280, P301+P330+P331, P305+P351+P338, P309+P310
GEFAHR

*Trichlormethylsilan*, $CH_3C_{13}Si$, *Ents. fester Abfall (vorher mit Wasser versetzen und Phasen trennen)*
H225, H319, H335, H315, EUH014
P302+P352, P304+P340, P305+P351+P338, P403+P235
GEFAHR

*Universalindikator (flüssig), Ents. 1*
H226
P210
GEFAHR

*Wasserstoff*, $H_2$
H220, H280
P210, P377, P381, P403
GEFAHR

*Wasserstoffperoxid-Lösung*, $H_2O_2(aq)$, *w = 30 %*
H302, H318
P280, P305+P351+P338
GEFAHR

*Weinsäure*, $C_4H_6O_6$, *Ents. 12*
H315, H319, H335
P261, P305+P351+P338
ACHTUNG

*Xylol, Isomerengemisch*, $C_6H_4(CH_3)_2$, *Ents. 1*
H226, H312, H332, H315
P210, P302+P352, P304+P340
ACHTUNG

*Zinkchlorid*, $ZnCl_2$, *Ents. 15*
H302, H314, H410
P273, P280, P301+P330+P331, P305+P351+P338, P309+P310
GEFAHR

*Zinkiodid*, $ZnI_2$, *Ents. 15*
H315, H319, H410
P273, P302+P352, P305+P351+P338
ACHTUNG

*Zink*, $Zn$, *Pulver, Ents. 15*
H260, H250, H410
P222, P223, P231+P232, P273, P370+P378, P422
GEFAHR

*Zinksulfat*, $ZnSO_4$, *Ents. 15*
H302, H318, H410
P222, P223, P231+P232, P273, P370+P378, P422
GEFAHR

*Zinn(II)-chlorid*, $SnCl_2$, *Ents. 15*
H302, H315, H317, H319, H335
P280, P302+P352, P305+P351+P338
ACHTUNG

Die Daten stammen aus folgenden Quellen:

- VERORDNUNG (EG) Nr. 1272/2008 DES EUROPÄISCHEN PARLAMENTS UND DES RATES vom 16. Dezember 2008 über die Einstufung, Kennzeichnung und Verpackung von Stoffen und Gemischen, zur Änderung und Aufhebung der Richtlinien 67/548/EWG und 1999/45/EG und zur Änderung der Verordnung (EG) Nr. 1907/2006
- VERORDNUNG (EG) Nr. 790/2009 DER KOMMISSION vom 10. August 2009 zur Änderung der Verordnung (EG) Nr. 1272/2008 des Europäischen Parlaments und des Rates über die Einstufung, Kennzeichnung und Verpackung von Stoffen und Gemischen zwecks Anpassung an den technischen und wissenschaftlichen Fortschritt.
- GESTIS – Stoffdatenbank der IFA
- SDB der Fa. Merck
- SDB der Fa. Sigma-Aldrich
- SDB der Fa. Carl-Roth

*Hinweis*: Bitte immer auch das SDB der Hersteller beachten, da die Informationen ggf. aktueller sind. Stand: 12.08.2014

## Namen und Konstanten der chemischen Elemente

| Elementname | Symbol, Ordnungszahl | Dichte¹) in g/cm³ (Gase: g/L) | Schmelztemperatur in °C | Siedetemperatur in °C |
|---|---|---|---|---|
| Actinium | **Ac, 89** | 10,1 | 1050 | 3200 |
| Aluminium | **Al, 13** | 2,70 | 660 | 2467 |
| Antimon | **Sb, 51** | 6,68 | 630 | 1750 |
| Argon | **Ar, 18** | 1,66 | −189 | −186 |
| Arsen | **As, 33** | 5,72 | 613 s | 817 p |
| Astat | **At, 85** | – | 302 | 337 |
| Barium | **Ba, 56** | 3,51 | 725 | 1640 |
| Beryllium | **Be, 4** | 1,85 | 1278 | 2970 |
| Bismut | **Bi, 83** | 9,8 | 271 | 1560 |
| Blei | **Pb, 82** | 11,4 | 327 | 1740 |
| Bor | **B, 5** | 2,34 | 2300 | 2550 s |
| Brom | **Br, 35** | 3,12 | −7 | 59 |
| Cadmium | **Cd, 48** | 8,65 | 321 | 765 |
| Caesium | **Cs, 55** | 1,88 | 28 | 669 |
| Calcium | **Ca, 20** | 1,54 | 839 | 1484 |
| Cer | **Ce, 58** | 6,65 | 799 | 3426 |
| Chlor | **Cl, 17** | 2,95 | −101 | −35 |
| Chrom | **Cr, 24** | 7,20 | 1857 | 2672 |
| Cobalt | **Co, 27** | 8,9 | 1495 | 2870 |
| Eisen | **Fe, 26** | 7,86 | 1535 | 2750 |
| Fluor | **F, 9** | 1,58 | −219 | −188 |
| Francium | **Fr, 87** | – | 27 | 677 |
| Gallium | **Ga, 31** | 5,90 | 30 | 2403 |
| Germanium | **Ge, 32** | 5,35 | 937 | 2830 |
| Gold | **Au, 79** | 18,9 | 1064 | 3080 |
| Hafnium | **Hf, 72** | 13,3 | 2227 | 4602 |
| Helium | **He, 2** | 0,17 | −272 p | −269 |
| Indium | **In, 49** | 7,30 | 156 | 2080 |
| Iod | **I, 53** | 4,93 | 113 | 184 |
| Iridium | **Ir, 77** | 22,41 | 2410 | 4130 |
| Kalium | **K, 19** | 0,86 | 63 | 760 |
| Kohlenstoff | **C, 6** | 2,25²) | 3650 s²) | 4827 |
| Krypton | **Kr, 36** | 3,48 | −157 | −152 |
| Kupfer | **Cu, 29** | 8,92 | 1083 | 2567 |
| Lanthan | **La, 57** | 6,17 | 921 | 3457 |
| Lithium | **Li, 3** | 0,53 | 180 | 1342 |
| Magnesium | **Mg, 12** | 1,74 | 649 | 1107 |
| Mangan | **Mn, 25** | 7,20 | 1244 | 1962 |
| Molybdaen | **Mo, 42** | 10,2 | 2610 | 5560 |
| Natrium | **Na, 11** | 0,97 | 98 | 883 |

| Elementname | Symbol, Ordnungszahl | Dichte¹) in g/cm³ (Gase: g/L) | Schmelztemperatur in °C | Siedetemperatur in °C |
|---|---|---|---|---|
| Neon | **Ne, 10** | 0,84 | −249 | −246 |
| Nickel | **Ni, 28** | 8,90 | 1455 | 2730 |
| Niob | **Nb, 41** | 8,57 | 2468 | 4742 |
| Osmium | **Os, 76** | 22,5 | 2700 | 5300 |
| Palladium | **Pd, 46** | 12,0 | 1554 | 2970 |
| Phosphor | **P, 15** | 1,82³) | 44³) | 280 |
| Platin | **Pt, 78** | 21,4 | 1772 | 3827 |
| Polonium | **Po, 84** | 9,4 | 254 | 962 |
| Praseodym | **Pr, 59** | 6,77 | 931 | 3512 |
| Protactinium | **Pa, 91** | 15,4 | – | – |
| Quecksilber | **Hg, 80** | 13,6 | −39 | 356 |
| Radium | **Ra, 88** | 5 | 700 | 1140 |
| Radon | **Rn, 86** | 9,23 | −71 | −62 |
| Rhenium | **Re, 75** | 20,5 | 3180 | 5627 |
| Rhodium | **Rh, 45** | 12,4 | 1966 | 3727 |
| Rubidium | **Rb, 37** | 1,53 | 39 | 686 |
| Ruthenium | **Ru, 44** | 12,3 | 2310 | 3900 |
| Sauerstoff | **O, 8** | 1,33 | −219 | −183 |
| Scandium | **Sc, 21** | 3,0 | 1541 | 2831 |
| Schwefel | **S, 16** | 2,07 | 119 | 444,6 |
| Selen | **Se, 34** | 4,81 | 217 | 685 |
| Silber | **Ag, 47** | 10,5 | 962 | 2212 |
| Silicium | **Si, 14** | 2,32 | 1410 | 2355 |
| Stickstoff | **N, 7** | 1,17 | −210 | −196 |
| Strontium | **Sr, 38** | 2,60 | 769 | 1384 |
| Tantal | **Ta, 73** | 16,6 | 2996 | 5425 |
| Technetium | **Tc, 43** | 11,5 | 2172 | 4877 |
| Tellur | **Te, 52** | 6,00 | 449 | 990 |
| Thallium | **Tl, 81** | 11,8 | 303 | 1457 |
| Thorium | **Th, 90** | 11,7 | 1750 | 4790 |
| Titan | **Ti, 22** | 4,51 | 1660 | 3287 |
| Uran | **U, 92** | 19,0 | 1132 | 3818 |
| Vanadium | **V, 23** | 5,96 | 1890 | 3380 |
| Wasserstoff | **H, 1** | 0,083 | −259 | −253 |
| Wolfram | **W, 74** | 19,3 | 3410 | 5660 |
| Xenon | **Xe, 54** | 5,49 | −112 | −107 |
| Yttrium | **Y, 39** | 4,47 | 1522 | 3338 |
| Zink | **Zn, 30** | 7,14 | 419 | 907 |
| Zinn | **Sn, 50** | 7,30 | 232 | 2270 |
| Zirconium | **Zr, 40** | 6,49 | 1852 | 4377 |

Für die Elemente mit den Ordnungszahlen 60 bis 71 und 93 bis 104 werden nur die Namen angegeben:

**60 Nd** = Neodym
**61 Pm** = Promethium
**62 Sm** = Samarium
**63 Eu** = Europium
**64 Gd** = Gadolinium
**65 Tb** = Terbium
**66 Dy** = Dysprosium
**67 Ho** = Holmium
**68 Er** = Erbium
**69 Tm** = Thulium
**70 Yb** = Ytterbium
**71 Lu** = Lutetium

**93 Np** = Neptunium
**94 Pu** = Plutonium
**95 Am** = Americium
**96 Cm** = Curium
**97 Bk** = Berkelium
**98 Cf** = Californium
**99 Es** = Einsteinium
**100 Fm** = Fermium
**101 Md** = Mendelevium
**102 No** = Nobelium
**103 Lr** = Lawrencium
**104 Du** = Dubnium

1) Dichteangaben für 20 °C und 1013 hPa

2) Angaben gelten für Graphit; Diamant: Schmelzt. 3550 °C, Dichte 3,51 g/cm³.

3) Angaben gelten für weißen Phosphor; Roter Phosphor: Schmelzt. 590 °C p, Dichte 2,34 g/cm³

s = sublimiert
p = unter Druck
– = Werte nicht bekannt

**Sicherheit beim Experimentieren und der Entsorgung von Chemikalien**

Alle Gefahrstoffe sind in den Versuchsbeschreibungen mit * gekennzeichnet. Ab S. 294 finden Sie die entsprechenden Chemikalien aufgeführt, dazu auch genauere Angaben zu den **Gefahrsätzen H** (Hazard-Statements) und **Sicherheitssätzen P** (Precautionary-Statements) sowie **Entsorgungsempfehlungen**.
Seit dem Jahr 2010 gilt das neue international gültige System zur Bezeichnung von Gefahrstoffen **GHS** (Globally Harmonized System), das ab S. 291 ausführlich erläutert wird.
Die Zuordnung der bis zum Jahr 2015 noch zulässigen Gefahrensymbole zu den neuen Piktogrammen nach dem GHS ist in B1 zusammengestellt.

Die **Sicherheitseinrichtungen in den Chemieräumen** erklären Ihnen Ihre Chemielehrerin oder Ihr Chemielehrer ausführlich.
Einige Verhaltensregeln beim Experimentieren:
- Versuchsvorschriften sind sorgfältig durchzulesen und genau zu befolgen.
- Lange Haare müssen zusammengebunden werden.
- Geschmacksproben sind nicht zulässig.
- Nur bei ausdrücklicher Aufforderung sind Geruchsproben durch vorsichtiges Zufächeln erlaubt.
- Stets sollte eine Schutzbrille getragen werden.
- Umsichtiges und rücksichtsvolles Arbeiten ist erforderlich.
- Essen und Trinken sind im Chemieraum verboten.

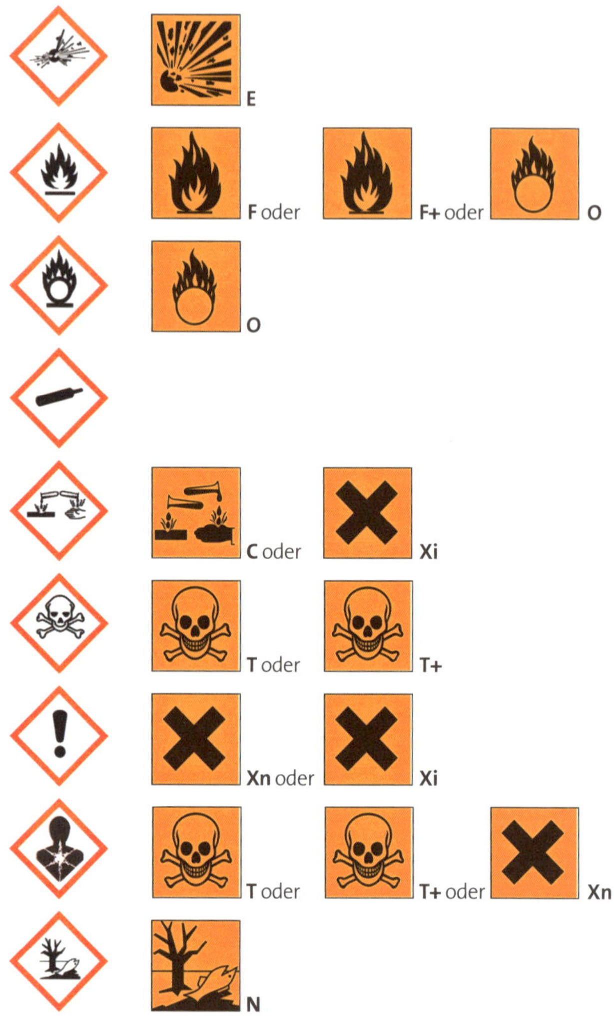


**B1** *Die neuen international gültigen Piktogramme ersetzen die noch bis 2015 gültigen Gefahrensymbole.*

**Die Vorlagen für die Fotografien stellten zur Verfügung:**

Agentur Focus, Hamburg – S. 232; Arbeitsgemeinschaft Deutsche Kunststoff-Industrie, Frankfurt – S. 161; Archiv für Kunst und Geschichte/Album Oronoz, Berlin – S. 19; Amitabh Banerji, Köln – S. 251; BASF, Ludwigshafen – S. 149; Bayer AG, Leverkusen – S. 185, 189; Bayer Vital GmbH, Leverkusen – S. 48; Ullrich Bee, Konstanz – S. 128; Bildagentur Mauritius, Mittenwald – S. 214; Claudia Bohrmann-Linde, Wülfrath – S. 20, 24, 28 (2), 30, 31, 38, 53 (2), 66, 70, 78 (2), 79, 81, 82, 83, 100 (2), 101, 126, 129, 146, 160, 201, 224, 228, 236, 237, 238 (2), 240, 241, 244 (2), 246, 247 (2), 254 (2), 255, 256, 257, 266, 267; Chemie rund um die Uhr, Wiley-VCH Verlag, Weinheim – S. 151; Piet Claasen, Bremen – S. 20, 22, 222, 232, 263; Daimler Benz AG/Classic Archive, Stuttgart – S. 100; Desco von Schulte AG, Zürich – S. 147; Deutsches Museum, München – S. 86; dpa Picture-Alliance, Frankfurt – S. 135; European Bioplastics, Berlin – S. 150; Walter Fischer, Großkarolinenfeld – S. 90; Folienserie FCI, Frankfurt – S. 112, 128, 187, 197 (3), 268; Fotolia – S. 148 (3), 224, 225; Fotolia/adimas – S. 232; Fotolia/diepre – S. 145; Fotolia/dondoc-foto – S. 127; Fotolia/FengYu – S. 162; Fotolia/foto.fritz – S. 162; Fotolia/fotoliaxrender – S. 273; Fotolia/frogo-webdesign – S. 60; Fotolia/Cindy Haggerty – S. 36; Fotolia/Uwe Landgraf – S. 81; Fotolia/Light Impression – S. 236; Fotolia/lunamaria – S. 145; Fotolia/magann – S. 135; Fotolia/Jérome Rommé – S. 262; Fotolia/sarikhani – S. 128; Fotolia/ vovan – S. 212; Frauenhofer-Institut für Angewandte Polymerforschung/Armin Okulla, Potsdam – S. 250; Florian Gärtner, Wesel – S. 130, 173, 177; Getty Images, München – S. 220; Heliatek GmbH, Dresden – S. 213, 253; Peter Hinkel, Duisburg – S. 201; Michaela Silvia Hoffmann, Bamberg – S. 59; Stockphoto/Elenathewiese – S. 88; JOKER Photojournalismus/Peter Ahlbaum, Bonn – S. 104; Michaela Kampner, Bochum – S. 228; Angela Köhler-Krützfeld, Berlin – S. 159; Simone Krees, Münster – S. 38, 74 (2), 82, 138, 153, 226, 227 (2), 244, 258, 260 (2); Patrick Krollmann, Köln – S. 64, 66 (2), 68, 72, 94 (2), 104; Bernd Kusber, Bremen – S. 129, 136, 206; Max-Planck-Institut für Entwicklungsbiologie/Jürgen Berger, Tübingen – S. 233; Nico Meuter, Wuppertal – S. 23, 40, 68 (2), 126, 132, 214 (2), 262, 264 (2), 272; Denise Monreal, Duisburg – S. 158; Victor Obendrauf, Gnas – S. 269; Prof. Dr. Marco Oetken, Freiburg – S. 102; Okapia/Hans Reinhard, Frankfurt – S. 24; OSRAM GmbH, München – S. 242; Photo Scala, Florenz – S. 185; Beate Prüfert, Düsseldorf – S. 125, 147; Röhm GmbH & CoKG, Darmstadt – S. 130, 131; Sachtleben Chemie GmbH, Duisburg – S. 270; Patrick Sahling, Wuppertal – S. 272; Salzburger Barockmuseum – S. 76; Ralf-Peter Schmitz, Geldern – S. 60 (2), 64 (2), 134, 265; Petra Schneider, Duisburg – S. 120, 132, 144, 158, 160, 170, 172, 184, 221, 242 (2), 258, 262, 271; Tim Schulze, Remscheid – S. 103; Wolfgang Schwarz, Regensburg – S. 115, 116 (2), 218 (2); Michael Seesing, Duisburg – S. 270; Sebastian Spinnen, Wuppertal – S. 261; Tanzschule Kirchner, Syke – S. 146; Michael Tausch, Syke – S. 186; Thinkstock/iStockphoto – S. 152; Magdalene von Wachtendonk, Erkelenz – S. 188, 198; Wacker Chemie AG, München – S. 153; Westfalia Werkzeuge, Hagen – S. 149; Claudia Wickleder, Siegen – S. 243; www.wikimedia.org – S. 107; Melanie Zepp, Wuppertal – S. 252, 253.

Trotz entsprechender Bemühungen ist es uns nicht in allen Fällen gelungen, den Rechtsinhaber ausfindig zu machen. Gegen Nachweis der Rechte zahlt der Verlag für die Abdruckerlaubnis die gesetzlich geschuldete Vergütung.